JN274326

戦争の家

ペンタゴン

上巻

ジェームズ・キャロル 著

大沼安史 訳

HOUSE OF WAR

: The Pentagon And The Disastrous Rise

Of American Power

by James Carroll

Copyright © 2006 by James Carroll

Published by special arrangement with

Houghton Mifflin Company, Massachusetts

through Tuttle-Mori Agency, Inc.,Tokyo

目次・戦争の家

アメリカ帝国 権力の爆心《グラウンド・ゼロ》

【上巻】

HOUSE of WAR

THE PENTAGON AND THE DISASTROUS RISE OF AMERICAN POWER

プロローグ

PROLOGUE

誰にも気づかれず、そこにいたのは、少年の私

その「家《ペンタゴン》」は、六十年の戦争と平和の時代を過《よ》ぎり、六十年の記憶を貫いて、ワシントンを流れるポトマック川を圧するように聳えている。それは年齢を重ねた私にとって今なお、「禁じられた神殿」である。父に連れられ、そこでその「神殿」の姿を目の当たりにした、少年の私の心を想像していただけるだろうか。

その時、少年の私に何が知り得ただろう。傾斜した、光沢さえある、破砕された大理石入りのコンクリートに魅了された少年の私は、その「家《ペンタゴン》」を自分の世界でいちばん大きな、自分の遊びの館と考えただけだった。その「家《ペンタゴン》」に私はそれ以上、何も望まなかった。

五つの面を持つ五階建て。A・B・C・D・Eと名づけられた、五角形の五つの「環《リング》」。四つの内堀と、中心から放射する七つの対角線《スポーク》。三〇エーカーに達する敷地。ニューヨークの摩天楼、エンパイア・ステート・ビルを三倍する床面積。外周一・六キロ。五角の回廊の総延長、二八キロ[1]。

「家《ペンタゴン》」の中では、傾斜路からの眺めは最高だった。午後五時キッカリ、中で働いていた人々が自分の車に向かって、どっと退出してゆく。引き潮に犇《ひしめ》く貝殻のような車の群れ……。少年の私は車が出てゆくありさまを飽かず眺めたものだ。その「家《ペンタゴン》」に間もなく入ることができると、わくわくしながら……。

その日、私の父親は、夜の勤務だった。

私はラッシュ・アワーの車の数を数えようとしたが、あまりの数に驚いてしまった。人口の多い中

国しか勝てそうもない、とてつもない大量の車の数だった。中国は、私の父親の担当国でもあったのだ。車が全部、出て行き、鉄兜のような車のボンネットがもう出て来ないのを確かめると、私は靴を脱いで、靴下だけになり、傾斜路を滑り落ちた。

「家《ペンタゴン》」には一八もの食堂があった。一日に出す食事は六万食。理髪室は二ヵ所、ドラッグストアも、「ワクチン診療所」も一つずつ。ほかに、「ドリンク・バー」が五つ……。そこには、いくら回しても回し切れない、回転式の止まり木が並んでいた。水飲み場も六〇〇ヵ所。私はそのほとんどを飲んで歩いた。

「時計の部屋」もひとつ。ロシアのモスクワの今の時間まで、世界のあらゆる場所の時刻が表示されていた。

籠つきの三輪バイクで疾駆する人々もいた。メッセンジャーたちだった。ベルを鳴らしながら、「環《リング》」に「機密」を届けていた！

「家《ペンタゴン》」の隅には、槍に取り付けられた古びた戦闘旗が飾られていた。槍の穂先から吹流しが垂れ下がっていた。壁には飛行機とか馬とか戦車とか、目の光が消えた死んだ人とか、いろんな大きな絵が飾られていた。

ここはまるで「パルテノン」＊のようだ、という考えも浮かんだが、それが「パンテオン」とどう違

---

1 Lawren, *The General and the Bomb*, 六〇頁。

＊「パルテノン」はアテネ、「パンテオン」はローマの神殿。

うのか、少年の私にはわからなかった。が、そんなの、どっちでもいいことだった。とにかく、ここは「パラダイス」——。この「家《ペンタゴン》」には、十歳の少年に物足りないものは何もなかった。

「家《ペンタゴン》」の中に入り込んだ私は、透明人間のようだった。全身の神経を研ぎ澄まし、忍者の覆いを身にまとっていた。ラッシュ・アワーの雑沓の中で、気づかれない高みから、すべてを窺っていた。駒鳥の卵色の壁にひっそりと立ち、すべてを監視していた。

少年の私は、やはり迷ってしまった。目印になる窓もなかった。案内表示もなかった。番号と名前がペンキで書かれているだけだった。迷うのは怖いことだった。スパイと間違われ、撃たれてしまう……ドアを開けちゃいけない。知らない人に話しかけるんじゃないぞ。聞かれたら、トイレに行くんだと答えろ。捕まって拷問されても、パパのことは口が裂けても言っちゃいけない……。

この「家《ペンタゴン》」で、ぼくのパパが働いている！——これは少年の私にとって、ほんとうに凄いことだった。父親はいつも制服姿だった。季節によって、黄褐色の制服が青色に変わった。広々とした「家《ペンタゴン》」の中で、父はいつも無帽だった。

朝早く出勤する時は、「家《ペンタゴン》」の入口の洗面所で髭を剃り直し、そのあと両手で頬をバシバシッと打っていたものだ。終わると、便座の隅に足を乗せ、靴を磨く。そして外套の肩についた「銀の星」の位置を確かめて直す。それから踵を鳴らしてピッと立つと、大股で「家《ペンタゴン》」の奥に入ってゆく。敬礼を受け、敬礼を返しながら……。車で一緒に自宅へ帰る時の敬礼で伸ばした同じ指先が、カーラジオの摘みを回すところを、少年の私は憶えている。

私はこの「家《ペンタゴン》」の人と建物に早速、自分を同化させていた。それは少年の私の、かんたんにはほどけない生活の結び目になっていた。五角形の中庭の中心には、不思議な何ものか《ミスティカル・ステーク》があるはずだった。その中心にあるものに、私はそれ以来、繋ぎ止められ、生きて来たのだ。それが何ものなのかこの目で確かめようと生きて来たのだ。

その「家《ペンタゴン》」の「廊下《コリダー》」から私は、日本軍に白旗を掲げたマニラ湾の「要塞《コレヒドール》」を連想した。廊下の「行き止まり《デッド・エンド》」は「破壊的な軍事力《デドリー・フォース》」が潜んでいるように思った。玄関広間の「傾斜路《ランプ》」の上りは「ポークチョップの丘《ポーク・チョップ・ヒル》」*に続くものだった。迷路の中心を探して踏み込んだら最後、迷うしかない「家《ペンタゴン》」だった。

「家《ペンタゴン》」の中をさまよう私は、ついに窓のある場所に行き着いた。私は窓に駆け寄った。私は一番内側の「環《リング》」の中にいた。窓から中庭が見えた。

見て、驚いた。その驚きはいまなお、いつも新鮮なまま甦る。

「世界の要塞」の中心にあったのは、草だった。草の生えた一画だった。無名戦士《アーリントン》の墓がある丘の草の種子が飛んで来て茂ったような、ガランとした緑の空き地だった。

少年の私は、その時すでに知っていたのだ。この「五角形の家《ペンタゴン》」はアーリントン国立墓地のそばに立つ、何よりも大きな「墓石《トムストーン》」であることを。

その意味で「墓石」の中心に位置するこの「家《ペンタゴン》」の中庭は——わずか五エーカーのこの草地は、神のものでなければならなかった。その場所の保護者を自認する神のものでなければならなかった。

*「ポーク・チョップ・ヒル」　朝鮮戦争の激戦地。

私はまた、五角に渦巻く「家《ペンタゴン》」の台風の目である中庭[2]が、ソ連の照準装置が狙いをつけた「爆心地《グラウンド・ゼロ》」と呼ばれていることを当時、すでに知っていた。次の世界大戦のキノコ雲が晴れた時、無傷で残るべき草地であることを知っていたのだ。

そのような場所に草地はそぐわないと、少年の私は思った。まっさらな緑が、敵をかえって挑発しているように感じた。

舗装して戦車隊の駐屯地にした方がいいな。ヘリポートも造ろう。でもそうすると、敵の空挺部隊の降下地点になってしまうぞ。おっと、いよいよ敵が攻めて来た。侵略だ……。

そんな私だけの「秘密」を抱いて、少年の私は窓から身を翻す。「家《ペンタゴン》」の中で、私が初めて抱いた「戦争の秘密」。私の世界の中心に広がる「環」。私のど真ん中にある、私だけの神の中庭。それを見て、私の魂が震えた最初の恐怖——その恐怖はしかし、私の最後の恐怖とはならなかった。

それにしても「敵」は誰だ？　味方は誰だ？　ぼくはいったい「何をなすべきか[3]」？

私は前進を始めた。駆け出してはいけない（ここの人間じゃないと気づかれてはならない。そんな馬鹿なこと、するんじゃないぞ）。タイル壁の森を、地雷原を、無人の野を進んでゆく。空軍のパパのオフィスはどこだ？　パパはどこにいる？

この「家《ペンタゴン》」の起工式が行われたのは、一九四一年九月十一日[4]のことだった。あの「9・11」事件で、アメリカン航空の七七便が、アーリントン墓地に面する「家《ペンタゴン》」の側面に矢のように突っ込む、六十年前のことである。時間もほとんど同じ。

世界は二〇〇一年九月十一日の意味を理解しようとした。そして歴史上、最強の軍事力であるアメリカ軍部《ミリタリー・エスタブリッシュメント》の総司令部の建物が、テロ攻撃に対し致命的な弱さを持っていたことが明らかになった。「9・11」の三十年も前に、ジョージ・マーシャル将軍*の伝記作者は、次のように書いた。「潜在的な敵が上空から見間違うことのない目標として、それは攻撃を誘っているようにも、米国の敵に対して抵抗のビームを放射しているようにも見える」と。[5]

この「家」、ペンタゴンはその床面積において、一九七三年、ニューヨークに完成した、あの「世界貿易センター（WTC）」にトップの座を奪われるまで、アメリカ最大のビルだった。アメリカン航空一一便とユナイティド航空一七五便の激突で、WTCの双子のタワーが崩壊するやいなや、「家《ペンタゴン》」は「全米最大のビル」の座に返り咲いた。しかし、「9・11」を機に、「家《ペンタゴン》」はなぜか不可思議なほど弱々しく

---

2 米国防総省（ペンタゴン）の中庭には一九八〇年代、九〇年代にかけ、「カフェ」という名前のアウトドア・スナック・バーがあった。
3『何をなすべきか』は、ロシアの社会改革者、N・G・チェルヌイシェーフスキーが一八三六年に刊行した小説の題〔邦訳は岩波文庫に〕。レーニンは一九〇二年、これと同じ題の本を出版した〔白井聡氏の『未完のレーニン』（講談社）は、レーニンの『何をなすべきか』と『国家と革命』を読み解き、新たなレーニン像を示したものである〕。
4 Goldberg, *The Pentagon*, 四四頁。
＊ジョージ・マーシャル将軍　米陸軍の軍人（一八八〇～一九五九年）。第二次大戦中、欧州・太平洋戦線で連合軍の作戦行動を調整・統率した。戦後、国務・国防長官を歴任。国務長官時代の欧州復興計画は、その名をとって「マーシャル・プラン」と呼ばれた。一九五三年、ノーベル平和賞を受賞。
5 Pogue, *George C. Marshall*, 三八頁。

見えるようになった。

巨大な包帯のような幕が現場に張り巡らされ、破壊された壁を覆い尽くした。復旧工事現場の防水シートの上に、アメリカの国旗がひとつ、取り付けられた。米国民のトラウマがニューヨークに集中する中、「家《ペンタゴン》」は国民の意識の片隅に置かれた。「家《ペンタゴン》」は常に、国民意識の外れに位置して来たのだ。

私は「家《ペンタゴン》」が「七七便」によって体当たりされて、初めて気づいた。この「家《ペンタゴン》」が、いかに少年の私の心に熱い刻印を残していたか、気づかされたのである。

「9・11」をめぐる悲しみと痛みは、私の場合、ニューヨークではなく、アーリントンの「家《ペンタゴン》」へと向かった。私がその時覚えた悲しい痛みは、私の中の心の傷《トラウマ》に対し、私の人生を貫く一本の線で結び付くものだった。

少年の私が夢中になった「家《ペンタゴン》」は、その最初の出会いのあと、私の中で姿を変えた。私はやがて「アメリカの戦争」を批判する若者の一人となり、「家《ペンタゴン》」の所業に批判を強めた。そんな私にとって「9・11」は、遅ればせながら遂に襲いかかって来た、冷戦の悪夢が現実化した姿だった。それは、まさに爆心地に立ち上がった、核のキノコ雲のようなものだった。テロリストたちが「家《ペンタゴン》」を攻撃目標に加えた事実は、当日の大混乱の最中にあって、私には必然的なもののように思えた。

それは「アメリカの権力」に対して、攻撃が加えられた日だった。「経済権力」と「軍事権力」が攻撃を受けた。ペンシルバニアの原野に墜落したもう一機の航空機が、ワシントンの連邦議会やホワイトハウスに突入していれば、アメリカの「政治権力」の中心もまた、破壊されたはずだ。

アーリントンの巨大な「家《ペンタゴン》」の南壁にできた穴がすぐ覆い隠された素早さと、「9・11」後の数ヵ月、いや数年のうちに、その「家《ペンタゴン》」の影が国民的な関心からすっぽり抜け落ちた巧妙さは、少なくとも私の心に、さまざまな疑問を掻き立てるものとなった。

「家《ペンタゴン》」とは、そもそもアメリカにとって一体、何であるのか？　その影響力をアメリカ人はどう膚で感じているか？

その権力は、どんなふうに行使されて来たか？　一九四一年の起工式以来、この「戦争の家」はアメリカ国民の感覚にどんな影響を及ぼして来たか？　それは、世界においてどんな地位を占めて来たのか？　その「家《ペンタゴン》」は、アメリカ人の魂をつかもうとして来た闘いに成功したのか、失敗したのか？——これら一連の疑問こそ、本書を貫くものである。

本書が辿る「戦争の家」の物語は、一人の男でもって始まる。レズリー・グローヴズ将軍。彼こそが、想像もつかないほど力を持つに至る、「経済」と「軍事」の「双子の権力」の中心を占め、両者を体現した人物だった。

この物語に登場するもうひとりの人物、ヘンリー・スティムソン陸軍長官は、この双子の権力の危険性をすぐさま見破り、警告を発した人物だが、無駄な努力に終わった。

スティムソン以降もたくさんの人々が警鐘を鳴らし続けて来たが、「家《ペンタゴン》」はアメリカの経済、さらには文化の操縦桿《レバー》を不当にコントロールし、科学や研究機関、政治まで簒奪《さんだつ》し続けて来たのである。

「惨憺たる勃興《ディザストラス・ライズ》」——これはドワイト・アイゼンハワー大統領が、自ら「軍産複合体」と名づけたものへの警戒を呼びかけた、その退任演説の中の表現である。「家《ペンタゴン》」は「惨憺たる勃興《ディザストラス・ライズ》」を遂げて来たのだ。

「家《ペンタゴン》」はアメリカの国民生活の核としてあり続けてきたので、それだけで現代アメリカ史の全てを綴ることができるほどだ。しかし、本書はそこまで踏み込まない。「家《ペンタゴン》」が、黒人差別の撤廃を求めた公民権運動に対し人種差別政策で臨んだことや、軍事研究予算の投入で大学が変質したことは重大な問題だが、本筋から逸れるので取り上げないことにした。「家《ペンタゴン》」はまた、アメリカのメディアに対して、強力な影響力を行使して来たが、この点についても本書の関心の対象外とする。

連邦行政機関と連邦議会の関係も、連邦政府の重心が、ポトマック川を越え、アーリントンの「家《ペンタゴン》」へ移動する中で、変質を遂げた。この経緯については本書の中でも触れるが、あくまで補助的な記述にとどまる。

われわれの関心は、もっとシンプルな問題と向き合う。国内・外で激震を引き起こしつつ蓄積されて来た「家《ペンタゴン》」の権力が、「アメリカの権力」そのものを如何にして変異するに至ったか、その姿を見ようとするものだ。

私の記述の一方の端に位置するのは、ハリー・トルーマン、ディーン・アチソン、ジェームズ・フォレスタルである。記述のもう一方の端にあるのは、ロナルド・レーガンであり、ビル・クリントンであり、ジョージ・ブッシュである。そして、その間の糸に連なるのが、ジョージ・ケナン、ポール・ニッツ、カーチス・ルメイ、ロバート・マクナマラ、ドナルド・ラムズフェルド、ポール・ウォルフォウィッツ、リチャード・チェイニーである。

この「家《ペンタゴン》」の勃興の物語は、歴史の叙事詩として、個々人と国民を妄想の中で溶接し、心理の集中と政治的な圧力を接合するもので在り続けて来た。それは実態のない影を、気高く、道徳的な厳粛さでもって、紛れもない現実へと繰り返し変造するプロセスだった。[6]

この「戦争の家」の物語の最初から最後まで、すべてを突き抜け、語り続けるものは「核」である。それは戦争の武器である以上に、新しき宗教の神のごときものだった。そして「反・共産主義《アンチ・コミュニズム》」が、この「核の宗教」に最初の神学的な装いを与えたのである。

「核の宗教」は早速、背教者狩りを開始する。そこから生まれたアメリカの「二極思考《バイポーラー・マインドセット》」は、「共産主義」の消滅によっても消えずに残り、より露骨な「核の宗教」になるよう訴えかけてもいる。「冷戦」の終結は、新たな「テロに対するグローバル戦争」を生み出した。「悪《イーブル》」は二一世紀において、またも見事なカムバックを果したのである。

「家《ペンタゴン》」はこれまで常に、アメリカ国民の「聖なる神殿」であり続けて来た。それは同時に、奈落の淵に向かって、非情な流れを噴射し続ける「機関室《エンジン・ルーム》」としてもあり続けて来た。そして遂には、全世界から狙われる標的になってしまったのである。

本書が描く物語は、さまざまな反語《アイロニー》に彩られている。当面の緊急事態を乗り切る対策が永遠のものと化し、想像上の敵が、まさに想像されたことで現実のものと化した。軍備を管理するイニシアチブが競争を煽り、核兵器を螺旋状に積み上げるものとなった。知的な聡明さが（知識人自体によって）技術

6 私はこの観点をシャープなものにしてくれたリサ・ゼフェルに感謝したい。〔Lisa Szefel　アメリカの歴史学者。ハーバード大学講師〕。

の専門性以下のものと見なされるようになった。徴兵に反対するピースニク*たちの抵抗は、貧しい者たちによる職業軍隊を生み出す結果に至った。

アメリカの軍事的な好戦性は時折、「家《ペンタゴン》」を本拠とする国防総省はもちろんのこと、それ以上に、外交を司る国務省に対し公然と反旗を翻すものとなった。将軍たちが支持した対外政策は、彼ら制服組を統制するはずの、規律を重んじる文民《シビリアン》の監督者たちが拒否したものだった。

本書の物語の流れは、大きく二ヵ所で反転する。最初の反転は、冷戦イデオロギーを最も体現した人物がその冷戦を終えるため、冷戦の敵と協力する道を見出した時に起きた。敵を友人とさえした時のことである。次の反転の局面は、平和をつくる大統領だと言い張った人物が、敵が存在しないのにもかかわらず、冷戦を存続させた時に起きた。

こうして物語は、時代の句読点を打ちつつ、ある悲劇的な終点に行き着く。みすぼらしい姿の「武装抵抗勢力」の集団が、世界史上、最も贅沢に武装した軍隊の進撃を文字通り停止させた時に、この物語は終わるのだ。

朝鮮、ベルリン、キューバ、ベトナム、ユーゴスラビア、ソマリア、イラク、イラン、そして再び朝鮮半島……。モスクワとの核競争の行き詰まり。「ハイテクが軍事を制する」と繰り返す、偽りの約束。米海軍が仕掛けた米空軍との主導権争い。米陸軍の二度にわたる自滅的な作戦命令。そして、次なる戦場、宇宙フロンティアへの絶えざる進出……これらもまた、この物語の節目となるものである。

そうした舞台のひとつひとつに、時の英雄たちがいた。東西冷戦の両サイドには、「第三次世界大戦」の回避は可能だと気づいた指導者がいた。「限定的な戦争」を戦い、計り知れない無残な結果を負わされた無名の戦士たちがいた。精神の平衡を保つ人々の群れの中には、絶対平和主義者、〝ガンディーの子どもたち〟もいた。彼らは戦争が起きるたびに戦争の停止を求め、核戦争の引き鉄が引かれる決闘時《ハイヌーン》に「タイム」を呼びかけた。

この物語には悪者《ヴィラン》たちも登場する。新しい武器の奴隷になった者たちだ。手段と目的の関係を見失った者たちだ。アメリカの権力に――アメリカの無実《イノセンス》に、限界があることを認めない者たちだ。こういう者たちが国民を不必要な戦争に駆り立てて来たのだ。深い考えもなく、この地球そのものを危険に曝して来た。脅威を見つけ出しては、脅威が成し得る以上のダメージを、「防衛」の名の下に生み出して来た。

第二次世界大戦中に解き放された「復讐心」は、アメリカ人の魂の隙間に入り込み、「9・11」のあと、力を漲らせながら再浮上を遂げた。

「恐怖心」もまた、そうだった。恐怖に駆られた指導者たちは、国民の不安を煽って、とんでもないことを仕出かした。それまた、この物語の中で目にすることである。

この「戦争の家」の物語は、そのほとんどが普通の人々の物語である。善意でもって行動し、悲劇的なジレンマに引き裂かれ、目の前で起きていることに抵抗した、普通の人々の物語である。

その中の一人が、私の父親だった。父が私を、苦しみつつ物語る本書の語り部としたのである。私の

＊ピースニク　ベトナム戦争当時の徴兵忌避者。

目は、軍人の息子の目だった。不幸なことに私は、その目を通じ、全てを見てしまったのである。

本書は、疑問の森に分け入る物語だ。「家《ペンタゴン》」はそれ自体が一個の、深く暗い森である。少年の私が抱いた疑問は、大人になった私の疑問となった。

巨大な官僚制の非人間的な力と、この「戦争の家」に特有の文化が、臨界点に到達した膨大な「核の権力」に接続された時、何が起きたか？　第二次世界大戦中、及び冷戦時代の軍事的な不安の中で、さらには核による支配という、到達しがたい目標に向かって駆け上がる途中で、アメリカの軍事政策の倫理規範にどんな変化が生まれたか？　「家《ペンタゴン》」の男たちとは何者であり、軍拡競争の非人間的な動きに対して彼らは、自分たちのモラルをどう関係づけたか？　この国の憲法が定めた、ワシントンにおける「抑制と均衡」は、ポトマック川の対岸、バージニアの側における、すさまじいばかりの権力と影響力の蓄積に対し、どう耐え続けて来たのか？

さらには、「テロに対するグローバル戦争」はいかにして、アメリカ人の心を、自己破壊的なまでに摑むに至ったか？　そして最後に、「家《ペンタゴン》」という、この国の主権と権力を簒奪する中心の地を、「家《ペンタゴン》」をさ迷う「見えない少年」から大人に育ち、「家《ペンタゴン》」の魔法から解放された私を含むアメリカの普通の市民が、自分たちの支配下に如何にして取り戻すことができるか？

こうした疑問の重みに耐えながら、その答えを見つけるべく、私はこの本を書き始めているのだ。亡くなった父親と最早、再会すべくもないが、森の中で道を見つけるために、闇の中に光を見出すために、私は書いているのだ。

本書は「戦争の家」と「核」、そしてアメリカの上になおも荒れ狂う「戦争」に関する物語である。

第一章
1943年　ある週の出来事

ONE :
ONE WEEK IN 1943

1 地獄の底《ヘルズ・ボトム》

あの「アルカイダ」の攻撃から一年が経った。犠牲者の追悼式が「家《ペンタゴン》」で行われた二〇〇二年九月十一日までの僅か十二ヵ月のうちに、「9・11」後の修復作業は、そのほとんどが完了していた。

この「家《ペンタゴン》」が生まれる時もそうだった。当時を知る人はもうほとんどいないが、ビルの建設が始まり、工事が終わるまで、たったの十六ヵ月しかかからなかったのである。

セメントに混ぜる砂は現場に隣接したポトマック川から浚渫《しゅんせつ》され、その量、七〇万トンに達した。川岸に立ち上がったことで、この「家《ペンタゴン》」の印象は決まった。悠久の時の流れの彼方、古《いにしえ》のナイルの川面に朧《おぼろ》に聳え立つ、あの禁断の神殿を思わせる建築物となった。[1] 川に面した玄関口《エントランス》を引き立てる、ポトマックの流れに続く、絵のような潟《ラグーン》は、まるでクレオパトラの船を待ち受ける広場のようにも見えるが、それはこの浚渫によって出来たものである。[2]

「家《ペンタゴン》」の建築に、鋼材は最小限しか使われなかった。エレベーターを設置する代わりに、傾斜路《ランプ》が造られた。鋼は弾丸や砲弾、戦車のために使う必要があったからだ。

設計者らは、この建物は戦争という非常事態用で、戦争が終われば、当然、民生用の施設として使われるものと考えていた。たとえば、政府の公文書館への転用を念頭に置いていたのである。

母も、私にこう教えてくれた。ここはいずれ、戦傷者ら復員兵のケアをする施設になる。傾斜路を造ったのも、車椅子や松葉杖に配慮したからだ、と。母から聞いたことが事実ではないと知った後もなお、私はそれを信じ続けたほどだ。

「家《ペンタゴン》」は間もなく、世界最大の病院に生まれ変わる……。そんな母の思いを聖化したのは、弟のジョーの小児麻痺だった。私の母は病院に居つき、傾斜路の具合を確かめるようなこともしていた。小児麻痺になったジョーに対する献身的な看病の中で、母は他の患者のためにも祈るようになった。そんな母の祈りは、ルーズベルト大統領にも通じ、彼の小児麻痺の脚を伸ばすことに成功したらしい。ルーズベルトは完工直前の一九四三年一月に「家《ペンタゴン》」を訪れている。その時の写真が残っているが、車椅子に乗った写真は一枚もないのである。

が、ルーズベルトにとって、この「家《ペンタゴン》」は足を引きずるような重荷だった。

第一次世界大戦当時、海軍次官だった彼は、ワシントン市内各地に、兵舎のような「臨時庁舎《テンポ》」を建てるよう命じた。安普請の建物は、それから二十年経った当時も目障りなものとして残っており、とりわけリンカーン記念館からワシントン記念塔までの「モール」*を占領するように軒を連ねていた。ルーズベルトはそれを見ると自分が責められるようで、たまらなかった。

---

1 このイメージは、小説家のノーマン・メイラーによるものだ。メイラーは『夜の軍隊』の中で、こう書いている。「彼はすでに、エジプトの建築とペンタゴンを結びつけて考えていた。彼の言う通りだった。石版のような、糞便のような分厚い壁、秘密の洞窟——それらはすべて、ナイルの泥で出来ていた」〔ノーマン・メイラーは米国の小説家（一九二三〜二〇〇七年）。第二次世界大戦を太平洋戦域で戦い、フィリピンで日本軍との戦闘に従事し、占領軍として日本にも来た。その戦争体験を『裸者と死者』に書いて作家デビューを果した。『夜の軍隊』は、ベトナム反戦運動を描いた、ノンフィクション的な作品〕。
2 Goldberg, *The Pentagon*, 五二頁。

「陸軍省」も当時は、ワシントン市内各地に点在する一七もの建物に分散していた。ルーズベルトは、現国務省所在地のフォギー・ボトム二一丁目に新たな米軍の司令庁舎を建てようと、自ら陣頭指揮で建設工事を進めた。その新庁舎が完成するやいなや、第二次世界大戦が勃発した。米軍は一九四一年の半ばまでに、陸軍だけで一五〇万人の規模に膨れ上がっていた。新庁舎は手狭で、軍の高官たちはルーズベルトに、使うのは無理と進言した。[3]

完成した司令部新庁舎の玄関には、巨大な軍事壁画が描かれていた。戦う鉄兜の兵士たちの壁画だった。そんな国際交渉とは縁遠い建物であるにもかかわらず、それはやがて外交を司る国務省の本拠に変わる。そしてその状態は今に続いているわけである。

増強され一新された当時のアメリカの軍部にとって、新庁舎の手狭さだけが問題ではなかった。政府中枢との折衝の煩瑣さや、政府による諸般の制限から逃れるため、いわゆる「連邦西部行政区」の外に、より大きな庁舎を持とうとしていたのである。

戦時下の米軍が、内務省や商務省、先住民省といったお役所並みに扱われる謂れはなかった。そんな枠など飛び越える必要があった。軍の高官らが早速、ワシントンDC（コロンビア特別区）の外で候補地探しを始めたのは、そのためである。これはしかし、連邦議会が連邦行政機関をDCの域内に建設するよう定めた規定に反することだった。[4]

軍部にとって魅力的だったのは、川向こうのバージニアだった。DC内の建築規制だと、軍の設計者たちが考える大規模な建築を妨害される恐れもあったからだ。しかし、ポトマックの対岸を建設地とすることに、早速、反論が湧き上がった。ルーズベルトの従兄弟のフレデリック・A・デラーノが委員長を務める「ＤＣ美術委員会《ファイン・アーツ》」が、管轄外のことであるにも拘らず、軍の建設計画には「不遜な臭い」[5]がすると非難を浴びせたのだ。建設予定地がＤＣ内から続く「メモリアル橋」の西側の端にあたり、そこに軍の庁舎が建てば歴史的な景観を損なう、との理由だった。

軍の建設予定地は当初、農業研究機関の「アーリントン・ファームズ」の敷地だった。この土地はすべて、元々、南北戦争時の南軍の将軍、ロバート・Ｅ・リーの農場だったところ。この「アーリントン・ファームズ」以外のリー将軍の元所有地は、アーリントン国立墓地として連邦政府の所有に移っていた。

リー将軍の土地を没収した懲罰的な古傷を癒す、「南」と「北」の「和解」のシンボルは、一九二〇年代になって生まれた。「メモリアル橋」を軸に、アーリントンにある円柱建築のリー将軍の邸宅と、一九二二年に完成した「リンカーン記念館」が一直線につながることになった。リー将軍の「南」は「リンカーン」に接続することで「モール」を経由し、「ワシントン（記念塔）」、さらには「連邦議会議事堂」へと直結した。

その軸線の真上に、リー将軍の邸宅から見てその直下に計画された「陸軍省」の新しいビルは、国民

＊モール　ワシントン市内を東西約四キロにわたってのびる長大な緑地帯。東は連邦議会議事堂、西は「リンカーン記念館」を結ぶ。

3 Brinkley, *Washington Goes to War*, 七二頁。

4 Goldberg, *The Pentagon*, 一四頁。

5 前掲書、二四頁。

的和解の景観《ジオグラフィック》シンボルを損なうものと見なされたわけである。

この点を指摘されたルーズベルト大統領は、建設予定地を軸線の直下から一・六キロほど下流に移動するよう命令を下した。ルーズベルトは同時に、巨大すぎる最初の設計プランを半分にするよう命じた。大統領は、巨大な非人間的な空間の中で働く人々への心理的な影響を懸念したのである。[6]

ルーズベルトはまた、こうも考えていたのだ。「現下の非常事態」が終わったら、陸軍省の司令部は、本来帰属するワシントンDCに戻す。バージニアに恒久司令部を置く必要はない、と。

ルーズベルトは陸軍に対しても、海軍のように今度も仮住まいで我慢するよう迫った（海軍の別棟《アネックス》は「家《ペンタゴン》」の上のアーリントンの丘に、臨時の建物として建設され、今なお、その場に建っている）。建設プロジェクトを担当する陸軍の将軍が命令を聞こうとしないのに業を煮やしたルーズベルトは、こう語ったという。「親愛なる将軍どの、私はまだ、あなたの最高司令官であるのですよ」[7]。

将軍は命令に従うと答えたが、すべてを受け容れたわけではなかった。建設地を下流に――当時、「地獄の底《ヘルズ・ボトム》」と呼ばれていた、あばら家だらけの見苦しい荒地に動かすことに同意しただけのことだった。新たな用地は元々、飛行場、鉄道の操車場だったところで、ブリキの格納庫や錆だらけの貨車も放置されたままだった。しかし、将軍はルーズベルトには知られずに、「家《ペンタゴン》」の規模縮小を回避することに成功した。バージニア州選出の地元議員の力をかり、「家《ペンタゴン》」を恒久化しうる規模を確保したのである。

その頃すでに、あの「ハリウッド・ボウル」*を設計したG・エドウィン・バーグストロム率いる「家《ペンタゴン》」の設計家集団によって、最初の計画地、ポトマックの上流、「アーリントン・ファームズ」を敷地とする設計図は引き終わっていた。この最初の設計図はもともと単純な長方形だったが、アクセスする道路の関係で角のひとつが切り取られ、いびつな五角形になっていた。
下流に動かすと決まってバーグストロムは元の設計に手を加えた。いびつな五角形を正五角形に直してみせた。この時、いまの「家《ペンタゴン》」の形が決まった。下流の新しい場所に移せば、道路による制限もなくなるので、別に五角形にこだわらなくてもよかったが、建設を急がなければならなかったので、正五角形でゆくことになった。

結果としてバーグストロムとその建築家グループは、ナポレオンの時代の要塞構造の名残を伝える「陸軍省」司令部の五角形構造を神話化することになったが、[8] 設計の本当の理由や、いかにも俗的な成り立ちについてはすっかり忘れ去られてしまった。

その翌年にかけ、一〇〇人を超す建築家と同じ数の技術者が現場の、荒れ果てた飛行機格納庫に陣取り、昼夜を問わず、細かな設計図を描いては、一万五〇〇〇人を超す土木労務者に手渡す作業が続い

---

6 ルーズベルトが抱いた、「スターリン的巨大信仰でヒューマンなスケール」を捨て去ることへの懸念は、ラッセル・ベイカー〔Russell Baker ニューヨーク・タイムズ紙のコラムニスト〕によって、数十年の後、より明確なかたちで以下のように語られるだろう。「人間はこうした重圧下にあっては、居場所を失うものだ。それは人間を、自分は取るに足らないものだと思わせるべく設計されている。お前はゼロに等しいものであり、偉大なる機構の中の、つまらない厄介者だという言辞でもって威嚇し、圧倒するものである。そう、最も影響されやすい者は、そのような傲慢な場所で働く人びとである」。Baker, "Moods of Washington."

7 Goldberg, *The Pentagon*, 一八頁。

＊「ハリウッド・ボウル」は、ロサンゼルスの野外音楽堂。ロサンゼルス交響楽団の本拠でもある。一九二二年に完成した。

8 Brice, *Strongfold*, 一一六頁。

た。設計図の完成を待たず工事を進めることもあった。

「家《ペンタゴン》」の起工式からほぼ三ヵ月後、ハワイの真珠湾が奇襲攻撃され、突貫工事にさらに拍車がかかった。倍の速度を強いられた。「三階の床に渡す梁のサイズ、どのぐらいにしたらいいだろう」と、ある建築家が同僚に聞いた。同僚は答えた。「わからないな。でも、その梁、誰かが昨日、取り付けてしまったぜ[9]」。

工事現場を監督していたのは、米陸軍工兵団のレズリー・R・グローヴズ*大佐だった。四十五歳で「家《ペンタゴン》」の現場責任者に任命されていた。太ったガッシリした体つきだが、真鍮のバックルのベルトから突き出たお腹が唇のように垂れていた[10]。仕事人間のグローヴズ大佐は、軍のマネージャーとして重要な存在だった。国内における軍の突貫工事の全責任者だった彼は、アメリカ中の材木の半分を買い占めていた[11]（工兵団の建設予算は一九四〇年に、前年の二〇〇〇万ドルから一〇〇億ドルへ一気に跳ね上がっていた）。

グローヴズは、インディアン戦争が終わりを告げた一九八〇年の「ウンディド・ニーの戦い*」の六年後に、軍人一家に生まれた。少年時代、アリゾナ州のフォート・アパッチ基地で、インディアン殺しで有名な軍人[12]の家に住んだこともある。そんなグローヴズの生涯を通した英雄《ヒーロー》は、ウィリアム・テカムセ・シャーマン将軍*だった。

シャーマン将軍がジョージア州を横断して進撃した「海への進軍*」は、「全面戦争」を敢行する戦闘心を初めて正当化したものだ。その戦闘心は、南北戦争の後、今度はアメリカ先住民族に対して向けられることになった。

グローヴズは最初、マサチューセッツ工科大学に入学したが、実兄が亡くなった一九一四年、陸軍士官学校《ウェスト・ポイント》に転学した。実兄は、後に「家《ペンタゴン》」の最初の建設予定地となる「アーリントン・ファームズ」で病気に感染し、亡くなった。それ以来、グローヴズは口髭を生やすことになる。

口髭を生やしたからといって、グローヴズの人を寄せ付けない態度は変わらなかった。陸軍工兵団での彼の仕事は、マネジメントが中心だった。そこでグローヴズは何度も手腕を発揮することになる。「家《ペンタゴン》」の建設に取り掛かる以前の彼の仕事で最も重要なものは、中央アメリカの地峡に通す第二運河

---

9 Brinkley, *Washington Goes to War*, 七五頁。
＊レズリー・R・グローヴズ　米陸軍軍人（一八九六～一九七〇年）。「ペンタゴン」の建設工事を陣頭指揮したほか、原爆開発の「マンハッタン計画」にも関与・監督した。陸軍中将。
10 リチャード・ローズ〔Richard Rhodes アメリカの歴史家・ジャーナリスト。著書、『原爆製造』でピューリッツァー賞を受賞〕は、グローヴズのことをこう書いている。「軍の真鍮バックルの皮ひもの、上からも下からもはみ出すほどの胴回りをした」と。*The Making of the Atomic Bombs*, 四二五頁。
11 Lawren, *The General and the Bomb*, 五九頁。
＊「ウンディド・ニーの戦い」　一八九〇年十二月二十九日、米サウスダコタ州のウンディド・ニーで行われた、米第七騎兵隊によるスー族・インディアン掃討の戦い。スー族の側に、婦女子を含む一七八人の死者と八九人の負傷者が出、一五〇人が行方不明になった。「ウンディド・ニーの虐殺」とも呼ばれる。
12 マイルズ将軍を指す。Lawren 前掲書、四八頁。
＊シャーマン将軍　南北戦争時の北軍の将軍（一八二〇～一八九一年）。
＊「海への進軍」　シャーマン将軍が南北戦争終盤の一八六四年十一月から十二月にかけ、南軍を降伏に追い込むため、ジョージア州のアトランタから、同州の港町、サバナまで、焦土作戦を繰り広げながら続けた進撃を言う。非戦闘員を巻き込んだ徹底破壊は、その後の「全面戦争」のさきがけとなった。

（着工されることはなかった）の計画だった。[13]

「家《ペンタゴン》」が完成に近づいた頃、グローヴズは准将に昇格した。昇格はこの工事の功績ではなく、次のプロジェクトのためのものだった。

グローヴズは、「家《ペンタゴン》」の食堂とトイレを「有色人種」用と「白人」用に分けて造った。黒人用の食堂は「家《ペンタゴン》」の地下に造られることになった。各階の廊下のつなぎ目に、人種で分けたトイレを二ヵ所ずつ設けた。

完工直前、ルーズベルト大統領が「家《ペンタゴン》」を訪れ、どうしてこんなにトイレが多いか、その理由を質した（トイレは二〇〇ヵ所以上もあった）。軍は地元バージニアの人種州法に従い、トイレを分けた、と答えた。

ルーズベルトはその半年前、米軍において人種差別を禁止する命令を発したばかりだった。ルーズベルトは「白人専用」の標識を直ちに外すよう、グローヴズに命じ、グローヴズはこれに従った。グローヴズが大統領に押し切られたおかげで、「家《ペンタゴン》」は長い間、バージニア州唯一の人種隔離が許されない場所であり続けた。[14]

ルーズベルトの訪問から数日後、時の陸軍長官、ヘンリー・L・スティムソンによって、目立たない式典が行われ、「家《ペンタゴン》」は開所した。戦時中の非常事態でのことであり、戦史や回想録に、式典の形式が記されることはなかった。

式典ではおそらく、儀仗兵がマホガニーのスタンドに戦闘旗を立てたことだろう。歴代の戦争長官の肖像画の除幕のセレモニーも行われたに違いない。陸軍の軍楽隊による演奏もあったことだろう。リボンに鋏を入れるセレモニーもあったはずだ。
「家《ペンタゴン》」が落成したのは、一九四三年一月十五日。この日付だけは記録に残っている。[15]

2　無条件降伏

「日付」の偶然の一致は――「家《ペンタゴン》」の起工式が行われた「9・11」は、一九四四年のその日、米軍がドイツ国境（トリエル付近）まで到達した日付であり、落成式が行われた「1・15」はその年、連合軍がイタリア・アンツィオへの上陸作戦の準備を終えた日付だった――われわれにとって大切なものである。日常生活の不確かさの陰に、しっかりした秩序があるような印象を与えてくれるからだ。時の流れはそこで、単なる偶然の連なりではなくなる。無関係のようにみえる物事が、そこで繋がり合うのだ。

その繋がり合いは偶然の一致によるものではなく、意味による結びつきである。それは、いくつかの

---

13 Lawren 前掲書、四七、五五頁。
14 前掲書、六一頁。バージニア州の公立学校における人種隔離の撤廃は、一九五七年になってようやく実現した。「家」の落成式から十五年近くが経っていた。
15 「家」への引越しは落成前から、出来あがった所へ順次始まっていた。スティムソン長官自身、一九四二年十一月には「家」に入居している。Norris, *Racing for the Bombs*, 一五八頁を参照。しかし、海軍の最高司令部は入居を拒み、統合参謀本部も戦時中「家」で協議することはなかった。Sherry, *The Rise of American Air Power*, 二一九頁。

物事の「コーインシデンス」（「一致」）ではなく、ひとつの物事への「コンバージェンス」（「収斂《れん》」）と言うべきものかも知れない。それは違ったものをひとつに纏め上げる以上の何かである。

本来、「収斂」とは、「物」をはっきり見ようと二つの眼球を寄せる動きを指す言葉だ。それぞれが見る二つの像が一つになる。像が結ばれるところに焦点が生まれる。似たような言葉に「コレスポンデス」（「対応」）というのがあるが、これは二つの「出来事」を重ね合わせる感覚に与えられた言葉だ。それは、一つの出来事がもう一つの出来事を、どんな風に照らし出すか、ということである。

この「対応」は、記憶の建築そのものを生み出すものだ。われわれが今、経験していることは、絶えず過去の経験を呼び覚ます。過去はそれによって深く理解され、現在もまた、より生き生きとしたものとして生活の中に現れるのだ。

過去という歴史の領域に目を――両眼を向けることで、一見、共通点のないいくつかの出来事を舞台の上に立たせ、そこに全ての意味を説明し得る「隠れた連関」を見出すことができるのだ。こうした偶然の一致に注意を向ける手法は、「家《ペンタゴン》」の歴史を綴る本書を特徴付けるものになるだろう。

その手始めに、一九四三年の「1・15」以降、同じ一月の二十三日まで、一週間の間に起きた出来事について見ることにしよう。

ポトマックの岸辺に生まれた、軍事力を象徴する、「家《ペンタゴン》」の落成後、数日のうちに世界で起きたいくつかの出来事は、一見、無関係な出来事でしかなかった。しかし、そこには連鎖反応の中で融合し、軍の態度や行動を変え、「家《ペンタゴン》」自体の意味さえも変質させるに至る、一連の思考と行為の流れを生み出す共通点が潜んでいたのである。「家《ペンタゴン》」の落成式にフランクリン・ルーズベルトが姿を見せなかったのは、彼が「家《ペンタゴン》」を認めなかったからではない。そうした一面もなくはなかったが、その時、彼は大統領として初めて、空路[16]、モロッコのカサブランカへ飛び立っていたのだ。

ルーズベルト大統領は、カサブランカにおける八日間にわたる会議の最中にあった。英国のウィンストン・チャーチル首相、仏領北アフリカ総督のアンリ・ジロー将軍、「自由フランス」の指導者、シャルル・ドゴール将軍との会談だった。この連合国の緊急会議に、ソ連のヨシフ・スターリンは出席していなかった。

当時、ソ連軍はレニングラードでドイツ軍を撃退し、その後、十七ヵ月に及んだ反攻開始のとば口にあり、しかもスターリングラードでは三〇万のドイツ軍をまさに壊滅させようとしていた。六ヵ月にわたるスターリングラード攻防戦が終わるのは、この月、一月末日のことである。

つまり、「カサブランカ会談」の開催時期と一致するかたちで、東部戦線ではドイツに対して潮流を逆流させる、決定的な二週間にわたる戦いが続いていたのだ。

「ついに始まった」と、スターリンは言った。「ソビエトの大地から敵をたたき出す大量追放が始まった」と[17]。

主導権を握ったスターリンは、戦略的かつ復讐心に燃えた戦い方をしてゆく。連合国の同盟者たちは、その後押しを努めることになるわけだ[18]。

---

16 Beschloss, *The Conquerors*, 一二頁。
17 Sifton, *The Serenity Prayer*, 二六八頁。

「カサブランカ会談」では、ドワイト・アイゼンハワー将軍に北アフリカ連合軍の指揮権が与えられることになったが、その北アフリカでもまた、潮目が変わる。英第八軍がチュニジアのトリポリを制圧したのである。「ロンメルはまだジタバタしている」とチャーチルは言い[19]、追撃が始まった。ロンメル将軍率いる枢軸軍の壊走の始まりだった。壊走は、一〇〇万の枢軸軍兵士の死と投降によって終わりを告げた。

この一月という時期はまた、第一世代の計算機《コンピューター》を駆使した、英国式のドイツ軍暗号通信の解読法が、ついに威力を発揮し始めた時でもあった。ドイツ軍の傍受無線を解読した報告書には「ウルトラ・トップ機密」のスタンプが捺されるようになった。それが元で「ウルトラ」は、英国による敵の暗号解読の代名詞となった。

この「ウルトラ」のおかげで、ドイツのUボートの位置を簡単に割り出せるようになった。連合国の海上輸送は、Uボートを回避して針路を変更し、連合国の空軍機が潜航中のUボートを襲った。このため、この一九四三年の一月以降、航空機の掩護可能圏内において、連合国の輸送船がドイツの潜水艦に沈められるケースは皆無となった[20]。

「ウルトラ」チームは一九四四年の年だけで、四万件以上ものドイツ軍暗号通信を傍受・解読し、連合国の野戦指揮官に通告している。「ウルトラ」はヒトラーによる将軍たちへの直接的な命令さえも解読し[21]、四三年一月以降における連合国側のドイツ軍に対する優位を保証することになった。

戦争はこの年の一月までに、太平洋においても新たな局面を迎えていた。前年の春、日本軍はオーストラリアへの侵攻を前に、珊瑚《さんご》海海戦*で破れた。この連合国側の勝利は、ミッドウェー海戦*での米海軍の大勝利につながり、ここで日本海軍は四隻の空母とともに、太平洋における制海権をも失う結果となった。さらに八月、米軍はガダルカナル島を制圧し、それを手始めに、日本軍の占拠する島々が米軍の

18 この年の十一月に行われた「テヘラン会談」で、ドイツの戦後処理をめぐってスターリンは、ルーズベルトとチャーチルにこう言った。「最低でも五万人——いや一〇〇万人になるかもしれないが、ドイツ軍の司令部の者は皆、抹殺しなければならない。私はすべてのドイツの戦犯に対する、可能な限り速やかな裁判に敬礼を送りたい。銃殺隊の目の前で、だ！　彼らを逮捕したらすぐさま殺してしまう、われらの団結に乾杯しよう。全員だ！　少なくても五〇万人は必ず」と。チャーチルはこれに抗議して言った。「イギリス国民はそうした大量殺人を決して許さないだろう……私自身、冷血な屠殺の片割れになるつもりはない……そのような忌むべき行為でわが国の名誉を汚すくらいなら、いっそ、この庭で、いますぐこの場で、銃で自殺した方がましだ」。そこでルーズベルトが、彼自身の証言によると、「仲裁に入り」、こんなジョークを言ったという。もっと少なめの数字で合意できないものか、「たとえば、四万九五〇〇人といった程度で」。Beschloss, *The Conquerors*, 二六〜二七頁。

19 Gilbert, *Churchill*, 七三八頁。

20 O'Neil, *A Democracy at War*, 一四六頁。「ウルトラ」が可能となったのは、ドイツ軍の数字暗号を数学的に計算し解読する「エニグマ」という解読機のおかげだった。ドイツは第二次世界大戦の開戦前に「エニグマ」を開発していたが、英国はこの解読機の入手に成功し、ドイツ暗号の解読に取り組んだ。この「ウルトラ」をめぐる物語は戦後も最高機密として保秘されていたが、一九七〇年代になって連合国の対独戦の戦勝を歴史家たちが再検証する中で明らかになった。Freidman, *The Secret Histories* 所収、F.W. Winterbotham, "The Ultra Secret" を参照。「ウルトラ」のアメリカ版というべきものもまた、一九四三年一月から稼動を始めた。ソ連をターゲットとした暗号名「ベローナ」と呼ばれる暗号解読プログラムで、最初は米陸軍通信情報局（ＳＩＳ）によって運用されていたが、その後、国家安全保障局（ＮＳＡ）に引き継がれ、一九八〇年まで、ソ連の外交メッセージの解読を続けた。この「ベローナ」の存在が明らかになったのは、ようやく一九九五年になってからのことである。Freidman, *The Secret Histories* 所収の "The Verona Cables" を参照。

21 Bird, *The Color of Truth*, 七七、八二頁。

手に落ちて行った。日本軍の、本土に向けた、一貫した退却が始まっていたのだ。

つまり、この年の一月までに、日本軍が戦況を盛り返す見通しはすでになくなっていた。すべての要因が収斂して、この月を、戦争の新しい扉を開く蝶番《ちょうつがい》の月にしたのだ。「連合軍の勝利」はここで、「勝つか負けるか」ではなく「何時、勝つか」の問題に変わったのである。

「カサブランカ会談」でルーズベルトは、勝利の確信を基に熟慮を巡らし、チャーチルの本能的な反論を封じ込めながら、連合国の戦争目標を枢軸国の「無条件降伏」だと初めて定式化し、主張した。会談はこの点について検討を重ねたが、ルーズベルトとチャーチルの意見の相違により、「宣言」として発表する合意には至らなかった。

ルーズベルトはしかし、会談後の記者説明で、この「無条件降伏」という言葉を不用意に使ってしまう。ルーズベルトはあとになって「無条件降伏」発言は意図的なものではなかった、「無条件降伏男」と呼ばれたユリシーズ・S・グラント将軍*のことをついつい思い出し、「気づいた時には、もう話してしまっていた」と言って、発言を取り繕った。

チャーチルはその回想録でこの点に触れ、辛辣にもこう書いている。「この率直なる声明の衝撃は、彼が発言メモに書かれていたことを口にしただけだとしても、決して弱まるものではない[22]」と。

この問題をめぐるルーズベルトとチャーチルの違いは、「新世界」と「旧世界」の差なのかも知れない。しかし、米国においてさえ、「無条件降伏」を求める伝統は絶対的なものではなかった。当のグラント将軍自身、アポマトックス*での、南軍のロバート・E・リー将軍*との会談では、「無条件降伏」に拘らなかった。たとえばリー将軍の、将校の馬を奪わないでくれという申し出を受け容れている。[23] ヨーロッパでは、近代戦は条件交渉で終結していた。クリミア戦争（一八五三～一八五六年）が終わったのは、ロシアが英仏墺によるウィーン「四条件*」を受け容れたからである。

ウッドロー・ウィルソン大統領は、米国が第一次世界大戦に参戦する前、紛争解決の諸条件を提案

＊珊瑚海海戦　一九四二（昭和十七）年五月八日、南太平洋の珊瑚海で行われた日本海軍と連合国軍の戦闘。日本側はオーストラリアを米国から遮断するため、パプア・ニューギニアのポートモレスビーの攻略を目指し、珊瑚海で米軍と豪軍の機動部隊と激突した。空母部隊同士の海戦となり、日本側は連合軍の正規空母一隻を沈めるなど海戦それ自体では勝利したともいえるが（日本側の損害は軽空母一隻など）、航空機を多数消耗した上、ポートモレスビー攻略の放棄に追い込まれ、戦略的には敗北した、との見方もある。

＊ミッドウェー海戦　一九四二（昭和十七）年、日本時間の六月五日から同七日にかけて、ミッドウェー諸島沖で行われた。米海軍は空母一隻を失うだけの勝利を収め、太平洋での戦況を大きく変える結果となった。

＊「無条件降伏男・グラント将軍」　ユリシーズ・S・グラント（一八二二～一八八五年）。南北戦争の北軍の将軍。のちの第一八代米国大統領。南北戦争で南軍との戦闘後、「無条件かつ即時降伏以外の条件なし」と旧友の南軍の将、バックナー准将に降伏勧告を突きつけたことから、「無条件降伏男」のニックネームがついた。大統領の当時、岩倉使節団と会見。大統領を退いたあと、明治維新後の日本を訪れた。その日本が米軍の主導する連合軍によって「無条件降伏」に追い込まれる。これまた歴史のアイロニーというべきか。

22 Churchill, *The Hinge of Fate*, 六八七頁。

＊アポマトックス　南北戦争最後の激戦地（バージニア州）。北軍の勝利のあと、アポマトックスの裁判所で、グラント将軍とリー将軍が会談し、南軍の降伏条件を決めた。

＊ロバート・E・リー将軍　南北戦争時、南軍の司令官を務めた軍人（一八〇七～七〇年）。

23 Beschloss, *The Conquerors*, 三四頁。著者の Beschloss（ベシュロス）によれば、リンカーン大統領はリー将軍の降伏の知らせを聞くや、連邦軍の軍楽隊に「ディクシー」を吹奏するよう命じた。ルーズベルトの「無条件降伏」要求をめぐる私の理解は、ベシュロスに負っている。

し、それを「勝利なき平和」と名づけた。この「勝利なき平和」という語句を、ウィルソン大統領が最初に使用したのは、連邦議会上院での演説の中でのことだった。その演説が行われた日付もまた、偶然の一致ながら、一九一六年の「一月二十二日」[24]。個人的なことながら私の誕生日の日付である。

米国はしかしながら、調停者の立場を維持することはできなかった。ドイツのUボートが米国の輸送船を攻撃したことで、一九一七年四月二日、ドイツに対して宣戦を布告することになる（しかし、ワシントンはオーストリア・ハンガリー帝国に対しては、すぐには宣戦を布告しなかった。その宣戦布告が行われたのは、一九一七年十二月七日のことである。これまた、偶然の一致ではある）*[25]。

が、こうした戦争拡大局面においても、戦争の終結条件を探る交渉は引き続き進められていた。米国の参戦は膠着状態を打ち破り、最終的にドイツに条件をのませることになった。こうして、オーストリア・ハンガリーとの停戦は一九一八年十一月三日に、ドイツとは五日後の八日に合意に達した。

停戦条件は厳しいものだった。ドイツは領土を削られ、膨大な量の物資を差し出すよう迫られた（それまた、ウィルソンの「勝利なき平和」の呼びかけから、大きく懸け離れるものだったが）。それでもなお、そこには「条件」があった。ドイツはこの停戦によって破壊されたわけではなかった（翌年の六月に締結されたベルサイユ条約の条件は、さらに厳しいものとなった。「裏切りの一突き」の神話*は、ここから生まれた）。

それから二十年以上が経った今、ルーズベルトに取り付き、悩ませていた問題があった。第一次世界大戦がドイツを、戦争遂行能力を持つ国家として再び立ち上がれないよう、完膚なきまで叩きのめしておかなかったことだ[26]。ルーズベルトがカサブランカで「無条件降伏」を呼びかけた本当の狙いは、ドイツを二度と立ち上がれないようにする――あるいは「裏切りの一突き神話」が生まれる余地をなくす――ことだった。ルーズベルトはドイツに加え、日本との戦争も将来にわたってなくす、その予防を狙ったものだと言って、「無条件降伏」要求を合理化したのである。しかし、戦争の着地点をどこに求めるか、米連邦議会での徹底した議論を省いて先走ってしまったことで、ルーズベルトの発言は米国内で波紋を呼ぶことになった。

ルーズベルトが、「無条件降伏」要求という、残忍な決意すら感じさせる、前例のないものを声高に述べたのは、スターリンを宥《なだ》めようとしたためかも知れない。スターリンは英米の欧州大陸への進出に苛立ちを募らせていたのだ。

＊「クリミア戦争・ウィーン四条件」 英国、フランス、オーストリアが一八五四年八月八日、ウィーンで合意した、ロシアに対する和平条件。オスマン・トルコへの不干渉、など。「四ヶ条」とも呼ばれる。

24 Langer, *World History*, 九七〇頁。

＊「十二月七日」は日本時間でいえば、十二月八日、真珠湾攻撃、太平洋戦争の開始日である。

25 Langer, 前掲書、同じく九七〇頁。

＊「裏切りの一突き」 ドイツにとって過酷なベルサイユ条約をワイマール政権が受け容れたことに対し、ナチスなどから、ユダヤ人や共産主義者の裏切りによる陰謀だというデマが流され、神話と化した。

26 ルーズベルトのこの後悔には、自己批判の響きも含まれていたかも知れない。彼自身、英米が一九三〇年代のドイツ再軍備に対するフランスの抗議の声に耳を傾けることを拒否したことに関与していたからだ。ただし、ドイツが軍事的な脅威として再興することを防ごうとするルーズベルトの決心は、ハンス・モーゲンソウの、ドイツ「田園化」構想ほど極端なものではなかった。モーゲンソウのこの構想を、ルーズベルトは後に却下している。〔ハンス・モーゲンソウ　ドイツ出身の米国の国際政治学者（一九〇四～八〇年）。シカゴ大学教授。邦訳書に『国際政治――権力と平和』（現代平和研究会訳・福村出版）がある〕。

西側同盟は悪夢をひとつ、抱いていた。ソ連がスターリングラードでドイツ軍を撃退したあと、第一次世界大戦の際、生まれたばかりのソビエト新体制が踏み切った前例に従い、ドイツとの単独講和に踏み切るのではないか、との悪夢だった。ルーズベルトの「無条件降伏」要求は、ソ連の指導者に対する、西側同盟は自分たちの側から一方的な講和に進まない、とのシグナルでもあったのだ。

いずれにせよ、このルーズベルトの宣言は、戦争の継続期間、戦争終結の態様、戦後の対立の構図に対して、早くも大きな刻印を残すものとなった。

これに関してチャーチルの態度はどうだったたか？　「無条件降伏」要求に対してチャーチルが反対したのは、スターリンの動きに対して無関心だったからではない。ルーズベルトほど歴史の教訓に学んでいなかったからでもない。あるいは彼が、米国の大統領、ルーズベルト以上に、「ウィルソニアン*」だったわけでもない。

チャーチルは大英帝国の戦争の血にどっぷり浸かって世紀を過ごして来た人物である。だから「無条件降伏」への反対は、そんなチャーチルの経験から引き出されたものであるはずだった。

降伏条件を探る交渉の可能性を封じ込めるということは、それだけ枢軸国側が最後の最後まで戦い抜く恐れが強まることを意味していた。また、それによって敵味方の双方にますます甚大な犠牲が生まれ、それ自体が次の破局の苗床となりかねない徹底破壊に至ることを、チャーチルはわかっていたのだ。

「無条件降伏」とは敵側にとって、軍だけでなく社会全体さえも破壊される恐怖を意味する。事実、ドイツの宣伝相のヨセフ・ゲッペルスは、カサブランカでの連合軍の要求は、ドイツの全国民を奴隷にしようとするものだと、ドイツ人の恐怖心を煽ることになる。[27]

敵国民の胸元に恐怖を突きつけることは、敵が死ぬまで戦い続けることを不可避のものとする。チャーチルが、開戦時、優勢なドイツ軍の英国侵攻の可能性に触れ、語った言葉をかりれば、生存を賭けた「渚での白兵戦」を招いてしまうのだ。チャーチル自身、最後の一息まで抵抗戦を戦い、死ぬつもりでいた男だが、古代中国の軍事戦略家、孫子の言葉を知っていたら、引用したかも知れない。孫子はその『兵書』にこう書いていたのだ。「敵を包囲したら、逃げ道をひとつ残しなさい。絶望的な敵を追い詰めてはならない」と。[28]

「無条件降伏」を突きつけられた敵にしてみれば、抵抗を緩める理由は今や何処にもないということである。敗北が近づきつつあったドイツ人や日本人にとってそれは、無条件降伏を受け入れ、敵の手に落ちるよりも、どんな残虐、非道な戦術を使ってもいいから土壇場の最後のチャンスに賭けなさい、という招待状のようなものだった。

ルーズベルトの「無条件降伏」要求は、ドイツ軍最高司令部内秘密反対派の、次第に狂気化していたヒトラーを排除しようとする意欲さえ奪い去った。そんなことをしても、どうせ連合軍から譲歩を引き出せないのだから、やっても無駄だということである。このため、ヒトラーの側近の間ですでに生まれ

＊ウィルソニアン　ウィルソン大統領のように、国際社会にアメリカ的理念の実現を求める理想主義、または理想主義者を指す。
27 Beschloss, *The Conquerors*, 一四頁。
28 Schelling, *Arams and Influence*, 四五頁からの引用。

ていたヒトラー暗殺計画――それは数週間後に、ヒトラーの命を狙った最初の企てとなるのだが――は、最後まで傍流に留まり、遂に成功することはなかった。[29]

言い方を換えれば、ドイツの指導者たちには、戦争を終結しようとする「明白な条件」として、「ヒトラーの除去」があったわけだ。「カサブランカ宣言」はヒトラー総統を、彼の側近内の理性的で現実的な分子から守る役割を果たした。それは狂信者に力をかす結果に終わった。

さらに言えば、それはドイツ人たちの、あの狂気の果ての「事業」遂行に手をかしたのだ。「無条件降伏」要求は、ナチス・ドイツの戦争マシーンの完全かつ最終破壊をひたすら目指すことであって、ナチスによるユダヤ人問題「最終解決」の中止を迫るものではなかった。たとえルーズベルトとチャーチルが、カサブランカ会談の時点でまだ、ジェノサイドの恐怖の全容をつかむに至っていなかったとしても、ユダヤ人に対する組織的、産業的な殺戮が進行中であることは知っていたのである。[30]

つまり、ルーズベルトもチャーチルも、一言で言えば、知っていたのだ。ヒトラーの下でドイツがとてつもない野蛮な行為に手を染めていることを。

ルーズベルトら指導者たちは、ユダヤ人を救う最善の道はドイツ軍を一日も早く、完璧に叩きのめすことであると最後まで言い続けた。「無条件降伏」要求を出した以上、連合国としてはそこまで突き進むしかなかった。

戦争が大詰めを迎える中で戦闘は極度に激化し、戦争の終結が遅れた。おかげでナチスの「死のマシーン」は、最悪の結果を出すに至った。この事実を理解するには、連合国側が交渉姿勢を見せたら、ヒトラーもユダヤ人の扱いに手心を加えたはずだ、とか、もしそんな交渉があったなら、ジェノサイド問題は連合国側の主たる条件となったはずだ、と信じ込む必要はない。事実はひとつ、「無条件降伏」という要求そのものが、ジェノサイドの続行を保障しただけのことである。ヨーロッパ戦線において、最後の惨たらしい数ヵ月の間に、ナチスの戦争マシーンを含め、実に数百万人もの人々が死んだのだ。

29 一九四三年三月十三日、ヒトラーの搭乗機に爆弾が仕掛けられた。が、不発に終わった。Sifton, *The Serenity Prayer*, 二六九頁。さらに一九四四年六月二十日には、クラウス・フォン・スタウフェンベルクがスーツケース爆弾をヒトラーのそばに置いた。爆発はしたが、ヒトラーの殺害には失敗した。

30 ユダヤ人大量殺戮の知らせは、ルーズベルトの元に、少なくともカサブランカ会談の二ヵ月前に届いていた。Wyman, *The Abandonment of the Jews*, 一〇二頁。米国務省はすでに一九四二年十二月二日、「二〇〇万人のユダヤ人がヨーロッパで殺され、さらに五〇〇万人以上が危機に立たされている」と声明を出していたのである。Rhodes, *The Making of the Atomic Bomb*, 四三七頁。カサブランカ会談の二週間前の一九四三年一月十一日、ドイツ軍の通信が連合軍情報部によって傍受されたが、それには四つの死の収容所――ルブリン、ヴェールツェック、ゾビボール、トレブリンカ――におけるユダヤ人の殺害数が「一二七万四一六六人」と報告されている。"U.S. Study Pinpoints Near-Misses by Allied in Fathoming the Unfolding Holocaust," *New York Times*, 二〇〇五年七月三十一日付。

連合軍がなぜジェノサイド阻止に動かなかったのか。それを理解する――正当化するのではなく――上では、以下のいくつかのファクターを見ることが重要である。米軍の指導者たちは皆、オリジナルな戦争計画を守りぬけというクラウゼヴィッツの理論を読んでいて、ナチスの強制収容所を優先する戦略に抵抗したことがひとつ挙げられる。英国も歴史的に周りのことには目を向けないところがあり、一九一五年に起きたアルメニア人大虐殺の際も救援の手を伸ばさなかった。スターリンはもちろん、ウクライナでの大虐殺の張本人である。

ユダヤ人に対するナチスの組織的なジェノサイドが実際、何時から始まったかを探った、米政府の二〇〇五年の分析には、英国の暗号解読者による、以下のようなメモが引用されている。「警察が捕まえたユダヤ人全員を殺害しているという事実は、いまや十分に認識されなければならない」。メモの日付は一九四一年の――なんと九月十一日(「9・11」)だった。

ドイツの降伏手続きは最終的に、ヒトラーの自殺後、ドイツ軍司令部によって行われたが、「無条件」であろうとなかろうと、「降伏」という結果を見ただけでは、事実のポイントを見失ってしまう。「無条件降伏」を迫り続けた結果、ドイツは廃墟と化し、ヨーロッパの大半も破壊されてしまった。

カサブランカから十ヵ月後、テヘラン会談でルーズベルトは皮肉なことを学ぶことになる。「無条件降伏」を要求して取り入ったはずの当のスターリンが、正反対の姿勢を見せたからだ。

どんな苛酷な降伏条件でも——と、スターリンは言った（彼はドイツ人を奴隷化しようとは思わなかったかも知れないが、貧しくしようとは思ったに違いない）——あった方が何もないより、遥かに早く物事を解決するものだと。[31]

スターリンの軍隊もまた、戦争の最後の数ヵ月間だけで、東部戦線において、ドイツ軍に「無条件降伏」を課したことにより、実に一〇〇万人以上もの兵士を失うことになった。

こうした戦争の恐ろしさを生み出すものとは結局、何なのか？　この問題に答えようとする、軍事学という学問分野がある。戦争理論家のトーマス・シェリングは、「苦痛と衝撃、喪失と悲嘆、略奪と恐怖は、常に戦争の結果として、恐ろしいほど、生まれるものだ。しかし、伝統的な軍事学においては、それは起きてしまった出来事であり、軍事研究の対象ではない」[32]と主張しているが、そうした「伝統的な軍事学」は戦争の最も苛烈な事実から目を逸らしている。戦闘員の意図から離れて勝手に動き出す、残虐な「ものの弾み《モーメンタム》」がそれだ。

現代における「ものの弾み」は、技術《テクノロジー》によってより一層、複雑なものになっている。それは殺戮を、より効率的で非人間的なものとしているのだ。「攻撃する者」と「犠牲になる者」との間の距離が広がる時、戦闘心理はより抑制の効かないものになるだろう。「弾み」と「技術」は、ひとつのものとなって戦場の道徳心を侵食するのだ。殺戮現場から遠く離れた人間が、それに意味づけして解釈を下す。そうしたものの全てが、合理的な戦略論とともに、「無条件降伏」を要求する衝動の中に組み込まれていたのだ。

勝ち戦であろうと負け戦であろうと、戦争の実体験は作戦室の戦略をしのぐものだ。死を賭けた戦いの中では、勝者も敗者も、ともに「苦痛と衝撃、喪失と悲嘆、略奪と恐怖」が全てを決定する戦場へと突き進んでゆく。これこそが研究すべき中心主題であって、それを単なる出来事としてとらえるべきではない。「無条件降伏」を求めて叫んだ、あの米国の「大衆の声高な熱狂[33]」を説明するものは、この「弾み」なのだ。兵士たちだけでなく米国民もまた、そうした「死の圏域《デス・ゾーン》」に入り込んでしまっていた

31 Beschloss, *The Conquerors,* 二四頁。

32 Schelling, Arms and Influence, 二頁。トーマス・シェリング〔米国の経済学者、核軍縮・外交問題の専門家（一九二一年〜　）。メリーランド大学教授〕はゲーム理論を戦争などの営為に適用したことで、二〇〇五年のノーベル経済学賞を受賞している。

33 Sifton, The Serenity Prayer, 二七一頁。著者のエリザベス・シフトン〔米国の作家。出版エディターでもある〕は、彼女の父、ラインホルド・ニーバー〔米国のプロテスタント神学者（一八九二〜一九七一年）。ニーバーの祈りは、「平安の祈り」として有名〕も、「無条件降伏」要求を「慎重に支持していた」が、それは不安を伴わないものではなかったと記している。米国の一般大衆は、「無条件降伏」要求を計算ずくで熱狂的に支持した、と考えられて来た。米軍の損害を回避するためには、敵の民間人を殺さざるを得ないと。しかし、こうした数の計算からは、復讐や怒り、そして報復の要素が抜け落ちている。

のである。

「一九四三年一月」の戦況は、連合軍側の確固たる勝利を意味するものにはまだなっていなかったが、ミッドウェー、トリポリ、スターリングラードの戦いを終えたいま、連合国は初めて、自信を持って勝利を展望しうる段階を迎えていた。

そうでなければ、「無条件降伏」を要求することは馬鹿げたことになる。つまり、この時点で「無条件降伏」を要求したことは、連合国軍側において、戦争に「弾み」を付ける何らかの変化が起きたことの現れととらえるべきであろう。助命せず、妥協せず、相手を完膚なきまで叩きのめすまでは止めない、そんな精神的な変化が、その時、起きていたのである。

戦争は「死の圏域」に突入していた。その意味ではルーズベルトにとって——あるいはカサブランカに集まった他の指導者にとって、この一月の一週間は、究極の境界線だった。指導者たちもまた、ここで遂に最前線に躍り出た。戦争を覆う霧の中から、明確な輪郭とエネルギーが、戦争を最後までやり抜く免許証《ライセンス》を得て、出現したのである。

「無条件降伏」の一言は、全てを突き動かし始めた。ルーズベルトとしては、自分なりの合理的な判断で、敵に敗北を知らせるために、その一言を発したつもりだろうが、おかげで恐ろしい非合理もまた、動き始めたのである。

戦争の弾みは、戦争の最高指導者とともに、進撃の道筋を見出したのだ。

兵士なら誰しも、戦闘の最中、瞬間的に殺しの衝動を抱くものである。しかし政治家は、そうした極端な感情の噴出を、ふつうは避ける。が、ルーズベルトは、これを避けようとしなかった。連合軍、枢軸軍が二年間にわたり惨たらしい戦いを続けたあと、ルーズベルトが出した「無条件降伏」要求は、明らかに威嚇のエスカレーションを意味するものだった。極限の暴力による威嚇——それは連合国側の自制ではなく、あくまでも枢軸国側の、無力でみじめな降伏によってのみ、終止符が打たれるものだった。

かくして「無条件降伏」要求は、「全面戦争《トータル・ウォー》」の威嚇となった。元はと言えば頑迷な敵の招いたこととはいえ、それは「全面破壊《トータル・ディストラクション》」のプログラムを開始する準備完了の合図となった。

それにしても、「全面破壊《トータル・ディストラクション》」とはいったい、何を破壊するものなのだろう？

枢軸国の軍隊を？　枢軸国の指導部を？　いや、枢軸国の全国民を？

ゲッペルスが警告したように、ドイツ人たちは、略奪する侵略者によって自分たちの社会が根絶させられると思うだろうか？　過去の悪名高き戦争のような結末を迎えるのだろうか？　子どもたちは拉致され、女は性の奴隷にされ、男は切り刻まれ、家畜は腐敗するまま捨て置かれる、ということになるのか[34]？

中世においてキリスト教徒達は、キリスト教徒同士が騎士道に則って戦う〈ベラム・オスチレ（*bellum hostile*）〉と、異教徒に対する戦いのように、自制心なしに戦う〈ベラム・ロマヌム（*bellum Romanum*）〉を区別していた[35]。敵が根本的な悪《ラディカリー・イーヴル》であれば、それは道徳による抑制の適用外だったのである。

カサブランカで出された、根本的な悪である枢軸国への「全面破壊」の威嚇は、はっきりした内容

34 Schelling, *Arms and Influence*, 九頁。

を持つものではなかった。ルーズベルト自身、中身を特定していたわけではなかったろう。もしも会談に、情け容赦のないスターリンが同席していたなら、ルーズベルトとして、あるいは具体的な中身の特定を迫られていたかも知れない。

それに、当時、連合軍が持ちつつあった「全面破壊」能力についても、ルーズベルトはどうも理解していなかったようである。が、事実としては当時すでに、二つの技術革命が「全面」の意味を変えつつあったのだ。そうした新技術が出現したことで、カサブランカ宣言により解き放された「戦争の弾み《モーメンタム》」は、想像さえできないほど加速化することになるのである。

その意味でルーズベルトの「無条件降伏」要求は、それが勝者になろうとする者の、純粋かつ復讐心に満ちた暴力への無意識的な傾斜であろうとなかろうと、新たな「全面暴力《トータル・バイオレンス》」への道を掃き清めるものとなった。それは戦争につきものの、いつもながら非人間的な論理と、空前絶後の悪魔の発明によって、「全面暴力」を解き放つものとなった。技術《テクノロジー》はいまや、昔から出されて来たある疑問を一層、強めるものになろうとしていた。その疑問とは、戦争の暴力は軍に対してのみに限られるべきものか、それとも民間人にも拡大し得るものなのか、という問いかけである。

戦争が封建時代の特権層、王国、あるいは傭兵、例外的に褒賞狙いの小作農や都市市民層によって戦われた昔は、とうに過ぎ去っていた。ナポレオンに始まった国民軍による民族主義の戦争の勃興、さらには産業社会の出現によって、全国民が戦争を遂行する力として動員されるようになった。この新しい時代に、全国民の労働と国民精神は、国家の交戦力の重要な要素となったのである。

それ以前は、民間人と兵士の間には、質的な違いがあった。そしてその区分は農業社会において、容易に維持されるものだった。鍬を持った農民は、丘の上の騎馬戦を無視して働き続けることができたのである。そうした時代は過ぎていたが、それでもなお当時は、各国の政治家たちによって、そうした区分はなお維持されていたのである。

第一次世界大戦は主に軍隊対軍隊の戦争だった。それは米国の南北戦争でもそうだった。そのよく知られた例外が、あのシャーマン将軍による「海への進軍」だった[36]。シャーマン将軍は暴力の中身を、敵軍の戦闘能力を奪うものから、軍隊が依拠し軍隊がそのために戦う民衆を恐怖の底に突き落とすもの《テロライジング》へと変化させた。自軍の兵士に対し、狂暴化しても構わない、暴力を民間人に向けても構わないと許したことで、それまで無意味なものと見なされていた略奪と破壊

35 Lindqvist, *A History of Bombing*, 一〇頁。こうした衝動の痕跡を、連合軍のヨーロッパにおける戦術と、日本に対する遥かに残虐な戦術との間の違いに見ることで、理由の一部は説明がつく。それは単純な人種主義によるものではない。日本の諸都市の惨状は、「他者」としてのアジアの地位に関係するものだ。Dower, *War Without Mercy*, 九頁、参照。〔Sven Lindqvist スヴェン・リンドキヴィストはスウェーデンの歴史家・作家・学者。ジョン・ダワーは、米国の歴史家〕。

36 シャーマンはこう書いている。「もし民衆が私の野蛮さ、残虐さに非難を浴びせるなら、私はこう答えたい。戦争は戦争なのだ……平和を望むなら、彼らこそ、親族ともども戦争を止めるべきである」と。シャーマン将軍の同僚の一人は、これにこう付け加えた。「シャーマンは完璧に正しい……。この不幸せで惨めな紛争を終える唯一可能な道、それはこの戦争を民衆が耐えられないほど酷いものにすることだ」。J・F・C・フラー〔J.F.C.Fuller 英国の軍人（一八七八～一九六六年）。陸軍少将・軍事史家・戦略家〕は、これにこうコメントしている。「これは一九世紀に出て来た新しい考え方だった。それは、戦争の行方を決定づけるファクターが――平和を求める権力が、政府の手から民衆に移ったことを意味する。平和の実現は、革命の産物となった。これはデモクラシーの原則を最高の舞台まで引き上げることである」。Schelling による引用、*Arms and Influence*, 一五頁。

を、気高い目的を持った軍事行動《キャンペーン》に変えてしまったのである。あなたがたの非戦闘員が悲惨なことになりますよ——という、その一点おいて敵軍と指導者たちに圧力を加える。それが彼の狙いだった。

シャーマン将軍はつまり、その時、「軍人」であることを辞め、「政治戦略家」になったのだ。将軍は、テロリストの一人になってしまった[37]。

もちろんルーズベルト自身、彼の「無条件降伏」要求が、相手の兵士が殺人者になって襲って来るという恐怖を敵の側に育てることは十分、知っていたはずだ。だから彼はカサブランカにおいて、その恐怖が敵の無条件降伏を早めれば、それに越したことはない、といった議論を進めたに違いない。チャーチルもそうなればいいとは思ったはずだが、会談で彼はルーズベルトに反対し続けた。「無条件降伏」要求に潜ませた「テロリズムの威嚇」は、敵の指導部ばかりか、目標と名指しされた全国民の抵抗を激化させるだけだ、と恐れたからである。カサブランカ会談が開かれていたその時、会談での抽象的な議論を戦場において一気に具体化する、二つの技術革命が、まさにその同じ週に、決定的なかたちで動き始めていた。

3　ポイントブランク作戦

カサブランカで生まれた「無条件降伏」要求自体は抽象的な響きを持つものだったが、会談でルーズベルトとチャーチルがより重大な決定を下したことで、早くも具体化の道を歩み始めた。

両者の合意に基づき、一九四三年一月二十七日、米陸軍航空隊[38]（ＡＡＦ）による最初のドイツ本土爆撃が行われたのである。ヴェーザー川の北海河口から四八キロ遡った上流にある潜水艦の基地を、B17爆撃機六四機が空爆したのだ。米国のドイツ本土に対する「空の戦い」は、この作戦でもって開始されたのである。カサブランカでの決定に基づく命令で、北アフリカにいた米陸軍爆撃隊の主力は英国に移動し、ドーバー海峡越えの空爆を始めた。この作戦は、第二次世界大戦の帰趨を――そして米国の歴史の行方を決するものになる。

この一月二十七日の爆撃で、隊長機の操縦席に座り操縦桿を握っていたのは、第八航空隊第三〇五爆撃隊を指揮する、カーチス・ルメイという若い大佐だった。今もって評価の分かれる、あのルメイが率いる爆撃隊だった。

チャーチルはカサブランカ会談に、北部ヨーロッパへの連合軍の上陸侵攻を遅らせる決意をもって臨んだ。連合軍の上陸は、スターリンが強く望んでいたものである。そのスターリンほどでもないが、ルーズベルトも同じ気持ちだった。

チャーチルは、第一次世界大戦における膠着化した塹壕戦の悪夢の再来を恐れていた。圧倒的な破竹の快進撃が出来る態勢が整うまで、北部ヨーロッパへの上陸作戦は先延ばしした方がいい。これがチ

37 シェリングは「テロリズム」をこう定義している。それは「敵を軍事的に弱体化するよりも、むしろ敵を強制しようとする暴力である」と。前掲書、一七頁。
38 米陸軍航空隊（AAF＝アーミー・エア・フォーシズ）という名称は一九四一年、AAC（アーミー・エア・コープス〔これも「陸軍航空隊」と邦訳されている〕）を改称したものだ。AAFは一九四七年、米空軍（エア・フォース）として独立する。

ャーチルの考えだった。兵站が完了するまで少なくとも一年はかかる、というのがチャーチルの見通しだった。そこで当面は英米両軍の地上部隊が地中海のシシリー島、イタリア本土経由で攻め上るのにとどめる。そしてフランスへの侵攻は翌一九四四年まで延期する――これが、チャーチルの考えていたことだった。スターリンを宥め、ヒトラーに直接的なパンチを浴びせたくて仕方のないアメリカ人を満足させるため、チャーチルは本土侵攻の準備として、ドイツ本土空爆の拡大に対する同意を、ルーズベルトから取り付けようと躍起になっていた。

ドイツ本土空爆はすでに一九四〇年から、英空軍の手で行われており、限定的な戦果を収めていた。北アフリカの戦況の潮目は変わった。ドイツのロンメル将軍に対する逆流が生まれている。米国の工場からは航空機、爆弾が、それこそ潮の流れのように産み出されている。今こそ、英米の空軍力がひとつになって攻撃を開始する時だと、チャーチルは主張したのだ。

英米両軍の航空指揮官たちも、ドイツ本土に対する壊滅的な合同戦略爆撃で、ヨーロッパ本土への上陸・侵攻の必要性をなくしてみせると、力の誇示に躍起となっていた。新時代における新たな支配的軍事力の座に、自分たちの空軍力を祭り上げようとしていた。

ルーズベルトとチャーチルはさすがに地上侵攻不要論については懐疑的だったが、それぞれの思惑で「空飛ぶ男《フライボーイ》」たちを解き放つことに合意した。両首脳はカサブランカで、ドイツの工業・経済力の破壊に狙いをつけた英空軍、米陸軍航空隊による「ポイントブランク作戦*」を承認したのである。

しかし、ここでもまた実は両首脳の間に食い違いがあった。その違いは、あの「無条件降伏」をめぐる対立を見てもわかるように、まるで互いに対極にあるような、一目でわかるものだった。

敵国の戦争遂行能力を破壊するのが空爆戦略の狙いだが、戦闘員と民間人の区別をどうつけるのかという問題が生まれたのだ。

ルーズベルトはヨーロッパで戦争が勃発後、一九三九年九月九日に行った演説で、戦争当事国の指導者に「どんな状況でも、民間人、あるいは無防備な都市への爆撃は行わない」よう求めていた。[39] こ

＊「ポイントブランク」　真っ直ぐ狙いを定めた「直射」の意。
39 Lindqvist, *A History of Bombing*, 八一頁。ルーズベルトはおそらく、ナチス・ドイツのスペインでの都市爆撃〔スペイン内戦下の一九三七年四月二十六日、フランコ将軍側に立ったナチス・ドイツがバスク地方の都市、ゲルニカを無差別爆撃したことを指す。日本軍もこの翌年、一九三八年の十二月から八ヵ月間、中国・重慶に対する戦略爆撃を続けた〕を念頭に、こう演説した。
「過去数年にわたり、地上のさまざまな場所で荒れ狂い続けている敵意のぶつかり合いの中で、人口密集地域の無防備な民間人に対して、情け容赦のない空爆が行われ、その結果、自衛できない数千人にも及ぶ、男や女、子どもたちが不具になったり死んだりしている。そうした空爆は、文明化されたあらゆる男女の心を苛み、人間の良心に対して深い衝撃を与えて来た」

「もし、この非人間的な野蛮な行為しか、世界がいま直面している悲劇的な大惨事において採りうる手段がないとしたら、戦場での敵対行為から遠く離れたところにいる、何の責任もない数十万人の罪の無い人びとが、命を落とすことになるだろう。私はそれ故、敵対行為に参加するあらゆる政府に対して、その軍隊が、どんな状況になっても決して民間人、あるいは無防備な都市への爆撃は行わないと——この同じルールがあらゆる敵対する国家により良心的に遵守されるとの理解に立って——公に約束するよう求め、この緊急アピールを送るものである。速やかなる、ご返答をいただきたい」

このルーズベルトの要請をロンドンは即時受諾し、ベルリンも数週間後に受け容れた。しかし、リチャード・ローズが指摘しているように、ほかならぬルーズベルト自身が、この緊急アピールを行う九ヵ月前に、米陸軍航空隊向け長距離爆撃機の製造命令を出していたのだ。*The Making of Atomic Bomb*, 三一〇頁。

れに対してチャーチルは英国が重大な脅威に曝される中、翌四〇年五月十日、首相に就任した翌日に、最初の政策決定としてドイツ国内の軍事目標に対する空爆命令を下していた。

三日後の一九四〇年五月十三日、ドイツ空軍はオランダのロッテルダムに対する都市爆撃を開始し、一般住民の殺戮を始める。

これを受けて、チャーチルはこの約一ヵ月後、新たな爆撃命令を出した。爆撃する「軍事目標」の中に、近接する一般住民の居住区や運輸・交通のセンターを含めるという命令だった。

そしてその年の七月になると、敵を「絶滅《エクスターミネーション》」する、という考えが、チャーチルの言葉遣いの中に入り込む。チャーチルは、航空機製造を担当する閣僚に対し、こんな書簡を送った。「どうやったらこの戦争に勝てるか、周りを見回すと、たった一つ、確かな道を見出すことができる。それはドイツ本土への、重爆撃機による、絶対的に破壊的、絶滅的な攻撃を行うことである」と。[40]

ドイツが報復に乗り出すことは、予期できないことではなかった。そしてその恐れは実際、その年の夏から秋にかけ、電撃的な形で現実のものとなるのである。[41]

ドイツの英国本土諸都市に対する空爆、野蛮な襲撃は六ヵ月も続き、四万人もの民間人が死亡した。しかし、このドイツ空軍による都市爆撃は、チャーチルにとって――もちろん彼は空爆による殺戮を遺憾に思っていたのだが――ある意味で歓迎すべきことだった。英国の都市部に的を絞ったドイツの報復爆撃は、攻撃に対し脆さを抱えていた空軍基地や虎の子の航空機を温存できる結果につながったからだ。こうして英独両国は互いに呼応する形で、「テロ爆撃」に踏み込んでゆく。

このように、英独がシンクロナイズするかたちで「テロ爆撃」に向かったとの説が一般的だが、歴史家の中には、チャーチルこそ空爆、対民間人爆撃戦略の創始者として、主導的な役割を果たしたと強調する者もいることを付け加えておこう[42]。

いずれにせよ、チャーチルにもかつては、「殺戮目的で、非戦闘員の民衆を空爆する」[43]ことに反論する気持ちはあったのだ。しかし、カサブランカ会談が開かれる頃には、その目的を見分ける道徳的区別を失っていた。チャーチルの中で今や、「工場と工場で働く人」「職場と住居」「軍事力と国民の士気」の区別は、ロンドンの濃霧のようにぼやけてしまっていたのである。

40 前掲書、四六九頁。

41 ドイツの爆撃機は一九三九年に、ロッテルダムのほか、ポーランドのワルシャワを爆撃しているが、都市に対する空爆は、ドイツ空軍ではなく、ヒトラー自身の考えによるものだった。「ドイツ空軍はスペイン内戦での経験から、敵の民間人に対する爆撃は、予想したほど一般の人々の士気を挫くものではなく、工場を狙った正確な爆撃も、彼らの爆撃技術の限界を超えるものだということを学んでいた」。Pape, Bombing to Win, 七〇頁。

42 たとえばスヴェン・リンドキヴィストは、こう書いている。「チャーチルはロンドンを始めとする英国内の諸都市を犠牲にしただけではない。彼はヨーロッパが二百五十年の長きにわたって培ってきた、民間人は守るということまで犠牲にしてしまった」と。A History of Bombing, 八二頁。もちろん英軍の空爆は、民間人保護の規範を最初に破ったものではない（たとえば、あのナチスによるゲルニカ爆撃）が、今やロンドンもまた、そうした規範放棄者の一員になってしまったことは動かない事実である。

43 Sherry による引用。The Rise of American Air Power, 六四頁。「無差別爆撃」がなぜ始まったか、について、戦史家のジョン・キーガン〔John Keegan　英国の軍事史家（一九三四年～　）〕は、こう説明している。「戦争が勃発した一九三九年時点では英仏同様、ドイツも、そして全ての戦闘力を持つ国家も、民間人をターゲットとした爆撃は行わない誓いに加わっていた。が、翌一九四〇年五月、ドイツ軍は誤って、ビライスゴウのドイツ人入植地、フライブルクを爆撃してしまう。誤爆を取り繕うためにドイツは、敵のせいだと非難した。解禁シーズンは、これ以降、始まった」と。The Battle for History, 二六頁。

チャーチルがそうなったのは、戦火に近いロンドンにいたせいかも知れない。遠く離れたワシントンでは、少し違っていた。それはワシントンが、ロンドンと違って、少なくとも直接的な危機を感じていなかったからである。[44]

カサブランカ会談で米側は、「地域爆撃《エリア・ボミング》」と呼ばれる、英国の全面空爆戦略の中に取り込まれたくない、との態度を取っていた。米陸軍航空隊（ＡＡＦ）の首脳部は皆、無差別爆撃の残酷さを知っていたから、道徳的な言葉遣いをして、賛成しようとはしなかった。そんな首脳部の尻込みを、ルメイはこう言って斬り捨てた。「われわれの爆撃の〈道徳性〉を懸念する、だって？……このバカどもが[45]」。

カサブランカ会談で米側は、夜陰に紛れた空爆を慣行とする英国[46]に反対し、昼間の空襲による「精密《プリシジョン》爆撃」こそ現実的なものだと主張した。英国はドイツ本土爆撃によってドイツ人の士気は低下すると思い込んでいたが、米側は、それは間違っていると考え、それに代わる、新たな戦略的な判断を示した。

ドイツ本土空爆は戦闘現場の前線に対し、時間をおかず、ダイレクトに影響するものでなければならない、というのが米側の考えだった。つまり、爆撃目標を決定していた元ＡＡＦ将校が私に語ったように、たとえば製鉄所を爆撃するのは、だからあまり意味のないことだった。それによってドイツ軍の戦闘能力に影響が出て来るのは、一年かそのぐらい後になる。製鉄所でつくられた鋼材が戦車になるのに、それだけの時間がかかるからだ。しかし、燃料の集積所を爆撃すれば、前線の戦車のガソリンは数週間以内に底を突く。このように狙いを絞って爆撃目標を定めれば、米軍は純民間の攻撃目標に、戦略的・戦術的な関心を持たずに済む。これが米側の議論だった。[47]

米側は一九四一年には、英空軍の空襲は爆撃隊のパイロットの損害の方が、ドイツの地上の損害よりも大きいことに気づいていた。四二年になると、そうした英側のフラストレーションは、「軍事」と「民間」の「区別」という装いを、かなぐり捨てるものとなった。米側は、英空軍のドイツの工場労働者の居住地を爆撃目標から外す方針も、失敗していることにも気づいていたのだ。[48] 戦闘機による護衛もない、軽武装の英爆撃機――ランカスター、ハリファックス、ウェリントンの各爆撃機――が夜間の空襲を行ったのは、撃墜を恐れていたからである。とくにドイツ側の消灯管制の警戒が不十分だった空爆の初期においては、消え残る都市の灯りに向って爆撃を投下しがちだった。[49]

これに対して米側の意図したものはだいぶ違っていた。重武装したB17爆撃機が、焼夷弾ではなく高性能爆弾を、昼間の日の光の中で高性能照準器を使って投下すれば、英空軍が爆撃に失敗していた工

44 チャーチルの目で見てロンドンは「世界最大の攻撃目標。猛獣をおびき出すために繋がれた、とてつもなく大きく、まるまると肥えた、高価な牛」だった。Sherry, *The Rise of American Air Power*, 六四頁からの引用。
45 Shaffer, *Wings of Judgment*, 六三頁。
46 英空軍も一九四〇年段階ではドイツに対し白昼空襲を行っていたが、それに伴う損失は耐えられないものだった。
47 カール・ケイセンに対する著者のインタビュー〔Carl Kaysen　米国の経済学者（一九二〇年〜　）。マサチューセッツ工科大学教授。ケネディ政権で国家安全保障問題の特別次席補佐官を務めた〕。
48 Keegan, *The Battle for History*, 二六頁。
49 英国によるドイツの都市爆撃について、「米国戦略爆撃調査団」のメンバーだったジョン・ケネス・ガルブレイス〔米国の経済学者（一九〇八〜二〇〇六年）。ノーベル経済学賞を受賞〕は、こう書いている。「必要が信念の父となっていた。英空軍のランカスター爆撃機もハリファックス爆撃機も（そしてもちろん、まったく武装していない、木製のモスキート機もまた）夜しか飛べなかった。日が昇ると、丸裸も同然だった。夜の闇の中で、英軍機が見つけられるのは都市しかなかった。この技術的な絶対的条件から、結果が生まれてしまった」。Galbraith, *A Life in Our Times*, 二〇四頁。

場やを基地をピンポイントで直撃できる、と考えていた。実際、英空軍最大の猛攻撃によってもーーたとえば一九四二年五月のケルン爆撃では、一夜にして四万五〇〇〇人の市民が焼け出された[50]ーードイツの工業力に皆無かゼロに近い損害しか与えなかったし、前線の戦いへの影響となると、さらに低い効果しか及ぼさなかった。[51]が、いくら「精密爆撃」に戦略的な合理性があるにせよ、そしてルメイのような強硬な突き上げがあるにせよ、ルーズベルトが開戦時に表明した、民間人に照準を合わせることに対する道徳的な嫌悪には根強いものがあり、それは米陸軍航空隊（ＡＡＦ）首脳のほとんども、内心ではまだ強くそう思っていたことだった。

カサブランカでは第八航空隊の司令官であるアイラ・Ｃ・イーカー将軍が主に、地域《エリア》爆撃に対する精密爆撃の優位性について実際的な議論を行い、ＡＡＦのトップ、Ｈ・Ｈ・アーノルド将軍[52]は、「良心の励まし」「人道的でありながらなおかつ現実的なもの」こそ、米国が好むものだと言い切った。

アーノルド将軍はカサブランカ会談から暫く経った後も、部下への訓示の中でこう語った。「戦争は、それがどんなに輝かしいものであれ、あらゆる点で言いようのないほど酷いものだ。爆撃機は、考えもなく使用される場合は特に、新たな戦争の恐怖になるが、適切な理解を持って使用された時には、それはまさに最も人道的な兵器になる[53]」

イーカー、アーノルドの両将軍、そしてルーズベルト大統領は、米軍の爆撃戦略を受け容れたチャーチルとの合意の中身を、本国に伝えた。

一九四三年一月二十一日、カサブランカ会談は、新たに設置された「合同空爆司令部」に対し、「ポイントブランク作戦」を実行するよう命令を発する。英空軍は担当地域の夜間爆撃を行い、米陸軍航空隊は日中、精密爆撃を繰り広げることが決まった。そして連合国空軍は共同で、「ドイツの軍事、産業、経済システムの漸進的な破壊と壊滅、さらには武装抵抗の致命的弱体化に至るドイツ国民の士気の崩壊」をもたらすであろうと、カサブランカの「宣言」は謳い上げることになるのである。

カサブランカからのニュースを知った米国民は、この決定が矛盾したものであることに気づかなかった。爆撃で産業を破壊しようとしても、敵国民の士気はそう簡単に崩壊しないものなのだ。米国民はさらに、四三年一月のこの時期、米軍の空爆戦略の思い切った転換を呼びかける権威筋からの提案を読むことになる。

『ハーパーズ・マガジン』誌に、日本の「マッチ箱」の諸都市に対する焼夷弾爆撃を呼びかける扇情的なアピールが載ったのだ。「われわれは持てる全てを動員し、敵に最も打撃を与える場所に猛攻撃を加えなければならない[54]」

しかし、ヨーロッパは日本ではなかった。事態は、そこまで行っていなかった。

50 Lindqvist, *A History of Bombing*, 九一頁。
51 「戦略爆撃調査団」の調べによると、軍需を含むドイツの工業生産は戦時中、劇的かつ一貫して増え続けた。空爆について言い得ることは、その増加率をスローなものにしただけ、ということである。たとえば、Galbraith, *A Life in Our Times*, 二〇五頁を参照。
52 米陸軍航空隊(ＡＡＦ)の司令官であったアーノルド将軍は、一九四二年の後半以降、統合参謀本部のメンバーにもなっていた。このことは、ＡＡＦが空軍として米軍内の独立部門になってゆく、ひとつの進化を示すものだ。
53 Shaffer, *Wings of Judgment*, 六一頁。
54 Rhodes, *The Making of Atomic Bomb*, 三一〇頁。

その後、「精密爆撃」は「現実」ではなく「幻想《ファンタジー》」に終わる。この事実を米軍の爆撃者たちは、苦しい戦いの中で学んでゆくことになるのだが、それはまだ先の話である。

戦後、「米国戦略爆撃調査団」は、「目標の発見は、爆弾の命中に必ずしもつながらなかった」と結論づけた。「第二次世界大戦中の空爆攻撃で、広大な農地に爆弾を落とすような楽なものはひとつもなかった」のだ。[55]

一例を挙げれば、北ヨーロッパの気象パターンである。滅多に晴れてくれないので、米軍の爆撃機は雲の上か、雲の中を飛行するしかなかった。したがって目標はほとんどいつも視認不可能だった。たとえ目標が見つかっても、前評判の高かった「ノルデン爆撃照準器」も開発者が言うほど、効果を発揮しなかった。

米本土での爆撃訓練では、爆撃手たちは普通、一万五〇〇〇フィートの上空からダミーの爆弾を投下し、目標の数百フィート*以内に落下させたものだ。AAFの攻撃目標選定担当元将校が私に語ったところでは、現実の戦闘爆撃という条件下では、「われわれが照準点の一マイル*以内に爆弾を落とすことに成功したのは、全体の一〇%だった。そんな程度の精度だった」とのことだった。[56]

が、そうとわかるのは、まだ先のこと。そこからさらに進んで、敵に懲罰を加えるべく、戦闘員と非戦闘員の区別をなくしてしまい、ドイツの諸都市を瓦礫の山と化し、日本の諸都市を灰燼と化すのは、一九四五年の春から夏にかけてのことだ。

対日戦の空爆について言えば、一九四三年一月の時点までは、米軍はそれでもまだ民間人を攻撃目標とすることを拒否する、軍人の名誉でもって自らを律していたのである。

この米軍の戦略原則《ドクトリン》を出発点に人生《キャリア》を歩み始めたＡＡＦの若き攻撃担当将校がいた――この将校について、私は文中、すでに二度、証言を引用している――。その若い将校にとって、その先の道のりは、とりわけ苦難に満ちたものになった。その将校の名は、カール・ケイセン。

その年、一九四三年の冬、ロンドンの第八航空隊に配属されたケイセンは、二年間にわたり、ドイツを空襲する米軍爆撃機のため、攻撃目標を絞り込む任務に従事した。その後、経済学者に転進した彼は、やがて名声を博す。

そして遂には、ケネディ大統領の上級アドバイザーとなるケイセンだが、そこで彼は再び民間人を、第二次世界大戦を上回る破壊的な規模で空から狙うという許されざる問題に直面することとなった。本書では、そんな彼が、自分の体験をもとに、如何にして冷戦期における軍縮論者の一人になっていったか、後ほど物語ることになるが、これまた先の話である。

カサブランカでの英空軍と米陸軍航空隊との最初の論争は、戦後の軍縮交渉における論争のリハーサルのようなものだった。アーノルド将軍は、米軍の爆撃戦術及び目的を英軍とは一線を画したものとし、独自性を守ったカサブランカでの空爆決定について、「大勝利だった。われわれはアメリカの原則

---

55 Galbraith, *A Life in Our Times*, 二〇四頁。
＊一フィートは三〇・四八センチ。
＊一マイルは一・六キロ。
56 カール・ケイセンに対する著者のインタビュー。

に従い、われわれの爆撃機に適した方法を採ることができたのだから」と語った。[57]

「ハップ」という愛称で知られ、快活な人物だったヘンリー・ハーレー・アーノルドは戦時中の大半を、米陸軍航空隊のトップとして過ごし、「家《ペンタゴン》」の一室にこもって任務を遂行していた。最前線から遠く離れ、戦域をはるかに見渡す地点から、細かな統率をできるようになったことは、第二次世界大戦での軍事的な革新のひとつだった。

ポトマック河畔の「家《ペンタゴン》」から、ジョージ・C・マーシャル将軍は全世界に展開する米陸軍の、アーノルド将軍は航空隊の指揮を執るようになった。こうした態勢が確立されたのは、とりわけ日本に対する焼夷弾攻撃が始まってからである。戦場からの統率の切り離しはテクノロジーの進歩によるものだが、すでに述べたように、殺戮に対する弾みを一気に加速するものとなった。

アーノルドはマーシャル将軍の指揮下にあったが、米陸軍航空隊は「家《ペンタゴン》」の中に自分の区画《コリダー》を持っていたから、アーノルドの「空の男」たちは独立を維持することができた。「家《ペンタゴン》」は、そうした軍部内各部門の張り合い《ライバリー》の場と化し、戦場での主導権争いが激化して行った。

陸軍は絶えず、言い続けた。ヨーロッパ及び太平洋戦域での軍事行動は、地上軍の侵攻によって勝利できるものだと。航空隊は、爆撃こそ勝利をもたらすものだと主張したが、それがドイツで実現しなかったものだから、日本への空爆は一段と苛烈を極めた。

海軍の提督や陸軍の将軍たちの空爆批判は、発想において、道徳的理由から出たものではなかった。海軍も彼らなりに、戦争の決定的な勝因はその海上封鎖にあると主張していた。それが結局、提督たちの空爆と地上侵攻に対する道徳的な批判につながってゆくのである。

しかし、ここでも「道徳」は自分たちの「利害」にとって二次的なものに過ぎなかった。海上封鎖もまた、罪を免れるものではなかったからだ。

海軍は米軍の最高司令部である「家《ペンタゴン》」への引っ越しを拒否し、他の軍部への軽蔑を露わにした。軍事行動の自由を維持するために、距離を置こうとした。それは戦後に起きる軍部内での抗争の先駆けとなるものだった[58]。

米陸軍航空隊の首脳部もまた、他の部門への従属につながりかねないことを一切、拒否した。一例を挙げると、空爆と航空機による機雷の敷設は敵の潜水艦攻撃法として有効であることが立証されていたが、アーノルド将軍は対潜攻撃への爆撃機の参加を認めようとしなかった。認めれば、海軍の戦闘命令に屈し、陸軍航空隊の自律性が失われるからだ。

こうした敵との戦いより味方との争いを優先する了見の狭い判断は、戦争全体に悪影響を及ぼし、

57 Schaffer, *Wings of Judgment*, 三八頁　アーノルドは当時の航空隊首脳部に共通する曖昧さの典型的な持ち主だった。この「空の男」は、「使いこなし方によっては、人道的な救済にもなれば禍ともなる兵器を扱っていた」。それなのに、「彼の言う、敵の民間人の殺害をなくす方法とは、敵の民間人が戦争をやめろと自国政府に要求するようになるまで、打撃と破壊と死を与え続ける、というものだった」。Sherry, *The Rise of American Air Power*, 一五二頁。

58 ペンタゴンへの入居が始まった一九四二年秋、スティムソンは海軍に対し、オフィスのスペースとして一〇〇万平方フィートの割当を申し出た。それは「家」の総床面積の四分の一をわずかに上回るものだった。海軍のフランク・ノックス長官はそれ以上の面積を要求した。しかし、スティムソンはこれを拒否、ノックスも入居を拒んだ。なぜ、ノックスがそういう態度に出ることができたのか？　米国の海軍は一七八九年以降、一九四七年まで、実は独立の組織だったのである。Pogue, *George C. Marshall*, 四二頁。

戦後の世界のあり方にも大きな影を落とすことになる。
「家《ペンタゴン》」はやがて、こうしたことの全てを体現し、全てを可能とするものになるのだ。

4 ルメイ

H・H・アーノルド将軍は、快活な性格のせいか、それとも逆か、戦時中、五回も心臓麻痺に襲われた。将軍が引退するのは、対日戦争戦勝日（V―J・デー）の少し後のことである。ドイツ・ヴィースバーデンの米軍基地内の高校に、彼の名前が付けられた――それが実は私が通っていた高校である。私の父は、一九五〇年代後半に、同基地に配属されていたのだ。

ヴィースバーデン基地は当時、米空軍のヨーロッパ司令部で、戦時中は療養地であることから爆撃を逃れていた。基地に近いマインツやフランクフルトの街は、五〇年代後半の当時になってもまだ「ポイントブランク作戦」による瓦礫が残っていた。「鉄のカーテン」から約一一〇キロ、離れただけのヴィースバーデンは、「冷戦」の震央にあった。核武装した中距離爆撃機がモスクワを攻撃するために待機し、フランシス・ゲーリー・パワーズが搭乗するU―2型偵察機用の格納庫もあった。

カーチス・ルメイが「ベルリン空輸」の指揮を執ったのも、このヴィースバーデンでのことだ。「ベルリン空輸」は一九四八年から四九年にかけて一年以上にわたり、包囲、封鎖されたベルリンに向け、C54、C47輸送機で昼夜を徹し物資の輸送が行われた。米空軍の偉大なる勝利の作戦だった。この空輸作戦は、指揮を執ったルメイにちなみ、「ルメイ石炭食糧運送会社」と呼ばれたものである。

私の父は一九五七年から五九年までの二年間、ヨーロッパ駐留米空軍の参謀総長を務めた。この父親の地位は、階級が崇拝され、畏怖されもする世界の存在を、私に垣間見させた。基地の高校で私は、パーティーを開いて騒いだり、アメフトをプレーしたり、チアリーダーのガールフレンドと付き合ったり、クラスの級長選挙に出て勝ったりしながら、「幸せ者」として育った。

高校の入り口には「アーノルド将軍」の肖像が飾ってあった。アーノルド将軍は私たちの守護者《パトロン》でもあり、マスコットですらあった。そのせいで私は、将軍との間に何か個人的なつながりのようなものを感じ、今に至っている。

私は将軍の学校に通い、その学校が好きだった。それで私は自分のことを、「空軍の息子」と思うようになったのである。高校生活の最後の年が始まった頃、軍の上層部《ブラス・ハット》は、鎖を巻き戻し、私の父を「家《ペンタゴン》」に帰任させた。私の父はヴィーズバーデンでの二年間を除き、それまでずっと「家《ペンタゴン》」で仕事を続けていた。父は、その「家《ペンタゴン》」へ、基地の高校に通う私を除いて、一家全員を連れて戻ったのだ。

驚いたことに、そして嬉しいことに、両親は私に、ヴィーズバーデンに残ることを許してくれた。寄宿舎生活で最終学年を過ごした私は、一九六〇年に「H・H・アーノルド高校」を卒業し、ワシントンに戻って再び家族と暮らし始める。

その新しい我が家は、「家《ペンタゴン》」から数キロ下流にある「ボーリング空軍基地」の「将軍通り」にあった。父親は三ツ星の中将に昇格、空軍の監察総監になっていた。

アーノルド高校を卒業したその夏の金曜日の夜、私は仲良しのピートと、ボーリング基地内の映画館に映画を観に出かけた。入場料は二五セント。映画は封切りされたばかりの『スパルタカス』だった。カーク・ダグラスとトニー・カーチス競演の、ローマ時代の奴隷の反乱、「スパルタクスの反乱」を描いた新作だった。

ピートと私はともにジョージタウン大学に進学することが決まっており、ボタンダウンのシャツに「アイビーリーグ・チノ・パンツ」（前をジッパーではなくボタンで留めるズボン。ベルトは細身の黒。間もなく消え去る運命のおめかし）姿だった。空軍基地の映画館とあって、観客のほとんどは、黄褐色の作業服姿。そんな若い航空兵たちがスクリーンの女優に向かって口笛を吹き、悪漢にブーイングを飛ばす。私はそういう若々しく、にぎやかな映画館が大好きで、よく通ったものだ。

しかし、そんな映画館が静まり返ることもあった。ある夜のこと、映画の上映がもう始まっているのに、後ろの方の座席から、葉巻の煙が鼻をつく雲となって流れて来た。館内は禁煙。いったい誰が葉巻をくゆらせているのか？……観客の誰もが知っていた。基地には禁煙ルールを無視する男が一人いた。カーチス・E・ルメイ将軍だった。

一九六〇年当時、ルメイは空軍大将で、空軍参謀本部の次長の地位にあり、「将軍通り」の私の家の隣に住んでいた。私は家の駐車場前のバスケットボールのゴール前から、彼が出迎えの軍の車両に乗り込む姿をよく見たものだ。曲がり角に停車してエンジンを鳴らす車のドアの前で、青い軍服姿のドライバーが敬礼して待っていて、ルメイがそこまで歩いてゆく。

体格のいい胡麻塩頭のルメイの足取りは、きびきびしたものだった。頑丈な体つきは、アメフトのフルバックのような威厳を漂わせており、脇の下にファイル・ホルダーをはさんで歩く姿は、まるでフットボールを小脇にかかえているように見えた。ルメイの大声は、いつも葉巻をくゆらす口元から飛び出していた。彼が一度だけ、私の方を振り向いたことを憶えている。その時、ルメイは私に気づいて頷いたような気もするが、どうもハッキリしない。

「ルメイ」は私にとって――そして航空兵たちにとって、映画になった「スパルタカス」であり、「ベンハー」であり、「シーザー」のような存在だった。彼はシーザーのように容赦のない男として知られていた。「戦争とはどういうものか、教えてやろうか」――それがルメイの、典型的な物言いだった。また言っていると、陰で噂されるような、棘のある物言いだった。「戦争とはね、民衆を殺さなければならないってことだよ。敵が戦いをやめるのはね、殺されるだけ殺されたあとのことさ」[59]とでも言うような。

軍隊では敵に恐れられる者こそが、味方に尊敬され、同じように恐れられる者なのだ。だからこそあの、映画館の暗闇に漂う葉巻の煙がその場にルメイがいることを告げた時、冷たい沈黙が館内を覆ったわけである。スクリーンに向かって囃し立てる者は今やもう、誰もいない。私たちは背後から放射されるルメイの威光に操られていたのだ。時々、将軍の口からおかしな呟きが漏れると、それに点火されて、観客の航空兵の間から神経質な笑いが弾ける。それ以外はただ、黙っているだけだった。映画はなかなか終わってくれなかった。早く出たいと思っていた。しかし、ルメイの人を脅かす存在感がそれを許さなかった。私たちは彼に畏怖の念を抱いていたのだ。

ルメイにはこんな逸話があった。爆弾を満載し、離陸の順番を待っているB52爆撃機に、なんと火

59 Rhodesによる引用。*The Making of the Atomic Bomb*, 五八六頁。

のついた葉巻をくわえながら近づいたというのだ。勇敢な地上誘導員がルメイに注意した。「将軍、葉巻、消した方がいいんじゃないですか。この爆撃機、爆発するかも知れませんよ」。ルメイが答えて言った。「こいつにそんな度胸、あるわけないじゃないか」

　ルメイの率いるB17の爆撃隊がドイツ領空内に入ったのは一九四三年一月二十七日のことだった。数十機の爆撃機が一塊になり、まるで生きた大群のように編隊飛行で侵入した。一機の搭乗員は九人。将校四人に下士官五人の編成だった。B17爆撃機の機内は狭苦しくて寒く、おまけに危険だった。搭乗員たちは若かった。十九歳、二十歳の機長もいた。ふつうは考えられないことだった。[60] B17は旋回式の重機関銃の砲塔を、腹部、背面、機首後部、機首前部、最後尾に装備していた。爆弾三トンを装荷し、二万フィートもの上空から目標に投下するのだが、それはドイツ対空砲火の届く高度だった。B17の編隊めがけてスクランブルをかけて来る、性能に勝るドイツのメッサーシュミット戦闘機の迎撃も覚悟しなければならなかった。

　ルメイの最初の空爆指揮は前年、一九四二年十一月、ドイツ占領下のフランスに対して行われたものだった。ルメイは、回避行動は絶対許さないと部下に厳命し、出撃した。攻撃目標の鉄道操車場まで一直線に飛行し、二万フィートよりも低空で侵入、爆撃照準を妨げる雲海の下に出て爆撃する、というものだった。

　これは上空に留まり、ジグザグ飛行でドイツの対空砲火や戦闘機の迎撃をかわす、英空軍、長年の伝統からの決別だった。英空軍式のこのやり方だと、回避はできても航空士《ナビゲーター》や爆撃手の混乱を招いてしまう。そこでルメイは、狙いを定めたものに命中させる方法を採ったのだ。

敵対空砲火の真っ只中を直進するルメイの命令に、部下たちは尻込みした。「隊長殿、それは無理です」。

「いや、できる」と、ルメイは答えた。「おれがやってみせるから、後ろから見ていろ」

ルメイは自ら編隊の先頭に立って隊長機を操縦し、突っ込んで見せた。そして爆撃に成功する。

彼の伝記作者は、こう書いている。ルメイのグループは「ほかのどのグループよりも二倍の量の爆弾を目標に命中させ、にもかかわらず一機も撃ち落されなかった。こうして三週間後には、第八航空隊のすべてのグループが低空・直進・水平の爆撃行を決行するようになり、目標上空で回避行動を取らなくなった」[61]。

このルメイ流の戦術に対し、ドイツの高射砲部隊と迎撃機が対応したことで、米陸軍航空隊（ＡＡＦ）の損耗率は上昇したが、「目標点」により近いところへ爆弾を投下するようになったことで、目標を最終撃破するまでの爆撃回数は減ることになった。

60 私が二〇〇四年にインタビューしたポール・カウフマンは戦時中、B17「ミリー・ケイ」の操縦士だった。出撃回数は、彼の表現によると、「一五回半」。最後の出撃は、ドイツ上空で撃ち落される結果となった。捕虜となった彼は、ドイツ国内、バールトの「シタラーク1」に収容された。ユダヤ人の彼は他のユダヤ人戦争捕虜約三〇〇人とともに隔離され、一九四五年の解放の日を迎えた。ヒトラーはユダヤ人戦争捕虜の殺戮を命じていたが、「シタラーク1」に拘束されていた米軍捕虜の将官らは、ヒトラーの命令に従わないよう収容所長の説得に成功した。ポール・カウフマンは二十一歳の若さでドイツ空襲に参加した。

61 Coffey, *Iron Eagle*, 三六頁。

これは長い目で見てＡＡＦの損害をかなりの程度、軽減するものになったが[62]、ルメイ指揮下の爆撃行それ自体の危険性は高まってしまったわけだ[63]。

Ｂ17爆撃機の空爆攻撃は今や、最良の環境下でも悪夢の経験となった。密集編隊を組んで、ほとんど必ず待ち受けている、対空砲火の「箱」をくぐり抜けるという最大の危機に直面しなければならなかった。敵戦闘機や対空砲火以外にも危険なことがあった。パニックに陥った僚機のＢ17から、機関銃で誤射されることもあった。

Ｂ17の機体はあちこちに銃座があったから、機内には上空の外気が吹き込み、零下三〇度、四〇度の寒さになった。搭乗員は電熱線の入った羊毛《フリース》の飛行服を着用していたが、電熱が通らないこともしばしばだった。「凍傷にやられてしまう搭乗員の方が、戦闘で負傷する者よりも多かった」と、ある戦史家は指摘している[64]。

酸素マスクも不可欠だったが、呼吸によって管の中に湿気がたまり、寒さで凍ってしまうこともあった。そうなると、Ｂ17機の操縦士は、搭乗員の視覚喪失や窒息の危険をよそに飛び続けるか、編隊を離れ、低空へ降下するしかなかった。

こうした「孤立した爆撃機」は、待ち構えるドイツの迎撃機によって簡単に発見された。こうして米軍爆撃機のドイツへの爆撃回数が増えれば増えるほど、ドイツ戦闘機の迎撃は戦果を収めるようになった。

ドイツ空襲の爆撃基地は英国内七〇ヵ所以上に達した[65]。帰還するＢ17機の損傷はますます増大し、帰らざる爆撃機の数も増えて行った。ドイツの対空砲火で搭乗員が負傷した機は、基地に接近すると、僚機に照明弾でそのことを知らせた。優先的に着陸するためだった。飛行隊の軍医らは、恐怖体験によるトラウマを意味する「過度の疲労《アンデュー・ファティーグ》」[66]に陥った搭乗員は、負傷者より無事だった者に多く見受けられる、との報告書をまとめた。

ドイツ空爆が長引くにつれ、ルメイも暗い気分にとらわれるようになった。ルメイは空爆作戦を終えるたびに、基地の食堂に部下を集めるようになった。下士官も将校も、全員、集めた。ドアを閉めて、集会での話は口外無用と命令した。ルメイは、部下たちに言った。「何がうまく行って、何がだめだったか、そのわけは何なのか知りたい。ここにいる全員が爆撃に参加したのだから、全員に言う権利がある」と。ルメイはさらに隊長である自分にふれ、「諸君の隊長が愚かなバカ者だと思うなら、今が

---

62 爆撃の命中精度がどれだけ進化したか……その感じをつかむには以下の点を考えるとよい。第二次世界大戦においては、フットボール競技場の半分のサイズの面積に爆弾を一発、命中させるには、九〇〇発の爆弾を落とす必要があった。つまり、数百機による爆撃行が必要だったわけである。これが一九九一年の湾岸戦争ともなると、その程度の攻撃目標であれば、爆撃機一機、それも一発の爆弾で、ほとんど済むようになる。そして、二〇〇三年に始まった「イラク戦争」では、たった一機のB2爆撃機で、爆弾一六発を一六の異なる目標に対し、フットボール場の半分のサイズの面積内であれば命中させることができるようになった。

63 ヨーロッパ戦域において米陸軍航空隊（AAF）は第二次世界大戦中、戦闘中の戦死者を五万二一七三人、非戦闘状況での犠牲者も三万五九四七人、出している。これに対して英空軍は第二次世界大戦で、AAFの倍の期間、戦闘に従事したが、全作戦での戦死者七万二五三人のうち、爆撃関係は四万七二六八人とAAFを下回った。Sherry, *The Rise of American Air Power*, 二〇四〜二〇五頁。

64 前掲書、一二二頁。

65 Sebald, *On the Natural History of Destruction*, 七七頁。

66 「『過度の疲労』とは、恐怖によるものだった。これを感じない者は非常に稀だった」。Coffey, *Iron Eagle*, 八八頁。

チャンスだ。なぜそうだか言ってくれ」と付け加えた。[67]

人を嘲笑するようなルメイの表情は、実は軽い顔面麻痺のせいで、葉巻をくわえるのはそれをごまかすためのものだった。ルメイはまた、彼を知らない者が思うような、粗暴な男でもなかった。人生に成功することのなかった両親の間に生まれ、貧困の中で根無し草のように育った。鉄鋼労働者として働き、苦学してオハイオ州立大学を出た。ＲＯＴＣ（予備役将校訓練部隊）の訓練生に支給される手当は、彼にとって重要な金銭的支えだった。陸軍飛行学校などでの軍務体験は、彼の人生に意味を与えた。ルメイが飛行将校として任官したのは一九二九年の年。その時初めて、ルメイは自分とは何たるかを知った。空の戦術研究に情熱を注ぐことで、周囲の評価を勝ち取った。

ぞんざいな素振りにもかかわらず、ルメイは部下よりも自分の方が上だと思うような男ではなかった。そしてそのことを、部下も知っていた。部下はルメイを、陣頭で指揮し、危険を分け合う司令官だと思っていた。敵の攻撃目標を最大の効率でもって破壊する。そのことが短期ではなく長い目で見て、最大の防護につながることを、部下たちもすぐ理解するようになった。部下たちは彼を恐れていた。同時に彼を敬愛してもいた。

カーチス・ルメイの考えに転機が訪れたのは、一月末の最初のドイツ空爆から半年ほど経った時のことだった。それまでルメイは、精密爆撃は米軍の「空の男」たちがやれることだし、好ましいことだと考えていた。

その年、一九四三年の八月十七日に、ドイツの深奥部、ダニューブ川沿いにあるレーゲンスブルクのメッサーシュミット製造工場に対し、Ｂ17一四六機による空爆が決行されることになった。工場を叩けば、ドイツ空軍の戦闘機供給源を根絶することができる……第二次世界大戦で最も重要な空爆になるはずの作戦だったが、それだけに、この遠距離爆撃は危険この上ないものになるはずだった。その日が近づくにつれ、緊張はますます高まって行った。

米陸軍航空隊（ＡＡＦ）は、Ｂ17はいわゆる「空飛ぶ要塞」だから、英軍のランカスター爆撃機と違って、自分を守ることができる、したがって航続距離の短い戦闘機の護衛を必要としない、との軍事ドクトリンを掲げていた。この軍事ドクトリンが最終的に反証に晒されるのは、このレーゲンスブルクへの空爆作戦においてである。

この作戦でもルメイは先頭の隊長機の操縦桿を握り、Ｂ17の編隊は対空砲火の果てなき爆雲の中を突っ込んで行った。時折、高射砲弾がＢ17機に命中する。被弾機からは搭乗員の人体や機体の鋼の破片が空中に飛び散る。ドイツの迎撃機、メッサーシュミットは自分たちを産み出した工場を、まるで自分たちの揺り籠のように守り抜こうと、Ｂ17の編隊に襲いかかり、一四六機中二四機の撃墜に成功した。

結局、その日のＡＡＦの損害は、計六〇機。大惨事ともいえる、これまでにない大きな損害を被った。[68]

僚機が撃墜されるたびに編隊を組み直し、目標に向かって飛行を続けた。白昼、回避行動をとらずに飛行して来たため、Ｂ17機のほとんどが爆弾を投下するまでに被弾する、すさまじい爆撃行となった。

---

67 前掲書、四八頁。
68 Sherry, *The Rise of American Air Power*, 一五七頁　Coffey, *Iron Eagle*, 九〇頁

ドイツの迎撃戦闘機は燃料切れになって、帰投して行った。編隊が目標上空に接近すると、対空砲火が再び激しくなった。それから二十一分間、ルメイの爆撃隊はメッサーシュミット工場に直撃弾を数発、命中させることに成功した。「それは第二次世界大戦で最も精度の高い爆撃となった」[69]ルメイはそのまま生き残りの爆撃機を率い、ヨーロッパ大陸を縦断、北アフリカに降り立った。ルメイ自身、作戦を振り返り、動揺したはずだ。軍医将校たちは爆撃行の中で搭乗員らが被った心のトラウマを、こんなふうに表現した。それはまるで「さまざまな戦術理論や汚れきったスローガン、そして苛酷な損害予想の影に覆われた、心の中の荒地を彷徨う」[70]ようなものだった、と。

ルメイはしかし、心の動揺を自分の胸にだけ収め、表に出すことはなかった。損害が大きい機体から部品を外して別の機に取り付けるなど、砂漠の基地での一週間にわたる応急修理を終えると、ルメイは生き残りの爆撃隊を率い、再び飛び立った。途中、フランス・ボルドーのドイツ空軍基地に一四四トンの爆弾を投下して、英国の基地に帰還したのである。[71]

カサブランカ会談で設置が決まった英米「合同空爆司令部」の首脳たちは、爆撃機の攻撃でドイツの戦争遂行能力に決定的な損害を与えることができると考えていた。たしかにそれは、その後、二年に及ぶ時間的経過の中で、正しい見通しだったと実証されるが、首脳たちの期待通りにはなかなか進まなかった。

すでに見たように、連合軍の爆撃機が投下した爆弾の大半は、ドイツ軍の戦闘能力に持続的な損害を与えるものにはならなかった。狙いをつけた地上の産業、軍事目標に命中しないことが多く、損害を与えても一時的なものになることが多かった。

皮肉なことに都市中心部への爆撃は、しばしば敵の軍事産業を強化する結果に終わった。市街中心部のレストランや会社のウェーター、事務員たちが「爆撃によって職場を奪われ、軍事工場で働くようになり……結果として軍事産業の人手不足の緩和に寄与した」[72]のである。

ドイツの民間人に加えた空爆による恐怖も、国民全体の士気を低下させるには至らなかった。どちらかといえば、むしろ士気を高める結果を生んだ。しかし、連合軍爆撃機によるドイツ空軍に対する攻撃に限って見れば、「ポイントブランク作戦」は「地上」ではなくて「空中」で戦果を上げることに成功する。空爆開始から一年半の時点ですでに、ドイツ空軍は米英爆撃機の迎撃・阻止に疲れ切り、それはやがて戦況を変える決定的なものとなるのである。

一九四四年六月の「Dデー」（ノルマンディー上陸作戦決行日）までに、ドイツのメッサーシュミット戦闘機隊は、自国上空で米軍のP51戦闘機や「サンダーボルト」戦闘機の餌食となり、B17の射手に撃ち落されたりして、ノルマンディー空域における軍事的な脅威になり得ない気息奄々《きそくえんえん》たる状況になっていた。

Dデーにおける米軍機の攻撃回数は八七二二波に及んだが、ドイツ空軍はわずかに二五〇波というありさまだった。連合軍の上陸作戦が成功したのは、ドイツ本土上空での十八ヵ月に及ぶ空戦の結果、

69 Coffey, *Iron Eagle*, 八八頁。
70 Sherry, *The Rise of American Air Power*, 二〇六頁。
71 Coffey, *Iron Eagle*, 九二頁。
72 Galbraith, *A Life in Our Times*, 二〇六頁。

ドイツの空軍力が抵抗する力を失ってしまっていたからである。

もしも連合軍がこの結果を最初から予期していたとするなら、「ポイントブランク作戦」は実に天才的な戦略だったと言える。が、それは実際のところ、予期せざる幸運でしかなかった。「失敗」と位置づけるべきところを、事後的に正当化しただけのことに過ぎない。Dデーを指揮したアイゼンハワー将軍は、自軍の空の優位を予期し、上陸作戦を敢行しようとする兵士たちにこう告げた。「上空に戦闘機が飛んで来ても、それはみな友軍機である」[73]と。

5 天才児

ルメイが「家《ペンタゴン》」で一緒に働く「回転椅子に座った知識人タイプ」を非難して論議を巻き起こすのは、一九六〇年代になってからのことだが、ルメイが初のドイツ空爆に飛び立った一九四三年一月の同じ週に――「家《ペンタゴン》」の完工式が行われ、スターリングラード防衛戦とトリポリで勝利し、「無条件降伏」要求を突きつけ、カサブランカ宣言によって英米合同のドイツ本土空爆作戦が始まった、まさにその週に――ハーバード大学の若き知識人が一人、米国から空路、英国入りし、第八航空隊のルメイの司令部で、民間人コンサルタントとして勤務を始めた。[74]
この若き知識人とは、ハーバード・ビジネススクールの「統計分析」の教授で、その専攻分野を、戦闘で疲弊した英空軍司令部及び台頭著しい米陸軍第八航空隊で彼らの戦略思考の型になりかけていた「諸理論、手垢のついたスローガン、恐ろしい結果予測の影」を振り払うのに使い、客観的な評価を下すのが任務だった。

彼の「統計分析」——別名、「統計コントロール」は、物資や兵器の在庫を管理し、補給・修理の非効率な部分を抜き取るだけでなく、第八航空隊の鍵となる、爆撃隊のパフォーマンスを評価するものでもあった。コンサルタントとして現れた彼は自信を漲らせ、エスカレートする一方の米軍航空戦力の混沌に秩序をもたらすべく、測定と予測の客観的手法を駆使し始めたのである。

第八航空隊の飛行兵たちは、「統計コントロール」の質問票や回答票ばかりか、教授の存在自体にも抵抗したが、教授の活動を封じるものにはならなかった。第八航空隊の司令官らは間もなく、教授を頼りにするようになる。その彼の名は、ロバート・S・マクナマラだった。*

そのマクナマラが、私のインタビューに答え、「ルメイと一緒に働いていた」と語ったのは、二〇〇三年の冬のことである。私たちはワシントンの彼のオフィスで、面談した。年老いた彼はとても薄い白髪頭だったが、それでもきれいに髪を撫で付けていた。

73 Craven and Cate, *The Army Air Forces in World War II*, 五八頁。
74 ロバート・マクナマラ（Robert McNamara）に対する著者のインタビュー。ダニエル・エルズバーグ〔ベトナム戦争時、「ペンタゴン文書」を内部告発で公表したことで知られる反戦活動家〕は一九六〇年代に、ペンタゴンでマクナマラとともに働いていたことがあるが、マクナマラの同僚は、マクナマラが第二次世界大戦中、ルメイの下で勤務していたことを全く知らなかった、と私に語った。
* ロバート・マクナマラ　ベトナム戦争時、一九六一年から七年間、米国の国防長官を務めた。その後、世界銀行の総裁に。一九一六年生まれ。学究としてスタートし、ハーバード・ビジネススクールで教えたあと、実業界に転進、フォード社の社長に就任した。就任後、半年も経たないうちに、ケネディ大統領に請われ、国防長官を引き受けた。

インタビューをなかなか受けないことで有名なマクナマラは[75]、開口一番、「君のお父上をとても尊敬しているから、インタビューに応じることにしたんだ」と、私に言った。私の父は一九九一年、湾岸戦争が始まったまさにその日に亡くなっていた（偶然の一致をもうひとつ言うと、イラク戦争は二〇〇三年の三月十九日に始まったが、その三月十九日という日は、私の父の誕生日だった）。

私は私の父が「家《ペンタゴン》」でマクナマラのために働いた頃のことを聞く代わりに——もちろん、それはあとで話題になったことだが——、私はいきなり、一九四三年の冬の、ルメイの下での仕事のことを質問した。「あの時はね」と、マクナマラは言った。「攻撃中止帰投率《アボート・レート》がとても高かったんだ。そう、損失率《ロス・レート》もね……とても、とても高かった」と。

六十年前の軍事用語が、彼の口を衝いて出た。「攻撃中止帰投率」とは、攻撃目標に到達せず、英国の基地に帰還した爆撃機の比率を言い、「損失率」とは戦闘中、撃墜された爆撃機の比率を指す。マクナマラは、こう続けた。

「われわれは白昼に爆撃しようとした。反対に英空軍は夜間爆撃を続けていた。われわれは夜、爆撃しても命中は無理だと思っていたんだよ。イギリス人たちは違っていた。夜間爆撃は確かに命中精度が低くなるが、犠牲はもっと少なくなる、とね。夜だと、敵の戦闘機がこちらの爆撃機を撃ち落すのは、昼より難しくなるからね」

当時の任務を思い出し始めた彼は、俄然、生き生きと語り出した。「統計コントロール」を担当するマクナマラと彼と同僚のエキスパートたちは、ドイツを空爆する爆撃機のパフォーマンスについて分析するよう命じられた。地域爆撃と照準爆撃のどちらが有効かといった、より大きな問題は——それは夜間爆撃と白昼爆撃の違いであり、米陸軍航空隊と英空軍の両者を分かつものだったが――、マクナマラの研究対象にはならなかった。マクナマラは測定・計算・分析可能なものに対してだけ、目を向けたのである。

「私の記憶では、第八航空隊の攻撃中止帰投率は二〇％だったと思う。われわれの爆撃機の二〇％が、目標に到達することさえ出来なかったんだ。問題は、その原因は何か、ということだった。それでわれわれは、たしか『1―A』という分類名の質問票をこしらえた。それを司令部の命令で、空爆作戦が終わるたびに、飛行兵たちに記入してもらったんだ。目標上空に到達したか、とか、爆弾を命中させたか、とか、目標を外した原因は何だったか、とか」

座席の電熱ヒーターが故障したことも、原因のひとつに挙げられていた。「それで凍えてしまって、帰還を余儀なくされたわけだ。それともうひとつ頻繁に起こったのは、機銃の弾詰まりだったね……こんなふうにして、原因を全部、リストアップして、その一つひとつと取り組んで行ったんだよ」。

「統計コントロール」に取り組んだ「天才児」、マクナマラと同僚のエキスパートらは、「攻撃中止帰投率」がなぜ高いかを解き明かす「解」に行き着いた。その「解」は、「1―A」質問票の「回答」にはなかったものだ。

75 ポール・ヘンドリクソン（Paul Hendrickson）は、その著書、『生者と死者』を書くにあたって、マクナマラからインタビューの同意を取り付けるのに、どれだけ苦労したかを詳しく書いている。彼が以前、ワシントン・ポスト紙の記者だった時に行ったインタビューが、問題をいっそう難しくしていたのだ。*The Living an the Dead*, 三八三～三八五頁。

「答えは、ね」と、マクナマラは言った。「たぶん、恐怖だったんだ」と。

その「恐怖」を、軍医将校らはやがて「過度の疲労《アンデュー・ファティーグ》」と呼ぶようになる。

「攻撃中止帰投率」を理解する手がかりは、爆撃隊の「損失率」にあった。マクナマラは言った。「損失率は極端に高く、四%を下らなかった」と。

実はマクナマラが「統計分析」に取り掛かった頃すでに、「損失率」は七%に近づいていたのだ。「損傷率《ダメージ・レート》」となると、三〇%を超すありさま。損失が五〇%近くに達する空爆作戦も多かった[76]。

「爆撃隊の平均出撃回数は、二五回だった」と、マクナマラは続けた。「搭乗員たちは一〇〇%、確実に死ぬわけではなかったが、恐ろしいほど多くの者が死ぬことは確かだった。だからその恐怖のせいで多くのクルーが途中で引き返して来たわけだ。いろいろな理屈をつけてはいたが、結局は恐怖だった[77]」。

私はB17の元爆撃手にインタビューしたことがある。機首のプラスチック製ドーム状爆撃座に入って空爆攻撃をした人物だった。彼は私に、こう語った。同僚も彼自身も、恐怖を口にしたことはなかったが、航空士の「さあ、いよいよだ。敵地上空に入った」との声がイヤホーンから流れるたびに、恐怖で胃が衝き上がったことを覚えているという。また、前方に浮かんだ対空砲火の黒煙の塊を見るたびに、「あれを突っ切ることなんか、絶対できない」と思ったそうだ[78]。

マクナマラが言った「四%の損失率」とは、二五回の出撃の中で一〇〇%死ぬことではなかったが、多くの搭乗員が最後の二五回目の出撃を終えることはできないことを物語る数字だった。「それはもう、受け入れるしかない現実になっていました」と、ある元搭乗員は当時を振り返って書いているという。「結局は撃ち落され……任務を最後まで遂行できなくなる」[79]。爆撃隊の恐怖はしかし、個人的なものではなかった。ルメイは隊長を務める操縦士へのインタビューで、こんな発見をしたと報告している。「彼は自分のことを心配したわけではなかった。臆病になったわけではなかった。彼個人としては、やりきる意欲は完璧にあった。しかし彼は、部下のクルーを戦闘に連れ出し、犠牲を出すところまで、自分を持ってゆくことができなかった。これはかなり頻繁に起きたことである」[80]。

ある飛行中隊長が米陸軍航空隊（ＡＡＦ）の精神科医らに打ち明けた。中隊長は「死んだ戦友たちの霊に取り付かれていた。その死霊たちは彼を独りにすることもなければ、心の平安を与えることもないだろう」（精神科医らによる報告書）という状態だった[81]。

「臆病」と判断されようと、同僚のクルーに対する「同情」と見なされようと、「恐怖」が爆撃失敗の主因のひとつとして特定されたことは、爆撃隊の司令部として狼狽に価することだった。マクナマラが

76 William R. Emerson, Harmon Memorial Lecture, U.S. Air Force Academy, 1962
77 マクナマラに対する著者のインタビュー。
78 ハワード・ジン（Howard Zinn）に対する著者のインタビュー（ハワード・ジンは米国の歴史家、平和運動家。一九二二年生まれ。第二次世界大戦中は米陸軍航空隊の爆撃手（少尉）としてドイツ空爆に参加した。代表作は『民衆のアメリカ』（明石書店）」。
79 Emerson, Harmon, Lecture
80 LeMay, *Mission with LeMay*, 三六三頁。
81 Sherry, *The Rise of American Air Power*, 二〇六頁。

「統計分析」の結果をルメイに報告すると、ルメイは爆撃隊に対して、こんな新たな命令を下した。

「われわれの攻撃中止帰投率は高い。その原因は恐怖である。私は、だから空爆攻撃の先陣を切る。攻撃を離脱し、目標に到達しなかった爆撃隊は軍事裁判にかける」と。

マクナマラはそう語ると、自分の言葉にゆっくり頷いてみせた。畏怖心でもって、ルメイの姿を思い返しているようだった。マクナマラは、こう付け加えた。「そうなんだ、攻撃中止帰投率が下がったのはね、その後のことなんだ」

ルメイに対してマクナマラが抱いた尊敬の念は、明らかに、ルメイのマクナマラに対する思いでもあった。ルメイのこのハーバードの教授に対する評価と、彼の爆撃隊のパフォーマンスに対する分析の重要性は一九四三年の三月、マクナマラが第八航空隊に配属されたわずか数週間後に明白なものになる。マクナマラはいきなり大尉に任命されたのだ。

マクナマラはその後、間もなく大佐まで昇進、ルメイの後を追って太平洋戦域へと向かい、そこで再びルメイの爆撃隊のパフォーマンスに対し「統計分析」のメスを入れることになる。が、その「統計分析」は、同時期に進行していた「精密爆撃」から「地域爆撃」への移行により、「爆撃結果」の分析には適用されない運命を辿ることになるのである。

6　全てはグローヴズが……

テクノロジーは変化を引き起こした。戦争をどう戦うか、戦争をどう考えるか、変化はテクノロジーが生んだ。変化の中心には「家《ペンタゴン》」があった。

そして、一九四三年一月の、あの決定的な一週間に、「テクノロジー」と「家《ペンタゴン》」は、ひとりの男の中で一体化した。その男とはレズリー・グローヴズである。

すでに見たように彼こそ、新しい「陸軍省」の総司令部の建設を監督した人物だった。「家《ペンタゴン》」が完工した今、次の任務に向かう準備は整っていた。

グローヴズは陸軍の従軍牧師の息子として生まれた。インディアンと闘った戦士たちを愛し、シャーマン将軍を敬愛する男だった。

新「陸軍省」建設工事の最後の仕上げの仕事を——「白人専用」トイレを改修する最後の一仕事を終えたばかりのグローヴズは、より巨大な、記念碑的なプロジェクトの監督責任を引き受けることになった。

「家《ペンタゴン》」が完工するその年の一月、グローヴズはすでに掛け持ちで、もう一つの巨大プロジェクトの任務に就いていた。

前の年、一九四二年九月のことだった。ワシントンの連邦議会の委員会で、陸軍の建設工事に関する証言を終えたグローヴズに、聴聞会場の外の廊下で、ひとりの将軍が声をかけた。

「陸軍長官が、あなたを選任しました。これはとても重要な任務です」と、将軍は言った。「大統領閣下も、あなたの選任を承認されています」。

グローヴズがその任地は何処か、と聞くと、このワシントンでの任務だという。グローヴズが、戦闘任務でないならお断りしますと抗議すると、将軍はこう答えた。「もしもあなたがその仕事をこなせば、戦争に勝利できます[82]」。

それはもう、すでにドイツのある研究所で始まっていた。

ウラニウム原子の核分裂実験が、ベルリンの「カイザー・ヴィルヘルム化学研究所」で行われたのは、一九三八年のこと。これを受けてアルバート・アインシュタインが、ルーズベルト大統領に、ドイツのウラニウム爆弾開発プロジェクトを警告する有名な書簡を送ったのは、翌一九三九年のことだ[83]。ドイツが原爆開発プログラムを進めているという恐怖は、米国内で働く物理学者たちの開発動機となって、彼らを緊急かつ粘り強い作業へと駆り立てた。

そんな物理学者のひとりは、一九四四年から四五年にかけ、昼食をとりに家に戻るたび、毎回、短波ラジオの周波数をロンドンの放送に合わせ、ロンドンがまだ存在していることを確かめていたという[84]。

アインシュタインの書簡から二年半後の一九四二年十二月二日、シカゴ大学のエンリコ・フェルミ*率いる科学者たちが、核分裂の連鎖反応の制御に初めて成功した。それは、原子爆弾が実現可能であることを遂に証明するものとなった。

原子爆弾の開発に尻込みする科学者がいたとしても、同じその日、米国務省が発表した驚愕の事実が弱気を殺いだ。ユダヤ人科学者の場合は特にそうだった。国務省は、ナチスの手で二〇〇万人のユダヤ人がすでに組織的に殺戮されており、なお多数の者が危機に瀕している、と発表したのである[85]。

これにより、米軍の原爆開発は一段と真剣なものになり、開発センターはシカゴからニューメキシコ州の砂漠の秘密基地、ロスアラモスに移されることになった。

一九四三年の年明けまでに、一見、何の変哲もない「マンハッタン工兵管区」[86]の新ディレクター、レズリー・グローヴズは、最終段階にあった「家《ペンタゴン》」の建設工事から慎重に身を引き、科学者たちの極秘研究の秘密を知る立場にいた。

---

82 Groves, *Now It Can Be Told*, 三〜四頁。

83 ルーズベルト宛の書簡を実際に起草したのは、レオ・シラードだった。アインシュタイン自身はこの数年後、こう述べている。「私は人生において大きな失敗をひとつ仕出かした。原爆製造を勧告するルーズベルトあての書簡に署名したことだ。しかし、正当化する理由もあった。ドイツが原爆を製造する危険である」。Sherwin, *A World Destroyed*, 二七頁〔レオ・シラード　Leo Szilard　ハンガリー出身の米国のユダヤ人物理学者（一八九八〜一九六四年）。マンハッタン計画に参加、戦後は分子生物学に転向。邦訳書に『シラードの証言』（伏見康治・伏見諭訳、みすず書房）などがある〕。

84 「ヒトラーがそれを手にした瞬間、おそらくはロンドンに対して使用することは疑いもなかった……ロンドンからの放送が、落ち着いた声で、クリケットの試合結果などを伝えるのを聞いてから、私はラジオのスイッチを切ったものだ」。フィリップ・モリソン（Philip Morrison）に対する著者のインタビュー。〔フィリップ・モリソン　米国の物理学者（一九一五〜二〇〇五年）。ＭＩＴ（マサチューセッツ工科大学）名誉教授。原爆開発の「マンハッタン計画」に、最年少の物理学者の一人として参加し、プルトニウム爆弾の製造に関与した。終戦直後、長崎の被災地に入り、原爆の悲惨を目の当たりにした。衝撃を受けた彼は、生涯を通し、核の軍事利用に反対する運動を続けた〕。

＊ エンリコ・フェルミ　イタリア出身の米国の物理学者（一九〇一〜一九五四年）。二十代半ばにしてローマ大学の教授に就任。妻がユダヤ人であることから、ムッソリーニの迫害を避け、ストックホルムでノーベル物理学賞受賞後、米国に亡命した。米国では核分裂反応の研究を主導し、シカゴ大学で世界初の原子炉、「シカゴ・パイル1号（ＣＰ１）」を完成させ、核分裂の連鎖反応の制御に成功した。

85 Rhodes, *The Making of the Atomic Bomb*, 四三七頁。

86 「マンハッタン計画」はこの名称を、ニューヨークに本部を置く「陸軍工兵隊」から採った。偽装のためである。「マンハッタン工兵管区」は間もなく、テネシーへ移る。

「マンハッタン計画」の科学ディレクターであるヴァネヴァー・ブッシュ[87]は、グローヴズの任命を知って反対した。がさつな陸軍大佐には「任務を遂行するだけの手際のよさはない」との意見を具申したのである。

が、スティムソン陸軍長官は「家《ペンタゴン》」の建設工事でのグローヴズの仕事ぶりを知っていた。それは彼の能力を十分に証明するものだった。「家《ペンタゴン》」の建設は、その時点において史上最大の建設工事プロジェクトだった。しかし、「マンハッタン計画《プロジェクト》」は、単なるマネジメントの仕事として見ても、「家《ペンタゴン》」を遥かに凌ぐ途轍もないプロジェクトだった[88]。

この中でグローヴズは実際、単体の建物としては世界史上最大の建設プロジェクトを手がけることになる。テネシー州オークリッジで、ウラン濃縮工場の建設工事を監督することになるのだ[89]。

連邦議会の廊下での将軍との出会いから数日も経たないうちに、グローヴズ自身、将軍へと昇格し、「家《ペンタゴン》」の対岸のワシントンDCに戻ることになる。彼の新しいオフィスは、彼が「家《ペンタゴン》」を建てたことで霞んでしまった、ルーズベルト大統領お気に入りのフォギー・ボトム*にある「新陸軍省ビル」と呼ばれた建物だった。グローヴズにとっての最初の困難な挑戦のひとつは、科学者たちの大規模なリクルートだった。そしてその科学者たちに、厳しい制限を課さねばならなかった。科学者たちから軽蔑される仕事だった。深刻な文化の衝突でもあった。

恩師のロバート・オッペンハイマー*によって「マンハッタン計画」に引き込まれたフィリップ・モリソンは、研究室前の廊下で待機する武装警備兵との間で悶着が絶えなかったと回想している[90]。

グローヴズはナチスの研究所の原爆開発はどこまで進んでいるのだろうかと心配する科学者たちの

声を聞くたびに、ただ一言、そんなことを考える暇があったらドイツの科学者どもの誘拐や暗殺でもしたら、と答えるのが常だった。[91] そんなグローヴズの「エキセントリックな管理運営の天才ぶり」[92]（指導的

87 ヴァネヴァー・ブッシュは当時、米政府の科学研究開発局のディレクター（局長）を務めていた。MIT（マサチューセッツ工科大学）学長のカール・T・コンプトン、ハーバード大学学長のジェームズ・B・コナント、ベル電話研究所のフランク・B・ジェウェットと、その責任を分け合っていた。その後、一九四二年初秋、原爆開発の全責任は、米陸軍省の所管とされる。そしてその最高責任者となったのが、グローヴズを任命したスティムソン長官であり、マーシャル参謀総長だった〔ヴァネヴァー・ブッシュ　米国の工学者（一八九〇〜一九七四年）。第二次世界大戦中、「マンハッタン計画」をはじめ、科学技術の軍事への応用面で主導的な役割を果たした〕

88 「それは、主力の三つの工場だけで、計五〇万エーカーの敷地をカバーするものだった。このほかに小さな設備が三〇ヵ所あり、雇用総数は一二九万五〇〇〇人に達していた。その年間給与だけで、約二億ドル。一切合財含めると、原爆の製造には二〇億ドルを少し上回る費用がかかった計算だ。ひとつのモノを産み出すのに、政府がこれだけの支出をしたことは、それまでなかった……史上最大の、組織された人間の営為による達成である」。Lawren, *The General and the Bomb*, 二五九〜六〇頁。

89 前掲書、一九一頁。

＊ フォギー・ボトム　ポトマック東岸、ワシントンの西部行政区の一画。低地で川霧が漂いやすいことから、この地名がついた。国務省所在地であり、いま「フォギー・ボトム」といえば一般に国務省を指す。

＊ ロバート・オッペンハイマー　米国の物理学者（一九〇四〜一九六七年）。ロスアラモス研究所の初代所長として原爆製造に中心的な役割を果たした。

90 フィリップ・モリソンに対する著者のインタビュー。

91 Lawren, *The General and the Bomb*, 一三七頁、Norris, *Racing for the Bomb*, 二九一頁。

92 Sherwin, *A World Destroyed*, 五八頁。フィリップ・モリソンは、グローヴズとの連絡役を命じられていた。モリソンは、私にこう語った。グローヴズ将軍のことを、「任務に最も適した将校だ」と最初から感じていた、と。著者のインタビュー。

な科学者の一人、I・I・ラビ*の表現）に、科学者たちは間もなく敬意を表するようになる。

こうして「マンハッタン計画」は、「家《ペンタゴン》」の完工、「無条件降伏」要求、「スターリングラードの解放」と「トリポリ奪還」、さらには「最初のドイツ本土空爆」が集中した、あの同じ重要な数日間のうちに正式に動き出すことになった。

原子兵器を手にすることは、今や現実的な可能性となっていた。このため、グローヴズは、米国による秘密の無制限の独占に向かって、一歩を進めた。それまで理論研究の面で組んでいた英国をも除外して動いてゆくのである。[93]「家《ペンタゴン》」の完工という偉業を達成した貪欲な天才は今、世界を変える原爆計画のマネージャーになろうとしていた――私たちとしては取りあえず、このことを確認しておくだけで十分である。


私たちはこのグローヴズという人物の中に、本書の物語の基調に響き合う対応関係のひとつを見ることができる。グローヴズはまさに「家《ペンタゴン》の父」と呼ばれるにふさわしい人物だった。ポトマック対岸、連邦政府による「抑制と均衡《チェック&バランス》」の場から逃れた、「巨大な官僚パワーの中心」を象徴し、その権力の拡大を仕切る「家《ペンタゴン》の父」だった。その「家《ペンタゴン》」は、その力に歯止めをかけようとして挫折した多くの人々の証言からも明らかなように、「人間の意志の制約」からさえも逃れ得るものだった。

本書の主題は、米国の統治、米国民の生活に及ぼす「ペンタゴン効果」を明らかにするものである。それは、道徳的な判断能力（善と悪に対する）と、人間的な支配を超えた非人間的な力がどう作用し合っているかに焦点を当てるものでもある。

そう言うと、まるで古典的な悲劇のようだ、と思われるかも知れない。が、道徳的な判断と運命の悲劇的な相克は、巨大な官僚制とその機械化が、グローヴズが主導した「原爆計画」の集団妄想と結合することで、新たなエネルギーを持つに至った。

米国の軍事体制《ミリタリー・エスタブリッシュメント》は「家」という中心を持つことで、従来の通常の破壊力に加え、ほぼ無制限のテクノロジカルな破壊力を持つに至った。

そしてその時、「家《ペンタゴン》」の自己運動が始まったのである。第二次世界大戦が解き放った力は――未曾有の破壊力と革命的な軍事テクノロジーは、自己運動を開始したばかりか、やがて何人《なんぴと》の支配も受けない勢いを持つようになる。そしてこの新しい現象は、その後、数十年にもわたって、政党やイデオロギーさえ超越するものとしてあり続けて来た。

民主党政権下で国防長官を務めたある共和党員はその「家《ペンタゴン》」を、荒れ狂い何者にも従わない「白鯨《モービー・ディック》」*に譬え、自らを逃げまどう巨鯨の背中にとりついた「エイハブ船長」に見立てた。[94]

そして戦争の英雄だった共和党員の大統領は、怪物《モンスター》と化してしまったその「家《ペンタゴン》」を、最も忘れがたく

＊I・I・ラビ　オーストリア生まれの米国人物理学者（一八九八～一九八八年）。ノーベル物理学賞を受賞。

93 英国の首相、チャーチルはこの年の八月、カナダのケベックでルーズベルトを説き伏せ、流れを逆転させる。英国の科学者たちを「マンハッタン計画」の中へと押し戻したのだ。

＊米国の作家、ハーマン・メルヴィルの小説。「エイハブ船長」はその主人公。

94 ウィリアム・コーエンに対する著者によるインタビュー。エイハブ船長は映画の中では白鯨の背中に取り付いているが、原作（小説）ではそうなっていない〔ウィリアム・コーエン　民主党のクリントン政権下の一九九七年から二〇〇一年まで、米国の国防長官を務めた〕。

最も不吉な表現で、抑制の効かない巨獣《ビヒモス》――「軍産複合体《ミリタリー・インダストリアル・コンプレックス》」と名づけたのである。[95]

その「家《ペンタゴン》」の中で官僚機構は、「戦闘命令」を、「軍の社会的構造を決定するもの」にすり替えてしまった。そのひとつの現れは、従来の人的構成の解体である。軍の文化はそれまで、軍人個人の人格的なリーダーシップによって成り立っていたが、それを無視するかのように、その正反対のものが出現した。

文民《シビリアン》が武官と混交し、その武官たちが、「家《ペンタゴン》」の匿名の群れとして、膨大な下士官と混合する文化が生まれたのである。

この米軍の官僚的な解体・再構築は、第二次世界大戦初期に立ち現れた問題を解決したが、一時的なものに終わらず、そのまま永続的なものになった。一九四〇年から四三年にかけての急激な軍の増強の中で、米陸軍だけでもわずか二年余りの間に、二五万人の兵力を八三〇万人に激増させたが[96]、陸軍ばかりか海軍もまた、士官候補生の確保があらゆるレベルで難しい事態に直面した。が、そんな事態の中でも、指揮官ポストは、どうしても埋めなければならない。このため、知的・教育的・人間的な基準を下げざるを得ない必要が生まれ、そのためには個人的な資質や統率力、高潔さといったものを軽視せざるを得なくなった。

これはもちろん戦場では通用しないことだった。上官が戦死・戦傷したら、誰か下位の兵士が勇気を振って上官に成り代わり、部隊を統率しなければならない。こうした軍人兵士の個人的な特性は、しかしながら、ワシントンに生まれた軍の官僚機構の中では重視されなかった。人が欠ければ、組織で補う……それは米軍の鍵を握るのは、もはや軍人個人の断固たる決意ではなく、「組織の勢い《インスティチュウショナル・モーメンタム》」であることを意味するものだった。

われわれはこの「勢い」を、グローヴズやルメイ、ジェームズ・フォレスタルやジョージ・ケナン、そしてポール・ニッツらが……そしてさらにはリチャード・チェイニー、ドナルド・ラムズフェルド、ポール・ウォルフォウィッツらが、いかに積極的に推進したかを、この先、目の当たりにしてゆくことだろう。

一方、こうした流れを、ヘンリー・スティムソンやロバート・マクナマラ、カール・ケイセン、ジミー・カーター、さらにはロナルド・レーガンやビル・クリントンのような人々が逆転させようと試み、挫折している。

しかし、だからといって本書は、悪漢対善人の物語ではない。むしろこれは、極度の危機に相対した人々による人間のドラマであるのだ。そしてそのドラマは、危機に対する対応が危機をさらに悪化させてしまう悲劇だった。

---

95 ドワイト・アイゼンハワー、退任演説、一九六一年一月十七日。

96 この「二五万」の米陸軍の兵力は、当時、世界でベルギーに次いで一九番目の規模だった。ドイツ軍は一九三九年にポーランドに侵攻したが、その時の侵攻軍は実に一五〇万人。翌四〇年にフランスに入った侵攻軍はほぼ二〇〇万人規模だった。米軍は第二次世界大戦の終結までに、およそ一四〇〇万人規模まで兵力を増員する。Parker, *John Kenneth Galbraith*, 二二四頁。Schmitz, *Henry L. Stimson*, 一五四頁も参照。

非常事態にあっては、「非人間的な勢い」は戦争を遂行する上で、善いものと見なされる。軍事テクノロジーに駆動され、戦場での放出を待つエネルギーに突き動かされた軍の官僚機構は、一人ないし二人、あるいは一ダースの指導者たちによるものとは比べ物にならない、圧倒的な破壊力を行使することができるからだ。戦争では、この破壊力こそが命である。

「家《ペンタゴン》」ではまた、もうひとつ、解体されたものがあった。それは「良心」である。

たとえば都市を焼夷弾で爆撃し、日本に原爆を投下し、遂には核戦力を米国の外交政策にリンクさせたのは、いったい何者の決断であったか？

こうしたことに対し個人の道徳的な責任が常に持ち出されるものだが、空前絶後の「非人間的な力」の存在を考慮に入れれば、あらゆる致命的な選択は、あの「家《ペンタゴン》」が行った、と言うべきであろう。

同じことは「家《ペンタゴン》」の住人たちにも起きた。一日が終われば、みな同じ傾斜路に殺到し、車の列がどっと流れ出す。同じ便器の列に、みな一列になって立ち並ぶ（ペンタゴンにいる女性は、タイピストだけだ）。同じ食堂で、全員（高級将校を除き）同じトレイで食事をする。同じマニラ封筒に、みな自分のイニシャルの署名を入れ、乾いた血の色をした丸い留め具に、綴じ糸をぐるぐる「8」の字に巻く。それが事務室から事務室へ、際限なく循環する……。「家《ペンタゴン》」の住人に共通するのは、「戦士《ウォリアー》」の魂ではなく、「職員《ファンクショナリー》」の心得である。

その一方で、新しき「家《ペンタゴン》」の文化は、米軍をいくらか文明化した。「家《ペンタゴン》」の規則が緩和され、遂には「平服」を奨励するまでになった。が、「家《ペンタゴン》」は、にもかかわらず米国社会全般の、表面にはさほど現れて来ない軍事化の深まりの震源になってゆくのである。

経済的、政治的、学問的、科学的、技術的、文化的な力の全てが、その「家《ペンタゴン》」でひとつに結合した。ひとつに結びついたのは、さまざまな意味で「家《ペンタゴン》」それ自体のせいである。その結合は、アイゼンハワーが大統領の任期の土壇場で警告したその時すでに、この新たな現象を産み終わっていたのだ。

第二次世界大戦が終わってから二十年の間に、その「家《ペンタゴン》」は一〇〇〇億ドル近くを使い切る。これは同時期、連邦政府が保健、教育、福祉に支出した額の一〇倍に達する額だ。「家《ペンタゴン》」が管理する企業に雇用された人の数は、一九六五年時点で六〇〇万人近く。[97]軍事的な発注が米国のビジネスを変えたとしたら、それは米国の大学も同じだった。いくつもの有力大学が軍事的な巨大研究プロジェクトの委託を受けるようになり、資金的に豊かになった反面、軍事研究に依存するようになって行った。[98]米国の富を形成した戦後の好景気のかなりの部分は、実際のところ、「家《ペンタゴン》」の「エンジン」がもたらしたものである。

そのことを最もよく知っていたのは政治家たちだ。自分の選挙区に防衛予算を持って来れば、再選は間違いない。政治家たちがこぞって自らを、ポトマック河畔の「黄金を吐き出す神殿」の擁護者へと仕立て上げたのも、当然の成り行きだった。

こうして米国史上初めて、この国は軍事的なものが、この国とは何であるかを決める国になった。そうした決定要素の結合は臨界的な質量に達し、この国の隠喩《メタファー》になった。「軍産複合体」は社会的な「核

97 Hodgson, *America in Our Time*, 一三〇頁。
98 たとえば Lowen, *Creating the Cold War University* を参照。

分裂」反応を産み出し、「家《ペンタゴン》」はその「原子炉」となった。

これはまさに適切な隠喩である。隠喩であることを正当化し、承認し、神話化し、聖化さえする、前代未聞のエネルギーの文学的な核心にあったもの——それはこの国の「放射性の核」とも言えるかもしれない——、それこそ、まさしく「原子爆弾」だったのである。そして、そう、レズリー・グローヴズもまた、その「父親」の一人であった。


一九四三年の初め以降、米陸軍航空隊の「戦略爆撃ドクトリン」が有効性を失ったあとに出て来た、航空隊の「存在理由」に関する問題を解いたのが、一介の米陸軍技官、レズリー・グローヴズだった。グローヴズは、「核兵器」によって、陸軍航空隊の存在理由を示してみせたのである。

すでに見たように、「ポイントブランク作戦」に注ぎ込まれた膨大な経費と、そこで失われた数多い人命は、枢軸国の力と士気をすぐには挫かず、ドイツ空軍との消耗戦以外のものをもたらしはしなかった。ノルマンディー上陸作戦、そして地上部隊のベルリンへの進撃に対する戦術的な支援の面で、たとえそれが既定の作戦としてどんなに有効なものであっても、米陸軍航空隊が明確に打ち出したドクトリンとしては完全な失敗に終わったのである。

それは空爆推進派がかねて提唱し、決行した、一九四五年春の、あの恐るべき焼夷弾による空爆——すなわち、ドイツに対する「サンダークラップ作戦*」や、ルメイが指揮した、日本の「マッチ箱」の諸都市に対する、恐ろしい空爆の場合でさえ、同じ結果に終わったのである。

が、目的なきまま漂流する戦略爆撃に、やがて一気に変化が起きる。米陸軍航空隊が投下するに足る、すべてを超越した爆弾が、一九四五年八月六日、驚異的な存在感を発揮したのだ。

トーマス・シェリングの言葉をかりれば、「ヒロシマ」で初めて、爆撃による「苦痛と衝撃、喪失と悲嘆、略取と恐怖」が、二〇〇三年の「イラク戦争」の開戦空爆の際、「家《ペンタゴン》」のスポークスマンたちが語った、全国民の意志を叩き壊すだけの「ショックと畏怖」のレベルに達したわけだ。

これはどれだけ具体的な戦略的な結果を生んだかということに加え、どれだけ恐怖の神話を産み出せたかという問題である。「原爆以前」においては、爆撃手が搭載爆弾の一部しか目標に向けて投下できなかったり、ケイセンの言うように、「目標から一マイルかそこら離れたところに」爆弾を投下するような真似は、戦術的な失敗と見なされていた。これが「原爆以後」となると、一マイル逸れても問題なしとされた。破壊が全面化したからだ。

しかし、それ以上に大きかったのは、物理的な破壊力もさることながら、核兵器の心理面に対する影響である。人間精神に対するその効果は、ほとんど同じ凶暴さで荒れ狂っていた焼夷弾爆撃をはるかに超えたもので、投下の数ヵ月後には早くも「絶対兵器」と呼ばれるようになった。[99]

ヒロシマ型爆弾による破壊の酷さが、原爆というこの兵器の革新性ではなかった。武力と時間と無慈悲さえあれば、人間の集団は敵に対して、持てるあらゆるものを動員して、膨大な損害を与えることができる。シェリングの言うように、「核兵器といえども、無防備な人々に対しては、アイスピックで

＊「サンダークラップ」「雷鳴」の意味。
99 Brodie, *The Absolute Weapon*

できること以上のことを、それほど多くは出来ない」のである。そう、その通り。「ヒロシマ」の革新性とはつまり、「核兵器はそれを一気に素早くやり遂げることができる」[100]ことを示しただけのことなのだ。

が、その素早さという点では、一九四五年三月十日の「東京大空襲」も、相当なものだった。一〇万人もの市民が、〔障子と襖の〕「紙の街《ペーパー・シティー》」を襲った夜間爆撃と猛火の中で、たった一晩で死亡したのである。そしてその時の恐怖は、瞬間的に終わりはしなかった。

「東京大空襲」はそれでも、理解の限界を超えるものではなかった。死者一二万人から一五万人の「ヒロシマ」の残忍さが想像力をかき立てたのは、それが理解を超越するものだったからである。東京大空襲の残酷さが、なかなか記憶に甦らないのも、そのためである。[101]

「ヒロシマ」が持続的な効果を及ぼしたのは、人間精神に対してだった。現場の目撃者に対する、現場に入った調査団のメンバーに対する、一般の人々に対するものだった。人々は、「ヒロシマ」に始まり、その三日後、「ナガサキ」で七〜八万人が死んだ八月の出来事の意味を、時間をかけて認識して行ったのである。

人間がこれまで、どんなに堕落しようと、そこまで実行する道徳的な許容を持ち得なかったものを――アイスピックでは為し得なかったものを――それは躊躇せずに瞬間的にやり遂げてしまったのだ。

「原爆」が「絶対兵器」であるとは、その意味でのことだ。

「ヒロシマ」と「ナガサキ」は、レズリー・グローヴズが崇めた軍人ヒーローの「コマンチ族と戦ったシェリダン*や、ジョージア州で奮戦したシャーマン以来の伝統[102]」を想起させ、引き継ぐものなのかも知れない。しかし、そんな彼らにしても、戦闘の前と後とを絶対的に分ける最後の一線だけは心得ていたのである。

「原爆」は、この「戦闘の決断」と、その「速やかな実行」とを隔てる区別を、「後方」と「前線」の区別を、さらには「軍事破壊《ミリタリー・デヴァステーション》」と「大量絶滅《マス・アニヒレーション》」の区別をも消し去ってしまった。逆に言えば「原爆」は、

---

100 Schelling, *Arms and Influence*, 一九頁。

101 Jonathan Rauch, “Firebombs over Tokyo” *Atlantic Monthly* 二〇〇一年七・八月号 Howard French, “100,000 People Perished, but Who Remember?” *New York Times*, 二〇〇二年三月十四日付参照。ジョージ・マーシャル将軍は戦後、東京空襲の効果についてこう述べている。「われわれは一夜にして一〇万人の人びとを、通常爆弾で殺してしまった。しかし、その効果は何もなかったかのようだった。空爆は日本の都市をたしかに破壊した。しかし、われわれの見る限り、日本人の士気は損なわれなかった。まったく損なわれなかった」。Rhodes, *The Making of the Atomic Bomb*, 六八八頁。このマーシャル将軍の発言は、原爆投下を正当化する考えの下、通常爆弾による空爆が最小限の心理的な影響しかもたらさなかったことに対し、原爆がより大きな効果を持ったことを際立たせるためのものだった点に留意しなければならない。ジョン・ルイス・ギャディス〔ジョン・ルイス・ギャディス John Lewis Gaddis 米国の歴史家、軍事史家、エール大学教授〕はこの点についてこう言っている。「原爆による破壊力の量子論的跳躍は……戦時中、行われた、通常兵器によるいかなる作戦をも上回る心理的な印象を与えた」と。*The United States and the End of the Cold War*, 一〇九頁。なお、ここで「記憶に甦らない」と指摘したのは、もちろん、米国側の態度を見てのことである。東京大空襲は、日本においては記憶されている。

* フィリップ・シェリダン 米国の軍人（一八三一〜八八年）。北軍の指揮官として南北戦争に従軍、戦後、先住民族（インディアン）との戦いを指揮した。

102 Schelling, *Arms and Influence*, 一七頁。

103 前掲書、一三三頁。

「無条件降伏」に「無条件破壊」を結合してしまったのである。[103]

その結果を「ヒロシマ」について言えば、投下一ヵ月後に現地入りした、調査団の米国人が、「これはもう、復活の希望のない最終的なものだとの実感の中で」記したように、そこにはただ「死が、究極の死の本質が残されているだけ」だった。[104] 殺す側、そして殺される側に対する心理的なインパクト、それこそ「原爆」を究極の絶対兵器にしたものだった。

その使用はある種の「象徴化《トーテマイゼーション》」に行き着くものだった。「ヒロシマ」は、暗黒の秘蹟《サクラメント》と化したのだ。それは出エジプトのモーゼが紅海を分かった奇跡に匹敵する、現代における「歴史の切断」だった。[105]

「二度と、決して《ネヴァー・アゲイン》」は二〇世紀の道徳律になった言葉だが、それは「アウシュヴィッツ」以上に、「ヒロシマ」に対して使われる言葉である。

この「神話化」こそ、核爆発による物理的な破壊にもまして、「核兵器」を別格のカテゴリーの中に置き続ける「記念碑的なタブー」となったものだ。このタブーを取り払おうとする動き（ルメイやジョン・フォスター・ダレスのような人物が画策したことである。これについては後述する）にも拘わらず、「神話化」は持続した。「核兵器」は「考えることもできない」神聖な存在として、あり続けた。

そこに変化の兆しが生まれるのは、「核の通常兵器化」が始まる、ジェームズ・シュレジンジャー*国防長官の時代になってからのことである。シュレジンジャーは、ソ連の通常兵器による欧州攻撃に対抗し、戦術核の使用を模索した。[106]

「核」を使用可能な通常兵器にしたいというこの衝動は、「反弾道ミサイル・システム」や「中距離」核戦力の構築の中に、その後、数十年にわたって、密かに埋め込まれることになる。そしてこの「核の通常兵器化」の流れがようやく端的なかたちで結実するのが、ジョージ・W・ブッシュが大統領になった二一世紀の初頭において、である。これについては後ほど、詳しく見る。

いずれにせよ、ペンタゴンという「神殿」を築いたレズリー・グローヴズは、その「至聖所」に、「核」の入った「聖なる柩」を置いたのだった。グローヴズは米国の軍事的な想像力と米国の経済さえも変えてゆく「家《ペンタゴン》」を建て終えたあと、「戦争とは何か」の概念を永久に一変させた。

が、一変したのは「戦争」だけではなかった。「ヒロシマの聖化」は、核分裂兵器の爆発でもって発火した、現代における精神的危機の深まりの実相を示した。「ヒロシマ」に刻印された「究極の、死の

---

104 Rhodes, *The Making of the Atomic Bomb*, 七四二頁。

105 「……ヒロシマの聖化は……ヒロシマの出来事を、深い神話的な出来事の地位へと引き上げた。それは最終的に、聖書に書かれた出来事と同じ宗教性を帯びるに至った」。Alvin M.Weinberg,"The Sanctification of Hiroshima" *Bulletin of the Atomic Scientists* 一九八五年八月号、三四頁。

＊ジェームズ・シュレジンジャー　米国政治家（一九二九年～　）。CIA長官のあと、一九七三年から七五年まで国防長官を務めた。

106 DIA（防衛情報局）の元局員、チャールズ・デイビスは、シュレジンジャー国防長官時代の軍事演習について、私にこう書いてよこした。「ペンタゴンでのある軍事演習で、私は赤組（ソビエト）の指揮官を務めました。その軍事演習は、シリアのイスラエル侵攻をソ連が支援するというものでした。その中で私の敵の米軍はイスラエルの掩護の下、シリア内の諸拠点（ソ連の軍事顧問団が居住している）を、地中海に展開する空母から発進したA４機の戦術核で空爆したのです。私は赤組内の空軍大佐や海軍大尉の不満を抑えて（たぶん、この軍事演習を命令した上層部の機嫌を損ねて）、戦術核で報復することを拒否しました。シリアは結局、撤退を強いられましたが、戦術核を使用した米軍の側の損害もまた圧倒的にひどいものでした。赤組はシリアに運命の重荷を背負わせましたが、モスクワを引き込むことは拒否したわけです」。著者への手紙より。

本質」は、われわれが古来、抱き続けて来た道徳的深淵のさらなる深みに、われわれを突き落とした。死は、今や人間個人に関わるものではなく、人間の未来に関わるものとなった。死それ自体が、人間が超越的な存在へと化す端緒を切り開くものとなったのである。

一九四五年七月十六日に行われた最初の核爆発実験の暗号名が、キリスト教神学の「三位一体《トリニティー》」*だったことは、いったい何を意味するのか?「核」は「永遠の希求」を一方で砕いておきながら、如何にそれを保障し約束するものなのか?「核」は如何にして、米国人の心理の中で、聖なる地位以外の何ものでもない立場を数十年にもわたって保持し続けることができたか?

子どもの頃、私は、景品の「原爆の環《リング》」を手に入れるため、シリアルの「キックス」の箱の綴じ蓋を注意深く鋏で切り抜き、郵便で送ったことがある。届いた「原爆の環」は「閃光」をデザインしたもので、爆撃チームの勲章や原爆本体、そして「ほんものの原子が小片に核分裂する」際の緑色の光を覗き見ることができる、封印された「原子の部屋」が付いていた。

その「原爆の環《リング》」は少年の私にとって、玩具というよりは聖なる遺物《レリック》であり、ロザリオのように神聖なものだった。つまりは十字架のようなものだった。父親のおかげでポトマック河畔の聖なる「家《ペンタゴン》」に立ち入ることができた私は、その「原爆の環《リング》」を聖域への立ち入り許可証代わりに考えていた。私はつまり、その「家《ペンタゴン》」のほんとうの仕事を、その時すでに知っていたわけだ。

「核」を持つというただそれだけのことで、米国の軍部、とりわけ私の父のような米空軍の指導部は、聖職者にほかならない立場を得た。「核」の存在が、軍部の力を民政の上に置く、ほとんど抗いようのない勢いを持ち、「憲法」さえも不安定な基盤の上に立たせ、揺るがせて来た。私たちは知ってか知らずか、今なお、その不安定な基盤の上に座しているのである。

こうした核兵器の政治的な神聖化は、悪魔の意志による産物でもなければ、怪物のような指導者たちがつくったものでもないが、本書のテーマである「深まるばかりの危機」の物語における、決定的な核心をなすものだ。

「原爆」は、まるで聖なる神秘のように、疑惑や疑問の対象から外されて来た。誰一人として、「ポイントブランク作戦」と「マンハッタン計画」の関係を、「東京大空襲」と「ヒロシマ」との関連として問うて来なかった。誰一人として、「原爆」の日本への投下が適切なものだったか、問うて来なかった。一九四三年にルーズベルトが行った「無条件降伏」要求が、ヒロシマを壊滅させるトルーマンの決断を避けられないものにしたことを問うて来なかった。

同じようにわれわれは、誰一人として、モスクワに対して核兵器を使用することは適切なことか、地球を破滅させる脅迫をしていることに他ならないのではないか、と問うて来なかった。

そしてわれわれは、核兵器はもう十分に、貯蔵されているのではないかと決して尋ねて来なかった。それだからこそ今なお、備蓄は不十分、とされているのだ。

結局のところはこうである。アメリカという国が、たとえ一度なりとも、よき国だったことがあるとして、それがいかに全体として、「核」とともに安逸に生きて来たかを、誰一人として問うて来なかっ

＊三位一体　キリスト教神学の根本概念。神は「父なる神」・「子（キリスト）」・「精霊」の三つの位格を持ちながら、実体としてはひとつであることを言う。

たのだ。米国の政府の機構のなかで「核戦力」だけが、デモクラシーの政治における正常な「抑制と均衡」から除外されて来た。「核」は多大な関心を引き起こすことなく、単に功利的というところから出発し、米国民と世界との関係を変えるほどの重要性を帯びるまでになった。

私個人の場合もそうであるように、それは米国市民一人ひとりの――子どもたち一人ひとりの、自分自身への関係の仕方も変えてしまった。そう、あの「伏せろ、隠れろ！《ダック&カバー》」*が、それである。

私にとって、たぶんこれまで最も重大な瞬間とは、父が働くその「爆心地《グラウンド・ゼロ》」から数キロしか離れていないカトリックのセント・メアリー校で、子ども机の下にもぐりこんで過ごした、あの恐ろしい時間だろう。両腕で頭をしっかり抱え込み、閃光を見ないよう目をしっかり閉じて、私は時間の過ぎるのを待ち続けた。それは少年の私が初めて自分の死を考えた時でもあった。その意味で本書は、子どもの頃、「民間防衛」の虜にされた思い出に対し、捧げるほかないものかも知れない。それはフロイトの言う、「著者の少年期の記憶に対するストレス」の産物であるかも知れない。[107] 学校の尼僧たちは私たちに、ただの訓練だから、といつも言っていたが、少年の私は知っていたのだ。それがただの訓練ではないことを、他の子同様、直感していたのである。

心底、実利的にできているレズリー・グローヴズは、七月の朝、ニューメキシコの実験場で「伏せろ、隠れろ！」から顔を上げ、「トリニティー」核爆発実験の成功を見て取るや、オッペンハイマーに向かって、こう一言、言った。「君を誇りに思うよ」と。

これに対してオッペンハイマーは後日、当時を思い返し、こんな有名な回想を残している。実験場で彼はただ、古代インドの聖典、『バガヴァッド・ギーター』*の一節を、ひたすら考えていたという。それは「私はいま、死、世界の破壊者」という一節だった。[108]

グローヴズにしても、実験の成功を「核」と「家」の両プロジェクトの上司であるスティムソン長官に報告した際、彼が愛してやまない「家《ペンタゴン》」がもはや、無垢なままではいられないことに気づいていた。「家《ペンタゴン》」と「核」がひと繋がりであることを直感していたのだ。

フィリップ・モリソンもまた、「トリニティー」の実験現場にいた。上空の大気自体が爆発してしまうのではないかと思いながら、世界史に残る歴史的な瞬間に向け、カウントダウンのアナウンスをしていた。[109]

「トリニティー」実験のベースキャンプは、爆心から一〇マイルほど離れていた。モリソンが科学者の正確さで私に語ったところによると、それはキャンプから「一万八〇〇〇ヤード」〔一万六四五九・二メートル〕の距離にあった。[110] 爆発を、彼は溶接メガネ越しに目の当たりにした。モリソンは私に、こう

＊「伏せろ！ 隠れろ！（ダック&カバー！）」 冷戦期の米国で、学校の子どもたちに教えられていた、核攻撃から身を守る対処法。

107 ポール・オースター（Paul Auster）の *The Invention of Solitude*, 一六四頁からの引用〔米国の小説家（一九四七年〜 ）。『孤独の発明』は自伝的な作品。邦訳は新潮文庫、柴田元幸訳〕。

＊『バガヴァッド・ギーター』 ヒンドゥー教の聖典。紀元前にサンスクリット語で書かれた。クリシュナ神とアルジュナ王子の対話のかたちをとる。我を捨て成すべきことを成す教えは、ガンディーにも深い影響を与えた。岩波文庫に収録（上村勝彦訳）。

108 Sherwin and Bird, *American Prometheus*, 三〇九頁。

109 Rhodes, *The Making of the Atomic Bomb*, 六六八頁。

110 フィリップ・モリソンに対する著者のインタビュー。

言った。「衝撃的だったのは、見たもの、ではなく、その熱だった。音も到達まで一分間かかった。だから、音も聞こえなかった。熱だった。それもその瞬間に感じた熱……。夏の夜明けのような、曙のような……。太陽の最初の曙光のように感じた。その爆発から二分、三分もしないうちに、昇ったのだ、そう、こんどはほんものの太陽が……[111]」。

モリソンは子どもの頃、小児麻痺にかかり、足が不自由だった。私がマサチューセッツ州ケンブリッジの彼の自宅でインタビューしたのは、亡くなる二年前の二〇〇三年の冬のこと。モリソンは八十八歳の高齢にもかかわらず、書類でいっぱいの机の周りを車椅子で動き回っていた。「新しい時代の出発を支援した男」、物理学者モリソンの真摯な姿は長い生涯を通じ、変わらなかった。

モリソンは「トリニティー」の実験後、ロスアラモスから北太平洋のテニアン島に移動した。ヒロシマとナガサキに投下される原爆を組み立てるためである[112]。彼がその「全悲劇の長年にわたる目撃」を完了するのは、原爆被害調査団の一行に加わって、投下後間もない、ヒロシマ、ナガサキを訪れた時のことだ。

モリソンはやがて、原爆に反対する原子物理学者グループに加わり、残りの生涯を核廃絶の提唱者として生きることになる。

原爆被災地を訪れてから数十年の歳月が過ぎても、モリソンの目に、そこで見た灰燼と化したものが、閃光の残影のように甦り続けた。溶接のような幽霊の炎となって、その場を訪れた者だけに見える光の刃となって、甦り続けたという。

C・P・スノー*は「マンハッタン計画」に携わった自分自身と同僚科学者について、「未来の人々は私たちのことをどう思うだろう?」と問うた。あるいはロジャー・ウィリアムズ*であれば、彼がマサチューセッツの先住民族《インディアン》について語ったように、こう言ったことだろう。「われわれは、人間の心を持った狼だろうか? 彼らはわれわれを、人間性を投げ捨てた者だと考えるだろうか? 彼らには、そう考える権利がある」と。[113]

7 さまざまな「9・11」

一九四三年一月の第三週に、出来事は集中して起きた。米軍の空爆が開始され、「無条件降伏」要求がなされ、軍隊から民間人に苦難の矛先が向き、すべてを「絶対化」する世界・史的《ワールド・ヒストリック》な技術革新が生まれ、米国が「核」を独占する決定がなされた。すべては、この週に起きたことだ。そして、その新しい時代精神を組織化し、その象徴となったものが、われわれの「家《ペンタゴン》」である。「家《ペンタゴン》」はまた、新たな情勢展開の中で、この先、何十年にもわたって続く、論争の場《アリーナ》ともなった。「家《ペンタゴン》」

111 同上。
112 Morrison, "Recollections of a Nuclear War" *Scientific American*, 一九九五年八月号、三〇頁。
* C・P・スノー 英国の物理学者、小説家(一九〇五〜八〇年)。長らく英政府部局に勤務した。戦後、『二つの文化と科学革命』(邦訳、みすず書房)を刊行、自然科学と人文科学の対立を乗り越える必要性を唱えた。
* ロジャー・ウィリアムズ 英国生まれの神学者(一六〇三〜八三年)。北米の東海岸に入植、ロードアイランド入植地を創設した。先住民族に対するフェアな対応を求めた。
113 Rhodes, *The Making of the Atomic Bomb*, 六一五頁。

が「家《ペンタゴン》」を問う議論にもなった。「家《ペンタゴン》」の物語の意味を問うものになった。より正確に言えば、それは「家《ペンタゴン》」とはそもそも何なのかを問うものだった。

「家《ペンタゴン》」は果たして、混沌と紛争に対する防波堤の役割を果たして来たのか？　「家《ペンタゴン》」は、新たな潮流を生み出す推進機関《エンジン》の役割を果たして来たのか？　軍備戦略は安全を保障するものだったか、安全を脅かすものだったか？　「抑止理論」の背理《パラドクス》には、すでに敗北が含まれているのではないか？——抑止に失敗すれば、われわれは自分を破壊することで敵を破壊しなければならない——。「家《ペンタゴン》」の物語として、ほんとうは何が語られねばならないのか？……

　こうした問いに対し、「家《ペンタゴン》」を通り過ぎた人々と「対話」しながら、「答え」を出そうというのが、本書の狙いであるのだ。

「戦争の家」の物語に出発点を与えてくれたのは、あの偶然の一致《コーインシデンス》だった。物語の参照枠組を設定してくれたのも、偶然の一致《コーインシデンス》である。それは私たちに、歴史とはある一つの物事の記憶ではなく、ある物事と別の物事との関係の記憶であることに気づかせてくれた。

「偶然、一致する《コーインサイド》」とはウェブスター辞典によれば、「ある同じ場所を、空間的・時間的に占める」ことである。かくして、「無条件降伏」「ポイントブランク作戦」「マンハッタン計画」という、同時代における三つの物語の流れは、それがひとつにまとまって世界を永遠に変えたものだけに、その対応関係に注意を向けなければならない。

「記憶とは」と、小説家のポール・オースターは言った。「物事が二度目に起きる場所だ」と。[114]　であるとすれば、われわれが主題とする物事は「偶然の一致《コーインシデンス》」を超えて、バラバラな出来事のエネルギーがひとつの軸に集まって、動かしがたい結末に向かって突き進んでゆく、「一つの流れへの収斂《コンヴァージェンス》」に向かうものである。

「九月十一日」、すなわち「9・11」は、一九四一年に「家《ペンタゴン》」の起工式が行われた日付だが、私たちの心を、六十年後の二〇〇一年の「九月十一日」へと引き寄せる。

それはグローヴズが、「トリニティー」の原爆実験の際に思った、「家《ペンタゴン》」も無垢のままではいられないな、という神経質な予感の的中であり、いずれ攻撃目標とされるという関係者の予言の的中でもあった。その「9・11」以来、ジョージ・W・ブッシュの下で米国は、「死か、生か」の言説と「予防戦争」という新たなドクトリン、そしてまた、「核戦略の更新」、「家《ペンタゴン》」のさらなる権力強化で特徴づけられる新たな時代に踏み込むことになった。

一つの流れへの「収斂《コンヴァージェンス》」という見方は、バラバラな出来事の「偶然の一致《コーインシデンス》」にはない、ひとつの疑問を提起する。それは、これら一連の動きは、もしかしたら最初からひとつのものとして動き出したものではないか、との疑いである。

「9・11」というこの不吉な日付は、「二〇〇一年」だけのものではなかった。

一九四四年のその日、少年の私が戦後、住むことになる南ドイツ・ヴィーズバーデンのヘッセ公国の皇太子は、領地の断崖に立って一五キロ先のダルムシュタットの街の様子を、目を釘付けにして見ていた。「光はしだいに輝きを増し、遂には南の空が光の海となり、赤や黄の閃光が走った」。皇太子は

114 ポール・オースター、*The Invention of Solitude*, 八三頁。

連合軍の空爆を目の当たりにしていたのだ。その「九月十一日」の夜に、空爆で犠牲になったドイツ人の数が、その五十七年後の二〇〇一年のその日、ニューヨーク・ウォール街の世界貿易センターや、ワシントン郊外、「地獄の底」の「家《ペンタゴン》」に航空機が矢のように突っ込んだ際の犠牲者を上回ったことは、ほぼ確実である。[115]

一九七三年の「九月十一日」もそうだった。二十八年後、アメリカン航空の七七便が「家《ペンタゴン》」に突っ込んだ、ほぼ同じ時刻に、南米・チリで、デモクラティックな新政府の転覆を目指すテロリストたちの攻撃が行われた。チリの国家元首、サルバドール・アジェンデ大統領が殺害された。テロリストたちのスポンサーとなったのは、急ごしらえのニヒリストらの組織ではなく、われらがアメリカだった。

サダム・フセインのクウェート侵攻後の一九九一年「九月十一日」、パパ・ブッシュ（ジョージ・H・W・ブッシュ大統領）は連邦議会で演説し、「新世界秩序」を宣言した。この「新世界秩序」は、マキャヴェリがつくった言葉だが[116]（ラテン語の原語は、われわれの一ドル札に載っている）、父親の預言は息子のジョージ・W・ブッシュによって、その十一年後に実現への道を歩み出すことになる。

こうした日付の一致、主題の収斂は、私個人の経験のレンズを通し、米国民の「戦争と平和」に対する態度の「歴史」を考え直す視野を私に与えてくれた。

歴代の大統領で振り返るならば、それは一九四三年のルーズベルトの「無条件降伏」要求に始まり、トルーマンのあの「決定」へと続いて、アイゼンハワーの「警告」に連なり、「軍縮」をめぐるケネディの「曖昧さ」を経て、好戦的なレーガンによる「撃滅」一歩手前までの「突撃」に至り、敵がいなくなるという予想外の好機に恵まれた「冷戦」終結時における、あの悲劇的な「機会の喪失」で終わった、一連の流れを見通すことである。

本書の終わりでわれわれは、「歴史」が私たちに告げる真実を見ることにしよう。それはこの新しい世紀に私たちがたどり着いてしまった地点のことである。敵だらけになってしまった「世界」を見る。残忍な暴力の記念日である「9・11」は、私たちの心に、一九四五年のその日の出来事も思い起こさせる。この日、一九四五年九月十一日に、実はある偉大な道が切り開かれ、そのまま閉じられてしまったのだ。「家《ペンタゴン》」と「核」の両プロジェクトの責任者だった、ヘンリー・スティムソンによって、大胆な一歩が提起され、あえなく挫折に追い込まれたのだ。

この「スティムソン提案」は、ソ連との核開発競争を回避し、「核」がもたらす最悪の結末を防ごうとするものだったが、結局のところ、不可能なものへ手を伸ばす素朴な提案と見なされてしまった。それはたぶん、その通りかもしれないが、われわれはこの点について、間もなく見ることにする。

米国が大規模な損害を加え得る技術的・精神的な力を持つに至った変容ぶりを見る中で、われわれはまたも、もうひとつの「9・11」にたどり着く。それは、ひとつの物語の筋が、対立するものを際立たせる、格好の例である。

一九〇六年の九月十一日、南アフリカ・ヨハネスブルクの帝国劇場に、三〇〇〇人を超すインド系

115 Sebald, *On the Natural History of Destruction*, 二二一～二二三頁。
116 「物事の新しい秩序を始めること以上に、実行困難で、成功の見込みがなく、取り扱いが危険なものはないことを、考えなければならない」。マキャヴェリ、『君主論』第六章。ラテン語の *Novus Ordo Seclorem* は、米一ドル札のピラミッドの刻印の下に出ている。

住民が集まり、彼らを二等市民の地位に貶める人種差別立法、「アジア人法修正令（登録法）」を非難した。参加者の一人が立ち上がり、このような法には服従しないと、神の宣誓を行った。その若き弁護士こそ、あのマハンダス・K・ガンディーだった。

ガンディーは、個人としてのラジカルな行為への共同参画——これについてガンディーは後日、「新しい原則が、その時すでに生まれていた」と語っている——を、「真理の力」、すなわち「サティヤーグラハ」による創造的な閃きと捉えた。それは、史上最も暴力的な世紀だった二〇世紀を通して、「非暴力」という、偉大なる抵抗の物語を生み出すものだった。[117]

「偶然の一致《コーインシデンス》」……それは、ポール・オースターの言う「偶然《チャンス》の音楽《ミュージック》」である。が、もちろん「偶然《チャンス》」は全く無規則なもので、それに対して「音楽」の方は、規則以外の何ものでもない。同時に起きる偶然の一致とはだから、混沌とした宇宙の中から、理解できる型を、隠れた秩序を顕にするものである。普通、私たちは事件を個々別々に考えようとする。が、実は歴史のカレンダーを掘り起こす考古学というものもあって、時間の地層に埋め込まれた調律を発掘することもできるのだ。歴史の意味が回り出す、いくつかの瞬間がある。本書は、その瞬間によって構成される。筋書きのない物語の流れに、背骨を通すのは、それなのだ。

われわれは、物理的な時間と同じだけ、ポール・リクール*の言う「魂《ソウル》の時間」にも目を向けることになろう。そしてその物理的な時間を語る時、われわれはデンマーク人原子物理学者、ニールス・ボーア*の言う「相補性《コンプルメンタリティー》」にも注目したい。ボーアはこの「相補性」という言葉で、物理学と哲学をひとつに結び付けようとしたのだ。さらにボーアは、一見矛盾しているようないくつかの現実がひとつにまとまり得ることも示唆したのである。[118]

こういう仕方でわれわれは、物事の意味を十全に摑むため、幾つかの個別の出来事をひとまとめにして見てゆくことにする。こうして、たとえば、米国の「大戦」の開始を告げた（真珠湾攻撃の）「一九四一年十二月七日」*の意味も、その「大戦」の終結が、ミハイル・ゴルバチョフによって公式に宣言された「一九八八年十二月七日」*と合わせて考えることで、変化するのである。国連で演説したゴルバチョフは、赤軍がエルベ川に到達して以来、ソ連の圧制の土台となっていた原則を放棄したのである。[119]

117 この「九月十一日の出来事」について、ガンディーはこう書いている。「当時、受動的な抵抗という名前で呼ばれていた市民的抵抗の最初の基盤は、偶然、生まれたものです……私は予め用意した決議文を持たずに集会に出かけました。その集会で、それは生まれたのです。そしてその創造はいまなお広がっているのです」。Schell, *The Unconquerable World*, 一一九頁よりの引用。

＊ポール・リクール　フランスの哲学者（一九一三〜二〇〇五年）。『時間と物語』（久米博訳、新曜社）など邦訳も多数。

＊ニールス・ボーア　デンマークの理論物理学者（一八八五〜一九六二年）。量子力学の確立に貢献した。コペンハーゲンに研究所を開設、世界の物理学者を招いて「コペンハーゲン学派」を形成した。

118 Sherwin and Bird, *American Prometheus*, 二六八頁。

＊日本時間では「十二月八日」になる。

＊第二次世界大戦でソ連軍（赤軍）はドイツ中部のエルベ川まで進み、一九四五年四月二十五日、河畔のトルガウで米軍と出会い、勝利を祝った。

119 ゴルバチョフは演説でこう言った。「選択の自由の原則が必要なことは明らかだ。そうした民衆の権利を否定することは、その口実がどうあれ、どんな言葉で意図を隠そうと、ようやくそこまでたどり着いていた不安定な均衡さえも破ることを意味する。選択の自由は普遍的な原則である。例外があってはならない」。Shell, *The Unconquerable World*, 二二一頁からの引用。一年後の「ベルリンの壁」の崩壊は、この演説の直接的な帰結だった。

この「十二月七日」を取り巻く神秘的な雰囲気は、ゴルバチョフの国連演説のちょうど一年前、一九八七年のその日、すでにゆるぎないものになっていた。ゴルバチョフはこの日、ワシントンを訪れ、ロナルド・レーガンとともに、「中距離核戦力全廃条約」に調印した。米国とソ連はこの条約で、二六〇〇基以上の核ミサイルの廃棄に同意したのである。これにより、史上初の兵器削減が現実のものになった。この日付は、とゴルバチョフは言った。「歴史の本に記されることになるだろう」と。[120]「不名誉な日《ザ・デー・オブ・インファミー》」*の日付は、もはやそれだけの意味を持つものではなくなった。

同じように、ユダヤ人に対する襲撃がベルリンからドイツ国内すべての都市に波及した、あの「一九三八年十一月九日」の「水晶の夜《クリスタルナハト》」で発動した力を、東ベルリンの市民たちが決起し「ベルリンの壁」を歓喜の中で破壊した「一九八九年十一月九日」と比較する時、私たちにそこに何を学ぶべきか？　非暴力・権力打倒の波を、ベルリンから「ソ連帝国」の隅々まで及ぼした「ビロード《ベルベット》の解放《リベレーション》」は、戦争でしか圧制を倒せないと思い込んでいた人々を当惑させながら、「水晶の夜《クリスタルナハト》」に解放された悪を、取り消しはできないにせよ、正しはしたのだ。

歴史とは、言い換えれば、単なる出来事のカタログではない。単なる年表《クロノロジー》の知識とも違うのだ。歴史とはむしろ、出来事が互いにどう関係しているかを、因果ではなく、むしろ寓話的に理解することである。客観的に、そしてなおかつ個人的に、理解することであるのだ。こうしてわれわれは、「物体をつなぎ合わせるほんものの線を、視覚の幾何学の中で、実際に見ていた、と語った、あのレオナルド・ダ・ヴィンチの宇宙に近づく」[121]のである。「過去がもし異国であるなら、われわれの関心はそれを地図に落とすことだけではなく、その国の市民を理解することでもなければならない」[122]。

起きたことではなく、それをどう感じたかに、われわれの関心は向く。公共の場で、それが他の物事をどう動かし、人間の心をどう動かしたか、それを知りたいと思うのだ。

あの「ベルリンの壁」の歓喜の崩壊と、「世界貿易センター」の殺戮の破壊、あるいは「家《ペンタゴン》」に対する攻撃は対《ペア》のものなのか？　つまり、「11・9」と「9・11」を対のものとして考えるべきか？

古代ギリシャの歴史家、トゥキディデス*はアテナイを追われ、「過去に起きた出来事を、未来のある時、（人間の性質が変わらぬ以上）多分に同じやり方で繰り返されるであろう出来事を、明瞭に理解したい人々のために」[123]、ペロポネソス戦争の歴史を書いた。

---

120 Morris, *Dutch*, 六三〇頁。

＊「不名誉な日」　真珠湾攻撃を受けた、アメリカ時間の「十二月七日」を指す。翌日、ルーズベルト大統領が連邦議会での演説で、「一九四一年十二月七日は不名誉の中で生き続けることだろう」と述べたことから、「不名誉な日」と呼ばれるようになった。

121 Roger Shattuck, *Proust's Way*, 二〇頁（ロジャー・シャタック　米国の作家（一九二三〜二〇〇五年）。戦後、パリに滞在。フランス文学や音楽に詳しい。邦訳書に『禁断の知識』（上・下、柴田裕之訳、凱風社）などがある）。

122 リサ・ゼフェルからの著者あての手紙。

＊トゥキディデス　古代アテナイの歴史家（紀元前四六〇年ごろ〜三九五年）。アテナイを中心とするデロス同盟とスパルタを中心とするペロポネソス同盟が戦った全ギリシャ的規模の「ペロポネソス戦争」（紀元前四三一〜四〇四年）に自らも参加、軍事作戦の失敗の責任を問われ、アテナイを追われ、トラキアで二十年間、亡命生活を送り、客観的視点で同戦争の『戦史』をまとめた。

123 May and Neustadt, *Thinking in Time*, 二三二頁からの引用。

現代アメリカのジョージ・W・ブッシュは「予防戦争」を最初に「実行した」米国大統領だが、それを「考えた」大統領は前にもいたのだ。

ジェームズ・フォレスタルは、初代の国防長官になった男だ。そしてフォレスタルは、初めての、たった一人の自殺した国防長官となった。

同じく国防長官となったロバート・マクナマラは、国防総省の戦争計画を開示するよう将軍たちに求めた。将軍たちは長官の命令を拒否した。長官は、機密文書を見る許可を得ていない、というのが拒否の理由だった。

航空宇宙産業のメーカーは自分たちの事業のために、やりたい放題、ありあまる核弾頭で大地を穢した。その実態の説明は、まだなされていない。チェックもされていない。

ハト派のジミー・カーターは全面軍縮を過大に求め、ロナルド・レーガンはその強硬なタカ派ぶりでカーターができなかったものに近づいた。

ビル・クリントンは若い頃、ベトナム戦争に反対したが、大統領として重大な局面に立たされた時、「軍人精神」に抵抗できなかった。

軍の首脳たちは「戦争と平和」をめぐり、不規則な主導権争いを繰り返して来た。しかし彼らは、季節の渡り鳥のようにやって来る文民の上司を、規則正しく抑え込む点では見事に一致していた。

米国民はあまりにも長く、「戦争の危機」を自らの存在、繁栄の拠りどころとして来た。このため、生身の敵が消え去ったあとも、それは生き残ることになった。

「家《ペンタゴン》」は常に自己の「目的」に執着して来た。その「目的達成」に最も近づいたのは、リチャード・

チェイニーやドナルド・ラムズフェルド、ポール・ウォルフォウィッツが登場し、「アメリカ帝国」と自ら公然と言い出した時のことだった。

「家《ペンタゴン》」はトゥキディデス同様、戦争を永遠に続くものと見なす、二一世紀の「アメリカの平和《パクス・アメリカーナ》」の首都となった。「家《ペンタゴン》」は遂に記念碑となった。「未来」はかくして「過去」に再会することができたわけだ。


出来事が時間的、空間的に偶然の一致をみるのは、時と場所を超えた「意味」の領域でのことではあるが、それはあくまで個人の「記憶」の問題である。記憶は社会的な文脈の中で出来事を見つめ、個人の経験的な意味を摑み取るものだ。

「絶対兵器」のキノコ雲の下、いまなお続く、この国の戦争をめぐる「家《ペンタゴン》」の物語は、あの、さまざまな変化が一気に起きた一九四三年の一月の週に始まり、いまに至っている。

「一致」、そして「収斂」……。

「家《ペンタゴン》」の子として育った私は、その「家《ペンタゴン》」の物語が私の人生を決定づけるものと、最初からわかっていた。私は子どもの頃の記憶から政治史・文化史をたどり、そしてまた記憶に帰ることを絶えず繰り返して来た。

「冷戦」の時代、将軍として位を極めた私の父は、大喜びの私を連れて自信満々に敬礼を返し、「家《ペンタゴン》」の表玄関から、待機して待つ青色の公用車に向かって歩いたものだ。

父親の一歩を、私は二歩で歩き、その後を追う。私は父の手をとろうとした。が、父親は指をパチンと鳴らしながら、歩いてゆく。私は父の手を、つかめなかった……。

この記憶は、私の人生を標《しる》す最初の区切《ブラケット》りとなった。私はその頃すでに、全てを見ることを実は許されていないことに気付いていた。世界は秘密で溢れている。そのことを私は知っていたのだ。そうした秘密を、私は暴いて行けるのだろうか？　知らされずにいる秘密とはどんなものだろう？　アーノルドやルメイは、どうして私の最初の「英雄」になったのだろう？――

ドイツの作家、W・G・ゼーバルト*の最後の作品となったのは、連合軍によるドイツ本土空爆の記録だった。ゼーバルトは戦争終結時、生後一歳だったにもかかわらず、自分自身を「第二次世界大戦の子」と呼んでいた。

そのゼーバルトが、こう書いている。「私自身、経験しなかった恐怖が、私に影を投げかけている……そこから決して逃れることのできない影を」[124]。

私の場合も同じだった。「全面戦争」、「全面勝利」。近づく「ハルマゲドン」。「平和は、われわれの責務」。「我ら対奴ら」。「生か、死か」……私は生まれた時から、アメリカ人の戦争観に潜む、矛盾や恐怖や不条理――さらにはそう、その美徳までをも体現していたのである。

しかし、戦争とはそもそも英雄的なものなのだろうか？　戦争は、意味を生み出し、そこに私という存在を重ね合わせる、由緒正しい起源になりうるものなのか？　戦争とは逆に、混乱であり悪であり、地球そのものに対する脅威ではないのか？――

私は本書を、こうした「影」から抜け出したい思いで書き始めているのだ。たぶん、抜け出せないだろうと知りつつ、書き始めている。それは私の崇める父がそうあろうとして失敗したように、不可能なことだろう。

私の父がそこで人生最良の時を過ごした「家《ペンタゴン》」は、「軍事絶対主義《マーシャル・アブソリューティズム》」を体現するものだった。父はそれに破壊されたのである。そのこともまた、本書の物語のひとつである。

私の人生を意味づけたふたつ目の区切りは、これまたその五角形の「家《ペンタゴン》」をめぐるものだが、それは私自身の側から見た「家《ペンタゴン》」である。その同じ「家《ペンタゴン》」をめぐる対称の中で、あるイメージが私の心に呼び出される……。

「家《ペンタゴン》」の河畔寄り正面玄関前の外気を、抗議のデモ隊が、呪いの言葉で震わせている。偶然にも、その抗議デモの現場に面していたのが、私の父のオフィスの窓だった。そのイメージが今、甦る……私はそのデモ隊の中にいたのだ。

私は知らず、父親の「自滅《パーソナル・ディストラクション》」に自ら関与していたのである。「一九六七年十月二十二日」――これがその日の日付である。

私はその日、「家《ペンタゴン》」までデモ行進し、「絶対《ヘル》、反対《ノー》！」を叫んで、私自身になったのだ。それはあのアリストテレスの言う「前提の逆転*」のようなものだった。私のこの行為は、私を影の中ではなく、呪いの中に置き続けて来た。その数年後に気付いたことだが、父親もまた、その呪いの中に倒れこんだので

---

*W・G・ゼーバルト　ドイツ人作家（一九四四〜二〇〇一年）。一九七〇年から英国に永住。ドイツ語で著作活動を続け、自動車事故で亡くなった。邦訳書に『アウステルリッツ』（鈴木仁子訳、白水社）などがある。

124 Sebald, *On the Natural History of Destruction*, 七一頁。

*「前提の逆転」　アリストテレスの論理学で、「大前提」による「小前提」が、「小前提」の域を超え、「定言命題」になり得ることを指す。今道友信著、『アリストテレス』（講談社学術文庫）、四七〇頁以降参照。

ある。まるで、私が手を下したように……。

それから二年も経たずに、私の父は打ちのめされてしまった。それは彼が毛嫌いしていた、私のような反戦派によるものでもなければ、当時、「家《ペンタゴン》」を打ち負かしていた、ベトナムの便衣姿の敵兵によるものでもなかった。父が勤務していた回廊《コリドー》に近い、「家《ペンタゴン》」のここかしこに潜む敵によって、あの「コレヒドール」のように打ちのめされることになるのである。

私は以前、私の父が辿った運命について書いたことがある。[125] アーリントンにある五角形の巨石《メガリス》のような「家《ペンタゴン》」が、父親にとっても、私の領域《テリトリー》における「爆心地《グラウンド・ゼロ》」同然のものであり、私たち父子と同じだけ、米国民にとってもそれは「爆心地」である、ということを理解するには、破局が父親を襲ったその年齢に達するまで、待たねばならなかった。

私たち父子の悲劇を含む、より大きな「家《ペンタゴン》」の物語は、「9・11・一九四一」「9・11・一九四四」「9・11・一九四五」「9・11・一九七三」「9・11・二〇〇一」の連なりの中で「歴史」に刻まれながら、大詰めの時を待っている。この物語を私が語るためには、私が語りうる限り、この「戦争の家」について語れる日が来るのを待たなければならない、と私は殆どいつも考えて来た。

歴史の日付の「偶然の一致」を発見したことで、すべては明らかになった。それは「偶然の音楽」が響かせた、ひとつの和音だった。その響きに導かれ、私は「家《ペンタゴン》」の伝記を書く作業を始めたのだ。出来事の「一致と収斂」を探索する作業は、そこで始まった。

その「偶然の和音」を数年前、耳にして以来、私は「家《ペンタゴン》」の、あの目立たなかった起工式のことを、二〇世紀が折り返し地点に向かおうとする中で産声を上げた、「家《ペンタゴン》」の誕生日として考えるようになった。世界を変えたあの週、一九四三年一月の第三週に、「家《ペンタゴン》」は生まれた。

米国民の物語でもあり、父親の物語でもあり、私自身の物語でもある、この政治と軍事と個人の歴史に、私が取り掛かったのには、もうひとつ理由があった。その同じ週に、まるで「家《ペンタゴン》」の双子の弟のように、私自身が生まれたのだ。[126]

---

125 Carroll, *An American Requiem*『あるアメリカ人への鎮魂歌』。
126 歴史的な出来事を、自分の誕生日と重ねるのは――たとえばベトナムから最後の米軍が撤退した一九七三年一月二十二日は、（リンドン・ジョンソン前大統領が亡くなった日でもあり、連邦最高裁でロー対ウェイド裁判に対する判決〔人工中絶を違法としたテキサス州法を違憲と判断した画期的な判決〕が出た日でもあり）私の三十歳の誕生日でもあった――ナルシズムの極みかも知れないが、自分自身と歴史と時間の内に置く、個人的な方法ではある。

第二章
絶対兵器

TWO:
THE ABSOLUTE WEAPON

1　「トルーマンの決断」

「トルーマンの決断」――ある一つの決断を指す言葉だ。

もちろん、ハリー・トルーマン*は、その人生において数多くの決断を下した。恋人のベス・ワレスとの結婚。衣類販売業から政治の世界への転進。「ペンダーガスト機械」社からの賄賂の受け取り。戦時下における戦費支出で、連邦議会が政府の意のままになっていることへの上院議員としての挑戦。ルーズベルト大統領から求められた、副大統領候補としての立候補の受諾。新大統領としてのソ連使節団との対峙。大統領への再出馬の拒否――そのどれもが、その重要性においても、あるいは米国民の記憶に残るものとしても、彼が下した日本に対する「原爆投下」の決断の比ではなかった。[1]

「原爆投下」はもちろん、彼自身ばかりか、米国及び世界にとっても、決定的な出来事だった。「一九四五年八月六日」はまさに、人々の意識を変えてしまう、決定的な瞬間だった。歴史の中に、究極の印を刻み込んだ。

人類の進化といえば、それまで緩やかな発展を意味していた。ジャングルからサバンナへの進出がそうだった。四本足が二本足で直立することを覚えたこともそうだった。そうしたヒューマンな本質における進化は、途方もない時間をかけて獲得され、理解・吸収されて来たのである。

人間は個人としても集団としても、これほど根底的な激変を意識したことはなかった。人類の生存そのものに対し、完璧な道徳的責任を持たなければならない次元への移行――その劇的な変化の意味が、あらゆる人々に、一度に突きつけられた。それは日本の空の青さの中に突如、生まれた爆発の閃光として、見まごうことのない輝くばかりのものとして、神のごとく出現したのである。その原爆投下を決めた「トルーマンの決断」とはつまり、「人類としての決断」であったわけだ。

より限定的な見方をすれば、「原爆投下」は米国をめぐる権力関係を一気に変えてしまった。米国は第一次世界大戦を無傷のまま、くぐり抜けていた。欧州の諸帝国は互いに相手に襲いかかり、われわれの言う「海外」では、男たちはまるごと一世代、事実上の自殺行為に走っていた。これが「大戦」後の現実だった。西側の近代諸国家の中で、若者たちを温存したのは米国だけだった。二〇世紀はこの人口学的な状況から進展したのである。

英国はなお金融市場を押さえ、世界帝国であり続けていたが、没落はすでに始まっていた。他の全ての国々の力が落ちたことと大戦における「不戦勝」で、米国は一九二〇年代において、最強の大国の地位に躍り出た。

ただし、アメリカ人の意識においては、まだまだ小国に過ぎなかった。この国はだから、欧州からの戦費の償還ばかりにかまけ、全体主義、スターリン主義、ナチズムの勃興に警戒の目を光らせることはなかったのだ。

＊ハリー・トルーマン　第三四代米国大統領（一八八四～一九七二年、大統領在任期間は四五年四月～五三年一月）。ルーズベルト大統領の死去に伴い、副大統領から昇格した。

1 トルーマンは、彼の回想録の第一巻（*Year of Decisions*）のタイトルに「決断」の語を使い、彼自身、この言葉を強調している〔邦訳は『トルーマン回顧録』（堀江芳孝訳、恒文社）〕。

ワシントンが意識的、意図的に世界的な権力の座を引き受けるに至ったのは、「帝国の残余」が再び自殺行為に走った、第二次世界大戦中の数年間のことである。が、一九四五年の大戦終結後の、急激かつほぼ全面的な動員解除が物語るように、米国民の心には軍事的な野望はまだ宿っていなかった。

そんな中、「一九四五年八月六日」の瞬間だけは違っていた。それによって米国は自分自身を一瞬のうちに変えた《リデファイン》のである。ごくひと握りの当局者しか知らない極秘のプロジェクトで、米国は一変したのだ。それは権力の世界史の中で、キリスト教というまだ教義が定かでない迫害された宗派をローマ帝国の国教とした、コンスタンティヌス帝の「改宗」さえも、はるかに凌ぐものだった。コンスタンティヌスの改宗が「教会」の意味を、その後、永遠に換骨奪胎してしまったように、「ヒロシマ」もまた「アメリカ」を変えてしまった。「アメリカ」はそれまで、農場や辺境、工場や都市を中心に発展を遂げて来た。その「アメリカ」の核心が、「核」兵器というものによって、今や、すべてを透過するように占拠、占領されるに至ったのである。

「ヒロシマ」以降、「核」は米国を決定する基調になる。それはアメリカ人の理解力を含む、全てのものを変えることになるのだ。「トルーマンの決断」は、まさに「アメリカの決断」だった。[2]

この「決定」について書かれた文献は、たくさんある。そこに記されたことを検証する前に、まずもって承知しておくべきことがひとつある。それは原爆投下を命令した者の中にも、命令の実行者の中にも、それを疑う者はいなかったという事実だ。本書が辿る物語の最初の目印のひとつとして、いまこの「決定」を振り返ることは、あと知恵で道徳的な判断を下すためではない。米国民の記憶の中であまりにも単純化された見方に修正を加えたいからだ。本書の狙いはひとつ、当時、それほど重大な結果をもたらす、とは考えられなかった、その「決断」に潜む複雑な側面に、検討の手を加えることである。

それは一九四五年七月二十四日のことだった。トルーマンはその命令をポツダム・カイザーシトラーセの借り上げ邸宅で、正式に下した……。そのように一般には言われている。

トルーマンはベルリン近郊、ポツダムで開かれた、チャーチル、スターリン、蒋介石との会談に臨んでいた。ドイツはすでに敗北したが、日本はなお持ちこたえていた。が、それも時間の問題だった。

起草された「トルーマンの命令書」には、こう書かれていた。「第二〇航空隊・第五〇九混成部隊は、ヒロシマ、コクラ、ニイガタ、ナガサキのいずれかに対し、一九四五年八月三日頃以降、目視による爆撃ができる天候になり次第、その最初の特殊《スペシャル》爆弾を投下すべし」と。[3] 命令の日付は翌日の七月二十五日。トルーマンはそれに署名していないが、起草した通り、命令を承認したことに疑いはない。

「われわれは世界の歴史の中で、最も恐ろしい《テリブル》爆弾を発明してしまった」と、トルーマンは七月二十五日付の彼の日記に書いている。「その兵器は日本に対して、今日から八月十日までの間に使用されることになっている……目標は純粋《ピュアリー》に軍事的な目標である」[4]。

---

2 「原爆」は他の国々をも、ほとんど同じくらい劇的に変えた。日本の二の舞にならないよう、他の大国は——国力の低い国を含めて——核兵器の取得に走った。しかし、「核」の王座の上に、政治と経済の大建築を打ち立てたのは、米国と、それに続くソ連だけだった。

3 Hodgson, *The Colonel*, 三三六頁。

4 McCullough, *Truman*, 四四四頁。

原爆投下の「決定」後、何年にもわたって、トルーマンに対する批判が、ほとんど定期的な波となって繰り返された。これらの反対意見については、後ほど見ることにする。しかし、学者やコメンテーター、一般大衆の間には、承認とまではいかなくとも、これを受け容れる合意《コンセンサス・オブ・アクセプタンス》が存在して来たことは事実だ。この見解によれば、ある作家がヒロシマ五十周年に書いたように、トルーマンは「手持ちの兵器を使った。正しいと考えることをした。それで戦争は終わり、殺戮は停止した……原爆攻撃は残酷だったが、さらに長く、より大きな残酷を終結させた」[5]のだ。

原爆は日本を降伏させるのに本当に必要なものだったか、原爆は東京よりモスクワを睨みながら投下されたものではないか、といった、「トルーマンの決定」に対する疑問の提起者たちは、やや否定的な意味を込めて「修正主義者《リヴィジョニスト》」[6]と呼ばれて来た。

この「決定」の意義を歴史的に確定することは（われわれが後ほど見ることになる「冷戦」の起源を確定することと同じように）、たしかに複雑なことである。「修正主義者」の次に、これを批判する「ポスト修正主義者」が現れた。そしてこんどは、この「ポスト修正主義者」が、ジョン・ルイス・ギャディスのような「われわれはいまや知っている」派の歴史家によって批判されるようになる。[7]そして一九九〇年代には、「勝利主義《トライアンファリスト》」の歴史家たちが登場し、戦後初期の歴史家の主張へ回帰する。

こうした経過を辿る中、原爆使用について客観的な判断を持ち得る、最も批判精神に富んだ歴史家たちの能力さえもが、彼らの核兵器備蓄に対する反対ゆえに、疑問視される状況が続いて来た。ある有名な新聞コラムニストは、こう書いている。「批判者たちは論点《アジェンダ》を持っている。それは不名誉なものとはいえない論点ではあるが、しかしそれは私たちに、真の歴史の直視以上のものを押し付けようとしている。それは、核兵器の持つ道徳的な基盤を認めようとしないものだ。もし原爆が投下された状況において、その使用が不必要なものであり、不当なものであり、邪悪なものであったと見なされ得るなら、戦略的な決定や歴史的判断が下される、われわれの政治文化の中において、強力な変化が起きることに

---

5 Thomas Powers, "History: Was It Right?" *Atlantic Monthly* 一九九五年六月号、二三頁。パワーズはトルーマンに対し共感を覚えるようになる中、「ある、亡霊のような円環を完全に閉じた」者と自分自身を語っている（二三頁）〔トーマス・パワーズ　米国の作家、諜報問題の専門家（一九四〇年～　）。ピューリッツァー賞を受賞〕。

6「修正主義」の著者、テキストには、Alperovitz, *Atomic Diplomacy Hiroshima and Potsdam* や Bernstein, *The Atomic Bomb*, Sherwin, *A World Destroyed* などがある。これに反論する立場については、たとえば Maddox, *The New Left and the Origins of the Cold War* を参照。冷戦が進むにつれ高まった論争の中で、対極的な立場が生まれたが、これはその代表として、一方に John Lewis Gaddis を置き、他方に Melvyn Leffer を置くものになった。この点については、Gaddis, *Strategies of Containment* と Leffler, *A Preponderance of Power* を参照。日本ではこうした修正主義は違った方向を辿った。軍部と和平派との間の膠着状態を、原爆がどう突き崩し、降伏を可能にしたかを示す者が現れたのである。たとえば、天皇の側近であった木戸幸一〔戦時中、内大臣を務めた政治家（一八八九～一九七七年）。侯爵。昭和天皇の側近として、いわゆる終戦の「聖断」工作にあたったとされる〕は、彼ら和平派が戦争を終結させるのに際し、原爆に助けられた、と述べている。また、戦争終結時、内閣書記官長を務めていた迫水久常〔日本の官僚・政治家（一九〇二～七七年）。鈴木貫太郎内閣の内閣秘書官長として終戦工作にあたり、「終戦詔勅」の起草にも関わった。戦後は池田内閣で経済企画庁長官を務めるなど政治家として生きた〕は「原爆は戦争を終えるのに日本が天から与えられた絶好の機会だ」と語ったとされている。もちろん彼らは、占領者たちが聞きたがったことを証言したわけだ。Nicholas D. Kristof, "Blood on Our Hands?" *New York Times*, 二〇〇三年八月五日付。

7 John Lewis Gaddis, *We Now Know*. Carolyn Eisenberg による同書の書評も参照のこと〔ジョン・ルイス・ギャディスはエール大学教授の歴史学者。戦略史、とくに冷戦の研究で知られる。前掲書は『歴史としての冷戦——力と平和の追求』（赤木・斉藤訳、慶應義塾大学出版会、二〇〇四年）として邦訳されている（原著は一九九七年刊）〕。

なろう」[8]。

このコメントが出たのは、一九九〇年代の半ば、九五年のことだった。このコラムニストの主張は結局、世界が核兵器による破局の危機にあるという直感に付け込み、核兵器を見直す考えに反対するものなのだ。

『ヒロシマ、わが愛《モナムール》』*の「フランス人女性」の言葉で言えば、「私の言うこと、聞いてちょうだい。それはもう一度、起きるの。私は知っているわ」という警告でもあった。

原爆投下の決定理由に対する「修正主義者」たちの疑問は、とくに一九七〇年代、八〇年代に成人となった世代の歴史家によって、ようやく提起されたものだ[9]、という見方があるが、それは正しくない。カイ・バード*とローレンス・リフシュルツ*は、原爆の日本投下時に書かれた記事のコレクションを刊行している。彼らがまとめた『ヒロシマの影（*Hiroshima's Shadow*）』は、「トルーマンの決定」の正当化に対して、原爆投下直後から異議が出されていたことを明らかにしている。アメリカ人の圧倒的多数はたしかに、世論調査機関に対して、原爆投下を許容すると答えているが[10]、強力な反対意見もすぐさま提起されていたのだ。

「ヒロシマ」の翌日、フランスのアルベール・カミュは、「技術文明は野蛮の最終段階に到達した」と宣言した[11]。原爆投下の数週間後、ドワイト・マクドナルド*は『ニューヨーカー』誌に、「私たちの心胆を寒からしめたもの、それはあの爆発である」と書いた[12]。

原爆攻撃目標が「純粋に軍事的なもの」だったか、という点でも、疑惑が表面化した。八月二十九日付の『クリスチャン・センチュリー』誌には、こんな記事が出た。「ヘロデ王による罪なき人々の殺戮は、防衛の名の下に行われ、数百人を超える幼い子たちの命を奪った。そしていま、一発の原子爆弾が数万の子どもたちと父母を殺戮した。[13] 新聞やラジオはそれを大勝利と呼んでいる。しかしそれは、

---

8 Stephen S. Rosenfeld, "The Revisionists' Agenda," *Washington Post*, 一九九五年八月四日付。Bird and Lifschulz, *Hiroshima's Shadow*, 四〇六頁よりの引用。

＊フランスの作家、マルグリット・デュラスの小説。その小説を、彼女自身の脚本で、アラン・レネ監督が映画化した。映画の邦題は『二十四時間の情事』。戦時中、ドイツ兵を恋人にしていた過去を持つフランス人女性が戦後、女優として映画ロケで広島を訪れ、日本人建築家との情事を通じ、原爆の悲惨を知る物語。

9 たとえば William O'Neill は、こう書いている。「原爆は当初、驚きと歓喜を持って迎えられた……疑いが持ち上がったのは、後になってからのことである」*A Democracy at War*, 四二〇～四二一頁。

＊Kai Bird 米国の作家、コラムニスト。『ネーション』誌を中心に活躍している。マーティン・シャーウィンと共著で出した、オッペンハイマーの伝記、『オッペンハイマー』（邦訳、河邊俊彦訳、PHP研究所刊）で、ピューリッツァー賞を受賞。

＊Lawrence Lifschultz 米国のジャーナリスト、歴史家。『ファー・イースタン・エコノミック・レヴュー』誌の南アジア特派員として活躍後、エール大学の研究員に。一九七五年、バングラデシュのラーマン首相が暗殺された事件に、CIAが関与していたことを暴露した。

10 一九四五年八月に行われた「ギャラップ」の世論調査によると、当時のアメリカ人の八五％が原爆投下を承認していた。不承認は一〇％だった。Bird and Lifschulz, *Hiroshima's Shadow*, 一八九頁。

11 「地獄と理性の間」、*Combat*〔ナチスに抵抗する地下運動紙として創刊されたフランスの新聞〕紙（一九四五年八月六日付）。Bird and Lifschulz, *Hiroshima's Shadow*, 二六〇頁。

＊Dwight Macdonald 米国の作家、社会哲学者、政治活動家（一九〇六～八二年）。雑誌『ニューヨーカー』のライターとしても活躍し、ベトナム戦争に反対し、急進的な学生運動を支持した。

12 "The Decline to Barbarism," Bird and Lifschulz, *Hiroshima's Shadow*, 二六三頁。ドワイト・マクドナルドは元マルクス主義者で、初めはとくに *Partisan Review* 誌などに関わっていた。

＊ヘロデ王によるベツレヘムでの「嬰児大虐殺」は新約聖書に出てくる。「マタイによる福音書」の二章十六節を参照。

いったい何のための大勝利なのか?」と。翌月、九月の『カトリック・ワールド』誌の論説も、原爆の投下を「残忍で嫌悪すべきものであり……キリスト教文明とその道徳律法に対する、最も強烈な一撃である」としたのである。[14]

この『カトリック・ワールド』誌の論説を書いたのは、ジェームズ・ギリス神父*だった。ギリス神父はその死後、私自身の人生の前に現れる。私が、神父の属するカトリックの修道会に入ったからだ。

私がボーリング空軍基地の将軍通りの家を出て、「ポーリスト・ファーザーズ(Paulist Fathers)」修道会に入ったのは、一九六〇年代の初めだった。その頃はたしかに、「トルーマンの決定」をめぐる論争など聞いたこともなかった。

修道会にはギリス神父の肖像画が飾られていた。禿頭の神父は厳しい表情を浮かべ、身に纏った聖職者の帯には布教のための十字架が挟み込まれていた。修道会の中でギリス神父は、社会正義の推奨者、労働の友、人種差別の反対者として記憶されていた。しかし、原爆投下時のギリス神父の異議申し立てについて、誰からも聞いたことがなかった。

私はギリス神父の異議申し立てを、今回本書を書く下調べの中で初めて知った。ギリス神父の考えは当時、一般には全く知られていなかった。青年の私がもし、ギリス神父の意見を耳にしたら、当惑したに違いなかった。

一九七〇年代から八〇年代にかけて現れた「修正主義」を攻撃した体制派の歴史家たちも、「トルーマンの決定」に対する異議申し立ては、当時において一切なかったという態度を取っている。一九六〇年代の初期においては——そしてそれは今なお基本的に変わらないことだが——ヒロシマ、ナガサキへの原爆投下のおかげで、二〇〇万人の日本兵が待ち構える日本本土に侵攻せずに済み、多数の米兵の命が「確実な死」を免れた、と誰もが思っていた。

米軍の日本本土侵攻作戦は「ダウンフォール作戦」[*]と呼ばれ、一九四五年十一月と四六年三月の二段階で行われることになっていた。しかし、海兵隊員を含む米兵たちはすでに、太平洋諸島での戦闘を通じ、恐怖を学んでいた。沖縄の小さな島々では、一九四五年の四、五、六月だけで、一〇万人を超す日本兵が、ほとんど最後の一兵まで戦い、戦死していた。武士道精神を叩き込まれた日本兵は頑強に抵抗し、米兵に重大な損害を与えていた。沖縄戦だけで、米海軍は太平洋戦争中の全戦死者の二〇%、海兵隊は同じく一四%もの戦死者が出ていた。[15] 戦火に巻き込まれた民間人の死者も一五万人。

米軍の司令官らは、この沖縄戦を通じ、心にトラウマを負うことになった。それがそのまま、来るべき日本本土侵攻の予測になって行った。

13 Fred Eastman からの編集者への手紙。『クリスチャン・センチュリー』誌（一九四九年九月号）。Paul Boyer, "Victory for What: The Voice of the Minority," からの引用。Bird and Lifschulz, *Hiroshima's Shadow*, 二三九頁。

14 "The Atom Bomb," *Catholic World*（一九四五年九月号）。Bird and Lifschulz, *Hiroshima's Shadow*, 二四五頁。

＊ James Gillis　米国のカトリック神父（一八七六～一九五七年）。『カトリック・ワールド』誌の編集者（一九二二～四八年）を務めたほか、ワシントンの Paulist College で教育・伝道活動に従事した。

＊ダウンフォール　「破滅」「失墜」「土砂降り」の意味がある。

15 William O'Neill, *A Democracy at War*, 四一五頁。オニールは、こうコメントしている。「原爆投下を批判する人びとは、米軍の戦傷者数の急激なエスカレートが米国の指導者に与えた衝撃を考慮に入れていない。マーシャルは人間的な男だったが、硫黄島の戦いでの損害に動転し、それまで考えること自体、タブーだった毒ガスの使用を、沖縄で踏み切るよう勧告したほどだった」（四一六頁）。

トルーマンはその後、十年近く経った時点で、日本本土に侵攻したなら、「五〇万」の米兵、海兵隊員の命が軽く失われた、と、その『回想録』に書いた。[16] しかし、トルーマンは原爆投下後、数ヵ月の時点では、「われわれアメリカの花である若者たち二五万の命を日本の二都市で救えるなら、という考えが浮かびました。私はその時も今も、そう思っているのです」と語り、「五〇万人」の半分の数字を示していた。

「五〇万」と「二五万」とでは相当、開きがあるが、トルーマンによれば、数字の出所は、ともにジョージ・マーシャル将軍だったという。[17]

ウィンストン・チャーチルも一九五三年に書いたその第二次世界大戦史で、日本本土侵攻に伴う予測戦死者数を示している。チャーチルの数字は、「米兵一〇〇万、英兵五〇万」だった。[18]

ただし、こうした「原爆投下」を正当化する「数字の合唱《リタニー》」には、「二発」の原爆が不必要なものにしたとされる「日本本土侵攻」による「日本人」の死者予測は含まれていなかった。二段階で行われる予定の「ダウンフォール作戦」では、各回、兵士、民間人を合わせ「数百万人」の死者が出ると予想されていた。

「数字の合唱」の陰で、兵士たちはどんな思いでいたか？　復員した後、作家となったある米兵は、日本本土侵攻作戦の要員だった自分の運命に思いを巡らせながら、こうした抽象的な数字をヒューマンな水準に戻して、「神様、原子爆弾を、ありがとう」と書いた。[19]

後に作家となる、もう一人の年若い兵士は、ヒロシマへの原爆投下を知って、小隊の仲間の歩兵たちと一緒に涙を流した。

「おれたちは、生きることができるんだ。そう、大人になれるんだ[20]」。

この歩兵小隊の兵士による原爆投下に賛成する証言は、一九九一年に『ニュー・リパブリック』誌に掲載された記事の中で紹介されたものだ。

この証言はそれ以来、「トルーマンの決定」を擁護する人々[21]によって、しばしば引用されて来た。記事を書いたのが、戦争を美化しようとする動きの正体を暴いて止まない、歴史家であり批評家である、

---

16 Truman, *Year of Decisions*, 四一七頁。

17 マーティン・J・シャーウィン（Martin J. Sherwin）によれば、トルーマンは『回想録』の中で、「五〇万人」という最初の数字を、マーシャル将軍からの引用として挙げている。しかしトルーマンは、未刊の書簡の中では最少「二五万人」という数字を挙げているのだ。書簡の中でトルーマンはこう述べている。「私はマーシャル将軍に、東京平野をはじめ日本各地に上陸すると、どれだけ人的損害が出るか尋ねた。日本本土侵攻で、少なくとも二五万人の犠牲者が出る、というのが将軍の意見だった」。ここでいう「犠牲者」とはもちろん、戦死者だけを指すものではない。戦傷者を含む数字だから、さらに戦死者数は少なくなる。Sherwin, *A World Destroyed*, xxii; McCullough, *Truman*, 四三七頁。

18 Churchill, *Triumph and Tragedy*, 六三八頁（邦訳は『第二次世界大戦』（佐藤亮一訳、河出文庫、四分冊））。

19 Manchester, *Goodbye, Darkness* ポール・ファッセルの同意を得ての引用。ファッセルもまた、原爆によって生き延びたとする元復員兵だ。"Thanks God For the Atomic Bomb," in Bird and Lifschulz, *Hiroshima's Shadow*, 二一四頁。私〔著者〕の義理の父は海軍に属し太平洋で戦った元復員兵だった。義理の父もまた、ヒロシマ、ナガサキへの原爆投下が彼と友人の命を救ったと考える同世代の多くの感覚の持ち主だった。義理の父は、この問題に疑義を抱く私との議論を避ける選択をした。

20 Fussell, "Thanks God For the Atomic Bomb," in Bird and Lifschulz, *Hiroshima's Shadow*, 二一八頁。

21 たとえば、William O'Neill, *A Democracy at War*, 四二〇頁 McCullough, *Truman*, 四五六頁を参照。リチャード・ローズも、*The Making of the Atomic Bomb*, 七三六頁で引用している。

あのポール・ファッセル*だったからだ。[22]

米国民の記憶の中では、日本人が真珠湾を攻撃し戦争を始めたという事実もまた、残酷な戦争の終わり方を正当化するものだった。トーキョーは、重罪を犯した死刑囚同様、最早、慈悲にすがる権利(あるいは倫理的な処遇)はないと見られていたのである。

しかし、それ以上に、ヒロシマ、ナガサキがあったればこそ死なずに済んだ若い米兵たちとの想像力の中での一体化は、原爆投下を正当化する永遠の切り札として有効であり続けて来た。

日本本土侵攻が実際に行われ、仮に米軍の死傷者数が予測を大きく下回ったとしても、だからといって、その死を軽く見るものはいないだろう。それと同じく大事なことは、本土侵攻がなくなって、若い兵士がどれだけ大人に成長したかという数の問題ではなく、本土侵攻がなくなったことで彼らが救われ、大人になることができたという、その事実である。

原爆投下によって救われたとされる米兵の数は、近年なぜかインフレ傾向にある。ジョージ・H・W・ブッシュ大統領は一九九一年当時、原爆は「数百万人のアメリカ人を救った」さえ言った。[23]「原爆」は「本土侵攻」の代案であり、それ以外のなにものでもないとされた。

2 スティムソンの弁明

「原爆投下」は「本土侵攻」の代わりだったとする、この主張は、一九四〇年から四五年まで米陸軍長官を務めたヘンリー・スティムソンが『ハーパーズ・マガジン』誌に書いた論文によって示されたものだ。[24] 陸軍長官としてのスティムソンの立場からもわかるように、彼こそ原爆の製造から投下までのすべてにおいて最終的な責任を負う人物だった。

このスティムソン論文のタイトルは、「トルーマンの原爆使用決定」だった。これによって原爆をめぐる「トルーマンの決定」の神話が生まれた。

＊ Paul Fussell 米国の文化・文学史家（一九二四年〜 ）。ペンシルバニア大学名誉教授。邦訳書に、『誰にも書けなかった戦争の現実』（宮崎尊訳、草思社）などがある。

22 Fussell, *The Great War and Modern Memory* ファッセル同様、欧州から太平洋戦域へ転戦することになっていた、元復員兵のある歴史家は、私のインタビューに、原爆投下を聞いて「高揚感」を持ったと語った。しかし、この歴史家はファッセルとは違って、後に後悔の念を抱く。「私は一九四五年八月六日のことを、とてもクリアに覚えている。私はヨーロッパで、第八航空隊の爆撃隊員としての任務を終え、太平洋戦域に配属替えになる前、米国に戻って三十日間の休暇を過ごしていた。その休暇中に新聞を読んでいたら、ヒロシマへの原爆投下が出ていた。私は戦争終結が近いことを、ひたすら喜んだ」。この考察は、米国の原爆使用に対する批判の文脈の中で加えられたものである。Zinn, *The Politics of History*, 二五六頁。

23 Bird and Lifschulz, *Hiroshima's Shadow*, xlvii 頁。日本本土侵攻に伴う犠牲者数の予測でもって「トルーマンの決定」を擁護したものとして最も影響力のあったものは、McCullought の *Truman* の主張である。「トルーマンの決定」をめぐる歴史学者と一般大衆の間の議論の落差については、以下を参照。I. Samuel Walker, "History, Collective Memory, and the Decision to Use the Atomic Bomb," *Diplomatic History*, 一九九五年春号。

24 このスティムソン論文が原爆投下の決定をめぐるアメリカ人の記憶形成にどれだけ重要な働きをしたかについて、私が関心を持ったのは、*The Color of Truth* を書いたKai Bird のおかげである。その Kai Bird が、この点で功績があったと認めているのは、Barton J. Bernstein の "Seizing the Contested Terrain," *Diplomatic History* 一九九三年冬号である。Bird はまた別のところで、「バーンスタインの、スティムソンのハーパーズ論文がいかにして書かれたかを検証した文章は、歴史的な探求作業として素晴らしいもの」と述べている。Bird and Lifschulz, *Hiroshima's Shadow*, xlvii 頁。

のことだった。

スティムソン論文が、『ハーパーズ』の表紙を飾る巻頭記事として発表されたのは、一九四七年二月のことだった。

スティムソンが「原爆使用」というこの重大な問題に取り組み、その後、長い間、疑問を眠らせておくことができたのは、このアメリカ人政治家に持って生まれた権威があったからだ。

旧家に生まれたスティムソンは、ウォール街の弁護士として財を成した。子どもに恵まれなかった彼は、ニューヨーク郊外、ロングアイランドの高級住宅街にある領地で、まるで皇太子のような生活を続けた。連邦政府の公務に就いてからは、ワシントンのロッククリーク・パークの邸宅で暮らすようになった。

彼自身、自分の特権的な立場を至極、当然なものと思っていた。膨大な富がもたらす落とし穴に囲まれながら、ヴィクトリア期の大英帝国のような禁欲的な自制の雰囲気をも漂わせていた。騎兵のように背筋を伸ばし、口髭を刈り込んでいた。金時計を入れるポケットの弛みが、皺ひとつない外套にアクセントを添えていた。それは彼の威厳をひときわ際立たせるものだった。

スティムソンの目には彼の率直さ、高潔さを物語る光があった。その長い経歴を通して、権力の陰で犠牲になる人々に、いつも敏感だった。このため、彼の伝記作者の一人は、原爆投下の道徳的な意味を、スティムソンの廉直さで推し量ろうとして、こう指摘した。「一九四五年という時代背景で原爆使用を考える時、興味を引かれるのは、戦争という道徳的な無法に対し、一般の人々よりはるかに敏感だったスティムソンでさえも、原爆というパンドラの箱を開き、悪魔を世界に解き放ったことに何ら異議を唱えなかったことである[25]」。

スティムソンはルーズベルトとトルーマンに仕える前、ウィリアム・ハワード・タフト大統領の下で陸軍長官（一九一一〜一三年）を務め、ハーバート・フーヴァー大統領の下では国務長官（一九二三〜三三年）をしていた。その彼に驕りがなかったことは、第一次世界大戦が勃発した時、それまで陸軍長官として監督してきた米陸軍に自ら入隊したことを見てもわかる。

フランスで砲兵中隊を指揮し、陸軍大佐に昇任したスティムソンは、第二次世界大戦中、偉大な将軍たちを部下に従えていたにもかかわらず、生涯を通し、「スティムソン大佐」と呼ばれることを好んだ。

伝記作者の一人が指摘しているように、彼個人としての戦争体験は、一八八七年、コロラド州で起きたユテ族インディアンの蜂起[*]に巻き込まれた学生時代に始まり、原爆の製造、そしてそのヒロシマ、ナガサキへの投下で幕を閉じた。[26]

こうした経歴でさしあたり、われわれとって重要なのは、「家《ペンタゴン》」の建設工事に当たり、「マンハッタン計画」を進めていたレズリー・グローヴズ将軍の当時の上司が、他ならぬスティムソンだったことだ。「家《ペンタゴン》」の国防長官の執務室は、実はスティムソンが個人的にデザインしていた。今日もなお、国防長官のオフィスを訪ねる者は、大きな窓から、ポトマック川とその向こうのワシントンの市街を見渡せる、長方形の広いスペースに足を踏み入れることになる。縦に溝を刻んだ羽目板と装飾柱、手の込んだ

25 Hodgson, *The Colonel*, 一九頁。
＊ユテ（Ute）族インディアンは、ユタ州の名前の元になった先住民族で、元々は白人入植者と平和共存していたが、保護区における「教化」に反発、一九世紀後半、コロラド州で蜂起した。
26 前掲書、五頁。

壁の繰り形は、旧家風の慎みを損なうことなく、古典的な印象を醸し出している。その国防長官の執務室とはつまり、その「家《ペンタゴン》」全体に漲る美的なものの粋をひとつに集めた場所なのだ。

スティムソンは「家《ペンタゴン》」の落成を待ち切れず、建設途中でいの一番に引っ越して来た。その執務室でスティムソンは一九四二年から四三年にかけ、グローヴズと無数の打ち合わせを重ねた。「家《ペンタゴン》」の完工を早めるべく、設計図や帳簿と格闘したのである。そんな二人の前に、さらに途方もないプロジェクトが待ち構えていた。やがて二人は、それに目を向けることになる。

バージニアの「家《ペンタゴン》」、陸軍省総司令部の建設工事は、陸軍長官として働き出したスティムソンのエネルギーを奪い続けた。そして第二次世界大戦最後の一年間は、原爆を完成させることに忙殺された。原爆開発でもまた、スティムソンのそばにはグローヴズが控え、計画書に目を凝らしていた。「家《ペンタゴン》」も「原爆」も、ともに歴史に残る任務だった。その影響の広がりといい、その効果といい、それぞれの世界で空前絶後のものだった。スティムソンはそのどちらのプロジェクトでも、グローヴズという、でっぷりしたこの男を頼りにしていた。

七十八歳を迎えた高齢のスティムソンは健康が悪化し、繰り返し引退を考えるようになった。一九四五年四月の時点でスティムソン自身、語ったように、陸軍長官のポストに留まることは、「この特別なプロジェクトに、残された自分の時間の全てを差し出す」ことだった。[27]

そんな中で、「マンハッタン計画」は、栄光に包まれた最終段階に入ろうとしていた。グローヴズから進捗状況の報告が届くたびにスティムソンは、彼自身の言葉で言えば、「とてつもなく喜んで、安堵する」のだった。[28]

一九四五年四月のこの月、スティムソンはトルーマンに初めて、間もなく完成する超兵器《スーパー・ウェポン》の秘密を明かした。トルーマンが大統領に就任した直後、それも数時間以内のことだった。[29]「マンハッタン計画」を指揮していたスティムソンにとって、日本の原爆投下目標を決めるのも、彼の権限の内だった。あのポツダムで、自分が決定した攻撃目標を攻撃命令書とともにトルーマンに差し出したのも、スティムソンだった。

が、スティムソンはグローヴズ抜きに、何も成し遂げられなかった。背後には常にグローヴズが控えていた。「マンハッタン計画」で命令を下していた当事者は、実はグローヴズではないかという疑問もあるほどである。

『ハーパーズ』誌のスティムソン論文は、後日、刊行されるスティムソンの回想録同様、マクジョージ・バンディとともに書いたものだ。マクジョージはスティムソンの信頼する側近、ハーヴェイ・バン

---

27 Lawren, *The General and the Bomb*, 一九一頁。
28 前掲書一九一頁。
29 スティムソンはルーズベルトの死の翌日、四月十三日に、大統領に宣誓して就任したばかりのトルーマンに、「ほとんど信じられないほどの破壊力を持った」兵器を開発中であることを告げたが、全容を詳しく説明したのは、四月二十五日になってからのことである。Hodgson, *The Colonel*, 三一六頁。スティムソンの記録によれば、彼は新大統領に対して、新兵器の空前の破壊力とその意味を「わかち合う」ため、説明を行ったという。スティムソンはこう語っている。「これを他の国々とわかち合うかどうか、わかち合うとしたらどのような条件で行うべきは、米国の外交における重要問題となった……〔原爆は〕それが今後、もたらすであろう、あらゆる文明への惨禍に対し、ある道徳的な責任を〔われわれに〕課していた」と。Alperovitz, *The Decision to Use the Atomic Bomb*, 一三二頁を参照。

ディの息子で、共著者として名前が出た『回想録』と違って、『ハーパーズ』論文では名前が伏せられていた。一九四七年のマクジョージ・バンディはハーバード大学の輝ける星であり、ジェームズ・B・コナント学長の寵児だった。コナントは「マンハッタン計画」に、科学部門の長として参加、原爆の都市投下の最終決定に加わった人物である。

ヒロシマ、ナガサキに対する原爆投下に対して、米国の一般大衆は事後的に支持してはいたが、コナント好みの知識人批判者や宗教指導者たちからもまた、実は問題提起の指摘が続いていたのである。[30]原爆投下一周年の数週間後、『ニューヨーカー』誌が、ジョン・ハーシー*の『ヒロシマ』を掲載した。原爆が人間に対して具体的にどのような影響を及ぼしたかを綴った心揺さぶる作品だった。この作品は大きな反響を呼び、さまざまな論評を呼んだ。そうしたものの中に、教養誌、『サタデー・レビュー・オブ・リテラチャー』の影響力ある編集長、ノーマン・カズンズ*の評論も含まれていた。彼は原爆投下に対し、「犯罪」という言葉を使ったのである。[31]

コナントは原爆開発者の一人として、自分自身の評判を気にしていただけではなかった。米国の対ソ連核政策が（欧州の選挙における共産党の躍進と相俟って）重大な局面に差しかかろうとしていたその時に、「原爆の使用」をめぐる米国民の態度に変化が生まれれば、原爆という兵器の、より大きな道徳的な正当性をも突き崩してしまうのではないか、と恐れていたのだ。

コナントはこう考えていた。モスクワがもしも「バルック案」（これについては後述）のような、核の国際管理に参加したいのであれば、米国が原爆を再度、使用する能力と意志を併せ持つことを、まずもって認識させる必要があると。

コナントはつまり、この時点で「ヒロシマ」の「決断」を見直すことは、まさに最悪の瞬間において米国の決意を揺るがせ、ソ連に付け入らせることになるのでは、と懸念していたわけだ。

コナントがスティムソンに対し、若いバンディの手を借りて、日本に対する原爆投下を擁護する論文を書くよう求めたのは、こうした理由があったからだ。ソ連の態度を軟化させるには、米国の決心を強固なものにしなければならないと考えたわけだ。

このコナントの考えは、米国の核政策の過去を正当化しながら、それをその時点での戦略的な要件に結びつける、最初のもので、その後、繰り返されるパターンの始まりだった。原爆使用の正当性を、他ならぬ米国民自身が拒絶するなら、今後、使用も辞さずと脅すことによってソ連の動きを縛る、その

---

30 コナントはマクジョージ・バンディに、こう手紙で書いている。「このような議論についてあなたは、一握りの少数派を代表したものとお考えになりたいのかも知れません……しかしこれは、かつての米国は第一次世界大戦に参戦したことで誤りを犯したと私たちの大学で教えている、知識人と呼ばれる集団の中で、すでに受け容れられていることなのです。そのことをあなたはおわかりになるでしょう」。Bird, *The Color of Truth*, 九〇頁。

＊ジョン・ハーシー　米国の作家・ジャーナリスト（一九一四〜九三年）。原爆投下の惨状を報告した『ヒロシマ』を、『ニューヨーカー』誌（一九四六年八月三十一日号）に発表。

＊ノーマン・カズンズ　米国の作家・ジャーナリスト（一九一五〜九〇年）。一九四九年に広島入りし、『四年後のヒロシマ』を発表。広島市特別名誉市民。

31 Cousins, "The Literacy of Survival," in Bird and Lifschulz, *Hiroshima's Shadow*, 三〇五頁。『サタデー・レビュー』は、元マルクス主義エリートの定期刊行物と違って、一般大衆向けの発行部数の多い雑誌だった。原爆が投下された時、爆撃隊員として欧州から太平洋戦域へ移動中だった歴史家のハワード・ジンは、ハーシーの記事を読んでようやく、原爆投下の高揚感が鎮まったと、私に対して語った。それが、彼の核と戦争に対する反対の始まりだった、と。著者によるインタビュー。

抑止力が損なわれてしまう……。

ヒロシマ、ナガサキをめぐる米国民の記憶の操作はこうして、この国の核政策を正当化する決定的な鍵となった。

スティムソンの『ハーパーズ』誌の論文は、原爆の恐怖に竦《すく》みもしなければ、日本の都市を壊滅させた威力にたじろぐものでもなかった。「戦争の顔とは死の顔だ」と、スティムソンは書いた。陸軍長官として一九一一年の「インディアン戦争*」では数千人の陸軍部隊を統率し、第二次世界大戦の日本に対する戦勝の日には、一四〇〇万人の兵士を動かす権限を持つに至った彼は、武力の増大が何をもたらすものか理解していた。「死とは、戦時の指導者の出す、あらゆる命令に避けられないものである。原爆を投下した決断も、死を数十万人の日本人にもたらす決断だった。この事実は、どんな説明の仕方をしても変えることはできないし、私としては取り繕いたいと思わない」と。

実際、このスティムソン論文は、原爆の恐怖を真正面から認めることで、ヒロシマ・ナガサキへの原爆投下を、「よりましな悪の道徳論」の代表例とする支配的な見方を確立したのである。

「この熟慮、熟考の結果、行われた破壊は、われわれにとって最も嫌悪を覚えない選択だった。ヒロシマとナガサキの破壊は、日本の戦争に終止符を打つものだった。焼夷弾爆撃に終わりを告げるものだった。日本を窒息させていた封鎖を解くものだった。それは日本本土で待ち構えていた陸の大軍の恐るべき妖怪をも消し去ったのである」

戦争には必ずや大量破壊と殺戮が伴う。原爆は、そういう戦争を終えたものだ……スティムソンはそう言いながら、そこに恐ろしいアイロニーを見ていた。「この第二次世界大戦における最終行為において、われわれは戦争とは死であることの最終的な証拠を突きつけられたのである」[32]

このスティムソンの論文は今日に至るまで、原爆投下の決定をめぐる議論の枠をかたどる役割を果たして来た。日本の本土侵攻への対案として原爆を置いて来たのである。ヒロシマとナガサキに衝撃を受けたスティムソンは、トルーマンが彼の前に、チャーチルが彼の後でしたように、日本本土に侵攻した際の犠牲の大きさを宣伝する重要性に気付いた。それはあくまでもPRが目的であり、そこには道徳性をめぐって格闘した跡は見られなかった。

この論文で初めて、日本本土侵攻に伴う犠牲者の詳細なカウントが行われた。投入する米兵は五〇〇万人。戦闘は一九四六年までもつれ込み、米兵に「一〇〇万人以上」の犠牲者が出る、と。スティムソンとバンディは陸軍省の数字を元に犠牲者数を書いたわけではなかった。国民が覚えやすい数字を選び、宣伝したのである。[33]

後日、機密指定を解除された公文書を閲覧すると、かなり違った犠牲者の予測数が示されている。そ

＊インディアン戦争　北米における先住民族を征服するため続けられた一連の戦闘を指す。戦闘は二〇世紀に入ってからも行われた。

32 Stimson and Bundy, *On Active Service in Peace and War*, 六三三頁。

33 マクジョージ・バンディの伝記を書いたカイ・バードは、こんな風に疑問を投げかけている。「この数字を、スティムソンとマック（マクジョージ・バンディ）は何処で手に入れたのだろう？　バンディは陸軍省に対し、一九四五年の夏、同省がスティムソンに示していた犠牲者数の予測を出すよう求めていたが、結局、入手できなかった。そこでスティムソンと彼は、一〇〇万人という、申し分のない丸い数字にしようということで合意に達した」。*The Color of Truth*, 九三頁。

れはたぶん、スティムソンに、そしてスティムソンを通してトルーマンに、報告された数字のはずだ。

米軍の統合参謀本部に戦争計画に関するあらゆる情報を供給する責任を持つ「統合戦争計画幕僚委員会」が一九四五年六月十五日に報告した推定によると、日本本土侵攻に伴う米軍の戦死者は「四万人」、戦傷者は「一五万人」と予測されている。

あの惨たらしい沖縄戦は、ちょうど終わったばかり、作戦計画立案者たちは本土侵攻でどれだけの犠牲が出るか、十分にわかっていたはずだ。彼らはまた、日本本土を防衛する兵士たちが、米軍がすでに遭遇した日本兵と違って、魂の抜け殻のような者であることもわかっていたはずである。

本土の日本軍は米海軍の海上封鎖で窒息し、食料にも燃料にも原材料にも窮していた。陣地は空爆で粉砕されていたのである。

そればかりか米海軍の指導者らも、陸軍航空隊の指導者らも、ともに本土侵攻は必要ないかも知れないという認識でいた。

マーシャル将軍はこの同じ六月、ダグラス・マッカーサー将軍とともに、あの統合戦争計画幕僚委員会の犠牲予測に同意する文書に署名している。[34] 本土侵攻の司令部でともに指揮を執ることになっていた二人が文書に署名しているのだ。

こうした事実がありながら、スティムソンがアメリカ人の記憶に刻まれる数字を捏造《ファブリケート》したのには、もちろん訳がある。[35] ヒロシマとナガサキの恐ろしさを道徳的に封じ込めるため、それに見合った米兵の犠牲者数を対置してバランスをとる必要があったからだ。それによって初めて、アメリカ人は倫理的な均衡をとることができるのだ。たしかに、「四万」という米兵の戦死予測も、その数倍もの家族が抱える悲劇を思えば、恐るべき数字だった。しかしそれは、トルーマンの時代からブッシュの時代までそうであり続けたように、アメリカ人を道徳的に確信させるものとしては少なすぎる数字だった。

「原爆投下」がなければ、日本への「本土侵攻」は不可避なものだったか？——ファッセルが復員兵の証言として残しているように、これから日本に攻め込もうという米兵たちが「原爆投下」を聞いて安堵したことは確かなことだが、一九四五年の夏、アメリカが直面していた死活的な選択は、「本土侵攻」か「原爆投下」かの二者択一でも、「本土上陸」か「海上封鎖と通常爆弾による空爆の組み合わせ」かといった問題でもなかったと信じるに足る理由がある。

歴史家のマーティン・シャーウィンが定式化した言い方で言えば、アメリカはむしろ、「戦争と外交のさまざまな形態」をめぐる選択問題と直面していたのだ[36]。

この年の七月、スティムソンはドイツに駐留していたドワイト・アイゼンハワー将軍の司令部に赴き、日本への原爆投下計画をアイゼンハワーに説明した。それに対してアイゼンハワーは、後日、彼自

34 Sherwin, *A World Destroyed*, xxii 頁。しかしながら統合戦争計画幕僚委員会は、「日本に対する空爆と封鎖は日本人の士気と戦争継続能力に対し相当な効果を及ぼしているが、それだけで日本が早期無条件降伏をすると信じられる理由はほとんどない」との立場を最終的に採ることになる。Pape, *Bombing to Win*, 九七頁からの引用。

35 バードは「この『ハーパーズ』の記事が……原爆投下決定をめぐる中心的神話」、すなわち、犠牲者一〇〇万の数字の「源になった」と指摘している。*The Color of Truth*, 九三頁。

36 Sherwin, *A World Destroyed*, xxiv 頁。

身が語ったところでは、「第一に、日本はすでに敗北しており、原爆投下は完全に不必要であるという私自身の信念に基づき、第二に、米兵の命を救う上で最早必要ではなくなったと思われる原爆の投下で世界の世論に衝撃を与えることは、米国として避けるべきであるとの認識に立ち、重大な懸念《グレーヴ・ミスギビングス》」を表明したというのだ。[37]

この言明に対しスティムソンは困惑していたと、アイゼンハワーは書いているが、それはスティムソンもまた、とっくに気付いていたことで、彼自身、語ってもいることだ。つまり、この時点においては、トルーマン政権内部のほとんど誰もが、戦争を終結させるのに日本本土侵攻が必要とは考えていなかったのである。[38]

七月の段階で、スティムソンもわかっていたのだ。敵対活動を終えるのに、今や「外交」が「戦争」と競い合っていることを知っていたのだ。よりハッキリ言えば、四月以来、日本の指導者たちが和平の打診を送り始めたことを、スティムソンは知っていたのである。

日本の最高指導部内の撃《ビター・エンド》してしやまんの徹底抗戦派が、カミカゼ妄想を膨らませていたことは、もちろん、たしかなことである。また「トルーマンの決定」の擁護者たちが今なお主張しているように、日本軍部内の徹底抗戦派が当時、実権を握っていたことも確かなことだろう。

しかし、トーキョーにおける権力バランスは、和平派が影響力を広げる中で、変化しつつあったのである。そしてその和平派の中心にあったのが、あとで事実が物語るように、天皇ヒロヒト、その人だった。

「トルーマンの決定」の擁護者たちは、降伏条件を打診する日本側の試みの大半が当時、中立を保っていたソ連経由で行われており、日本のメッセージのワシントンへの伝達を、アジアにおける戦後権益を狙うスターリンが、自国の参戦態勢が整うまで太平洋戦域での戦争終結を遅らせるために拒絶した、と主張して来た。しかし、ワシントンは当時すでに、秘密裏に傍受した日本の電信の解読に成功しており、トーキョーにおいて和平派が前面に出つつあることを完全に把握していたのである。

この運命の夏を、六十年後の今、敵の出方を予測できなかった、十指に余る米国情報部の失敗（ベルリン封鎖、ベルリンの壁、キューバへのソ連ミサイルの持ち込み、アラブ・イスラエル戦争、ソ連のハンガリー・チェコ・アフガン侵攻、ベトナムでの抵抗、ソ連の崩壊、イラクのクウェート侵攻、イラクにおける大量破壊兵器の存在）に重ね合わせて振り返るならば、日本側の意図をめぐって米国側が混乱したとしても、さほど驚くべきことではない。しかし、それでもなお、当時、日本があくまで断固、戦争継続を決意していたとする見方は間違っているよう思われる。

歴史家の何人かは、日本政府の明確な降伏の決定は天皇臨席の下、一九四五年六月二十日に開かれた「最高戦争指導会議」で下された、としている。[39] しかし、降伏を宣言するには、連合国とコミュニケーションをとる手段がないことや、連合国側がどんな要求を出してくるかよくわからないこと、さらには日本軍部内の徹底抗戦派による抵抗が予想されることなど、さまざまな障害があった。しかし、

37 Eisenhower, *Mandate for Change*, 三八〇頁。
38 Sherwin and Bird, *American Prometheus*, 二九五頁。
39 たとえば、Sigal, *Fighting to a Finish*, 二三五頁を参照。天皇ヒロヒトは部下の最高指導者たちに、戦争終結に向けた「具体的方策を研究」し、「その速やかな実現に努めるよう」指示していた。

これら不確定要素があっても、日本の「最高戦争指導会議」はすでに決着に動き出していたのであり、そのことを、日本政府の機密通信にアクセスしていたワシントンが知らないはずがなかった。日本の最重要外交電報を傍受した、七月十三日付のいわゆる「マジック・サマリー*」には、「天皇陛下は、現行の戦争が日々、すべての交戦国の民衆に多大な悪と犠牲を及ぼしていることに留意され、その速やかなる終結を心中より望んでおられる」と記されており、スティムソンとトルーマンはこれを読んでいたはずである。

もうひとつ、例を挙げれば、ポツダム会談が進行中の七月十七日、海軍情報部の報告がトルーマンとスティムソンの元に届けられた。報告は、日本が「公然とではないにしろ、公式に」敗北を受け容れており、いまや残された最後の懸念は「国民の誇りと敗北の辻褄あわせ」と「日本の野望の果ての破壊を救済する最善の道を見出すこと」であると指摘するものだった。[40]ただし、この報告が行われたのは、アラモゴルド*で核爆発実験が成功した翌日のことであり、トルーマンが原爆投下の任務に就く「第五〇九混成部隊」に出動命令を下した一週間後であったことも、ここで明記しておく。

スティムソンが日本の戦争終結に向けた、切迫した外交努力に気付いていたことは、『ハーパーズ』の論文の中からも覗えることだ。しかしスティムソンは同じこの論文で、七月二十六日に発せられた「ポツダム宣言」の最後通牒に対する日本側の不可解な拒絶の結果、外交の道は閉じられたような書き方をしている。

スティムソンは、こう書いた。「七月二十八日、日本の鈴木首相*はポツダムの最後通牒を、公的に認知すべき価値のないものと言明することで拒絶《リジェクト》した」と。[41]

つまり彼は、日本側の回答によって、米国が原爆攻撃の道を歩む以外、選択の余地がなくなったと主張しているわけだ。しかし、鈴木首相が使った日本語の「黙殺」を、侮蔑的な一蹴であるとする米側の翻訳は間違いであった可能性がある。「黙殺」は「ノーコメント」のようにも取れる言葉で、日本側としては時間稼ぎのためにこの言葉を使っただけかも知れない。

このスティムソンの説明は、『ハーパーズ』の論文から一年後に、こんどは公然とバンディと一緒に書かれた彼の回想録、*On Active Service in Peace and War* ではニュアンスが違って来る。この回想録でスティムソンは、一九四五年の春から夏にかけて、日本政府が行った、さまざまな「和平の打診」の狙いを強調しているのだ。その日本の狙いとは、「無条件降伏」の正確な意味を明確にせよ、という単純なものだった。これはスティムソン自身が自分で書いていることで、他の関係者も言っていることだが、彼もまた、日本に対する「無条件降伏」要求を、日本を降伏に誘い込むかたちに補正《アジャスト》したいと思う

＊マジック・サマリー　「マジック」は第二次世界大戦中、米軍が傍受・解読した、日本政府の暗号電報を指すコードネーム。陸軍情報局によって作成されたその要旨（サマリー）は、米政府のトップの間に届けられていた。日本の国会図書館の憲政資料室に、一連の解読文書のマイクロフィルムが収められている。http://www.ndl.go.jp/jp/data/kensei_shiryo/senryo/YE_25.html

40 Wainstock, *The Decision to Drop the Atomic Bomb*, 三二頁。

＊アラモゴルド　世界最初の核実験、「トリニティー」が行われた米国ニューメキシコ州の砂漠地帯。

＊鈴木貫太郎首相　七月二十八日の記者会見で、「共同声明はカイロ会談の焼き直しと思う。政府としては重大な価値あるものとは認めず『黙殺』し、断固、戦争完遂に邁進する」と語った。

41 Stimson and Bundy, *On Active Service in Peace and War*, 六二五頁。

一人だった。

たとえば、六月十九日に開かれた国務・陸軍・海軍三省の合同会議では、国務長官代理のジョセフ・C・グルー*が「無条件」からの大幅な後退を迫っていた。その場に居合わせた海軍長官のジェームズ・フォレスタルも、彼の死後、刊行された日記に、会議の議論の模様をこう書いている。

降伏条件　グルーが提案、それに対し最も強力に同意したのはスティムソンだったが、それは非常に近い未来において、日本人に対し、どのような降伏条件が課せられるか、とりわけ、彼ら自身の政府及び宗教機関の維持が許されるかどうかを示す、何事かが成されなければいけない、という提案だった……スティムソンとグルーはともに、この動きを進めなければならない、これを有効なものにするには、すべては日本本土へのあらゆる攻撃《エニー・アタック》の前になされねばならないと最も強く主張した。グルー氏は、〔トルーマン〕大統領はこの点に同意していない、との印象を持っていた。これに対しスティムソン氏は、自分の理解ではそれは違う、と述べた。[42]

ヒトラーの自殺、ムッソリーニの殺害のあと、トーキョーの最大の関心は天皇の運命に注がれていた。日本人にとって彼は神の存在だった。その天皇に危害が及び、辱められるということは、考えられないことだった。当時の米側の見方はこうだった。天皇は、死ぬまで戦おうとする狂信的なサムライたちに囲まれ、操られている不運な指導者だが、一般の日本人にとっては神であると。

しかし、こうした殺されても死なない《ダイハード》徹底抗戦派は、天皇が降伏したあと、結局は存在しなかったことが明らかになった。軍部の指導層は「名誉ある自決」さえしなかったのだ。この事実は結局、この問題を米側が誇大に考えていたことを立証するものとなった。[43]

一九四五年時点で米政府高官は、傍受・解読が進む「マジック」情報により、日本の外交官らが天皇の地位確認を求めていることを知り尽くしていた。一例を挙げれば、米側は同年七月十三日付、東郷茂徳外相のモスクワ大使あて電報を解読していた。「和平への唯一の障碍は、『無条件降伏』である」。[44]東郷外相は戦争の終結を懸命に模索していたのだ。

スティムソンは前記、六月十九日の会議に先立ち、実はマーシャル将軍に対して、「戦争遂行目的」の中から「無条件降伏」を外すよう提案さえしていた。マーシャルは、七月九日付の回答メモで、「現時点での方針変更は、われわれの意図の変化に対する、好ましからぬ疑問が疑惑を掻き立てるだろう」と述べ、これを拒否。その代わりに「日本の無条件降伏をめぐる議論は止めにして、日本に対する戦勝

＊ジョセフ・C・グルー　米国の外交官（一八八〇〜一九六五年）。一九三二年から駐日大使を務め、日米開戦半年後、交換船で帰国した。一九四五年には国務長官の代理として、スティムソン、フォレスタルとの「三人委員会」に出席し、対日政策を協議した。

42 Mills, *The Forrestal Diaries*, 六九頁。

43 ジョン・ダワー〔米国の歴史学者。日米関係史。マサチューセッツ工科大学教授〕は、日本降伏後の「名誉ある自決」は、ドイツでのそれより少なかったと指摘している。日本における儀礼自殺の崇拝を考え合わせれば、実に驚くべき事実である、と。*Embracing Defeat*, 三九頁。〔邦訳は『敗北を抱きしめて』、上・下二巻、三浦洋一他訳、岩波書店〕

44 Sherwin, *A World Destroyed*, 二三五頁。

45 George C. Marshall, "Memorandum for the Secretary of War, June 9, 1945," in Bird and Lifschulz, *Hiroshima's Shadow*, 五〇九頁。

とその武装解除につき、真の目的の明確化に取り組もう」との考えを示した。[45]

スティムソンはまた、その回想録の中で、彼自身、「ポツダムの最後通牒の中に、天皇に関する特別な保障を入れてもいいと考える」一人だったとも述べている。[46] 事実、スティムソンは、日本帝国の王朝《ダイナスティー》継続を保証する表現を含んだ、ポツダム宣言の案文の起草さえもしているのだ。

ポツダム会談で、スティムソンと同じ立場を採る者は他にもいた。「無条件降伏」からの撤退に賛成した、もう一人の人物――それは英国のウィンストン・チャーチルだった。

一九四三年のカサブランカ会談を思い出していただきたい。ルーズベルトが会談を締め括る記者会見で「無条件降伏」要求を発表した時、チャーチルは事前の相談を受けていなかった。彼自身がこれを受け容れるのも、後になってからのことだ。

カサブランカでチャーチルが抱いた恐れは、今や現実のものになりつつあった。「無条件降伏」要求それ自体が、戦争を不必要に長引かせるものになっていたのだ。

七月十八日、チャーチルはこの問題をトルーマンに投げかけた。「無条件降伏」要求が支障になっていると述べ、日本人に「軍事的な名誉を維持し国家としての存続を保証する、何らかの見せかけ《ショー》」を与える道を探るよう迫ったのだ。このチャーチルの提案を、トルーマンは「無遠慮に《ブラントリー》」拒絶した。日本という敵は米国を奇襲攻撃して道徳の閾《しきい》を踏み越えた国である。したがって道徳的な手加減《ミティゲーション》など考えられない。日本人には「真珠湾後、いかなる軍事的な名誉もない」とトルーマンは答えたのだ。[47]

チャーチルの現実的な考えは実を結ばなかった。スティムソンの考えも届かなかった。スティムソンが起草したポツダム宣言の案文は、致命的に書き換えられてしまったのである。

トルーマンは自分の手で、スティムソンが宣言案に入れていた、日本の「現在の王朝《プレゼント・ダイナスティー》」の保全に関する段落《パラグラフ》を削除さえした。[48] これまた、第二次世界大戦における、最も運命的な行為のひとつと言わねばならない。

「無条件降伏」という句《フレーズ》は、ポツダム宣言の最後の段落を引き締めるものとなった。日本帝国を完璧な辱めから守る救済の道を閉ざしたのだ。日本人にとって、これは冒瀆《ぼうとく》でしかなかった。「以下はわれわれが示す条件である」と、ポツダム宣言は迫った。「われわれの条件が変わることはない。このほかに代案はない。われわれは遅延を与えないだろう」[*49]

トルーマンは明らかに、新国務長官のジェームズ・F・バーンズ*の影響下、日本の天皇に関する強硬な言葉遣いに踏み込んだ。実際、再起草されたポツダム最後通牒の中には、「現在の王朝」の保全に代えて、バーンズ自身が書いた、「日本の民衆を騙し、誤った方向に指導した者たちの権威と影響力は、

46 Stimson and Bundy, *On Active Service in Peace and War*, 六二六頁。
47 Wainstock, *The Decision to Drop the Atomic Bomb*, 七三頁。
48 前掲書、一二六頁。
＊日本政府訳（第五項）は「吾等ノ条件ハ左ノ如シ 吾等ハ右条件ヨリ離脱スルコトナカルベシ右ニ代ル条件存在セズ吾等ハ遅延ヲ認ムルヲ得ズ」となっている。
49 Sherwin, *A World Destroyed*, 二三五頁。
＊ジェームズ・F・バーンズ　米国の政治家（一八七九〜一九七二年）。一九四五年六月、国務長官に就任し、四七年一月まで務めた。
＊日本政府訳（第六項）は、「日本国国民ヲ欺瞞シ之ヲシテ世界征服ノ挙ニ出ヅルノ過誤ヲ犯サシメタル者ノ権力及勢力ハ永久ニ除去セラレザルベカラズ」。

今後、永久に廃絶されねばならない」*との一文が加えられたのである。[50]

アイルランド系のバーンズは外向的な性格の持ち主で、サウスカロライナ州選出の連邦下院議員、連邦最高裁判事、ルーズベルト大統領の上級補佐官を歴任した人物だ。[51]トルーマンが一九四四年の大統領選で副大統領候補になった時、その座を争ったこともある。そういうバーンズを、トルーマンがルーズベルトの死後、早速、自分の部下に引き入れたのには、再び宿敵となることを未然に防ぐ狙いがあったようだ。

バーンズはトルーマンの宿敵になる代わりに、とくにポツダムでスティムソンの宿敵となった。当時のバーンズは精気にあふれ、老体で疲れ果てたスティムソンとは比べ物にならないほど、トルーマンに対して強い影響力を及ぼしていたのである。バーンズとスティムソンの敵対はしだいに熱を帯び、「原爆」をめぐって渦巻くようになった。

スティムソンはすでに一九四五年五月初めの時点で、バーンズがトルーマンと親しいのを知って、最終段階に入った「マンハッタン計画」を監督すべく新たに設けられた「内部委員会」と「ホワイトハウス」の間をつなぐ連絡役として、バーンズの起用を推薦していた。

バーンズは同年六月三十日には国務長官に就任、翌七月には「原爆」を、日本に対してと同じ重みで、ソ連に対しても考え始めるようになる。バーンズの「無条件降伏」にこだわる非妥協ぶりを解明する鍵はおそらく、ここに潜んでいるのだ。

原爆が現実化した時、バーンズの態度も固まった。ポツダム会談が開かれた七月十五日は、暗号名「トリニティー」、すなわちアラモゴルドでの原爆実験が成功した翌日だった。

スティムソンはそれでもなお、日本への原爆投下を回避するよう、これまで以上に熱を込め、バーンズを説得しようとした。が、バーンズはトルーマン大統領の決定だと言って、これを一蹴したのである。

今や「モクスワ」が敵手として現れていた。新任の国務長官によって、日本を救うことより、モスクワを抑え込む方が重要なことだった。「トーキョー」はすでに過去の問題だった。明日の問題は「モスクワ」だった。そのことが「ポツダム」を決定したのである。[52]七月二十六日の「ポスダム宣言」は、日本側からの和平の打診を一切合財、拒否するものだった。天皇の地位についても何の条件を示さず、日本を完全に破壊すると威嚇するものだった。

50 www.randomhouse.com/features/americancentury/citadel.ht

51 バーンズは、ホワイトハウスの外局としてあった小規模な調整機関、「戦争動員局」の局長をしていた。ルーズベルト大統領のための、紛争調停役のような仕事をしていた。戦争を続ける上で本来協調しなければならない、膨大な数の企業、軍部内集団、政治組織間の紛争を鎮める役割を果たしていた。この役割を演じたことでバーンズは、「アシスタント大統領」との非公式呼称で呼ばれていた。

52 カイ・バードとローレンス・リフシュルツはこう指摘している。「トリニティー核実験の翌日、スティムソンはバーンズに対し、日本に対し、原爆の威力をはっきり警告し、無条件降伏は天皇制の終わりを意味しないことを明確に保証するよう最後のアピールをした。バーンズはこれを遮り、自分は大統領の代わりに言っているのだと言って、二つの考えをともに退けた。日本本土侵攻と原爆投下のいずれにも代わり得る対案は、ポツダムで死んだ。バーンズの頭にあったのは、ソ連だった。日本がどんな降伏の仕方をするかを見せつけることは、戦後世界の幕開けを飾るドラマチックな転換劇になることだった」。Bird and Lifschulz, *Hiroshima's Shadow*, lxi 頁。日本の降伏に関して詳しくは、Dower, *Embracing Defeat*, 第一章参照。

トルーマンはその二日前、日本の都市に対する原爆投下の命令を下していた。

3　日本ではなく、モスクワ？

トルーマンが彼自身、その製造に全く関与しなかった「原爆」の投下を決断した意味を理解し切るには、米国が第二次世界大戦を戦い抜いた土台の部分に立ち帰らなければならない。トルーマン自身、その土台にどんなに立っていようと、それは彼個人が築いたものではなかった。

米国の戦争の土台に再び立ち帰ろうとするなら、われわれは例の、一九四三年一月のあの決定的な週に戻らなければならない。ルーズベルトはその時、まさに「家《ペンタゴン》」において（文字通り）具現したように、自ら「決断した精神《デターミンド・スピリット》」に「修辞的な形《レソリカル・シェイプ》」を与えたのだ。連合国の戦争目的を、枢軸国の「無条件降伏」に置くことで、ルーズベルトは「家《ペンタゴン》」に命を吹き込む「軍事的絶対主義《マーシャル・アブソリューティズム》」を言語化したのである。

それだけではなかった。ルーズベルトは、それと同じ時期に、同じ「精神」を映し出す、もうひとつ別の決定を下していた。それは、やがてトルーマンに手渡される「選択肢」を決定する決断だった。

この一九四三年一月の段階ではすでに、原爆製造に向けた基礎研究は事実上、完了していた。それまでは英米の科学者たちは、共同で研究を進めていたのである。

ところが、ここで米政府の高官らが原爆開発に対する英国のアクセスを制限する提案を行う。それは第二次世界大戦後の国際関係に及ぼす原爆の潜在的意味合いを睨んでの提案だった。

ルーズベルトはこれを受けて、アクセス制限を実施するよう命令を下した。一九四三年一月十三日、ルーズベルトがカサブランカに出発、チャーチルと会おうとするその時に、英政府は、ルーズベルトの命令に基づき、今後、核開発に関する情報は「制限される」[53]との米政府通告を受けた。チャーチルからの抵抗もあってルーズベルトはこの制限を幾分、緩めることになるが、ここで重要なのはルーズベルトが、最も緊密な同盟国との関係において、米国の戦後の基本的立場となる「核の独占《ニュークリア・モノポリー》」の最初の柱を打ち建てたという点である。

ヨーロッパは第一次大戦の教訓を学ばず、今度もまた戦争を始めた。だから、この原爆という新兵器を保有できる、信頼すべき国は、わが米国をおいて他にはあり得ない……ルーズベルトはこの時たしかに、こう考えたのである。

これを受けたトルーマンは、スターリンとの緊張関係の中で「核の独占」の柱をさらに打ち建ててゆくことになるが、一九四三年二月に、ソ連が独自の原爆開発に乗り出したことは知らずにいた。[54]（米国の暗号解読者が、ソ連と米国内のエージェント間の暗号電報の傍受を開始したのはこの同じ月、一九四三年二月のことだった。が、暗号の解読に成功し、ロスアラモスにスパイがいるとわかるのは、その数年後のことだった）[55]

53 Sherwin, *A World Destroyed*, 七二頁。第二次世界大戦前に、「英米（アングロ・アメリカン）の友情」があったというのは、誇張のし過ぎである。ルーズベルトが距離を置いたのは、第一次大戦以来、次第に鼻につくようになった英国の傲慢さ――政治的・文化的・経済的――に対する一般的な敵意に符号したものだった。
54 前掲書、一一三頁。
55 Norris, Racing for the Bomb, 六三二頁。

トルーマンがルーズベルトから受け継いだ最初の遺産は「無条件降伏」要求だった。ルーズベルトには自分が産み出した絶対的なものを使いこなす器用さがあったが、米国の後継指導者らにはその資質が欠けていた。彼らは一九四五年の六月、七月の段階で、「無条件」という点に込められた意味合いの複雑さから、自分たちを解き放つことができないでいた。そしてそのことが「原爆投下」を、ルーズベルトの「カサブランカ宣言」に直接、結びつける結果を生み出したのである。「ヒロシマ」を導き出したのは、「カサブランカ」であると。

ここでもう一度、思い出しておきたいのは、「無条件降伏」要求とは、カサブランカにおける首脳会談での熟考の産物ではなかったことである。チャーチルの関与はまったくなく、事前に何も知らせないまま、ルーズベルトが一方的に記者会見で発表したことである。

「原爆投下」とは、こうした「歴史に残る絶対主義《モニュメンタル・アブソリューティズム》」の結果だった。それは一九四三年の初め以降、連合国の戦争努力を活気づけることになる。そしてこの「絶対主義」は、ちょうどその時、開始された「ポイントブランク作戦」の空爆の中に――さらに言うなら、あの記念碑的な「家《ペンタゴン》」それ自体の中に、宿ることになるのだ。[56]

スティムソンは『ハーパーズ』論文の中で、日本のポツダム宣言拒否が原爆投下を避けられないものにしたと強調したが、この説明に対し、ジョセフ・グルーから早速、非難の声が上がった。グルーは、スティムソンがポツダム宣言の最終テキストに失望していたことを知っていたし、スティムソンとともに、「ヒロシマ・ナガサキ」に代わる効果的な対案を模索していたからである。

スティムソンは原爆の開発と投下に少しも迷うことがなかったと一般には記憶されており、七月十六日のニューメキシコでの実験成功の時も、知らせを聞いて喜びのあまり「飛び跳ねた[57]」と伝えられている。スティムソンの論文はすでに見たように、原爆投下は悲劇的なことだったが、戦争それ自体という、より大きな悪に対しては、必要かつ避けることのできないものだったと主張したものだ。しかし、この『ハーパーズ』論文が出るまでグルーが忘れずにいたことは、スティムソン自身が「マンハッタン計画」がクライマックスを迎えるその時に、原爆の投下以外の方法で戦争を終結させる道を必死《ファーヴェントリー》になってこじ開けようとしていた事実である。

　こうしてグルーはスティムソンの一貫性のなさを批判するが、その一貫性のなさこそが、その時すでに、スティムソンのスタイルの一部になっていたとも言える。あるいは問題の複雑さゆえに、一貫性のなさは不可避のものだった、と。

---

56 これはしかし、ルーズベルトが生きていても、ポツダムではトルーマンと同じ態度をとっただろう、と言おうとしているのではない。ルーズベルトが生きていれば「無条件降伏」要求を突きつけたあと、その要求から身を引くことができたかもしれないのだ。事実、ポツダムにおいては、米国の高官が皆、撤回に傾く中で、バーンズとトルーマンの二人だけが固執したのである。ガー・アルペロヴィッツ〔米国の政治経済学者。メリーランド大学教授〕は次のように指摘している。「ルーズベルトが生きていたなら、ジェームズ・F・バーンズは国務長官にならなかったはずだ……そのバーンズだけが強く反対していたことを考えると、ポスダム宣言の第十二段落にあった（天皇に関する）保証が取り消されなかった（さらには、宣言に含まれたその保証が日本の降伏プロセスの口火を切った）可能性は高い」。Gar Alperovitz, *The Decision to Use the Atomic Bomb*, 六六三頁〔邦訳は、『原爆投下決断の内幕』（上・下二巻、鈴木・米山・岩本訳、ほるぷ出版）〕。

57 John McCloy, Bird and Lifschulz, *Hiroshima's Shadow*, lxi 頁からの引用。

スティムソンは「バーンズの衝動」とも言うべき、「原爆」の矛先を日本からソ連へ向ける姿勢の転換についても頑なに反対したが、「原爆」の重みが世界の権力関係を「持てる者」の方へ、どれほど一気に傾けるものかは理解していた。彼自身、原爆を持てる有利さを推し進める用意ができていたのである。

スティムソンは当初、核の国際管理を提唱する立場から出発した人間だが、ポツダムにおいて態度を変え、米国が核の独占を放棄し、ソ連を国際社会における核保有のパートナーとするにはまず、ソ連社会をデモクラティックなものにリストラする必要があると主張するようになった。それはスターリンにとって、到底のめるものではなかった。[58]

こうして見ると、「一貫しない強い信念の男」[59]、スティムソンとは結局、世界《ワールド》・史的《ヒストリック》な決断の坩堝にあって、一面的な見方でストレートに迫る他の好戦的な政治家に対して、彼なりに立ち向かおうとした人物だったようにも思える。死活的に重要な幾多の問題をめぐって他の政治家と相対する中で、スティムソンは政治家としても、一人の人間としても、おそらくは高齢や健康不安のせいもあって、説得力を発揮できなかった。が、彼のそうした態度は、実は内心の揺れに直結したものであり、もしかしたら彼自身にとって致命傷となる自己懐疑によるものだったかもしれない。

スティムソンの一貫性のなさで最も重要な点は、彼が日本に対する空爆で、民間人の保護を主張し続けながら、ヒロシマ以前、日本の諸都市に対して行われた大規模空爆については承認していたことである。[60]

スティムソンもまた、トルーマン同様、原爆が使われたら、それは無差別殺戮になりうると想像した、と語ってはいる。が、想像するだけなら、それは他の誰もがしたことだ。スティムソンは人道的な動機から、原爆投下の目標選定委員会の結論を覆し、日本の伝統文化の都である京都を八月六日のターゲットから外したことも告白しているが、彼の人道的な良心は、純粋な「軍事目標」とは到底言えないヒロシマとナガサキへの原爆投下によっても傷つくことはなかった。

原爆は軍事力を「超暴力《ハイパー・バイオレンス》」の領域へと踏み込ませるものであることを、スティムソンは知り尽くしていたはずだ。にもかかわらず彼は、それと同じだけ、倫理的な責任を背負い込む必要性を認めなかった。そういう彼を、最初の「賢者」と呼ぶ者がいる昨今、彼が冒した誤りは、なおさら指摘されねばならない[61]。

ジョセフ・グルーが、スティムソンの『ハーパーズ』論文が彼自身の一貫性のなさを覆い隠しているのを見て苛立ったのは、こうした理由があったからだ。論文は、ポツダムにおける「無条件降伏」への固執と、それがどんな意味を持つものかを、日本側が把握できなかった事実の重要性を素通りしてい

58 Sherwin, *A World Destroyed*, 二二八頁。
59 Bird and Lifschulz, *Hiroshima's Shadow*, lxiv頁。
60 スティムソンは「原爆」の使用について、一九四五年五月の日記にこう書いている。「民間人を除外するというこの同じルールは、あらゆる新兵器の使用に関しても、可能なかぎり適用されねばならない」Sherwin, *A World Destroyed*, 二二八頁。
61 マーティン・シャーウィンはスティムソンについて、こうコメントしている。「(原爆の)異常かつ無差別な破壊力が質的にもまるで違うことになる可能性および、それ故、その扱いに対する、通常兵器の使用指針よりも高い道徳性を要求することは、彼の脳裏にまったく浮かばなかった」。Sherwin, *A World Destroyed*, 一九七頁。

た。グルーはそのことに気づいていたのだ。

スティムソンは『ハーパーズ』論文を書いたあと、その年のうちに回想録を出版するが、そこで彼は『ハーパーズ』論文で書き落としたことを、こう説明している。「歴史は、米国が（天皇についての）態度の表明を遅らせたことで、戦争を長引かせたと審判を下すかもしれない」と。[62]

が、アメリカ人の知らない、もっと驚くべき事実が他にある。それは原爆を二発投下しても、実は完全な「無条件降伏」を勝ち取ることができなかったことだ。

ナガサキへの原爆投下の翌日、八月十日の朝、午前七時三十三分、ワシントンは日本政府の最高戦争指導会議から、モールス信号によるメッセージを受信した。電文は、「日本政府はポツダムでの共同宣言で挙げられた条件を、同宣言が天皇の統治大権を侵害する要求を含まないとの了解の下、受諾する用意がある」*というものだった。[63]

トルーマンは午前九時に戦争閣議《ウォー・キャビネット》を招集、日本が天皇の統治大権についてのみ条件をつけて来たこのメッセージをポツダム宣言の受諾ととるべきかどうか、出席者全員に意見を求めた。国務長官のバーンズはやはり、日本側の提案を頑固に拒絶した。提案を受け容れれば、米国が「ポツダム宣言が全てであるという立場、およびその厳しさから後退した、という批判」[64]に曝されかねない、というのが拒絶の理由だった。

ポツダム宣言の全面性と苛酷さとはもちろん、ほかならぬバーンズ自身の提案によるものだった。もっとまずかったのは、もしここで天皇制の継続を受け容れることができるなら、日本側がその条件にこだわるとわかっていた数週間、いや数ヵ月前に、ワシントンはなぜ受け容れなかったかという問題が提起されることだった。

バーンズもこの点について敏感な一人だった。スティムソンが起草したポツダム宣言の原案を削除するようトルーマンに求めたのもバーンズで、それまで一貫して、日本の天皇に対して強硬な姿勢をとり続けていた。

ヒロシマ、ナガサキの惨状がどれほどのものなのか、この朝の段階では、完全に掌握されてはいなかったはずだ。しかし、トルーマンの補佐官たちはわかっていたのだ。「無条件降伏」要求から後退すると、「原爆投下」を「ほかに選択肢がなかった」ものだと正当化できなくなることを。

そしてその「正当化」こそ、トルーマン、バーンズ、スティムソンが間もなく採るべき立場だったのである。

日本の降伏提案に対して米側は結局、ポツダム宣言の枠組の中で文脈を広げ、日本側の「条件」を受

62 Stimson and Bundy, *On Active Service in Peace and War*, 六二九頁。この点に関し、カイ・バードはこうコメントしている。「これは、当時、一九四八年の読者の大半が見逃し、その後も無視されている驚くべき告白である」と。*The Color of Truth*, 九六頁。
＊日本政府電文は、「帝国政府ハ……『ポツダム』ニ於テ米、英、支三国政府首脳者ニ依リ発表セラレ……（夕）共同宣言ニ挙ケラレタル条件ヲ右宣言ハ天皇ノ国家統治ノ大権ヲ変更スルノ要求ヲ包含シ居ラサルコトノ了解ノ下ニ受諾ス」。
63 Wainstock, *The Decision to Drop the Atomic Bomb*, 一〇二頁。
64 前掲書、一〇三頁。
65 *The Color of Truth*, 八七頁。

け容れるという奇策でもって回答を行った。米側の回答は、ポツダムでトルーマン、バーンズが原案から削除した一文と事実上、何も変わらないものだった。[65]

「天皇の権限は、降伏条件を具体化する上で適切なことを段階的に実施する連合軍最高司令官の下に服する……日本政府の最終形態はポツダム宣言に合致するかたちで、日本民衆の自由意志の表現により樹立されるだろう」

こうしてこの米側の回答を受けてヒロヒトは、この条件下で降伏を受諾し、あくまで屈服を拒否する軍部（そういう軍部ではなかったことがわかるのだが）も天皇の意志に従うことになるのだ。戦争はかくして終わりを告げることになる。

この点における歴史の皮肉《アイロニー》とは、数多くの、いやおそらくはほとんどの日本兵に戦闘を止めさせるには、天皇の権威に頼むしかなかったことである。日本の兵士たちはそれまで、天皇のために、純粋かつ単純に戦っていた。それだからこそ連合軍は戦争終結に天皇を必要としたのだ。連合軍は、戦争終結における天皇の役割を尊重し、米戦艦ミズーリ号艦上での降伏文書調印式への出席という不名誉から彼を救ったのである。[66]

だが、そうした寛大さを公に示しておけば、戦争は間違いなく早期に終結していたはずだった。当然、ここから疑問が浮かび上がる。それは、「それではなぜ、アメリカの当事者たちは、そうしなかったのか？」という疑問である。

こうした疑問[67]に、数多くの歴史学者たちが取り組んで来たが、修正主義者《リヴィジョニスト》らのリーダー[68]というべき、ガー・アルペロヴィッツほど有効な答えを出した者はいない。アルペロヴィッツは一九六五年の著書、

『原子外交《アトミック・ディプロマシー》：ヒロシマとポツダム（*Atomic Diplomacy: Hiroshima and Potsdam*）』で、原爆は日本以上にソ連に対して影響を与えるべく投下された、と示唆。さらにその後、出版した『原爆投下決断の内幕』で、機密指定を解除された公文書を引用し、トルーマンが原爆について議論した最初の会議（四月二十五日）において早くも、グローヴズ将軍の言葉で言えば、「ロシア情勢」が中心的な関心事だったことを指摘している。[69]

とすると、仮にすでにほぼ壊滅状態だった「日本本土への侵攻」が、単なる「目くらまし《レッド・ヘリング》」に過ぎず、しかもそれがいまもそう信じられ続けているとしたら、どうなるのか？ ナチス・ドイツの脅威が消えたあと、もし日本の脅威が一九四五年夏までに現実のものでなくなっていたとしたら、どうなるのか？――この疑問こそ、バーンズとトルーマンが降伏条件の明確化を拒否することで、日本の降伏を

---

66 Dower, *Embracing Defeat*, 四一頁。
67 Sherwin, *A World Destroyed*, ; Bernstein, *The Atomic Bomb* ; Boyer, *By the Bomb's Early Light* ; Messer, *The End of an Alliance* ; Wainstock, *The Decision to Drop the Atomic Bomb* ; Alperovitz, *The Decision to Use the Atomic Bomb* ; Dower, *War Without Mercy*〔邦訳 ジョン・ダワー、『容赦なき戦争――太平洋戦争における人種差別』（猿谷・斎藤訳、平凡社）〕, Bundy, *Danger and Survival* など参照。
68 この「修正主義」という呼称は、原爆投下決定に対する再考、批判が投下後、しばらく経ってからようやく出て来たものとの含みを持つもので、誤解を招く表現だ。すでに述べたように、ヒロシマ、ナガサキへの原爆投下への反対は、その時点で出ていたのである。これらの反対は今やほとんど忘れ去られている。一九四五年の夏の出来事は、当時から論争の余地のないものとして思い出されるだけだ。そうではないのに。
69 Alperovitz, *The Decision to Use the Atomic Bomb*, 一三二頁。

とくに急がなかった理由を解き明かすものである。ポツダム宣言の最終案文を「無条件降伏」に切り替えたことに潜む冷淡さこそ、「原爆投下」という最優先課題が日本との戦争終結ではなく、ソ連との間で予想される対決のコントロールにあったことを示すように思われる。

われわれが本当にコントロールしたかったのは、ヒロヒトではなく、スターリンだったとしたら、一体どうなるのか？　それは、原爆が枢軸国側に対する「最後の一撃《ラスト・ショット》」ではなく、東欧の圏域化に向け、あからさまな行動に走らないよう警告する、クレムリンに向けた「最初の一撃《ファースト・ショット》」ではなかったか？

戦争と政治の世界では、複雑な疑問に答え切れる、たった一つのファクターというものはない。「原爆」は第二次世界大戦の幕を引いた「最後の一発」であると同時に、核時代における「最初の一発」でもあるという両面性を兼ね備えたものだった。たとえば歴史家のバートン・バーンスタイン*が、原爆は日本の降伏を早めるとともに、ソ連に対し圧力をかけるために投下されたと主張するのは、このためである。[70]

日本の歴史家の長谷川毅*は日本側の公文書を活用して、二〇〇五年に*Racing the Enemy: Stalin, Truman, and the Surrender of Japan**を出版した。この中で長谷川は、トルーマンが原爆を投下したのは、ただ単に日本の降伏（それは現に近づいていた）を強いるためではなく、モスクワが対日参戦する前に、降伏を迫るためだった、と指摘している。[71]

こうした複雑な歴史分析から学ぶには、トルーマンは不必要な原爆を投下したから、われわれを騙したのだ、とか、それだけ冷血だった、といった議論をすべきではない。あれは日本の即時降伏を望んでのことだったか、とか、モスクワを威嚇したかっただけだ、といった原爆投下の目的をめぐる錯綜した議論は、トルーマンが置かれていた恐ろしく複雑な状況を認めた上で行われるべきものなのだ。われわれを欺くものがあるとしたら、それはトルーマンらが原爆投下の事後に為した、彼らの主張の道徳的・軍事的明快さ、簡潔さである。

「原爆」は一九四五年七月の時点ですでに、軍事的な新兵器だけでなく、政治的な梃子《レバー》にもなっていた。それは軍事作戦に使われる以前に、「原爆戦《アトミット・ウォーフェア》」の兵器レベルから、「原子外交《アトミック・ディプロマシー》」と呼ばれるものに飛躍を遂げていたのだ。

後先を言えば、後者の「原子外交」の方が、実は先だった。トルーマン大統領はポツダムにおいて、この「原子外交」に従事したのである。

七月二十四日、トルーマンはスターリンに対し、アラモゴルドでの実験成功（スターリンはこれをすでに知っていた）をこっそり告げたのである。日本に対する原爆投下命令を発したその日すでに、トル

＊バートン・バーンスタイン　米国の歴史学者。スタンフォード大学教授。

70 Bernstein, "Understanding the Atomic Bomb and Japanese Surrender" In Michael J. Hogan, ed., *Hiroshima in History and Memory*. New York : University of Cambridge Press

＊長谷川毅　歴史学者。日ソ関係史。北海道大学スラブ研究センターを経て米カリフォルニア州立大学サンタバーバラ校教授。

＊日本語版は、『暗闘――スターリン、トルーマンと日本降伏』（中央公論新社）。

71 *Racing the Enemy*, 五頁。

72 Sherwin, *A World Destroyed*, 二二七頁。「トリニティー」実験成功のニュースに対する、より詳しいスターリンの反応については、Holloway, *Stalin and the Bomb*, 一一七頁を参照。

ーマンの目はモスクワに向かっていたのだ。
トルーマンがその告知の意味をどう説明しようと、スターリンにとっては威嚇だった。スターリンはまさにこの日の夜、自国における原爆研究のエスカレーションを命令したのである。[72]
その後、二世代にわたって続く「原子外交」を決定づけた「核兵器開発競争」はこの時、始まったのだ。
「原爆」について、スティムソンは「まるで、これ見よがしに腰にぶらさげている〔拳銃の〕ようなものじゃないか[73]」と言ったことがある、ソ連に対する威嚇の武器としてちらつかせている、という意味だ。「原爆」が当時すでに、そうした威嚇の武器になっていたかどうかは別として〈戦後間もない段階でそれは、米国の政策当局者の一致した認識として、威嚇の兵器になる〉、トルーマンとその政権内の人々にとって、「原爆」が彼らの考える戦後世界において、米国の支配を約束するものだと認識していたことは、「原爆投下」以前において、すでにハッキリしていた。
誰にも邪魔されることのない核の覇権を手にする……それはたしかに抗いがたい魅力的な政治ファンタジーだった。だからこそそれは、戦後世界で核兵器の国際管理を目指そうとする意欲を、早くもポツダムにおいて殺ぐものとなった。[74]
そんな核覇権のファンタジーを膨らませるには、その前提として米国が「核の独占」を手中に収める必要があった。そして米国は、それは可能だ、と思うことができたのである。
そうした覇権を手にできるという「展望《プロスペクト》」が生まれたことは、それだけで「原爆」を出来る限り早く使おうとする動機としては十分だったかも知れない。そしてこの「展望」――それは「原爆投下」を正当化する理由としては明言できないものだったが――こそが、日本からの降伏シグナルを受諾する動きを打ち負かしたものといえる。

ヒロシマへの「原爆投下」に反対する科学者たちは、「投下」前[75]だけなく、「投下」の後にも、どこか人気《ひとけ》のないところで爆発させ、そのすさまじい威力を見せつければいい、と訴えた。が、トルーマンは数十万の日本人に対して実地に試す方がより効果的だし、より賢い方法だと考えていたのである。

いずれにせよ、「原爆投下」の意図はどうあれ、ヒロシマ・ナガサキにおける示威行為は、日本のみならず世界に対して行われたものだった。ノーベル賞を受賞したジョセフ・ロートブラット*は、こう書いている。「新しい時代は秘密のうちに孕《はら》まれ、生まれる前に、政治的な覇権を得ようとする国家によって強奪された」と。[76]

---

73 Stimson and Bundy, *On Active Service in Peace and War*, 六四四頁。

74 Sherwin, *A World Destroyed*, 二二八頁。

75 非居住地での原爆デモンストレーションを呼びかけた最も有名な人々は、実際に原爆開発に携わった、シカゴの物理学者たちだった。彼らはしかし、ドイツの降伏後、原爆の使用に反対する。レオ・シラード〔米国の物理学者(一八九八～一九六四年)。ハンガリー生まれのユダヤ人物理学者。ナチスの核開発を警告した、ルーズベルト宛の「アインシュタイン書簡」を起草したことでも知られる〕の指導の下、七〇人を超す人びとが反対署名にサインした。が、それ以上に多くの物理学者が原爆使用を支持する立場を維持した。その中の最も有名な物理学者が、J・ロバート・オッペンハイマーだった。

＊ジョセフ・ロートブラット　ポーランド生まれの英国の物理学者、平和運動家(一九〇八～二〇〇五年)。核と戦争の廃絶を呼びかける科学者の団体、「パグウォッシュ会議」の議長を務めた。

76 Joseph Rotblat, "Leaving the Bomb Project," in Bird and Lifschulz, *Hiroshima's Shadow*, 二五六頁。

4　核の健忘症

ロートブラットはロスアラモス研究所で原爆開発に取り組んだ最初の科学者グループの一人だった。彼もまた、ナチスが先に原爆を持つことを恐れ、「マンハッタン計画」の誓約書に署名した一人だった。ヒトラーが原爆を手にする前に……フィリップ・モリソンが毎日、昼食時に家に戻り、ＢＢＣのラジオ放送でロンドンが壊滅していないか確かめたことは、先に述べた通りである。

ロートブラットはこう書いている。「一九四四年の年末にかけて、ドイツの原爆開発放棄が明らかになった。その時、私がロスアラモスにいる理由もなくなったのである。私は研究所を離れ、英国に戻る許可を申請した」と。[77]

当時、ロスアラモスにいた科学者の中で、ポーランドから逃れて来たロートブラットだけが、ナチスの原爆の脅威がなくなった時点で、開発への参加を「ただ一人、中止した」のである。[78]彼はやがて、核兵器に反対する科学者の国際運動、「パグウォッシュ会議」の創設者の一人になり、非核運動への献身により、一九九五年、ノーベル平和賞を授与されることになる。

そのロートブラットがロスアラモスを去った時、もう一人、ヒトラーの原爆計画の頓挫に敏感に反応した核科学者がいた。ブタペスト出身、当時、四十七歳のレオ・シラードだった。シラードはシカゴ大学の冶金研究所におけるプルトニウム生産で中心的な役割を果たしていた。リチャード・ローズの言葉をかりれば彼は、「連鎖反応が引き起こす結末について、最も長く、最も真剣に考え抜いて来た」[79]

男だった。それは彼の同僚との関係においても明らかだった。

シラードは米国が参戦する前、「プルトニウム兵器」の開発に最初に取り組むよう、アインシュタインとともにルーズベルトに働きかけた男だ。ドイツの科学者たちが一九三九年の初め、「核分裂」を発見したことを察知したシラードは同年十月、アインシュタインも署名したルーズベルト宛の書簡で、プロジェクトの立ち上げを迫った。

シラードはしかし、一九四五年の春の時点ですでに、「マンハッタン計画」を推進する「弾み」が、その「超兵器」の日本に対する無用な使用に止まらず、ソ連との核競争に向かうものであることをハッキリ見抜いていた。彼は再びアインシュタインの力をかり、懸念を表明するため、ルーズベルト大統領との会談を設定した。その会談を待たずに、ルーズベルトはこの世を去ったのである。

続いてシラードは、トルーマンに会おうとした。しかし、彼が会うことができたのは、ジェームズ・バーンズだった。二人は五月二十八日、サウスカロライナ州のスパルタンバーグで会談した。バーンズがトルーマンと「マンハッタン計画暫定委員が国務長官に指名される一ヵ月前のことだった。バーンズはトルーマンと「マンハッタン計画暫定委員

77 前掲論文。
78 Freeman Dyson, Sherwin and Bird, *American Prometheus*, 二九八頁より引用。
79 Rhodes, *The Making of the Atomic Bomb*, 六三五頁。
80 バーンズは回想録で、一九四三年の春にはすでにルーズベルト本人から、「マンハッタン計画」について知らされたと書いている。しかし、彼が計画の全容を知るのは、一九四五年の春になってからのことだ。Hodgson, *The Colonel*, 三五〇頁。
81 Wainstock, *The Decision to Drop the Bomb*, 四〇～四一頁。

会」をつなぐ連絡役として、「原子の環」の中に入ったばかりだった。[80]

シラードが驚いたことに、バーンズは核兵器開発競争を危ぶむシラードの懸念をイライラした態度で一蹴した。バーンズは原爆をモスクワに対する切り札と見ていたのである。

バーンズはシラードにこう言った。「ハンガリーから逃げて来たんだろう。ロシアにずっとハンガリーにいてもらいたくはないだろう」と。[81]

バーンズはさらにこう続けた。「アメリカの軍事力を見せつければ、ロシアはもっと扱いやすくなるかも知れない。つまり、原爆の威力をロシアに見せ付けるわけだ」。

この会談の模様を、シラードはその数年後、こう書いている。「ロシアが戦後、威圧的な態度で出て来るだろうというバーンズの懸念は、私も同じだったが、原爆で威嚇すればロシアは扱いやすくなるという言い分には唖然とした」と。[82]

シラードは、バーンズがこれから「原子外交《アトミック・ディプロマシー》」をすると聞かされ、度を越した権力の傲慢さに背筋が寒くなった。これはなんとしても原爆投下への動きを遅らせねばならない……シラードはそんな決意を胸に会談の場を後にしたが、バーンズは違っていた。主だった科学者らが反対の動きを強めていると知った彼は、原爆使用への決意をさらに固めたのである。

原爆もまた通常爆弾と変わらない、という考えに傾きがちなバーンズ、スティムソン、トルーマン、その他、科学者以外の関係者と違って、[83]シラードと同僚科学者たちは、自分たちが超えてはならない一線を超え、道徳的責任の業火に脅かされていることを認識していた。彼らは原爆の恐るべき破壊力を、生々しく感じていたのである。シカゴで核分裂の連鎖反応実験を統括した物理学者のエンリコ・フェルミが、「トリニティー」実験の前夜、原爆が大気そのものまで爆発させるかどうか賭けを行ったのも、原爆の恐るべき破壊力を知っていたからだ（モリソンもまた大気が爆発するかも知れないと思いつつ、実験の時を迎えた）[84]。

シラードは七月までに、日本に対する原爆投下は重大な誤りだとするトルーマン大統領宛の嘆願書をまとめた。「自然の物理的な力を、破壊目的で解き放つ前例をつくった国は、想像もつかない破壊の時代の扉を開いた責任を負うことになるだろう[85]」。

シラードは、乗り気ではない同僚を引き込もうと嘆願書を何度も書き直した。同僚の多くは「トリニティー」の実験が終わるまで、道徳的・政治的な問題を先送りにしようとした。彼らはただ、核分裂に対する自分たちの科学的所見が正しいものかどうか、実験で確かめたいと思っていたのだ。

「トリニティー」の日は予定通り、遅れることなく七月十六日に来た。シラードの嘆願書の最終草稿は、同月十七日付。実験で原爆の威力が証明された翌日のことだった。

しかし、その時まで待っても、数百人に及ぶ同僚科学者の中から嘆願書に署名する者はほとんど出

---

82 Rhodes, *The Making of the Atomic Bomb*, 六三八頁。
83 しかし、スティムソンは原爆の投下目標が絞り込まれたあとになっても、「民間人を守るルール」が適用されるものと思い込んでいた。前掲書、六四〇頁。
84 Groves, *Now It Can Be Told*, 二九六頁。
85 Rhodes, *The Making of the Atomic Bomb*, 七四九頁。
＊ エドワード・テラー　ハンガリーに生まれ、米国に亡命したユダヤ人物理学者（一九〇八〜二〇〇三年）。アメリカの「水爆の父」と呼ばれた。

て来なかった。シラードは、エドワード・テラー*からこう言われた。「このとんでもない物をたまたまわれわれが作り出したからといって、その使われ方に対し、われわれが声を上げるべき責任はない」と。[86]

それでもシカゴから来た仲間を中心に、最終的に六九人の同僚科学者がシラードの呼びかけに応え、嘆願書に署名した。彼らの多く（女性化学者も少数ながら含まれていた）が、シラードやアインシュタインのように、ヒトラーのヨーロッパから逃れて来た科学者だった。その意味で、自分たちを受け入れてくれたアメリカに感謝の念を抱いていた彼・彼女たちだったが、人生経験から来る自然の成り行きとして、同じだけ、国家を超える考え方の持ち主でもあった。

嘆願書に署名した科学者たちは自分たちの研究が影響を及ぼす未来に——原爆と地球の未来に、なお希望をつなごうとしていた。原爆を国際社会の管理下に組み込み、いかなる国の覇権、あるいは狭隘なイデオロギーからも手の届かないところに置きたいと考えていた。彼・彼女らにとって、とくに米国とソ連の間の核開発競争は、あってはならないことだった。

しかし、より差し迫った問題として、敵の民間人という不必要な攻撃目標に対して、最初の原爆投下が行われるかも知れない、という恐れがあった。こうした種々の理由からシラードらは、日本の都市への原爆による奇襲攻撃を阻もうとしたのである。

原爆を別の場所でデモンストレーション爆発させるだけで、戦争は終わるかも知れない……これがシラードたちが訴えた考えだった。原爆のデモ爆発でも、ロシアをはじめとする他の国々を、国際協力の新しい枠組に引き入れることができる……こう彼・彼女らは信じていたのである。

こうしてシラードと同志の科学者たちは、戦争がいよいよ最終的なクライマックスを迎えた局面において、世界《ワールド》・史的《ヒストリック》な重大な結末を孕む行動に出る。そんなシラードらの行動を、二人の歴史家は、日本の都市に対する原爆投下を回避する「ダイナミックで、なおかつ焦点をしっかり絞った、唯一の取り組み」と呼んだ。[87]

シラードらの嘆願に対し、説得力ある反論もなされた。とくにソ連に対して、いまの段階で原爆情報を開示するのは早すぎる、とか、単なるデモンストレーションでは意味がない、という反論だった。しかし、この「シラードの嘆願」は実は、スティムソンやグルー、その他の人々の主張と響き合う、日本の「降伏条件」に関わるものだった。

だから「シラードの嘆願」は、「トリニティー」から「ポツダム」に至る過程の中で行われた歴史の運命にかかわる議論の中に位置づけられてしかるべきものだった。しかし「嘆願」は、後述の通り、そ

86 シラードの同僚科学者たちが、シラードが求める嘆願書への署名を断ったことについて、ジョセフ・ロートブラットはこうコメントしている。「科学者の大多数は、良心の呵責に苦しむことはなかった。その使われ方は他の人間に任せればいいと考え、自ら納得していたのである」と。ロートブラット論文、「原爆プロジェクトを去る（Leaving the Bomb Project）」。Bird and Lifschultz, Hiroshima、s Shadow, 二五七頁。シラードの呼びかけに対するテラーの答え（全文）は、次の通り。「この問題を私たちが議論を始めてから、私はわれわれが産み出す兵器の即時軍事利用に反対するあなたの結論を考えて来ました。私は、それ〔嘆願〕については何もしないと決意しました……この恐るべきことに加わったのは偶然のことであって、その使われ方までわれわれが責任を負うことではありません」。ロートブラット、前期論文の序。

87 Bird and Lifschultz, *Hiroshima's Shadow*, xxxvi 頁。

れを大統領へ届けるのが仕事であるはずの男によって、結局、棚上げされてしまう。トルーマンがようやく「嘆願」を目にするのは、原爆投下後のことだった。

シラードがこのように忌避されたことは、原爆をどのように使うかを決める最終的な段階において、ある重要なことが忘れ去られていたことを意味する。その忘れ去られていたこととは、原爆を開発する「マンハッタン計画」は元々、ヒロヒトやスターリンではなく、ヒトラーに対して進められたものだということだった。


真実を忘れ去る健忘症は、米国の核兵器政策にその後、半永久的につきまとい続けることになる。それを何よりもハッキリと示したのは、ヒロシマ・ナガサキへの原爆投下五十周年の出来事だった。この記念の年、ワシントンのスミソニアン協会は、ヒロシマに原爆を投下した「エノラ・ゲイ」の機体を中心に回顧展を開こうとしたのだ[88]。

展示会場となった「スミソニアン航空宇宙博物館」は、飛行と航空に関する、偉大なる歴史の各章に思いを馳せる、大空の祝祭劇場だ。聳え立つガラスの壁に囲まれ、ライト兄弟の凧のような飛行機や、リンドバーグの「スピリット・オブ・セントルイス」号の機体が天窓から吊り下がり、フロアには、チャック・イェーガー*操縦士によって音速の壁を初めて突破したベルX1機をはじめ、「スペース・カプセル」やロケットが展示されている。その間を、途切れることなく流れる観光客の列……この場所は、アメリカ人の創造力、勇気、そして美徳を祝う、恥じることなき聖地である。

私自身、ここに何回か足を運んでいるが、何度行っても、緊張感なしに会場に入ることはできない。

同じモールの少し離れた場所に「ホロコースト記念博物館」がオープンするまでは、この「航空宇宙博物館」が首都ワシントン最大の名所だった。その場所で一九九五年、ヒロシマ・ナガサキへの原爆投下を回顧し考え直す展示会が開かれたのだ。

博物館の学芸員たちは、「原爆攻撃」に道を開いた「マンハッタン計画」、「原爆」を投下した勇敢な爆撃隊のクルー、さらにはヒロシマ・ナガサキの被爆地の惨状など、「原爆投下」をめぐる全体像を示そうと、公文書や写真を収集して展示した。真珠湾に始まり、太平洋の島々での悪夢のような地上戦へと続いた「戦争」は、この原爆攻撃によって終結したのだという文脈《コンテクスト》の中で提示されていた。

被爆でグシャグシャになった顔、焼け焦げ、炭化してしまった死体の写真が、伝説のB29爆撃機のそばでニッコリ笑ってポーズをとる爆撃隊員の写真と並んで展示されていた。肉を曝け出し、骨を剥き出しにした「ヒロシマ、ナガサキの犠牲者」の方が、「エノラ・ゲイ」よりも迫力をもって訴えかけて来た。残骸と化した家、校舎、寺院、文字通り、一瞬の閃光とともに石に刻まれた人影……それらの全て

88 ナガサキを原爆攻撃したB29は、〔機長のフレデリック・ボックの名前にちなみ〕「ボックスカー（Bock's Car）〔ボックの車〕」という愛称が付いていた。この愛称は〔発音が同じことから、「有蓋貨車」の〕「ボックスカー（Boxcar）」と呼ばれるようになった。この呼び名は後日、ユダヤ人たちを「死の収容所」に運んだ「ボックスカー（有蓋貨車）」の記憶を呼び覚ますものとして問題になる。B29「ボックスカー」は、オハイオ州デイトンのライト・パターソン空軍基地の博物館に保存・展示されている。

＊チャック・イェーガー　米軍のパイロット（一九二三年〜　）。第二次世界大戦で戦闘機を操縦、欧州戦線で戦い、戦後、テスト・パイロットに。一九四七年十月十四日には、ベルX1機を操縦し、人類初めて有人音速飛行に成功した。

が、その瞬間に起きた「絶滅」の真実を物語っていた。

ウィリアム・D・リーヒ海軍元帥*とドワイト・D・アイゼンハワーの回想録の関係部分を取り上げた展示もあった。二人は一九四五年七月のスティムソンとの会談で、原爆投下に対する反対を表明していた。リーヒはルーズベルト、トルーマンの両大統領に、陸海軍参謀総長会議議長として仕えた人物だが、こんな回想録の言葉が引用され、展示されていた。

「ヒロシマ・ナガサキで、この野蛮な兵器を使用しても、それは対日戦争の大きな助け《メジャー・アシスタンス》にはならなかったというのが私の意見である……われわれは暗黒時代《ダークエイジ》の野蛮人《バーバリアン》と共通する倫理基準を採用してしまった。私はそのようなやり方で戦争せよとは教わらなかった。戦争は婦女子を殲滅《デストロイ》することで勝つことはできない[89]」

原爆攻撃は悲劇的な結果を生んだにせよ、必要なものであり、避けることはできなかった――とする、いわゆる「トルーマンの正論《オーソドキィシー》」は、それまでは修正主義の歴史家だけの批判的検討の材料だったが、アイク〔アイゼンハワー〕とリーヒによる「反対」表明が展示会で明らかにされたことで、たちまち論争の火の手が上がった。

二人の偉大な米軍の指導者が、〔原爆投下を正当化した〕日本本土への進攻の必要性について疑義を唱え、アメリカの戦争のやり方が人間的なものだったか、疑問を呈していた。その二人の言葉を展示会の主催者がわざわざ引用したのは、加害者は米国であり、日本は犠牲者に過ぎないという、あの異端の考えに与しているからではないか、とする反論が湧き上がったのである。

五十周年の「回顧展」はつまり、「歴史」を振り返る作業が常にそうであるように、「答え」のみならず「疑問」をも展示してみせたわけだ。それは、当時の政策決定者たちが一九四五年の春と夏に直面した、日本に対する降伏条件など、われわれがこれまで見てきた難問を素通りするのではなく、それに答えようとする試みだったわけである。

私は本書の記述もまた、そうでなければならないと願っているのだが、スミソニアンの回顧展もまた、誰かを悪魔に仕立て上げようとするものではなかった。それは道徳的な高みに立って断罪しなくても、今、われわれがしているように、過去を冷静に振り返ることは可能である、との立場に立つものだった。

戦争の渦中にあっては、どうしても善悪を厳格に区切り、自分自身の立場を善とみなしがちである。これに対してスミソニアンの回顧展は、善も悪も、予め決定できるものではない、との立場から過去を描き出そうとした。歴史を動かした過去の出来事を、両義的で複雑で悲劇的なものとして提示しようとした。出来事に巻き込まれた当事者たち――あるいは当事者一人ひとりにとって、さまざまな意味を持つものとして展示して見せたのである。「トルーマンの決定」もそこでは、「英雄的な美徳による行為」でもなければ「悪魔との取引」でもなかった。

回顧展の開会式を、抗議の嵐が襲った。復員兵の団体が抗議行動を呼びかけたのだ。彼らが自分たち

＊ウィリアム・D・リーヒ　米海軍の軍人（一八七五～一九五九年）。海軍元帥。良識派で、ルーズベルト大統領に信頼されていた。

89 Leahy, *I Was There*, 四四一頁。

こそ、第二次世界大戦の語り部であると自認するのも、ある意味で当然だった。「米国在郷軍人会《アメリカン・リージョン》」も、もちろん抗議に参加した。航空産業が全面的に支援していた「空軍協会」も、それほど熱狂的ではなかったが、抗議に加わった。「空軍協会」にとって、栄えある戦略的空爆の物語は航空産業の命だった。客観的な立場に立とうとする姿勢が崩れても仕方ない風だった。著名な学者たちが介入し、新聞の論説委員らが騒ぎを煽り、政治家たちが乗り出して来た。「トルーマンの正論」と「批判なき祝福である米国史」を擁護しようと、途方もない圧力がかかった。

今や歴史の祝福とは、正史《オーソドキシー》に突き刺さる「事実の棘《とげ》」をアメリカ人の記憶から削除するものでしかなかった。そんな「事実の棘」を一つ挙げれば、たとえば米政府が戦後間もなく、「原爆投下」を総括する調査を実施した、「米国戦略爆撃調査団」が報告書で指摘したように、「一九四五年十二月三十一日までには間違いなく、同年十一月一日までには恐らく、たとえ原爆が投下されなかったとしても、そしてまた、たとえロシアが参戦しなくても、さらにはまた、日本本土への侵攻作戦が計画どころか構想されていなくても、日本は降伏していた」のである。[90]

この「回顧展」をめぐる論争の中、原爆投下をめぐる諸ファクターの再検討をしていた修正主義の歴史家たちが非難を浴びるようになった。大戦終結を祝うホワイトハウスでの記念式典への招待を取り消された歴史家もいた。[91]

クリントン大統領は、「謝罪した大統領」として有名だが（彼は奴隷制を謝罪し、ルワンダ虐殺を防げなかったことに謝罪した）、ヒロシマ・ナガサキへの原爆投下に関しては、トルーマンは正しい決断を下した、と言明せざるを得なかった。クリントンは、この問題には第三の見方があり得ることに気づいてはいたが、それ以上、深入りしようとはしなかったのである。*

スミソニアンでは航空宇宙博物館のマーティン・ハーウィット館長が辞任を強いられ、問題の展示もキャンセルされ、目立たない記念展へと縮小された。

その一方、同じスミソニアンでも、新たに開館した「ホロコースト記念博物館」では、「最終解決」の誤りを犯したナチス・ドイツのみならず、カトリック教会や米国務省など西側の当事者に対しても強烈な道徳的記憶の呼び覚ましが行われ、参観者たちを引き寄せていた。しかし、原爆投下については、そのような歴史的役割の見直しも可能ではなかった。このスミソニアンの航空宇宙博物館において、ヒロシマ・ナガサキの五十周年を記念する年に、有力メディアと、ワシントンの支配層の祝福の下、「国民的健忘症ともいうべきもの」が公式に確立されたのである。[92]

この出来事の持つ意味は重く大きい。われわれアメリカ人は今なお、米国史における最も重大な事

---

90 「米国戦略爆撃調査」報告書（一九四六年七月一日）、要約報告（太平洋戦争）、二六頁。ガルブレイス（Galbraith）*A Life in Our Times*, 二三三頁を参照。また、Bernstein and Matusow, *The Truman Administration* を参照。

91 この招待を取り消された歴史家とは、バートン・バーンスタイン（Barton Bernstein、スタンフォード大学教授。『フォリーン・アフェアーズ』の一九九五年一・二月号に、「原爆攻撃再考（The Atomic Bombings Reconsidered）」という論文を寄せた）である。Bird and Lifschultz, *Hiroshima's Shadow*, xli 頁。

* クリントンは、ヒロシマ・ナガサキ五十周年の一九九五年四月八日、米国は日本に謝罪する必要はなく、トルーマンは正しい決定を下した、と記者会見で言明した。http://query.nytimes.com/gst/fullpage.html?res=990CE1DC1F38F93BA35757C0A963958260

92 これを「核の健忘症」と呼んだのは歴史家のマーク・トラクテンバーグである。*History and Strategy*, 一五二頁を参照［マーク・トラクテンバーグ　米国の政治学者（一九四六年～　）。カリフォルニア州立大学ロサンゼルス校教授］。

件と言える出来事に目を向けることさえ出来ないでいるからだ。[93]

ヒロシマは、今もって歪められた記憶の影に閉じ込められている。核兵器の初の使用を再考することは、とりもなおさず、「家《ペンタゴン》」を中心に形成された米国の権力を見直すことに他ならない。「家《ペンタゴン》」を中心としたこの国の権力は、保有する核兵器と、それをいつでも使う用意があるという実行可能性《ライブリー・ポスィビリティー》の上に、今なお自らの存在を打ち立てているのだ。より微妙な言い方をすれば、アメリカにおける核戦力の出現は、米国民をある扉の前に立たせた。その扉は、「全面戦争」を戦うというより——米国は手持ちの核を全て使うようなことは決してしないだろう——、常に「全面勝利」を目指す意識に重きを置いた扉だった。

アメリカは、この道を歩こうとして来たのだ。核兵器を保有し、それを時々振りかざしながら、この道を歩き続けようとして来たのだ。アメリカの道は定まった。二〇世紀の終わり近くに、さまざまな要因の中で起きたソ連の崩壊を、だからわれわれは、その道を歩んだアメリカの、冷戦の「勝利」と思い込んでいるのだ。二一世紀初頭の「テロとの戦い」が急激に、米軍事力の世界展開に拡大したのも、そうした意識のせいである。その意味で、「トルーマンの決断」をめぐる議論は過去のことではない。それはわれわれの現在の問題であり、未来の問題でもある。

5　グローヴズの橇

「原爆投下」は第二次世界大戦を終結させたものなのか、それとも戦後における覇権をつかむためのものだったか、あるいはその二つの狙いが同時に込められたものだったか？……こうした問いへの答はさておき、ここでもうひとつ、別の問題を見ておくことにしよう。それは、「原爆投下」がほんとうにトルーマンによる「決断」の結果だったと言えるのか、という疑問である。

私たちがすでに見たように、トルーマンは一九四五年七月二十四日に「第三〇五混成部隊」に対して出撃命令を下した。トルーマン自身、その日付の重大な意味を書き残している。

トルーマンは率直な物言いをする人だったので、彼を慕う人々は、常に結果を恐れず、厳しい選択をするトルーマン像を強調して来た。日本に対する原爆攻撃は、そうした彼の決断の中でもトップに位置するものだと。

「何処に何時、原爆を使用するかの最終決断は、私に委ねられていた」とトルーマン自身、回想録に書いている。「この点に誤解があってはならない。私は原爆を軍の一兵器と見なしていた。だから、そ

93 一九九五年のスミソニアン事件に続く出来事が、二〇〇三年十二月に起きた。「エノラ・ゲイ」を中心とした展示会が、バージニア州の航空宇宙博物館で開かれたのだ。当時の博物館館長はヒロシマに原爆を投下した「エノラ・ゲイ」について、「素晴らしい技術の達成」と賞賛したが、展示会では原爆投下の是非をめぐる議論どころか、犠牲者の数さえ触れられることがなかった（これとは対照的に、同博物館のドイツ・V2型ロケットの展示では、それによる犠牲者数が特記されている）。歴史学者のガー・アルペロヴィッツやマーティン・ハーウィット（チェコ出身の米国の天文学者。「エノラ・ゲイ」事件により、ワシントンの国立航空宇宙博物館の館長を辞任した。邦訳に、『拒絶された原爆展――歴史のなかの「エノラ・ゲイ」』（山岡・原・渡会訳、みすず書房）がある）ら、一九九五年の論争に加わった歴史家たちは、日本の核生存者（ヒバクシャ）とともに展示に抗議したが、アメリカのメディアは全て黙殺した。「健忘症」は完璧なものになった。

94 Truman, *Year of Decisions*, 四一九頁。

の使用に疑いを持たなかった」と。[94]

しかし実際は、一九四三年一月のルーズベルトによる、あの「三つの決断」——原爆の独占的な保有への意志、無条件降伏要求、都市人口に対する空爆——が、止めようのない三面の弾み《トリプル・フェーズド・モーメンタム》となってトルーマンを包み込み、その中で押し流されただけのような気がする。トルーマンはつまり、そこで単純な判断を下しただけだ。これは正義の戦争だ、敵は悪である、原爆は戦争を終結させ、敵を懲らしめる……と。

実はトルーマンは、連邦政府の戦費支出の無駄をあぶり出して、キャリアを積み上げて来た政治家だった。だからトルーマンはわかっていたのだ。原爆開発にかかった「二〇億ドル」をめぐり、戦争終結後、連邦議会から追及される手痛い事態を避けるには、決然と原爆を投下するしかない、と。原爆開発費「二〇億ドル」は、トルーマンの決断を後押しする四つ目の弾みとなったわけだ。

が、八月六日の恐るべきクライマックスに向け、すべてを突進させた最大の推進力は、「理性」ではなく「感情」ではなかったろうか。当時の最も単純明快な事実とは、「原爆」がその圧倒的な記念碑的性格において、トルーマンを含むアメリカ人が、あの「真珠湾」で受けた「深い心の傷」に見合うだけの「復讐《リヴェンジ》」を約束するものだったことだ。「無条件降伏」要求という政策（たとえそれが本当に無条件ではなかったにせよ）と、そのための「原爆の使用」という二つが揃って、そうした心理的なニーズを満足させることができたのである。そしてそれは、当時、トルーマン自身が証言したことでもあった。

ナガサキに原爆が投下され、ソ連兵が満州への侵攻を開始した八月九日の夜、トルーマンは米国民に対し、ラジオでこう演説した。

「われわれは原爆を手にしていたから、使っただけのことである。われわれは真珠湾を警告なしに攻撃した者どもに対し、捕虜となった米兵を飢えさせ、殴打した者どもに対して、戦争に関する国際法規を遵守する装いさえかなぐり捨てた者どもに対して、原爆を使用したのだ。われわれは戦争の苦しみを短くするために、何千、何万もの若いアメリカ人の命を救うために原爆を使用したのだ。われわれは日本の戦争遂行能力を完全に破壊するまで原爆の使用を続けるだろう。日本の降伏のみがわれわれを止めることができるのだ[95]」

原爆投下を正当化した、このトルーマンのラジオ演説で、「戦争の早期終結」「米兵の生命の保全」よりも先に挙げられていた、「復讐」を示唆する言葉遣いは、米政府の原爆投下をめぐる公式説明から間もなく削除されることになった。

トルーマンがラジオ演説で挙げた三つの正当化理由のうち、最後のもの——日本本土に侵攻すれば、多くの若い米兵の命が失われる——は、本土上陸の必要性について疑問が出ている現在、議論のわかれるところだ。しかし、最初の正当化理由、すなわち、「大復讐《プライマル・ヴェンジャンス》」はその通り、疑いのないものだった。トルーマンは原爆投下後、その復讐心を、自分自身と米国民に向かって公言したのだった。

トルーマンの伝記を書いたデイヴィッド・マッカローは「トルーマンの決断」について、「決断しなかった決断」とさえ指摘する[96]。マッカローによれば、トルーマンの腹心の友はこう語っているという。「ト

95 McCullough, *Truman*, 四五八頁、J・ダワー（Dower）著、『容赦なき戦争（*War Without Mercy*）』（邦訳、平凡社）第一章を参照。
96 McCullough, *Truman*, 四四二頁。

ルーマンは決断しなかったんだ。そもそも自分で決断することが、彼にはなかったからだ。汽車は動き出している以上、もう止めようがなかった……そうして、後になってから、原爆はひどいと言った。別に悪いことじゃない。あれは、たしかにひどい戦争だった。仕方なかった」と。[97]

が、この言葉には事実を無視した側面がある。戦争はたしかにひどいものだったが、米国の指導者たちは戦時中、地上戦の交戦ルールについては、一貫して守り続けていたのである（たとえばソ連指導部がドイツで容認した集団強姦を、米軍は決して許さなかった）。

原爆投下をどう解釈するか――「トルーマンの正論」の擁護者たちが持ち出す都合のよい解釈はこうである。原爆投下の決定は正しかった、といいながら、その一方で、正しくなかったとしても、それは彼の決断ではなかった、というのだ。トルーマンはすでに開始されていた復讐への突進を阻むことができなかった。原爆開発は史上最大の政府の事業だったから、流れを変えようがなかった……トルーマンは結局、前任者が作った流れの中での出来事に、現職の大統領として、ごくわずかな影響力しか及ぼし得なかった、と。

この見方に立つ、原爆投下に対する批判者もいる。たとえば、ホワイトハウスへの招待を取り消された修正主義者の歴史家、バートン・バーンスタインがそうである。バーンスタインはこう書いている。「一九四五年において、米国の指導者たちは、原爆使用の回避に向け努力しようとしなかった。原爆の使用は、彼らに倫理的あるいは政治的な問題を突きつけなかった。彼らはかくして、原爆に代わり得る、いわゆる選択肢について、かんたんに却下するか、そのほとんどについて考えもしなかったのである」[98]

この点について、別の歴史家はこうコメントしている。「バーンスタインのこうしたアプローチは、どちらかというとアルペロヴィッツよりさらに厳しい批判を示唆するものだ。それは、原爆の使用はすでに圧倒的な前提となっていたから、トルーマンは使用するほかなかった、という指摘である。しかしながら原爆使用は実のところ、まったく必要のないことだったのである」[99]。

このような、「弾み」があったので仕方がなかったという議論には、実は別の可能性が含まれている。「弾み」で動いている時こそ、動きが現れていない時よりも影響を与えやすかったのでは、という考え方である。

もう一人の歴史家が言うように、「政策決定プロセスが、ディーゼル・トラックのように驀進《ばくしん》している時なら、誰かが手でタッチをするだけで、トラックの進行方向を変えることもできる。トルーマンも、こうしたタッチをすべきだったのだ。グローヴズもそうすべきだった。内部委員会にいたスティムソンにもできたはずである」[100]。

スティムソンは『ハーパーズ』論文を発表し、「原爆投下」の決定をめぐるアメリカ人の集団的な記

97 ジョージ・エルゼイ〔George Elsey、トルーマン大統領の法律顧問、スピーチライターを務めた〕の証言。McCullough, Truman, 四四二頁で引用。
98 Bird and Lifschultz, *Hiroshima's Shadow*, x lvii 頁。
99 マリリン・ヤング〔Marilyn Young、ニューヨーク大学歴史学部教授〕、Bird and Lifschultz, *Hiroshima's Shadow*, xlviii 頁で引用。
100 Zinn, *The Politics of History*, 二五六頁。7 ジョージ・エルゼイ〔George Elsey、トルーマン大統領の法律顧問、スピーチライターを務めた〕の証言。McCullough, Truman, 四四二頁で引用。

憶を形づくった当人だが、すでに見たように、今しがた引用したトルーマンの腹心の指摘同様、戦争こそが原爆投下に駆り立てたものだと言明して、論文を結論付けていた。

たしかに、原爆投下という極限の戦争の暴力に対する責任を否定するには、道徳の担い手が道徳的な選択を下す余地のない場所として戦場を描き出すしかないだろう。そうすることは、人間の衝動としてふつう《スタンダード》のことかも知れない。しかし、それはまるで、コントロール不能に陥っているのに、コントロールする権限だけは維持しているようなものである。誤りだと認めながら、誤りを許してしまっているのだ。

戦争はこのように、個人の自由を――ひいては責任をも抹殺する「破壊力」として経験され、意味づけされるものなのだ。そうした破壊力は、大統領や政策決定者、実行者の良心を、略奪者や強姦者、殺人者の良心と同じくらい、慰めてくれるだろう（破壊力を神のように奉る良心は、その破壊力でもって全ての戦争をなくす、非現実的なロマンを求めるのである。しかし、その良心は、最終核戦争を封じる手段に対して、目を向けようとはしない……）。

こうした原爆使用をめぐる運命的な決定論に対しては、さまざまな批判がある。トルーマンの背中を「決定」に向けて押し出した「弾み《モーメンタム》」について言えば、その「弾み」に影響されなかった軍の高官たちもいたのである。それは何故か、という問題提起が、何人かの歴史家の中から出ているのだ。[101]

アイゼンハワーやリーヒはこの「復讐への突進」に、影響されなかったのではなかったか？　スティムソンやグルーの場合も、そうだったのではないか？……

一九四五年夏の時点において、たとえ「無条件降伏」要求に込められた苛烈さを一切なくすことはできなかったにせよ、米政府高官たちがこぞって、バーンズとトルーマンに、苛烈な要求を弱めるよう望んだ理由は何だったのか？

ここで私たちは、このバーンズについて詳しく見ることにより、「非人間的な決定論」を超えた地点に出ることになる。本書の中心的な論点のひとつは、実はこのバーンズという人間の個人的な関与にあるからだ。

すでに見たようにバーンズは、ポツダムでの会談前、会談中において、「宣言」の案文から、天皇の地位保全のくだりを削除する上で決定的な役割を果たした。しかし、それさえも、バーンズの本当の狙いと比べれば、小さなものであったことは、われわれがすでに見て来たことだ。

このバーンズのトルーマンに対する影響力は、もっと強調されてよい。なぜなら、トルーマンが「決断」を考え始める前に、バーンズはもう「決断」の内容を決めていたからだ。何事も人間関係が問題の鍵を握るとすれば、バーンズがトルーマンに影響力を行使したように、バーンズに対して影響力を行使した人物にも目を向けなければならない。その人物こそ政策の選択肢を決定し、そのどれを選び取るか決めた人間である。ここで私たちは、「家《ペンタゴン》」と「原爆」の両方を産んだ、あの人物に立ち返ることになるのだ。その男とは、レズリー・グローヴズ、その人である。

トルーマン大統領が七月二十四日に承認した「第五〇九混成部隊」に対する出撃命令書は、マーシ

101 たとえば、Alperovitz, *The Decision to Use the Atomic Bomb*, 三二六〜三二七頁を参照。

ヤル将軍に代わって、トーマス・ハンディ*将軍が署名したものだった。しかし、その出撃命令――「一九四五年八月三日頃以降、目視による爆撃ができる天候になり次第その最初の特殊《スペシャル》爆弾を投下すべし[102]」の命令文そのものは、グローヴズ将軍が起案したものである。

グローヴズが書いた命令書の原案は前述の通り、攻撃目標として四つの都市（ヒロシマ、小倉、ナガサキ、新潟）を挙げ、「プロジェクト・スタッフにより準備が整い次第、新たな原爆《アディショナル・ボムズ》〔複数形〕を」投下せよ、との航空隊あての命令が含まれていた。

ポツダムでトルーマンに手渡された命令書は、形式上は軍部が文民の権威《シヴィリアン・オーソリティー》に服すとの合州国憲法の規定に沿ったものだったが、この「原爆投下」命令を契機に、憲法規定の空洞化が進むことになる。その理由は、アメリカの文民権力《シヴィリアン・オーソリティー》が常に、核兵器の実戦配備情報《オペレーショナル・インフォメーション》を、米軍の「核の管理人《ガーディアン》[103]」に、求めなければならない依存関係が出来上がっていたからだ。

そして、それらの「情報」は捏造され、あるいは政策決定を強いるものとして示されることになる。これは後で本書が物語るように、ロバート・マクナマラ国防長官とジョン・ケネディ大統領が直面することになる現実でもあった。

米国の戦略兵器を握る司令官たちが文民《シヴィリアン》の上司との間で攻撃計画の共有を拒否するところまで、核兵器のコントロールを独占するのは、グローヴズに始まったことだ。グローヴズは戦後、インタビューに答え、「私はこの問題について、大統領にボタンを押すように迫る必要がなかった」とさえ言い切っているのである。[104]

グローヴズがトルーマンに書いた命令書は、軍部に対し、原爆投下の時期、投下目標の種類（そこには、民間人の犠牲を避ける努力の跡はなかった……）、さらには原爆攻撃の、歯止めなき続行に関する完璧な裁量権を与えたが、グローヴズが手にした権限はそれだけではなかった。実は、グローヴズ自身が書いた、別の命令書がもう一つあったのである。

その命令書は、ポツダムに出発するマーシャルによって承認されたものだが、トルーマンの目には入らなかったもので、「原爆攻撃」の度にグローヴズを、作戦を実行する指揮命令系統の頂点に据える、というものだった。原爆開発の工場を建てた男は、原爆を「投下」する司令官になってしまったのである。

本来、こうした権限は、戦略航空戦力のトップに座るカール・スパーツ将軍の手に委ねられるべきものだった。実際、七月二十五日付の出撃命令に限って言えば、スパーツ将軍宛に出されていたのである。スパーツ将軍でなければ、米陸軍航空隊参謀総長のアーノルド将軍が手にすべき権限だった。[105]

＊トーマス・ハンディ　米陸軍の軍人（一八九二～一九八二年）。陸軍参謀総長代理を経て、戦後、欧州駐留米軍の司令官を務めた。

102 Rhodes, The Making of the Atomic Bomb, 六九一頁。

103 この〔核の〕「管理人（ガーディアン）」という用語は、ジャンヌ・ノーラン〔Janne Nolan、米ピッツバーグ大教授、核問題専門家〕が、彼女の著書、*Guardians of the Arsenal* のタイトルで使った言葉である。

104 Sherry, *The Rise of American Air Power*, 三四一頁。

105 グローヴズはこうも語ったという。「アーノルドがもし、私が望んだことをまだしていないとわかったら、私はマーシャルに命令するよう依頼できただろう……こうした問題では、私は状況をコントロールしていた」Norris, *Racing for the Bomb*, 四一四頁。

が、グローヴズは戦後、彼自身が明らかにしたように、そのアーノルド将軍をもしのぐ権限を手中に収めていたのだ。

この、何ら戦闘経験のない一介の軍部官僚によって行われた、聖なる指揮命令系統に対する侵害[106]は、原爆実戦配備に至る局面での最も重大な――そして最も知られていない歴史的な事実である。

すなわちグローヴズは一般に知られている以上の支配権を原爆に対して持っていたのだ。原爆を開発した政府や科学界の全てを上回る支配力を手にしていたのだ。とりわけ、実際に原爆を投下する爆撃隊員に対し、グローヴズは他の誰にもない権限を及ぼすことができたのである。

私たちはこれまで「弾み」について考えて来た。そしてトルーマンの側近はこれを「動き出した汽車」に譬《たと》えた。これについてグローヴズの考えはどうだったかというと、彼は一九六二年に出版した自伝において、「(決定の)重責はトルーマン大統領の肩にかかっていた」[107]と書き、さらにその一年後、すこし角度を変え、トルーマンを「橇《トボガン》に乗った少年」に譬えた。[108]

「原爆投下」の決定に関するグローヴズの役割を控えめに考える人々もたしかにいる。[109]が、私にはグローヴズ自身がトルーマンやその他の人々を橇《そり》に乗せていた、と見るのが正しいような気がする。

グローヴズは別のところで、こんな譬えを持ち出してもいる。「トルーマンが取るべき責任とは、病人の開腹手術が行われ、盲腸が半分、切り取られたところで現れた医者が負うべき責任と同じだった。遅れて来た医者は、それでもこう言わなくちゃならない。『早く、盲腸を全部、切り取りなさい……そう、それが私の決定です』と[110]」。

グローヴズがここで触れていないのは、彼こそ開腹手術をした助手の外科医であり、その後の処置を不可避なものにした張本人だった、ということである。

それにしても、グローヴズのような軍の序列で見劣りする人間が、そうした絶大な権限をどのようにして手中に収めることができたのだろう？

答えはかんたんだ。「マンハッタン計画」のトップを務めた彼の権限そのものが、米国にとって空前絶後のものだったからだ。

戦時中、グローヴズの部下だった人物はこう言っている。「グローヴズ将軍はマンハッタン計画を自

---

106 グローヴズは自伝の中で、原爆のコントロールを核の技術者たちの手に残しておく決定を下したのは、マーシャル将軍だと言い、それには彼自身も驚いた、と主張している。しかし、マーシャルが持った、「作戦計画立案者は技術的な問題を理解できないかも知れない」という感覚は、実はグローヴズから来たものだった。Groves, *Now It Can Be Told,* 二六七頁

107 前掲書、二六五頁。

108 Alperovitz, *The Decision to Use the Atomic Bomb,* 六五七頁。

109 アルペロヴィッツは、「原爆投下」決定におけるトルーマンの中心的な役割を強調したいあまり、グローヴズの役割を軽視している。「［グローヴズによる］この『橇』のメタファーはもちろん、あまりに漠然としていて、誤りであるとすぐには反論できない。しかし、これに関連して指摘される、トルーマンには『ノー』と答える選択肢しかなかったという議論は、トルーマンが挙げた三つの正当化理由をめぐる具体的な問題点を無視するものだ。さらに言えば、現実に行われた決断に、グローヴズは参加していなかった」前掲書。

110 Norris, *Racing for the Bomb,* 三七六頁。

111 Norris、前掲書、xii頁。ノリスは、この人物の発言を軸に、グローヴズの伝記を書いている。グローヴズの権力はどれだけのものだったか一例を挙げると、彼はＦＢＩ長官のＪ・エドガー・フーヴァーの意向さえも無視していた。フーヴァー長官が情報提供を求めても、躊躇することなく拒否したという。Sherwin an Bird, *American Prometheus,* 五一一頁。

ら立案し、自ら建設し、自分の科学を、自分の軍を、自分の国務省を、自分の財務省を打ち立てた」と。[111]それどころかグローヴズは最終的に、彼自身の「空軍」さえ打ち立てることになるのだ。

「マンハッタン計画」という史上最高度の機密を保持するため（それはクラウス・フクスのスパイ活動が示したように、万全の機密保持ではなかったのだが）、膨大な「計画」の各分野は厳格に分離されており、たった一人の人間だけが全体を知る立場にあった。その、たった一人の人間が、グローヴズだった。

彼は機密保持の責任者でもあった。たとえ彼の上司であっても、彼の許可がなければ機密情報にアクセスできなかった。当時、陸軍省で一緒に働いていた同僚の言葉をかりれば、グローヴズは「上司の信任も厚い、絶対的な独裁者」だった。[112]グローヴズ自身も自分のことを、「気まぐれな数千人の役者を束ねる、二〇億ドル大歌劇団の団長」と語っている。[113]

そう、たしかに彼が「団長」であったことは事実だが、同時に自ら「主役《プリマドンナ》」も演じていたのである。「原爆攻撃」の出撃命令を書いたのもこの人であり、「原爆投下」を世界に知らしめる記者発表文を書いたのもこの人だった。[114]

そんなグローヴズが自分の権限内のことで、うまくいかなかったことが一度だけあった。日本のどの都市を原爆攻撃の目標とするかを決めた時のことだ。グローヴズは攻撃リストに京都を入れようとした。しかし、前述の通り、スティムソン陸軍長官がこれを却下したのである。

京都は日本の政治的・宗教的な古都である、というのがスティムソンの却下理由だった。が、グローヴズの考えは違っていた。京都の人口は一〇〇万人、他の目標都市の数倍もの人口規模で、原爆の破壊力を見せ付けるにはうってつけの場所。そして、京都を破壊する文化的な制裁こそ、日本人の士気を喪失させる新たな衝撃となると。グローヴズは、京都への原爆投下の瞬間を待ち望んでいたのである。京都については、スティムソンに個人的な理由があった（彼は京都を訪れたことがあり、京都を気に入っていた）。彼は一般の民衆を殺戮することに良心の呵責を覚えていた。それで京都を攻撃目標から外させたのだが、それは陸軍長官としてのスティムソンが自らの態度を明確化し、譲歩しなかった稀有の場面だった。スティムソンは他の都市の方が京都よりも、ある意味で軍事的な重要性が高い、と自分を納得させたようだ。

六月から七月にかけ、スティムソンが攻撃目標から京都を外し、それをグローヴズが何度も蒸し返す状況が続いた。グローヴズは後になって、当時のスティムソンの熱のこもった言い方を、こう書いている。[115]「今度だけは、私が最終的な決断者になる。私は誰にも指図《さしず》されない。この問題では、私が親玉《キングピン》なのだ」。

実際問題としてグローヴズにとっては、京都がどうのというより、攻撃目標を決める自分の権威を守る方が重要だった。だから彼は、この問題でスティムソンと「十二回も」[116]対決したのである。

スティムソンはしかし、この下級の准将との論争の中で、結局、最終決定権を持った親玉になれなか

---

112 Norris, *Racing for the Bomb*, 六三一頁。
113 Philip Morrison に対する著者のインタビュー。
114 Norris, *Racing for the Bomb*, 三九三頁。
115 Rhodes, *The Making of the Atomic Bomb*, 六四〇頁。
116 Norris, *Racing for the Bomb*, 三八七頁。

った。七月二十二日、スティムソンはトルーマン大統領に面会し、命令の裁可を仰いだ。それによってようやく、京都は攻撃リストから漏れたのである。代わりに追加されたのは、ナガサキだった。

グローヴズはこの問題で、スティムソンとの論争に負けはしたが、それはあくまで例外的なものであることを結果的に印象づけるものとなった。グローヴズが作り上げた「システム」は「原爆」を産み出したばかりか、「原爆」をめぐる周回軌道に乗って権力を振るう史上最強の男を創り出したのである。

歴史家のガー・アルペロヴィッツは、日本に提示されずに終わった「降伏条件」など、「本質的な決断」に関して、グローヴズは何の役割も果たしていない、としているが、実際問題としてグローヴズは、「一九四三年一月」というあの運命の月に、「マンハッタン計画」にフルタイムで関わり出して以来、さまざまな決定に至る脈絡《コンテクスト》を自分勝手に都合よく捻じ曲げ、つくり続けて来た。グローヴズには、彼の「原爆」がなければ、戦争は終わらないという驕《おご》りがあった。言い方を換えれば、レズリー・グローヴズの「意志」こそ、「原爆投下」に向けた「弾み」の推進力《エンジン》だったのである。それは米国の軍事・政治指導者のほとんど全員が望んだ外交解決を超越するものだった。彼が原爆を開発した科学者たちの戸惑いなど、気にもとめなかったことは言うまでもない。

ここで再び、一九四五年七月の「シラードの嘆願書」に戻ろう。すでに見たように、「シラードの嘆願書」に署名したのは、「マンハッタン計画」に参加した科学者の少数派だった。そしてそれは基本的に、シカゴにおけるシラードの同僚らに限られていた。

しかし、嘆願がなぜ限定的なものにとどまり、なぜトルーマンの手元に届かなかったか――には実は理由がある。そしてその理由が、グローヴズその人、だった。

シカゴの冶金研究所の科学者の間で嘆願書が回り出したことを、グローヴズは潜入させていた情報部員の通報で把握していた。

シカゴの科学者たちとグローヴズは互いに軽蔑し合っていた。これはオッペンハイマーの弟子であるフィリップ・モリソンが私に語ったことだが、オッペンハイマーのような、「マンハッタン計画」に大きな責任を持つ一部の科学者だけが、「グローヴズの能力を買っていた」。

モリソンは、オッペンハイマーとグローヴズをつなぐ役回りをしていたことから、グローヴズとはしばしば会い、彼自身もグローヴズを尊敬するようになった。「グローヴズほど、あの仕事に適任な男はいなかった」と、モリソンは語る。[117] しかし、そのモリソンにしても、「シラードの嘆願書」をめぐってグローヴズと相容れないことがあった。それはあの、原爆をデモンストレーションで爆発させるというシラードの提案をめぐる意見の相違だった。[118]

このデモ爆発の提案に、とりわけ警戒心を抱いたのがグローヴズだった。だから彼は、自伝にも書いているように、「原爆による圧倒的なサプライズ」に絶対的な重要性を置いていたのだ。「サプライズを達成することが、われわれがあれほど秘密を厳守した理由のひとつであった」と。[119]

機密の至高性こそ、彼自身の至高性そのものだった。そう考えたグローヴズは、科学者たちがどんな

---

117 Philip Morrison に対する著者のインタビュー。
118 Morrison, *Recollections of a Nuclear War*, 三一頁。
119 Groves, *Now It Can Be Told*, 二六六頁。

に躊躇しようと、サプライズ効果をデモ爆発で手放そうとしなかった。

「シラードの嘆願」を阻むためにグローヴズは、これは安全保障を危うくする犯罪行為だと言い立てた。そして、シラードより下位レベルの人身調査《セキュリティー・クリアランス》しか通過していない科学者たちに嘆願書を回してはならない、と命令した。嘆願書を読めなくしてしまう措置だった。

グローヴズはまた、シカゴ以外の研究拠点で働く科学者たちの、嘆願書へのアクセスを阻止した。ロスアラモスではオッペンハイマーに命じて嘆願書を回覧することを禁じ、オークリッジでは徹底した機密保持を課した。こうした妨害がなければシカゴの六九人を大きく上回る数の科学者たちが「シラードの嘆願書」に署名したに違いない。

シラードが署名済みの嘆願書をトルーマンに届けようとした七月十七日、グローヴズはこれを途中で奪い去る挙に出た。嘆願書が彼の計画に代わり得る「ダイナミックで焦点もしっかり定まった唯一の」代案だと認めながら、嘆願書を八月一日まで手元に置き[120]、「優先度の低いものとしてホワイトハウスへ送付」したのである。シラードら科学者たちの嘆願書が仮に届いたとしても、ポツダムでトルーマンがバーンズとともに下した決定を覆すまでには至らなかったろう。が、「グローヴズは、可能性の芽をすべて摘み取ったのである[121]」。

トルーマンに影響力を行使したキーマンはバーンズであることは確かだが、そのバーンズに最も影響を及ぼしたキーマンがグローヴズであることも確かだ。スティムソンがバーンズを「内部委員会」の委員に任命したこの年の五月、その「マンハッタン計画」の内容とその重要性を説明《ブリーフ》したのはグローヴズだった。

ここで思い起こしていただきたいのは、その月、五月二十八日にシラードがバーンズと、スパルタンバーグで会った時のことだ、バーンズはシラードに、原爆は日本との戦争を終わらせるためのものではなく、戦争終結後、ソ連に対して切る切り札《エース》だと言って、衝撃を与えたのである。

このバーンズの考えこそ、まさにグローヴズが原爆について考えていたことだった。バーンズはシラードとの話し合いの中で、彼の考えが実はグローヴズによるものであると、手の内を明かしていたのだ。

この時、バーンズは軽率にも、原爆によってアメリカが手にするソ連に対する優位を明かしたわけだが、これに対してシラードは、後日、次のように回想している。「もしわれわれが原爆の威力を見せ付けたり、日本に対して原爆を投下したりすれば、ソ連もまた核保有国になるのではなかろうか。私にはそれが心配だ、と言うと、バーンズは答えた。『グローヴズ将軍は私に言っていたよ。ロシアにはウラニウムはない、と』」。

あきれるほど馬鹿げた言い方だった。リチャード・ローズによれば、シラードはその時にすでにグローヴズの情報部員《エージェント》によって尾行されていたそうだ[122]。

ジョセフ・ロートブラットはドイツが原爆開発を断念したと知って、「マンハッタン計画」から身を

---

120 Wainstock, *The Decision to Drop the Atomic Bomb*, 四六〜四七頁。
121 Bird and Lifschultz, *Hiroshima's Shadow*, xxxvii 頁。
122 Rhodes, *The Making of the Atomic Bomb*, 六三八頁。 Sherwin and Bird, *American Prometheus*, 二八六頁。

引いた人物だが、彼もまた、こう証言している。「マンハッタン計画」の研究を辞めたのは、「一九四四年三月の忘れられない夜」があったからだと。

ロスアラモスの同僚の家で、パーティーが開かれた。そこには、グローヴズもいた。その席でグローヴズは不用意にも、「原爆をつくる本当の狙いは、ソ連を抑え込むことだ、と口を滑らせた。それを聞いて私はショックを受けた。その時のグローヴズとの出会いは忘れられない」と、ロートブラットは言う。グローヴズはつまり、一年以上も前から、そういう考えでいたのだ。[123]

そんなふうに「原爆」のほんとうの狙いを考えるグローヴズにしてみれば、アメリカの覇権を確立しないうちに、その威力をデモンストレーションで見せつけ、交渉によって日本との戦争を終えることは、彼にとって明らかな脅威だった。一九四五年春の時点で、陸軍省での会議の席でグローヴズを取り囲んでいた首脳陣は皆、日本の敗北はすでにハッキリしていて、日本が交渉で戦争を終結させようとサインを出し始めていることを承知していた。そんな流れが変わったのは五月のことである。バーンズが大統領の代理として会議のテーブルに就き、日本との交渉を回避する新たな方向を確定してしまったのだ。そこで生まれた「弾み《モーメンタム》」が、ポツダムにおいてクライマックスを迎えたわけである。

六月の「ポツダム」で、「無条件降伏」要求を緩和しようとしたスティムソンのアピールをバーンズが斬り捨てた時、「無条件降伏」要求はもう、バーンズの目論見の不可欠な部分となっていた。バーンズとグローヴズは、原爆を戦争の中で使用することにこだわっていた。スティムソンが回想録で振り返るように、この二人は知っていたのだ。「使用されるかも知れない原爆は、頼るべきものとしては葦のように弱い存在だが、実際に使用され、途方もない現実と化した原爆は、それとは非常に違ったものになる」と。[124] そしてその「途方もなさ」を現実化するためには、原爆を都市に投下しなければならなかった。

「トリニティー」実験が成功した七月十六日——オッペンハイマーが古代インドの聖典、『バガヴァッド・ギーター』の一節をひたすら思い続け、モリソンが「第二の太陽」を目の当たりにしたその日、グローヴズは反射的に、アーリントンにある、あの「家《ペンタゴン》」のことを思った。グローヴズにとってあの「家《ペンタゴン》」こそ、「原爆」の致命的な威力を推し測るべき判断の基準であったのだ。グローヴズはスティムソンにこう書き送った。「このような爆弾ができたことで、『家《ペンタゴン》』もまた最早、安全な避難所ではなくなったと考えざるを得ません」と。

これはある意味で、書簡を受け取ったスティムソンのみが理解し得る、グローヴズの本心を最も曝け出した発言だったといえる。「原爆」という最終的な「絶対兵器《アブソリュート》」が、「ペンタゴン」という「最後の《アブソリュート》家」と、「グローヴズ」の中で一体化し、その関係が永遠のものとなったのだ。

「トリニティー」の実験成功の結果、米国は——スティムソンの言葉をかりれば、「軍事力《フォース》の最終権威者《ファイナル・アーバーター》」を自らの手の内に収めることになった。[125]「原爆」が「絶対兵器」であるというのは、こう

---

123 Rotblat, "Preface," Bird and Lifschultz, *Hiroshima's Shadow*, xxiv, xix 頁。
124 Stimson and Bundy, *On Active Service in Peace and War*, 二三七頁。
125 前掲書、六三八頁。
126 「原爆」の意味、及びその「革命的な」な性格に関する議論については、Jervis, *The Meaning of the Nuclear Revolution and The Illogic of American Nuclear Strategy* を参照。

いう意味でのことである。が、ここで再び、スティムソンの言葉をかりれば、皮肉なことにこの「絶対性」は、ソ連が核武装で対抗した結果、使用されてはならない兵器の意味で使われるようになり、その意味で「相対的」なものに変わったのである。[126]

が、いまはまだ一九四五年、「原爆」はあらゆるものを変えてしまう、と考えられていた時代だ。それは一瞬のうちに、米国の軍事力の質を変え、外交を動かし、経済を変化させる、新たな現実だった。米国が世界に対して自らを示し、世界の視線を浴びるその姿を――さらにはまた、米国の自己理解さえも、一瞬のうちに変えてしまう現実だった。そうした変化を推し進める機関室としてその象徴となったのが、「家《ペンタゴン》」だった。

「トリニティー」実験の成功で、ついにわれわれは「原爆」を独占保有し、「世界・史的《ワールド・ヒストリック》な権力」を手にした！――この認識こそ、ポツダムにおいて、バーンズ、トルーマンが実験成功のニュースに歓喜した理由を説明するものである。

ポツダムへの一報は、「手術に成功」との暗号で送られて来た。発信者は「ドクター・グローヴズ」、「ドクター」として手術の成功を「喜ぶ」報告だった。[127]

グローヴズはポツダムへの暗号電報で、閃光は二五〇マイル（四〇〇キロ）の彼方からも見え、あまりの明るさから盲目の女性にさえ感じられるほどだった、と報告した。

スティムソンがグローヴズの報告をチャーチルに読んで聞かせると、この英国首相はたちどころにその意味を理解し、いかにもチャーチルらしく、こう言ったという。「スティムソン君、火薬《ガンパウダー》って一体、何だったんだろうね？　電力？……そんなのも、もう無意味だ。原爆はね、神の怒りの再臨なんだよ！」と。[128]

「原爆」は政治家にとって、超越的な政治力を意味するものだった。が、原爆の開発にあたった科学者たちにとっては、それは別種の力を意味していた。物理学者のフリーマン・ダイソン*はこう指摘している。

「原爆の爆発は、それを弄《もてあそ》ぶ者たちにとって、金《ゴールド》よりも誘惑的な輝きを放つものだった。純粋な理論的思考でもって、容量わずか一パイント*の小さなポットから、星たちを輝かせるだけのエネルギーを放出し、一〇〇万トンの岩をも大空に打ち上げてみせる自然の制御——それは無限の力という幻影を産み出す人間意志の企てだった」と。[129]

無限の力。人間の制御の下、究極の死をもたらすことで、まるで魔法のようにその死から救済されるような無限の力——。「モーメント・オブ・ゼロ」、すなわち起爆（ゼロ）の瞬間、オッペンハイマーの心に浮かんだ、あの『バガヴァッド・ギーター』の一節——「私はいま、死、世界の破壊者」という言葉は普通、はらわたを切り裂く罪悪感の表明と考えられているが、それはまた、完全な破壊によって放

127 Alperovitz, *The Decision to Use the Atomic Bomb*, 二四〇頁。
128 McCullough, *Truman*, 四三二頁。
＊フリーマン・ダイソン　英国生まれの米国の理論物理学者・数学者（一九二三年～　）。戦後の一九四七年に米国に移り住んだ。核軍縮を提唱。
＊パイント　液体量の単位。英国では〇・五七リットル弱、米国では〇・四七リットルに相当。
129 Sherry, *The Rise of American Air Power*, 二〇二頁。

出された力《ヴァイタリティー》に対する逆説的な賞賛を意味するものでもあり得たのである。

核の家政学《アトミック・エコノミー》の不可思議《ミステリー》の中で、「最終的な死《ファイナル・デス》」は「豊穣なる生《アバンダント・ライフ》」を開花させたのだ。科学は本来、「不死」を追求するものだが、核エネルギーの制御は、科学に「不死」を授けたのだ。技術的な専門性が道徳的な批判を押し潰すことができたのは、こういう理由があったからだ。シラードの嘆願書に署名した「マンハッタン計画」の科学者たちが少数派にとどまったのも、ひとつにはこのせいである。

こうした「無限の力」のアピールは研究所の科学者たちを超えて広がった。大げさな言い方になるが、それは単なる「力《パワー》」の問題から「精力《ポーテンシー》」の問題に進化したのである。グローヴズがポツダムに宛てて打った「トリニティー」実験の「成功」を報告する暗号は、「男児《ボーイ》の誕生」を告げるものでもあった。不出来、つまり「実験失敗」の暗号名は、「女児《ガール》」とされていたのだ。

批評家のキャロル・コーン*は書いている。「(トリニティーでの)男児誕生のイメージに照らし合わせることで、ヒロシマ、ナガサキを灰燼と化した二発の原爆に、それぞれ『リトル・ボーイ』、『ファット・マン』の名前が付けられたことの意味がようやくわかった」と。[130]

「母なる自然《マザー・アース》」を制御する「モノ」を考え、つくり出した「男たち《メン》」——一九四五年のこの時点で人々の意識にあったものの中に、このジェンダー的底流が流れていたことは、もはや言うまでもなかろう。戦争がいかに男性的・父権的なものを価値あるものと見なすものかは、「トリニティー」の実験成功後、オッペンハイマーが妻宛に送った暗号電報を読むと、さらによくわかる。それはこんな暗号メッセージだった。「さあ、これからは自分でシーツを代えてと、あの娘《こ》に言いなさい[131]」。

「男児《ボーイ》」誕生の知らせはもちろん、ポツダムのトルーマンを「途轍もなく元気づけ……真新しい自信をも授けた」[132]。そして、このトルーマンが抱いた新たな自信こそ、「妬みのミサイル《ミサイル・エンヴィー》*」を向け合うような、スターリンとの対立関係の中で決定的に重要なものだった[133]。

トルーマンを崇拝する伝記作者のデイビッド・マッカローは、こう書いている。「トルーマンは明らかに、実験成功の知らせを聞いて俄然、力を得た。元気にならないはずがなかった。ロシアとの交渉テーブルで有利な立場に立てると、トルーマンとバーンズが思ったことも確かなことだろう。それは完全に理解できることだ。しかしこれは、後日、指摘されるように、彼らがその時、考えた最も重要な問題では決してなかった」と[134]。

が、このマッカローの代弁的な主張は、あり得ないことだった。ポツダムの時点では最早、日本は脅威ではなくなっていた。アメリカの脅威は、今やロシアだった。

トルーマンとしては、自分が命令を下した「原爆投下」を「歴史上、最も重要な出来事[135]」と思いたか

＊キャロル・コーン　米国の政治学者。ジェンダーの視点から安全保障問題を論じている。

130 Cohn, "Sex and Death in the Rational World of Defense Intellectuals", 七〇一頁。

131 Sherwin and Bird, *American Prometheus*, 三〇三頁。

132 Sherwin, *A World Destroyed*, 二二五頁。

＊「妬みのミサイル」　オーストラリアの反核運動家で、「社会的責任を負う医師団」の代表でもあるヘレン・カルディコック女史の著書のタイトル名。

133 Caldicott, *Missile Envy*

134 McCullough, *Truman*, 四三一頁。

135 Rhodes, *The Making of the Atomic Bomb*, 七三四頁。

ったはずだ。と同時に、血に飢えた行為に耽ろうとも思わなかったはずだ。

ポツダムでその時、彼の口から、「原爆投下」の目標から、市街地や家屋、学校、寺院を外します、の一言があれば、怪物のように恐ろしい発言にはならなかったはずだ。しかし、この時トルーマンの頭の中には、日本人犠牲者に対する思いはなかったろう。彼の心は、米国民に告げるべき「力」に向かっていたのだ。この「力」は、確かに史上空前のものだった。仇敵として現れたスターリンとの関係で、すぐにも意味を持つ「力」だった。

トルーマンの擁護者たちが主張する通り、一方では確かに、「原爆」は日本との残虐な戦争を終えるために使われた。しかし、その「使用」は、あまりにも慌しかった。投下準備ができるや否や、戦闘をエスカレートして日本に対して最後の圧力をかけることなく、あるいはまた日本本土侵攻の前に、日本側から出された数多くの前向きな外交サインに応えることなく、「原爆」はいきなり使用されたのだ。この事実は、アジア、東欧におけるソ連の進出を阻止するため、原爆が使用されたことを示唆するものである。

伝統的な解釈と修正主義の見方の対立を背景とした、「原爆投下」をめぐる論争は、そのどちらかが正しいわけではない。両方とも正しいのである。

6　怒りの再臨

「家《ペンタゴン》」と「原爆」——グローヴズが取り仕切った二つのプロジェクトが、まさに決定的な出来事として、ひとつに収斂して起きた場所……。そこは「家《ペンタゴン》」の二階の、暖かそうなパネル壁に取り囲まれた、贅を尽くした会議室だった。「内部委員会」はそこで、二日間にわたり開かれたのだ。議長を務めたのはスティムソン陸軍長官。その会議に、グローヴズも参加していた。「内部委員会」が開催されたこの会議室を、ローズは「星の間《スター・チェインバー》」*と呼んでいる。[136] まさにこの部屋で、世界に対する重大な決断が下されたのだ。

この「星の間」で運命の「内部委員会」が開かれたのは、一九四五年五月三十一日から六月一日までの二日間。バーンズがシラードとスパルタンバーグで会って二日後、バーンズが国務長官に就任する一ヵ月も前のことだった。

「内部委員会」はスティムソン、バーンズのほか、ラルフ・A・バード海軍次官と二人の政府高官、ヴァネヴァー・ブッシュ、ジェームズ・コナント、J・ロバート・オッペンハイマーら四人の科学者で構成されていた。会議の席には、マーシャル将軍のほか、グローヴズも「招待」されていた。

「会議」の目的についてスティムソンは、開会の挨拶で以下のように漠然と述べた。この会議は、「陸軍長官〔スティムソン〕とマーシャル将軍が、この兵器の戦時中の管理、及び戦後における管理機構について大統領に対して勧告するのを支援する」ためのものだと。

＊「星の間」　英国・中世における「絶対王政」を象徴するもの。ウェストミンスター寺院内にあり、そこで国王大権による裁判所、「星室庁」が設置されていた。ここでは「絶対権力」の在り処の意味で使われている。

136 Rhodes, *The Making of the Atomic Bomb*, 六四五頁。

スティムソンはしかし、会議のあり方への彼自身の希望を、次のように的確な表現で語った。「原爆」というテーマに対し、「どんな代償を払っても戦争に勝ちたいと思う兵士としてではなく……政治家としての」アプローチをしたい、と。[137]

「内部委員会」は二日間にわたって、実業家、科学者から意見を聴取し、協議を続けた。会議の記録によると、この「内部委員会」での議論は、まとまりのない、焦点の定まらないものだった。それはおそらく、スティムソンがたぶん病気のせいで混乱し、途中退席したからに違いない。

この六週間後、ポツダムにおいて、天皇の地位保全という重大な問題について、バーンズがスティムソンを封じ込めたことは、すでに見た通りだが、そのための地ならしは、この会議の場で始まっていたのだ。

二日間にわたる会議を通してバーンズは、スティムソンが席を外した隙に――あるいはスティムソンが居合わせたその席でも、主導権を発揮するようになった。記録に「バーンズ氏が提案、これを内部委員会は了承」と出る頻度が高まって行った。この傾向は、とくに原爆の使用と戦後管理のテーマで、とりわけ顕著に見られた。[138]

会議に出席した人々はバーンズを除き、原爆使用についてそれまで何ヵ月も考えて来た人たちで、会議の開会時点では、この場で最終決定を行おうという圧力を誰も感じていなかった。

スティムソン長官はその二年後に書いた回想録で、この「内部委員会」における「第一の、最も大きな問題」は日本に対して「原爆」を使用すべきかどうか、使用するなら、どのような形で使用すべきかを考えるものだった、としているが、[139]彼の開会挨拶でもわかるように、そうした明確なテーマの設定にはなっていなかったのだ。つまり、日本への「原爆投下」は、「内部委員会」の議題としては、開会時にはまだ上がってはいなかったのだ。

会議の参加者たちは、その席で日本への原爆投下を決定するよう迫られていなかったし、その場では原爆開発に絡むさまざまな諸問題を自由討議することになっていたのである。

歴史家のマーティン・シャーウィンは、こう書いている。「この問題（日本への原爆投下）に関する議論は、ランチを食べながらの会話の中で、何気なく《カジュアリー》出て来たもので、その後初めて、会議の議題になった。これが真相だ」と。[140]

このことは、内部委員会の少なくとも委員の一人が、その後、数週間にわたって、この場での結論に衝動的に同意してしまったことに悩み続けた理由を説明するものだ。その委員の一人とは、バード海軍次官のことだが、彼は会議の一ヵ月後、スティムソン長官宛に、弾みで勧告に同意してしまったとする、「反対」の覚書を提出している。[141]

会議の初日、オッペンハイマーは、「原爆」をコントロールする何らかの国際管理が必要だと主張し、マーシャル将軍もこれに同意した。そのためにはソ連との間で、原爆に関する情報の共有が必要である

---

137 Schmitz, Henry L. *Stimson*, 一八二頁。
138 www.trumanlibrary. org/studycollections/bomb/large/interim_committee.
139 Stimson and Bundy, *On Active Service in Peace and War*, 六一七頁。
140 Sherwin, *A World Destroyed*, 二〇四頁。
141 Ralph Bard, "An Alternative to A-Bombing lapan" www.doug-long.com/bard.htm.

ことを、二人は知っていたのだ。

マーシャルは言った。「もし、ロシア人たちがマンハッタン計画について知識を持ち合わせれば、日本に伝えるはずだ。伝えないのでは、と心配することはない。これは自信を持って言える」と。[142]が、これに対してバーンズが、「一般的な意見」と断った上で、ロシアへの接近を留保すると、内部委員会は「国際協調」のアイデアを避けて通るようになった。

会議の初日、日本に対する「原爆使用」の問題が議題に浮上した際、マーシャル将軍は、原爆は「たとえば海軍基地といった、直接的な軍事目標」[143]にのみ使用を限定されるべきだと強く主張したが、これまたバーンズの反対で隅に追いやられてしまった。

会議の二日目、おそらくは出席者の大半にとって意外なことに、議論は一気に急所に切り込むことになった。そう仕向けられたのである。

議事録によれば、グローヴズ将軍に続いてバーンズが発言した。明らかに、スティムソンが席を外していた時だった。議事録はこう書いている。「バーンズ氏が勧告、委員会は了承。陸軍長官は以下の助言を受けるべきである。攻撃目標の最終選定は本来、軍事的な決定に関わることであることを認めつつ、当委員会としては、原爆は可能な限り速やかに日本に対して使用されるべき、との見解に達した。原爆は労務者の家屋に囲まれた軍事工場に対して使用されるべきである。事前の警告なしに使用されるべきである。当委員会の理解によれば、小型爆弾で実験し、続く日本に対する攻撃で大型爆弾（砲身型《ガン・メカニズム》*による）が使用されるであろう」[144]。

これによって、それまで敢えて誰もが口にしなかった問題に結論が出てしまった。スティムソンやマーシャルらが頭を悩ませていた三つの問題――第一は、十一月に予定していた日本本土への侵攻作戦と対日交渉のタイミングをどう合わせるか、という問題。第二は、「海軍基地」ではなく「労務者の居住区」を原爆攻撃目標に設定する問題。第三は、公開実験による示威や事前警告を行うべきかどうかの問題――の三つに一挙に決着がついたのだ。

問題に決着をつけたのはバーンズだった。それはもちろん、グローヴズの意志通りのことだった。「原爆使用」の決定を取り付けたバーンズは、いかにも彼らしく、その日の午後、「家《ペンタゴン》」からホワイトハウスに直行した。「私は大統領に、内部委員会の最終決定が出たと伝えた」と、バーンズは後日、書いている。「すると、トルーマン氏は私にこう打ち明けたのだ。内部委員会による代替案の調査・検討結果について報告を受け、何日間も真剣に考え続けて来たが、彼自身にも対案はなく、不承不承ではあるが、今、報告を受けた内部委員会の勧告に同意するほかない、と」。

ローズの指摘によると、トルーマンが「原爆」をめぐる最高責任者であるスティムソンと会ったのは、バーンズから報告を受けて六日目のことである。スティムソンによれば、その時、トルーマンはこう言ったという。「バーンズから（内部委員会の決定について）すでに報告を受けている。バーンズは委

142 Sherwin and Bird, *American Prometheus*, 二八九頁。
143 Sherry, *The Rise of American Air Power*, 三一八頁。
＊砲身型　ヒロシマに投下された原爆は、高濃縮のウランの塊を鋼鉄製の砲身を通し、弾丸のように、高濃縮ウランの筒に向けて撃ち込む構造になっていた。
144 www.trumanlibrary. org/studycollections/bomb/large/interim_committee.

員会の結論に大喜びだよ」と。[145]しかし、喜んだという点では、トルーマンも確かに同じだった。

バーンズがソ連を抑え込むのは自分だと思い上がったのにはわけがある。モスクワが、アメリカに対抗して原爆開発に成功するまで、何年もの時間がかかると思い込んでいたのだ。アメリカの指導者らの「高揚した」気分の中には、モスクワには原爆を決して持たせない、といった思い上がりがあった。

そうした過信を最初に表明したのは、ほかならぬグローヴズだった。グローヴズは、こう言った。米国はその核の優位性でもって、われわれに追いつこうとする、あらゆる敵の企てを阻止する準備ができていなければならない。[146]

ソ連もまた、米国が達成したものをいずれ現実化する……そう思い悩むことなど、グローヴズには無縁のことだった。彼には自己満足的な傾向があった。しかし、フィリップ・モリソンが私に言ったように、「マンハッタン計画」の科学者たちは、グローヴズとは反対の見方をしていた。四、五年もすれば、ソ連も原爆をつくる、と信じていたのである。

バーンズはこのことの重みをわかってはいた。だから、専門家の予測を聞くたびに、不快な気分になっていたのだ。

そこでバーンズは彼なりの計算で、ソ連が原爆を手にするまでの期間を倍に引き延ばし、あと七年から十年はかかると「予測」してみせたのである。[147]

バーンズはここでもたしかに、グローヴズの影響を受けていた。グローヴズの予測では、自分の采配《さいはい》で実現した、米国の原爆開発の到達レベルに、ソ連はあと十二年から十五年経たないと追いつけない、と見ていたのだ。[148]

グローヴズはソ連の工業生産力を原始的なものと考えていた。だから、彼は戦後になって、「あの連中、どうしてジープの一台も、自分ではつくれないのだ」と言い放ったりしたのである。[149] しかし、それは彼自身の成功体験の副産物である、空虚な思い込みだった。

モリソンは私に言った。「自分がしたことを、他の人間がやれるなんて、グローヴズには思いもよらないことだった」と。[150]

ソ連が米国に追いつくのが十年後であろうと、十五年後であろうと、それはあくまで不確定な将来予測に過ぎなかった。たしかにそれは、まだ現実のものになっていないことだったし、現実の脅威でも何でもなかった。原爆をアメリカが永久的に独占保有するという唯我独尊的《アブソリューティスト》考えは、ヒロシマ以前と、そしてソ連との協調など考えることもできなかった戦争終結後の決定的な時期の双方における、米国の対ソ姿勢を貫くものだった。これ以外に、アメリカの驕りを説明するものは、他にはない。ロシア人たちの能力を知る科学者たちの証言は、過小評価されるどころかそれ以前に無視され、やがて忘れ去られてしまった。

---

145 Rhodes, The Making of the Atomic Bomb, 六五一頁。
146 Norris, *Racing for the Bomb*, 四七二頁。
147 Rhodes, *The Making of the Atomic Bomb*, 六五〇頁。
148 Sherwin, *A World Destroyed*, 一三七頁。
149 Norris, *Racing for the Bomb*, 四七五頁。
150 Philip Morrison に対する著者のインタビュー。

こうした米政府の態度を産み出し、それをカタチにしたのはバーンズだが、それは誰よりもグローヴズに依拠してのことだった。グローヴズこそ、米国の核の支配の持続力をめぐり、全ての権威を独占した全能の男だった。

戦争が終わった一九四五年九月の初め、グローヴズはワシントンの「国防大学校《ナショナル・ウォー・カレッジ》」で講演、それまで何度も繰り返して来た主張を、自分以上に知る者はいない、といった確信的な態度で述べた。

「ロシア人たちは科学的なノウハウを持っているかも知れない。しかし、彼らは実用的なスキルを持ち合わせてはいないのだ。工業的なノウハウもなければ、われわれのような資源動員力もない。彼らが原爆を持つには、あと十年から十二年はかかるだろう」と[151]。

ソ連は実は、このグローヴズの講演の二日前に、秘密裏に原爆の最初の実験に成功していた。その事実が、大気中に放出された放射性物質で確認されるのは、すでに時間の問題になっていたのである。

グローヴズが間違ったのは、この時が初めてではない。が、彼の間違いが明るみに出たのは、この時が初めてだった。

原爆による「怒りの再臨」とはどういうものなのか、それを実際に体で知ったのは、標的にされたヒロシマとナガサキの人々だった。が、当時のアメリカ人たちは、自分たちには「怒りの再臨」はない、と確信していたのである。すでに見たように、ジョン・ハーシーの『ヒロシマ』はアメリカ人の心に、原爆がもたらすものがどういうものか、リアルに焼け付けたが、このルポルタージュが発表されたのは「原爆投下」から一年も経ったあとのこと。センセーションを巻き起こしたものの、すでに蒸発してしまったものを元に戻し、それを永続的な疑問として提起するには至らなかった。

このハーシーのルポが出る前の年、米国の科学者たちが原爆の及ぼした影響を実地に調査していた。原爆が空中爆発した高度を調べるため、壁や敷石に残された被爆者の影の長さを測定するようなことまでした[152]。

そう、被爆した日本人はアメリカ人にとって「影」でしかなかったのだ。しかし、その影を、その瞬間、彼・彼女らは地上に刻印として残したのである。

フランス映画、『ヒロシマ　わが愛』の語り手は、こんなふうに語る。「日ごと、私はあの恐怖に、全力で抵抗しています」と[153]。

指先が溶け、爪だけになる恐怖。爆発を見た目が、眼窩まで灰になる恐怖。「街は消えてしまった」――と、眼球の蒸発をまぬかれた日本人カトリック神父は、ふるさとヒロシマで目の当たりにしたものをこう記録している。

「数分前にはそこにあったものが、完全にどこかへ消えた。どこもかしこも火の海だ。すべてが現実とは思えない。一瞬、わからなくなった。私は生きているか、それとも死んで地獄に行き着いたのか?

151 Lawren, *The General and the Bomb*, 二六七頁。
152 Gusterson, "Remembering Hiroshima at a Nuclear Weapons Laboratory", 二六四頁。
153 前掲書、二六〇頁。この映画は、フランスの作家、マルグリット・デュラスの小説を原作にしている。

私は痛みを感じた。ならば私は、生きているに違いない……夢を見ていたのだろうか？　その時、人々が叫びながら、私のそばを通り過ぎて行った。川岸に逃げようとしている。恐ろしいほど火傷を負い、極度の苦痛に喘《あえ》いでいる。街の中心部から来た人たちだ。水が欲しくて仕方ないのだ。川に転がり込んで飲もうとしている。両手が焼け爛《ただ》れていて水を掬《すく》えない。頭から川に突っ込み、飲もうとしている。満潮で海水が逆流している。海の塩水が人々の顔や唇を焼く。川に倒れ込む人々。意識を失って、そのまま流れに呑み込まれてゆく。川に飛び込んで溺れる者もいる。川面は間もなく数百人の死体で埋まった。それが漂い、海に向かって流れてゆく[154]」

こうした恐怖の目撃者であれば、ただちにその究極の意味を理解したはずだ。今、この瞬間の現実が、未来を呪われたものにするのだ。被爆で知覚が鈍り、記憶に障害が出た目撃者さえも、その瞬間の現実の意味を理解しているのだ。生き残った日本人被爆者たちは二世代にわたって、自分が目にしたものを世界に向かって語り続けて来た。

「聞いてください」と、あの『ヒロシマ　わが愛』の女性が叫ぶ。「これがまた、起こってしまうんです」と。

が、ヒロシマ、ナガサキについて動かしがたいこと、それはそれがもうすでに起こってしまった惨事であるということである。本来、時間とともに持続すべき恐怖の記憶が、その後の経過の中で薄らいでいる。「原爆」は「時間」をも、消し去ってしまったのだ。

私たちはすでに、トルーマンがこうした惨禍の見通しから、いかに目を逸らしたかを見て来た。トルーマンが原爆の攻撃目標の第一に「軍事的な目標」を挙げたのは、このためである。トルーマンの日記の「七月二十五日」の部分を詳しく見ることにしよう。彼が「第五〇九混成部隊」に出撃命令を下した翌日の日記である。内容は以下の通りだ。

「その兵器は日本に対して、今日から八月十日までの間に使用されることになっている。私は陸軍長官のスティムソン氏に、婦女子ではなく、軍事的な目標に、兵士や水兵たちに対して使用するように指示した。日本人《ジャップ》どもがいかに野蛮で容赦なく、慈悲心のない狂信者であろうと、われわれは世界共通の福祉を求める指導者として、この恐ろしい爆弾を、古都、あるいは新都[155]に投下することはできない」と[156]。

つまりトルーマンは、原爆攻撃の目標があくまで軍事的なものであると、ここで言い張っているのである。トルーマンは生涯にわたって、この一点で自己正当化を図ろうとしたのだ。彼はきっと、川面が婦女子、老人の死体で埋め尽くされている光景を想像すらしなかっただろう。マクジョージ・バンディが書いたように、「トルーマンはその時もその後も、この自己欺瞞と決して正面から取り組まなかっ

---

154 Father Tadashi Hasegawa, in Fallon and Goldfeld, *Beyond Hiroshima*, 二三頁（廿日市教会主任司祭の長谷川儀・神父は中学二年生の時、爆心地から北へ二キロの地点で被爆した。『原子野からの旅立ち』（女子パウロ会編）に体験記、「あの『きのこ雲』の下に私もいた」を寄せている）。

155 「古都」は京都、「新都」は東京を指す。

156 McCullough, *Truman*, 四四四頁。

157 Bundy, *Danger and Survival*, 八〇頁。バンディはテレビで、「ヒロシマはニューヨークのような軍事ターゲットだった」と皮肉な指摘をした。Bird and Lifschultz, *Hiroshima's Shadow*, lvi頁。

た」のだ。[157]

こうしたトルーマンの原爆目標の軍事的性格に対する頑《かたくな》な拘《こだわ》りもさることながら、アメリカ人の人間性の発露として、「新都」、すなわちトーキョーに対しては決して原爆を使わないという言明は、この時点におけるアメリカの言い逃れ及び道徳的な盲目さを、なおさら顕にするものだった。トルーマンも、彼のラジオ演説の説明を真に受けた数百万の聴衆も、トーキョーに対してすでに行われていた「大空襲」のことを知らなかったのだろうか？

そう、われわれアメリカ人は今なお、ヒロシマ以前にトーキョーがたどった運命について、ほとんど何も知らないのだ。われわれがトーキョー大空襲を完全に無視する中、投下された二発の原爆にばかり目を向けているのは、われわれが「アメリカの戦争」について抱くべき、それ以上に嘆かわしい問題を消し去るものではないのか？

ここで言う、さらに嘆かわしい問題とは、われわれアメリカ人の意識の中で、戦争におけるわれわれの残忍さは元からあったものであり、「原爆」はただそれを強めただけのことではなかったか、との疑問である。この問題は私たちを、ある人物へと連れ戻す。その人物とはグローヴズとともに、アメリカ人の戦争意識の形成を、他の誰よりも強く推し進めた男である。カーチス・ルメイ、その人である。

7　一線を越えたハンブルク

一九四三年一月――。運命のこの月に、ルメイが最初の爆撃隊を率いてドイツ本土を空爆したことはすでに見た通りである。この男が航空作戦の立案に天才ぶりを発揮したことも、すでに見た通りだ。最前線で指揮をとった彼は、部下の航空兵たちを英雄主義の新たなレベルへと鼓舞した。最初は「精密《プリシジョン》爆撃」の従来路線に従っていたルメイだが、そこに倫理的な判断を一切、認めなかった。道徳問題を問われると、「バカ言え」と一蹴した。[158]

軍事理論家たちは「懲罰的《パニッシング》攻撃」と「無効化《ディナイアル》攻撃」を区別している。「懲罰的攻撃」とは、敵の戦闘意欲を殺ぐもので、「無効化攻撃」とは、敵の戦闘能力を破壊するものだ。[159]が、ルメイにとって攻撃の目的はただひとつ——敵が降参するまで殺して殺して殺しまくる《キル・アンド・キル・アンド・キル》ものだった。殺戮を正当化するものは、敵の降参……それがすべてだった。

自分の部下の死以上に、敵の死を考えることもなかった。ルメイ自身、回顧録の中で述べているように、爆撃隊の司令官は「自分自身の行為、あるいは自分が直接、関わらない爆撃命令における行為によって引き起こされた死について、嘆き悲しむことを拒否しなければならない」のだ。[160]

実はルメイが拒否したこの「嘆き悲しみ」こそ、行為者が自分の行為の持つ、より大きな意味について倫理的な洞察を加える内省の手始めになりうるものだ。が、ルメイはそうした自省を、任務に合わないとして拒絶したのである。「爆弾の雨を降らせるんだ。呪われても仕方ないことだが想像しないわけ

158 LeMay, *Mission with LeMay*, 三八三頁。
159 Pape, *Bombing to Win*, 一〇頁。
160 LeMay, *Mission with LeMay*, 三八三頁。

にはいかない。病院のベッドに横たわる男の子のことを。そこに一トンもの石がまるごと落ちる……。火傷を負ったドイツの三歳の女の子がお母さん《ムッター》、お母さん《ムッター》と言って泣いている……。そんな想像が浮かんだら、その瞬間、頭の中から消し去るんだ。正気でいたければ、そうするんだ。祖国の期待に応え続けたければ、そうするんだ」[161]。

ルメイの愛娘、ジャニーは、彼がドイツ本土空爆を開始した時、まだ四歳の少女だった……。

ルメイにも最初、米軍の「精密爆撃《プリシジョン》」はドイツの戦争遂行能力に対する打撃という点で、英軍の「地域爆撃《エリア》」よりも上だ（それは道徳的なものではなく、あくまで功利的なものだったが）、という認識があったが、「ポイントブランク作戦」が進むにつれ最早、そんな区別をする意味はなくなって行った。

すでに見たように「精密爆撃《プリシジョン》」という考え自体、元々現実的なものではなく、むしろ空想の産物だった。このため、この「爆弾が地上にもたらすもの」を頭の中から「消し去る」テクニックは、ドイツ本土空爆開始初年において早くも、ルメイら米軍爆撃隊の司令官らが完成させた戦術の一部になってしまうのである。

これはルメイだけでなく、米陸軍航空隊の司令官のほぼ全員に、一九四三年から四四年の段階で起きた変化だった。戦史家、マイケル・シェリー*の言葉をかりれば、空戦に勝たなければならないという戦争の圧力が、「実際主義者《プラグマティスト》たち、つまり、とにかく訓練された要員数、爆撃機数、爆撃命中数の最大化を図れ、という者たちを利した」[162]のだ。行為と結果を切り離さずに考える——それはつまり、われわれが道徳意識と呼ぶものだが——より大きな視野の持ち主は、戦術の残虐化がエスカレートする中で、次第に隅に追いやられるようになった。

米英両軍による「ポイントブランク作戦」は、第二次世界大戦の戦争目的を敵の「無条件降伏」と定めたカサブランカ会談において、開始が決定された。ルーズベルトは当初、一般市民への空爆に反対する姿勢を示していた。それは、カサブランカにおけるイーカー将軍の、昼間精密爆撃《プリシジョン》の主張に沿うもので、ハップ・アーノルドが以前、「われわれの戦い方だ」[163]と呼んだ爆撃法だった。

しかし、ルーズベルトは「全面勝利」の衝動に突き動かされていた。その衝動に空爆テクノロジーの限界が重なり、一般市民を守るというお題目は、トルーマン以下、多くのアメリカ人にとって、口先だけで同意する、御伽噺《おとぎばなし》に過ぎないものになってしまった。「ポイントブランク作戦」と「無条件降伏」要求という本来、別々のものが、一体化して行った。

やがて、空爆の残虐さそのものが、容赦なき戦争の一章と化したことが、誰の目にも明らかになった。戦史家、シェリーの言うように、爆撃隊員たちこそ、「無条件降伏への道が、無条件破壊によって拓かれた」事実を真っ先に知った人々だった。[164]

カサブランカ後、米英の爆撃隊がドイツに対して行った空爆は、W・G・ゼーバルトの言葉をかり

---

161 前掲書、四二五頁。

＊マイケル・シェリー　米国の戦史家。ノースウェスタン大学教授。

162 Sherry, *The Rise of American Air Power*, 一八一頁。マイケル・シェリーの空戦に関する研究は、私が参照した文献の中で最も説得力のあるものだった。本書はシェリーに負うところ大である。深甚なる感謝の意を表する。

163 Schaffer, *Wings of Judgment*, 三七頁。

164 Sherry, *The Rise ofAmerican Air Power*, 二五一頁。私は、この表現の洞察の深さを、リサ・ゼフェルに教えてもらった。

れば、実際問題として「絶滅戦争」だった。[165] ゼーバルトは一九四四年にドイツに生まれた作家で、その国の戦争体験を覆い隠した沈黙の広がりの中で多感な成長を遂げた人だ。この「ドイツの沈黙」は、ドイツ人たちがとりわけヨーロッパのユダヤ人に対して行ったことに正面から向き合い始めたことでようやく破られることになる。ゼーバルトは二〇〇三年に出した『破壊の自然史(*On the Natural History of Destruction*)』の中で、こう書いている。「私は何かが隠されているという思いを抱きながら育った。それは自分の家でも学校でも感じるものだった。それは、自分の人生の背景となった恐《モンストラス》ろしい出来事の情報を得ようとして読んだドイツ人作家からも感じるものだった」[166]。

ゼーバルトの言う、この「自分の人生の背景にあった恐ろしい出来事」は、私がいま本書を書いている、まさに動機につながることでもあるが、「アメリカの沈黙」もまた、ドイツと同じように、私たちの耳に何も響かせないものであり続けた。

一九九五年にスミソニアンで起きた原爆五十周年をめぐる論争が示したように、第二次世界大戦を勝利した「最も偉大な世代」と、その子どもたちの「道徳的記憶」がヒロシマ、ナガサキの検証を封じ込めたものであったとすれば、それはドイツ本土空爆で始まった「原爆投下」に先立つものを覆い隠す、あの健忘症のヴェールのせいだったかも知れない。

戦後に行われた「戦略爆撃調査」によると、ドイツ第三帝国に対する連合軍の空爆で、ドイツの民間人三〇万五〇〇〇人が殺害され、国内七〇都市の全てにおいて市街地の半分近くが瓦礫と化した。[167] この「三〇万五〇〇〇」という死者数は、その後の歴史家たちの調べで、過小なものだったことが判明するが、ゼーバルトによれば、「およそ六〇万人」のドイツ市民が殺され、[168] しかもこれら犠牲者の大多数は、戦争末期の数ヵ月に集中しているという。[169]

しかし、こうした空爆による絶滅作戦は、それ以前の一九四三年のうちに始まったと言える。つまりそれは、カサブランカ会談から半年も経たない時点で始まったと言えるのだ。

一九四三年七月二十七日、英軍の爆撃機の大編隊が、米爆撃機の支援を得てハンブルクを空爆した。ゼーバルトは「ゴモラ作戦*と呼ばれたこの空爆の目的は、ハンブルクを破壊し尽くし、完璧なまでの灰燼と化すことだった」と書いている。「攻撃を受けた地域のあちこちから、数分のうちに、巨大な火柱が立ち上がった。火が上がった面積は約二〇平方キロに達し、最初の爆弾が投下されて十五分後には、各地の火災はひとつにまとまり、視界の限り一面、火の海と化した[170]」。

165 Sebald, *On the Natural History of Destruction*, 七七頁。
166 前掲書、七〇頁。
167 Pape, *Bombing to Win*, 二五四頁。
168 Sebald, *On the Natural History of Destruction*, 三頁。米英の空爆によるドイツ人の死者数について、シェリーは「三〇万から六〇万人の間」と見ている。Sherry, *The Rise of American Air Power*, 二六〇頁。また、ジョン・バックレーは「五〇万人」という数字を挙げている。Buckley, *Air Power in the Age of Total War*, 一六八頁。
169 ノルマンディー上陸後、米軍がヨーロッパ戦線で失った死傷者数は五八万三〇〇〇人、英軍は同じく二五万人だった。これに対して、ドイツ軍の死傷者は一〇〇万人以上に達した。ドイツに対して「無条件降伏」要求を貫いたことによるこの代価には、数百万人もの空爆、地上戦、難民化による民間人犠牲者と、ユダヤ人らナチスによる「最終解決」の死者が加わる。Pape, *Bombing to Win*, 二五四頁。
* ゴモラ　旧約聖書に出て来る町。邪悪な住民の住む町だったことから、ソドムとともに、神が焼き払ったとされる。
170 Sebald, *On the Natural History of Destruction*, 二六頁。

炎は高波のように、八〇〇メートルの上空に達した。ニューヨーク一の摩天楼、エンパイア・ステート・ビルディングの四倍もの高さだった。大気中の酸素が炎で急激に消費されて旋風が生まれ、炎をさらに呼び込んだ。人為による史上初の「火災旋風《ファイヤーストーム》」*だった。

ハンブルクの市民たちは「火災旋風」を逃れようと、近くの運河に飛び込み、生きながら茹《ゆ》で上げられた。翌朝、燃え残った遺骸が「自分たちの脂肪のプールの中で折り重なりながら横たわって」発見された、という。[171]

この日に始まった「ハンブルク空襲」はその年の八月初めまで続き、この街全体がひとつの「霊安《シャーネル・》所《ハウス》」と化した。民間人の死者は約四万五〇〇〇人。この「ハンブルク空爆」だけで、数ヵ月に及んだドイツの英本土攻撃による死者数を上回った。

空爆の大半は、夜、行われた。英爆撃機は焼夷弾を投下した。火災を引き起こす狙いだった。米軍の爆撃機は昼間爆撃を行い、造船所や工場を狙って爆弾を投下した。炎と煙で爆撃照準器が使えず、B17はほとんど任務を達成することができなかった。爆撃の結果を確認した米軍は、英軍爆撃機の空爆結果より、自分たちの失敗に愕然としたという。[172]

「ハンブルク」で英米は、ともに「一線《スレショールド》」を越えたのだった。別々の仕方で越えたのだった。英空軍は、ドイツの軍需生産を妨害するための「労働者を追い出す地域爆撃」だ、という建前をかなぐり捨てた。目的はただひとつ、「無差別破壊」だった。

アメリカの指導者たちは、英国主導の「火災旋風」を巻き起こし殲滅する作戦に反対しなかった。米陸軍航空隊は「ハンブルク」で、英軍の空爆を容認することで、一線を越えたのだ。

ルーズベルト大統領はワシントンで、「ハンブルク空襲」を「素晴らしいデモンストレーション」だと言い切った。[173] アメリカ側がこうした徹底破壊を容認したことで、英米間の空爆に違いが消えた。軍事史家のシェリーはこれを「自制の崩壊」と呼んだ。[174]

陸軍がもし、これを地上戦で行ったなら、即座に非難を浴びるような戦術が、空爆ではごくふつうのことになった。「ハンブルク」の後、民間人の犠牲者は最早、「巻き添え《コラテラル》」とは見なされなくなった。戦果の実数にカウントされるようになった。シェリーが指摘するように、当時はまだ米軍の司令官の間に、民間人を意図的に標的とすることを「人殺し《マーダー》」と呼ぶ言い方も残っていたが、「それを境に、正当化できる殺人《ホミサイド》と考える」ようになった。[175]

一九四三年の夏の終わりごろ、米陸軍航空隊の司令官たちの中に、空爆のやり方を、英軍のような「地域爆撃」に切り替えるべきだと主張する者が現れた。その一人がルメイだった。八月十七日、ドイ

＊「火災旋風」　火災が大気中の空気を燃焼し、周囲から空気を取り込むことで上昇気流が発生、炎を伴った旋風を引き起こす現象。

171 Sebald, *On the Natural History of Destruction*, 二八頁。
172 Schaffer, *Wings of Judgment*, 六四頁。ハングルク空爆で多数の市民が死んだ理由のひとつは、数千人が地下鉄のトンネルに避難していたせいだ。その入り口に爆弾が落下、トンネル内を火炎地獄と化した。カール・ケイセンに対する著者のインタビュー。
173 Sherry, *The Rise of American Air Power*, 一五六頁。
174 前掲書、一五二頁。
175 同、一四一頁。

ツのレーゲンスブルクにあるメッサーシュミット工場に対して精密爆撃を敢行し、自らも損害をこうむった、あのルメイがそう主張したのである。

このルメイの主張もあって[176]、第八航空隊は同年十月十日、ミュンスターの市街中心部に対して、初の公式「地域爆撃」を行った。これを受けて十一月一日、「家《ペンタゴン》」のアーノルド将軍から、空爆方式の転換を確認する命令が下った。精密爆撃ができない時は、「地域目標《エリア・ターゲット》」に対して爆撃を行え、との命令だった。その四ヵ月後、米陸軍航空隊は首都のベルリンに対して、大規模な無差別爆撃を行った。アメリカによるヨーロッパ戦線での、最初の徹底した「テロ攻撃《テラー・レイド》」と見なしうる空爆だった。

ルメイのような司令官たちは、自制を緩めることに何ら心を痛めなかった。そこまで割り切れない者は、イギリス人たちが完成させた「善悪二重効果の原則《ダブル・エフェクト》」という詭弁の中に逃げ込んだ。それは、悪しき結果を予期したとしても、それが意図せざるものであったなら、それに伴い別個に起きた結果が意図したものである限り、道徳的に許される、というものだった。

主要都市に対する空爆戦略を、また違った考え方で受け容れようとする者もいた。都市も軍事的なインフラの中に含まれるという拡大解釈で賛成したのだ。都市部の通信・運輸の中枢が特に、造船所や工場同様、攻撃目標に加えられた。が、そうした倫理的な取り繕いも、それに与しない米陸軍航空隊の指導者の前では綻《ほころ》びが出るだけだった。

一九四四年の春から夏、さらには翌年の四五年にかけ、彼らの間で激しい議論が繰り広げられた。それはシェリーの言うように、「殲滅攻撃《テラー・アタック》」は精密爆撃を補強するものなのか、効果を薄めるものなのか。米陸軍航空隊の名を高めるものか、泥を塗るものか。ドイツ人を懲らしめることになるのか、ドイツ人の戦意を高めることになるのか。正義の復讐になるのか、アメリカの恥に終わるのか――をめぐる激しい議論」だった。[177]

ロンドンに置かれた第八航空隊司令部の幕僚の一人に、リチャード・D・ヒューズ大佐という人物がいた。空爆目標を選定する専門家だったが、彼もまた空爆の方法をめぐる論争に巻き込まれていた。ヒューズ大佐は同じ階級の同僚よりも年長で、見るからに信念に満ちた人だった。

大佐は上司との議論でこう主張した。「地域爆撃」の容認を拒否するアメリカの原則的な態度は、爆撃の技術的な観点からすると綺麗事では済まない部分もあるが、にもかかわらず、それは「世界の思想における高潔さを現し、人が人をより良く遇すべきことを示すものだ」と述べたのだ。

ヒューズ大佐が属する部隊を率いていたのは、チャールズ・カベル准将だった。カベル准将は後年、ボーリング空軍基地の「将軍通り」の官舎に住み、私たちの隣人になった人で、私より年上の息子のベンは、基地の将校クラブのプール・サイドを闊歩する憧れの一団のメンバーだった。

カベル准将はルメイ同様、当時の私には背伸びしても届かない尊敬の的だったから、論争が激化した一九四四年の時点で、彼が地域爆撃への転換に反対する立場を採っていたことを今ここで明らかにすることは、私にとって大きな安堵である。[178]

このカベル将軍の影響もあって、アイゼンハワーは一九四四年七月二十一日、第八航空隊の司令官

---

176 Schaffer, *Wings of Judgment*, 六六頁。
177 Sherry, *The Rise of American Air Power*, 二六〇頁。

たちに、「精密爆撃」の原則を維持するように命令し、転換に反対する側に立ったのだ。その時アイゼンハワーはこう言った。「とにかく、しっかり見極めて爆撃しよう。勘も働かせてくれ」と。それは、あらゆる殲滅爆撃を却下する命令だった。[179]

しかし、このアイゼンハワーの命令も長続きしなかった。ヒューズ大佐とともに連日、ドイツの空爆目標選定に携わっていたのは、先に紹介したカール・ケイセンだった。一九四四年当時のケイセンは、若き中尉だった。このカール・ケイセンについては、後ほど、彼がケネディ大統領のアドバイザーとして、ソ連との最初の核軍縮条約交渉に当たった時点で再び取り上げることになるが、核戦争に関する指導的な理論家として、その人生の大半をその抑止に捧げて来た彼も、元々は爆撃手にどの地点で投下ボタンを押すかを指示する立場にあった。

この何処で投下ボタンを押すかの問題は、地図を見て爆撃の座標を決めればいい、といった簡単なものではなく、もっと複雑な任務だった。米陸軍航空隊は、空爆の標的を絞り込むにあたって実に真剣だった。だから、ケイセンのような人物に頼ることになったのである。ケイセンは実績のあるエコノミストで、生産性――すなわち軍事的な生産性を専門とする彼のエコノミストとしての実績が、空爆目標を選定する者として適任だと認められたのだ。

ケイセンはいま、マサチューセッツ工科大学の名誉教授である。そのケイセンに私は二〇〇三年春、彼のケンブリッジ*の自宅でインタビューした。ケイセンは私に、彼のような空爆目標を選定する者にとって「精密爆撃」とは一体、何だったか、語ってくれた。

ケイセンは一九四三年三月から、ロンドンの米大使館に設けられていた経済戦争部門の「対敵目標班」で、任務に当たっていた。「私たちは重要な産業を爆撃しようとしていました。何が爆撃すべき重要な産業なのか探るため、知的な努力を重ねていたのです。諜報活動で得た情報を読解する、といった努力でした。この任務に就いていた専門家は、最大で十二人、いや十五人に達していたかも知れません。私たちはとても真剣に任務を続けていました」。

空爆目標を正しく決定するケイセンらの任務は重大だった。だからこそ彼らは「一端《いっぱし》の学者を気取った大学院生」であるにもかかわらず、英米が得た機密情報の大半にアクセスすることができたのだ。「私たちは何でも目を通すことができました。あの『ウルトラ・トップ機密』さえも。捕虜の尋問記録も読みましたし、偵察写真も見ました。ドイツの電話帳、それからドイツの工学雑誌のバックナンバーも入手していました」。こうした空爆目標の絞り込み作業は、「地域爆撃」ではあまり意味のないものとなったが、肉や血が飛び散る被爆地から遠く離れたところで、「生産力の損失」「システムへの打撃」といった点に狙いを定めた、地道な作業が続いていたわけである。

ドイツ本土を空爆する爆撃手は地上で実際、何が起きているか目にすることはできなかったが、ケ

---

178 カベルは「テロ空爆」に対し直感的に反発した。カベルはただ拒絶するのではなく、反対理由を三つ挙げた。石油施設などを爆撃することがより重要であることと、米国が民間人をターゲットにすれば、野蛮な行為をしているとドイツが宣伝し始めること、さらにはそうした戦術が米国内における陸軍航空隊のイメージを悪化させることへの懸念だった。McElroy, *Morality and American Foreign Policy*, 一五七頁。

179 Schaffer, *Wings of Judgment*, 七九頁。

＊ ケンブリッジ　ボストン郊外の学園地区。MIT、ハーバード大学がある。

イセンらにとっては、なおさらそうだった。

ケイセンは私にこう語った。「現実論ではなく詩のようなもの《ア・フォーム・オブ・ポエトリー》でした。私たちはそれを『爆撃損害評価』と呼んでいたのです。空爆時の航空写真と、空爆後の偵察写真をみて判断するのです。私たちの爆撃評価基準を、現実離れした経済学的用語で最初に言わせていただくと、こういうものでした。戦時下にあるという条件の下、爆撃後の価格換算で、破壊した資産の評価額が最大化するような爆撃をしたのです。たとえば、ドイツの家具工場を爆撃し、完全に破壊したとします。その破壊資産価値はしかし、われわれにとってはゼロでしかありません。戦時中ですから、家具工場が壊滅したからといって、そこに資金を回し再建するはずがないのです。私たちの狙いはひとつ、ドイツ軍の前線に影響を与え、戦闘能力を殺ぐことでした。だから私たちは、製鉄所は爆撃目標としては良くない、と言ったのです。製鉄所の転炉から鋼鉄が産まれ、それが戦車になるまで六ヵ月もかかるのです。それでは前線にすぐ影響が出ません。それに対し、もし製油所を爆撃すれば、ドイツは石油不足に喘いでいますから、こちらはわずか二週間で影響が出るわけです」。

ケイセンたちが何を重要な「戦略爆撃目標」としていたかというと、それは合成油工場、戦車用エンジン製造工場、戦車用トランスミッション製造工場、ＢＭＷ戦車工場（一ヵ所）、電子関連産業だったそうだ。「しかし何といっても油《オイル》でした――油こそ最高の爆撃目標だったのです」。

戦後、ドイツが行った調査によると、米陸軍航空隊の戦略爆撃で、実際、ダメージを与えていたのが、この「油」を狙った空爆だった。ノルマンディー上陸作戦が行われたＤデー前後の空爆によって、「ドイツ空軍の心臓の血」である、ハイオクタン燃料油の生産は、それまでは月産三二万六〇〇〇トンあったのが、四月には一七万五〇〇〇トンに急減、七月には三万トン、九月にはわずか五〇〇〇トンにまで落ち込んでしまったのだ。「ドイツ軍機は飛び立つことさえできなかった。燃料がなくなってしまったからだ」とケイセンは語る。[180]

ドイツの深奥部の「油」を狙った空爆が戦果を挙げたことがあった。一九四四年のことだった。空爆後、ケイセンらはヘルマン・ゲーリング*が同僚の一人と話し合った会話の傍受記録を「ウルトラ・トップ機密」で読んだ。その中でゲーリングらは製油能力が落ちたことを誰がヒトラーに報告するかどうかで揉《も》めていたという。

ケイセンはこの思い出話を語りながら、嬉しそうに笑った。

「油」以上に大事な爆撃目標があった。それは「橋」だった。Dデーに先立ち、ケイセンらはパリ北西を流れるセーヌ川にかかるすべての橋を爆撃する計画を立て、大成功を収めた。ケイセンは強大なドイツ戦車部隊を足止めしたことを思い出しながら、満足そうに言った。「Dデー当日、パリからノルマンディーの海にかけて、橋は全部、破壊されていたんだ。使える橋は、ひとつもなかったんだ」。

私はケイセンに質問した。一九四四年から四五年にかけての時期、ドイツ空爆の爆撃戦略思想に変化が起きていたことに、ケイセンらは気づいていたかと質問したのである。当時、米軍は爆撃目標を絞

180 Rumpf, *The Bombing of Germany*, 一四四～一四五頁。

＊ヘルマン・ゲーリング　ナチス・ドイツの国家元帥、ヒトラーに次ぐ権力者、軍人、政治家（一八九三～一九四六年）。ニュルンベルク裁判で死刑を言い渡されたが、執行前に服毒自殺。

り込む自制を緩め、カサブランカでしきりに主張した方向に進み出していたのである。

ケイセンは答えた。「はい、知っていました。私たちは、ひどいことだと思いました」

実はケイセンはヒューズ大佐の反対意見を支持した一人だった。尊敬の念を持ってヒューズ大佐を思い出しながら、ケイセンは言った。

「ヒューズという人は、まったくもって自由な精神の持ち主でした。彼は爆撃隊の司令官だったドーリットル将軍*を、面と向かって批判したんです。無価値な目標に爆弾を投下しているとね。そしたらドーリットルがこう言ったんだ。『ヒューズ大佐だってわかるだろう。草むらの囲いの向こうのアレを狙って、当たりもしないタマを飛ばし続けているんだから、私だってクタクタだよ』。それに対してヒューズ大佐が何と言い返したと思います？ 彼はね、こう言ったんだ。『将軍、われわれはあなたのタマの状態を気遣っているわけじゃありません。われわれは、戦争に勝ちに来ているんです』」

また、こんなこともあったという。ヒューズ大佐が上司たちに向かって、こんな物言いをしたというのだ。「われわれはほんとうに、焼け出されて住む場所もないドイツにしたいと思っているのでしょうか。水道、電気など公共設備のまったくないドイツを望んでいるのでしょうか。絶望の政治哲学に走らざるを得ないところまで追い込まれ、統治も再教育の機会もほとんど奪われた、漂白の牧畜の民も同然のドイツを望んでいるのでしょうか」[181]と。

ヒューズ大佐は「テロ爆撃」の無益さ、不道徳ぶりに怒っていたのである。大佐にとって、無差別の地域爆撃は信じられないほど非現実的で、問題を解決するよりも問題を産み出すものでしかなかったのだ。

「一九四五年の二月に、『サンダークラップ作戦』というのが行われました」と、ケイセンは続けた。この「カミナリ《サンダークラップ》」とは、英爆撃隊司令部による空爆作戦の暗号名で、ナチスの最高司令部を最終的に機能麻痺に追い込み、首都ベルリンから順にドイツ国内の主要都市を、これ以上あり得ないほど完全破壊しようとするものだった。

この作戦に、英軍は対等のパートナーとして米軍の参加を求めて来た。

「これに断固反対したのがヒューズ大佐でした」と、ケイセンは言った。「この作戦計画には、三つの航空隊――イタリアから発進する米陸軍の第一五航空隊と英国にいる第八航空隊、そして英国の爆撃隊がそれぞれベルリンの一平方マイルを担当し、爆撃する案が含まれていました。それぞれが自分たちの平方マイルを選び、そこを編隊で襲って爆弾を投下するというものでした。これに対してヒューズ大佐は、計画立案の会議でこう言いました。私は戦争を戦いに来たのであって、婦女子を殺しに来たわけではない。この案には、目標を絞るという考えがないのではないか。軍事的に何も貢献しない作戦だ、と」

結局、ヒューズやケイセン、その他の爆撃目標選定スタッフの意見が通り、カベル将軍個人としては彼らの意見に従った、という。

＊ドーリットル将軍　ジェームズ・ドーリットル（一八九六〜一九九三年）。米国の軍人。一九四二年四月、東京を初空襲した指揮官として知られる。

181 Lindqvist, *A History of Bombing*, 一〇二頁、Schaffer, *Wings of Judgment*, 八八頁。

ケイセンは私に言った。「われわれはカベルを折伏《プロパガンダイズ》したんだね。私自身、ヒューズにいくらか折伏されたようだ」[182]と。

英軍による「サンダークラップ作戦」の成案がまとまって、カベル将軍の元へ届いた。ベルリンとベルリン以東の諸都市に対する三段階の空爆計画になっていた。それを読んでカベル将軍は、青ざめたという。そしてヒューズにこんな書簡を寄せた。「英空軍省がまとめた『サンダークラップ作戦』の作戦計画書を読んだところだ。ご立派なものだよ。率直に言って君の考え方に大きく影響された私の意見では、これは米陸軍航空隊、及び米国の歴史にとって汚点になるものだ。こうした冒険に対しては、それがどんなものでも、それに巻き込まれないよう、われわれは強硬に拒否すべきだが、それは今、われわれ米軍の中枢部分を完全に掌握している」

カベル将軍は、こうした作戦を正当化する考え方を「赤ちゃんを殺す作戦計画《ベイビー・キリング・スキームズ》」だと言って拒絶したのだ。それは賛成論者の言うように戦争の早期終結や連合軍兵士の命の救うのではなく、むしろ「報復と将来に向けての脅威」として計画されたものだと。[183]

一九四四年七月の段階でカベル支持の側に立っていたアイゼンハワーは、この時点で違った見方をするようになっていた。「私はこれまで常に、米軍の戦略爆撃隊は精密に照準を合わせた目標を爆撃すべきであると主張し続けて来た。しかし私はその一方で常に、戦争の早期終結を約束するあらゆるものに参加する用意ができている」[184]。アイゼンハワーが七月段階で採った態度と、「サンダークラップ作戦」が近づくこの段階で採ろうとしている態度の違いは、連合国側が当時、戦線膠着の恐怖を抱き始めた事情に基づく。前年の十二月にはアルデンヌで、ドイツ軍が思いもかけぬ反撃に転じ、その一方でソ連の赤軍は冬から春にかけ一〇〇万の死傷者を出そうとしていた。連合軍としては、塹壕戦で血を流し続ける膠着状態を恐れ始めていたのである。[185]

「サンダークラップ作戦」は――米側では「クラリオン作戦」*として一般的に知られているが――結局、こんなふうにして英米の爆撃機の共同作戦としてスタートしたのである。

8 ドレスデン後

ベルリンに対する空爆は、最終的に四段階にわたる「集中爆撃《サチュレーション》」として一九四五年二月三日、「合同空爆司令部《コンバインド・ボンバー・オフェンシブ》」の指揮下、開始された。B17爆撃機九〇〇機を率いたのは、米陸軍航空隊（AAF）伝説の指揮官、カール・トゥーイー・スパーツ*だった。スパーツは第一次世界大戦で活躍した撃墜王の

---

182 カール・ケイセンに対する著者のインタビュー。
183 Schaffer, *Wings of Judgment*, 八三頁。
184 前掲書、八四頁。
185 Buckley, *Air Power in the Age of Total War*, 一六四頁。アイゼンハワーは第一次世界大戦をヨーロッパで戦ったことがなかったので、同盟国の仲間が学んだ悪しき教訓に染まることはなかったが、塹壕戦の悪夢を繰り返す恐怖から免れてはいなかった。
＊クラリオン 「喇叭」の意味。
＊カール・スパーツ 米国の軍人（一八八一～一九七四年）。一九四四年一月、欧州の米戦略爆撃隊の司令官に就任。第一次世界大戦では戦争終結前、三週間のうちに、ドイツ軍機三機を撃墜して名を馳せた。

一人で、名声を博していた。

米国はいまや、「テロ戦争」における中心舞台を占めるようになっていた。この「ベルリン空爆」で、実に二万五〇〇〇人の民間人が殺されることになった。[186]が、これも単なる始まりに過ぎなかった。空爆はライプツィッヒ、ケムニッツ*に対しても行われた。ソ連の赤軍の進軍よりも先に行われた、東部戦線から逃れて来た難民らがあふれる都市への空爆だった。

「サンダークラップ作戦」の雷鳴は、二月十三日の夜から十四日にかけ、今度はベルリンの一六〇キロ南にある都市に及び、轟き渡った。

その街は文化都市だった。芸術、そして建築で有名な都市だった。磁器の工場もあった。教会のステンドグラスでも知られた都市だった。そこには軍事関連の重要産業はひとつも立地していなかった。ただ爆撃されていないだけだった。ドイツ軍も駐屯せず、対空砲火その他の防御もない都市だった。ドイツの京都だった、ドレスデンだ。

米軍の爆撃隊は昼間爆撃に入る予定だった。その昼間爆撃の命令は、アイゼンハワーの最高司令部から出ていた。[187]天候が回復せず、米爆撃隊は地上での待機を強いられた。

夜の訪れとともに、ドレスデンの空は晴れ渡った。そこに八〇〇機近い英軍のランカスター爆撃機が現れ、数千トンの焼夷弾を投下した。「火災旋風《ファイヤーストーム》」が意図的に産み出された。ハンブルクとは比べものにならない火災旋風《ファイヤーストーム》だった。

ドレスデンもまた難民であふれていた。死者が実際、どれだけに達したか、誰に聞いてもわからなかった。最大で一三万人、最少で三万五〇〇〇人という推定があるだけだ。[188]

ドレスデンの夜を焦がした火災旋風は、遠く三二〇キロも離れたところから見ることができたという。[189]

明くる朝、ドレスデン上空に米軍の爆撃隊が現れた時、街のほとんどはすでに灰燼と化していた。爆撃機の機上からは知るべくもなかったが、ドレスデンの瓦礫の下で、大いなる時代の道徳は越えてはならぬ「一線」を越えていたのだ。

その時、ドレスデンの屠殺場に閉じ込められ、ペンを握りしめていたドイツ軍捕虜の米兵がいた。やがて著名な小説家となるカート・ヴォネガット*、その人だった。

爆撃が始まると、ヴォネガットら捕虜たちは追い立てられるように、「舗道から地下へ二階分、降りた先の、大きな食肉貯蔵庫に閉じ込められた。寒いところだった。周りには、肉の塊になった家畜の屍

186 O'Neill, *A Democracy at War*, 三一五頁。
＊ケムニッツ　ドイツ東部の都市。一九九〇年まで四十年近くにわたってカール・マルクス・シュタットと呼ばれていた。
187 Sherry, *The Rise of American Air Power*, 二六〇頁。
188 リンドキヴィストは死者「一〇万人」としている。*A History of Bombing*, 一〇二頁。シェリーは「三万五〇〇〇人」だ。*The Rise ofAmerican Air Power*, 二六〇頁。シャッファーはこの「三万五〇〇〇人」を「控えめな数字」としている。*Wings of Judgment*, 九七頁。マッケロイも、空爆で「六万人」が殺されたとしている。*Morality and American Foreign Policy*, 一四八頁。
189 Rhodes, *The Making of the Atomic Bomb*, 五九三頁。
＊カート・ヴォネガット　米国の作家（一九二二〜二〇〇七年）。SF作家として出発、二〇世紀後半の米国を代表する小説家となった。

骸がたくさん吊り下がっていた。地上に出てゆくと、街はどこかに消え去っていた」という。[190]

ここでケイセンら爆撃目標選定スタッフたちがセーヌにかかる橋を標的にしたことを思い出していただきたい。今回も同様に、橋梁に対する爆撃が行われたはずだ、とお思いのことだろう。実はドレスデンにもエルベ川にかかる橋があり、これが軍事的な重要性を持っていたのだ。ドイツ軍は東部戦線が崩れ始めた時、この橋を使って増援部隊を送り込むことができるからだ。

が、ドレスデン空爆が終わった後も、エルベの橋はその場に立ち続けていた。空爆の標的にもされていなかったのだ。[191]

瓦礫と化したドレスデンは死体の山だった。生き残った人々は死体を埋めることさえできなかった。ゼーバルトによると、「中央広場」だった場所で、数千人の死体が、組み上げられた薪の上で燃やされた。「トレブリンカ*で経験を積んだナチス親衛隊の支隊」が燃やしたという。[192] 薪だけでは間に合わず、しまいには火炎放射器も使われたそうだ。[193]

が、ドレスデンへの空爆はこれで終わらなかった。まるで英軍の破壊に負けないとでもいうかのように、米軍は二月十四日を皮切りに、翌十五日、さらには三月二日、そして四月十七日と、ドレスデン空爆を続けた。「カミナリ」は一度始まると、収まりにくいものだった。

カミナリはしかし、やがて止んだ。シェリーは、こう指摘している。「爆撃目標がなくなってしまったこと、そしてこれ以上、爆撃を続けると、ドイツ占領に支障をきたすこと――それがドイツの諸都市に対する空爆が四月半ばに止んだ理由である」と。[194]

ドレスデンの惨状はその生みの親たちも思わず息をのむものだった。「われわれは獣なのか？」とチャーチルはうめいた。瓦礫と化したドレスデンの実写フィルムを観てショックを受けたのだ。「われわれは、取り返しのつかない《トゥー・ファー》ことまでしてしまったのではないか?」と。[195] どうやらチャーチルもおぼろげながら気づいていたようである。焼夷弾爆撃がどれだけ彼とその部下を——そして同盟国を、これまでにない未踏の領域に押し出したことに。自分の目で目の当たりにしたことで気づかされていたのだ。しかし、それがチャーチルの良心の呵責だったとしても、それはすぐさま消えゆくものだった。

この英国の指導者は、部下の英軍参謀総長宛の書簡の中で、今やこう書くに至った。「ドイツの諸都市に対する、いわゆる『地域爆撃』を見直す時期(が来た)だと、私には思われる」と。が、チャーチルはここで道徳問題、つまり相手の民間人に及ぼした空爆の結果について、思いを巡らすことはない。「……見直すとは、われわれ自身の利益の観点からの見直しのことである。もしもわれ

---

190 前掲書。ヴォネガットは、このドレスデンでの体験を下に、『スローターハウス5』(邦訳 伊藤典夫訳 ハヤカワ文庫)を書くことになる。

191 Lindqvist, *A History of Bombing*, 一〇二頁。

＊トレブリンカ ポーランドのワルシャワ北東九〇キロにナチスが設けたユダヤ人絶滅のための強制収容所。約九〇万人が殺害された。犠牲者の中には、孤児院の院長で児童文学の作家だったヤヌシュ・コルチャックも含まれている。

192 Sebald, *On the Natural History of Destruction*, 九八頁。

193 Lindqvist, *A History of Bo mbing*, 一〇四頁。

194 Sherry, *The Rise of American Air Power*, 二六三頁。

195 Jervis, *The Meaning of the Nuclear Revolution*, 一一〇頁。

われが完全に破壊しきった国に占領に入ったならば、われわれ自身及び同盟国は深刻な宿舎不足に苦しむことになるだろう[196]」。ドイツを占領する英軍の将官用に、爆撃をまぬかれた家屋、望むらくは城《シャトー》が残っていなければならなかったのだ。

爆撃隊のクルーにとっては、ドレスデン空爆の惨状など思いも及ばないことだった。爆撃に出撃しなかった、あるベテランの爆撃手（彼の搭乗機の愛称は「ミス乱痴気騒ぎ《ベル・オブ・ザ・ブロウル》」だった）は、ドレスデン空爆から帰投した同じカマボコ兵舎の同僚から、特段何も聞かされなかったという。この爆撃手はその後、実に一年間も、ドレスデンで起きたことを知らなかったというのだ[197]。

米国本土でも当時、「ドレスデン」は何の関心も呼ばなかった。二月二十二日のスティムソン陸軍長官の記者発表で、この問題が出たが、スティムソン長官は、「われわれの方針は、民間人たちに対してテロ爆撃を行うものではない。われわれの努力は、敵の軍事的目標に対する攻撃に限定されている」と述べただけだった。

この嘘は、広く信じられた。心痛めるスティムソン自身もたぶん、自分の嘘を信じようとしていた。が、スティムソン自身、新聞報道を読めばすぐわかることだった。「家《ペンタゴン》」に届く報告書を読めばわかることだった。ドイツの諸都市に対する空爆は無差別爆撃だったのである。

標的は「軍事目標」なのに、結果は「瓦礫と化した市街中心部」……この矛盾はすぐさまアメリカ人の疑問になりかねないものだった。

そこで、その後の戦争で繰り返されるプロパガンダ戦術が動員された。ケルンの街を撮った一枚の写真が宣伝キャンペーンに使われたのだった。瓦礫の海に囲まれ、ヨーロッパ一高い尖塔で知られるケルン大聖堂が無傷のまま、聳えている写真が使われたのだ。ケルン大聖堂は、米陸軍航空隊が爆撃の「精密さ」とその「人間的」なところを見せつけようとして、残したものだった。しかし、大聖堂は残っても、周囲の住宅地はすべて消え去っていた。大聖堂の尖塔が無傷のまま残ったのは、それが米軍の操縦士たちの目印でもあったからだ。

ドイツ本土空爆は四月の半ばには下火になっていた。英国の基地にいる爆撃隊のクルーもまた、他の誰もがそうであるように、ドイツはただ白旗を掲げていないだけであることを知っていた。爆撃する目標が、なくなっていた。

そんな時のことだった。四月十四日、「ミス乱痴気騒ぎ」機のクルーがカマボコ兵舎から呼び出された。戦闘服に着替えて任務に就くよう命令された。

この機の爆撃手こそ、後年、ラジカルな歴史家として名を成すことになる、若き日のハワード・ジンだった。当時、すでに彼は左翼主義者《レフティスト》だった。自ら軍務を志願、すすんで戦闘員になったのは、ナチズム、ファシズムとの戦いに合流したかったからだ。そんな彼がその日、遂行した任務は、彼の生涯を貫く戦争批判の土台となるものだった。ジンはマサチューセッツの彼の自宅で、私にこう語った。

一九四五年四月、彼は二十歳の若者だった。若すぎると思われるかも知れないが、当時の米軍の搭乗

---

196 Lindqvist, *A History of Bombing*, 一〇四頁。
197 ハワード・ジンに対する著者のインタビュー。

員はみなそんなものだった。ジンが搭乗していた「ミス乱痴気騒ぎ」の操縦士は一つ年下、十九歳の若者だった。

ハワード・ジンたちのクルーにその朝、下った命令は、フランスの大西洋に面した海辺の町、ロワイヨンに対する爆撃だった。爆撃手のジンはB17の機首部分、プラスチック製のドーム状爆撃座に就き、爆撃を行った。

このロワイヨン空爆を、翌日のニューヨーク・タイムズは次のように報じている。「米国の第八航空隊は昨日、持てる全ての爆弾を、フランスの大型港、ボルドーの出口をおさえる、ジロンド入江のドイツ軍孤立陣地に対して投下した。戦闘機の掩護なしに行われた、合わせて一一五〇機ものB17とB25爆撃機による打撃は、フランスの地上軍による攻撃に先立ち、加えられた」と。[198]

ハワード・ジンがこのロワイヨン空爆について、理解に苦しむようになったのは、それから数年後のことだった。「戦争はもうすでに、われわれが勝利していました。ロワイヨンに立て籠もったドイツ兵たちには、降伏する用意があったのです。私たちの爆撃隊は一二機による編成でした。あとでそれが一二〇〇機による大爆撃だったと知って、私は愕然としました。馬鹿げたことだったからです」[199]

ジンはロワイヨン爆撃の結果を、短くこう書いた。「数週間後にヨーロッパでの戦争は終わった。ロワイヨンの町は完全な瓦礫と化し、『解放』された」と。[200]

そんなジンに対して私は、一体何が、そんなロワイヨンを爆撃させたか聞いてみた。「戦争の弾みだね」と、ジンは肩をすくませながら答えた。「そう、敵を懲らしめる……。でも、われわれが爆撃したロワイヨンにはフランス人たちがたくさん住んでいた。われわれの敵ではなく味方が大半だったんだ……」

さらにジンは思い出したくもないと頭を振りながら、こうも続けた。

「でも、それだけじゃなかった。新兵器を試したんだ。戦争が終わろうとしている時に、どうして一二〇〇機もの爆撃機を、そんな大した意味もない場所に飛ばさなくちゃならなかったか？　新兵器を使うためだ。出撃の前に説明を受けたんだ。空爆計画を説明する将校が、われわれにこう言った。今回はいつもの二五〇〇ポンド破壊用爆弾《デモリション・ボム》は使わない。代わりに、ゼリー化したガソリン入りの金属筒を三〇本ずつ搭載する、と……。つまり、ナパームだったんだ。ヨーロッパで初めて、ナパームが使われたのがロワイヨン爆撃だった。私はこれまで、後にも先にもそれが最初のナパーム弾の使用だと思っていたけれど、後でわかったのは、その時すでに日本への空襲で使われていたんだ。ロワイヨンを爆撃したのは結局、第八航空隊が支給された新兵器の使用を断り切れなかったからだ。一二〇〇機の爆撃機を飛ばしたのも、それだけ飛ばさないと航空隊に支給されたナパームを消化しきれなかったからだ[201]」

ドイツ人たちが一九四五年に経験した空襲体験は、思い出したくもない国民的なトラウマになり、何世代にもわたって続く健忘症を生んだ。この健忘症に、ゼーバルトは抗議したのである。

198 Zinn, "The Bombing of Royan", *The Zinn Reader*, 二六九頁。
199 ハワード・ジンに対する著者のインタビュー。
200 Zinn, *The Politics of History*, 二六二頁。
201 ハワード・ジンに対する著者のインタビュー。

別のドイツ人、ハンス・ルンプフ*もこう書いている。「この分別なき爆撃の一般的な印象は、魔法使いの弟子が自分の魔法を試して、止められなくなっているようなものだった。それはコントロールが効かず、封じ込めることもできなくなった火山の初期噴火に似ていた。それはドイツという国を、まるで破滅的な自然災害のように溶岩の流れであふれさせたのである」[202]

ドイツの爆撃隊は一九四二年のスターリングラード空爆で四万人もの人々を殺害していた。それどころかナチスはユダヤ人を絶滅する狂気の殺戮を続けていた。ヒトラー自身、一九四〇年にはロンドンを一面の焼け野原にする妄想に取りつかれていた——それが皆、今やドイツの諸都市に降りかかって来たのである。一九四五年四月二十日、米英の「合同空爆司令部」は一〇〇〇機の爆撃機を飛ばし、ベルリンに対して最後の空爆をかけた。ヒトラー、最後の誕生日だった。

シェリーの言い回しに従えば、「無条件降伏」要求はかくして、「無条件破壊」になるに至ったのである。言い換えれば、「全面戦争」は、「全面勝利」への突撃になってしまったのだ。

太平洋戦域でも同じやり方を通したばかりに、とんでもない惨禍を引き起こしたことはすでに見た。そしてヨーロッパでもまた、同じような惨憺たる結果を引き起こしてしまったのである。

ドイツ軍の降伏文書は最終的に軍最高司令部の生き残りが署名することになるが、[203]ドイツは絶滅の淵にある現実を受け容れるまで降伏しようとしなかった。このドイツに対する、容赦なき進軍で、敵味方合わせて実に総計四〇〇〇万の命が最終的に失われたのである。

しかし、この「全面戦争」は規模だけが前例のないものではなかった。テクノロジーの進展——とりわけ「戦略爆撃機」、すなわち「全面兵器《トータル・ウェポン》」の登場が、残虐さのエスカレーションをもたらしたのである。ドレスデン市美術館の学芸員は爆撃五十周年にこう語った。あの戦争で「ドイツから出た火は大きな弧を描いて世界を一周し、ドイツに戻って来た」と。[204]

フランクリン・ルーズベルトは当初、都市爆撃を野蛮な行為と非難していた。カサブランカではまだ、「アメリカ流の爆撃」を主張する航空隊の司令官らを支持していた。しかし、ルーズベルトがカサブランカで唱えた「無条件降伏」要求は、彼自身をさらに衝き動かし、今や「テロ爆撃」の熱烈な信奉者に変えてしまっていた。ルーズベルトは一九四四年の八月、スティムソンに、こう語っている。「ドイツ人は、結果を引き受けなければならない。ドイツの全国民は、現代文明の作法《ディーセンシー》に反する、無法な陰謀を企てた報いを受けなければならない」と。[205]

その「現代文明の作法」なるものが今や、全国民に対する歯止めなき攻撃を求めているのだ。ルーズベルトの航空隊最高司令官、アーノルド将軍も、民間人に配慮するのが「アメリカ流の戦争のやり方」だ、米軍の戦略爆撃機は「あらゆる兵器の中で最も人間的なもの」と言っていたものだが、今やドイツの都市中心部を瓦礫の山と化すことばかりに目を向けるようになっていた。

＊ハンス・ルンプフ　ドイツ（西ドイツ）の消防庁長官。英訳された著書に『ドイツ空爆』がある。

202 Rumpf, *The Bombing of Germany*, 一四九頁。

203 これは一九四五年五月七日のことである。“Act of Military Surrender” in Bernstein and Matusow, *The Truman Administration*, 一六〇頁を参照。

204 Matthias Griebel, Alan Cowell 記者による引用。*New York Times*, 一九九五年二月十一日付。

205 Schaffer, *Wings of Judgment*, 八九頁。

ドレスデン空爆後、スティムソンは思い悩みながら、この空爆がニュースで報じられた通り、野蛮なものだったか、アーノルドに質した。アーノルドの答えは辛辣だった。「われわれは柔《ソフト》にはなってはならない。破壊しなければならない。ある程度まで非人間的な、容赦ない人間にならないといけない」[206]

ある人物の個人的な経験が、こうした連合軍全体の姿勢の硬化ぶりを劇的に示している。英国生まれの米国の科学者、フリーマン・ダイソンの体験がそれである。ダイソンは後日、指導的な核物理学者になるが、若き日の彼は英空軍爆撃司令部に志願、統計学者として働いていた。

ダイソンは自分の歩んだ道を、こう振り返る。「戦争がはじまったばかりの頃、私は人間の同胞愛というものを信じていました。ガンディーの従者だと、自分では思っていたのです。あらゆる暴力に対して、それは道徳的でないと反対していました。一年が経つと、私は立場を後退させました。そして、こう言ったものです。残念ながらヒトラーに対しては、非暴力の抵抗は通じない、と。しかし私はそれでもなお、爆撃に対しては道徳的に反対していたのです。それから二、三年が経つと、私はこう言うようになりました。残念ながら、戦争に勝つには爆撃が不可欠だと。だから私は爆撃司令部での勤務を志願したのです。が、その時点でもなお、私は都市に対する無差別爆撃には反対でした。爆撃司令部で任務に就いてみると、私はまた変わりました。都市に対する無差別爆撃は結局、行われてしまった。でも、それは道徳的に正当化できることだ。戦争に勝つためなら、と言うようになったのです。それから一年後、私はこうも言うようになりました。残念ながら、われわれの爆撃は戦争に勝つため実際は役に立たなかったけれど、少なくとも私は爆撃隊のクルーの命を救う仕事をしたのだから、自分自身を道徳的に正当化できる、と。こうして戦争の最後の春になると、私には最早、言い訳の術《すべ》さえなくなっていたのです」[207]

9　爆撃隊のベーブ・ルース

アジアでは、米陸軍航空隊がいつでも出撃できる態勢で配備に就いていた。が、決定権を握る者は数千キロの彼方にいて、爆撃隊はその縛りを受けていた。ヨーロッパ戦線ではドイツ本土空爆は英国内の司令部によって行われたが、東アジアでは米陸軍航空隊の活動は遥か後方の「家《ペンタゴン》」に陣取るアーノルド将軍らの指揮で進められた。「家《ペンタゴン》」の彼らは、ドイツでの教訓を日本に適用し、決定力になるまでには至らなかった航空戦力の威力を、対日戦争の勝利につなぐかたちで今度こそ見せつけようとしていた。

この第二次世界大戦の最終局面は、同時に最も残酷な局面でもあったが、そのより重要な意味は、この戦いが官僚《ビューロクラット》らによって統率され、それがそのまま戦後世界に占める「家《ペンタゴン》」のあり方を決めたことにある。実戦の現場から遠く離れた場所にいて、新たな軍事テクノロジーの威力に触れることがなかった官僚たち。戦争の最終局面を統括したのは彼らだった。

この点についてマイケル・シェリーはこうコメントしている。「ワシントンは（日本に対する）空爆をリモートコントロールで行った。このため、戦闘には破壊が伴うのだという責任感は薄まってしまっ

---

206 前掲書、一〇三頁。
207 Dyson, *Disturbing the Universe*, 五三頁。

た」と。[208]

激情が迸《ほとばし》る戦場での戦争体験と、前線から一マイル離れた場所での戦争体験は、まるで違うものだった。それが遠く離れたワシントンではどうだったか……これはもう、まして況《いわ》んや、のことである。太平洋戦域で戦った元・米海兵隊員のE・B・スレッジ*は、その違いをこう述べている。「われわれは、前線の後方にいる者たちが全く知らない場所に立たされていたのです」と。

戦場のことを理解できなかったのは、「家《ペンタゴン》」の文民だけではなかった。それは殺し・殺し合いの坩堝《るつぼ》の中から少し離れた、すぐ後方に位置する隊の僚友たちにしても同じだった。敵味方の双方がぶつけ合う残虐とサディズムは、当事者である前線の兵士たちにとっては日常的なことだったが、戦闘に従事しない者たちには想像もつかないこととして永遠にあり続けた。

戦場の兵士たちは恐怖と残虐に、その事実をひたすら認めないことで自分を慣らして行った。

スレッジは、こう書いている。「そういうことを、われわれは口に出さなかった。それは戦闘経験を積んで無感覚になった歴戦の勇士にとっても、あまりにも惨たらしく、ひどいものだった」と。[209]

爆撃隊の操縦士、爆撃手らも、地上遥か数千フィート上空を飛行して爆撃したため、道徳意識を麻痺させる非現実感に陥りやすい立場にあった。敵の高射砲や実戦に伴う事故といった危険もあったが、それもまだ地上の前線に比べれば抽象的なものだった。

しかし、操縦士や爆撃手たちは基地の司令官同様、自分たちの決定がどんな結果をもたらしているかを知りうる、現実の内部になお踏みとどまっていた。基地に帰還した爆撃機の機体は、空爆が放った炎で焼かれていた。

が、空爆司令の細かな手続きがワシントンに移されたおかげで、この空爆の結果に対する感情および倫理観の分離は、新たな段階へ進むことになる。その、感情および倫理観の分離は、やがて米軍組織の全てに及ぶものになるのである。

「家《ペンタゴン》」というもののあり様が、今に及ぶあり方が、ここにおいて刻印された。その刻印が打たれたことで、「家《ペンタゴン》」の作戦立案者たちは、都市の全面破壊を伴う「勝利」を机上で予期し始めるのである。

Ｂ29の爆撃隊が太平洋戦域に配備される準備が整った頃、空爆の手法はすでに「精密爆撃」から「地域爆撃」へと、ほぼ全面的に移行していた。Ｂ29爆撃機はＢ17に倍する航続距離を持ち、反撃して来ない攻撃目標に対する破壊力はより致命的なものになっていた。

敵を降伏させる、ではなく、敵をとにかく破壊する……これが、空爆目的として公言されるようになった。この方針変更は、ヨーロッパ戦線ではしばしば苦悩を伴いながら、段階的に行われたものだ。そこには自制があった。その自制があったからこそ、司令官たちは当初、ドイツの都市に対する破壊力の全面放出を踏みとどまったのだ。

---

208 Sherry, *The Rise of American Air Power*, 二二五頁。

＊Ｅ・Ｂ・スレッジ　米国の元海兵隊員（伍長）、作家、大学教授（一九二三～二〇〇三年）。沖縄戦などにも参加し、その体験記を残した。戦後、動物学などを専攻、回顧録を執筆する一方、アカデミズムの世界でも活躍。

209 Paul Fussell, "Thank God for the Atomic Bomb," in Bird and Lifschultz, *Hiroshima's Shadow*, 二一九頁。ファッセルは、こうした地上戦の極限状況を、日本への原爆攻撃、焼夷弾爆撃の安易な正当化に使っている。その正当化は、まるで捕虜の殺害、死体の切断といった、死闘の最中、もしくは死闘の後の、兵士たちの狂暴な行為まで、熟慮された国家政策における正しき道徳基準であると見なすようなものだ。

その自制が対日戦ではなかった。この点について、ある歴史家はこんな見方を示す。「ドイツ人はナチスの支配がある限りにおいて敵と見なされた。これに対し日本は人種の観点から敵とみなされた」[210]と。

「全面戦争」にふさわしい「敵」は、「トーキョー」にいたのだ。

日本人はとりわけ「真珠湾」後、侮蔑の対象となっていた。それはドイツ人に対しては決してなかったことだ。捕虜になった米兵に対する日本人による残虐行為の報道は、同時期に伝えられ始めたナチスの「死の収容所」以上に、アメリカ人の想像力を刺激した。ヨーロッパでは「絶滅《エクスターミネーション》」という言葉は、ナチスによるユダヤ人大殺戮と結びつく否定的なものだったが、太平洋戦域では違っていた。「絶滅」は米兵たちが喜んで唱える合言葉だった。敵なる日本人をネズミやゴキブリのように絶滅すべきものと見なし、自分たちを「駆除者《エクスターミネーター》」と考えていたのである。

「彼らはネズミのように生き、ネズミのように繁殖し、ネズミのように行動する」と言ったのは、アイダホ州の州知事だった。日系アメリカ人を収容所に入れて隔離する、その理由をこう説明したのだ。[211]

「ネズミの駆除者《ラット・エクスターミネーター》」——こうした侮蔑の言葉は、米戦車の装甲、戦闘機の燃料タンク、砲弾の外装、米兵のヘルメットに貼られた漫画《カートゥーン》の決まり文句だった。

アメリカ人はまた、日本の工業生産を原始的なものと見下していた。大工場というものがなく、近場の職人に出来高仕事をさせている、と思い込んでもいた。だから軍事産業と人口密集地を区別しても意味がないと考えていた。

アメリカ人が日本の婦女子を正当な標的と見なすのに、ドイツの婦女子ほど時間はかからなかった。

それは一九四二年、ジェームズ・ドーリットル率いる爆撃隊が日本に対して行った小規模空爆を見ても明らかだった。その空爆は「軍事産業」に対するものだったとルーズベルトは言い繕っているが、ドーリットルの爆撃機には実のところ精密照準器が装備されていなかったのである。その爆撃目標はひたすら、日本の首都の人口密集地だった。[212]

ドーリットルの爆撃は、わずか十六機の艦載B25爆撃機による、単に象徴的な攻撃だった。それは「真珠湾」攻撃に復讐する象徴的な報復攻撃だった。しかし、ある歴史家が指摘するように、「ハワイに対する日本軍の攻撃が、ほぼ完全に軍事目標を標的とした伝統的な攻撃であったのに対し、アメリカの爆撃機は民間人に対する全面攻撃を予定していた」のである。それはドーリットルの爆撃だけでなく、その後も続くものだった。[213]

民間人に対する公認された攻撃は、一九四五年春の日本の人口密集地に対する空爆でもって紛れもないものになる。その先駆けとなったドーリットル爆撃が行われた一九四二年春には、ヨーロッパ戦線ではまだ、英軍が新たに始めたドイツの都市爆撃に対し、米国はこれを非難していたのである。アーノルド将軍の言うように、ドーリットルのトーキョー空爆は、単に「怒りの日の夜明けに過ぎない」[214]

210 Sherry, *The Rise of American Air Power*, 二四五頁。
211 Lindqvist, *A History of Bombing*, 一〇六頁。
212 Sherry, *The Rise of American Air Power*, 一二三頁。
213 前掲書、一一五頁。
214 同、一二五頁。

ものだったが、ドーリットルはこれで一躍、国民的な英雄となった。

日本に対する本番の空爆は、一九四四年六月の八幡製鉄所爆撃で開始された。二ヵ月後の八月十日、原爆攻撃のほぼ一年前、長崎に対して、小規模な焼夷弾による空爆が試験的に行われた。そしてその秋には「家《ペンタゴン》」の指導者たち――なかでもアーノルド将軍が、日本の都市中心部に対する大規模空爆を叫ぶようになる。九月に行われた、「家《ペンタゴン》」の記者説明は、日本の都市に対する焼夷弾攻撃を「戦略爆撃の願ってもない機会《ゴールデン・オポチュニティー》[215]」と捉えていた。紙と木でできた建物、しかも人口が密集している。だから戦略爆撃にはおあつらえ向き、というのである、

「家《ペンタゴン》」は、ヨーロッパにいるヒューズやカベルの反対論に影響されて、焼夷弾を主体とした「テロ空爆」に二の足を踏む、アジア戦線の爆撃隊の指揮を執る司令官を好まなかった。その司令官とは、マリアナ諸島に司令部を置く第二一爆撃隊の司令官、ヘイウッド・ハンセル*少将のことである。

ハンセルはかつてアーノルド将軍の幕僚長を務めた人物で、英軍に反対して「精密爆撃」を唱えた、初期段階における米軍の論理を構築した人物だ。カベルとは一緒に昇進しただけでなく、考え方も同じだった。

ハンセルにとって、軍事産業を目標とする原則こそ基本だった。民間人を標的とすることは、彼にとって嫌悪すべきことだった。

一九四四年十二月のことだった。ハンセルは、ワシントンからの命令を拒絶した。それは「地域爆撃」を始めよ、との命令だった。

ハンセルは言った。これまで彼は「大きな困難をくぐりぬけながら、目視やレーダーによる精密爆撃

を用い、持続的かつ決然とした攻撃でもって、主要ターゲットを破壊することを、われわれの作戦目的とする原則を育てて来た」と。[216]

ハンセルがそうした方針を立てたのは、道徳的考慮と同じだけ、実戦における効果を考えたからだ。が、そうしたハンセルの考え方は、不幸にもアーノルド将軍の方針とはほど遠いものだった。

翌四五年一月、アーノルドはハンセルを更迭《こうてつ》、これまで長い間、昇進でハンセルに先を越され続けていた人物を後任に充《あ》てた。

後任の人物は焼夷弾空爆に対する曖昧な態度を、とっくにかなぐり捨てた男だった。その男にとって「精密爆撃」は、役に立つかどうかの問題に過ぎなかった。だから、捨てることができたのだ。

その男とは、カーチス・ルメイ、その人である。

戦争がいよいよ最終段階を迎え、アーノルドにはルメイを――ルメイの伝記作者の言葉をかりるならば――「ある種の救世主《メサイア》[217]」と見なす理由があった。アーノルド自身の言葉で言えば、ルメイは「爆撃

---

215 同、二三〇頁。

＊ヘイウッド・ハンセル　米国の軍人（一九〇三～八八年）。陸軍のパイロットとして出発、軍の曲芸飛行団にも加わったことも。第二次世界大戦ではまずヨーロッパ戦域で作戦計画を担当し、その後、太平洋戦域に移動して指揮を執った。

216 Clark, *The Role of the Bomber*, 一一九頁。この点に関してジョン・バックレーはこう主張している。アーノルドはまだ、日本の工業ターゲットに的を絞った精密爆撃にこだわっていたが、ルメイがアーノルドの病気につけ込んで、地域爆撃を始めたのだと。John Buckley, *Air Power in the Age of Total War*, 一九二頁。

217 Coffey, *Iron Eagle*, 一二三頁。

隊のベーブ・ルース」*だったのだ。[218]

ルメイがヨーロッパ戦線から太平洋戦域へ異動したのは、一九四四年の後半のことだった。中国に司令部を置く第二〇航空隊の司令官に任命された。

この時点でのルメイの異動は、戦争の重点がすでに対日戦に移っていることを明確に示すものだった。ルメイにとって名誉なことに、その年の十二月十八日、彼の指揮の下、日本軍が基地としていた中国の都市、漢口に対し、初の全面的な焼夷弾爆撃が決行されることになった。ハンセルがちょうどその時、同じような爆撃命令を拒否している頃、ルメイのB29爆撃隊は、漢口の街を三日間にわたって火の海にしたのだ。

ルメイがハンセルに代わって第二一航空隊の司令官となり、第二〇航空隊と統合した数日後、アーノルドは四度目の心臓発作に襲われた。つまり、ルメイにとって自分の思い通り、好きにできる状況が生まれた。ルメイはきっと喜んだに違いない。それからわずか三日後、ルメイは日本の都市に対する、初の「地域爆撃」を敢行する。目標は、東京への空の回廊に位置する名古屋だった。

その一週間後の一九四五年二月三日、ルメイの爆撃隊は東京から四八〇キロ近く離れた人口一〇〇万の都市、神戸の市街中心部に対して主にゼリー化したガソリンを降らせた。この神戸空爆では焼夷弾とともに、消火活動を妨害しようと破砕性爆弾《フラグメンテーション・ボム》*も投下された。[219]日本の都市に対する初の焼夷弾による空爆は大成功に終わり、後に控えた作戦のリハーサルとなった。

ルメイは一九四三年の「ハンブルク空爆」の際、発生した「火災旋風《ファイヤーストーム》」から、最初の教訓を得ていた。その二年後、一九四五年二月半ばの「ドレスデン空爆」からも多くを学んでいた。そんな彼が問題点として出した結論は、こうだった。B29爆撃機はさまざまな防御火器を装備していることで機体重量が増し、その分、爆弾を搭載できないのがひとつ。もうひとつは、あまりにも高い高度を飛んでいることだった。

そこでルメイはヨーロッパ戦線でそうしたように、問題点の解明を統計分析家に命じた。不要なものは全部捨て、悪天候の下を、ジェット気流の下を飛行して爆撃を行う。それはルメイが意図したことだった。これまでの厳格な縛りを外し、燃料搭載をできるだけ少なくして、爆弾の搭載量を増やしてゆく。これまた、ルメイの望むところだった。

こうすれば、かつてなかったほど大量のナパームや焼夷弾を爆撃機に積み込むことができる。低空で爆撃すれば、それだけ密集した焼夷弾爆撃が可能となり、風に乗せ火災を広げることが可能になるはずだった。

ルメイはかねがね、統計分析の専門家の意見に耳を傾け、それを指針としていた。すでに見たように、英国の司令部で指揮を執っていた時、彼はハーバードの若き統計学者、ロバート・マクナマラの分析に頼っていたのである。そんなルメイにとって、マクナマラがマリアナの第二一航空隊司令部詰めに

*ベーブ・ルース　米国のプロ野球選手、ホームラン王（一八九五〜一九四八年）。メジャーリーグの人気者で、一九二七年のシーズンには六〇本の本塁打を記録した。
218 Coffey, *Iron Eagle*, 一二四頁。
＊爆発とともに金属片を撒き散らす、対人爆弾。
219 Schaffer, *Wings of Judgment*, 一二五頁。

なっていたことは、願ってもないことだった。二年前、大尉で出発したマクナマラは、早くも中佐に昇進していた。

マクナマラらルメイの統計分析家たちの分析事項は数十項目に達した。風向から燃料消費量、対空砲火被弾率、敵の探照灯、さらには発見間もないジェット気流のパターンまで、さまざまなデータを過去の空爆例から引き出し、分析した。そして遂に、ルメイの望みに応える勧告をしたのである。ルメイ自身、このまったく新しい空爆のやり方に、すぐにも飛びつける体勢でいたのだ。

マクナマラは二〇〇三年の初め、ワシントンの事務所で、私のインタビューに答え、ルメイとの関係における彼自身の役割について、こう語り出した。

「私は戦闘作戦づくりで彼にアドバイスしていました」。そんな当たり障りのない言い方をしたあと、この元国防長官は暫し口を噤《つぐ》み、縞のボタンダウンのシャツの袖口を伸ばしてから口を開いた。マクナマラは、もっと率直な言い方をしようと思い直したのだ。

彼は言った。「私は一九四五年三月の、トーキョーに対する最初の空爆の時、現地の司令部にいたのです。そしてあの夜、たった一晩のうちに、われわれは数十万人単位でトーキョーの市民を焼き殺してしまった……」

マクナマラはそう言うなり、またも押し黙った。彼はその時、現地の司令部に、単なる部外者としていたわけではなかった。

私は彼に、そこでどんな役割を果たしていたか聞いた。少し考えたあと、口を開いた。

「あれはたしか一九四五年一月のことだったと思う。私はルメイ宛てのメモを書いたんだ。このB29

という素晴らしい新兵器は、不効率さを曝け出している、とね。Ｂ29は敵の迎撃戦闘機の上昇限度を超えた、二万四〇〇〇とか二万五〇〇〇フィートといった高空から爆撃できる設計になっているけれど――それはこちらの損害をなるべく低くするためだが、そんな高さからでは爆弾を命中させることはできないんだよ。そんな高空からでは雲に遮られて下は見えない。つまり、われわれは目的を達成していなかったわけだ。高性能爆弾を用いても三万フィートの高さからでは役に立たない。でも、この一月のメモが――私のメモが、三月の時点での低空爆撃への変更決定につながったと言っているわけじゃない。私はただ、当時、こういう任務に就いていたから言っただけのことだ」と。

一九四五年三月十日、午前零時を過ぎて間もない真夜中の空を、三〇〇機ものＢ29の大群が、五〇〇〇フィートから九〇〇〇フィートの高度で、トーキョーに接近していた。

空襲の暗号名は「ミーティングハウス作戦＊」[220]。東京は当時、人口五〇〇万人の大都市だった。

Ｂ29の航法士に手渡されていた飛行指示書の針路は、東京の中でも最も人口が密集していた住宅地を指していた。爆撃計画が定めたターゲットは、四平方マイル近いエリア。四〇万人もの人々が暮らす区域だった。

米陸軍航空隊の正史には、こう書かれている。「爆撃目標のゾーンは、トーキョーの最も重要な産業部門の地域と隣接する地域だった。そのゾーン内には、個別に設定した戦略目標が数ヵ所、含まれてい

＊「ミーティングハウス」とは「礼拝堂」の意味。

220 Buckley, *Air Power in the Age of Total War*, 一九三頁。

た。この目標ゾーンの重要性は、そこが家内工業と部品工場の立地場所であり、しかも木と竹と漆喰でできた建物がびっしり、隙間なく建っている場所である点にあった。こうした建物は燃えやすかったからだ[221]」

爆撃隊の第一波はナパーム弾を、Ｘ字型に投下し、火災を引き起こし、後続の爆撃隊の標的とするためだ。Ｂ29は低空で爆撃したので、搭乗員は酸素マスクをする必要がなかった。が、その飛行高度にも、人肉が焼ける臭いが立ち上がり、酸素マスクをして臭いに噎《む》せないようにした[222]。Ｂ29の機体下部は、基地に向けて帰還するまでの間に、茶色に焦げ上がった。が、一機も撃ち落とされなかった。ルメイの統計チームの分析結果を元に、Ｂ29は焼夷弾だけを満載する「空飛ぶ貨車《フライング・ボックスカー》」に改装されていた。その爆撃隊がトーキョーの街に一六六五トンもの、純然たる炎の塊を投下した。それは史上空前の規模の意図的な「放火《アーソン》」だった。「火災旋風《ファイヤーストーム》」が荒れ狂い、一五平方マイルの市街地を壊滅させた。そこは住宅街で、工場地帯も含まれていた。空爆の炎は鎮まらず、四日間にわたって続いた。

公式発表による推定死者数は八万から一〇万人。一〇〇万人が焼け出され、ホームレスとなった。結果が全てを物語っていた。誰も言い繕うことのできない惨《むご》たらしい空爆だった。

この「東京大空襲」は今や、アメリカ人の記憶の物置に置かれているが、当時はよく知られていた。このニュースを、当時のアメリカ人は大喜びで歓迎したのである。

ニューヨーク・タイムズの最初の報道の見出しは、「三〇〇機のＢ29がトーキョーの一五平方マイルを燃やす」だった。翌日の続報には、「トーキョーの中心、焼夷弾で壊滅、都心、消える」の見出しがついた。

民間人の死者数を伝える箇所で、同紙は「ホロコースト」[223]という言葉を使った。「大虐殺」を意味する「ホロコースト」という言葉が、同紙の記事検索で再登場するのは、一九八〇年になってからのこと。それも、「ショアー*」関連での検索でのことだ。[224]

ニューヨーク・タイムズ紙は「東京大空襲」の報道で「ホロコースト」という言葉を使ったが、抗議どころか疑問を投げかけることもしていない。それはアメリカ社会のあらゆる層で当然のことと見なされた。日本の首都の人口密集地域は、空爆するのにふさわしい標的だった。

その夜、トーキョーで失われた家屋は膨大な数に上った。おかげで、戦争終結時の東京の人口は、大空襲の前日、三月九日の半分以下に激減した。

ハンブルクやドレスデンで起きた「火災旋風《ファイヤーストーム》」――それはセメントを溶かし、川を蒸発させる灼熱のハリケーンを生み出す大火だったが――は、あくまでも偶然手にしたまぐれ当たりだった。爆撃手のコントロールを超えたものだった。

が、トーキョーでは違っていた。ルメイの用意周到な準備からして、彼はほとんど完璧に空爆の効果をコントロールしていたと見られる。

---

221 Clark, *Role of the Bomber*, 一一九頁。
222 Buckley, *Air Power in the Age of Total War*, 一九三頁。
223 Sherry, *The Rise of American Air Power*, 二九〇頁。
＊「ショアー」 ヘブライ語でユダヤ人の「大虐殺」を指す。
224 Carroll, "Shoah in the News", 八頁。著者が一九九七年にハーバード大学に討議用の論文として提出。

ルメイがトーキョーで成し遂げたものは、ドイツの諸都市で起きたものをはるかに上回るものだった。ゼーバルトによれば、ハンブルクでは火災が鎮火したあと、「ネズミと蝿《はえ》が街を支配した……見たこともない蝿だった」というが、[225]トーキョーでは「ネズミばかりか蚤《のみ》、虱《しらみ》まで、ほかの生き物と一緒に一掃された」のだった。[226]ルメイが放った火は、病原菌をも焼き殺していたのである。

「東京大空襲」の異常な破壊効果は、トーキョーの建物を一瞬のうちに、炎ではなく高熱によって発火させた。その灼熱で防空壕は、避難者らの肺を破裂させるオーブンと化した。それは、その気になれば止めることのできたものだ。用意周到に練られたものだ。どんな結果になるか、わかっていて実行された。結果がアメリカ人の快哉を呼び、士気を鼓舞することも計算ずくのことだった。

ルメイの「トーキョー」は、日本の諸都市に対する空爆のモデルとなった。その後、わずか十日間に、ルメイはドイツでは五年かかった大虐殺《カーネージ》の半分をやってのけることになる。空爆による市街地の破壊面積を比べれば、ドイツで五年かかったものを、日本ではたった五ヵ月で、それもドイツの倍の面積を破壊してしまった。[227]

ルメイは「東京大空襲」のような大戦果を毎回、手にすることはなかったが、彼の爆撃隊はそれでもその後、数週間のうちに、日本国内六六都市の市街地の半分近くを壊滅させ、民間人九〇万人を殺戮した。

これは日本軍の戦闘中での戦死者を一〇万人以上も超える数である。ルメイの空爆作戦の結果、日本国内全体として、なんと二〇〇〇万人の人々がホームレスになった。[228]ようやく空爆が中止されるのは、米陸軍航空隊のナパーム弾備蓄が底を突いた時のことだった。

それにしても「九〇万人」というこの数字、実際どれほどの数だろう？　ロバート・コンクェスト＊はスターリンによる「大粛清」について書いた著書の中で、粛清による「犠牲者数」を著書の字数と比較している。[229]その伝で言えば、いま読者の手元にあるこの本〔原著〕の「一語《ワード》」につき、「四人」以上の婦女子・老人が、カーチス・ルメイの空爆攻撃で殺された計算だ。この段落の語数で数えると、この「一画」だけで「五〇〇人」が殺害されたことになる。

「東京大空襲」が終わった翌日かその次の日、ルメイ自身、こう日記に書いている。「市街中心部は火災で完全に破壊された。航空戦の歴史の中で、最も破壊的な攻撃だった」と。[230]

---

225 Sebald, *On the Natural History of Destruction*, 三三五頁。
226 Sherry, *The Rise of American Air Power*, 二八一頁。
227 Lindqvist, *A History of Bombing*, 一〇九頁。
228 Pape, *Bombing to Win*, 一〇四頁。シャッファーは日本の民間人の死者を「三三万人から九〇万人」と見ている。*Wings of Judgment*, 一四八頁。この数字の大きさは、米軍の戦死者数が全体で「四〇万五三九九人」だったことを考え合わせればわかる。Patterson, *Grand Expectations*, 四頁。ジョン・ダワーは日本人の軍人と民間人の死者のトータルを「二七〇万人」としている。*Embracing Defeat*, 四五頁。
＊ロバート・コンクェスト　英国の歴史家（一九一七年～　）。ソ連の内幕に迫る著作を多数、発表した。『誰がキーロフを殺したのか』（新庄哲夫訳、時事通信社）、『悲しみの収穫 ウクライナ大飢饉―スターリンの農業集団化と飢饉テロ』（白石治朗訳、恵雅堂出版）など邦訳も。
229 コンクェストはその著書、『悲しみの収穫』の序文にこう書いている。「今、挙げた、二〇人の命が奪われた事例の一人ひとりを、本書の一語一語ではなく一字一字として見ると、全体的な見通しをつかめるかも知れない」と。なお、コンクェストが挙げる、「飢饉テロ」による死者数は、一四五〇万人である。*The Harvest of Sorrow*, 三〇六頁。
230 Sherry, *The Rise of American Air Power*, 二八八頁。

この空爆を率いたトーマス・パワー*将軍も、同じような勝ち誇った死の響きを奏でながら、こう書いている。東京空爆は「軍事の歴史の中で、敵によって引き起こされた最大の災害だった……世界史における、いかなる軍事行動の犠牲者をも上回る犠牲者を出した」と。[231]

マクナマラは当時、ルメイの補佐官の一人で、「トーキョーの大火」を現実のものとした戦略転換のメモを書いていた。そんなマクナマラの回顧談に耳を傾けながら、私は（当のマクナマラ自身も多分、そうだったと思うが）、それほど時間が経たないうちにルメイとの立場が逆転した、その後の経過のことを考え始めていた。やがてルメイは、国防長官となったマクナマラの「家《ペンタゴン》」に仕え、マクナマラに公然たる敵意を示すようになるのである。

たぶん、そのことを意識しながら、マクナマラは私に強い口調で言った。ルメイのことを尊敬している、と言ったのだ。「彼はもう疑いなく、私が会った中で最高の戦闘司令官だった。彼の頭の中にはひとつのことだけがあったんだ。戦闘目的《コンバット・オブジェクティブ》をいかに達成するかってことが……」

「戦闘目的ですって？」と、私は聞き返した。マクナマラはそのままの口調で続けた。

「トーキョーに焼夷弾を落として帰還してきた爆撃隊の指揮官らがルメイに報告する場に、私も居合わせたんだよ。ルメイのすぐ隣の席だった。報告の最中、指揮官の一人が立ち上がって言った。『いったい、どこのバカが、こんな素晴らしい爆撃機を七五〇〇フィートの低空で飛ぶように命じたか知りたい。私は部下の搭乗員を一人、失ってしまった』と。これにルメイはこう答えたんだ。『部下を亡くしたのは、私だって同じだ。でも、私はこう思う。君の部下の搭乗員が死んだからこそ、敵の目標を破壊できたんだ。七〇〇〇フィートで侵入するから目標を破壊できる。いいか、ちゃんと見て爆撃するんだ。目標を破壊するんだ』と」

こう語るマクナマラには、ルメイに対する畏敬の念と、トーキョー大空襲で自分の果たした役割こそ作戦成功の鍵を握るものだったかも知れないという密かな満足感が滲み出ていた。私は、そんな彼に聞いた。「トーキョー大空襲の破壊のひどさを、あなたは何時、知ったのですか?」と。

マクナマラは首を横に振りながら言った。正確に答えようとして、かえって言葉が乱れた。「そうですね、司令部にいるわれわれもある程度は知っていたのかも知れないが、ハッキリしません。もし、われわれが知らなかったとしたら、空爆の規模の大きさを理解していなかったことになるが、それもハッキリしない。でも、私はその後、写真で見ている……」と。

それだけ言うとマクナマラは、別の話に話題を逸らした……。

＊トーマス・パワー　米国の軍人（一九〇五〜七〇年）。東京大空襲ではグアムから指揮を執った。空軍の将軍として一九五七年、「戦略空軍司令部」の最高司令官に。

231 Schaffer, *Wings of Judgment*, 一三二頁。パワーは戦後、「戦略空軍司令部」の指揮をルメイから引き継ぐことになる。パワーは一九六〇年に、ソ連の都市に対する全面核攻撃の計画に懸念を表明する国防総省の文民に対して、こう答えた。「どうして自制させたがるのだ?　自制だって!　奴らの命のことを、どうしてそんなに心配するんだ?あの野郎どもを殺すだけのことだろうが……戦争が終わって、ロシア人がたった一人、こっちのアメリカ人が二人残ったら、こっちの勝ちだ」　Janne E. Nolan, *Guardians of the Arsenal*, 二五八頁。このエピソードのことはフレッド・カプランも書いている。カプランによれば、この国防総省の文民とは、ランド研究所の理論家、ウィリアム・カウフマンで、彼はパワーにこう切り返したという。「彼らも男であり女であることを、あなたはしっかり認識した方がいい」。Kaplan, *Wizards of Armageddon*, 二四六頁。

この話を私は、ベトナム戦争の頃、マクナマラに対して厳しい批判を浴びせていた歴史家のハワード・ジンにしたことがある。マクナマラがトーキョー大空襲の結果を知らなかったと言っていた、とジンに告げたのだ。ジンは爆撃手としての体験をもとに、私にこう語った。「私はマクナマラを信じるよ。自分が何をしているのか、わからないことはあるんだ。われわれ爆撃機の搭乗員にもわからなかったんだ。われわれはね、『モノ』を爆撃していると思っていたんだ。われわれより、もっと遠くにいる連中はもっとわからない。空爆自体が秘密だったからね[232]」。

私はマクナマラに、もう一度同じ質問をし、話を引き戻した。マクナマラは、こんどはこう力説し出した。「第二〇爆撃司令部に所属する第一八爆撃隊の空爆目的は、出来る限り人を殺す、ということではなかった。これは確かなことだ。敵を弱体化させる、これが目的だった。ルメイの話に戻ると、味方の損失、一単位につきどれだけ敵を破壊したかという効率でもって測れば、彼は最も優れた戦闘員だったと私は思う。それがルメイの目標であり、成し遂げたことだったんだ。ルメイはね、同様に最も危険《デンジャラス》な男だったんだ……いや、いまの『危険な』という表現は変えよう。彼は同様に、最も論議を呼ぶ《コントラヴァーシャル》男だった。そして、私が思うに、私が一緒に働いた軍の高官としては、最も思慮に欠けた《アンワイズ》男だった」

「でも、それは後から思ったことですね」と、私が確かめると、彼の答えは「イエス」だった。

「そしてあの時、一九四五年に、あなたはトーキョーで何が起きたか、ほんとうのところ、知らなかった？」

「そう、その時は知らなかった」

「でも、今は？……今、あなたはそれについてどう思いますか？」

マクナマラの目に涙があふれた。「今?」
「はい、今」
「今思うと、そうだね、あれは戦争犯罪だった」そう言うなりマクナマラは、いまにも嗚咽《おえつ》しそうになり、懸命にこらえながら続けた。「あれは、私が咎《とが》められるべき、二つの戦争犯罪のひとつだった」[233]
マクナマラがルメイの下で果たした同じ任務を英爆撃司令部で続けていたフリーマン・ダイソンもまた、自分自身とアドルフ・アイヒマンらユダヤ人大虐殺のマネージャーたちを比較し、同じような考えを述べている。「あの連中も事務室に座ってメモを書き、どうしたら効率的に殺せるか計算していたわけだ。私と同じようにね。彼らは刑務所に入れられ、絞首刑になった。しかし、私は自由になれた。それだけの違いだ」[234]と。

232 ハワード・ジンに対する著者のインタビュー。
233 マクナマラは私のインタビューから六ヵ月後、ロサンゼルス・タイムズ紙にこう書いた。トーキョー空爆の後、ルメイが「これで戦争に負けたら、われわれは戦争犯罪人として裁かれるだろう」と語った、というのだ。マクナマラはこれにコメントしてこう書いた。「彼は正しいことを言ったと私は思う。われわれはそうなっていただろう」と。*Los Angeles Times*, 二〇〇三年八月三日付。二〇〇三年の秋に公開された、エロール・モリス監督のドキュメンタリー映画、『戦争の霧(*The Fog of War*)』でも、マクナマラはこの問題で、こう証言している。「ルメイは、もし戦争に負ければ、われわれは戦争犯罪人として裁かれるだろうと言ったのです。私は、彼が正しいことを言ったと思います。彼——と私は……と私は言いたいのですが、戦争犯罪人のような行いをしていたのです。ルメイはわかっていたのです。自分のしていることは、戦争に負けたなら不道徳なものとされることを。しかし、負けたら不道徳で、勝ったら不道徳でなくなるものって何なのでしょう?」。
234 Lindqvist, *A History of Bombing*, 九四頁。

連合軍の将官をユダヤ人絶滅のナチスの実行者と比較するのは、怪《け》しからぬことかもしれないが、あの戦争においても、道徳の基準を維持することは普遍的な義務だったろう。ナチスは、残虐さにおいて比類のない規模で道徳基準を逸脱したのである。

10　原罪の中に生まれて

米軍の空爆は一九四三年、英軍爆撃隊と合同でカーチス・ルメイによって開始された。米陸軍航空隊（AAF）単独の最初の焼夷弾空爆は一九四四年、漢口に対して行われたが、この時、指揮を執っていたのもルメイだった。彼はまた、その時点で史上最大の破壊的軍事行動となった、あの「トーキョー大空襲」の指揮も執った人物である。そのルメイが、第五〇九混成部隊を含む第二〇爆撃司令部の司令官として、ヒロシマ、ナガサキに原爆を投下した爆撃機の指揮を執ったのは、当然のことだ。

一九四五年六月、ルメイはワシントンに飛んだ。陸軍の「マンハッタン工兵管区《エンジニア・ディストリクト》」に関する全てを、初めて聞くためだった。説明はグローヴズが行った。

「この時がルメイとの最初の出会いだった」と、グローヴズは書いている。「そして私はルメイから強い印象を受けた。彼が卓越した能力の持ち主であることは、とても明らかだった。私たちの話し合いは一時間に及び、あらゆることを完全に理解してから別れた」と。[235]

この時、グローヴズは、原爆投下作戦が彼の——ルメイの指揮下で行われるだろうと告げたのだ。だからルメイが「グローヴズの指示で課されたあらゆる制限に従うのは、当然のこと」だった。[236]

ルメイに対する指示は、グローヴズから出たものだった。そして、このルメイとグローヴズの二人が一体化して、ともに作戦を遂行することになるのである。

護衛の戦闘機をつけずに爆撃機を飛ばし、原爆を投下することを決めたのは、ルメイだった。しかしルメイは日本の都市への空爆を続け、それがどんな結果を引き起こしているか自分自身、わかっていたから、原爆投下の必要性については、彼なりの疑念を抱いていた。ルメイは後年、こう書き記すことになる。「〔日本に対する〕判決《ヴァーディクト》はとっくに下っていたのだ。何を今更だった《アンチクライマックス》と今、私は思う」と。[237]

原爆は準備が整い次第、一九四五年の八月までに使用する――これは、アメリカ当局者の間で最早、当然視されていたことだ。この点について、マイケル・シェリーはこうコメントしている。「日本の都市への原爆攻撃について、以下のような、さまざま理由があったとされている（その多くは、当時、すでに指摘されていたが、いくつかは、事後のものである）。焼夷弾による空爆という先例ができていたこと。原爆投下による心理的効果を考えたこと。戦争が早く終わることで人の命が救われること。復讐意欲。日本が狂信的だとする主張。原爆開発への巨額投資を正当化する必要性。自分たちが開発したものを最もドラマチックに実験したいと思う技術者の欲望。ロシア人に対する警告。原爆投下によって米国が手

235 Groves, *Now It Can Be Told*, 二八三頁。
236 Coffey, *Iron Eagle*, 一七六頁。
237 Coffey, *Iron Eagle*, 一七九頁。私はこのルメイの言葉を、原爆投下に対する疑義を示した、驚くべき発言とは見ない。むしろ、彼がそれまで続けて来た、トーキョーその他の都市に対する空爆攻撃こそ、日本に対してダメージを与えた決定的な栄光の一撃であったと言いたかったのだ。

にする絶対権力。戦争で狂ってしまった世界に対するショック療法……」[238]
シェリーがこんなふうに、さまざま「理由」を列挙するのは、それぞれ個々の理由がある種の均衡の中で共存しているからだ。それはまるで、そのどれもが、世界を引きずりながら、「核の一線」を越える力を米国に与えるものではなかった、と言わんばかりである。しかし、われわれが辿った歴史の中ではこのうち、「焼夷弾による空爆という先例ができていたこと」が、他の全てをしのぐ水準にある。

この歴史観こそ、先のルメイの言葉を裏打ちするものなのだ。アメリカの意識を原爆投下へ向かわせた最大の変化は、すでに起きていた、日本の都市に対する焼夷弾空爆だった。「原爆投下」は新たな文脈で見るのではなく、すでに出来上がっていた枠組の中で見なければならない。

ヒロシマへの原爆投下を前に、日本の都市への空爆を続ける米陸軍航空隊の士官らに送付された「情報レビュー週報」は、空爆攻撃の目標が定まったとして、次のように宣言している。「われわれは最大多数の敵を、性別を超え、最短時間で追及し破壊することを意図している。われわれにとって、日本には民間人《シヴィリアン》は存在しない」と。[239]

ルメイ自身おそらく、戦後しばらく経って、マイケル・シェリーの問いに答えた時、この「宣言」を思い出していたのだ。そして、日本への空爆を次のように合理化したのである。「罪もない民間人などというものはいない。彼らの政府が敵なのだ。最早、武装した軍との戦いではなかったが、その国民と戦っていたのだ。だから、いわゆる罪もない傍観者を殺すということに、私はあまり悩まされなかった」と。[240]

日本軍の兵士の大半は本土を後にして、中国大陸や太平洋戦線に動員されていた。ということはつまり、都市に残され、米軍の焼夷弾で殺された者の大部分は、婦女子、老人だった。それにもかかわらず、トルーマン大統領ら指導者たちは、軍事目標だけを空爆していると口先で言い続けていた。

トルーマン大統領はナガサキに原爆を投下した八月九日、アメリカの爆撃隊はその人間性ゆえに、トーキョーには壊滅的な威力を持つその爆弾を落とさなかった、との声明を発表したが、歴史は彼の真面目さを検証の篩《ふるい》にかけないわけには行くまい。三月のトーキョーに対する大空襲の結末を、トルーマンはニューヨーク・タイムズの記事で読んでいなかったということなのか？　真実を開く鍵は、「軍事目標」という言葉に潜んでいるのだろう。ヒロシマは「重要な軍事基地」、だから攻撃目標に選定したという主張は、この「軍事目標」の拡大解釈によるものだ。それは拡大に拡大を重ね、しまいには、地上で動くもの全てを含むものになってしまった。そう、日本には最早、民間人は存在しないのだ。そこには託児所さえ、あるはずがなかった。

現実の問題として、航空戦が戦争そのものを変えていたのだ。それ以来、アメリカ人は見方を変えた。敵を軍事的に「否定」する……それだけでは今や足りないのだ。敵の侵攻、自衛力を否定するだけ

238 Sherry, *The Rise of American Air Power*, 三三〇頁。
239 Schaffer, *Wings of Judgment*, 一四二頁。ポール・ファッセルは、こうした方針が結論として定まったことについて、戦闘で苦しむ兵士たちのことを考えれば正当化されるものとして、敬意を表している。「この新しい爆弾が悲惨の全てに終止符を打つことができる今、負傷したアメリカのハイスクールのキッズがはらわたを露出し、叫び続けながら泥の中でのたうつ姿を、どうして手をこまぬいて、許すことができるだろう」と。"Thank God for the Atomic Bomb," in Bird and Lifschultz, *Hiroshima's Shadow*, 二一七頁。
240 Sherry, *The Rise of American Air Power*, 二八七頁。

では足りないのだ。敵を軍事的に「強制」する……それも、それだけでは足りない。敵の意志を挫くだけでは足りない。

「絶滅《エリミネーション》」「殲滅《エクスターミネーション》」「抹殺《オブリタレーション》」……こうした言葉が軍事用語を支配するようになったのは、まさに「原爆」という絶滅兵器が武器庫に加わって以来のことである。

さまざまな正当化理由が声高に叫ばれた。しかし実は、米国は「空からの絶滅戦略《ストラテジー・オブ・アニヒレーション・フロム・ザ・エア》」を、それが実行可能であるが故に、真正面から採用したのである。それはまるでアメリカ人の心理が、ルメイやグローヴズの輩に率いられた侵略軍によって占領されてしまったようだった。それは曖昧な態度をとり続ける、周りの人間たちにも感染した。無感覚なまでの確信が破局に至るまで続くことになるのである。

こうした新しい心理状態を、シェリーは「テクノロジーの狂信《ファナティシズム》」と名づけ、その特徴を、手段を目的と関係付けて考えることのできない無力さだと説明している。「この『テクノロジーの狂信《ファナティシズム》』は、相互に独立して、しかも関連し合う二つの現象による産物である。第一の現象は、破壊の意志である。これは昔から繰り返されて来たことだ。第二の現象は、破壊のテクノロジーだ。これは現代的なものだ。この二つが、米軍の空爆という悪の中で、一つになった。しかしこれはテクノロジーが支配する、特殊現代的な罪である。あまりにも急に、選択肢も提示されずに、出て来たものなのだ」[241]

こうした秩序の転覆が、爆撃隊員や科学者たち、指導的な政治家たちの心を狂わせていた、というのである。しかし、「非合理的で時に極端な信念」と定義される[242]「狂信」なる言葉は、それでもまだ肯定的過ぎる。

信念?……それは一体、何に対する信念だったのか? むしろ直截に「ニヒリズム」と考えた方がより正確と、私には思われる。

「短期的な目標の達成」……これが当事者の全てが懸命に動いた理由である。科学者たちは信頼しうる原爆を懸命に開発し、外交官らは相手の優位に立とうと懸命に工作し続けた。爆撃隊の司令官は焼夷弾搭載量を増やして低空での爆撃を命令した。が、そうした中で捨て去られたものがあった。「結果に対する長期的な責任」がそれだった。

「大量破壊」はそれ自体が目的化し、自己正当化するものになった。一九四五年の夏、対日戦争を指導した男たちに起きた、こうした心理的な変化のみが、レズリー・グローヴズ、ジェームズ・バーンズ、ハリー・トルーマン、さらにはその側近の大半を特徴づけた、混乱、短慮、矛盾、頑迷さを説明するものである。

だからこそ、戦争指導者たちは「原爆」というものを、それ自体において評価すべきかどうか検討しようとすらしなかった。ただ、「原爆」の破壊力だけはハッキリしていた。ハンブルク、ドレスデン、漢口、トーキョーと続き、日本の六〇の都市を壊滅させたあとに出て来た「原爆」は、その破壊力だけは確かなものだったが、それ以外、それ自身を意味づけるものは何もなかった。

破壊せよ、破壊せよ、さらに破壊せよ！……「破壊」が米国民の「目的」と化した時、「絶滅」は史上空前の、最高度に組織化された国家的な取り組みの最終生産物となった。ここに、忘れてはならない

241 *Sherry, The Rise of American Air Power*, 二五四頁。
242 *Encarta World English Dictionary*

「一線」が潜んでいた。

アメリカ人は一九四五年までに最早、何も信じなくなってしまっていた。それは言葉ではなく、その行いにおいて明白である。アメリカ人を立ち止まらせる驚きさえも、すでに何処かへ消し飛んでしまっていた。


アメリカという国民国家が、ある原罪の中に生まれたことは、よく知られていることだ。原罪とは奴隷制という道徳的な罪悪である。それはこの国を建国した人々が認識していた事実だが、にもかからず、公式には認めようとはしなかったことだ。この国は建国後、数十年にわたって、この国がその中で懐胎した、奴隷制という上層階層による不正から目を逸らし続けた。そしてその挙句に、報いを受ける日がやって来る。「南北戦争」という「怒り」が下されたのだ。

第二次世界大戦の終わりは米国にとって、「第二の誕生」だった。その時、世界権力としてのアメリカの新時代が始まったのだ。あのヘンリー・ルース*が予言した、「アメリカの世紀」が始まったわけである。

そういう中で、一九四三年一月二十二日の私の誕生の日があったのだ。この本の書き手として、ナルシズムに浸りながら、私は先に、私の誕生日の日付を、アメリカの新たな歴史の誕生日に重ね合わせて紹介した。「無条件降伏」要求がなされ、「ポイントブランク作戦」の命令が下り、「家《ペンタゴン》」の完工式が行われ、ロスアラモスでの「原爆」開発に拍車がかかった「あの時」に、自分自身の誕生を重ね合わせてみたのである。

しかし、私は今、一九四三年の「あの時」を誕生ではなく、むしろ懐妊の日と考えるべきだと思っている。実際の「誕生」は、一九四五年になってからだ。

当時、「アメリカの世紀」の誕生は、「史上、最も偉大な出来事」として美しく語られたものだが、二世代を経た今、それが産み出したものが実はどんなものであったか、すでに明らかだ。それは胎内にある時から、早くもグロテスクなものに変身を遂げていたのである。だから、あんな言葉が飛び出したのだ。「日本には民間人は存在しない」と。

そうした物事の本質が露呈したのは、実は八月六日のヒロシマの閃光の中ではなく、それよりも以前の、世界の両側、ドイツと日本の諸都市から立ち上がる、空爆の炎の中でのことだった。ドイツでも、一九四五年には「民間人は存在しなくなっていた」。

「原爆投下」をめぐって、道徳的な難問が初めて突きつけられたのではない。それは、それ以前から提起されていたのである。「原爆投下」は、その道徳的な責め苦を究極のものにしたのだ。

「核兵器」の出現とともに、「破壊意志」は「破壊能力」から分離したものになった。「破壊能力」が低ければ、敵を破壊し切るには、それだけ強い「破壊意志」を持たねばならない。しかし「破壊能力」が原爆のように、途方もないものであれば、「破壊意志」は低い「一線」を越えるだけでよい。「原爆」は極限の「破壊能力」を持っていたから、一九四五年の「原爆投下」時に明らかになったように、気軽に

＊ヘンリー・ルース　米国の出版人、雑誌の『タイム』や『ライフ』を発行した（一八九八～一九六七年）。「アメリカの世紀」という表現は、ルースが一九四一年に執筆した『ライフ』誌の記事から生まれた。

使用できたわけだ。極大の「破壊能力」と極小の「破壊意志」――その結合こそ、少なくともアメリカが「核」を独占していた時期においては、「核の危険」を極大化するものだった。

そうした中でさまざまな「決断」がなされた。ナチス・ドイツ敗北の後も「原爆」開発を続ける決断をしたのは、科学者たちだった。日本の「降伏条件」を忘れる決断を下したのは、「家《ペンタゴン》」の指導者たちだった。米国の政府当局者たちは、関心を日本からソ連へ移す決断を素早く下し、大統領は彼の元へ押し寄せていた圧力を受け容れる決断を下した。しかし、これらの決断は、敵の絶滅を国家目的として受け容れようとする、数千万のふつうのアメリカ市民の了解がなければ、日の目を見ないものであったはずだ。「原爆投下」で頂点に達した「空からの全面戦争」は、たとえその多くが目隠しされたものであったにせよ、アメリカの国民的な支持がなければ、あり得ないことだった。

英国の歴史家、ジョン・バックリー*はこう指摘する。「残酷で血に飢えた戦争は、昔からあったことで、よく知られている。しかし、西側社会の心臓部を物理的、心理的に攻撃した航空戦の深度と打撃は、それを大きく上回るものだった。航空戦力は経済、産業、科学部門を、これまでにない規模で大量動員することを要求したのだ」と。[243]

爆撃機を飛ばし、歓声とともに見送ったのは、個々のアメリカ人であったのだ。

私が物心ついたのは、アメリカが第二の生誕を遂げた、この時代でのことだった。新しいアメリカは自らを、植民地時代閉幕後の、大いなる無邪気さでもって、世界のための良き権力と見なしていたのである。ドワイト・アイゼンハワー将軍は、降伏したドイツ国民に、「われわれは征服者として来たのではない。友人として来たのだ」と語ったが、むしろそれは、自分自身とアメリカの同胞に向けた言葉だった。自分たちが引き起こした瓦礫の山を前にして、ドイツ人を抱きしめる、自分たちの美徳を確かめるものだった。ドイツ人はよくわかっていたのだ。口にはしなくても、内心、疑問に思ってはいても、アメリカ人のいう「友情」とはせいぜい、「死の上の友情」に過ぎないことを熟知していたのである。アメリカは同盟国とともに、ドイツ、日本と実は歩調を合わせながら、「戦争」を新しいものに変えたのだ。「全面的な死」を求めるものに変えたのだ。その恐るべき全面性に、たじろぐどころかアメリカは、それに合わせて自分自身を再定義したのである。

このようにしてアメリカは、道徳、軍事の両面において、自らを戦後世界の盟主の座に祭り上げたわけだが、それは二〇世紀半ばにおけるアメリカの世界権力化が、建国時の奴隷制と同じ、恐るべき罪の中で行われた事実への直視を拒むものだった。

どんな「正義の戦争」であれ、「バランス《プロポーショナリティー》」を……すなわち、前章で見たような「目的と手段の一致」を心がけるものだ。が、「核兵器」には、この「バランス」が元からなかった。それは「核」の擁護者たちもわかっていたことだ。スティムソンの『ハーパーズ』誌論文に始まり、グローヴズによる倫理への配慮の拒否に至る経過が示すように、彼らの狙いは、議論や論理ではなく、断言と欺瞞によって「核」の正当性を主張することにあった。「核」には、バランスなどあり得ない。ゆえに、アメリカが核を保有したことは、根本的に間違っていたのだ。だからこそ、「核」という非人道兵器を開発し、実際

＊ジョン・バックリー　英国の軍事史家。ウォルバーハンプトン大学教授。
243 Buckley, *Air Power in the Age of Total War,* 一六八頁

にいつでも使えることを実証したことに対し、テロ戦略が善であるかのような美徳の主張を継ぎ足さなければならなかったわけだ。「炎の爆撃《ファイア・ボミング》」はいまや、「ナパーム」ではなく「核分裂」によるものになり、それがアメリカの権力の公然たる源泉となった。それはまた隠れた部分で、アメリカの独自性を生み出す根源にもなったのである。

「原爆」で苦しみ抜いたヘンリー・スティムソンには、わかっていたのだ。彼が半世紀にわたって仕えて来たアメリカという国の将来に、これがどんな影響を及ぼすか、わかっていたのだ。だからこそ、彼は最後の最後に、冷静な意識でもってこれを止めようとしたのだ。

しかし、「あの男」は違っていた。三年に満たない短い期間内に、誰にも負けず、われわれの国、「アメリカ」の意味を変えてしまったあの男は、それをさらに永久不変のものにしてゆくのである。その男とは、わが闇の英雄、カーチス・ルメイ、その人である。

第三章

冷戦、始まる

THREE :

THE COLD WAR BEGINS

1 軍務に就く

私は、私の父親が自宅の化粧室の鏡の前で敬礼の練習をしていた日を憶えている。肩に銀星のついた褐色の制服を着込んで寝室から現れ、化粧室に入って練習を始めた。父がどうしてそんな格好をしているのか、私は不思議に思い、そのわけを知ろうと、ドアから中に滑り込んだ。

それは一九四八年の春、私が五歳の時だった。当時、私の父は三十七歳。そのスリムな体格とハンサムな表情、そして笑顔を絶やさない魅力がどれほどのものであり、また、子どもの私から見て信頼に足る、その確固たる意志力がどれだけの権威を持つものであったか、私が知るようになるのは、それからかなり経った後のことである。父親は、当時の私にとって神さまのごとき存在――それが全てだった。

五歳の私も、「敬礼」とは何なのか、わかっていた。友だちと戦争ゴッコで遊んだ時、よく真似していたからだ。しかし、当時の私にはわからなかった。自分の父親が、よりによってなぜ「敬礼」の練習をしているのか、わからなかった。

右手の指先を板のように硬く伸ばして、額のところへ持ってゆき、鏡に向かって敬礼する。そこで動きを止め、手を素早く、体の脇に戻す……それを繰り返す父。

父親は私に気づかなかったはずだ。鏡の中の自分の目を凝視しながら練習していたからだ。またも敬礼を繰り返した父……。

私はその頃すでに、父親の階級に誇りを感じていた。が、それはあくまでＦＢＩ（連邦捜査局）の捜査員としてのことだった。

父親は以前、ＦＢＩシカゴ支局のスペシャル・エージェントだった。私はそのシカゴで生まれたのだった。その後、父親はワシントンのＦＢＩ本部に呼ばれ、フーヴァー長官の下で働き出していた。私たち一家はワシントン郊外、バージニア州アーリントンのマンションで暮らし始めた。両親、そして兄のジョー、生まれたばかりの弟のブライアンと。

当時のことで、私が今もはっきり憶えているのは、近くを流れる小川のことだ。兄のジョーはその川の水を飲んだ。そして小児麻痺になった。私は川の水を飲まず、小児麻痺にもならなかったことに罪の意識を抱いた。

突然、ジョーを襲った病気が我が家を覆う雲だったとすれば、父親が着込んだ新しい制服は日の光だった。空軍の公式記録によれば、わが父、ジョセフ・Ｆ・キャロルは「予備役に登録されていたが、准将の階級で現役に就くよう命令を受けた」のである。[1] 私の、写真撮影された最初の記憶も当時に遡る。私たちの住むマンションの庭で、母親は父親を中心に、私と兄のジョーを立たせた。弟のブライアンは、私の父の腕の中だ。母親は私たちに「さぁ、笑って」と言ったが、みんな笑顔だったから、ほんとうは必要のない言葉だった。母親のカメラ《ブローニー》が、カシャリとシャッター音を響かせた。

撮り終わると母親は、私と父親だけの写真を一枚、撮った。その時、父親は私の手を握っていた。今思えば、母親がカメラの向こう側にいて、男ばかりのわれわれの中に入らず、一緒に写真に写ら

---

1 Hagerty, *The OSI Story*, 二頁。

なくてよかった気がする。私がこれまで書き綴って来た「家《ペンタゴン》」の物語は、歴史的文書のほとんどがそうであるように、「偉大な男たち」による決断と行動の記録であるからだ。そうした「偉大な男たち」は相手方に通告することなく決断し、行動した。そして、彼らの決断の結果が、敵方の無名、無数の男たち、さらには女たちの上にも降りかかったのである。

母親のメアリーは父親の制服の肩に真新しい銀星をピンで留めたはずだ。そしてその時、「さぁ、これであなたは、私の星、航海の目印になったわけね」とでも言ったかも知れない。私たちがこれまで追跡して来た「男たち」の「陰」には、そうした「女たち」がいたのである。スティムソンには「メーベル夫人」が、ルメイには「ヘレン夫人」がいた。

第二次世界大戦の戦勝に貢献した時期、それまで「奥」に控えていた女たちが短い間ではあったが前面に出て来て働き、男たちは権力の座に就いていた。戦時中における女性の就労レベルの驚くべき高さは、さまざまな記録に残る新たな社会現象だった。ジェンダーに基礎を置く社会の規範に大転換が生まれたのである。しかし、そうした変化も戦争の終結で、元に戻ってしまった。全てが自発的だったかはともかく、三〇〇〇万人を超す女性たちが、対日戦争終結後一年以内に、職場を去って行った。戦争の終わりは、古いジェンダーへの回帰と、帰還兵たちの社会への再統合を促したのである。

しかし、この一九四五年という年はアメリカの男たちにとって、人口における性別比較で初めて、女性が男性を大きく上回った年として、かすかな脅威を感じる年にもなったようだ。[2]そうした異性の脅威は、職場で働き続けたかった女性たちにしても、同じことだった。

「鋲打ちロージー《ロージー・ザ・リヴェッティー》*」が戦時経済にとってどんなに役立つ存在だったにしても、あるいは「メアリー」

や「メーベル」や「ヘレン」らが社交界において夫の昇進を手助けするなど、いくら陰で影響力を発揮したとしても、枢軸国側に目を移す時、冷厳な事実として浮かび上がるのは、第二次世界大戦の物語の中で最も女性が多かった場所は米陸軍航空隊の空爆地点であり、そこでの犠牲者の圧倒的多数は女性だったことである。一九四五年のドイツにも日本にも、市街人口密集地域には戦闘に参加できる男性は最早ほとんどいなかった。「男たち」が支配した航空戦力と、空爆に無力な「女たち」だけの地上の対比を、単なる社会現象といって済ますことはできない。

私の父が任官した頃の写真で、今も手元に残るものがある。その写真の私は、カウボーイ・ブーツに、房飾りのついた皮のベストという「制服」姿で、カメラに収まっている。屋外での撮影。父親は新しい制帽をかぶっていた。

ピカピカの茶色の鍔《つば》。黄色のブレード。私が「陸軍《アーミー》の帽子だ」と言うと、父親は嬉しそうに答えた。

「空軍《エア・フォース》だよ、ジミー、空軍なんだ」。

それにしても、私の父はＦＢＩ（連邦捜査局）に所属していたはずだった。そっちの仕事はどうなっていたのだろう？

これはあとで聞いてわかったことだが、私の父はシカゴでＦＢＩのエージェントをしていた時、逃

---

2 Patterson, *Grand Expectations*, 三二一頁。

＊「鋲打ちロージー」 第二次世界大戦中、米国の軍需工場で働いた女性たちに対する総称。ミシガン州のＢ29製造工場で働いていた、ローズ・モンローさんがモデルと言われる。彼女が工場で働く姿を写した写真は、米国民の士気を鼓舞する宣伝に使われた。

亡中の悪名高きギャング、ロジャー・トーイ*を逮捕した功績で抜擢され、ＦＢＩ長官の側近としてワシントンに呼ばれていた。

戦時下の首都で私の父は、スパイ活動を監視するエキスパートとしてキャリアを積んだ。父親の任務は、スパイの逮捕だった。最初はドイツのスパイを、続いてはロシアのスパイを……。私と兄のジョーは火曜日夜のラジオ番組、『平和と戦争のＦＢＩ』が大好きで、毎週欠かさず、耳を澄ませていたが、父親こそ、私たち兄弟の崇拝する英雄だった。「ぼくらのパパは、Ｇメン*なんだ」――父親は拳銃を携えていたが、せがんでも見せてくれなかった。でも一度だけ、見たことがあった。机のひきだしの中に、ホルスターに入れた拳銃があった。

しかし、ＦＢＩのエージェントは、ふつうの背広姿だった。軍人ではなかったからだ。それぐらいのことは、幼い私にもわかっていた。

あの日、家の化粧室で、鏡に映った軍服姿の父親が、私に気づいたかどうか、記憶は定かではない。父親の敬礼パントマイムが終わったあと、何があったかも憶えていない。しかし、初めて目にした褐色（これが冬のことなら、青色の冬服姿だったろう）の軍服姿の父親の記憶は、銀ボタン、ポケットの垂れ蓋、両肩の「一ツ星」とともに、今なお最も鮮やかに甦る、思い出の一齣だ。

今思えば、その瞬間こそまさしく、父にとっても、そして私にとっても、人生をわかつ分割線《ディヴァイディング・ライン》だった。以来、私たちは驚き（私はいまなお、信じられない思いでいる）の日々を送ることになる。私の父は、ある日突然、まるで青天の霹靂のように、いきなり米空軍の准将になった。[3]

私の父親ほど、「ありえない将軍」候補は他にいなかったはずだ。シカゴのサウスサイドの貧困の中で育ち、兄弟姉妹の中で一人だけ、まじめに神父になろうとして教育を受けることができたのが、私の父だった。神学校に入ったのは十二歳の時。その後、十三年にわたって、哲学・神学の古典を学び、中世後期から続く厳しい戒律の下で修道生活を続けた。

父親はすべての点で優れていた。勉学において頭角を現し、カトリック教会の階段を上り、ローマのバチカンへ向かうコースに乗っていた。スポーツ万能、陽気な性格で、仲間からも一目置かれていた。宗教心に篤く、自然に瞑想に耽るタイプ。神学校の礼拝堂で説教の練習をする時など、仲間のみんなが聴きに来たという。

そんな父が神学校を飛び出し、サウスサイドの家に戻って来たのは、聖職に叙階《じょかい》される前日のことだった。アイルランドからの移民の子という沼地のような過去が爪を伸ばし、その爪に引っかかり、宿命の中に引き戻されたように帰って来た。

何年か後、私は、どうして叙階を受けなかったのか、父に尋ねた。神父になるより、お前のお母さんと結婚したかったから、という答えを期待した私に、父はただ、こう言った。「私は神父になれるような人間でなかったからさ」と。

＊ロジャー・トーイ　米国シカゴのギャング（一八九八〜一九五九年）。禁酒法時代に名を馳せた。出獄後、間もなく、何者かに射殺された。
＊Ｇメン　いわゆる「ジーメン」。ＦＢＩ捜査官を言う。
3　ＦＢＩのエージェントから空軍の将軍に転じた父のキャリアについて、私は私の回想録、『あるアメリカ人への鎮魂歌（*An American Requiem*）』の中で詳しく書いた。

天使も膝まずく聖職の道に背を向けた父に対し、サウスサイドのアイルランド人社会から張られたレッテルは、「なりそこね神父《スポイルド・プリースト》」だった。家族の名に泥を塗り、教会の先輩たちの怒りを買った。その中の一人は、父のおかげで神学校に入りそびれた、教育を受ける機会を盗まれたと言って怒りをぶつけた。

父が神学校でいくらトマス・アクィナス*の神学的知識を身につけたからといって、大恐慌の中では、それで何か特権を手にできるものでもなかった。だから、私の父もシカゴの家畜置場《ストックヤード》に働きに出たのだ。

最初は屠殺場の血だまりに踝《くるぶし》まで浸かりながら小間使いとして働き、その後、地下で作業するボスに器具を手渡す配管工の助手になった。父が私の母とおおっぴらに付き合うようになったのはそんな時のこと。赤毛でガムをくしゃくしゃさせていた母は学校を八年目で中退し、家族を支えるため働き出し、父と正式に付き合い出した頃には、シカゴの中心街《ループ》で電話交換手の監督をしていた。

教会での出世のチャンスを棒に振ったわが父、ジョー・キャロルにとって、配管工になる日を夢見て惨めな家畜置場で働き続け、大酒を飲んでしまいにはダメになるのが、彼の辿るべき、普通の人生コースのはずだった。しかし、私の母、メアリー・モリッセイは、父の中にもっと別の可能性を見ていた。

そんな母の勧めに従って、父はシカゴの街の中心にある「電車夜学校」に入学したのである。家畜置場での仕事が終わると父は、臭いを消そうと熱いシャワーをアタマから浴び、教科書を小脇に抱えて電車で通学した。そんな生活を始めた父が、とうとう法律の学位を取得し、司法試験にも合格し、母と結婚するのは、それから六年後、一九三九年のこと。そして新しく働き出したのが、ＦＢＩ（連邦捜査局）だった。それからまた八年後、父はまた職場を変える。父の新しいオフィスは、「家《ペンタゴン》」にあり、発令された時、父は空軍では最も若い将軍だった。その直前まで、通勤列車にもまれていたのに、その父が一躍、将軍に抜擢されたのだ。

一九四七年七月、米連邦議会は「国家安全保障法」を可決した。それは、あのトラウマを残した第二次世界大戦の後、「鉄のカーテン」の両側に広がった不安感、世界の新たな風向きに対する対応策として生まれたものだった。世界は大戦中の短い期間（あるいは混乱）のうちに、経済的にも政治的にも、文化的にも道徳的にも、変貌（あるいは変異）を遂げていたのである。

米国内においても、安全保障の危うさは、これまでにない深刻さで感じられていた。HUAC（下院非米活動委員会）*に始まり、ジョー・マッカーシー*に至る「赤の脅威」キャンペーンは、世界全体の情勢変化の中からエネルギーを汲み取り、生まれたものである。

さて、この「国家安全保障法」は、「海軍」と「陸軍」を、少なくとも法律上一体化した（第三の部門として今や「空軍」もこれに加わっているが……）ものとして有名だが、他方、この法律は「国家安全保

＊トマス・アクィナス　ヨーロッパ中世、一三世紀の神学者。カトリック神学の基礎となるスコラ学を完成させた。
＊HUAC（下院非米活動委員会）　米連邦議会下院に一九三八年から七五年まで設置されていた、非米活動（アン・アメリカン・アクティヴィティー）を取り締まる調査委員会。
＊ジョー（ジョセフ）・マッカーシー　米国の政治家、上院議員（一九〇八～五七年）。共産主義攻撃、「赤狩り」の先頭に立ち、現代の魔女狩り、「マッカーシズム」という言葉を生んだ。

障会議（NSC）」と「中央情報局（CIA）」を創設したことで、アメリカの敵国ならびに同盟国の双方に対する姿勢をも一変させたのである。こうした安全保障上の新たな危機意識は、「家《ペンタゴン》」の中で、同盟国でさえ最大脅威の敵になり得るとの想定を生み出した。

「国家安全保障法」による各軍の統合には、互いの対抗意識から生じる問題を解消する狙いが込められていた。海軍と陸軍の主導権争いは第二次世界大戦を通して、繰り返し浮上し、実際の戦闘場面において不効率かつ不要な犠牲者を出していた。

すでに見たように海軍は、「家《ペンタゴン》」が一九四三年に出来た時、入居を拒んでいた。それは、海軍としてどれだけスペースを使えるか、をめぐる争いだった。こうした反目は、前線の戦闘部隊の足を引っ張ることになり、犠牲者を増やす結果を生み出すだけだった。たとえば陸軍航空隊（AAF）は、大西洋における米海軍の対ドイツ潜水艦攻撃支援で、手持ちの爆撃機の投入を拒んだのである。

そうした陸海軍の反目は、太平洋戦域でも同様に激しかった。陸軍と海軍は互いに相手の勢いを殺ごうとしていた。予算の獲得合戦では、とくに激しくぶつかり合った。人命の損失、軍事費の膨張、統合司令部の拒否、相次ぐ攻撃作戦上の混乱――太平洋では、海軍と陸軍が別々に戦争しているような状況さえ生まれていた。マッカーサー将軍自身は、戦争終結後、海軍の戦艦の艦上で、日本の降伏を受け入れることに対して怒りをあらわにしなかったが、陸軍の指導部は「海軍の策略」と公言していたほどだ。[4]

ナチズム、ファシズムに勝利したあと、米政府の官僚、軍部当局者らは、新たな戦いを始めた。身内に対する――自軍に対する内戦を始めたのだった。米軍はたしかに戦争には勝利したが、軍の内外、とりわけ連邦議会内に、戦争によって組織上の問題点があらわになった、との認識が生まれた。それを解決するには、「ある種の、軍を統括する連邦政府組織」[5]の創設にいたる官僚機構の再編が必要だという見方が生まれたのだ。

新しい統合組織は、「戦争省」(「陸軍省」を改称)と「海軍省」を「国家軍政省」の下に包摂、最終的に「国防総省」という形に落ち着いた。当たり障りのない名称の変更のようにも見えるが、内実としては非常に大きな意味を持つ改編だった。

この組織統合で海軍はついに「家《ペンタゴン》」への引っ越しを余儀なくされた。早速、「陸軍長官」と「海軍長官」は、大統領の閣僚の座から外され、代わって「国防長官」がその地位に就いた。国防長官は、新たに創設された空軍を含む米軍の各部門のほか、いまや正式な組織となった「統合参謀本部」を統率することになった。

こうした「国家安全保障法」の提案準備が進む中、海軍の独立性維持を狙って、懸命なロビー活動を行った男がいた。大戦の半ばから、その地位にあり続けたフォレスタル海軍長官だった。日本の降伏文書調印式を米海軍の戦艦上で行うことを提案したのも、フォレスタルだった。フォレスタルは、トルーマン大統領がこの提案に乗ることを、しっかり見抜いていた。調印式を行う米海軍の戦艦の名は、トルーマンの出身地である「ミズーリ」だった。

4 Rogow, *Victim of Duty*, 一〇九頁。
5 Borklund, *Men of the Pentagon*, 一一頁。

フォレスタルもまた、空軍創設を唱える人々と同様、海軍予算を維持する上で「ソビエトの脅威」を使うのが有効であることを、素早く見て取っていた。こうしたフォレスタルの考え方には、共産主義を毛嫌いする一方、逆にそれだけ海軍に愛着を持つ、かねてからの彼の姿勢がしっかり組み込まれていた。共産主義への敵意は今や、新しく生まれた空軍に対する怨念とともに織り上げられるに至ったのである。

米軍部各軍の統合へ向けた議論が進む中、フォレスタルは恥じることなく海軍の権益を擁護したが、その議論は高尚な理想論に彩られていた。「専制」は民主主義に背くものだとして、国防長官は実際的な権限を持つべきではない、というのがその主張だった。「統合」するにしても、あくまで象徴的なものにとどめ、現実的なものにすべきではない、という含みを持たせた主張だった。

こうしたフォレスタルの立場は、「国家安全保障法」が議会を通過するまでに、正しいものであると認められた。「国家安全保障法」は最終的に、各軍の独立性を保障するとともに、国防長官の権限を連合体の調停者の役割に限定したのである。

こうして政府部内の空中戦《ドッグ・ファイト》に勝利を収めたフォレスタルだが、さっそく自ら、懲罰を招くことになる。トルーマン大統領によって、初代の国防長官《セクレタリー・オブ・ディフェンス》――間もなく「セクディフ」と呼ばれる職務に任命されてしまったからだ。[6]

一九四七年の「国家安全保障法」の成立は、陸軍と海軍の長年の敵対関係を悪化させたが、同時に空軍を独立させたことで、さらに軍部内の関係を複雑化した。空軍はモスクワの脅威を盾に、予算、資材確保のため海軍と手を組み、陸軍に対抗しようとした。しかしトルーマンは、負け戦になることがすでにはっきりしていた、来《きた》るべき大統領選を睨み、膨大な陸軍兵士の動員解除を決める一方、新たに生まれた国防総省に対してゼロシーリングの予算枠を設ける決断を下していた。これにより、空軍の仇敵は最早、陸軍ではなくなり、海軍相手の熱い戦いが演じられることになった。

アメリカの海軍はこの国の建国間もない時期から、国家の安全を保障する守り手と見なされて来た。最初は沿岸警備の任務に就き、その後、アメリカの海上権力を拡大する担い手になった。が、今や、そうした海軍の主導的役割に変化が起きつつあることは言うまでもなかった。

新たな競合関係の中で空軍は、原爆の優位性を強調、爆撃隊こそ新たなアメリカの守護者であると主張するとともに、「戦略空軍」という新たな軍事ドクトリンにより、今後、絶対的な権力を比較的安価に確保することができる、と確約してみせた。[7]

海軍は、ここで後手に回らざるを得なかった。それは海軍が、長距離戦略爆撃機による空爆計画の立案から外されたからだけではない。「原爆投下」をめぐって軍部が最初の検討を行った際、リーヒ、キング、ニミッツ提督ら海軍内の首脳部が現実的ではないと反論したばかりか、ラルフ・バード海軍次官

6 その後の経過を辿るとわかることだが、フォレスタルはこの「国防長官」の地位の脆弱さから墓穴を掘ることになる。この「地位」の弱さを補強し、国防長官に全軍を指揮する権限を付与する「国家安全保障法」の改正は、二年後の一九四九年に行われた。陸軍長官、海軍長官が閣僚の座から追われたのは、この時である。その時、フォレスタルはすでに亡くなっていた。

7 ベル電話研究所は一九四六年、「原爆攻撃は、一〇〇倍も」通常爆弾による空爆より「安上がり」だが、「同じコストで四〇倍から六〇〇倍も大きな」損失を敵に与えることができる、との研究結果をまとめた。Yergin, *Shattered Peace*, 二六七頁。

などが道徳的な見地から反対の意思表示をしていたからだ。[8]その海軍も今や原爆に関わりを深め、新世代の超大型空母《スーパーキャリアー》こそ、原爆の基地としてはベストである、と主張するまでになっていた。

空軍の母体となった爆撃隊の司令官たちはかねがね、「家《ペンタゴン》」の指揮下にはあったものの、欧州、太平洋戦域にあってはかなりの独立性を謳歌していた。それはマーシャル将軍自身、陸軍航空隊については、アーノルドに何も口出ししなかったことをみてもわかる。つまり、爆撃隊の司令官らには、戦争が終わったからといって、いったん手にした独立を手放す気など、さらさらなかったのである。空軍という新しい縄張りを敷いて守り抜く……その断固たる気迫は、かつての陸・海軍の争いなど比較にもならない激しいものになるはずだった。

新たに編成される「戦略爆撃隊」は、空軍の最優先事項だった。爆撃隊の司令官らは、「冷戦」を戦う、米軍の陣形を築いたのだ。「ソビエトの脅威」という匕首《あいくち》を、ライバルの陸軍、海軍の急所に突きつけたのだ。モスクワの意図が闇に包まれていればいるほど、空軍予算の前途は明るいものになった。

決定的な瞬間は、陸軍航空隊の最高司令官をアーノルドから引き継いだ、伝説の爆撃隊司令官、カール・スパーツによる、連邦議会公聴会での驚くべき証言の際、訪れた。

スクリーンに映写された世界地図は、見慣れたメルカトール図法によるものではなかった。米国が大西洋、太平洋の大海で両側から守られている、あの世界地図ではなかった。北極を中心とした世界地図だった。広大な「ソ連」が、狭すぎる海峡を越えてアラスカをひと呑みし、今にも残る四八州に襲いかかろうとしている……。そこには危機に瀕した「アメリカ」があった。

こうして生まれた空軍の初代長官に任命されたのは、当時、四十六歳、ミズーリ州でトルーマンと親しくなった実業家のW・スチュアート・サイミントン＊だった。

大学教授の息子であり、自身、エール大学の卒業者でもあるサイミントンは、実業家として成功を収めた人物だった。第二次世界大戦中、爆撃機用の電動式砲塔を製造していた防衛企業の社長を務めていたサイミントンは、「戦略空軍」こそ、アメリカの軍事的未来を築く礎石であると叫ぶ、熱烈な提唱者でもあった。

サイミントンは、実戦配備の爆撃隊がその任務を解かれてゆく姿を、暗い気分で見守り続けていた。大戦の終わりには二一八隊もあったのが、翌一九四六年の終わりには一桁台まで激減していたのである。[9] その一方でサイミントンは、これがアメリカの航空産業にとって何を意味するか、他の誰よりも理解していた。軍の発注がなくなれば、航空産業は生き残れないのである。[10] サイミントンはまた、もうひとつ、大事なことをわかっていた。軍の発注を伸ばす術が、ひとつだけあることを。ソ連の恐怖をふりまく——が、それだった。

---

8 ここで思い出していただきたいのは、「内部委員会」でただ一人、工場労働者の居住地に囲まれた工場をターゲットとした原爆攻撃に反対したのが、このバード次官だったことだ。Hoopes and Brinkley, *Driven Patriot*, 二一二頁。

＊W・スチュアート・サイミントン　米国の実業家、政治家（一九〇一～八八年）。マサチューセッツ州アマーストの出身。一九三八年、乞われてセントルイス（ミズーリ州）の「エマーソン電機」の社長に就任。空軍長官後、連邦議会の上院議員に。

9 Meilinger, *Hoyt S. Vandenberg*, 一一五頁。

10 「一九四七年二月の全（航空）産業の出荷額は五二〇〇万ドルだった。このうち、軍関係だけで四二〇〇万ドルを占めていた」Yergin, *Shattered Peace*, 二六八頁。

すでに見たように、一九四七年の「国家安全保障法」の狙いは、三軍を「家《ペンタゴン》」の最高司令部が統括する、連邦政府のひとつの「省」の下に統合しようというものだった。

しかし、海軍が独立を維持しようと決意を固めていたのと同様、新たに生まれた空軍もまた、サイミントンの下で、「原爆」を自らの力の源、アメリカの威力の源泉として、わが道をゆく決意に燃えていた。こうした中で空軍長官のサイミントンは、やがてフォレスタル海軍長官の仇敵となってゆくのである。

フォレスタルの復讐心が一段と燃え盛った時があった。サイミントンが要求した空軍予算が、海軍を骨抜きにし、単なる物資供給・輸送部門にしてしまうものだとわかった時だ。新しく生まれた国防総省が、空爆のための組織のようになっていたのだ。

空軍長官、サイミントンにとって、一九四七年秋の最初の大仕事は、陸軍の空軍力を本体から完全に切り離すことだった。私の父も、その独立した空軍に入ったわけだ。

空軍が独立したことは、手持ちの航空機以外の全てのものをゼロから作り出さねばならないことでもあった。基地も研究所も、陸軍がまだ「所有」していた。空軍力が依存する兵站基地も、まだ陸軍のものだった。その全てを返せと陸軍は要求して来た。陸軍との間の対立は、空軍にある決意を固めさせた。陸軍の施設には、可能な限り頼らないとの決意だった。

一九四七年は、「下院非米活動委員会」の年だった。「司法長官のブラックリスト」「忠誠の宣誓」「共産主義者の忌まわしき浸透」の、「赤狩り」の年だった。そんな中、国家の「安全保障《セキュリティー》」は——新たな意味合いの下、登場したこの言葉は、サイミントンにとっても、今や何より大きな問題だった。こうした政治的な風向きの中で、ワシントンで国家の安全保障を語る者は、ともすれば思いつきに走り、ヒステリックな物言いになりがちだったが、サイミントンは違っていた。空軍にとって、合理的で組織立った、信頼できる何かを求めていたのである。

サイミントンは、赤の同調者《ピンク》や同乗者、あるいは間の抜けたアメリカの共産主義者よりも、ほんもののソビエトのスパイを恐れていた。空軍として独自の防諜能力を持つべきだと考えたのは、そのためである。しかし、それもサイミントンの関心の一部にしか過ぎなかった。空軍が発注する契約額は数十億ドル規模に達し、汚職も防がねばならなかった。そのためには、戦時中、陸軍の中にあった素人の寄せ集めではない、本物の捜査能力を備えた組織が必要であることを、サイミントンはわかっていたのである。

空軍基地の警備、他の諜報機関の浸透阻止（ソ連のエージェントの浸透阻止については言うまでもない）、数十億ドルもの軍事発注をめぐる汚職捜査、空軍内の内部統制……これらをやりきるためには、縄張りを争い、手柄を見せたがる、「MI2」や「犯罪捜査隊」、あるいは半ば崩壊状態の「OSS《オフィス・オブ・ストラテジック・サービス》（戦略諜報局）」といった陸軍内部の諸組織の力だけでは不十分だった。「家《ペンタゴン》」を産み出した理念に従い、サイミントンは空軍に、集権化した情報機関を新設、その長を自ら任命しようとしたのである。

「FBIの空軍版」をつくる……これがサイミントンの願いとなった。それで彼はFBIのフーヴァー長官に、空軍機関の創設プランづくりに専門家を短期間、貸し出すように依頼し、そこでフーヴァー長官から出向を命じられたのが、私の父だった。これがその年、一九四七年の十月のこと。そしてその年の十二月には早くも、わが父、ジョセフ・キャロルのまとめた新組織、「空軍特別捜査局《オフィス・オブ・スペシャル・インヴェスティゲーション》（OSI）」の青写真が、詳細な組織図と候補者のリストとともに、サイミントンの机の上に載るに至ったのである。

　提案は、これまでの軍組織のルールを全て打ち破るものだった。新設するOSIのエージェントは、空軍内の指揮命令系統から離れて活動し、上官に対する権限を行使する力を持ち、現場の指揮官に従うのではなく、「家《ペンタゴン》」にいる全権を持った長にのみ報告義務を負う、という提案だった。

　それはまさしく、サイミントンが望んだものだったが、彼の指示で私の父が空軍の首脳陣に提案説明をしたところ、「こんなの、出来っこない」が、彼らの反応だった。とどのつまり、空軍の首脳部は提案を拒否したのだった。が、彼らにとって驚きだったように、それはまた私の父にも青天の霹靂だったことだが、サイミントンは私の父を、OSIを立ち上げる責任者に指名したのである。父はどうしたらよいものか迷っていたが、フーヴァー長官はサイミントンの申し出に同意してしまった。

　この人事に、「家《ペンタゴン》」の空軍部局から、ちょっとした沈黙の抵抗と妨害の威嚇が出た。そうした縄張り意識こそ、OSIが根絶やししようとするものだった。そのありさまを見て、私の父は、この仕事を受ける気になったという。空軍の首脳部はしばらく経つと、あらゆる外部の人間に対して一致団結、ひとつのポストも明け渡そうとしないことで「青いカーテン」[11]と呼ばれることになるが、わが父、ジョー・キャロルに対しても、この「青いカーテン」は閉じられた。

　しかし、そんなことで動じる父ではなかった。私の父は、あのシカゴのギャング、ロジャー・トーイを捕まえた元Gメンだった。トーイが証言したように、情け容赦なく引き鉄を引こうとした男だった。

その父をサイミントンがOSIの初代局長として正式に発令した時、空軍の首脳部から抗議の声が上がった。文民が制服組を統制することは違法だ、というのが、その理由だった。サイミントンはすかさず、トルーマンの力をかりて、父親を武官にしてしまう特別法を連邦議会に上程した。私の父は三十七歳の若さで、空軍内最年少の将軍になった。

後年、父は空軍の歴史編纂者のインタビューに答え、サイミントンにOSI局長に任命された後、「家《ペンタゴン》」の官僚制の藪《やぶ》を突破するため、どんなに奮闘しなければならなかったか、振り返ったことがある。OSIの局長室こそ、「家《ペンタゴン》」のEリング四階という格上のスペースにあり、それも二部屋ぶち抜きの広さだったが、局長自らスタッフをリクルートし、予算の確保に動かなければならなかったという。

父が頼りにしたのは、FBIから引き抜いた仲間たちだった。空軍首脳部の将軍たちは、父のことを「警官」と見ていた。しかし、将軍たちが父よりいくら階級が上で、いくら父を「隠れ文民」と蔑もうとも、父には必要とあらば彼らを捜査する権限が与えられていたのである。空軍首脳部と一線を画していたことで、父の権力はリアルなものになっていたのだ。

バスルームの鏡に向かって何度も練習して、正式な敬礼の仕方を身につけたわが父、ジョー・キャロルだったが、第二次世界大戦を戦った空の男たちが実はもっとくだけた気軽な敬礼の仕方にプライドを感じているところまではわかっていなかった。父は修道院生活で身につけた厳格な自律を軍人としてのマナーと考え、貫こうとしたが、空軍の軍人たちは、気楽なふりを厳格に装っていた。彼らの頭

11 Woodward, *The Commanders*, 七四頁。

の上の、新たに支給された空軍の制帽は、ペシャンコになって乗っかっているありさまだった。「家《ペンタゴン》」の廊下ですれ違う同僚の胸には、彼らがドイツや太平洋戦域の上空で敵の対空砲火を潜り抜けて手にした「戦闘《コンバット》リボン」や「銀の翼《シルバー・ウィング》」が——空爆作戦で破壊を成し遂げた功績によるバッジが、燦然と輝いていた。「ポイントブランク作戦」、「サンダークラップ作戦」「クラリオン作戦」……「リトル・ボーイ」、そして「ファット・マン」——。

が、本来、戦闘リボンや指揮官のパイロットに贈られる記章があるべき、ジョー・キャロルの左胸には、制服の生地の輝きがあるばかりだった。着けるものが何もなかったのだ。そう、FBI時代の射撃賞さえも（父は射撃の名手だった……）。

そんな制服姿は、「家《ペンタゴン》」の中で父親だけだった。だから誰もが、父の制服の胸に視線を走らせていた。私の父は、上空から一五〇万人もの人々を殺戮した空爆にも参加したことがなかった。そんな父を、ルメイやその仲間たちが蔑まないはずがなかった。

2　スティムソンの「9・11」

空からの殺戮をめぐる諸決定に加わった当事者の中で、唯一、その新たな繰り返しを防ごうとしたのは、ヘンリー・スティムソン、その人である。その点で、米軍の未来図にかかわるスティムソンの見方は、彼がかつて任務をともにした軍の首脳たちと根本的に異なるものだった。第二次世界大戦の終わり、軍の首脳たちは早くも、次の戦争を見据え、敵を打ち破ることを考えていた。しかし、そうあってはならないと、スティムソンは考えていた。それで彼は、次なる戦争を回避しようと動いたのである。

スティムソンは、後年、若きマクジョージ・バンディとともに書き下ろした回想録の中で、一九四五年の夏の終わりを振り返りながら、自分自身を三人称で、こう語っている。

「スティムソンはそれまで三十年間、国際法と道徳を擁護する闘士《チャンピオン》であり続けていた。一人の兵士として、あるいは大統領府のメンバーとして、戦争はそれ自体、人間性の枠内に抑止しなければならない、と繰り返し主張して来た。最近では六月一日、彼は空軍の指導者に厳しく問いただした。明らかに無差別爆撃でしかない東京空爆は絶対必要なものだったか、知りたかったからだ……東京に対する、B29爆撃機の大編隊による大空襲でスティムソンは、彼自身がいつも憎み続けていた、ある種の全面戦争を許してしまったのである。彼はまた、原爆の使用を勧告した際、現代の戦争の恐ろしさは際限のないものだと、内心、密かに告白していた[12]」

実際のところスティムソンは、一九四五年の春から夏にかけて行われた無差別焼夷弾爆撃に対して、注意らしい注意を払っていなかった[13]。しかし、スティムソンがその現実を知った時、それはそのまま、原爆使用を正当化する、もうひとつの理由付けになってしまった。つまりスティムソンらは原爆を、あの非人間的な焼夷弾爆撃をやめる、ひとつの方法だと、奇妙にも考えてしまったのである。それはまるで焼夷弾爆撃を、自分とは無関係のものと言いたげな考え方だった。

戦争の終わりのスティムソンの胸中は、混乱と否認、消耗と悲嘆、そして罪悪感の入り混じったもの

---

12 Stimson and Bundy, *On Active Service in Peace and War*, 六三二〜六三三頁。

だった。スティムソンの引き裂かれた良心は、こうした理屈で自分を納得させることで、自ら道筋をつけた（文字通りの）行き止まりからの脱出口をようやく探し当てた。

スティムソンは「家《ペンタゴン》」の建築工事を監督し、「原爆」の製造を監督した男だった。[14] スティムソンはまた、遅まきながらも陸軍航空隊の空爆法が精密爆撃から地域爆撃へとエスカレートしたことに苦しんだ男でもあった。空爆の主力爆弾を焼夷弾に切り替えることを承認する一方、ポツダム宣言の無条件降伏要求の苛烈さを弱めようとして失敗した男だった。ヒロシマとナガサキへの原爆投下を、軍事的な目標への攻撃だと主張しながら、キョートだけは救った男だった。

トルーマンがモスクワに対して新たな敵意を燃やすのを見守っていたのも、原爆というものが世界のすべてを変えてしまったことにいち早く気付いていたのも、同じ、このスティムソンだった。

そのスティムソンが、米国内のインディアン戦争に始まる彼自身の長い軍歴の中でも例のない率先的な取り組みに、戦後のある日、決然と乗り出した。

その「ある日」とは、もうひとつの「九月十一日」。世界の中心に別の世界が衝突する「9・11」の衝撃こそ、本書の主題のひとつだが、「一九四五年九月十一日」、スティムソンはある挑戦に乗り出した。

それは「家《ペンタゴン》」の起工式が行われた四年後、アルカイダが「家《ペンタゴン》」を攻撃する五十六年前のこと。日本の降伏からまだ一ヵ月も経っておらず、ナガサキでの原爆炸裂から一ヵ月ちょっとしか経っていない「九月十一日」のことだった。

その日、スティムソンは「大統領への覚書」をまとめ、緊急の文書として提出した。「覚書」は「題

＝原爆コントロールのための提案行動」で始まるものだった。

その中でスティムソンはまず、トルーマン大統領に対し、核の時代の夜明けの意味を、以下のように語りかけた。

「もし原爆というものが単に、私たちの国際関係の型《パターン》の中に同化すべき、より破壊的な兵器のひとつに過ぎないものであれば、そういうこともあるでしょう。私たちとしては、毒ガスがそうだったように、原爆の将来的な利用を処方する《プリスクライヴ》（原文のまま）ことに慎重な国際社会の態度に依拠しながら、機密保持並びに国家的な軍事的優位でもって使用を回避する古い慣習に従うこともできるでしょう。しかし、私は思うのです。そうでなくても原爆は、自然力に対する人間の新しい支配の第一歩を踏み出して

13 一九四五年五月三十一日に開かれた「内部委員会」で、途中、議論を遮ってスティムソンが行った発言を、オッペンハイマーは、こう記録している。その時、スティムソンは、「戦争がもたらした良心と哀れみの恐るべき欠如……ハンブルク、ドレスデン、あるいはトーキョーに対する大量爆撃を歓迎した、われわれの自己満足、無関心、沈黙を強調し、われわれが退廃の道を行く着くところまで行き着いたと感じていると語った」というのだ。しかし、この時の「内部委員会」こそ、「労働者の家に囲まれた」目標に対し、原爆を投下することを決定した委員会であり、スティムソンはこれに同意するのである。Bird and Lifschultz, *Hiroshima's Shadow*, liv頁。Rhodes, *The Making of the Atomic Bomb*, 六四七頁も参照。

14 「マンハッタン計画」をめぐる最初の決断におけるスティムソンの役割は決定的だった。それは彼がグローヴズを「マンハッタン計画」の監督者として任命する、もっと前の時点でのことだ。「一九四一年の秋、ルーズベルト大統領はスティムソンを、核分裂の軍事利用を検討する委員会の委員に任命した。スティムソンは一九四三年五月一日以降、この問題に関し大統領に提言する上席顧問を務めた」Current, *Secretary Stimson*, 二二九頁。別の伝記作者によれば、スティムソンが原爆開発プロジェクトについて初めて知ったのは、一九四一年十一月六日のことだ。Morison, *Turmoil and Tradition*, 六一四頁。

しまったものであります。それは古い概念に収まるには、あまりにも革命的で、あまりにも危険なものであります。私はまた、原爆は技術的な破壊力の増大と、人間の自己コントロール、集団コントロールの心理的な力――つまり人間の道徳的な力との間の争いの最終局面を生み出していると思います。もしそうであるならば、私たちのロシアに対するアプローチの仕方は、人類進歩の進化の中で最も重大な意味を持った問題になります……そうした問題の核心にあるもの、それがロシアなのです」

スティムソンにはもうわかっていたのである。ワシントンとモスクワの関係は今後、「原爆問題によって現実に支配されていく」ことに気付いていたのだ。このことをスティムソンは、この年の四月、この問題を話し合うため、初めてトルーマンに会った際、彼に口頭でも告げていた。

「覚書」にスティムソンは、さらにこう書いた。ロシアが原爆を持つことは、遅かれ（グローヴズ将軍が言うように二十年、もしくはそれ以上、後に）、早かれ（科学者たちの言うように三、四年以内に）、いずれにせよ避けられないことだ。だから、時間の問題より、「秘密裏に、絶望的な秘密核開発競争に走ることを」避けるべきである。「そうした競争が、もう始まっているかも知れない証拠もある」――と。

続けてスティムソンは、「簡潔に言えば……」と具体的な提案を「覚書」に書き込んだ。米国はただちに、「原爆のコントロールと使用制限を目的とした話し合いによる解決に入る」ステップを踏むべきである、と。

ソ連をわれわれの信頼の中に引き込み、「ロシア、英国も同様の措置をとるならば、武器としての原爆のさらなる改善、あるいはその製造を中止する」と言えば、彼らもわれわれを信じるはずだと、スティムソンは示唆したのだ。

この意味をさらに明確化するため、スティムソンはより具体的な提案に踏み込む。「ロシアと英国が、今後いかなる事態になろうと、われわれ三ヵ国の政府が同意しない限り、原爆を戦争の道具として使用しないと約束するなら、米国内にわれわれの保有する原爆を封印する《インパウンド》」と、ワシントンとして明言すべきであると提案したのだ。

核の機密保持は止めよう。核の独占は止めよう。核を使用する国家主権は放棄しよう。保有している核についても放棄しよう……。スティムソンは「覚書」に添えた書簡の中で、「共有《シェア》」という言葉を二度使い、提案のポイントを強調したのである。[15]

実はスティムソンは、原爆問題でトルーマンに送った最初の「覚書」(同年四月二十五日付)の中ですでに、「原爆を他の諸国と共有する問題、そして原爆を共有するなら、バードの言うような条件において可能か、という問題は、いまやわれわれの外交問題になっている」と提起していた。[16] そのスティムソンが、こんどは原爆をモスクワと共有しようと、さらに踏み込んだ提案をしたのである。「私は、私たちの目下の政治的考察がそれを適切と認めるなら、ただちにこのアプローチに踏み出したい」と。

15 Stimson and Bundy, *On Active Service in Peace and War*, 六四二頁。核開発競争を回避するため、原爆に関する機密をソ連と共有するアイデアは、デンマークの物理学者、ニールス・ボーアが一九四三年に、ワシントンとロンドンに対して、これを提案したことに遡る。Sherwin and Bird, *American Prometheus*, 二六三頁。

16 スティムソンの『ハーパーズ』誌論文（"The Decision to Use the Atomic Bomb"）に引用された「原爆に関するスティムソン覚書（"Stimson Memo on the A-Bomb"）」を参照。このスティムソンの覚書がトルーマンを全く動かさなかったとは考え難い。トルーマンはナチスの戦犯の訴追問題でまさにスティムソンの勧告に従い、公正な裁判を実施するとの判断を下したばかりだった。

この時、スティムソンは七十七歳——。その彼が陸軍長官に初めて任命されたのは一九一一年だった。

その後、世界が大恐慌から生まれた軍事的な混沌へと突入する中で国務長官になり、第二次世界大戦の期間を通して再び、陸軍長官の地位にあったスティムソンは、残酷な空爆作戦のエスカレートに苦悩しながら、その一方で、不安などには無縁なレズリー・グローヴズに他の誰よりも権限を与えた人物だった。キョートを原爆から救う一方、ヒロシマとその「労働者の住宅」に対する原爆攻撃については、ためらわず承認した男だった。戦略爆撃隊という名の「縛られた若き巨人」[17]を、その束縛から解き放ったのも、このスティムソンだった。ナイーブさから彼ぐらい程遠い男はなかったが、それでいながら彼自身、告白しているように、「文明を五年や二十年ではなく、永遠に守りたい」と悩み続けた男だった。

このスティムソンが今や、警告していた。モスクワとの関係は、「われわれが原爆をめぐってロシアに対して採っている問題解決のアプローチを続けている限り、結果はたぶん取り返しのつかない形で険悪なものになりかねない。原爆を〔拳銃のように〕腰にちらつかせながら、彼らに対するアプローチにしくじり、交渉をだらだら続けているだけでは、われわれの目的、動機に対する彼らの疑いと不信は増大するだけだろう」と。

この、「原爆を腰にちらつかせて」という表現は、このスティムソンの「覚書」が、当時のバーンズ国務長官が採っていた、激しい反ソ路線に対する反論であったことを示すものだ。バーンズは当時すでに対抗心の塊と化していたのである。

スティムソンは「覚書」を送付する数週間前、ロンドンで開催される外相評議会の会合に向けたバーンズの姿勢を批判し、次のように述べている。「バーンズは、スターリンとの協力姿勢に対し、悉《ことごと》く大反対の態度だ。バーンズの心は、各国の外相との会談で出てくる諸問題でいっぱいだ。そこで彼は、ポケットに原爆を入れて、それをこれ見よがしにちらつかせようとしている。原爆を、自分の主張を通すための、強力な武器にしているようなものだ[18]」

スティムソンのトルーマン宛て「9・11覚書」は、バーンズに対する強烈な反論であるとともに、アメリカの政治家が出した声明の中で、最も注目されるべきもののひとつだった。その中でスティムソンは、こうも書いている。「私が長い人生の中で学んだ最大の教訓は、相手を信頼できる者とする唯一の道は、その人を信頼することである、ということだ。そして、相手を信頼できない者にする最も確実な方法は、相手を信用せず、相手に自分の不信感を見せ付けることである[19]」

ここで言う「その人」とは、もちろんヨシフ・スターリンのことである。スティムソンはこの「覚書」を書いてから三年近く経った一九四八年に回想録を出すのだが、この中で彼はスターリンのことを、自ら信用出来ない者であることを証明した人物だと語っている。それどころかスティムソンは、一九四五年の「9・11覚書」について、「危険なほど一方的なもの」だったと述べてもいるのだ。「覚書」を書いたことに、自分自身、困惑しているような言い方にも聞こえるが、それも彼自身が警告した、苛

17 Stimson and Bundy, *On Active Service in Peace and War*, 六四六頁。
18 Stimson diary, September 4, 1945. Hodgson, *The Colonel*, 三五二頁。

烈な国際政治と絶望的な核兵器開発競争が到来した状況の最中でのことである。この時点で米ソ両国は、まさに敵同士になってしまっていた。

相手を信用せよという、あの感動的な希望を込めた「覚書」を擁護する形で、一九四八年のスティムソンはこう弁解している。「しかし、付け加えなければならないことは、それは相手を騙《だま》そうと決意している男に対しては、あてはまらないことである」。

もちろん、一九四五年のスティムソンも、スターリンに対してナイーブではなかった。それ以前、彼は、ソ連には自ら自由化する力があるといった、根拠のない希望を語っていたものだが、戦争の終わりには、特にモスクワ駐在のアメリカ大使、W・アヴェレル・ハリマンからの報告によって、クレムリンの強硬姿勢に対し、何の幻想も持たなくなっていた。[20]

スティムソンはスターリンがヒトラーと取り引きしたことも当然、知っていたし、スターリンの苛烈な東部戦線における攻勢がなければ、連合軍の勝利も覚束なかったこともわかっていた。陸軍長官として東部戦線からの報告も受けていたスティムソンは、スターリンのドイツ人だけでなく、ソ連兵にたいする残虐な行為についても把握していたのだ。

スティムソンはフーヴァー大統領の下で、一九二九年から一九三三年までの間、国務長官もしていたから、スターリンの最大の犯罪である「大飢饉」についても詳細な報告電報を読んで知っていたはずだ。ヨーロッパのパン籠、ウクライナなどを襲った「飢饉テロ」で、五〇〇万人から三〇〇〇万人もの人々が死に追いやられた。ソ連の独裁者、スターリンが、その収穫物を、彼の帝国の他の地域へ振り向けてしまったからだ。言い方を変えればスティムソンは、「農業集団化」の名の下に行われたスターリンの怪物的な悪行を十分、知る立場にあった。

そのスターリンも、世界の強国との関係では、現実主義者でしかあり得ない、取るに足らない男だった。スティムソンはだからこそ、ソ連の指導者が自らの体制の膨張主義的な圧力を抑え込み、アメリカの要求に応えるのではないか、と考えたのだった。

その後の事態の推移は、スティムソンの見方の正しさを裏付けるものとなった。アメリカ人の歴史の常識としては、モスクワは常に、流動する戦後世界において拡張政策を続けたことになっているが、事実は違っていた。ソ連はイランから撤退し、ソ連国境沿いのこの国を西側諸国の支配に任せたし、ノルウェーからも撤退。ギリシャ、イタリア、フィンランドでは共産主義者たちを見捨て、中国の共産主義者たちを十分、支援することもなかった。

---

19 Stimson and Bundy, *On Active Service in Peace and War*, 六四二～六四五頁。スティムソンのこの主張は、リスクを取ることが必要だという考えに支持されたものだ。そのスティムソンに対し、ソ連との包括的な合意が緊急課題だというアピールが行われたのは、一九四五年八月十七日のことだった。アピールは「マンハッタン計画の実験リーダーたちからだった……しかし、彼らの陸軍長官に対する訴えは秘密の書簡で行われた。このため彼らの意見はその後、何年にもわたって隠されたままだった」。Phillip Morrison, "Recollections of a Nuclear War," *Scientific American* 誌、一九九五年八月号所収。こうした科学者たちの提案は、ニールス・ボーアがルーズベルトに対し、その死の間際まで行ったものと響き合うものだ。換言すれば彼らは、強制力のある国際的な核の管理を考えていたわけである。スティムソンの「9・11」覚書の起草を手伝ったのは、陸軍次官のジョン・マックロイだった。信頼できない相手を信頼せよ、とのスティムソンの言葉は、ワシントンに開設された軍備管理を研究するシンクタンク、スティムソン・センターの入口に掲げられてある。

20 Hodgson, *The Colonel*, 三四四頁。

ドイツでスターリンは、諸勢力を糾合した統治を模索し、社会主義者以上にブルジョア分子を支持しようとさえした。[21]黒海の出入口の管理の問題でも譲歩し、ポツダム会談に遡る賠償合意の履行をアメリカが拒否するのを渋々ながら受け容れていたのである。

スティムソンがスターリンに対し、「信頼」に基づくアプローチを仕掛けようと考えたのも、それはもちろん、当時、ソ連の指導者が引き摺っていた重い足かせのことを知っていたからだ。スティムソンはまた原爆が、たとえそれが一時的なものであれ、ソ連をしっかり抑え込むだけの優位性をワシントンにもたらしている、と知ってもいた。

スターリンは有名な言葉を遺している。一人の人間の死は悲劇だけれど、一〇〇万の人間の死は統計である、と。

スティムソンもまた、そうした大量死の裁可を下した男だった。そうした彼をこの時、さらに苦しめていたもの……それはあの原爆投下と同じような悲劇が今後、次々にやって来る、との見通しだった。それは彼自身が解き放った力がもたらす死でもあった。疲れきった一人の老人として、その人間性の限りを尽くしてスティムソンは、彼がその結果に一役買った個々の人間の死を、生きた一人の人間の死として、今、受け止めようとしていた。一人の人間の死、別の一人の人間の死……それが積み重なり、悲劇の山が生まれたとしても、それは統計では全くなかった。

スティムソンは一九四七年、雑誌の『ハーパーズ』に発表した論文に、「戦争の顔とは死の顔である」と書いた。その論文は前述のように、原爆の使用を正当化しようとしたものである。しかし、「最も嫌悪を覚えない選択」であったその使用が今や、全てを変えてしまっていたのだ。スティムソン自身、原爆を擁護しつつ、その原爆を非難さえする立場に身を置くようになっていた。彼が自ら裁可を下したものこそ、「戦争を二度と起こしてはならない……それ以外、道はないことを、完璧に明らかにするものだった」。彼が一九四七年の論文に書き込んだ見解は、一九四五年の時点で彼の理解になっていたものをさらに強化したものに過ぎない。

「一九四五年九月十一日」のスティムソンとはつまり、単純な楽天家でもなければ、ヘンリー・ワラス*のような人間でもなかった。彼がスターリンを信じることでスターリンを信頼に足る人間にしようと提案したのも、スターリン自身が変わることを期待したからではなかった。「八月六日」のヒロシマの日以降、世界の全てが変わった、と彼自身、確信したからである。そしてスティムソン自身の考え方も、すでに間違いなく変わっていた[22]。

トルーマンの名誉のために言えば、このスティムソンのラジカルな「9・11提案」を、トルーマンは

21 Leffler, *The Cold War*, 五一六頁。当時のドイツの社会主義者たち（社会民主党）は共産主義者を憎んでおり、一九一九年～一九三三年にかけ、彼らとの連合を拒否、弱体ながら純粋な社会主義政党の維持を選んだ。これに対してドイツの共産主義者たちは、モスクワの指示に従い、社会主義者らに敵意を返すことになる。

＊ ヘンリー・ワラス　米国の政治家（一八八八～一九六五年）。ルーズベルト大統領の下で副大統領を務めた。ソ連寄りの立場に立ち、戦後の一九四六年、トルーマン政権下で、商務長官の地位を追われた。

22 スティムソンはポツダム会談ですでに「ロシアが警察国家であるうちに、ロシアと原爆を共有する」ことに反対する意見を述べていた。スティムソンは「9・11」覚書に添付した説明書簡の中でこのことを認めながら、考えを変えたことを示唆している。「私は確信するに至った。ロシアの体制変化を原爆共有の条件とする、われわれの側からのどんな要求も、われわれの目標の達成をより危うくする点で、遺憾なものである」Stimson and Bundy, *On Active Service in Peace and War*, 六四二頁。

受け止め、十日後の九月二十一日、閣僚会議の場で全面的な討議にかけたのだ。

この日は奇しくも、スティムソンの七十八回目の誕生日だった。スティムソンは翌年、一九四八年に出した回想録の中で、この日に何があったか触れていないが、この日の閣僚会議は「アメリカの世紀」における転換点の一つだったと考えることができる。

会議のテーブルに載ったのは、冷戦を通じて根本的な問題であり続ける、次のような問題だった。ソ連の外交は、イデオロギーに突き動かされた世界帝国づくりのための攻撃的な戦略なのか、それとも大国一般に見られる、自己防衛と安全保障を目指すものなのか?

それがもしも前者であるとするなら、スティムソンが掲げた「信頼」策はナイーブな、自ら敗北を招くものであり、それが後者であれば、誰もが持つ自己利益を図るための、いつもの政治的な技術でしかなかった。モスクワの動機に疑念を抱く者は皆、早速、あの「ミュンヘン」*を引き合いに出し、ヒトラーの侵略のソ連版は未然に防がなければならない、という結論に走った。しかし、スティムソンらは「ミュンヘン」より、アメリカの隣の「メキシコ」のことを考えていた。そのアメリカに最も近いメキシコが、仮に敵の勢力の手に落ちたなら、アメリカだってソ連のような反応をするに違いなかった。[23]

閣僚会議でスティムソンが自分の提案を要約して説明すると、ルイス・シュエレンバック労働長官とロバート・ハネガン郵政総監がこれを支持した。さらに、ロバート・パターソン陸軍次官からも有力な支持があった。当時、国務次官だったディーン・アチソン*もその会議に同席していて、賛成の立場だった。国務長官のバーンズはロンドンでの外相会議に出席していて不在だった。

ディーン・アチソンは後年、出版した回想録で、この閣僚会議でのスティムソンに対する支持について、「あれはスティムソン大佐*に対する敬意と尊敬を表すためでもあった」と述べ、立場を後退させている。しかし、このアチソンの変身は、彼の伝記作者の一人が指摘するように、マッカーシーの赤狩り旋風の中で血まみれになり、ソ連に対しソフトなスタンスであると思われたくないと考えるに至ったことによる[24]。が、いずれにせよ、アチソンのスティムソンに対する支持は、間もなく力を失ってしまう。数日後、ロンドンから戻ったバーンズが断固、反対したからだ。

* 「ミュンヘン」 一九三八年九月、ドイツのミュンヘンで開かれた国際会議と、会議で署名された協定（「ミュンヘン協定」）を指す。ヒトラーはこの会議で、ドイツ人が多く住むチェコスロバキア・ズデーテン地方の割譲を要求、英仏伊の首脳は、これ以上、ドイツが領土要求をしないことを条件に、これを受け容れた。このヒトラーに対する宥和策が、結果的に第二次大戦を招いた、との批判がある。

23 この「メキシコ—ミュンヘン」については、Yergin, *Shattered Peace*, 八〇頁を参照。ヤーギンは、スティムソンの次の言葉を引用している。「アメリカ人の何人かはモンロー主義（一八二三年、米国の第五代大統領、モンローが唱えた、アメリカとヨーロッパの相互不干渉主義を言う）をさらに誇張した考え方にしがみつきたいと思い、同時にヨーロッパの中央部で起きている、あらゆる問題に取り組みたいと考えている」。こうした自己本位のアメリカ側の考え方について、メルヴィン・レフラーは、こうコメントしている。「トルーマンとその補佐官たちは、クレムリンの指導者たちに自分たちの思い通りの行動を期待した。しかし、彼らは、たとえロシアの行動がアメリカのやりそうなことであっても、その行動に対するソ連側の説明を受け容れようとしなかった」。*A Preponderance of Power*, 九八頁。

* ディーン・アチソン 米国の政治家（一八九三〜一九七一年）。財務次官、国務次官を経て、一九四九年、国務長官。マーシャル・プランづくりに中心的な役割を果たした。

* 「スティムソン大佐」 スティムソンは第一次世界大戦を砲兵部隊の将校として欧州戦線で戦い、大佐まで昇進した。その戦歴から「スティムソン大佐」の変わらぬ愛称が生まれた。

24 Hodgson, *The Colonel*, 三六〇頁。

実は閣僚会議には他にもう一人、スティムソンの提案をアチソン以上に支持した人物が出ていた。前・副大統領で当時、商務長官を務めていたヘンリー・ワラスだった。ワラスはアメリカ人の歴史の記憶の中で左翼の変人《クック》扱いされているが、本当は科学的な素養の持ち主*で、一般の理解できないことを理解できた人物だ。グローヴズや、グローヴズに影響されたバーンズのような人間が何と言おうと、核物理学の独占を維持するなど不可能なことを知っていたのだ。

つまり、核開発の秘密をソ連と「共有《シェアリング》」しても結果は同じこと。ワシントンがどんな態度を採ろうと、ソ連が結局、核を保有することに変わりがないことに気付いていたのである。

核の秘密の「共有」はその意味で、たとえソ連に核の開発能力のあることが立証されようと、アメリカが核をめぐる影響力を行使する上で、現実的な方策になり得るものだった。

が、ワラスは自ら落雷を招き寄せる避雷針だった。彼のスティムソン提案に対する支持はそれだけで、ほかの閣僚たちの反発を引き寄せる結果となった。

その点で、誰よりも否定的な反応をしたのは、フォレスタル海軍長官だった。フォレスタルは日記の中でワラスのことを、「完璧に、そして永久に、全霊を込めて、ロシア人に対し（原爆を）提供したいと思っている」と、戯画的に描いている。

フォレスタルはまた、この九月二十一日の閣僚会議について、「原爆をめぐる議論に完全に終始した」と記録に残している。この点について、フォレスタルの「日記」の編者もまた、この閣僚会議が「この新しい、恐るべき問題を取り扱う上で、明らかに基本的なものとなった」と指摘している。[25]

これに対してワラスは、フォレスタルを「これほど極端な態度を採る者はいない……戦争好きの大海軍主義者で、孤立主義のアプローチをする人間だ」と一蹴している。[26]が、そのワラスにとってもこの日の閣僚会議は、「十四年に及ぶワシントンでの経験で、最も劇的なもののひとつ」だった。[27]

フォレスタルはその時すでに、頑固な反共主義者になり切っていた。たとえば彼は、カトリック信者ではもうなくなっているのに、フランシス・スペルマン枢機卿*による、米国への共産主義の影響を排する闘いに関与もしていたのである。[28]

---

* ヘンリー・ワラスは若い頃、トウモロコシの改良に取り組み、政界引退後、ニューヨーク州のサウス・サーレムに農学研究所を開設した農学者でもある。

25 Millis, *The Forrestal Diaries*, 九五頁。

26 Yergin, *Shattered Peace*, 一三三頁。この閣僚会議でフォレスタルの意見に賛成したのは、トム・クラーク司法長官、フレッド・ヴィンソン財務長官、クリントン・アンダーソン農務長官、ジョン・スナイダー徴兵・再召集局長の四人だった。Hoopes and Brinkley, *Driven Patriot*, 二八五頁。

27 Morison, *Turmoil and Tradition*, 六四二頁。閣僚会議の翌日、一九四五年九月二十二日付のニューヨーク・タイムズの第一面の主見出しは、「原爆の秘密を供与する訴え　閣議で論争引き起す」と謳っている。副見出しは「平和の保険として爆弾データを共有するワラスの計画への結論出ず」、副々見出しは、控えめな表現ながら実に雄弁に、問題の核心を指摘している。「軍が反対」　Bundy, *Danger and Survival*, 一三九頁。

* フランシス・スペルマン　ローマ・カトリック教会の枢機卿（一八八九～一九六七年）。ニューヨークの大主教を務めた。

28 カトリック教会には共産主義に反対する、もっともな理由があった。「ロシア人と東欧におけるその同盟者たちはローマ教会を激しく弾圧し、カトリック信者を殺していた……もし、共産主義者がイタリアなどで勝利すれば、信者らは弾圧され殺害されるだろう」Levering et al., *Debating the Origins of the Cold War*, 四五頁。

そんなフォレスタルに対し、ＦＢＩ長官のＪ・エドガー・フーヴァーはアメリカ共産党の動きを伝えていた。フォレスタルの指示で海軍情報局は共産主義者の転覆活動の証拠を握ろうと躍起になり、フォレスタルの閣僚仲間であるヘンリー・ワレスの演説まで監視するありさまだった。[29] アメリカの国内問題は、モスクワ発の国際的な運動と固く結びついている――当時はそう信じられていたのだ。

そうした中でフォレスタルの対ソ方針も、スティムソンと対立するかたちで最早、定まっていた。前年の四月、フォレスタルはソ連のポーランド占領問題で、ソ連との対決を主張した。対するスティムソンは、ドイツとの戦いにおける赤軍の功績の数々を挙げ、しかもその功績は継続していると大戦末期に強調した。[30] スティムソンはこの段階ではまだ、ポーランドをめぐるソ連の要求が果たしてヤルタ協定に反するものなのか、立証されていないという考えだった。[31]

ルーズベルトがまだ生きていた頃は、フォレスタルのソ連に対する敵愾《がい》心は、無害な吐露であり得た。ルーズベルトの最後の公式声明は、死のわずか数時間前に起草したチャーチルあての電文だったが、そこには「私はソ連全般にわたる問題を最小化《ミニマイズ》したいと思う」との一節さえ含まれていたのである。[32]

しかし、そんなルーズベルトが亡くなると、それほど確固たる信念を持たない後継大統領にとって、フォレスタルの非妥協的な態度は、いまこそ必要な強硬姿勢のように映った可能性がある。実際、新任のトルーマン大統領がソ連側代表との初会談に向け、閣内からアドバイスを求めた際、スティムソンはトルーマンに自制を勧告。対するフォレスタルは、「われわれは、後ではなく今すぐ、彼らと対決すべきである」と主張したのである。[33]

トルーマンと、ソ連のヴャチェスラフ・モロトフ外相との会談は、トルーマンが大統領になって十一日後の、一九四五年四月二十三日に行われたが、ここでトルーマンはフォレスタルら強硬派の主張に従い、モロトフを手厳しく非難したのである。このため、この会談をして、冷戦の本当の始まりとする歴史家も多い[34]。

この新しいアメリカ大統領の強面《こわもて》の裏にはしかし、実は安全保障をめぐる深い憂慮が隠されていた。トルーマンの無愛想な断固たる姿勢を、アメリカ人はこれまで褒めそやして来たものだ。が、それはむしろ、トルーマンという人間の、複雑さを取り込み、相手と共存していくことへの無能さを映し出すものだった。モロトフとの会談後、トルーマンは、こうも言い放ったのだ。「ロシア人がわれわれの側に与《くみ》しなければ、彼らは地獄に堕ちるだろう」と[35]。

スティムソンが自制を求める勧告をトルーマンに出した時、フォレスタルはこれに応えて、原爆を

29 Rogow, *Victim of Duty*, 一一五、一二一頁。
30 「赤軍は米軍の五五倍もの死傷者を出した。バルバロッサ（一九四一年六月二十二日に開始されたドイツ軍の対ソ電撃作戦の暗号名。「バルバロッサ」は「赤ひげ（王）」の意味。神聖ローマ帝国のフリードリヒ一世のあだ名）からDデー（一九四四年六月六日）までの間、ドイツ軍が戦闘で損失した兵員の九三%は、赤軍が与えたものだ」Levering et al., *Debating the Origins of the Cold War*, 九二頁。
31 米英ソ三首脳によるヤルタ会談は一九四五年二月三日から十一日まで行われた。ルーズベルト、スターリン、チャーチルは、対日戦参戦と引き換えに、ソ連に対し東欧、アジアにおける何らかの影響拡大を認める合意を行った。ルーズベルトのこの譲歩は戦後、反共主義者の批判の的になった。
32 Yergin, *Shattered Peace*, 六八頁。
33 前掲書、八一頁。

「アメリカ人の財産」だと反論した。そうであるがゆえに、アメリカの政府には原爆を放棄する権利はない、との主張だった。

しかし、こうしたフォレスタルの主張に、もうひとつ決定的な勢いをつけたのは、「ロシア人は日本人のように、考え方が本質的に東洋的だ。われわれが彼らと関与する有効性について、われわれがより長い経験を積むまでは、彼らの理解や共感を得ようとはしない方がよいように思う」というような、その強引なソ連に対する見方だった。

フォレスタルはその後、二世代にわたって続く、アメリカの外交政策論争の基調を定義付ける議論の方向性を打ち出す一方、自制を求めるスティムソンの議論について、ソ連に対する外交的なアプローチは、ナチスに対する「ミュンヘン」の二の舞になるものだと一蹴したのである。「われわれは前に一度、ヒトラーに対して同じことをやろうとした……宥和策からは何も得るものはない」と。[36]

フォレスタルの提案は、国際的な管理機構の創設ではなく、米国が国連のために、原爆を完璧な支配下に置く「全権を委任された唯一の受託者」になることだった。

フォレスタルは連邦議会での証言の二日前、こう語ったという。原爆を持つ保証人として米国は、「戦争による混乱と破壊が再び、世界に対して解き放たれることを容認しない」と。[37]

戦争による世界の混乱と破壊——米国はそれを防ぐために、究極の混乱と破壊である原爆で威嚇する……永遠の難問は、早くもここで提起されていたのである。

スティムソンの伝記作者、ゴドフリー・ホジソンは、九月二十一日に行われた閣僚会議が「わかれ道」だった、と指摘している。スティムソンの自制提案を、冷戦の歴史を見た目で今、振り返ってみると、スターリンがこれを拒絶したり、これに付け込んだりするものにはならなかったことは容易に見て取れることだ。逆にそれは、閣僚会議後に始まる、極度の敵意の歴史の開始を告げるものとなってしまった。

34 Sherwin, *A World Destroyed*, 一四〇頁。この会談のテーマはポーランド問題だった。モロトフは、ソ連はこれまでの合意に従い行動していると主張した。スティムソンの考えも実際問題として、このモロトフの主張と基本的に同じだった。が、トルーマンは違っていた。トルーマンは会談後、側近にこう語っている。「あいつの顎にワンツーのストレートパンチを食らわせてやった」。これに対して、モロトフは「こんな扱いをされたのは、人生で初めてだ」と抗議したが、トルーマンは「その合意というのを持ちかえるんだな。そうすれば話し方を変えてやる」と切り返したという。ジェームズ・T・パターソンは、このやりとりを「冷戦時代の米ソの話し合いの中で、最も名高い伝説的な出来事」と呼んでいる。また、パターソンによれば、この出来事についてステファン・アンブローズ〔米国の歴史家（一九三六～二〇〇二年）。アイゼンハワーやニクソンの伝記を書いた〕、ウィリアム・シャーフェ〔米国の歴史学者（一九四二年～　）。デューク大学教授、公民権運動など米国の戦後史を専攻〕、ジョン・ギャディス〔米国の軍事史家（一九三九年～　）。エール大学教授。冷戦期が専門〕、マイケル・レイシー〔米国の歴史家。「ウッドロー・ウィルソン・センター」のシニア研究員〕が詳述している。この逸話はまた、Yergin, *Shattered Peace*, 八二頁、Wolfe, *The Rise and Fall of the "Soviet Threat,"* 一〇頁、McCullough, *Truman*, 三七六頁、Levering et al., *Debating the Origins of the Cold War*, 三二頁でも紹介されている。レヴェリングらによれば、アヴェレル・ハリマン〔米国の銀行家、外交官、政治家（一八九一～一九八六年）。ルーズベルトの任命で一九四六年まで三年間、駐ソ大使を務めた〕は、「トルーマンの態度はモロトフに、ルーズベルトの政策は放棄されたとスターリンに報告する口実を与えてしまった。私はトルーマンが彼に機会を与えてしまったことを残念に思った」と書いている。

35 チャールズ・E・ボーレン〔米国の外交官（一九〇四～七四年）。ソ連専門家。一九五六年まで三年間、駐ソ大使を務めた〕による報告。Williams, *The Tragedy of American Diplomacy*, 二〇三頁。

36 Millis, *The Forrestal Diaries*, 四九三頁。

37 前掲書、九七頁。

もしもスティムソンの意見が通っていたなら、と歴史家のジェームズ・チェース*は言う。冷戦は「根本的に違ったものになっていただろう。ヒロシマの悲劇は、恐怖の均衡《バランス・オブ・テラー》ではなく、権力の均衡《バランス・オブ・パワー》を産み出していたはずだ。そしてソ連の行動も、より対決的でないものなっていたはずである」と。[38]

事実、スティムソンの提案は、素朴なものとは当時、見なされていなかったのだ。そのことは、統合参謀本部がその提案を聞かされた時の反応は、フォレスタルではなくアチソンの側に立つものであり、統合参謀本部としてもスティムソンの提案を支持していたことを考えればわかる。統合参謀本部も、わかっていたのだ。戦争に行き着く核開発競争は不可避的に米国に不利なものになることを。

それは、ソ連の方が米国と比べ、工業化、都市化が進んでおらず、それだけ核戦争の惨禍を生き延びる可能性が高いため、その分、ソ連の側から核戦争を仕掛けて来る恐れが強いことを考えただけでも明らかなことだった。神をも畏《おそ》れぬソ連のことだから、核の奇襲攻撃など、かんたんに仕掛けて来るのでは、と統合参謀本部は考えていたのである。[39]

しかしながら統合参謀本部の首脳たちは、間もなく自分たちの利益がフォレスタルの好戦的な対決姿勢によって守られることに気づいた。そうして彼らは、ソ連への協調姿勢に対する断固たる反対者になってゆくのである。

核の国際管理のアイデアについては、これを提起するリップ・サービスもなくはなかった。一九四六年初頭の「アチソン・リリエンソール*報告*」、そして数ヵ月後に出た「バルック計画《プラン》*」がそれである。

しかし、これらの提案は、ソ連国内の全面的な査察を求めることによって、スティムソンが反対した「ロシア国内における変化を、核兵器の共有の条件として突きつける」ものになってしまった。[40] これらの提案はまた、少なくとも数発の原爆を、ソ連に対しては保有を禁止しておきながら、管理者であるアメリカの手元には残そうというものだった。ロシアがこれらの提案を拒絶するのは、わかりきったことだった。それは、ある歴史家が言ったように、狙いをはっきり示さずに、モスクワから譲歩を引き出そうというようなものだった。[41] しかも、それだけではなかった。この合意に違反した国は「核兵器による攻撃を受ける」とも書かれていた。[42] アメリカ側による「平和のプラン」には、国連の承認にもとづくモ

＊ジェームズ・チェース　米国の歴史家（一九三一〜二〇〇四年）。ディーン・アチソンの伝記で有名。
38 James Chace, "After Hiroshima: Sharing the Atomic Bomb." *Foreign Affairs*, 一九九六年一・二月号。
39 Clarfield and Wiecek, *Nuclear America*, 九〇頁。
＊デイビッド・リリエンソール　米政府高官（一八九九〜一九八一年）。ルーズベルト大統領時代、TVA（テネシー川流域開発公社）の局長を務め、「ミスターTVA」と呼ばれた。第二次世界大戦後は、アチソン国務長官の下で、大統領に核問題を勧告する小委員会の委員長を務めた。
＊「アチソン・リリエンソール報告」　一九四六年三月十六日に発表された。副題は、「核エネルギーの国際管理に関する報告」。
＊「バルック計画」　米国のビジネスマンで投資家のバーナード・バルック（一八七〇〜一九六五年）が、「アチソン・リリエンソール報告」をもとに起草、国連核エネルギー委員会に対し、一九四六年六月に提出した報告を指す。詳しい内容は、本書三二二頁以下にも。
40 Stimson and Bundy, *On Active Service in Peace and War*, 六四二頁。ただし、「アチソン・リリエンソール報告」と「バルック計画」の間には重要な違いがあった。「バルック計画」は前者と違って、特にソ連の合意を狙ったものではなかったのだ。しかし、「アチソン・リリエンソール報告」も「バルック計画」も、ソ連における国内の抜本改革をともに前提としており、どちらもソ連の承認を招くものではなかった。
41 Williams, *The Tragedy of American Diplomacy*, 二六三頁。
42 Sherwin and Bird, *American Prometheus*, 三三九頁。

スクワに対する核戦争条項が含まれていたのである。

核の独占が無期限に続くものと思い込んだ、「腰に拳銃をぶら下げた」バーンズ国務長官ら好戦派が仕切る道筋は、こうしてアメリカの前に、世界の前に、拓かれてしまったのだ。

この道筋にその後、立てられた数々の道標は、すでに知っての通りである。そして、その最初の道標は、スティムソンが自制を提案したその週のうちに、ロンドンでの外相会議の席で打ち立てられてしまったのだ。

会談の席で、ソ連のモロトフ外相は、たぶんワシントンでの政治隠語の知識を知ったかぶりしたくて、バーンズをからかい、こんな突っ込みをかけた。「あんた、腰に爆弾、ぶら下げているの？」と。

バーンズは言い返した。「アメリカの南部男を知らないようだな。おれたちは腰のポケットに、大砲ぶら下げているんだぜ。いい加減にしないと、おれたち、仕事を始めなくちゃならない。腰のポケットから原爆、出して、お前さんに持たせてもいいんだぜ」

バーンズにこう凄まれ、モロトフはただ笑っていたそうだ。[43]

当時、ＯＳＳ（戦略情報局）の若手スタッフだったフランクリン・リンジー*は、バーンズ側近の一人としてロンドンの外相会議に同席していた。リンジーは、第二次世界大戦中、ユーゴスラビアでパルチザン活動を支援していたことから、共産主義に関する専門家と見なされていた。

そのリンジーが二〇〇三年、ボストン郊外のケンブリッジの自宅で、私のインタビューに応じ、ロンドンでの外相会議の模様を、「とても非生産的な七、八日間でした」と振り返って見せた。

バーンズとモロトフは言い争ってばかりいたというのだ。

アメリカ側は自分の支配圏に対する影響力を当然のこととして、それを西ヨーロッパ、日本へと押し広げようとしていた。が、ソ連が主張する、東ヨーロッパへの影響圏の拡大については、共産主義イデオロギーに突き動かされた帝国主義だと言って、これを非難したのである。双方のぶつかり合いに、解決の糸口はなかった。バーンズも公式報告の中で、「外相会議の最初のセッションは、膠着状態のまま閉幕した」[44]と述べている。

バーンズは私的な場面で、スターリンをヒトラーと同じだと言うような男だった。[45]スターリンをヒトラーと重ね合わせるこのアナロジーは、その後間もなく、アメリカ人の常識的な見方になる。

リンジーは私に言った。「バーンズはその時、どれだけまずいことが起きているか、理解していませんでした。何もわからないまま会議に臨んだのです。会談は完璧な分裂状態で幕を閉じました。ロンドンでの外相会議は、冷戦へ向かう、最初の踏み石《ステッピングストーン》になったのです」と。[46]

「冷戦への踏み石」は、ほかにもあった。たとえば、一九四六年二月のスターリン演説。この演説でスターリンは、共産主義と資本主義の闘争を不可避なものとした。[47]

---

43 Yergin, *Shattered Peace*, 一二三頁。
＊ フランクリン・リンジー　米国の工作員、実業家（一九一六年〜　）。スタンフォード大学を卒業後、ＯＳＳのエージェントとしてスパイ活動に従事したあと、ＯＳＳ及び後継組織のＣＩＡに幻滅し、実業界に転進した。
44 「バーンズによる外相会議の報告」Bernstein and Matusow, *The Truman Administration*, 一九〇頁
45 Yergin, *Shattered Peace*, 一二七頁。
46 フランクリン・リンジーに対する著者のインタビュー。

さらには、その年、ミズーリ州フルトンで行われた、チャーチルによる「鉄のカーテン」演説。この中でチャーチルは、「キリスト教文明」と英語を母語とする国家の防衛を訴えた[48]。そしてこの年の末、遂にソ連は国連で「バルック計画」の拒絶を表明することになる。

原爆の国際管理を提案した「バルック計画」は、アメリカ人の記憶の中で今なお、モスクワに妥協しようとした、アメリカ側の真剣な努力の結果だと見なされている。「バルック計画」には、査察と情報交換を米ソ双方、対等に行う、との条項が盛られていたからだ。

しかし、その条項の存在自体が「バルック計画」を実現不可能なものにしてしまった。査察も情報交換も、デモクラティックな統治機構と情報公開を前提とするものだったからだ。

もしも他の国々——とりわけロシアが、原爆の開発を止めるなら、ワシントンとしては、いつでも保有原爆を「放棄」する考えがある……こんな風にアメリカ人の心に刻印された「バルック計画」をめぐる記憶は、正しいものではない。結局のところ、「バルック計画」とは、アメリカの核の独占の永続化を当然視するものだった[49]。

この点で最も重要なことは、「バルック計画」が、核エネルギーに関するあらゆる問題について、それに対する拒否権《ヴィトー》の発動を、ソ連に禁止しようとしたことである。この拒否権こそ、そしてこの拒否権のみが、モスクワの国連加盟を実現したもので、事情は米国の場合も同じだった。

核問題でワシントンが拒否権を放棄する用意があるとしたのは、ワシントンがすでに原爆を保有していたからである。つまり、モスクワの拒否権放棄は、ワシントンの核の永続支配を容認するものでしかなかった。歴史家のメルヴィン・レフラー*は、これについて、こう簡潔にコメントしている。「バルックは明らかに、米国の核の独占の永続化のため、計画を立てた」と。[50] バルックのアドバイザーとして、現場に居合わせたリンジーもまた、その目で全てを見ていた。リンジーは私にこう説明した。「バルック計画」とは、「共産主義者が拒絶するしかない、彼らの支配体制に対する挑戦だった」と。

スターリンが核に対する抑止効果があるものなら、どんな妥協案にも喜んで署名しただろうと考えるのは、もちろん拡大解釈のし過ぎである。しかし、スターリンが、ワシントンに対しても適用される核管理で、モスクワが手にする便益面に目を閉ざしていたかというと、そうではない。核の共同管理に関するアメリカ側の提案が真剣なものでなかったが故に、話し合いは進まなかっただけのことだ。

47「普段は思慮深いウィリアム・O・ダグラス判事〔米国の最高裁判事（一八九八〜一九八〇年。三十七年近く、最高裁判事を続けた）〕でさえ、フォレスタルにこう言ったという。このスターリン演説は第三次世界大戦の宣戦布告に等しい、と」Hoopes and Brinkley, *Driven Patriot*, 二五五頁。しかし、スターリンが予言してみせた戦争は実際のところ、資本主義の国家同士の戦争であり、ソ連と米国の戦争ではなかった。Levering et al., *Debating the Origins of the Cold War*, 三八頁。

48 チャーチルは「鉄のカーテン」という言葉を、フルトン演説の前からすでに使っていた。ドイツ降伏後間もない一九四五年五月十二日、ワシントン宛の電報に、「〔ポーランドの〕スチェチェンから〔イタリアの〕トリエステまでの前線に、鉄のカーテンが引かれた」と書いていたのだ。Hodgson, *America in Our Time*, 二七頁。

49「バルック計画」に関する米上院の委員会は、以下のような報告書をまとめている。「バルック計画は、この計画の提案、もしくは国際的な管理機関の創設をもって、米国に対し（原爆の）製造中止を求めるものではない。それが求められるのは、その後のいずれかの時点でのことである」。しかし、その時点がいつになるか、「バルック計画」は何も語っていなかった。Williams, *The Tragedy of American Diplomacy*, 二六三頁。

＊ メルヴィン・レフラー　米国の歴史学者。バージニア大学教授。ジョージ・ケナンの研究家で冷戦期を専攻。

50 Leffler, *A Preponderance of Power*, 一一六頁。

先にジェームズ・バーンズの自信のなさが彼に敵対的な態度をとらせたように、ウォールストリートの立役者、バーナード・バルックの傲慢さが、「嫌なら止めろ《テーク・イット・オア・リーブ・イット》」式の未熟な態度をとらせたのである。

リンジーは私に、当時、彼と彼の同僚が、国連で採決に持ち込もうとするバルックのやり方に、どんなに反対したか語ってくれた。

「バルック計画」が国連の核エネルギー機関に最終提案されたのは、一九四六年十二月三十一日だった。採決の結果、「バルック計画」は、賛成十票、棄権二票で可決された。棄権二票はポーランドとソ連によるものだった。

それはアメリカにとって勝利ではあったが、何の意味もない勝利でもあった。歴史家のダニエル・ヤーギンは、こう指摘している。「一九四六年の大晦日のこの日、核開発競争を回避しようとする、あらゆる真剣な努力が終わりの時を迎えた」と。[51]

リンジーはまた、私に対し、こんな見方を示してくれた。「バーニー〔バーナード・バルックの愛称〕はね、相場の頂点でマーケットから降りたがる男なんだ。だから、まるで〔国連核エネルギー機関各代表の〕多数派を占めている今こそチャンスとばかりに、採決を強行してしまった。でも、ほんとうに計算に入れるべきなのは、ソ連だった。ソ連が反対するのは目に見えていたわけだから。しかし、バルックにとって、採決だけが、やりたいことだった。採決してしまえば多数派を獲得したと主張できるし、トルーマンに、使命を果たしたよ、じゃあ、辞めさせてもらう、と言える。そう、バルックはそれをその通り、しただけのことさ[52]」

バルックにとっては、核開発競争という国連の運命的な討議の場も、マーケットの一種に過ぎなかったわけだ。

しかし、こうした結果になったことは、さほど驚くべきことではないかも知れない。実はバルックのアドバイザーとして、レズリー・グローヴズも加わっていたからだ。グローヴズはアメリカの核の独占はその後も続くものと信じていたから、ソ連と協力する試みが失敗に終わって、小躍りして喜んだはずだ。

リンジーは、ニューヨークのエンパイア・ステート・ビルディング六八階にあるバルックのオフィスの窓辺で、グローヴズと並び立った日のことを覚えている。一九四六年の春の思い出である。「私はグローヴズのことをよく憶えています。肥満した巨体の持ち主でした。バルックのオフィスによく出入りしていましたね。私が憶えているのは、バルックのオフィスの窓辺に、グローヴズと並んで立って、港を眺め、ナローズ*を一望した時のことです。ブルックリンの岸に沿って、貨物船が数隻、航行していました。その貨物船を見ているうち、もし核を積んだ船がアメリカの港に入って来たら、どうなるんだろう、という話題になったのです。グローヴズは一隻の貨物船を指差し、あそこで原爆が爆発したら、どうなるだろうと言って、大きな手振りで視界にある全てを丸ごと示したのです。そして、こう言いました。全滅だ、ニュージャージーの造船所も、橋もビルも全て、全部、破壊されてしまう、と」[53]

51 Yergin, *Shattered Peace*, 二六六頁。
52 フランクリン・リンジーに対する著者のインタビュー。
＊ナローズ（Narrows）　ニューヨーク港の入り口、ブルックリンとスタテン島の間にある水路。
53 フランクリン・リンジーに対する著者のインタビュー。

そんな考えを持つグローヴズは、バルックにどんなアドバイスをしていたか？　ちょうどその頃、グローヴズはアメリカの権益を徹頭徹尾守ろうとする核の国際管理に対してさえ、苛立ちを隠そうとせず、こう書いている。

「もし、われわれが理想主義にとらわれず、真に現実的であるとすれば——今、われわれはそうした現実的な立場にあると思われるが——、われわれは確固たる同盟関係になく、絶対的な信頼を置いていない外国に対して、原子兵器の開発、所有を認めるべきではない。そうした国が原子兵器の開発に着手すれば、その国がわれわれを脅かす前に、われわれはその国の製造能力を破壊するだろう……われわれとしては、原爆を非合法化する、実際的かつ現実的な、強制可能な世界的合意を今すぐ手にするか、われわれが信頼する同盟国とともに、この分野における独占的な覇権を維持するかのどちらかである。ということは結局、われわれ以外の国は原子兵器を持つことは許されない、ということだ」[54]

グローヴズはすでに、スティムソンが一九四五年九月十一日に反対を表明し、警鐘を鳴らした立場に身を置いていたのである。アメリカ人の考え方の中で有力な流れとなっていたのは、スティムソンではなく、このグローヴズの考え方だった。

トルーマンの閣僚会議で、「絶望的な核開発競争」がすでに始まっている「兆候」を指摘した、スティムソンの自制提案が議論されてから、五日しか経っていない九月二十六日、米陸軍の「WACコーポラル」ミサイルの初実験が、ニューメキシコ州のホワイトサンド実験場で行われた。それは、第二次世界大戦後初の米軍の液体燃料ロケットの飛行だったが、「ミサイルの時代」の幕開けを告げるものでもあった。[55]テクノロジーの猛烈な発達に伴う「弾み」は今や、自らの推進力を生み出すまでに高まっていた。

九月二十一日の閣僚会議が終わって半月も経たないうちに、トルーマンはスティムソンではなく、フォレスタルに説得されていた。たとえそれが核開発競争を招くものであっても、アメリカとしては原爆の独占を維持する、との意志を公式に明らかにしたのである。[56] その時点においてトルーマンは、ソ連が原爆開発に成功するなど、「決して」あり得ないと、実は信じ切っていたのだ。[57]

この九月二十一日の閣僚会議の話に戻れば、スティムソンは、閣議が終わったところで、「大統領と閣僚たちに一言、グッドバイと言い、ペンタゴンの家《ビルディング》へと急いだ」と、後日、回想している。

---

54 Norris, *Racing for the Bomb*, 四七二頁。Schell, "The Case Against the War," *The Nation*, 二〇〇三年三月三日号、一四頁も参照。

55 Office of the Historian, *SAC Missile Chronology*, 三頁。ドイツは第二次世界大戦中、すでにV2型ロケットを開発していたが、「ミサイルの時代」は「液体燃料」とともに幕を開けた〔液体燃料を使用した最初の原始的なロケットは一九二六年、ロバート・ゴダード〔米国のロケット工学者（一八八二〜一九四五年）〕によって打ち上げられた〕。ところで、意外なことに、科学者たちには、自分たちが開発した軍事技術の発展に歯止めをかけようとする一面がある。フィリップ・モリソンが八月十七日にスティムソンに対して申し入れたのも、これにあてはまる。モリソンは私のインタビューの中で、こうコメントした。「大雑把な言い方になりますが、マンハッタン計画の科学者たちは、私を含め、理性と用意周到な調停でいつの日か国際的な核管理が実現すると信じる啓蒙的な人間でした。でも、そうですね、その日はまだ来ていない。これまでのところ、将軍たちの狭い考えが勝っているわけです」。

56 十月十一日の新聞の見出しは、トルーマンの記者会見を、こう要約している。「米国、原爆の秘密を共有せず　大統領が言明」。トルーマンは、記者の「それは核競争が始まったということか？」との質問に、一言、「イエス」と答えた。Yergin, *Shattered Peace*, 一四〇頁。

57 Sherwin and Bird, *American Prometheus*, 三三五頁。

スティムソンは「家《ペンタゴン》」に立ち寄ったあと、ワシントン・ナショナル空港に向かった。「驚いたことに空港には、ワシントンにいる軍の将軍たちが全員、勢揃いし、二列になって待ち構えているではないか」。が、かつてスティムソンの指揮下にあった将軍たちは、今や彼の世界観とは別の世界の人間になっていた。来るべき戦争の予感は、スティムソンという一人の老人を震撼させるに足るものだったが、ここに居並ぶ将軍や提督たちにとって、それは権力の源だった。彼らは戦争に備えることを、自らの任務と考えていたのだ。

今や、新たな転機が訪れていた。肩に星《スター》を載せ、袖に記章《ストライプ》を通した彼らは、スティムソンに対し、声を張り上げ、「ハッピー・バースデー」と「蛍の光《オールド・ラング・サイン》」を歌った。

スティムソンは機上の人となった。彼は辞任したのである。

ある歴史家の評価によれば、スティムソンの、公務に生きた長い人生の中で、この最後の瞬間こそ「最も輝いた時」だったという。[58]

しかしながら、このスティムソン辞任の瞬間は、「家《ペンタゴン》」の権力者たちが、自分たちが始めたものを、「家《ペンタゴン》」を立ち去る時か、立ち去った後になってようやく、元に戻そうと英雄的に振舞う、ある種の伝統の始まりでもあった。それは、ロバート・ジェイ・リフトンが*「退任症候群《リタイアメント・シンドローム》」と呼んだ伝統である。権力の壁の中にいる者たちは、外に出てからでないと、モノを見ることはできないのだ。

スティムソンのこの勇退は、好むと好まざるとにかかわらず、スティムソンの動きに最も激しく反対した男に信任状を与えるものとなった。引き継ぐべき「家《ペンタゴン》」の灯《トーチ》は、触るには熱すぎた。しかし、その灯はとにもかくにも受け渡されたのである。スティムソンの「最後の日」は、ある男の「最初の日」

となった。その男はその後、さらに巨大な権力を身にまとい、その二年後、かつてスティムソンが「家《ペンタゴン》」のオフィスで座った、「パーシングの机」に腰を下ろすことになる。その男とはもちろん、ジェームズ・フォレスタルである。

3 フォレスタルの闘い

「家《ペンタゴン》」には今なお、ジェームズ・フォレスタルが居心地の悪そうに視線を注ぎ続ける場所がある。ポトマック川に面した「家《ペンタゴン》」の正面玄関《リバー・エントランス》のホールが、その場所だ。歴代の国防長官[59]は三階の廊下の、長官

58 Sherry, *The Rise ofAmerican Air Power*, 三四九頁。「それはスティムソンの最も輝いた時だった。しかし。スティムソンの雄弁に耳を傾ける者はいなかった。ヒロシマ以前の科学者たちの多くのように、そしてまた七月の段階でのアイゼンハワーのように、権力の中心からの距離感がスティムソンに広い視野を与えてはいたが、それは逆に彼の説得力と影響力を弱めていたのだ」。スティムソンの「最も輝いた時」……それはもちろん、そうだったかも知れない。しかし、スティムソンによる、この驚くべき取り組みは、一部の学者サークル以外では、完全に忘れ去られてしまった。本書を書くための取材で私は、アーサー・シュレジンジャー・ジュニアとロバート・マクナマラの二人に、スティムソンの「9・11」提案で思い出すことはないか、と聞いたところ、ともに答えは「聞いたこともない」だった。

＊ロバート・ジェイ・リフトン　米国の精神科医（一九二六年～　）。日本に関する著作も多い。『死の内の生命――ヒロシマの生存者』（湯浅・越智・松田共訳、朝日新聞社）、『日本人の死生観』（上・下、加藤周一らと共著、岩波新書）、『終末と救済の幻想――オウム真理教とは何か』（渡辺学訳、岩波書店）などの邦訳も。

59 本書を執筆しているこの時点で、歴代の国防長官は二〇人を数える。ドナルド・ラムズフェルドは二回、長官職にあった。

室に続く壁面に油絵の肖像画となって並んでいるが、その最初に来るべきフォレスタルだけはブロンズ像となって、玄関口の台座の上に鎮座している。まるで「家《ペンタゴン》」を永遠に警護する衛兵のように。

皮肉なことにフォレスタルは、海軍長官時代、ワシントンのモールに近い、コンスティテューション街《アベニュー》の海軍司令部から「家《ペンタゴン》」への移転を拒否した人物である。トルーマンが彼を国防長官に任命した後も、大統領の移動命令が出て初めて、川向うにあるこの「家《ペンタゴン》」へと渋々、移って来た。[60] フォレスタルは「家《ペンタゴン》」が嫌いだった。嫌々、腰を落ち着けたのである。

それから今に至るまで、連日、毎朝、毎夕、数千人もの「家《ペンタゴン》」の職員たちが――制服組が、文民が、フォレスタルの胸像のそばを通り過ぎて来た。ブロンズのフォレスタルの顔は無表情だが、生前の本人同様、薄い口髭にある種の尊大さを漂わせている。真一文字に結ばれた唇は、決意の信号のようだ。これまで何十年にもわたって、延べ数百万人もの人々が、束の間の安らぎを探し求めるようなフォレスタルの視線の前を足早に通り過ぎて行った。そんなフォレスタルの顔、そして顔に浮かんだ彼の人格こそ、そのために米軍が組織されている「家《ペンタゴン》」の使命《ミッション》の、ある本質的な部分を定義づけるものである。この胸像とともに、フォレスタルの霊が今なお、「家《ペンタゴン》」にとりついていると言っても過言ではない。胸像は、フォレスタルが始動させたものと、それが彼自身の上に降りかかった運命の歴史を想起させるものだ。

フォレスタルを記念するブロンズ像が特別な場所に置かれたことに触れ、彼の日記をまとめたエディターは、こうコメントしている。「しかし、フォレスタルを本当に記念するものは、ぎっしりオフィスが並んだ、[61] この巨大な防衛組織の〈玄関口ではなく〉中にあった」と。

胸像の下の記念板には、こんな伝説《レジェンド》が刻まれている。「ジェームズ・フォレスタルに捧げるこの記念像は、その国家安全保障における、後世に残る功績と、私心なき任務への献身に対する自発的な感謝の証として、階級、任地を超えた数千人もの友人、同僚によって建てられたものである」と。[62]

フォレスタルの胸像の冷たい表情には、彼が辛うじて抑え込んだ苦悩が滲み出ており、それは今も「家《ペンタゴン》」の玄関に漂っているのだが、この碑文には官僚機構には稀な、感情的なものが沁み込んでいる。そこには、「家《ペンタゴン》」の住人たちが、フォレスタルの死の知らせを聞いた時の衝撃と悲嘆の深さがどれだけのものだったか、ヒントとして隠されているのだ。

フォレスタルはニューヨークの北で暮らす、質素な家庭に生まれた。才能あるわが子の将来を夢見る両親は、父親がアイルランドからの移民、母親はアイルランドからの移民の子だった。母親は息子がカトリックの神父になることを願った。

フォレスタルはダートマスからプリンストン大学に転学した。プリンストンでの学生時代、フォレスタルは自分のことを「アイルランド野郎《ミッキー》」と呼んでいた。プリンストンというエリート大学に、貧困の中から独力で這い上がって来た、叩き上げの人間のような雰囲気を自ら漂わせていたという。

---

60 Borklund, *Men of the Pentagon*, 四五頁。
61 Millis, *Forrestal Diaries*, 五五五頁。「ぎっしりオフィスが並んだ」と書かれてあることに付言すれば、「家」に勤務する人びとの大半は、地下鉄やバス・トンネルに直結した出入口か、駐車場の出入口から自分のオフィスに入ってしまうので、フォレスタルの胸像の前を通り過ぎて出入りする者は、実際のところ、ごく少数に過ぎない。
62 Simpson, *The Death of James Forrestal*, 一九頁。

しかしフォレスタルは、歴史家のアーサー・シュレジンジャー・ジュニアが語ったように、「自分がこしらえた《セルフ・インヴェンティド》」ほどには「自力で成り上がった《セルフ・メード》」男ではなかった。[63]

プリンストンの同期に、作家のF・スコット・フィッツジェラルド*がいた。そのフィッツジェラルドの小説の主人公である「ジェイ・ギャツビー」に、フォレスタルはよく擬されたものだ。[64] 封じ込めた身体パワー、承認を求める憧れ、ギャングっぽさ、といった雰囲気が似ていたからだ。

実際、フォレスタルはボクシングが趣味で、成人になるまで続けていた。殴られて少し曲がってしまった鼻筋を誇らしげに見せびらかすこともあった。が、フォレスタルにはギャツビー同様、心の中に広がる不安を、薄いビニールで覆い隠すようなところがあった。「野心にあふれた成り上がり者の余裕のなさ」とは、友人の一人のフォレスタル評である。[65] ビニールの仮面は威力を発揮することもあったが、仮面は仮面として見透かされてもいた。

当時の写真を見ると、フォレスタルはカメラを呑み込もうとするかのように、両の目でしっかりレンズを捉えている。端のところが、ちょっと跳ね上がった唇。自信に満ちたような笑顔。それはまるで「人生の中で四、五回しか遭遇しない、永遠の安心を与えてくれる」、あのギャツビーの微笑みのようだ。

小説の語り部である「ニック・キャラウェー」は、そんな「ギャツビーの微笑」を、こんな風に説明する。「それは一瞬のうちに、永遠の世界に相対した――あるいは相対したような、微笑みだった。永遠の世界に向いていたものが、今度は《あなた》に向かって、あなたが偏愛するしかないものとして、あなたを凝視して来る。あなたが理解されたいだけ、あなたを理解する微笑み。あなたが自分を信じるだけ、あなたのことを信じる微笑み。あなたにとって、伝えようと望むしかないものを、それこそまさしくあなたの印象だと確信させてくれる微笑み。その微笑みはしかし、浮かんだ瞬間、さっと消え去ってしまった――そして次に、私が見たのは、一人の優雅で粗野な若者――。三十歳を、一つか二つ、超えた……。手の込んだ、形式張ったその語り口だけが、その不条理を忘れさせていた」[66]。そう、ギャツビーは、ペテン師だった。

ところで、小説の主人公ではないフォレスタルはどうだったか、というと、プリンストンの同級生た

---

63 アーサー・シュレジンジャーに対する著者のインタビュー。

＊F・スコット・フィッツジェラルド　米国の作家（一八九六～一九四〇年）。いわゆる「失われた世代」の作家。代表作の『グレート・ギャツビー』には、村上春樹訳（中央公論新社）を含む複数の邦訳がある。

64 フォレスタルを、フィッツジェラルドの小説、『グレート・ギャツビー』の主人公と比較することを、最初に私に教えてくれたのは、私がインタビューしたアーサー・シュレジンジャーだった。一方でフォレスタルを、作家のセオドア・ドライサー〔米国の作家（一八七一～一九四五年）。代表作は、貧しい青年の破滅を描いた『アメリカの悲劇』〕やアーネスト・ヘミングウェーの小説に出て来る悲劇の主人公と比較する人もいる。この点については、Rogow, *Victim of Duty*, 二八九頁を参照。実際、作家のジョン・オハラ〔米国の作家（一九〇五～七〇年）。作品に、映画化された『バターフィールド8』などがある〕とジョン・ドス・パソス〔米国の作家（一八九六～一九七〇年）。代表作に岩波文庫にも入った『USA』三部作など〕は「フォレスタルをモデルとした主人公を小説で描いた」。Hoopes and Brinkley, *Driven Patriot*, 四七二頁。

65 この友人とは実はジョージ・ケナンである。ケナンはフォレスタルについて、こう言っている。「彼には何かしら、野心にあふれた成り上がり者の余裕のなさがある、と私は感じた。F・スコット・フィッツジェラルドのようなところがあった。裕福に育った者が持つ、寛いだ余裕やけだるいところがないような気がした」。Hoopes and Brinkley, *Driven Patriot*, 二七四頁からの引用。

66 Fitzgerald, *The Great Gatsby*, 四八頁。

ちが「将来、最も有望」と尊敬するような学生だった。しかし、フォレスタルは卒業直前、学位を取得しないまま、謎のように大学をドロップアウトする。

第一次世界大戦が終わろうとする頃、フォレスタルは海軍で短期間、軍務に就いた。それも、水兵ではなく飛行兵として。それは、フォレスタルの海軍長官時代と国防長官時代を画する、航空戦力と外洋戦力との対立を予告するものだった。

戦後、フォレスタルは証券セールスマンとなり、たちまちウォールストリートで成功を収めた。時代はまさに「狂騒の二〇年代《ローアリング・トゥエンティーズ》」、フィッツジェラルドが『グレート・ギャッビー』を出版した時代だった。フォレスタルは好景気に沸く投資会社「ディロン・リード」社の副社長になり、一九三〇年代の終わりには社長に昇進した。アイルランド系の家に生まれた過去は、とうに捨て去っていた。

フィッツジェラルドにゼルダ*がいて、「ギャッビー」が「デイジー」を求めたように、フォレスタルはジョセフィン・オグデンという、自立心に富んだ奔放な女性に夢中になった。彼女は『ヴォーグ』誌のコラムニストで、元々はブロードウェーの人気シリーズ、「ジークフェルド・フォリーズ*」で、コーラスガールをしていた。

フォレスタルが、そのジョセフィンと結婚したのは、彼が三十四歳の時だった。ジョセフィンは、フォレスタルが「ディロン・リード」社の社長の座に就くころにはもう、貴族のような態度で、あでやかに振る舞うようになっていた。彼女はフォレスタルの本格的なデビューを飾る紋章のような存在だった。そして彼女はアルコール中毒者でもあった。

一九四〇年、フォレスタルは海軍次官に任ぜられた。巨大な海軍力を一夜にして生み出す責任を負わされた。ジョセフィンも早速、夫に協力し、海軍に新設された「婦人予備部隊(Waves)」の制服をデザインする仕事を監督した。が、不安な思いに苛まれていた彼女はこの年、精神的に行き詰まり、統合失調症と診断されるに至った。

ジョセフィンは政治に無関心な社交界の花だった。が、彼女の病的な妄想は、共産主義者への恐怖となって現れた。「赤《レッズ》」に追われている、「赤」が自分たちを追いかけて来る……これが「フォレスタル夫人」のとりつかれた妄想だった。[67]

治療と薬の投与で、ジョセフィンは生活に復帰したが、飲酒はさらに悪化し、ワシントン社交界の格好のゴシップとなった。フォレスタル夫妻は公の場で、二人の関係にも彼女自身にも、何も問題もない振りを装っていた。しかし、それが単なる見せ掛けに過ぎないことは、夫妻を知る誰の目にも明らかだった。

夫妻の苦悩は、戦争開始に向けた緊張の高まりの中でさらに深まって行った。フォレスタルが「任務に無私の献身」をしたのも、そこに苦悩の捌《は》け口を見出したからだ。フォレスタルは執務時間の全て

＊ゼルダ　フィッツジェラルドの妻になった女性（一九〇〇～四八年）。旧姓はセイヤー。夫のフィッツジェラルドは、精神病を発病したゼルダを入院させ、もうひとつの代表作、『夜はやさし』を書いた。『夜はやさし』は、谷口陸男訳（角川文庫）などの邦訳がある。

＊「ジークフェルド・フォリーズ」　ニューヨーク・ブロードウェーのプロデューサー、フロレンツ・ジークフェルド（一八六九～一九三二年）による人気シリーズの舞台。一九〇七年から三一年まで毎年一作、上演された。出演のコーラスガールたちは美女揃いだったという。

67 Hoopes and Brinkley, *Driven Patriot*, 一三二頁。

を机にへばり付いて過ごし、深夜、パーティー帰りの奇矯な振る舞いをする妻のもとへ帰るのだった。二人の間に溝が広がって行った。「共産主義の恐怖」は、そんな二人を辛うじて結びつける絆の役割を果たしていた。

一九四四年、フォレスタルは五十二歳で海軍長官に就任した。同じく文民だった前任のヘンリー・スティムソンから引き継いだもので、フォレスタルはワシントンにおける軍の立役者の一人になった。どうやらフォレスタルも、その頃、働くだけでは能がないと思い始めたらしい。勤務時間の全てを仕事に使うのは見苦しいことに気づいたフォレスタルは、趣味に没頭し始めたのだ。伝記作者によれば、ゴルフに熱中したフォレスタルは、「チェヴィー・チェイス・クラブ」で、ある種のコース・レコードを樹立した。それは打数のコース・レコードではなかった。一八ホールを最短の時間で回ったというコース・レコードだった。フォレスタルはゴルフを終えるや否や、自分のオフィスに直行したという。

フォレスタルが海軍に惹《ひ》かれたのは、移民の子なら誰もが抱く、飽くなき社会的野心の発露として理解することができる。英米の支配層にとって「海軍」は、植民地時代から、軍人の理想だった。それは金持ち特権層のヨットと同じくらい、手に入れることのできない憧れだった。海軍は、陸軍が騎兵隊精神を持った南部の紳士たちに占領されたように、米国北東部のプロテスタント上層階級用のもの。だからフォレスタルのようなアイルランド系の、カトリックの成り上がり者にとって、その海軍に入ることは出世の突破口だった。

その自分が今、最高に劇的な、最高の栄誉である、海軍首脳の地位に就いている……フォレスタルが胸中深く抱いていた、こうした思いこそ、彼を猛烈な献身へと突き動かした動因だった。昔、カトリック教会で歌った聖歌の代わりに、フォレスタルは今や、「海軍賛美歌」を歌うに至っていたのである。海上をベースに国家の安全保障を図る伝統的な考え方と、航空戦力による果てしなき前線の拡大という新しい考え方の対立は、早くも一九二一年、バージニア州ハンプトン・ロード沖で行われた爆撃実験を契機に始まっていた。ウィリアム・ビリー・ミッチェル将軍が空から爆弾を投下、捕獲して実験の標的にしていたドイツの戦艦、「オストフリースラント」号に命中させ、見事、撃沈に成功したのである。

フォレスタルが海軍長官になった一九四四年にはもう、航空戦力が海軍の特権を脅かすものであることが、ますますハッキリしていた。陸軍航空隊は、世界中に基地を展開する、戦後構想を準備していた。アメリカの軍事力を世界に投射するのに、最早、遠い港へ艦隊を送り込む必要はない。空を圧する大型爆撃機さえあれば、それで事足りるのではないか、と。

それ以上に懸念すべきことがあった。航空機からの爆撃が敵に対する強制力の質を飛躍的に高めたように、大戦が終わる以前からすでに、昔ながらの「アメリカ砦」的な安全保障の考え方に、根底的な変化が生まれていたのである。

こうした中でフォレスタルは、新しい「海軍ドクトリン」を打ち立てるべく、議論の主導権を握った。それは単に敵艦と戦うのではなく、敵国全体に対して全面戦争を仕掛けるだけの、艦船にベースを置いた戦略力を構築しようという、新しい考え方だった。新しい海軍は、戦艦ではなく空母を軸に樹立されねばならなかった。陸軍航空隊が新たな戦略爆撃隊の編成を求めたのに対し、海軍はフォレスタルの下、超大型空母艦隊への予算の投下を要求したのである。

核の秘密を共有しようというスティムソンの提案を討議した、あの運命の閣僚会議において、フォレスタルが、ソ連はどうにも信用が置けないとしてスティムソンに反対した背景には、彼が率いる海軍を増強したいという思いもあったが、彼なりのソ連の脅威に対する評価も同じ程度にあった。空軍および海軍を中心に軍備増強論を喧伝した背後には、ソ連が支配を拡大しようとしている、という思い込みがあったのである。アメリカの戦後の政策的な議論の中に、「国家安全保障」という考え方を持ち込んだ男こそ、海軍長官と国防長官を歴任したフォレスタルだった。

この「国家安全保障」という観念がどこから生まれて来たものなのか、米ソ双方にとって、この「安全保障の衝動」がその「帝国主義的な衝動」と比べ、どの程度の重みを持ったものなのか、「冷戦」を研究する歴史家の間で、今なお論争が続いている。この議論について少し立ち入って、見ることにしよう。

一九七〇年代に歴史修正主義者として名を馳せたダニエル・ヤーギンは、こう書いている。「この国家安全保障ドクトリンは、スティムソンが『われわれの基本的な防衛政策』と呼んだ、アメリカのそれまでの対外的な見方を、根本的に変えるものだった」と。

この「国家安全保障ドクトリン」により、アメリカの戦後は変質した、とヤーギンは指摘しているのだ。「アメリカは永遠に戦争準備をし続けなければならなくなった。アメリカの利益、アメリカの責任は、際限のないグローバルなものに変わった。国家安全保障は指導的なルールになり、軍を動かす考え方となった。それは新しい毒を含んだ考え方の中心を占めるに至った」と。[68]

内心に不安を抱えたフォレスタルが、信念の「上げ潮《ライジング・タイド》」に乗って辿り着いた「国防長官」のポスト——。その新しい「オフィス」を創設した法律の名が「国家安全保障法」であったことは、全てを物語るものだ。

フォレスタルの当時の胸のうちを覗くには、こう問うべきであるかも知れない。そもそも彼の考える「安全保障」とはどんなものだったか？　それが、心理的なものであれ政治的なものであれ、アメリカ側が想像した、ソ連の攻撃性、攻撃能力に対する彼の嫌悪は、いったいどの程度のものだったか？

この問題について歴史家たちは、「冷戦」の終結後もなお、未だに議論を続けている。[69] その論争に今なお決着がついていないことは、さすがに驚くべきことだ。修正主義の歴史家も、ポスト修正主義の歴史家も、あるいは彼らが批判した歴史家たちも含め、史学界は今なおメルヴィン・レフラーの言う「結論がそれぞれ多岐にわたる[70]」状態にある。

しかし、第二次世界大戦後においては、歴史家が後日、何と言おうと、軍事力を持つソ連がアメリカに敵意を燃やしていると強調することは、海軍や空軍の官僚機構の野心を正当化する存在を創り出す上で十分な役割を果たしたわけだし、さらに言えば、それは共産主義者から距離を置こうとしていた当

68 Yergin, *Shattered Peace*, 二二〇頁。「冷戦」の起源をめぐる歴史家の論争を要約したものとしては、Leffler,"The Cold War," *American Historical Review* 104,no.2（一九九九年春号）五〇一～五二四頁。
69 歴史家の中には「冷戦」がほんとうに終わっているのかどうか、問題を提起する者さえいる。チャルマーズ・ジョンソン〔米国の政治学者（一九三一年～　）。日本についても詳しく、旧通産省を分析した著作もある。最近は、米国の帝国主義を批判する三部作を出版、注目された〕によれば、「冷戦」はヨーロッパでだけ終わり、「冷戦」の力学はアジアの政治をいまだに定義付けているという。*The Sorrows of Empire*, 第一章を参照。同じく、Schrecker, *Cold War Triumphalism* も参照。
70 Leffler,"The Cold War," *American Historical Review* 104,no.2（一九九九年春号）五〇一頁。

時の労働運動にとっても、軍需の持続に飢えていた産業家たちにとっても、金に糸目をつけない防衛研究委託の拡大を狙っていた大学にとっても、再選を目指し国民の支持を集めようとする大統領にとっても、好都合なことだったのである。アメリカには、「安全保障国家」を誕生させる産婆役が大勢いたのだ。

しかし、アメリカ人の心理の深層では、他の何かが働いてもいたらしい。アイゼンハワーの言葉をかりれば、第二次世界大戦という「十字軍」[71]が終わると、アメリカは自分自身を「正《ポジティブリー》」の価値で意味づけてくれる、「負《ネガティブリー》」の価値を持った「他者」に依拠するようになった。「ヒトラー」も去り、「トージョー」もいなくなった今、かつての友である「スターリン」が間隙を埋めてくれた。そして何より、「二極化した対立」が容易に道徳心に訴えかけるものであることが大きかった。まるで、「善」と「悪」が、政治的な争いの舞台で、存在をかけた戦いを繰り広げているように映った[72]。

一般に大国であればどんな国でも普通、国境の安全を強化し、周辺に影響力を及ぼす地域をつくりたがるものだが、ソ連の場合はそれが「帝国主義の意図」を持つものと見なされた。道徳に反する狙いがある、と決めつけられてしまったのだ。だから、そんなソ連がたとえ交渉で「合意」したとしても、それは「欺瞞」に過ぎない、と……。

一つひとつのソ連の動きが、アメリカにとって致命的で、アメリカの道徳さえも脅かすものとなった。そうしたアメリカの心理は、まさにフォレスタルとともに始まったものである。

このソ連を悪魔とみなす衝動から、問題は生まれた。その衝動は、主に想像の産物に過ぎなかったが、現実の場面における「アメリカの脅威」となるに至った。

危険の察知と、ほんものの危険が、ひとつに同化してしまった。脅威の影が存在と化した。最初は海軍長官として、次に国防長官として、フォレスタルによって正当化された組織のニーズは、こうした心理的な不安とともに生まれたのである。

その不安は、ストレスの中でいくらでも悪化するものだった。フォレスタルの場合、彼のストレスとなったのは、米国は世界中で軍事的な関与を迫られているのに、軍の力がそれに追いついていない、という一貫した思い込みだった。後述するように、米軍のトップに立つ者としてフォレスタルは、能力と責任のギャップに悩まされていた。個人的なストレスが、政治的なストレスと同一のものになってしまっていた。その同一化の中では、敵の悪意や悪をもたらす敵の能力の誇張は際限ないものになった。敵という悪は遠くにあるだけでなく、アメリカの近くにも潜んでいる、と見なされるようになった。

4　ケナンのあやまち

「冷戦」の始まりを告げる舞台の上で、フォレスタルが演じる「第二幕」の陰には、力強い舞台回しがいた。ヘンリー・スティムソンによる、モスクワとの「絶望的」な対決を回避しようという動きを封

71 Eisenhower, *Crusade in Europe*
72「冷戦」を理解する上で、「善」と「悪」の枠組が依然として有効であると主張するのは、歴史家のジョン・ギャディスである。冷戦の始まりにおけるトルーマン、冷戦の終わりのロナルド・レーガンの政治的言説は、この理解の例証である。

じ込めたフォレスタルはやがて、対ソ対決を力強く正当化する、無名の外交官に肩入れするようになる。

ジョージ・ケナン*。当時の米国務省における、ロシア共産主義に関する第一人者だった人物だ。ケナンは一九四六年二月二十二日、モスクワ駐在の代理大使として、八〇〇〇語もの電報をワシントンの上司に打電した。ロシアの首都から見た、大戦終了後の世界情勢の展望に関する観察結果をまとめたものだった。

外交官としてケナンは、スターリン体制の推移を過去二十年間にわたって見守り続けていた。ケナンの手厳しいソ連評価は、ルーズベルトが一九三三年に、モスクワとの外交関係正常化を決断したことに反対したことでもわかる。一九三〇年代を通し、ケナンは「ソ連の脅威」を、「ヒトラーのドイツ」や「帝国・日本」以上に重大な脅威と見ていた。[73] 戦時中、アメリカがスターリンと同盟したことを残念がったケナンは、戦後、さらにスターリンを恐れるようになっていた。

ケナンの電報には前途を悲観する見方が色濃く打ち出されていた。たとえば、共産主義は「病気に罹った組織にとりついて生きるしかない、悪意ある寄生虫である」と。[74]

このケナンの悲観は、前述したスターリンの好戦的な演説から生み出された見方だった。このスターリン演説の真意を、アメリカ側は誤解して受け止めてしまった——との見方は、歴史家らが後日、知るところのものだが、[75] それはケナンの思い及ぶところではなかったようだ。

が、現実にはこのケナンのソ連評価が土台となり、その上に築かれた誤解が思考の永久建築物と化したのである。空虚なものが実体となってしまった実例のひとつがこれだ。ケナンは、心配する男だった。

「七一一号電報」と通し番号のついたケナンの電報は間もなく、「長文電報《ロング・テレグラフ》」、あるいは「LT」として知られるようになる。モスクワからのこの通信は、「ソ連の狙い」を警告する警鐘を、ワシントン中に響かせた。ケナンは電報でこう指摘した。「ここ〔モスクワ〕には、政治勢力が存在する。狂信的な政治勢力だ。その信念とは、米国との間に永遠の共存はありえず、われわれアメリカ社会の調和を乱すことこそ好ましくも必要なことでもあり、ソ連の権力は守られても、われわれアメリカの国家としての国際的な威信は破壊されねばならない、というものである[76]」

こうしてケナンは、ソ連の心臓を鼓動させているのは、終末論的なマルクス主義だと意味付けて見せたのである。

第二次世界大戦後、さらに力を伸ばして再登場した、アメリカ以外の唯一の大国、ソ連。そのソ連は単に、政治的な優位を求める小手先の争いをワシントンと始めているのではない。そうではなくてモ

＊ジョージ・ケナン　米国の外交官、歴史家（一九〇四～二〇〇五年）。「冷戦」期のソ連封じ込め政策を立案した米政府の立役者。
73 Hixon, *George F. Kennan*, 一一頁。
74 Kennan, "Telegraphic Message of February 22, 1946," *Memoirs*, 五五七頁。
75「スターリンの演説も彼の行動と同様、米国の当局者が考えたほどには脅威ではなかった……（それは）トルーマンがその前の十月の海軍記念日に行った演説と比べても威嚇的なものではなかった」Leffler, *A Preponderance of Power*, 一〇三、一〇七頁。
76 Kennan, "Telegraphic Message," *Memoirs*, 五五七頁。

スクワは、西側の資本主義の首都であるワシントンに対し、存在を賭け——いわば宗教的に反対しているのである。この米ソ二極間の抗争は不可避であり、妥協はあり得ない。戦いに終わりがあるとすれば、どちらか一方のシステムが完全に一掃された時である。ソ連は最早、伝統的な帝国主義の野望の持ち主と見なしてはならない。ましていわんや、自己の安全を図る普通の国だと見なしてはならない。ロマッチックな、際限のない革命ユートピア幻想こそ——アメリカにとっての究極の反ユートピアこそ——モスクワが抱く信念である。それ故、アメリカにとって唯一可能な、未来を切り拓く道は、妥協なき、永遠の、存在を賭けた戦いを続けることにある——と。

ケナンはこうした極論に、その数年前に到達していたが、ようやく今になって、聞く耳を持つ者が現れた。そして誰よりもよく耳を傾けてくれたのは、フォレスタルだった。

善悪二元論による分析と黙示録的な救世主の趣を漂わせたケナンの電文は、フォレスタルの心の琴線に触れるものだった。無意識の動機を探る場合、どうしても推論に頼らざるを得ないところがあるが、フォレスタルの場合、彼自身の日記も、伝記作者の調査でも、公文書の記録を見ても、その全てがこのケナンの電報に彼の動機の在り処《か》を見てとっているのである。

トルーマン大統領に（スティムソンに反対して）、モロトフ外相と早く、対決するよう迫った頃のフォレスタルは、腹の底にある嫌悪をぶつける、直情的な反共主義者だった。ルーズベルト以来の、外交によってソ連の態度を望ましい方向に持ってゆく伝統を、考えもなく捨て去っていたフォレスタルだった。グローヴズとともに、アメリカの核の独占こそがソ連を押さえ込む切り札だと割り切ったフォレスタルだった。

彼の伝記作者らによれば、戦後の早い時期、フォレスタルは「ソ連の動機や行動に対するより抽象的、神学的な説明を信じるようになった」。そして「その理由は、彼のカトリック教徒であった過去、さらには彼の疑い深さと不安、そしてまた、彼の知的な巧緻さに対する、暗い憧れの中に見出されるかも知れない」と指摘している。[77]

ケナンはフォレスタルのようにカトリック教徒であったことはないが、フォレスタルから十年後、同じプリンストンに学んでいた。そしてケナンもまたフォレスタル同様、心に秘密の傷を負っていたのだ。

F・スコット・フィッツジェラルドが作家として成功した頃、フォレスタルが「ギャツビー」に比較されたように、ケナンは自分のことを、『楽園のこちら側』というフィッツジェラルドの小説の、大学生の主人公、「アモリー・ブレーン」に重ね合わせていた。[78]

ケナンは中西部の中流階級の家の出。そんなケナンの神経を、東部の支配層が漂わせる何かが不安にさせていた。母親は彼を産んで間もなく死亡。父親は、取り付くシマのない人だった。

ケナンもまたフォレスタルのように、孤独と怒りを押し殺しながら、特権層が自分を排除するのは、彼らが自分よりも上の人間だからだ、と自分に言い聞かせて生きていた。[79] いつか自分もそうした特権層

77 Hoopes and Brinkley, *Driven Patriot*, 二八一頁。
78 Hixson, *George F. Kennan*, 三頁。
79 ケナンは、外交官としてのキャリアが行き詰った後、プリンストン大学に生きる道を見つけるが、ケナンをプリンストンに引き入れたのは、天才肌のもう一人の不適応者、J・ロバート・オッペンハイマーだった。

の人間になってやる——ケナンはそんな野心を燃やしながら生きていたのだ。

それはフォレスタルにしても同じことだったが、彼はケナンより一足早く、大戦の終わりには社会的な成功を手にしていた。そんなフォレスタルを通して、ケナンは遂に、アメリカ権力の内なる輪《インナー・サークル》に入ることを許されるのである。

ケナンには、スコットランドとアイルランド人の血が流れ、プロテスタント・カルヴァン派の長老派《プレスビテリアン》教会の信仰の中で育った。ジャン・カルヴァンの教えは、ケナンの中に受け継がれたのである。実際、ケナンは自分のことを、清教徒《ピューリタン》であるとさえ言った。[80] ケナンはフォレスタル同様、アウトサイダーの位置から判断を下す役割を演じつつ、妬みや嫉《そね》みを克服しようとした男だった。

ケナンのこの暗い道徳主義の流れは、フォレスタルのアイルランド・ジャンセニズム*に通じるものである。フォレスタルはプリンストンを卒業直前にドロップアウトしたが、ケナンもプリンストンの卒業式を無視するような人物だった。

しかし、そうはいっても二人には、プリンストンの精神が息づいていた。プリンストンのキャンパスは、卒業生のウッドロー・ウィルソン元大統領に自分たちを重ね合わせることで、政治、宗教の両面において、アメリカの伝道精神の熱気にあふれていたのである。[81]

ケナンとフォレスタルの二人は、年も離れ、生き方も違っていたが、エリートとしてロマンチックな「アメリカ精神」を持つようになったことでは変わりない。ただ二人はともに、ウィルソンとは違った、現実主義者の立場を表明することになる。ビジネスの世界を信仰するに至ったフォレスタルに対し、ケナンは外交官のキャリアに身を投じることになった。

そんなケナンの基本的な立場はフォレスタル同様、直感的な反共主義だった。それは長老派教会の信者であるケナンに救済を約束するものでもあった。ボルシェヴィキが支配するロシアでの一連の出来事は、その始まりから、ケナンの心に訴えかけるものがあった。それはケナンと同じ考えを持つ同僚と同様、マルクス主義の大いなる誤りといった理論的なものではなかった。ケナンは暗いレンズを通してしか、レーニン、トロツキー、スターリンの所業を見ようとしなかった。彼のロシア観は、時間の経過とともに、ひどく誇張したものになってゆくのだが、それはこの恐怖で痛めつけられた国で実際に起きていること以上に実は、自分の都合に合わせたものだった。

ケナンの心理的な投影を、ここにも見ることができるだろう。が、実際問題としてはそれ以上に、ケナンが自分の考えを肯定できるだけ、ソ連の共産主義の否定的な影は大きかったのである。現実のみならず想像の世界においても、共産主義に対し断固たる反対を唱えることで、若いケナンは自分のアイデンティティーをより明確につかむことができた。

つまりケナンの政治的な態度はこの意味で、深く個人的なものに根ざしていたのである。ケナンが

80 Kennan, *Memoirs*, 一六頁。
＊ジャンセニズム　カトリック教会によって異端とされたキリスト教思想。腐敗した人間の罪深さを強調、人間の意志力を低く見る。
81 二〇世紀の初めから第二次世界大戦にかけ、プリンストン大学はアメリカの大学としてはオバーリン〔米国オハイオ州にある名門カレッジ。「オベリン」とも表記される。日本の桜美林大学はその姉妹校〕に次いで、プロテスタントの伝道団を海外に派遣したキャンパスだ。

憎悪した敵こそ、ケナンとは何者なのかを教えてくれた相手だった。ケナンとは選ばれし、ロシアに対する見張り役だった。

「長文電報」を打って来たケナンの中に、同じ考えの同類を見て取ったフォレスタルは、機密扱いの電報であるにもかかわらず、回覧を始めた。海軍の士官、数百人に命令を出して読ませ、自分の指揮下にない者にまでも通読を迫った。そんなフォレスタルのせいで、ワシントンの支配層を形づくる数千人もの人々が「電文」を読み、その内容を真剣に受け止めたのである。米国務省に「長文電報」が届いてから二週間も経たないうちに、ミズーリ州のフルトンで、呼応して声を上げたのは、かのウィンストン・チャーチルだった。ケナンによる、モスクワの恐るべき狙いと能力に対する警報に共鳴し、その主張を確固たるものとする演説を行ったのである。[82]

フォレスタルはそんなケナンと面接し、ワシントンに戻りたいという意向を聞いて、開設間もない国防大学校《ナショナル・ウォー・カレッジ》の共産主義イデオロギー担当の講師になる手助けをした。国防大学校は、フォレスタルが中心になって開学したものである。

フォレスタルはケナンに、ソ連の脅威を総まとめする論文を書くよう求めた。これに応えてケナンは、フォレスタルから原稿のチェックと批評を受けながら、何度も書き直しながら執筆を続け、翌年、彼自身が「電報学位論文」[83]と呼んだあの「長文電報」の内容を全面展開する論文に仕上げた。ケナンのこの論文は、アメリカの外交政策における最重要課題に正面から取り組み、自分の主張をぶつけたものだった。

ソ連と交渉するなど、見当違いだ……「ソ連の権力内のあり方が代わらない限りは」――。[84]

「長文電報」を精緻化したケナンの論文は当初、それがジェームズ・フォレスタルに宛てたものであるという注釈とともに、著者が誰であるか明記されないまま、回覧に付された。そして、外交専門誌、『フォーリン・アフェアーズ』の一九四七年夏号に掲載され、公表される。タイトルは「ソ連の行動の源泉」、著者は匿名の「X」。

このケナンの匿名論文はすぐさま大変な反響を巻き起こした。個人によって書かれた、アメリカの外交政策に関する宣言としては多分、今なお、これ以上の影響力を及ぼしたものはない。この論文は、教養と学識に富んだロシア史の解説であると同時に、共産主義の世界征服の野望を明らかにしたものと受け止められた。

が、実際はどちらでもなかったのだ。にもかかわらず、この「X論文」を、学者やコメンテーターが、それがどれだけ欠陥のあるものなのか知らずに、今もって、ただただ賞賛しているのが現実の姿なのである。モスクワはもちろんのこと、北京やベオグラード*にしても、「正常《ノーマル》なナショナリズム」が単に「コミンテルン*」のレトリックに覆われていただけなのに、「X論文」はそれに気づかず、「冷戦」思

---

82 Leffler, *A Preponderance of Power,* 一〇九頁。
83 Kennan, *Memoirs,* 二九五頁。
84 Kennan, "The Sources of Soviet Conduct," *Foreign Affairs,* 一九四七年七月。
＊ベオグラード　旧ユーゴスラビアの首都。ここでは、チトー指導下のユーゴスラビア共産主義の代名詞として使われている。
＊コミンテルン　ロシア革命後、一九一九年にモスクワで第一回大会を開いた共産主義の国際組織。「共産主義インターナショナル」とも言う。

考という米国の過ちの基盤をつくってしまった。

もちろん、正常なナショナリズムにしろ、問題を引き起こすことはある。たとえば市場へのアクセスとか原材料の確保に動く時、軋轢が生まれることがある。しかし、それと邪悪なグランドデザインに基づく国際的な敵対行動とでは違いがあり過ぎるのだ。

「X論文」は、ソ連の共産主義者たちは狂信的な使命に突き動かされている。いったんそれが根付こうものなら、その場所が何処であれ、抜き去ることはできない。しかし、その拡大であれば阻止することができる――といった悲観的な前提に立っていた。そんなケナンの書きっぷりは、ソ連の軍事力を脅威とするアメリカ側の見方の先鋭化と、「ロシアは、ケナンのような専門家だけが解きうる謎である」との神話づくりを狙ったものだった。[85]

それどころか「X論文」は、アメリカが採り得る、たったひとつ可能な対策として、「忍耐強く、断固とした、警戒の目を光らす、長期にわたる封じ込め《コンテインメント》」を提唱したのである。[86]

この「封じ込め」というアイデアはタイミングのいい、理に叶ったものとして受け取られた。当時、トルーマン政権は、ギリシャやトルコにおける反共レジスタンス運動を支援し、ソ連の勢力拡大阻止に成功していたからである。

こうしてケナンの「封じ込め」戦略は、「トルーマン・ドクトリン」として姿を変え、神学的な地位に祭り上げられることになった。それと同時にケナンの「長文電報」と「X論文」は、その後、二世代にわたって米国の外交を規定する基本テキストの座を守り続けることになる。

話を元に戻すと、ケナンが行った警告の本当に重要な意味は、「長文電報」を吹聴し、「X論文」のスポンサーになったフォレスタルとの関係にあった。歴史家の中には、ケナンの警告に対し、フォレスタルが採った対応を、米国の対英独立戦争の英雄、ポール・リビア*が「オールド・ノース教会」[87]に掲げられた「二つの提灯《ランタン》」を見て、英軍の行動開始を知った時の逸話と重ね合わせて見る者もいる。フォレスタルは後日、ポール・リビアの逸話に似た、ある悲劇的な叫び声を上げることになるが、それについては後述する。*

当時、フォレスタルはワシントンにおける影響力の頂点に立っていた。そのフォレスタルがケナンの論文を後押ししたことで、そこに信頼性が生まれただけのことだ。ジャーナリストのウォルター・リップマンなどは、ケナンの論文を「戦略的な怪物」[88]と呼んで批判したほどである。ケナン自身、フォレスタルのおかげで「私の名声は作られ、私の声は届けられた」[89]と書いているが、フォレスタルの影響力はアメリカの世論だけでなく、ケナン個人の上にも行使されていたのである。

---

85 Costigliola, "Unceasing Pressure for Penetration," *Journal of American History* 83,no.4（一九九七年三月号）一三三三頁。

86 Kennan, "The Sources of Soviet Conduct," 九九頁。

＊ポール・リビア　アメリカの独立戦争で活躍したボストンの愛国者（一七三五〜一八一八年）。一七七五年四月、独立戦争の帰趨を決めた「レキシントン・コンコードの戦い」の際、英軍がチャールズ川を渡河したことを、「オールド・ノース教会」の尖塔に掲げられた二個の提灯による合図で知り、伝令として友軍に知らせた。

87 Robert Donovan, Hoopes and Brinkley, *Driven Patriot*, 二七二頁に引用。

＊ポール・リビアは伝令として走り、味方に「英国人が来た！」と叫んだ、と言い伝えられている。フォレスタルは後日、この「英国人が来た！」に似た奇声を上げることになる……。

88 Manchester, *The Glory and the Dream*, 四三八頁。

フォレスタルはケナンの「長文電報」にある、破局を想定した分析の糸だけを都合よく、つまんで引き出したのだ。しかし、その破局分析に書かれた脅威も、実はすぐさま消え去るものであり、具体的な人間の力を超越した「抽象的な政治の力」[90]で描かれたものでしかなかった。それをフォレスタルは、論文の中心モチーフにせよ、と迫った。そしてケナンは、それに従ったのである。

こうした極端な、不安を煽るだけの分析がワシントンにおける思考に定着する中、フォレスタルの影響力はケナンともども、ますます確固たるものになって行った。それはまた、アメリカの権力の中心が、国務省のある「フォギー・ボトム（霧の底）」から、かつて「ヘルズ・ボトム（地獄の底）」と呼ばれた、ポトマック河岸の「家《ペンタゴン》」へと移動する、土台を築くものでもあった。

モスクワからの「世界・史的な脅威《ワールド・ヒストリック・スレット》」は今や絶対・不可避なものとなり、アメリカの権力の中心は何と、大統領のいる「ホワイトハウス」からさえも遠のこうとしていた。「家《ペンタゴン》」に対する大統領の権限が、建前のものに過ぎないことを、歴代大統領として初めて思い知ることになるのは、当のトルーマンである。

ケナンの論文は、フォレスタルが望んだ軍備増強に歯止めをかけようとする予算シーリングだけでなく、非軍事的なものであることはハッキリしているが、「反ソ連」であることも同時に明白な「マーシャル・プラン」に対する予算シーリングをも外すよう、トルーマンに圧力をかけた。

しかし、「ケナン理論《パラダイム》」とも呼ぶべき、ケナンの考えが生んだものの中で、実際のところ、最も大きな波及効果を及ぼしたものは、その理論的枠組が承認した「核開発競争」の展開である。「ケナン理論」は、誰の監督も受けない「核の司祭」をその座に就かせ、遅かれ早かれ、アジアにおけるアメリカの無謀な破壊活動を招くことになるのだ。

後になってケナンは、自分は誤解されたのだ、と主張した。ソ連の救世主的な野望《メシアニズム》に対し、軍事よりも政治でもって対応しようというのが、実は彼の真意だった、と。

実際、ケナンは「長文電報」でソ連に関する警鐘を鳴らしたあと、彼自身の信念を、当時すでにこう記録に残しているのだ。「問題はわれわれの〔政治的な〕解決能力の中にある――それは、いかなる軍事的な対立に訴えるものであってはならない」と[91]。

この政治的なものと軍事的なものを区別するケナンの考え方こそ、「冷戦」の起源をめぐる本質論争につながるものだ。

米国とソ連との違いは現実に存在し、その違いは確かに大きくはあったが、それはまったくもって政治的な違いに過ぎなかった。米ソの違いは、両国においてほぼ間違いなく、とくにソ連の場合は明確に、世界大戦とその結末がもたらした途方もない変化による、不安の淵から生まれたものだった。米ソの政治的な対立を、ソ連以上に軍事的な対立にしたのは、米国だった。米国は政治的な対立を、必要以

89「海軍長官であるジェームズ・フォレスタル氏はその〔「長文電報」の〕コピーをつくり、米軍内の数千人というのがオーバーなら数百人の高官に、これを読むよう義務付けた……私の名声は作られ、私の声は届けられたのである」Kennan, *Memoirs*, 一九五頁。

90 Costigliola, "Unceasing Pressure for Penetration," 一一三三頁。*Journal of American History* 83, no.4（一九九七年三月）所収。

91 Kennan, "Telegraphic Message," *Memoirs*, 五五七頁。

上に、遥かに危険で金のかかるものに変えてしまったのである。
この米国が引き起した変化は、まずフォレスタルの考えの中で起きた。フォレスタルは、兵役解除が大規模に進んでいる今だからこそ、緊急な軍事的な必要性が極めて大きな意味を持つ、と見たのだ。「X論文」についても、そうした軍事的必要性を支持するものとして、フォレスタルは読んだのである。「政治的」な対立に限って言えば、確かにヨーロッパは破局の淵にあった。たとえば、フランス、イタリアでは、選挙民が共産党に投票する構えを見せていたのである。しかし、フォレスタルにとっては、そんな政治の危機など、軍事的侵攻の恐れに比べれば、二の次のことでしかなかった。
フォレスタルのこの過ちの大きさを理解するには、当時の共産主義者たちがどれだけアピール力を持っていたか、思い出すとよい。資本主義は破産したという想定さえ、その頃、広く信じられていたのだ。状況はフランス、イタリア以外でも同じだった。大戦中の一九四〇年から四五年にかけ、全ヨーロッパの共産党員数は着実に増加し、戦争が終わると、その数は飛躍的に増えた。チェコスロバキアの場合、一九四五年五月時点で二万八〇〇〇人だったのが、九月には実に七五万人へと急増している。これはもちろん、ロシアが強制的に介入する以前のことである。[92]
これに対し、フォレスタルが採った「封じ込め」は、何よりもまず「軍事的な」ものだった。そしてその「封じ込め」は、国務省ではなく、「家」《ペンタゴン》発の戦略だった。フォレスタルの伝記作者たちが、彼を「封じ込めのゴッドファーザー」と呼んだのは、このためである。[93]
この点に関し、ケナンは、『フォーリン・アフェアーズ』誌に発表した論文の作成にあたって、フォレスタルの関与があったことを認めている。「論文の初稿を準備した時、私は、フォレスタル氏が当時、必要としているな、と感じたことを」書き記したと、ケナン自身、語っているのだ。[94]

当時は歴史の舞台が回る時だった。すでに見たように、「長文電報」が打たれたのは、一九四六年二月。そしてその翌月の三月には、チャーチルが「鉄のカーテン」演説を行い、三ヵ月後の六月にはバーナード・バルックが、実現の見通しのない「バルック計画」を国連に提案する——というふうに事態は動いていった。ちなみに、「冷戦《コールド・ウォー》」[95]という言葉を造語したのは、このバルックのスピーチライターである。

同じ六月、米国は核兵器開発をさらに推し進める決意を表明し、太平洋の実験場で、史上二度目となる、一連の原爆実験を行った（この時、フォレスタルは実験場のビキニ環礁に、カーチス・ルメイ将軍を伴って視察に赴いた。ルメイは当時、研究開発担当の空軍参謀次長を務めていた。しかし、ビキニでの核実験を仕切ったのは、空軍を出し抜いた〔フォレスタルの出身母体である〕海軍だった。空軍と海軍の熾烈な争いを象徴するかのように、ビキニ核実験では二発の原爆が用いられ、一発はB29爆撃機から投下、もう一発は海中で爆破された。海軍と空軍は、原爆の支配をめぐって、正面から取っ組み合う争いを演じていた。フォレスタルに随行したルメイは、彼のお供より、空軍のことで頭がいっぱいだった）。[96]

92 Leffler, *A Preponderance of Power*, 七頁。
93 Hoopes and Brinkley, *Driven Patriot*, 第二十一章のタイトル。
94 Kennan, *Memoirs*, 三五九頁。
95 Manchester, *The Glory and the Dream*, 四三六頁。
96 Hoopes and Brinkley, *Driven Patriot*, 二九〇頁。

その年の九月、トルーマンの内閣に亀裂が走った。バーンズ国務長官が、かつてルーズベルトが採った外交政策を思い出しながら、フォレスタルやケナンに対し、反対姿勢を明らかにしたのだ。バーンズは、原爆を「これ見よがしに腰にぶら下げている」と、スティムソンを心配させた男であり、ソ連外相のモロトフに対しても、威圧的な態度をとった男だ。

バーンズはモスクワとの政治的な違いの大きさに最初に気づいた米国の政治家の一人だが、ソ連が世界的な戦いに打って出ると、もうすでに決めている、と思い込むような人間ではなかった。フォレスタルらによる教条的な威嚇《ブリング》政策の行き着く先を、バーンズは見て取っていたのである。

だから、バーンズはそうした威嚇政策を変えようとした。九月、バーンズはドイツのシュトゥットガルトで、若きジョン・ケネス・ガルブレイスに起草させた演説を行い、ソ連との軍事衝突は不可避であるとの考え方に反論を加えるとともに、アメリカは外交による紛争解決に信を置く、との立場を改めて表明した。[97]

が、こうした穏健政策を復活しようとするバーンズの努力も、演説のわずか一週間後に、壁に突き当たってしまった。トルーマン内閣の隅に追いやられていた商務長官のヘンリー・ワラスが、ニューヨークのマジソン・スクエア・ガーデンで、フォレスタルの路線を非難する下手な演説を仕出かしたからだ。ワラスは言い放った。「こっちが乱暴になるから、ロシアも乱暴になる」と。[98]

ワラスは、失言癖のある人間と見られており、それだけで自分の立場を悪くしていた。一年前、ソ連との核の「共有」について、スティムソンと合意した時も口を滑らして事態を悪化させた。それと同じ災難が、こんどはバーンズの身に降りかかって来たのである。

ワラスの演説は、激しい反論を引き起こした。トルーマンは自分の統率力を見せ付け、自分がフォレスタルの側に立っていることを示すため、九月末、ワラス解任に踏み切った。その際、トルーマンは自分自身の考えを明らかにするため、一〇万語の声明をまとめ、政府高官に回付した。この声明は、彼が最も信頼する補佐官で、政治の仲間でもあったクラーク・クリフォード*が起草したものだ。

この「アメリカの対ソ連関係」と題する声明は、ケナンの「長文電報」から直接、引いたものだが、フォレスタルの考えが今や、アメリカの新しい政策となったことを示すものだった。「軍事力に基づく政治の言葉だけが、（モスクワの）権力の使徒たちが理解する言葉である……それゆえ、ソ連を制約する上で効果的なレベルで力を維持するには、米国として原爆、そして生物戦争を行う準備が出来ていなければならない[99]」。

この一九四六年の時点においては、ソ連の意図を心配する理由は何もなかったのに、そのことをめぐる議論はここには何もなかった。そしてそのソ連に対する不安は、モスクワが特にその後、表明することに照らせば、誇張のし過ぎでしかなかった。歴史家たちは、当時のソ連の目標、能力を総括したク

---

97 ジョン・ケネス・ガルブレイスに対する著者のインタビュー。Parker, *John Kenneth Galbraith*, 二一二〜二一三頁も参照。

98 Parker, *John Kenneth Galbraith*, 二一三頁。

* クラーク・クリフォード　米国の政府高官（一九〇八〜九八年）。トルーマン大統領の選挙参謀を務め、同大統領の補佐官に。ジョンソン政権では国防長官（一九六八〜六九年）を務めた。

99 "American Relations with the Soviet Union: A Report to the President by the Special Counsel to the President"（一九四六年九月二十四日）, in Etzold and Gaddis, *Containment*, 六四頁。

リフォードのメモは、完全に間違った中身だったと、今や評価しているのである。[100]

そのことをバーンズ国務長官は、その時点でわかっていた。クリフォードのメモが煽り立てた不安は、不必要なものだと見ていたのである。バーンズは政治が軍事の僕《しもべ》になることを拒絶しようとしたが、その彼からはすでに、それだけの影響力は失われていた。

この年の十二月、バーンズは国務長官の辞任を申し出る。しかし、その時、バーンズは、トルーマンに対し、「一人ひとりの人間もそうですが、国家もまた、互いの違いを認め合わねばなりません」と警告をすることだけは忘れなかった。

バーンズが辞任した国務長官のポストを引き継いだのは、陸軍の参謀総長、ジョージ・マーシャルだった。このことは、「家《ペンタゴン》」が遂に「国務省」を打ち負かした、象徴的な出来事だった。

マーシャル将軍は穏健な、交渉事も厭わない人だったが、にもかかわらず、アメリカに文民、制服組を問わず、(語呂合わせではなく)軍事的《マーシャル》な新階級が出現したことを、身をもって告げた人物だった。フォレスタルの影響力の輪は、マーシャル新国務長官によって、すぐさま愛弟子のケナンの昇任が決まったことで、ついに完結したのである。国務省に新設された政策企画室の室長に昇格したケナンは、アメリカの外交にとって死活的に重要な、その後の三年間、その舵取りをすることになる。ケナンのいる政策企画室のドアは、マーシャル長官の執務室に直結していた。

前国務長官のバーンズは、退任に際し、「米ソ両国に、思いやりある相互理解」を求める最後の訴えをした。[101]が、今や手遅れだった。バーンズ辞任の数日後、米政府は国連で、運命のわかれ目となる「バルック計画」案の採決を強行、核開発競争に伴う米ソ間の溝を固定化してしまった。

ここにおいてわれわれは、バルックが「国際管理による共有」の音楽に合わせ、ソ連を相手にダンスを続けた動機を、全面的に理解することができる。バルックは、その気もないのに踊りを踊っていただけだった。

ケナンが「封じ込め」のアイデアを導入しようとしたのは、まさにこの時のことだった——この「封じ込め」という用語をケナンが初めて使ったのは、この年十月、国防大学校で行った講義の時である。[102] そしてその「封じ込め」の鍵を握るのが、アメリカによる無制限な原爆の独占だった。[103] ケナンの「X論文」はロシア語に訳され、スターリンも目を通したが、「封じ込め《コンテインメント》」という言葉は「絞殺《ストランギュレーション》」に変わっていた。[104]

こうした一九四六年終盤での動きは、それまで続いていた一連の議論にトドメを刺すものとなった。議論の一方にあったのは、政治的な違いを認めながら、それでもソ連との間で、相互の利益をベースに協力関係を築いて行こうという主張だった。そして、そうした意見の対極にあったのは、相互不信に根

100 Leffler, *A Preponderance of Power*, 一三八頁。
101 Parker, *John Kenneth Galbraith*, 二一六頁。
102 Hixson, *George F Kennan*, 三五頁。
103 一九四九年、ソ連が原爆実験に成功する数ヵ月前の段階で、ケナンはすでにモスクワとの核軍縮交渉を「無益かつ紛らわしい」ものとして一切、切り捨てていた。ケナンはひたすらアメリカの核の独占の維持に期待をかけていたのである。前掲書、三八頁。
104 Levering et al., *Debating the Origins of the Cold War*, 一三〇頁。

ざし、軍事的な争いを辞さない対決姿勢をとる、もうひとつの流れだった。つまり、それまでは対ソ観に二つの見方があったのだ。そして、そのうちの否定的な見方が遂に勝利を収めたわけだ。

まるまる一世代続いた議論を振り返り、明晰な分析を加えながら、歴史家のダニエル・ヤーギンは、こう指摘している。「アメリカの指導者たちには、もしかしたら自分たちは、残酷で粗暴な、官僚化された恐怖の専制国家との対決を迫られているかも知れないが、敵は戦争で荒廃した広大な国土の再建に専念せざるを得ないはずだ、といった覚めた見方もあった。しかし、一般のアメリカ人は違っていた。世界の覇権を目指す、果てしなき衝動に駆られた、狡猾で断固たる敵と直面していると、信じ込まされていたのである」。

しかし、それは実はイデオロギー的にも一貫しない、空虚な国際共産主義運動のネットワークがあるだけではなかったか？　アメリカに立ち向かうべく、軍備を必死に取り繕ってきた、空虚な伝統があるだけではないか？　もしもソ連が非効率的なシステムであれば、黙っていても体制腐敗で自壊するだけではないのか？　西側が軍事的に挑戦するとして、それはソ連の力を強めることになるのか、それとも弱める働きをするのか？　西ヨーロッパから繰り返し侵略され、トラウマを背負ったロシア史を考えれば、ワシントンがロシアを悪魔化して対決姿勢を採った場合、それは結局、ロシアの自由化を先送りし、遂にはロシアを崩壊に追い込むことになるのではないか？　いや、それは逆にロシアの自由化を促進する結果を生み出すことになる？……

悲しいかな、歴史のこの決定的な瞬間に、こうした疑問が提示され、議論されることはなかったのである。

それに代わって「夢想の国」のような疑問だけが出された。それは疑問の中から、どんどん答えが生まれて来るものだった。モスクワの現実と全く無関係な「クレムリン」についての幻想が、アメリカ人の想像力の中に取り込まれ、絶対的な敵と化した。ヤーギンの簡潔な表現をかりれば、ここにおいてアメリカの「基本的なイデオロギー的見方が確定した」のである。[105]「カルヴァン主義」「ジャンセニズム」「ウィルソン主義」「ピューリタニズム」「マニ教的二元論」「野心的であるが故に受けた心の傷」「個人の不安の呪い」……これらこそ、米政府の政策決定の底にある感情的な源にあるものだが、フォレスタルとケナンは、ソ連に対する態度決定において、これらのものと同じだけアメリカ人の感情を掻き立てる、新たな心理的文脈を生み出したのだ。

ケナンの有名な「X論文」の、初期段階の草稿のタイトルは、「ソ連外交政策の心理的背景」だった。「X論文」はこの段階ですでに、フォレスタルのコントロール下にあった。フォレスタルはこのケナンの草稿のコピーを、かつて勤めていた「ディロン・リード」社のボス、クラレンス・ディロンに送った。その際、フォレスタルはこんなメモを、草稿に付していた。「レーニンの宗教・哲学が示す、抜きがたく変えがたい方向を理解することなしに、ロシアに関する何事も理解し得ない」と。[106]

105 Yergin, *Shattered Peace*, 二四五、二五五頁。
106 Hoopes and Brinkley, *Driven Patriot*, 二八〇頁。レーニンでさえ、自分の哲学を「抜きがたく変えがたい」ものとは考えていなかった。レーニンは一九二〇年代に、ニコライ・ブハーリン〔ロシアの革命家、マルクス主義理論家、ソ連の政治家（一八八八〜一九三八年）。右派分子として失脚、スターリンに粛清された〕の「新経済政策」〔ネップ。市場原理を部分導入、納税後、手元に残った農産物を自由に販売することを認めた〕を承認しているのである。

フォレスタルとケナンは、自分たちこそ、大戦後、その「死活的な中心」を占める実際的な人間であり、世界の現状をきちんと見つめながら「抽象的な理想論」を拒否する、新たな「現実主義」のコンセンサスに立った存在だと主張していたが、実際は彼らこそが、それがどんなに偽装したものであったにせよ、そうした「抽象的な議論」に駆り立てられた存在だった。中でも最も重視すべき点は、レーニンを単に「宗教・哲学」上の問題に帰したフォレスタルの考え方からもわかるように、「全体主義」を何処でも、何にでも当てはまるものとする、彼の抽象思考ぶりである。この抽象思考は当時、アメリカ人の一般的な見方になって間もないものだったが、それはソ連の共産主義が現実問題として、どんなものだったかという分析によるものではなかった。想像の産物でしかない、常に大文字で書かれるべき、空想の「全体主義」でしかなかった。「現実主義」の名の下、彼らの信念は対決のための信仰と化したのである。

アーサー・シュレジンジャー・ジュニアは、実際的な現実主義に立つ、初期の理論家の一人だが、フォレスタルやケナンの過ちを、「神秘化された全体主義理論」による過ちと呼んでいる。私のインタビューに応えて、アーサー・シュレジンジャー・ジュニアは、こう語った。「スターリン個人の全体主義的な性格が、国家全体に反映されていると余りにも早く、結論づけてしまったのです。スターリン個人のみを見つめ、これこそ、われわれの相手だと思ってしまった。事情はしかし、もっと複雑なものでした」と。[107]

こうした思い込みは、ケナン自身のものでもあった。数年後、彼は回想録にこう書いている。「私が『X論文』で『ソビエト・パワー』という言葉を使った時、私はもちろん、ヨシフ・スターリンによって組織、統制、鼓舞された権力システムを見ていた。それは、規律ある共産党のネットワークを通じ、世界のあらゆる国々に手を伸ばす、一枚岩《モノリセック》の権力構造のことだった。こうした状況の中では、どんな地域の共産党のどんな成功であれ、いかなる場所の共産権力のいかなる前進であれ、それはクレムリンの政治軌道、あるいは少なくとも支配的な影響力の、現実世界における拡大と見なければならなかった。スターリンは国外の共産主義者たちに嫉妬心を燃やし、彼らに対し侮蔑的な支配を及ぼしていたが故に、当時としてはソ連以外の共産主義者も、自分たちの意志ではなく、スターリンの意のままに動くものと見なさざるを得なかったのだ。スターリンの権威こそ、共産主義世界における唯一の権力だった。それは、いつも警戒の目を光らせ、苛烈な態度で命令を下す、反対することを許さない司令部だった」[108]

が、現実はケナンが思ったような単純なものではなかった。

この点に関連して、シュレジンジャーは、当時、世界に広がり出していた、「神秘化された全体主義」の出現を予言した者として、ジョージ・オーウェル*とハンナ・アーレント*の二人を挙げている。

---

107 アーサー・シュレジンジャーに対する著者のインタビュー。
108 Kennan, *Memoirs*, 三六五〜三六六頁。
＊ジョージ・オーウェル　英国の小説家（一九〇三〜五〇年）。代表作の『動物農場』『一九八四年』で、全体主義の逆ユートピアを描いた。
＊ハンナ・アーレント　ドイツ出身のユダヤ系アメリカ人、政治思想家、政治哲学者（一九〇六〜七五年）。『全体主義の起源』（みすず書房）など邦訳も多数。

当時から半世紀以上経った後、シュレジンジャーはこう書いた。「オーウェルは、ナチズムとスターリニズムの内なる論理を、夜の果てへと運んで見せた。そうすることでオーウェルは全体主義を、それしかあり得ず、自ら後戻りもできず、自立的な社会機構を全て抹殺し、人間の人格すら再構成するものとして、その本当の姿を曝け出そうとしたのである……そしてオーウェルが警戒心を込めて描いた物語《ファンタジー》を、歴史的な事実として提示したのがアーレントだった」[109]

敵をそのように認識すれば、敵は本当に恐ろしいものになる。アメリカ人はこうした政治的な不安の芯のまわりに悪夢を次第に膨らませていたのだ。

アーレントは、一九四〇年代の後半があたかも一九三〇年代の初めであるかのように、ヒトラーの全体主義とスターリンの全体主義を同等のものと見るよう求めた。そうした同一視がソ連の意図、能力をどれほど歪めるものであったかはさておき、問題はそれが、一九三〇年代と比べ、ある点で決定的に違っていたことを見逃していたことである。それは、他ならぬ米国自身が変わったことだ。米国はヒトラーが権力に就いた時、牙を欠く無力な存在だったが、今や世界最強の軍事国家へと変貌を遂げていたのである。

当時、米国によって喧伝された「ソ連」像も「世界共産主義」像も、「全体主義学派」が信じるほど、単一かつ普遍的なものではなかった。この誤認は後々まで響くことになる。ワシントンは、「冷戦」開始期の一九四八年におけるスターリンの、チトーとの断絶の意味を見過ごし、「冷戦」真っ只中のホーチミンの民族主義の意味をも見て取れず、「冷戦」の終わりに向けた、レフ・ワレサ*の非暴力抵抗運動の重要性を見逃してしまった。

が、政治の事実は現実と異なるものだった。「一枚岩のソビエト世界権力」は一九四七年の初め以降、アメリカの政治を支配するものとなる。そしてその運命的な必然としてフォレスタルのような一団が現れ、遂には、ソ連との戦争は不可避である、と言明さえしてしまうのである。[110]

元々、投資銀行家だったフォレスタルは、資本主義の理想の体現者だった。そして、そうしたフォレスタルの経済的な展望——健全に復活したドイツを中心とする欧州市場の急激な再建、中東の石油への容易なアクセス——が、モスクワに対する好戦的な巻き返しを必要としたのだ。

しかし、フォレスタルの出身地である、巨額の融資が飛び交う世界の利害は、彼の将来見通しの中では至高のものではなかった。フォレスタルが戦争を予期するようになったのは、クレムリンの指導者たちの実際行動、能力を具体的に分析したからではない。それは「ソ連の動機、行動に関する、最も抽象的かつ神学的な見方」から生まれたものだった。[111]

109 Schlesinger, *A Life in the Twentieth Century*, 五一四頁。ジョージ・オーウェルの小説、『一九八四年』が出版されたのは、一九四九年、ハンナ・アーレントの力作、『全体主義の起源』が出たのは、一九五一年のことだった。

＊レフ・ワレサ　ポーランドの政治活動家、民主化後の共和国第二代大統領（一九四三年〜　）。グダニスク造船所の労働者時代、独立自主管理労組「連帯」の運動を指導、共産主義政権を崩壊に導いた。ノーベル平和賞を受賞。

110 たとえば、フォレスタルの伝記作者は、一九四六年当時のフォレスタルの考え方について、こう述べている。「フォレスタルは最初から、ロシア問題の平和解決は不可能との前提に立って政策を決定しなければ、と考えており、その考え方はその後、次第に強まって行った」と。Millis, *The Forrestal Diaries*, 一三五頁。

111 Hoopes and Brinkley, *Driven Patriot*, 二八一頁。

5　土台としての被害妄想

ソ連の動機、行動に関する抽象的、神学的な解釈の全てがフォレスタルの心理にどんな影響を及ぼしていたかは、一九四七年、彼が新任の国防長官として「家《ペンタゴン》」に乗り込み、彼の新たな塹壕とも言うべき長官執務室について語ったコメントを見れば想像がつく。「この長官室はこれから先、たぶん歴史に残る、最も偉大な墓地になるだろう。闘って死んだライオンたちの墓地に、ね[112]」

戦後に始まった米兵の大量現役解除という現実と、それに伴う時代の平和な雰囲気を逆転させようというフォレスタルの努力は、戦後の安逸に生きるな、というキャンペーンとなって現れた。新しい海軍、新しい空軍が必要とする軍事予算の増額を実現するには、彼の米上院における主たる盟友だった、アーサー・H・ヴァンデンバーグ*の言葉をかりれば、「アメリカ人の肝っ玉を冷やす」必要があった。[113]

が、そうしたコースを歩み始めたアメリカの指導部にとって、米国における恐怖心を煽る宣伝や行動が、ロシアでも同じような反応を引き起こす、とは思いも寄らぬことだったらしい。ここに一つ、大きな歴史の皮肉があるのだ。スターリンとその支配機構を戦争が好きな怪物と描き出すことによって、ケナンとその支持者たちは、クレムリンをまさにその方向に追いやってしまったのである。

ケナンはソ連の指導者たちを、西側からの脅威に対して被害妄想的な幻覚を抱き、その幻覚のなすがままに揺れる存在として描き出すことから出発した。が、その西側からの脅威は、彼らにとって今や、幻覚ではなくなってしまったのだ。

ケナンはまた、スターリンは外敵の恐怖がある限り権力を維持できる、とも述べていた。ということはつまり、ケナンはまさに、スターリンのための、いわば恐怖の保証人となったわけである。

恐怖は、しかしフォレスタルの中でも、これまでになく膨らんでいた。彼は「国家安全保障法」を成立させたことで成功の頂点に立ったはずだが、彼個人としては、それも安心材料の切り札とはならなかった。フォレスタルが一九四七年九月、全権を手中に収めた「家《ペンタゴン》」の巨大な官僚組織は、敵の不安を煽ることで組織を回していた。

もちろん、フォレスタルがそこで直面した任務の全てが、妄想を煽る非合理的なことではなかった。軍事的な目標と手段を調和させる責任を与えられていたのである。しかし、フォレスタルに与えられた「世界的《グローバル》な軍事的関与」という新たな目標は、手持ちの軍事的な手段、能力ではとうてい実現し得ないものだった。「関与と能力」の間に広がるギャップ——フォレスタルは、ワシントンでその隔たりを知る者は自分しかいない、と思い込んでいるようだった。そんなフォレスタルにとって、そのギャップは底なしの深淵のように深いものだった。[114]

---

112 Millis, *The Forrestal Diaries*, 二九九頁。

＊アーサー・H・ヴァンデンバーグ　米国の政治家、上院議員（一八八四〜一九五一年）。新聞記者出身、ミシガン州選出（共和党）。亡くなるまで二三年間、上院議員を務めた。

113 Williams, *The Tragedy ofAmerican Diplomacy*, 二四〇頁。

114 Leffler, *A Preponderance of Power*, 二二八頁。

被害妄想《パラノイア》とは、「体系化した思い込み《システマタイズド・デリュージョン》。通常は迫害されているとの思い込みを含む精神異常」のことである。[115]「家《ペンタゴン》」は、そうした「体系化」のまさに中心にあった。「マネー」「影響力」「昇進」「威信」の全てが、これこそ脅威の警告であると最も確信させてくれる人々に向かって流れて行った。「脅威」は、重大なものであればあるほどよかった。それが「思い込み」であろうとなかろうと、どうでもよかった。「家《ペンタゴン》」の官僚たちは、それを「最悪のケースに対する計画づくり」と呼んだ。「国家安全保障」という新しい考え《アイデア》が、その前提として「脅威」を求めた。奇怪なシナリオを描くことが、必須の条件になった。

被害妄想的思考《パラノイド・シンキング》は、双子《ツウィン》の動因から成っている。外敵に対する恐怖は、内なる敵への恐怖を伴う、という組み合わせだ。

このパターンは、キリスト教世界が聖地をめぐりイスラムの異教徒と戦った十字軍の時代に、西欧の意識の中にしっかり植え付けられたものだ。一〇九五年、法皇のウルバン二世が「神、望み給う」と叫んで、第一回の十字軍を派遣、外敵であるイスラム教徒に対する攻撃を始めるや否や、翌一〇九六年の春には、内なる敵である異教徒、ライン川沿いの都市に住むユダヤ人に対する迫害が始まった。これがヨーロッパにおける最初のユダヤ人虐殺《ポグロム》である。

キリスト教徒の近隣に住むユダヤ人は、十字軍が遥か彼方でイスラム教徒と戦うまで、迫害されることはなかったのだ。キリスト教徒たちの外敵に対する恐怖は、内なる敵に対する恐怖に変わった。

これと同じ心理のダイナミズムが、実はこれ以前も米国で働いていた。この国でもまた、潜在意識における「被害妄想の流れ」が生き続けていたのだ。[116]

敵と繋がりのある人々への極端な猜疑心は、一七八九年に導入された「外国人・治安諸法*」の中に見てとることができる。より近いところでは、第一次世界大戦後の「パーマー狩り《レイド》*」という事件もあった。そうした流れが今、ソ連との関係で再び、浮上したのである。

ソ連はアメリカの仇敵である、との見方を、おおっぴらに神殿に祭り上げたのは、一九四七年三月十二日、連邦議会上下両院合同会議で行われたトルーマン大統領による演説だった。「トルーマン・ドクトリン」は、ここで明示されたのである。

トルーマンは宣言した。「世界史の現時点において、世界のほとんどの国が、どちらの生き方をとるか選択を迫られているのです」と。

歴史家のリチャード・ホーフスタッター*の表現をかりれば、米国のこの「被害妄想のスタイル《パラノイド・スタイル》」は、「共産主義」に適用される中で激しさを増した。それは脅威が今や、グローバルなものになったからで

115 *Encarta World English Dictionary*
116 Hofstadter, *The Paranoid Style in American Politics* を参照。
＊「外国人・治安諸法」　フランスとの間で宣戦布告なき、いわゆる「擬似戦争」を戦っていた当時のアメリカの政権党、「連邦党」が導入したもので、四つの法律から成る。これに対し、トーマス・ジェファーソンの「民主共和党」は憲法違反であると主張、うち三法を廃止に追い込んだ。
＊「パーマー狩り」　一九一九年から二〇年にかけ、全米規模で左翼主義者、外国人に対して行われた、いわゆる「赤狩り」。パーマー司法長官が指揮したことから、この名が付いた。拷問など違法な捜査方法が採られ、批判を浴びた。
＊リチャード・ホーフスタッター　米国の歴史学者（一九一六〜一九七〇年）。コロンビア大学でアメリカ史を講じた。『アメリカの反知性主義』（田村哲夫訳、みすず書房）などの邦訳も。

ある。世界政治を「二極《バイポーラー》」で割り切る、アメリカの意味づけは、ここから始まったのだ。

こうした勝手な区分は、世界の民衆が自分たちの国を組織する、その具体性に目を向けたものではなかった。「全体主義学派」の「マニ教的二元論神学」に根ざしていたのである。これ以降、ワシントンは世界の国を「味方か、敵か」で見るようになる。そこに、「非同盟中立《ノンアラインメント》」が入る余地はなかった。

この演説でトルーマンは、こうも宣言した。

「武装した少数派や外部勢力による征服に対する、自由を求める人々の抵抗を支援することは、米国の政策でなければならない、と私は信じています」と。[117]

すでに述べたように、当時、ギリシャやその他の国々で、ソ連派の運動が続いていたことは確かである。が、この時点ではまだ、歴史家たちが今やほぼ合意しているように、それらの運動は軍事的というよりも圧倒的に政治的なものだった。

歴史家のウォルター・ラフィーバー*が指摘しているように、実は「〔トルーマン〕大統領が演説する以前の数ヵ月間ほどは、〔ソ連が〕大戦後において、最も攻撃的でなかった時期にあたる」のだ。[118]

しかし、トルーマンは、ギリシャやトルコでの武装レジスタンスを支援する四億ドルの支出を勝ち取り、ソ連の脅威を軍事的に封じ込める時代の幕を切って落とした。ソ連側からすれば、それはまさに「絞殺」の時代の始まりだった。

このトルーマン演説から三ヵ月も経たない時点で、ジョージ・マーシャル国務長官が発表した「マーシャル・プラン」は、アメリカ人の記憶の中で、利他主義の行為として高く評価されているが、これにしても「封じ込め」を手助けするものだった。

マーシャル長官は、アメリカの寛大さは「いかなる国、またはいかなる教条に反対して行われるものではなく、飢えや貧困、絶望と混乱に対して向けられるものだ」と感動的な演説をした[119]。「思いやり」はたしかに「マーシャル・プラン」の中で一定の役割を果たしてはいた。しかし、そこでより重要な役割を果たしたのは、「封じ込め」のイデオロギーだった。

マーシャル長官は、ソ連に対しても救援の手を差し伸べたが、「紐の付いた」申し出だった。救援の条件の中には、ソ連が機密としていた経済データを明らかにするよう求める項目も含まれていた。モスクワが呑める条件でないことを、マーシャルは知っていたのである。

当時の金で一〇〇億ドル——今のドル価値なら、その一〇倍に達する史上空前の人道・経済援助は、西ヨーロッパを反ソ連の防波堤にするべく計画されたものだった。この「マーシャル・プラン」こそ、「鉄のカーテン」に等しく、ヨーロッパを東西に切り裂くものだった。トルーマンは、これをこんなふうに語った。「「トルーマン・ドクトリン」と「マーシャル・プラン」は、「同じクルミの実の、二つの半身だ」と[120]。

---

117 トルーマンの議会演説（一九四七年三月十二日）。in Levering et al., *Debating the Origins of the Cold War*, 八二頁 Freeland, *The Truman Doctrine*, 八五〜八六頁も参照。

＊ ウォルター・ラフィーバー　米国の歴史家、元コーネル大学教授（一九三三年〜　）。邦訳書に、『アメリカの時代——戦後史のなかのアメリカ政治と外交』（久保文明訳、芦書房）がある。

118 LaFeber, *America, Russia, and the Cold War*, 五五頁。

119 www.hpol.org/marshall.

ヴァンデンバーグ上院議員が示唆したように、中欧、西欧へ赤軍が進軍して来るという恐れは、「アメリカ人の心胆を寒からしめる」ものだったが、そうした恐ろしい展望は、〔トルーマン政権にとって〕なくてはならないものだった。トルーマン大統領が「トルーマン・ドクトリン」を示したこの演説は、大統領の側近さえも震え上がらせたものだった。

新任の国務長官、ジョージ・マーシャルも、「演説の中で強調された、反共産主義の度合いに幾分、驚いた」一人だ。マーシャルは、ここ数ヵ月間、モスクワの姿勢が、大戦終結後としてはこれまでになく穏健なものに変わっていることに気付いていた。そしてその彼が会談のためモスクワに向かっていた最中に、トルーマン演説が行われたのである。

このため、マーシャルはトルーマン宛にメッセージを送り、その中で「問題を少し誇張している」と、大統領に対して警告を発した。[121]

そのマーシャル以上に、トルーマンに対して厳しく反応したのは、バーナード・バルックだった。それは恐らく、トルーマン演説に含まれた十字軍的な衝動が、かつてユダヤ人に対して向かったものと同じことに気付いていたからだ。

バルックはモスクワ寄りの人間ではまったくなかったが、トルーマン演説を「イデオロギー、あるいは宗教戦争の……宣戦布告に等しい」と批判したのである。[122]

が、最早、手遅れだった。共産主義に対するグローバルな闘いは、アメリカの政策の新しい柱になっていた。新しい力学《ダイナミズム》を生む双子の柱《トゥイン・ピラーズ》だった。外敵を名指ししたことで、米国内において双子の等価物を呼び覚ました。それがアメリカ人の被害妄想だった。

「トルーマン・ドクトリン」演説から九日後、トルーマンは行政命令（第九八三五号）を発した。アメリカから共産主義者を根こそぎにする「連邦公務員忠誠プログラム」を発したのである。「前文」に続く、最初の条項は、こう書かれていた。

「連邦政府内行政部門の全省庁に文民として雇用されている全員に対して、国家への忠誠を調べる捜査が行われるだろう」と。[123]

「ニューディール」政策を掘り崩そうとする共和党のキャンペーンにより、連邦議会下院に「非米活動委員会」が設けられたのは、一九三八年のことだった。その非米活動委員会に活動のチャンスを与えたのが、忠誠心に絶対の価値を置く、このトルーマンの行政命令だった。

保守的な共和党員らが、やがて反共産主義の魔女狩りと化してゆくこの行政命令を手放しの熱狂で迎えたことに不思議はないが、リベラルなはずの民主党員の対応の仕方には驚かされた。ゴドフリー・

---

120 リチャード・ホルブルック（米国の政府高官（一九四一年〜　）。国務次官、国連大使などを歴任）は一九九七年六月六日、ノルウェー・スタバンゲルのオリオン財団で行った演説で、このトルーマンの有名な言葉を、よりわかりやすく、「同じコインの両サイド」と表現した。

121 Freeland, *The Truman Doctrine*, 一〇〇頁　このトルーマン演説は、ヨーロッパに対する援助問題に加え、次の三つの点で画期的なものだった。議会を追い立てる突き棒（ゴウド）として「共産主義の恐怖」を利用したこと、これまでになく強力な大統領権限を手中に収めたこと、米国が他国の内戦に干渉することを認めさせたこと。LaFeber, *America, Russia, and the Cold War*, 六二頁。

122 Freeland, *The Truman Doctrine*, 一〇一頁。

123 "Executive Order on Loyalty," in Bernstein and Matusow, *The Truman Administration*, 三五八頁。

ホジソンが指摘するように、この十五年前には、無名の共産主義者の大統領候補を、アーネスト・ヘミングウェー*やジョン・ドス・パソス、エドマンド・ウィルソン*、キャサリン・アン・ポーター*といった有名人が公然と支持することさえあったのに、今や誰一人として、その同じ共産党を悪霊化する動きに対し、反対の声を上げる者はなかった。[124]

アメリカ内の共産主義者狩りは、国外の共産主義者に対するものと同じ激しさを帯びるようになる。被害妄想はその発動へ向け、準備万端、整ったわけである。

6 「家《ペンタゴン》」の中の戦争

フォレスタルは被害妄想《パラノイア》の指揮者《インプレサーリオ》の役割を演じた。連邦政府職員の忠誠チェックが終わるや、「家《ペンタゴン》」に張り付く報道記者に対し、忠誠テストにパスすることを求めようとさえした。「家《ペンタゴン》」における、数千人にも及ぶ忠誠チェックは、彼自身の指揮で行われた。政策への反論が忠誠心の欠如と見なされかねない状況が生まれ、内部討論は冷え切ったものになってしまった。

新たな戦略展開に見合った軍事力を持とうとするフォレスタルにとって、最大の障害は大戦後の、動員解除に雪崩れ込む国民的な衝動だった。予算的な制約は克服すべき問題ではあったが、それよりも、アメリカ建国以来の心の問題が重要だった。大戦後、軍縮運動を広げているスポンサーは共産主義者であると、フォレスタルは明言した。[125]国防長官としてのフォレスタルに、敵が多かったことは事実で、彼自身もわかっていたことだ。しかし、彼らは共産主義者とは対極の立場にある敵であり、世間の風向きなど気にせず反対意見をぶつようような連中だった。その彼らとは、米軍の首脳たちのことだ。「国家安全保障法」の議会審議に先立ち、フォレスタルは出身母体の海軍を守るため、「国防長官」には軍を統率する権限を持たせるべきではない、との主張を続けていた。それが裏目に出て、いまや彼は古巣の海軍ばかりか、陸、空軍首脳の意向に左右される立場に立たされていた。

彼らの対抗意識は、戦場での対抗意識がそのまま各軍の官僚機構の争いに変わっただけのものだが、やがて、無謀にも各軍を支配しようとする「国防長官」との対立に共通の基盤を見出すようになった。

この対抗意識は軍人精神に元から組み込まれていたものだ。空挺部隊の隊員たちは、自分たちこそ最も重要な戦闘力であると信じている。彼らはそう信じなければならないのだ。そうでないと、機上から飛び降りる恐怖を、克服することはできない。それは潜水艦乗りも、フロッグマンも、戦闘機のパイロットも、海兵隊員も、工兵も砲兵も、皆同じことである。あらゆる戦闘員は、その任務が中心的な重

＊アーネスト・ヘミングウェー　米国の小説家（一八八九〜一九六一年）。『武器よ、さらば』『老人と海』などで知られる。ノーベル文学賞を受賞。

＊エドマンド・ウィルソン　米国の作家、文芸批評家（一八九五〜一九七二年）。象徴主義文学の流れを辿った『アクセルの城』を発表。二〇世紀のアメリカを代表する文芸批評家とされる。

＊キャサリン・アン・ポーター　米国の女流作家（一八八〇〜一九九〇年）。ピューリッツァー賞を受賞。邦訳に、『幻の馬　幻の騎手』（高橋正雄訳、晶文社）、『愚か者の船』（小林田鶴子訳、あぽろん社）がある。

124 Hodgson, *America in Our Time*, 九四頁。

125 フォレスタルはこの非難を、一九四七年二月七日に開かれた閣僚会議の席で行った。Freeland, *The Truman Doctrine*, 一四〇頁。

要性を帯びたものだと確信しなければならない。

国務省との対決に勝利し、アメリカの権力を投射する起点を確保した今、「家《ペンタゴン》」の中で各軍事部門が対抗心を燃やし、支配を目指す抗争が始まるのは避けられないことだった。

軍の制服組は、「家《ペンタゴン》」、「国務省」の文民に比べ、第三世界の「周縁部」の紛争に軍事介入したがらなかったものだが、軍の制服組トップの将軍たちは違っていた。ソ連の脅威に対して全地球的に対峙する、強力で一貫した戦略的・戦術的な軍事力の増強を声高に叫び始めた。

軍部の各部門はそれぞれ別個の優先すべき課題を抱えていた。[126] そこから生まれる軍部内の争いはそれ自体、苛烈極まりない、強固な信念に駆られたものだった。

こうした米軍内の競合を収める唯一の道は、国防長官が実権を持った審判として全体を取り仕切ることだったが、ここでもまたフォレスタルは不可能な戦いを演じなければならなかった。

「国防長官」の役割について、「国家安全保障法」はこう規定していた。「国家の安全保障上のあらゆる問題で、大統領を助ける最高補佐官《プリンシパル・アシスタント》」である、と。

が、新たな権力を手にした「家《ペンタゴン》」の官僚機構は圧倒的な破壊力《ジャガーノート》を手に勢いづいており、他ならぬ大統領自身が何のコントロールも出来ない事態が生まれていた。トルーマンは、虎の背に乗る危険な道を突き進んでいたのだ。

一方でトルーマンは、政治的な闘争に勝ち抜く必要と不十分な分析力のせいで、モスクワからの脅威を煽ろうとした。[127] その一方でトルーマンは、矛盾にも直面していた。ソ連の脅威が危険なものになればなるだけ、権力はさらに軍の族長たち《トライバル・チーフ》の手に移ってゆくというジレンマを抱え込んでいたのだ。

一九四七年秋、フォレスタルは各軍の長官と参謀総長を集めた会合を開き、軍部内の融和のため、今後、このような会議を定期的に持ちたいと提案した。これに対して、陸軍の参謀総長としてその場にいたアイゼンハワーは、自分が出席できない時は必ず代理を出す、と気のない返事をしたが、フォレスタルは何も言い返さなかった。

そんな流れの中でフォレスタルは、統一した制服の導入を求める考えを示した。軍部内の対抗意識をなくそうという提案だった。が、そんなフォレスタルの融和策に対し、足元の海軍から反対の火の手が上がった。海軍の士気にもかかわり、受け容れられない、との拒絶だった。

「次に反対したのは、空軍だった。からかいながら、こう言った。海軍の軍人の多くが、いま着用している制服（喇叭ズボンに、十三ものボタンのついた折返しのある制服）ではない、新しい制服を歓迎する気持ちは理解できる、と。統一制服の提案は、間もなく責任を擦り付け合う騒ぎになり、フォレスタルとしても導入を諦《あきら》めざるを得なかった。この時点で空軍がこんなことを言い出した。空軍にふさわしい制服は士気を高めるから、空軍としても独自のものを導入したい、と」[128]

---

126 Leffler, *A Preponderance of Power*, 一四頁。

127 一九四七年十一月、クラーク・クリフォードは、トルーマン宛の以下のような覚書を起草した。「トルーマン政権にとって、クレムリンと闘うことは、かなり有利なことだ……アメリカ国民はすでに大統領を支持し、団結している……状況がかなりの程度——差し迫った戦争という現実的な危機——まで悪化すればするだけ、危機感が広がる。危機の中ではアメリカの市民は大統領を支持するものだ」Freeland, *The Truman Doctrine*, 一九二頁。

128 Borklund, *Men of the Pentagon*, 四八頁。

しかし、こうした空軍の独自制服問題など、実は最も取るに足らないことだった。陸軍航空隊の兵力は第二次世界大戦の終結時点で二二五万人を数えていた。それが二年も経たないうちに三〇万人をやや上回るところまで落ち込んでしまっていた。[129]「国家安全保障法」に基づき、新たに「空軍」として独立するには、その再建が急務だった。

そんな当時の空軍の首脳の中に、間もなく参謀総長になるホイト・S・ヴァンデンバーグ将軍がいたことは、空軍にとって実に好都合なことだった。ヴァンデンバーグ将軍は、あのアーサー・ヴァンデンバーグ上院議員のお気に入りの甥っ子。しかも、そのヴァンデンバーグ上院議員は、トルーマン、フォレスタルが頼みとする共和党の重鎮……。軍事予算のかなりの部分をぶん捕り、原爆を永久に保持しようとする空軍にとって、妥協など考えなくてもいい絶好のチャンスが生まれた。

一方、陸軍の兵力は、定員の六六万九〇〇〇人を大きく下回る、一〇万人を超える程度に落ち込み、入隊する者より除隊する者の方が多いありさま。その陸軍は、日本、ドイツ、その周辺諸国の占領に伴う、膨大な人員の確保に迫られていた。これに対し海軍も、定員に対する兵力の不足数は二〇万人ちょうど。[130]こうした落ち込みを逆転させようと、陸・海軍もまた、声高に叫んでいたのである。

こうした中、空軍がほんとうに恐れていたのは、B29爆撃機の離着艦が可能な、海軍の超大型《スーパー》空母建造計画だった。その上、困ったことに、「特殊兵器本部長」を務めていたレズリー・グローヴズ将軍の退役が迫り、そのポストに海軍が提督を送り込む工作を進めていた。

これに対し、空軍の参謀総長に昇格したヴァンデンバーグは新本部長の人事工作に乗り出し、一九四八年二月、グローヴズに代わって、陸軍の将軍を本部長に任命した。[131]空軍と海軍による、核兵器の支配をめぐる争いは、ここに開始されたのである。

米軍が統合された最初の秋、各軍首脳が「家《ペンタゴン》」の中で戦っている間に、海外では不安が醸成されていた。一九四七年十一月、フランスでは共産主義者たちがゼネストを連発し、この国を麻痺状態に陥れていた。中国では共産主義者の反乱が、蒋介石の国民党軍に連戦連勝。イタリアでは共産主義者が総選挙で政権を獲得しかねない勢いを見せ、年が明け、一九四八年になると、チェコスロバキアにモスクワ寄りの政権が生まれた。

フォレスタルにとって、こうした共産主義者の躍進を許したのは、米軍の各軍の首脳が現実と向き合わない弱さのためだった。そして、その共産主義者の躍進を演出していたのが、クレムリンだった。一九四八年の三月の初め、フォレスタルは絶望的な気分に陥っていた。チェコスロバキアでの出来事[132]も、ワシントンから見れば、ソ連のエージェントによるクーデターだった。

そんな状況の中でフォレスタルは三月五日、ベルリン総督のルシウス・D・クレイ将軍が陸軍情報

129 Meilinger, *Hoyt S. Vandenberg*, 一二五頁。
130 Borklund, *Men of the Pentagon*, 五一頁。
131 Meilinger, *Hoyt S. Vandenberg*, 一二八頁。
132 「チェコ政府から、国民社会党とスロバキア民主党を代表する閣僚、十二人が辞任した。この辞任によって、共産主義者たちが合法的にチェコ政府をコントロールすることになった……二月二十日の時点まで、チェコスロバキアはソ連の外交政策を支持しつつも、経済的には西側に組みこまれた、複数政党制の民主主義国家だった。それが三月一日までに、共産主義の独裁国家になってしまった。共産主義者を連立政権に入れてしまった国の運命を象徴する出来事だった」Leffrer, *A Preponderance of Power*, 二〇五頁。

部宛てに発した、以下のような秘密電報を読むことになる。

「私はこの数ヵ月というもの、論理的な分析に基づき、戦争は向こう十年間、ありそうにないと感じ、信じて来た。ところがこの数週間、ソ連の態度にかすかな変化を感じている。それが何であるかハッキリ言えないが、何かが劇的な唐突さで起きるかも知れないという感じがする……私のこの感覚はリアルなものだ。この私の意見にどれほどの価値があるかはそちらの判断次第だが、この意見を参謀総長に伝えられたし」[133]

この電文を見てフォレスタルは二重の不安に襲われた。電文の中身もさることながら、警報を発したこのクレイという将軍は、元々、ソ連との交渉を強硬に主張する一人だった。ベルリンでクレイは、ソ連よりもフランスが協力しないといって不満をぶつけていた。事実、彼はアメリカとソ連が歩み寄る可能性さえ信じていたのである。[134]

そのクレイの警報だけに、重みを持つのは当然のことだし、実際にそう受け止められた。クレイの電報は、このあと二週間に亘ってワシントンを揺るがす、パニックの引き鉄を引いたのである。後に言う「春の戦争恐慌」がこれである。

新たな非常事態に、フォレスタルは各軍の長官を「家《ペンタゴン》」から離れた、トルーマンのキーウェストの別荘に招集した。このフロリダの別荘は、トルーマンお気に入りの海軍の施設だった。この別荘でフォレスタルは長官たちにこう告げた。国家のため、各軍は協力し合い、役割、使命について合意に達するべきだし、連邦議会に提出する予算案についても合意すべきである、と。

会議が始まった三月十日、キーウェストに知らせが届いた。チェコの外相で、共産主義に対する最後の砦だったヤン・マサリク*が、殺害されたか、自殺した（チェコ政府の発表）というニュースだった。マサリクの謎の死――窓から飛び降りたか、突き落とされたか――をめぐる騒ぎはすぐさまヨーロッパからアメリカに伝わり、キーウェストのフォレスタルを震撼させた。フォレスタルの伝記作者の一人によれば、フォレスタルは「この事件を、公の場でも私的な場面でも、冷戦におけるひとつの決定的な転換点である、と語り始めた。フォレスタルがこの事件をしきりに語ったことは、マサリクの死が彼にとって、より個人的な意味を持っていたことを物語るものだ」と。[135]

緊迫した状況の中で行われたキーウェストの会談は、米軍の各部門の首脳らが協力し合う結果を演出した。中でも大きかったのは、空軍が、戦術面での支援に限り、海軍の航空戦力保持に同意したことである。それと引き換えに、海軍は独自の戦略的航空戦力を求めないことを約束した。

「戦争の恐怖」に駆られた各軍の首脳たちはフォレスタルに、軍事予算の増額や（前年、四七年に停止されていた）徴兵制の即時復活、民政部局である「原子力委員会」から軍への原爆の移管を、こぞって要求した。これを受けてフォレスタルはキーウェストからワシントンに戻り、トルーマン大統領と会

133 Millis, *The Forrestal Diaries*, 三八七頁。
134 Parker, *John Kenneth Galbraith*, 二二一頁。
＊ヤン・マサリク　チェコスロバキアの政治家（一八八六～一九四八年）。チェコスロバキアの初代大統領を父に生まれた。第二次世界大戦中、ナチスの手を逃れ、ロンドンの亡命政権に参加。戦後、帰国して外務大臣になったが、一九四八年三月十日、プラハの外務省の中庭で、遺体で発見された。
135 Rogow, *Victim of Duty*, 三〇四頁。

談、キーウェストでの会議の結論を伝えるとともに、彼が「日記」に書き付けた注記によれば、国防長官としての権限に基づき、こう付け加えたという。「海軍は、原爆の使用を拒むものではありません。海軍はまた八万トン級の空母と、大型ミサイルが搭載可能で高空飛行が可能な航空機の開発に乗り出します」[136]と。

海軍のお先棒を担ぎ、ホワイトハウスへ、とんでもない要求を二つも持参したフォレスタルだったが、やがて空軍の知るところとなり、手痛いしっぺ返しを受けることになる……。

さて、その翌日、フォレスタルは「日記」に、新聞は「戦争の噂、戦争の兆しでいっぱいだ」と書き、彼なりの観察をこう付け加えた。「ロシアを動かしているギャングどもが戦争を仕掛けるなど、たしかに考えられないことだが、一九三九年のヒトラーにも戦争を始める理由はなかった。それでもヒトラーは、戦争を始めた。このことを常に思い出さねばならない」[137]

三月十七日、トルーマン大統領は連邦議会上下両院協議会で、戦争の恐怖を最大限に利用、戦闘部隊の召集をすぐにでも行うような態度を示した。「トルーマンは大規模な戦争準備を要求するだろう」とは、ワシントン・タイムズ・ヘラルド紙が掲げた記事の見出しだった。[138]

トルーマンは「戦争」を口にし出した。ソ連は「ヨーロッパの東部、中部の国々の一連の独立及び民主主義的な性向を破壊してしまった」[139]。だから、ソ連の動きを阻止しなければならない、と。

チェコスロバキアでの動きについてトルーマンは、「道徳心のある、神を畏れる人々は……世界を無神論と全体主義から救い出さなければならない」とさえ語った。[140]

トルーマンはその言わんとする意味を明確に示した。米国民の軍事訓練を再開し、徴兵制を復活させる――そんな方針表明さえ、行ったのである。

が、トルーマンが実は軍事面以上に強調したのは、「欧州復興計画」、すなわち「マーシャル・プラン」の速やかな議会通過の呼びかけだった。

三月三十日、新設間もない「ＣＩＡ（中央情報局）」は、ベルリン発のクレイ将軍による、興奮気味の電報について、「今後、六十日以内に」、ソ連が戦争を開始する「意図」を示すに足る「信頼できる証拠は何もない」と、クレイ電の信憑性を貶める結論を下した。[141] このＣＩＡの評価には、今後のソ連の動向については予断を許さぬものがある、との見方も含まれていたが、それでも切迫した「戦争の恐怖」を鎮めるのに充分な効果を発揮した。

実のところ、この差し迫った「戦争の恐怖」は、主にフォレスタルが仕掛けた「トルーマン政権による、もうひとつの危機醸成策」だった[142]――これが現在、歴史家たちの合意に達しているところである。

さて、トルーマンのこの人騒がせな発言は三月の終わりにかけて、開戦の恐怖をワシントン中に広げたが、それはモスクワでも同じだった。アメリカの議会が「マーシャル・プラン」を可決した三月三

136 Millis, *The Forrestal Diaries*, 三九三頁。
137 前掲書、三九五頁。
138 Freeland, *The Truman Doctrine*, 二七一頁。
139 前掲書。
140 Hixson, *George R Kennan*, 七五頁。
141 Hoopes and Brinkley, *Driven Patriot*, 三七四頁。
142 Freeland, *The Truman Doctrine*, 二八六頁。

十一日、ソ連の兵士たちはベルリンに通じる道路で、最初のバリケードを築いた。三ヵ月後の「ベルリン封鎖」に通じる出来事だった。

連邦議会が戦争準備の問題を取り上げ、軍事力の再興に取り組み出す中、「家《ペンタゴン》」の指導者たちも議会のさまざまな委員会で証言を求められた。フォレスタルはキーウェスト会談で、米軍の各軍トップの間で何らかの意思統一が成されたとの印象を胸に、ワシントンに帰って来た。上院軍事委員会に臨んだフォレスタルは、自分は米軍の全軍を代表して証言していると自信満々だった。

そんなフォレスタルを喜ばせたのは、海軍長官のジョン・L・サリヴァンの証言だった。サリヴァンは、ロシアの潜水艦を米国の沿岸海域で確認したことを明らかにした。海軍の重要性を売り込む発言だった。が、フォレスタルは、空軍長官のスチュアート・サイミントンに不意打ちを食らわされた。サイミントンは上院軍事委で証言し、フォレスタルの「人員四〇万人、戦略爆撃隊五五」の予算要求を批判、五〇万人の人員と、七〇の戦略爆撃隊なしに作戦は遂行できない、と言明したのだ。

空軍長官のサイミントンは、キーウェストの会談後、態度を硬化させていた。海軍がフォレスタルと謀り、超大型空母の建造計画を進めていることを知ったからだ。超大型空母の配備はとりもなおさず、海軍がなお、戦略爆撃機の保有を狙っていることを意味していた。

四月、上下両院の軍事委員会はサイミントンの「戦略爆撃隊七〇隊」に軍配を上げ、可決した。これが予算を食った煽りで、国民に対する軍事訓練の実施という、トルーマン大統領自身が求めていた予算要求は削られてしまった。

フォレスタルが味わった屈辱は、空軍長官更迭についてトルーマンの支持を取り付けようと、ホワイトハウスを訪ねた時、その頂点に達した。トルーマンは、ホワイトハウスの予算シーリング枠を無視したサイミントンを叱責はしたが、同じミズーリ州出身の同郷者である彼を更迭するつもりなどなく、フォレスタルの訴えを却下した。

フォレスタルにとって、軍事予算シーリングの引き上げだけが、米軍内の抗争を緩和する最後の方策だったが、その嘆願もトルーマンは一蹴した。大統領選挙への悪影響を心配したのだ。

フォレスタルはなお、「各軍のバランス」というお題目を唱えたが、サイミントンは強気だった。空軍は、陸軍や海軍とではなく、ソ連の攻撃的な軍事力とバランスを取らねばならない、と主張し続けた。サイミントンは知っていたのだ。大空に舞う航空戦力にロマンスを抱くアメリカの民衆は、空軍の味方であることを。

この四月を境に、フォレスタルとサイミントンは敵同士になった。これはとくにフォレスタルにとって苦痛なことだった。フォレスタルが戦前、自分の座っていた「エマーソン電機」のトップの座に、同社をコントロールしていた「ディロン・リード」社の影響力でサイミントンをつけたのも、彼を自分の愛弟子と考えていたからだ。

しかし、サイミントンは何よりも、ミズーリ支配層の申し子だった。トルーマンの補佐官のクラーク・クリフォードとは、同じミズーリのセントルイス出身の友人同士。そんなサイミントンに後見人がいるとすれば、それはトルーマンだった。

おまけにトルーマンは、議会対策でヴァンデンバーグ上院議員の支持を必要としており、そのヴァンデンバーグは空軍長官となった甥の将軍がことのほかお気に入りだったのである。

こうした相手にフォレスタルが勝てるわけがなかった。この頃から同僚たちの目に、疲労を滲ませたフォレスタルの姿が映るようになった。

7　ベルリン封鎖　空軍の誕生

ソ連による道路、鉄道の「ベルリン封鎖」が本格的に始まったのは、六月になってからのことだ。スターリンはベルリンを統治する権利は、ソ連だけにあると主張していた。ベルリンは、ソ連の占領地域内の奥深いところにあったからだ。

米国とその同盟国は、四ヵ国によるベルリンの共同統治を主張、そのためにはベルリンに対する自由なアクセスが保障されねばならないと要求していた。

しかし、自由なアクセス以上に微妙かつ厄介な、新たな問題が浮上して対立は強まった。ソ連がベルリン封鎖に出たのは、米仏英の三ヵ国が、ベルリンの西半分を含むドイツの西側占領地域内に独自の通貨を導入しようと決定した後のことだ。ロシアは自己の占領地域に対する、自分のコントロールの及ばない通貨によるインフレの侵入を恐れ、防護しようとしたのである。

だからソ連側が当初、ベルリンへの通行を妨害しようとしたのも、ただ単に、自分たちが認めていない通貨の持ち込みをチェックするためだった。その通貨の持ち込み検査を、米仏英は拒んだ。

つまり、「ベルリン封鎖」は、モスクワの領土拡張欲求から出たものというより、ソ連占領地域の経済停滞を狙った、一方的な通貨政策に対するものだった。「マーシャル・プラン」の受け皿として出された、新しい「西側通貨《ウェスタン・カレンシー》」には、ソ連を孤立に追い込む狙いが込められていた。それは確かに、ソ連にとって厄介な結果を生み出すものだった。ワシントンはそれを、はっきり認識していた。

ソ連を西欧の経済復興が生む果実から遠ざけ、モスクワを凍えさせようという、アメリカの決定だった。これについて語った、歴史家、メルヴィン・レフラーの言葉をかりれば、それは「どうしてもやらなければならない優先事項」だった。「ドイツ西部の生産の復興以上に重要な優先事項は、他にはなかった」のだ。[143]

この時点から、モスクワ以上にワシントンの判断によって、西側は「西《ウェスト》」になり、東側は「東《イースト》」になってゆくのである。新しいヨーロッパ情勢を完璧に映し出すシンボルとなったのが、この通貨をめぐる対立であり、結果として行き着いた「ベルリン封鎖」だった。

ベルリンに続く道路に障害物が置かれた時点で、とにかく線は引かれてしまったのだ。線が引かれた以上、線の向こう側の敵は今や、最悪のものとして、それだけのものとして見なされるに至った。

修正主義の歴史家たちの多くは、これまで長い間、ある根本的な疑問を呈して来た。ワシントンはなぜ、「ベルリン封鎖」が本格化した一九四八年六月のこの時期に起きた、スターリンのチトー追放、コ

143 Leffler, *A Preponderance of Power*, 二三一頁。これに対しては、ジョン・ルイス・ギャディスの反論がある。ドイツ問題におけるアメリカの役割は、自ら主導したものではなく受身の反応だったというのだ。まるでドイツの分割が主にモスクワのなせる業で、ワシントンによるものではない、というような主張である。Gaddis, *We Now Know* 参照。

ミンフォルム*からのユーゴラスビアの追い出しという、ソ連支配の一枚岩を自ら打ち破る、大きな意味を持ったこの事件を見過ごしてしまったのか、と。このユーゴのチトーの徐名処分こそ、実は全てを物語る歴史の真実だったにも拘わらず、どうしてこれに目を向けなかったのか、と。

それはベルリンを「封鎖《ブロッケード》」することが、ある意味で東側「ブロック」を際立たせて示すものであったからだ。ユーゴスラビアをめぐる情勢を分析したアメリカのアナリストたちはこの時点ですでに、「共産主義」の中から「ナショナリズム」を分別して取り出していたかも知れない。しかし、「ベルリン」をめぐる警報は余りに大きな音を響かせており、ソ連圏からどんな重要なシグナルが届いても、警報の洪水がそれを流し去ってしまった。

米ソ両陣営にとって、「ベルリン」は開戦理由になりうるものだった。米軍のベルリン総督、クレイ将軍はベルリンへのアクセス権を守るため、武力を行使する態勢を整える一方、ヴィーズバーデンの空軍欧州司令部に電話を入れ、ベルリンに対する石炭の空輸を求めた。

これを空軍は、自分たちの存在感を示す絶好の機会、PRのチャンスと捉えた。そしてそれを「食糧補給作戦《オペレーション・ヴィッテルズ》」と言い換えた。「石炭」だけではない、とのアピールだった。

空軍はC47、C54軍用輸送機を掻き集め、座席を取り除いて、石炭から鶏の餌まで運ぶ貨物機に改造した。ヨーロッパ全域に配備されていたパイロットたちは、フランクフルトに近い「ライン・マイン空軍基地」へ急遽、召集された。その空軍基地から史上最大の空輸作戦が開始されることになった。[144]

封鎖されたベルリンの必要とするものは、全て空軍が運ぶことになった。それはロシアの挑発をかわし、アメリカの安全を守る、限りなき空軍力を誇示するものだった。一般には「ベルリン空輸《エアリフト》」の名で知られるこの驚くべき作戦は、一年以上も続き、昼夜を問わず、数千トンの物資が連日にわたって空輸された。この結果、翌四八年九月になってソ連側が――後述するように、別の場所で布石を打ちながら――譲歩し、ベルリンに対する道路、鉄道による輸送が再開された。

当時、欧州空軍の最高司令官だったのは、カーチス・ルメイ中将だった。ルメイ将軍はその時、ヴィーズバーデンの総司令部にいて、クレイ将軍からの電話を受けた当人だった。このヴィーズバーデンは実は、それから十年後、私が基地の「H・H・アーノルド高校」に通った、私自身の思い出の地でもある。[145]

さて、話を元に戻すと、クレイ将軍からの電話に、ルメイはこう尋ねたという。「石炭、どれくらい必要ですか?」

クレイ将軍は答えた。「運べるだけほしい」

早速、ヨーロッパ中の米軍輸送機が集められた。それでも足りずに、米本土からも輸送機が投入された。そして燃料と食糧の空輸が始まった。

米空軍の輸送機は西ベルリンのテンペルホーフ、ガトウ、テーゲルの三つの空港を目指した。滑走路を目指して最終アプローチに入った輸送機のクルーはハッチを開け、ハンカチでつくったミニ・パラ

＊コミンフォルム　第二次世界大戦後、スターリン、チトーの主導で結成された、ヨーロッパ共産党の国際組織。戦前の「コミンテルン」の後継。

144 「ライン・マイン空軍基地」はその後、米軍基地から外され、二〇〇五年十月、ドイツに返還された。

145 Coffey, *Iron Eagle*, 二六三頁。

シュートで、キャンデーバーを投下した。当時のベルリンの子どもたちにとって、米軍の乗組員は「チョコレート爆撃隊」だった。「ベルリン空輸」には、早速、「ルメイ石炭食糧会社《コール&フィード・カンパニー》」の異名がついた。

ルメイはドイツに対する最初の空爆の指揮官だった。東京空襲の司令官でもあり、ヒロシマ、ナガサキに対する原爆攻撃も彼の指揮下で行われた。それが今、戦後のベルリンで、違った役割を果たしていた。

ルメイは後年、こう書いている。「われわれは、空輸のため懸命に働き、仕事の中に元気の素のようなものを見出した。われわれは以前、目標地点を攻撃し、壊滅させ、焼き、多くの住民を殺すか不具にしていた。今やわれわれは、その反対のことをしている。われわれは人々に食糧を送り、癒しもしていたのだ」[146]。

こう書いたルメイだが、その一方で、いつでも軍事力を行使できる態勢でいた。ルメイはクレイ将軍に対し、「ベルリン封鎖」に対抗して、武装した部隊をアウトバーン*に送り込む作戦を提案、ソ連がこれを阻止しようとしたら、早速、空軍力で攻撃する構えだった。「ソ連のレーダー基地を縦射《エンフィラーデ》してしまえば、ロシア（機）が翼を並べて駐機しているドイツ国内の格納庫を破壊できたはずだ。B29と戦闘機を使えば、われわれはたぶん一撃で、当時、ソ連が配備していた軍用機を一掃できた」と、ルメイは一九七一年に行われたインタビューで語っている。

この時、ルメイが立てた作戦計画の暗号名は「ハーフムーン作戦《オペレーション半月》」だった[147]。このルメイの作戦を、クレイ将軍は拒絶したのである。

ルメイにとってB29の配備は、手の内を見せない切り札だった。B29は「ベルリン空輸」が開始される以前、ヨーロッパには配備されていなかった。「ベルリン封鎖」を口実に、ルメイはこの長距離爆撃機のヨーロッパ戦域への配備に成功した。原爆を搭載できるＢ29は、それまで常駐基地を米国本土に制限されていた。ベルリンをめぐる危機に付け込み、ルメイは二八機のＢ29を自分の指揮下に組み込んだのだ。

ルメイのＢ29は最初、ミュンヘンに配備され、その後、ソ連の攻撃を受けにくい英国内に移された。Ｂ29の配備は、暗黙かつ明白な威嚇だった。ソ連がもし、ベルリン空輸に対し妨害など敵対的な軍事行動に出たら、現地のソ連軍ではなく、ロシアの諸都市を原爆攻撃するぞ、と脅したわけである。ルメイ一流のやり方だった。

事実を言えば、ヨーロッパに配備されたＢ29は、まだ原爆搭載用に改造されていなかった。そして、原爆の管理は空軍ではなく原子力委員会に委ねられていた。つまり、Ｂ29のヨーロッパ移駐はハッタリでしかなかったのだ。

しかし、ハッタリでもそれが額面通り受け取られている限り、ルメイがＢ29の指揮者であるという

---

146 Coffey, *Iron Eagle*, 二六九頁。
＊ アウトバーン　ドイツの高速自動車道路。
147 前掲書、二六五頁。この「ハーフムーン作戦」では、五〇発の原爆使用が提案されていた。ソ連内二〇の都市を狙ったものだが、この五〇発とは当時、米軍が保有していた原爆の全てだった。Rosenberg, "American Atomic Strategy and the Hydrogen Bomb Decision." *Journal of American History* 66, no.1（一九七九年六月号）六八頁〔ディヴィッド・アラン・ローゼンバーグ（David Alan Rosenberg）　米国の軍事史研究家。テンプル大学教授〕。

意味を損なうものではなかった。

フォレスタルは、アメリカの核の力をヨーロッパに及ぼすことでソ連の行動に影響を与えることができると述べ、この移駐を強く支持し、承認を与えた。フォレスタルはその数ヵ月前、「日記」にすでにこう書いていたのだ。「ロシアの圧倒的な兵員数に対し、われわれが持つ唯一の対抗策とは、原爆による即時報復の威嚇である」と。[148]

フォレスタルはベルリン危機が深化する中で、トルーマンの保証を取り付けることに成功した。「トルーマンは状況がどうしても求めるものなら、本当は使いたくないのだが、原爆の使用を承認するだろう」と。他ならぬ、このトルーマンの保証こそ、「家《ペンタゴン》」における、空からの原爆攻撃を軸とした戦略的な作戦遂行体制構築の始まりだった。[149]「ベルリン空輸」とはつまり、言い方を換えれば、「人道的な空軍力の祝祭」以上の何ものかだったのである。

それはまた、「拡大抑止《エクステンディド・ディタランス》」という、新たな軍事ドクトリンの開始を告げるものでもあった。「拡大抑止」理論とは、アメリカの同盟国に対する攻撃は、アメリカ本土への攻撃とみなすもので、ソ連指導部のヨーロッパにおける動きを抑えるため、ソ連の民間人に対して甚大な損害を与えることも辞さない、という意思表示と対《つい》のものであった。

「ベルリン空輸」はこの軍事ドクトリンを強調することで、英仏の指導部に、両国内における米空軍基地建設を承認するよう迫った。この動きを進めたのも、ルメイだった。モスクワを攻撃目標とする米軍の攻撃力の構築は、ここから始まったのだ。

そしてこの年、一九四八年の秋、トルーマンは、ヨーロッパが攻撃された場合、原爆を使用することを承認する。これにより、ルメイが主導したハッタリは現実の脅威に変わり、英仏における米空軍基地建設も現実のものとなったのである。

この「拡大抑止」の軍事ドクトリンが公にされたのは、「ベルリン空輸」がなおも続く、翌一九四九年四月のこと。「北大西洋条約《ノース・アトランティック・トリティー》」の調印の時である。

この条約で生まれた「北大西洋条約機構（ＮＡＴＯ）」[150]は、ソ連に対する西側諸国の対峙《スタンドオフ》のあり方を、政治的なものではなく、軍事的なものへ永久化してゆく。

東西の対立を象徴するものは、最早、「石炭」でも「食糧」でもなく、「兵器」に変わってしまった。ワシントンがモスクワから最悪のものしか予期せず、最悪のもので報復しかねない時代は、この時、幕を開けたのである。

ソ連は「鉄のカーテン」を巡らし、米国は「核のカーテン」でもって対抗した。そして、ルメイがつくった、ヨーロッパを出撃基地とする核戦力は、いまなお維持されているのである。

ルメイは「ベルリン空輸」が終わる前、米国に呼び戻された。生まれて間もない「戦略空軍司令部」[151]を指揮し、ソ連に対する核攻撃の出撃態勢を整えるためである。この瞬間、原爆攻撃は、アメリカの軍事力の土台を占めるに至った。

---

148 Millis, *The Forrestal Diaries*, 五三八頁。
149 Lefrler, *A Preponderance of Power*, 二二六頁。
150 Nolan, *Guardians of the Arsenal*, 三八頁。

8　ロシア人が来る！

「ベルリン危機」が燃え盛る中、固く結ばれ、保たれていたはずのフォレスタルの心の糸に綻《ほころ》びが生まれていた。そんなフォレスタルの求めで、ケナンはソ連にとっての「ベルリン封鎖」の意味を分析し、報告書にまとめ上げた。一九四八年の十一月後半に公表され、トルーマンによって米国の公式の「方針表明《ポリシー・ステートメント》」として承認されたこのケナンの報告書には、こんな大胆な表現があった。「共産主義イデオロギーとソ連の行動は、ソ連指導部の究極目標が世界支配にあることを明確に示している」と。[152]

フォレスタルの想像力の中でスターリンは、今や悪夢の主人公、際限なき悪そのものとして立ち現れていた。しかし、彼の日常において、もっと厄介なものとして現れたのは、かつての友、スチュアート・サイミントンからの挑戦だった。

半年前、一九四八年の五月、連邦議会は海軍が要求した超大型空母《スーパーキャリアー》建造予算を承認した。これを空軍側は、キーウェスト会議における合意に反するものと考えた。海軍は小躍りして喜び、直ちに建設計画の立案に着手した。この超大型空母の建造を空軍は、戦略爆撃隊を独自に編成し原爆を支配下に置こうとする、海軍側の飽くなき決意の現れと捉えた。空軍として反撃せざるを得ない局面に立たされた。

七月、初代空軍長官であるサイミントンは、フォレスタルによる米軍の統治はアメリカの安全を危機に陥れるものだと演説し、反響を呼んだ。これを知ったフォレスタルは直ちに、サイミントン宛て抗議の書簡を送った。

フォレスタルの「日記」に再録された書簡には、こう書かれていた。「もし、貴殿が金曜日にロサンゼルスで行った演説が、ニューヨーク・タイムズ紙のグラッドウィン・ヒル記者が書いた通りのことなら、それは公的な不服従と私個人に対する不忠誠にあたる。貴殿の釈明を待つ」と。フォレスタルは「日記」でさらに、トルーマンに電話をかけ、サイミントンの解任を求めた、と述べている。「それが唯一可能な道であり、大統領もこれに同意した」と。[153]

しかし、フォレスタルにはサイミントンと対決する気力はなかった。サイミントン空軍長官にとぼけてかわされると、嘘だと知りつつ、最早それ以上、何もできなかった。この点についてフォレスタルの伝記作者はこう指摘している。「もっと勇敢で自信のある男であったなら、事実をもとに行動し、結果を引き受けていただろう。権力と権威の力関係を知っていたなら、自己の利益のため行動する必要性を見て取っていただろう。七月のサイミントンの不服従は、孤立した出来事ではなかった……何もせず、何も咎《とが》めず、それを黙認し続けることは、フォレスタル自身の権威のさらなる失墜を意味するものだった。そしてそれは現実に起きたことである」[154]

151 「戦略空軍司令部」は一九四六年に創設され、最初の司令部はメリーランド州のアンドリュース空軍基地に置かれた。ルメイがヨーロッパから着任後、間もなく、敵の攻撃を受け難い内陸部、ネブラスカ州オマハに新司令部がつくられた。新司令部が置かれたオマハのオファット空軍基地は一八八八年、インディアンと戦う砦として築かれたもので、元々はキャンプ・クルックという名前だった。Coffey, *Iron Eagle*, 二七五頁。

152 Hixson, *George F. Kennan*, 八〇頁。

153 Millis, *The Forrestal Diaries*, 四六三頁。

154 Hoopes and Brinkley, *Driven Patriot*, 三八二頁。

それ以降、数ヵ月というもの、フォレスタルは無力な状態に置かれた。海軍と空軍の争いは、悪い方向へと突き進んで行った。騙し合い、噂の流し合いどころか、予算ガイドライン、安全規制、議会手続きに加え、大統領の権威まで侵す、やりたい放題の泥仕合を演じるまでになった。

十一月、トルーマンは大統領選で勝利を収めた。当選したトルーマンは、海・空軍の争いを気にも留めなくなった。連邦議会で与党が多数派を占め、予算要求が否決される恐れがなくなったためだ。こうした中で、海・空軍はそれぞれ予算要求をエスカレートさせて行った。海軍も空軍も、トルーマンやフォレスタルを無視しながら、せっせと連邦議会内で賛同議員の開拓を続けるようになった。

マスコミは海中の血に群がる鮫のように、この不運なフォレスタルに照準を定めた。フォレスタルは米国の軍事力が中東の石油頼みであることを背景に、トルーマンのイスラエル支持に反対していた。それがマスコミの餌食となり、「反ユダヤ」として非難を浴びることになった。彼の普通でない家庭生活も災いし、彼を孤独な弱い立場に追い込んだ。妻のジョセフィンは、落ち着きなくヨーロッパ旅行に明け暮れていたのである。

「日記」を辿ると、フォレスタルは一九四八年の秋にかけ、自分の責任で原爆使用に踏み切るかどうか、そのことばかり考えていた。当時はたしかに、ベルリンの市民を助ける「空輸」が無期限に続く、と思っていた者は誰一人としていなかったし、いつ何時、破局の頂点に行き着きかねない危険な様相を呈してはいた。

フォレスタルはマーシャル将軍とトルーマン大統領に、来るべき対ソ戦に備え原爆使用計画の立案開始を迫り続けていた。マーシャルやトルーマンが賛成に傾きかけた、と見て取ると、早速、彼は原爆を原子力委員会の手から引き離し、軍部の管理下に置く、従来からのキャンペーンを再開した。

その一方でフォレスタルは、原爆使用をめぐって英国側とコンタクトをとり出した。そしてルメイは今や、「戦略空軍司令部」の司令官となっている。そのルメイが英国に配備したB29の部隊こそ、ソ連本土を核攻撃する爆撃隊だった。

アメリカは今、原爆を独占保有している……その思いだけがフォレスタルを元気付けた。「ロシア人たちはたぶん、原爆を製造するだけの工業生産力を持ち合わせていない」と、「日記」に書いたのは、そのためである。

しかし、その一方でフォレスタルは、「原爆による威嚇だけでは、彼らの側からの開戦を抑止できない」と書いた。心配でならなかったのだ。[155] ソ連の領土が広大なことと、ソ連指導部が自国民の被害など気にも留めないことが、原爆による威嚇を無力なものにしていた。

にもかかわらずフォレスタルは、十一月にベルリンを訪問し、確信を深めて帰って来た。アメリカにとって原爆はやはり唯一の希望であると確信したのだ。その確信の中で彼は、空軍の戦略爆撃隊の重要性を、新たな視点で明確に理解したのである。こうしてフォレスタルは遂に、最初に忠誠を誓った海軍から距離を置く。が、彼が海軍から身を引いたのは、ただ単に、切迫した戦争の不安のせいだった。[156]

大統領選の後、フォレスタルはトルーマンに陳情した。各軍の参謀総長が必要だと訴える予算の増

155 Millis, *The Forrestal Diaries*, 四九四頁。
156 前掲書、五三八頁。

額を認めて欲しいと、最終的に嘆願したのだ。これにトルーマンは、拒絶でもってまたも応えた。[157]

一九四九年の年が明け、ジョージ・マーシャルが国務長官を辞任すると、フォレスタルも国防長官を外されるのではないか、との噂が広がった。新聞のコラムニストたちは、フォレスタルを攻撃し、嘲笑するようになった。疲労困憊し、感情を擦り切らせていたフォレスタルだけに、国防長官を辞任することを思うだけでパニックに襲われた。時を同じくしてサイミントン空軍長官が年次報告書を発表した。その中身がまたフォレスタルの考えとぶつかり合うもので、戦略爆撃機の追加配備を叫ぶものだった。

記者たちに、国防長官としてこれからも留まるつもりか、と聞かれ、フォレスタルはこう言い返した。「私はワシントンという舞台の上で犠牲にされた人間だよ」[158]と。

ホワイトハウスの補佐官たちも異常に気づいていた。フォレスタルは髪の決まったところを手でゴシゴシ擦るようになり、そこだけ頭皮が透けて見えた。

アイゼンハワーもフォレスタルが「おかしい」ことに気づいて、こう指摘した。「自分に精神的な休みというものを与えず、四六時中、働いている。馬でも死んでしまうほどにね」[159]

トルーマンはその年の二月までは、フォレスタルの進退をどうするつもりなのか、態度を明らかにしなかった。フォレスタルは側近に、辞意を漏らしていたが、三月一日、トルーマンから辞任を求められた時は、さすがに「打ちのめされた」という。[160]

その翌日、フォレスタルは月内で辞任する旨、辞表を提出。トルーマンは後任に、ルイス・ジョンソンを充てると発表した。ジョンソンは、予想外の勝利となったトルーマンの大統領選キャンペーンで資金集めを担当した弁護士だった。

フォレスタルの退任式典は三月二十八日正午、「家《ペンタゴン》」を舞台に行われることになった。フォレスタルはその朝、トルーマンに電話をかけ、本当に自分を辞めさせたいのか聞いた。トルーマンは答えた。「その通りだよ、ジム。それが私の望みなのだ」[161]と。

式典は予定通り、行われた。式典終了後、ホワイトハウスで、トルーマンからフォレスタルに、殊勲賞《ディスティングウッシュド・サービス・メダル》が授与された。感極まったフォレスタルは言葉を発することができなかった。

翌日、連邦議会で上下両院の議員らの栄誉礼を受けたフォレスタルは、車で「家《ペンタゴン》」に戻ろうとした。「家《ペンタゴン》」には辞任するフォレスタルのため、一時的なオフィスが用意されていたのだ。車に乗り込もうとするフォレスタルに、サイミントンが近づいて言った。「話したいことがある」。

一緒に車の後部座席に乗り込んだ二人は、ドライバーのほかは二人だけで「家《ペンタゴン》」に引き返した。二

---

157 トルーマンが示した軍事予算のシーリング枠は一五〇億ドルだった。これは連邦予算の三分の一に匹敵する途方もない額だった。トルーマンはこのシーリング枠の増額をその後も拒否し続けることになるが、それも朝鮮戦争が勃発するまでのことだった。「軍事予算に対するシーリング」は、実際問題としてこの時、終わりを告げるのである。皮肉なことに、軍事予算を低く抑え込もうとした、このトルーマンの決意のせいで、米軍は原爆への依存を深めることになった。原爆は膨大な通常兵力に代わり得るばかりか、その製造が原子力委員会の予算で行われていたからである。国防総省の支出を必要としないものだった。Rosenberg, "American Atomic Strategy," 七一頁。

158 Millis, *The Forrestal Diaries*, 五四四頁。

159 McCullough, *Truman*, 七三八頁。

160 Millis, *The Forrestal Diaries*, 五五二頁。

161 Hoopes and Brinkley, *Driven Patriot*, 四四五頁。

人の間で何が話し合われたかは誰も知らない。車を降りるとフォレスタルは、自分のオフィスに向かった。それから間もなく、補佐官が部屋に入ると、フォレスタルは制帽をかぶって机に座り、壁を睨んでいた。補佐官が近づくと、フォレスタルは言った。「君には忠誠心があるね」と。同じ言葉を、フォレスタルは何度も繰り返した。[162]

フォレスタルはすでに気がふれていた。借り上げの車で「家《ペンタゴン》」から自宅に戻り、翌日、人目を避けるのと休養のため、フロリダに飛んだ。妻のジョセフィンがフロリダにいるロバート・ラヴェットを訪ねていたのである。ラヴェットは国務次官に任命されたばかり。二年後には国防長官になる男だ。フロリダに着くと、フォレスタルはラヴェットに言った。「ボブ（ロバート）、私はやつらに追われているんだ」

その「やつら」とは誰なのか、最初はわからなかった。フォレスタルは過去に何度か、自分を付け狙うユダヤ人や「シオニストのスパイ」のことを口にしたことがあったからだ。[163]

ジョセフィンが妄想に囚われていた一時期、彼女にとっての「やつら」とは「赤《レッズ》」だった。それから数年経った今、こんどはフォレスタルが、共産主義に追いかけられる妄想に駆られ、不安に苛まれていた。

浜辺でフォレスタルは、「傘立ての形をしたマイクを見た」。それは彼の声を全て拾おうとする「マイク」だった。フォレスタルは今や信じていた。共産主義者どもがホワイトハウスに入り込んでおり、だから自分は辞任させられた、と。最早、彼は確信していた。アメリカ国民を反ソ連に動員したことを恨み、共産主義者たちが彼を殺しに来る、と。

フォレスタルの言動を聞いたトルーマンは、「シークレット・サービス」に調査を命じた。返って来た報告は、心配するほどのことではない、とのことだった。「軽い神経衰弱」――これが、「シークレット・サービス」の下した評価だった。[164]

が、噂はワシントンを飛び交った。ラジオがこんなニュースを流した。ラヴェット宅から数区画離れた路上で、パジャマ姿のフォレスタルが、「ロシア人が来る！」と叫んでいるところを保護された、と。[165]

フォレスタルは「オールド・ノース教会」に掲げられた二個の提灯の合図で伝令に走った、あのポール・リビアのように、ジョージ・ケナンの警報に反応した、と前に述べたが、彼の伝記作者たちは、政治状況が彼の精神状態を決定した――との結論には達していない。彼らはむしろ、母親の期待を裏切り、カトリック神父になれなかった問題を、フォレスタルの精神疾患の原因と見ている。フォレスタ

162 Rogow, *Victim of Duty*, 三頁。

163 こんな風にユダヤ人を語ること自体、正気の沙汰ではないかも知れないが、それからしばらく経って、こんなことが明らかになった。イスラエルの当局者（スパイではなかったにせよ）は実際のところ、フォレスタルを監視下に置いていたのである。フォレスタルが中東政策において「反イスラエル」の立場を採っており、それが影響力を持っていたからだ。それに被害妄想が加われば、なおさらのことだった……。

164 McCullough, *Truman*, 七三九頁。

165 前掲書。これをレポートしたのは、ドルー・ピアソン（米国のジャーナリスト（一八九七〜一九六九年）。ワシントンの政界ゴシップを紹介した新聞コラム、「ワシントン・メリーゴーランド」で有名）だった。ピアソンはそれまでフォレスタルをこき下ろしていたので、その点で信頼性に欠ける面があるが、フォレスタルの精神疾患の症状には、ソ連が米本土に攻めて来るという妄想が含まれていたことはハッキリしている。Hoopes and Brinkley, *Driven Patriot*, 四五一、四五五頁も参照。

ルの精神疾患は、実は彼のカトリック信仰の失敗に根ざしている、と推定しているのである。[166]

精神科の軍医たちも同じ診断だった。だから、ワシントンの北西、ベテスダにある海軍病院に入院中のフォレスタルの元へ、カトリック神父が面会に来るのを、繰り返し禁止したのである。そんなことをしたら、あの厳格で道徳的な母親の亡霊が現れ、傾きかけた彼の不安な心を一気に転覆させかねないと。[167]

担当の軍医たちは、フォレスタルの拷問の責め苦の中に「赤」しか現れて来ないのは、「死の天使たち」がそれ以外のことを彼に考えさせないからだ、と判断した。その「赤」こそが、やがてアメリカ人の多くが、狂わされ、追い込まれるものだった。

事実、フォレスタルはモスクワのターゲットにされていた、と信じる者は少なからずいた。ジョセフ・マッカーシー上院議員もその一人だった。

マッカーシーは一九五〇年二月九日から、「赤狩り」に乗り出すが、その時、彼は「共産主義者の名簿」を振りかざしながら、こう叫ぶことになる。この「名簿」には、ジェームズ・フォレスタルが、彼に個人的に告げた「名前」が含まれている、と。[168]

フォレスタルの破滅に、彼の心の問題と同じだけ、政治的な問題があったのは確かだが、だからと言って共産主義者の陰謀理論を振りかざす必要はない。英軍の侵攻をアメリカ人入植者の同胞に知らせようと、ボストン・レキシントン街道を、ひたすら馬で走る、あの銀細工職人、ポール・リビアの姿こそ、フォレスタルにふさわしいイメージである。「ロシア人が来る！　ロシア人が来る！」――フォレスタルがフロリダで叫んだ、と報じたラジオのニュースは信頼できないものだが、彼の精神病の鍵を握る、重大な何かを摑んではいた。「ロシア人が来る！」――それはフォレスタルが「家《ペンタゴン》」という馬上から叫び続けたメッセージだった。

フォレスタルは海軍長官、国防長官という高みから、他の誰よりも真剣に、「国家安全保障」という国民精神を確立しようと努めた。それは、ソ連を信頼することによってソ連を信頼できるものに変えようとするヘンリー・スティムソンの提案に背を向けることから始まったものだ。

一九四五年以降、フォレスタルは一貫して、ソ連の脅威を誇大に見続けた。この誇大視は、さらにふたつの誇張を求めた。ひとつはソ連の軍事力を常に過大評価することで、もうひとつは逆にアメリカの軍事力を常に過小なものと見なすことだった。

このパターンは、その後も生き延び、一九五〇年には、「国家安全保障会議・報告文書六八号（NSC文書六八号）」と呼ばれる、ソ連に関する秘密報告書の形で繰り返された。さらに一九五七年には「ゲイサー報告」*が、切迫した調子で軍事力の増強を要求。一九六〇年には「ミサイル・ギャップ」の危機

---

166 Hoopes and Brinkley, *Driven Patriot*, 四五四頁。

167 Simpson, *The Death of James Forrestal*, 八五頁。カトリックの高位聖職者、モーリス・S・シーイは、フォレスタルの死に至る数週間の間、担当医によって七回も面会を断られた。

168 前掲書。このシンプソンの著書はまた、フォレスタルが感じていた恐怖は空想のものではなく、実は彼はその一年ちょっと前の、あのヤン・マサリクと同じように、ソ連のエージェントによって殺害された、という謀殺説を蔓延させた。これにより、「窓外転落」という、耳慣れない単語が一気に広がった。

＊ゲイサー報告　一九五七年十一月、アイゼンハワー大統領に出された報告書。H・ローランド・ゲイサー国家安全保障資源会議議長の手でまとめられたもので、「核時代における抑止とサバイバル」との副題が付いた報告書は、米軍の戦略的攻撃力の飛躍的な向上を求めた。

が声高に叫ばれた。一九六九年になると、今度はソ連の「先制攻撃」の警鐘が鳴り、一九七〇年代における「戦略兵器制限交渉（SALT）」に対する反対につながって行く。一九八〇年代になるとそれは、レーガン政権による軍事力の拡大を後押しする「現代の危機委員会*」となって現れた。これらについては後述するが、このパターンを生んだのは、フォレスタルだった。

フォレスタルは「家《ペンタゴン》」の「家訓」を先例として示し、遺した。それは規律と権威ある情報収集活動の裏づけを欠いた、米国内の政治的な都合と軍部の自己都合に合わせてソ連の脅威を推し測る「家《ペンタゴン》」の家訓だった。フォレスタルを記念する銅像が、「家《ペンタゴン》」の玄関口に置かれているのは、まさにそのためである。

「家《ペンタゴン》」におけるフォレスタルの振る舞いは、全てのアメリカ国民に重大な結果を及ぼしたが、それは彼自身に降りかかることでもあった。「国家安全保障」という巨大な車《ジャガーノート》を、フォレスタルは自分自身を押し潰しながら動かしていたのだ。彼にとって、「政治的なもの」はすでに「個人的なもの」に変わっていたが、それと同じことがアメリカ全体でも起きようとしていた。

スターリンのソ連による「脅威」がフォレスタルに与えた「恐怖」は、彼個人の病的な「被害妄想」へと進行したが、それはいわゆる「国民的被害妄想」を煽り立てる政治・軍事機構を、彼自身、築き上げたあとの時点でのことだった。フォレスタルこそ、「ロシアの恐怖」を「核戦争の恐怖」として感知する、先駆者の一人だった。フォレスタルの伝記作者が指摘するように、「国家の危機が彼自身の危機となり、国家の失敗は彼自身の失敗となった」[169]のは、多分、その通りのことである。しかし反対に、フォレスタル自身の深い不安感がアメリカ国民のものになったと言えないこともない。

これに対して、フォレスタルに最悪の恐怖を抱かせたジョージ・ケナンはその後、世界に核兵器が配備されてしまった以上、安全なき世界で安全を考え続けて行けば、しまいには狂気に行き着くと、冷めた見方をするようになった。

ケナンは狂気に行き着く代わりに、考えを変えた。彼の伝記作者の言うように、「冷戦の偶像破壊者《アイコノクラスト》」へと変身を遂げたのだ。彼自身が築いた「全体主義学派」のコンセンサスに対し、生涯にわたって自ら異議を唱えるようになるのである。[170] たぶんケナンは、フォレスタルが辿った運命を見て、変身したのである。

ここで話を元に戻すと、フォレスタルはフロリダで何日か過ごしたあと、空路密かにワシントンに戻り、ベテスダ海軍病院に入院した。「海軍」という安全な胸の中に、再び抱かれたわけだ。軍医の診断は、「実務による疲労《オペレーショナル・ファティーグ》」だった。[171] 海軍病院の当局者はフォレスタルの本当の病状を隠した

＊「現代の危機委員会」　ケネス・エーデルマン（元軍備管理・軍縮局長）ら、米国の保守派の組織。対ソ強硬論を打ち出し、核軍縮に反対した。「現在（または現下）の危機委員会」とも訳される。

169 Hoopes and Brinkley, *Driven Patriot*, 四七五頁。

170 フォレスタルの死のあと、ケナンは一九五〇年に、政府の役職を辞任した。その後、ケナンは「封じ込め政策」の軍事化を非難、「ＮＡＴＯ」を批判し、「水爆」を開発する決定を拒否した。ケナンはまた「ドミノ理論」を馬鹿げていると言い、「封じ込め政策」のアジアへの適用を批判、「軍拡競争」を非難、米国の好戦的な決意が「冷戦」に勝ったとするレーガン時代の思い込みさえも否定した。ケナンはさらに二〇〇二年、九十八歳の年になってブッシュ政権の国家安全保障に関する姿勢を批判、連邦議会の民主党議員を、「イラクにおけるブッシュの戦争」を認めたとして、「卑しく、恥ずべきだ」と非難した。*Hill Profile*, 二〇〇二年九月二十六日付。

171 Rogow, *Victim of Duty*, 九頁。

め、一階にある精神科の閉鎖病棟ではなく、十六階にある、以前、ルーズベルト大統領用につくられた豪華なVIPルームに収容した。病棟の職員は部屋にジュースを運んだが、監視する者はいなかった。そして部屋の窓には鍵がかかっていなかった。

五月二十二日、フォレスタルの遺体が発見された。VIPルームから十三階下の、病棟をつなぐ通路の屋根の上で見つかった。

「ジェームズ・フォレスタル氏は午前二時、メリーランド州ベテスダの米国海軍病院で、窓から飛び降り自殺した」──公式発表はこういうものだった。[172]

フォレスタルの葬儀は三日後、アーリントン墓地の記念円形劇場で行われた。連邦議会における、フォレスタルの「冷戦」警報への最大の支持者だったアーサー・ヴァンデンバーグ上院議員は、その日記の中で、葬儀の模様をこう書いている。

「海軍軍楽隊はヘンデルの『ラルゴ』を演奏した──それを聴いて私は悲しみを抑えることができなくなった。空軍の軍楽隊は、賛美歌の『みちびきゆかせたまえ』を演奏した。葬列は記念円形劇場から、墓地の丘へと続いた。ジミーはそこに、最後の安らぎの場所を見出した。大編成の陸軍軍楽隊が賛美歌、『見よや　十字架の』を演奏した──私は自分自身が消え去りたいような思いにとらわれた。そこにはそれほどまで心に迫る悲劇と魂を高揚させる何かがあった。私はこう信じる。ジミーは空しく死んだのではない、と[173]」

葬儀の参列者から、「家《ペンタゴン》」の玄関にフォレスタルの銅像を建てる「自発的」な献金が寄せられた。参列者の中に、私の両親もいた。

9　海軍対空軍

フォレスタルの死は、海軍にとって確かに打撃だったが、それ以上の嘆きが他にあった。後任の国防長官、ルイス・ジョンソン*が就任早々、フォレスタルが承認していた超大型空母の配備をキャンセルしたのだ。海軍の超大型空母、「ユナイテド・ステーツ」の起工式が行われたのは、一九四九年四月十八日のこと。それから一週間も経たない四月二十三日に、ジョンソン新長官は建造の中止と、配備プロジェクトのキャンセルを命じた。

海軍では、最終的に一二隻、建造する予定の超大型空母の最初の一隻である「ユナイテド・ステーツ」の建造コストを、一億八六〇〇万ドルと見積もっていた。しかし、空軍のホイト・ヴァンデンバーグ参謀総長（ヴァンデンバーグ上院議員の甥）はこれに反論、倍以上の五億ドルに達するとの試算を明らかにした。[174]

172　Simpson, *The Death of James Forrestal*, 一三頁。奇妙にも、このフォレスタルの死を繰り返すように、ジョージ・W・ブッシュ大統領により海軍長官に任命されたコリン・マクミランが二〇〇三年にピストルで自分の頭を撃ち、自殺を遂げた。"Bush's Navy Nominee Is an Apparent Suicide," *Boston Globe*, 二〇〇三年七月二十六日付。

173　Rogow, *Victim of Duty*, 一八頁。

＊　ルイス・ジョンソン　米国の政治家、法律家（一八九一〜一九六六年）。トルーマンの大統領選を支えた。一九四九年三月から五〇年九月まで、トルーマン政権下で、国防長官（第二代）を務めた。

174　Meilinger, *Hoyt S. Vandenberg*, 一三〇頁。

トルーマンはジョンソン新長官に、国防総省予算をコントロールせよと指示した。ジョンソンは指示を鵜呑みにし、予算削減「一ドルにつき、二つの敵を生み出す」結果を生み出してしまった。[175]

ヴァンデンバーグが超大型空母の予算問題を持ち出したのは目くらましに過ぎず、本当の狙いは別にあった。海軍は超大型空母の建造で、戦略空軍力と原爆戦争の遂行能力を手に入れようとしている──こう空軍は見ていたのである。超大型空母がなければ、長距離戦略爆撃機の出番が回って来る。空軍が新型空母に反対したのは、このためだった。

この時点でヴァンデンバーグが海軍の超大型空母反対の先頭に立ったことは、空軍内ではすでに、「原爆」がその「戦略兵器」としての位置を完全に占めていたことを物語るものだ。

ヴァンデンバーグは第二次世界大戦中、ヨーロッパ戦域で陸軍第九航空隊の司令官をしていた。アイゼンハワー将軍率いる陸軍地上部隊を、空から援護する作戦を主体に任務に就いていた。ドイツの都市に対する空爆に彼は本能的に抵抗を覚え、共感できなかった。[176] 空軍の参謀総長になる前、ヴァンデンバーグは、空軍情報局の局次長、さらにはＣＩＡ（中央情報局）の長官を務めていた。

参謀総長として空軍に戻ったヴァンデンバーグにとって、「原爆による都市空爆」はヒロシマ以来、空軍の主たる目的に変わっており、「原爆」を手にしたことで「空爆目標」は「工場」や「操車場」から「空爆面積」に切り替わっていた。空軍の使命が変わってしまった以上、空軍を率いる者として、その任務を受け入れるほかなかった。

空軍参謀総長になったヴァンデンバーグは、中欧の最前線で圧倒的な兵員力を誇る赤軍に対抗するには、ロシア本土に対する戦略爆撃で応じるしかないといち早く主張した一人だった。[177] ヴァンデンバーグはいまや、ルメイそのものに変わってしまっていたのだ。[178]
海軍の超大型空母、「ユナイテド・ステーツ」の建造中止は、空軍にとっては大勝利だった。しかもそれは、「ベルリン空輸」が最高潮に達した時に手にした勝利だった。が、海軍にとってそれは新たな「戦争」の始まりを意味していた。「空軍」との戦争が始まったのである。
海軍は空軍の戦略プランに対し、異議を唱えた。この海軍の反対はしばしば「原爆」の支配権をめぐる対立によるものと考えられているが、海軍側の反論には重要な批判が含まれていた。空軍が言うようにソ連本土の諸都市を戦略爆撃するのではなく、ソ連のライン川以東への侵攻を食い止めるため、赤軍の軍事施設に対して戦術爆撃を行うよう求めたのだ。ソ連の都市への戦略爆撃は、軍事的には無駄である――これが海軍の見解だった。
海軍のこの批判は、キーポイントを突く指摘だった。アメリカの「核のドクトリン」を、その後、半永久的に下支えしてゆく、馬鹿げた前提《アブサード・アサンプション》を突く指摘だった。[179]
ジョン・サリヴァン海軍長官は、ジョンソン国防長官が「ユナイテド・ステーツ」の建造中止を決定

175 McCullogh, *Truman*, 七四一頁。この気のきかないジョンソン新国防長官について、陸軍参謀総長のブラッドレー将軍はこう言っている。「トルーマンは自分でも気づかず、またも頭痛の種を任命してしまった」。
176 Kaplan, *Wizards of Armageddon*, 三八頁。
177 Perry, *Four Stars*, 一八頁。
178 「平方マイル――これが彼(ルメイ)が破壊する全てだった。充分な平方マイル面積を破壊することができれば、効果が生まれると、彼は考えていたのである」Kaplan, *Wizards of Armageddon*, 四三頁。
179 Leffler, *A Preponderance of Power*, 二七四頁。

したことに抗議して辞任。海軍の怒りの声は、やがて「提督たちの反乱」として知られるまでなった。海軍関係者から、フォレスタルが最後に車で「家《ペンタゴン》」に向かった時のことが、疑惑として提起された。ただ一人、車に同乗したサイミントンは「家《ペンタゴン》」に向かう車の中でフォレスタルに何を話したか？　敬愛すべきフォレスタルの精神の変調は、サイミントンの責任では？――こうした疑惑は海軍の、空軍とその指導者らに対する敵意をさらに駆り立てた。

空軍に対し海軍はすぐさま反撃に転じた。フォレスタルの葬儀が行われた五月二十五日、海軍出身で、連邦議会内でも熱烈な海軍支援者として知られるジェームズ・E・ヴァン・ザント下院議員（ペンシルバニア州選出）が、空軍のB36戦略爆撃機調達をめぐる汚職と、B36が致命的な欠陥を抱えている疑惑の解明を求める動議を提出した。ヴァン・ザント議員は海軍予備役の大尉でもあり、空軍と対立する海軍への忠誠心を隠さなかった。翌日、ザントは下院本会議場で動議の採択を求めて演説し、その中で「無視できない複数の筋から聞いた」話として、サイミントン、ヴァンデンバーグ、ジョンソン国防長官や、ルメイを含む空軍首脳の名前を挙げながら、衝撃的な追及を行った。[180]

「ピースメーカー」[181]の異名を持つB36は実際、大陸間《インターコンチネンタル》の飛行が可能な最初の長距離戦略爆撃機だった。「ベルリン危機」が深まる中、空軍はこのB36の配備を最優先事項のひとつに掲げていた。三月以来、ルメイの指揮下に入っていた戦略空軍司令部は五月までにB36、一二機を発注し、製造元の「コンソリデート・ヴァルティ社」（その間もなく「コンベア」社に改名）の組み立てラインから、完成した機体が姿を現し始めていた。このB36の実戦配備で米国は初めて、ソ連本土に対する大規模な攻撃能力を獲得した。戦略空軍司令部はこれでもっていよいよ、作戦計画の立案を行ったのである。ルメイの戦略空軍司令部によって一九四九年に策定された「ドロップショット作戦」は、ソ連の一〇〇の都市を三〇〇発の新型原爆で破壊しようとするものだった。この改良型原爆の破壊力は、ヒロシマ型の八〇〇発分以上の威力を持つものだった。[182]

例によってルメイが采配を振るって作戦をまとめ、大急ぎで爆撃隊を掻き集めた。このルメイの動きが、敵対する海軍の提督たちの心に、原爆戦争に対する道徳的な反対の火をつけた。一九四五年の当時、リーヒ提督が語った原爆攻撃に対する反対が甦った。この海軍側の批判について公式の「空軍史」は、海軍による、まるで自分たちには「核の野望」がないとでも言うような「まことしやかな議論」と呼んでいる。[183]

しかし、海軍の問題提起は、たとえそれがどんなにまやかしに見えたとしても、事実の核心を突くものだった。単なる原爆攻撃ではなく、大規模な原爆都市空爆を問題にしていたからだ。海軍の提督たちは、こう問いかけていたのだ。「われわれは、第二次世界大戦における、あの歴史的な過ちを、過去に誤った道にわれわれを導いた人々の名声を守るためだけに、永遠の固定観念へと翻訳し直すべきであろうか?」と。[184]

180 *Congressional Record*, 一九四九年五月二十六日。
181 この「ピースメーカー」という名前は後に、「MXミサイル」に付けられることになる。
182 Lindqvist, *A History of Bombing*, 一二〇頁。
183 Hagerty, *The OSI Story*, 四七頁。
184 Schaffer, *Wings of Judgment*

戦略空軍司令部のルメイの作戦計画は当時、Ｂ36の性能データ同様、もちろん機密とされていた。このため、Ｂ36が欠陥機だとする、公の場でのヴァン・ザントの追及に対し、反論することは簡単なことではなかった。

Ｂ36の性能問題以上にセンセーショナルだったのは、ヴァン・ザントによる、サイミントンとヴァンデンバーグに対する追及だった。ヴァン・ザントによれば、サイミントンは欠陥を知りつつ、「コンベア」社のトップ、フロイド・オドルムからの金銭供与と、将来、同社のトップの座に座る確約と引き換えにＢ36を承認し、ヴァンデンバーグについては、オドルムの妻で、女性パイロットとして有名なジャッキー・コクラン*と不倫関係にある、との告発だった。そこにはなんと、サイミントン、ヴァンデンバーグとコクランが「三人夫婦《メナージュ・ア・トロワ》」を演じている、との含みさえあった。[185]

それほど口汚い罵りだったにかかわらず、ヴァン・ザンクトが疑惑を裏付ける証拠として示したのは、一通の匿名の手紙だけだった。それは十分に信用の置けそうなものだったが、ザンクトも知らない消息筋から、彼の元へ届けられたものでしかなかった。

この匿名の手紙は語数で数千語、空軍とその首脳に対する五五件の告発が盛られ、連邦議会の「議事録」に記載された。

それから数日後、こんどは下院軍事委員会が、ジョージア州選出のカール・ヴィンソン委員長の下、「Ｂ36爆撃機をめぐる問題を徹底研究・調査する」ことを可決した。ヴィンソンは、下院にかつてあった「海軍委員会」の元委員長で、もうひとりの海軍派議員だった。

超大型空母、「ユナイテッド・ステーツ」の建造を中止するなら、「ピースメーカー」の製造も中止してもらう……これが彼らの目論見だった。

10 あの警官野郎が……

すでに見たように、スチュアート・サイミントンが空軍独自の捜査機関、「特別捜査局（ＯＳＩ）」の創設を監督したのは、海軍との対立がエスカレートする一年前のことだった。ＯＳＩは私の父の指揮下にあり、この一年の間に、非協力的な「家《ペンタゴン》」の中に橋頭堡のような拠点を確立していた。私の父のような何の影響力も持たない、外様《とざま》の人間が指揮する、この得体の知れぬ新しい捜査機関は、出世の墓場と見られ、父と直接的な関わりのある空軍士官だけが配属されていた。

私の父にはアイルランド人特有の人間的な魅力があり、任務に対する熱意があった。それを武器に私の父は、牛の歩みながら、ＯＳＩの地位を着実に向上させていた。そんな中、空軍の監察総監室や憲兵司令部、空軍情報部から、配転に同意してやって来る士官も出て来るようになった。そうしたメンバーに、私の父、ジョー・キャロルの出身母体であるＦＢＩからも、父と一緒に働いた、選りすぐりの一団が加わった。ＯＳＩに文民として、喜んでやって来た一団だった。ジョー・キャロルのために働く男

＊ジャッキー・コクラン　米国の女性パイロット（一九〇六〜一九八〇年）。第二次世界大戦中、ＷＡＳＰという女性パイロット部隊の指揮をとるなど活躍。女性初の爆撃機の渡洋飛行など、数々の偉業を成し遂げた。

185 Meilinger, *Hoyt S. Vandenberg*, 二四〇頁。

たちは、熱烈に彼の周りを固めていたのだ。[186]

しかし、私の父は一緒に働く他の「家《ペンタゴン》」高官たちから受け容れられていたわけではなかった。父の制服には勲章のリボンひとつ、なかった。「家《ペンタゴン》」の全体を見渡しても、そんな米軍の高官は父以外、一人もいなかった。当時の父は、「家《ペンタゴン》」の片隅、Eリングの四階にある、二部屋続きのオフィスにいた。父を知らない者から、のけもの扱いされていた。

数年後、私の父は空軍史の公式インタビューに対し、この当時を振り返り、父をよそ者とみなす空軍のベテランたちとの間で、ちょっとした「いさかい」があったと証言した。父はさらに、「あの警官野郎《ザット・コップ》」と父を蔑む連中の信頼を得るには、重要な事件が、それも「解決事件」が必要だったと語っている。そして「それにふさわしい事件が、遂に起きた」と。

父が「ふさわしい事件」と言ったのは、言うまでもなくヴァン・ザントの「匿名の手紙」のことだった。「その手紙はスティムソンとヴァンデンバーグ長官の高潔さと愛国心、そしてその道徳心を攻撃するものだった。そう、それはまるで原爆のように爆発した。そしてわれわれ、OSIの任務が生まれた」[187]と。

この間の事情について「空軍史」は、こう説明する。「突然、降りかかった途方もない告発に驚いたサイミントンとヴァンデンバーグは早速、キャロルを呼び、助けを求めた」

そして父、ジョー・キャロルの証言によると、「二人から、この問題を個人的に調査し、できれば誰が書いたか突き止めて欲しいと依頼された」という。[188]

空軍の生え抜きから「警官野郎」と蔑まれていた父だったが、自分自身がその「警官野郎」であることに誇りを持っていた。手紙の原本のフォトコピーを入手するや否や、古巣のFBIのフーヴァー長官に、タイプライターの照合のため、FBIの捜査研究所を使わせてくれ、と頼み込んだ。

「空軍史」は、その後の経過をこう書いている。「キャロルの配下のエージェントたちは、夜、ペンタゴンの中を徘徊した。オフィスを回って、タイプ印字のサンプルを集めた」。キャロルたちが狙いをつけたのは、もちろん、海軍参謀総長室であり、海軍長官室だった。OSIのエージェントたちは連夜、真夜中、海軍のオフィスに侵入し続けた。違法行為に近い家宅捜索だった。

父の側近中の側近、キーフ・オキーフ大佐は一九八〇年代の半ば、私にこう教えてくれた。「戦時中、

186 ダンテ・E・グアッゾは、私の父の下で働いた、そんなOSI第一世代のエージェントである。私は二〇〇二年に、当時、八十七歳だったグアッゾに電話でインタビューした。グアッゾはマッカーシーの「赤狩り」が吹き荒れていた頃、私の父と下院歳出委員会に出かけた時の思い出を語ってくれた。「私たちは一緒に議会に出かけました。カンサス選出の共和党の下院議員が委員長でした。その委員長が、あなたの父上にいろいろ質問したのです。ちょっと離れた席に、もう一人、別の下院議員がいました。爪楊枝を銜え、放り出した両足を屑籠に乗せながら、議事を遮り、こう言ったのです。『将軍さんよ、あんたが空軍から、共産主義者追い出しで何をしているか、教えてもらいたいものだな』と。その時、あなたの父上はそいつをクールに睨み返し、ことさら静かな口調でこう言ったのです。『そこの議員さんよ、委員長のご質問から先にお答えします。それが終わってから、喜んで何でも、ご質問に答えさせていただきます』と。あなたの父上は、骨のある男だった」。

187 ジョセフ・F・キャロル空軍中将（退役）の証言。一九七八年、空軍OSI世界司令官会議で、ジョセフ・コーンフィールド大尉が記録。OSI史編纂室、アンドリュース空軍基地（メリーランド州）。

188 Hagerty, *The OSI Story*, 四七頁。私は先に刊行した回想録、『あるアメリカ人への鎮魂歌』の中で、この捜査における父の役割について書いたが、その時は父の側近だったオキーフの証言に依拠した。本書の記述は、空軍史及び議会史料に依拠している。

ワシントンで鍛えたドイツ・スパイ狩りの技を生かし、海軍長官室の鍵を外して、エージェントのグループを中に入れたのは、他ならぬあなたのお父さんです。暗い部屋の中でタイプライターの印字のサンプルを集めました」と。

捜査結果を報告した際の父の胸の内を、「空軍史」はこう記録している。「驚きのあまり、思わず声が出た。FBIでの照合結果は、紛れもなく、明らかなものだった」[189]

海軍のオフィスの一室から入手したタイプ文書の印字が、FBIの鑑識捜査員によって「匿名の手紙」のものと一致したのだ。そのタイプ印字照合の正確さが指紋と同じであることは、すでに法廷で何度も立証され、証明済みのことだった。父のOSIはヴァン・ザントの「匿名の手紙」を書いたタイプライターを遂に特定したのだ。そして、そのタイプライターが置かれていた海軍のオフィスとは、海軍長官の官房の一室だった。

こうしてサイミントンに対する証人喚問が、ヴィンソンの下院軍事委員会で行われた。委員会のメンバーの一人がヴァン・ザントだった。

冒頭の陳述でサイミントンは、時間をたっぷりかけ、しかも劇的に、「匿名の手紙」が彼とヴァンデンバーグに対して投げかけた一七件の告発の一つひとつに対し、釈明を続けた。告発の中には、サイミントンとヴァンデンバーグがジャッキー・コクランと、彼女のパーム・スプリングスの牧場で何度も、週末をともに過ごしたという、思わせぶりなものも含まれていた。

告発の一つひとつに対し、サイミントンは「事実ではない」と明言し、その証拠を明らかにした。「匿名の手紙」には、カーチス・ルメイがこの三月、戦略空軍司令部の司令官に任命されたのは、欠陥機のＢ36戦略爆撃を買い入れる陰謀に与したからだ、との告発も含まれていたが、サイミントンはこれにも反駁した。
サイミントンは感動的なまとめの言葉で陳述を締め括った。「今のところ、誰一人として出所を詮索しない文書」に基づき、証人喚問まで行った委員会の独立性を疑うと厳しく非難するとともに、ヴィンソン委員長以下、委員会の委員に対し、匿名の手紙を書いた人間を突き止めるよう求め、さらに「その手紙の書き手を雇った組織と、その書き手が仕える軍務」を明らかにするよう要求した。[190]
連邦議会の「議事録」は、サイミントンの結びの言葉をこう記録している。「空軍、そして私個人が、Ｂ36の買い入れをめぐり悪事を働いたことを示そうと、あらゆる努力が払われて来ました。しかし、それは事実ではありません。この一連の聴聞によって、過去のくびきから空軍を、これを最後に解き放つ、基本的かつ最も重大な結論が生まれ、それによって空軍がその明らかな使命とともに、陸海空の合同防衛チームにおける真の一員として地位を占めることができるよう、われわれは希望するものです。私はみなさんが、みなさんが設定した課題に従い、国家利益に反するかたちで、空軍の司令部に対しこのように大掛かりな陰謀を企てた責任者を明らかにするよう希望します[191]」
このサイミントンの要求に対し、海軍派のヴィンソンやヴァン・ザントは、告発者が誰なのか知る

189　Hagerty, *The OSI Story*, 四八頁。
190「Ｂ36爆撃機問題に関する聴聞」議事録、二一一五頁。下院軍事委員会（ワシントン政府印刷局、一九四九年）。
191　前掲書、二一二〇頁。

手立てはないと懸命に言い張った。告発者を断罪する手立てはないのだ、と開き直ったのだ。

いよいよ決定的な瞬間がやって来た。委員会のメンバーであるイリノイ州選出の下院議員、メルヴィン・プライスがマイクに顔を寄せ、サイミントンにこう聞いたのだ。「空軍及びあなたに関する一連の噂を誰が流した可能性があるか、あなたはご存知ですか？」

サイミントンが答えた。「はい、私は匿名の手紙を書いた人間を知っています」

聴聞会場にどよめきが起きた。その時のありさまを、「議事録」はこう記録している。

それまでイライラしながら葉巻をふかしていたヴィンソン委員長が、サイミントンが何を言ったか「聞こえなかった」と言い、サイミントンが発言を繰り返した。

ヴィンソンは驚愕し、サイミントンに、「匿名の手紙」を書いた者の名前を、ヴィンソン自身と委員会付け法律顧問のジョセフ・B・キーナン*に明らかにするよう求めた。

サイミントンは言った。「委員長閣下、キーナン氏にはすでに文書でお知らせしています」と。[192]

その一言で、委員会は大騒ぎになった。キーナンはサイミントンが出したという文書に、まだ目を通していなかったのだ。混乱の中、委員会は中断された。

再開された委員会で、経過が明らかになった。「議事録」によれば、サイミントンの証言に先立ち、前日すでに、「情報・捜査・手がかりに関する要約」なる報告書が、「空軍調査官のキャロル将軍」から、委員会法律顧問であるキーナンのオフィスに届けられていたのだ。[193]

報告書は「匿名の手紙」を打ったタイプライターを特定。それが置かれた場所を突き止めていた。問題のタイプライターは航空担当の海軍次官、ダン・A・キンボールの部屋の一台で、キンボールの特別補佐官、セドリック・ワースの机の上に置かれたものだった。

キャロル将軍は報告書を次のような言葉で締め括っていた。「本報告書は空軍特別捜査局の正式文書であり、匿名のものではない。空軍特別捜査局長であるジョセフ・F・キャロル准将によってまとめられ、W・スチュアート・サイミントン空軍長官、空軍参謀総長のホイト・S・ヴァンデンバーグ将軍によって承認されたものである」[194]

これを受けて、以前、海軍の司令官を務め、当時、文民の立場にあったセドリック・ワースが、ヴィンソン委員会に召喚された。最初のうち、「匿名の手紙」を書いたのは自分ではないと言い張っていたワースだが、OSIの報告書をもとにした、ジョセフ・キーナンによる厳しい尋問の結果、「匿名の手紙」を書いたのは自分である、内容は全て嘘であることを認めた。

セドリック・ワースは上司の関与を否定。ワースの上司たちも、その後、開かれた委員会で関与を否定した。これにより、ワースの解雇が決まったが、ワースが独断で上司の許可なしに行ったことだと考える者はいなかった。

ヴィンソン委員会はその後、数週間にわたって関係者を召喚、証言を求めた。関係者の証言は一貫し

＊ジョセフ・B・キーナン　米国の法律家（一八八八～一九五四年）。司法省刑事局長などを歴任。極東国際軍事裁判（東京裁判）では首席検察官を務めた。
192「B36爆撃機問題に関する聴聞」議事録、一二三二頁。
193 前掲書、五〇三頁。
194 Hagerty, *The OSI Story*, 四八頁。

て、サイミントンとＯＳＩが暴露したことの正しさを証明するものだった。

セドリック・ワースを摘発したＯＳＩのやり方を見て、『ニューズウィーク』誌は、こんなコメントを載せた。「もし、空軍がＢ36でもって同じように苛烈な戦い方をしたら、神様だって相手を憐れむことだろう」と。[195]

ワースに対する尋問の最後に、キーナンはこう尋ねた。「匿名の手紙を書いて、これが相手にどんな心の痛みを与えるものか、わかっていましたか？」

ワースは答えた。「はい、わかっていました」

それでもキーナンの怒りは収まらなかった。委員会の法律顧問として、情けない思いを味わったからだ。それは単なる不正を超える問題だった。

「われわれの歴史における、決定的に重要なこの時期に……」と、キーナンは言った。そんな大事な歴史的な場面で、「原爆」を責任を持って管理すべきアメリカの高潔さに傷をつける、最悪の事態が生まれたことへの怒りだった。[196]

聖なる信頼を、ワースは犯したのだ。それも議会までが巻き込まれそうになるまでに。

キーナンは怒りをあらわにして、ワースをさらに糾弾した。「あのような率直で名誉を大事する者たちが爆撃機の調達、空軍の作戦に従事していることで、米国政府がどれだけ助かっているか、あなたはわかっていたのですか？」

これに対してワースは一言、「はい、わかっていました」とだけ答えたが、キーナンはさらに畳み掛けて言った。「あなた個人として、彼らを誇りに思っていますか？」

「もちろんです」――ワースはそう答えた。
ヴィンソン委員長は、特別聴聞会の休会を宣言した総括の中で、「B36問題」に対する「研究と調査」結果を、以下のように報告した「空軍がこの爆撃機を選定し調達したのは、米国民の用に供する、今のところ最善の航空機であるという、それだけの理由からだ。今、私はこう思う。この聴聞によって、空軍長官のサイミントン氏以下、空軍の指導者たちに何一つ、汚点がないことが明らかにされたことを米国民は知るべきである」。かつて海軍派のチャンピオンだったヴィンソンがこう明言したのだ。[197]
こうしてB36にゴーサインが出た。今度ばかりは海軍も反対できなかった。この結果、空軍の優位は、その後、十年間にわたって続くことになる。[198]
原爆の主たる管理人の役目は、この先、ルメイの戦略空軍本部が引き受けることになるのだ。そして、都市に対する戦略爆撃が、アメリカの防衛ドクトリンを定義するものとなる。サイミントンの言葉をかりれば、これでいよいよ、「空軍は過去のくびきから解放される」ことになるのだ。

195 *Newsweek*, 一九四九年八月二十九日号。
196 「B36爆撃機問題に関する聴聞」議事録、五〇六頁。
197 「B36爆撃機問題に関する聴聞」議事録、六五五頁。
198 戦略核をめぐる海軍と空軍の敵対関係は、潜水艦搭載型大陸間弾道弾「ポラリス」の出現で再燃した。潜水艦搭載ICBMは、爆撃機や地上配備のICBMより、敵の攻撃を受け難い利点があった。しかし、「ポラリス」には、空軍が地上配備しているICBMより、精度が落ちる難点もあった。このため海軍としては照準を絞らずに済む、「都市攻撃」に向かわざるを得なかった。海軍の道徳的な優位を揺るがす事態が生まれた。〔「ポラリス」の潜水艦からの発射実験は一九六〇年に行われた〕。

サイミントンは間もなくミズーリ州選出の上院議員となり、政治家として輝かしい経歴を積むことになる。「空軍史」によれば、私の父、ジョー・キャロルはインタビューに、こう語ったそうだ。「あの事件以来、ＯＳＩは〔海軍のオフィスに忍び込むような〕何の悪さもしなくて済むようになった」と[199]。

私の父はホイト・ヴァンデンバーグ将軍とエドガー・フーヴァーの立ち会いの下、サイミントンから初めての勲章を授与された。ヴァン・ザントの告発を受けたスチュアート・サイミントンから助けを求められて、一ヵ月も経たないうちの出来事だった。受賞したのは「勲功章《リージョン・オブ・メリット》」――軍人が身につけることができる最高の栄誉のひとつだった。何もなかった父の制服の胸に、勲章がひとつ輝くことになった。その日、撮影された記念写真は、私にとって宝ものの一枚だが、父を含む四人がなぜそんなにも笑顔を見せているのかわかったのは、私が事件の顛末を知ったあとのことだ。

下院軍事委員会で、Ｂ36問題に関する最終審査が行われ、空軍の名誉が回復されたのは、一九四九年八月二十五日のこと。父の言葉をかりれば、「空軍は大喜びだった。自分たちの正しさがこれで立証された」日だった[200]。

が、そんな空軍の有頂天も長くは続かなかった。重大な事件が起きたのだ。

トルーマンがその「事実」を発表するまでにそれから一ヵ月近くかかった、重大な事件が起きた。引退したレズリー・グローヴズ将軍が、今後「数十年」はあり得ないと予言していたことが起きた[201]。ＣＩＡが少なくとも、あと「数年」はかかると見ていたことが起きた。科学者たちが「予想以上に時間がかかる」と思い始めていたことが起きたのだ[202]。

下院軍事委の聴聞審査が終わって四日後の八月二十九日、カザフスタンのセミパラチンスク秘密実験場で、ソ連が原爆実験に成功したのである。

199 Hagerty, *The OSI Story*, 四八頁。この事件の二年後のことだった。空軍は父のOSIでの任務を「現役化」し、父を空軍少将として予備役から現役に戻す特別法案が議会に提案された。それは私の父を空軍が認めたシグナルだった。一九五一年七月二十七日の下院軍事委員会で、トーマス・K・フィンレッター空軍長官は、こう証言した。「私が見るところ、キャロル将軍のケースは、余人によって代え難し、ということに尽きる……われわれは彼を空軍のエドガー・フーヴァー〔FBI長官〕だと考えている」。下院軍事委キルディー小委員会の下院四六九二号法案に関する聴聞会。

200 前掲書、四八頁。

201 すでに見たように、グローヴズは一九四九年九月二十三日、ソ連は原爆を「十年から二十年間」保有することはないと見通しを語ったが、それはトルーマンが、ソ連が原爆を保有したことを明らかにした、まさに当日のことだった。Lawren, *The General and the Bomb*, 二六七頁、Norris, *Racing for the Bomb*, 四七五〜四七七頁。その三日前の九月二十日、米国の科学者たちがシベリア上空で検知した、ソ連の原爆実験による放射性物質の分析を終えようとしていたその時点で、CIAも報告書を発表していた。ソ連が原爆を手にするのは〔四年後の〕一九五三年のことだと。*New York Times*, 二〇〇三年五月十一日付。

202 ソ連が秘密裏に原爆実験に成功した時、「マンハッタン計画」で科学ディレクターを務めていたヴァネヴァー・ブッシュは、ソ連の原爆保有の見通しを述べた新著を出版しようとしていた。その中でブッシュはこう指摘している。「第二次大戦直後の見通しより、もっと長い時間がかかるだろうというのが、今の見方である。ソ連は自由な人々という豊かな資源を持っておらず、途方もないこの取り組みに対し、画一的な組織を無理に適用しようとしている」Bush, *Modern Arms and Free Men*, 九〇、九六〜九七頁。Freedman, *Evolution of Nuclear Strategy*, 二八頁も参照。

第四章
現実化する被害妄想

FOUR:
SELF-FULFILLING PARANOIA

1　スターリンの牙

ジェームズ・フォレスタルが発作的に自殺を図ったのは、病的な被害妄想のせいだった。国防長官としてフォレスタルは、ソ連共産主義の恐怖を、実体以上に誇張してアメリカ中に広げる拡張工事の監督に従事した。そしてその恐怖は、国民的な被害妄想へと膨らんで行った。ウィリアム・ブレイク*の表現をかりれば、「心を鋳型に嵌める束縛」がフォレスタルを、アメリカの国民を、からめとったのだ。

フォレスタルがこの点で最も頼りにしていたのは、例の「長文電報」を打ち、「X論文」を書いて、アメリカ人の冷戦の想像力に大きな柱を打ち立てた、あのジョージ・ケナンだった。そしてその冷戦の想像力の柱が、ロシア側の考え方をも被害妄想化させる結果を引き寄せたことは、偶然の出来事ではない。

ケナンは、一九四六年のあの「長文電報」で、「国際問題に関するクレムリンの神経症的な見方の底には、ロシア人たちの昔ながらの直感的な不安がある」と書き、さらにこう指摘していた。「ロシアの支配者たちはこれまで、決まってこう考えて来た。彼らの支配はその形態において、なお原始的であり、その心理的な基盤は壊れやすい作り物であって、西側諸国の政治制度と比較することも、あるいはそれに接触することさえも出来ないものだと。これ故、彼らはこれまで常に外国からの侵入に対し、恐怖を抱いて来たのである」[1]

こうしたケナンのような見方をする人々にとって、ソ連とは危険な存在だった。西側に対して幻想の「敵」を投射し、モスクワの「赤の広場」から遠く離れた場所で暮らす西側の人々にとってはありえないことなのに、西側から「敵」が攻めて来ると身構え、国内的にも対外的にも極端な策に走る。そんなロシア人の心理的な伝統がある以上、ソ連は危険な存在であるという主張だった。

したがってこの見方に立てば、米国としてはモスクワと戦う準備をする以外、選択肢はなかった。理由はひとつ、ソ連の神経症患者らは無条件に西側との戦争を想定しているからである。

そうしたロシア人の深層心理を背景に、ケナンの指摘を繰り返せば、クレムリンの指導者たちは「常に外国からの侵入に対し、恐怖を抱いて来たのだ」。当時の彼らにとって、現下の恐怖は米国発の恐怖だった。

フォレスタルは自殺する前、錯乱の中で「ロシア人たちが来る！」と叫んだとされるが、ロシア人も同じように、「西側が来る！」と常に錯乱して叫び続けているものと見なされていたのだ。

歴史家のマーシャル・T・ポー*の言葉をかりれば、「彼ら（ロシア人）は常に、中立的な観察者がどんなに否定しても、ヨーロッパ人は必ず攻めて来るものと思い込んでいる」と見られていた。

これに対してポーは、こう指摘する。「しかし、ロシア人が被害妄想に陥っているという仮説は、ロ

＊ウィリアム・ブレイク　英国の詩人、画家（一七五七〜一八二七年）。神秘的な幻想詩は、英国ロマン派のさきがけとなった。著者による引用は、「ロンドン」という詩の一節から。岩波文庫の『対訳　ブレイク詩集』（松島正一編）では、「心を縛る枷のひびきを私は聞く」と訳されている。

1 www.gwu.edu/-nsarchiv/coldwar/documents/episode-1/kennan.htm　ロシア人の被害妄想の歴史の起源を、歴代のロシア皇帝に見る議論については、Pipes, *Russia Under the Old Regime* を参照。

＊マーシャル・T・ポー　米国の歴史学者、作家（一九六一年〜　）。ソ連・ロシア史を専攻。アイオワ大学教授。

シアとヨーロッパの関係史における冷厳な事実に照らせば、ほとんど信じるに足らないものである（たしかに、幾分はそういう面があるにしても）」と。[2] 露欧関係の過去数世紀を特徴づけて来たのは、「被害妄想」ではなく、西側のロシアへの「侵攻」という歴史の「現実」だった。

一六五四年から六七年にかけ、まずポーランド軍が今のウクライナをめぐる領土紛争でロシアに侵攻した。一六七〇年代には、代わってオスマン帝国が侵入。その一七世紀の終わりには今度はスウェーデン人が侵入、いったん引き揚げたあと、十年後に再びロシアに侵入した。オスマン・トルコもまた再侵入を図り、[3] 一八世紀になると、オーストリアがやって来る。一九世紀になると、フランスが一八一二年に侵入。英国がこれに続いて一八五三年に侵攻、その後、オスマン・トルコが三度、侵入。二〇世紀にはドイツ軍に二度にわたって侵略され、その都度、壊滅的な打撃を受けた。これは被害妄想でもなんでもなく、歴史の事実である。

歴史家のポーが言うように、「地球上でこれほど、耐えざる破壊的な軍事圧力にさらされ続けた国はほかにない」のだ。[4] ソ連が受けた現実の圧力こそ、ロシア人の心理の傷や共産主義の目的と同じだけ、第二次世界大戦の末期、モスクワが同盟国との会談に持ち込んで来た猜疑心を説明するものである。

「冷戦」の起源を探るアメリカ側の議論は、ほとんど決まってスターリンの邪悪な性格を強調する。たしかにスターリンはその鉄の手で、一九二四年から五三年の死に至るまで、ソ連を支配し続けた。[5] スターリンの所業を見れば、どんなに極端な修正主義の歴史家であれ、ソ連と米国を道徳的に同じものと見なすことはできない。[6] スターリンこそ、アメリカ人の恐怖を映し出す体現者だった。

私自身にも、こんな個人的な記憶がある。スターリンは、私が十歳の時、死んだのだが、これでソ連との緊張関係はすぐ緩むに違いない、と少年の私でさえ思ったものだ。スターリンは死んだ！　僕らが勝ったんだよね、違うの？——と。

私たち当時の子どもは、「スターリン」の名が「鋼鉄」の意味だと、みんな知っていた。私自身、スターリンのニコリともしない唇の奥に、二列の鉄の歯並びが実は隠されていることを知ったとしても、別に驚かない子どもの一人だった。

フランクリン・ルーズベルトはスターリンのことを「ジョーおじさん*」と呼んだものだ。その「ジョ

---

2 Poe, *The Russian Moment in World History*, 六五頁。
3 Pipes, *Russia Under the Old Regime*, 三三八〜三四〇頁。
4 Poe, *The Russian Moment in World History*, 六五頁。
5 ジョン・ルイス・ギャディス（*We Now Know*, *The Long Peace* などの著作がある）は、「冷戦」の決定的な原因をスターリンの悪意に求める歴史家である。「冷戦」期という歴史のフィールドは、さまざま議論が錯綜する場だ。ロバート・コンクェストやリチャード・パイプス〔米国の歴史学者（一九二三年〜　）。ハーバード大学名誉教授。ロシア史〕のような歴史家は、ソ連をスターリンが細かな決定まで下していた、一枚岩的な独裁体制と見ている。つまり、スターリンを不朽の大罪を犯した犯罪者と見る立場だ。これに対して、シェーラ・フィッツパトリック〔オーストラリア出身の米国の歴史家（一九四一年〜　）。シカゴ大学教授。ロシア史を専攻〕やロバート・サーストン〔米国のロシア史家。オハイオ州のマイアミ大学教授〕、メルヴィン・レフラーは、スターリンの残虐さを過小評価することなく、大戦後における社会的な力やその複雑さにも重要性を見ている。ソ連の体制的な暴力をより広い文脈で捉える立場だ。
6「アメリカもロシアも国家の安全保障とイデオロギー上の理由から、同じように強力な軍事国家であり、拡張主義者だった。しかし、両国の類似性はほとんどそこで終わる」Levering et,al., *Debating the Origins of the Cold War*, 二五頁。
＊「ジョーおじさん」の「ジョー」は、スターリンのファーストネーム、「ヨシフ」の英語読み。

ーおじさん」も、しかし一九四〇年代の末にはもう、アメリカ人の悪夢に変わっていた。あの「ムーヴィートーン」*のニュース映画で見た、血潮のような赤い流れが（白黒のニュース映画でも赤く見えた！）、ヨーロッパ、アジアへと押し寄せ、地球を覆い尽くすイメージが、当時の人々の悪夢を呼んだのだ。

私の場合、ナレーションが時々、悪夢を運んで来た。私は弟と、寝る前、ラジオの番組に耳を澄ませていた。「悪が人間の心を蝕んでいることを誰が知ろう。それを知るのは『影』だけだ……」

私たち兄弟が聞き逃すことのなかったその番組は、「平和と戦争のＦＢＩ」というラジオ番組だった。私の耳には、雷鳴のような低音のテーマソングが今でも甦るし、いつの間にか口ずさんでいる懐メロのひとつでもある。

このＦＢＩのラジオ・ドラマは、空軍入りするまでＦＢＩのＧメンをしていた父親の活躍ぶりをファンタジーとして描いてくれたものだが、スターリンのことを、あらゆる場所にスパイを放つ「悪の天才」と呼んでいたものだ。

そう、「影」とはスターリンのこと。そしてその手先のスパイらを「スクープ」と呼ぶことを、私たちはこの番組で知ったのだ。彼らは、ＦＢＩ長官のエドガー・フーヴァーが反共攻撃文書のタイトルに使った表現のように、まさに「騙しの支配者たち」だった。

現実においても、スターリンはフーヴァーの仇敵だった。そのフーヴァーの配下に私の父がいたものだから、その闘いはさらに身近なものになっていた。もしもアメリカにスターリンを阻む者がいるなら、それはＦＢＩの賢く高潔なエージェントたちであるはずだった。少年の私は、「カウボーイとインディアン」の戦いではなく、世界・史的な米ソの戦いに、身を投じていたのである。

スターリンは、地上の政治的な陰謀だけでは満足せず、わが家の宗教にも敵対する者として現れた。私たちカトリック教徒は昔から、憎悪を誰かにぶつけて自分を意味づけして来たので、仮にスターリンがフーヴァーの憎むべき敵だとしたら、[7]スターリンはローマ法王の仇敵であり、私たちカトリックの憎むべき相手だった。

後にローマ法王、ピウス一二世となるエウジェニオ・パチェッリがまだバチカンの外交責任者としてドイツにいた一九二〇年代のことだが、ミュンヘンで彼は、ソ連を支持するドイツのボリシェヴィキたちから暴行を加えられたことがある。ピウス一二世の共産主義に対する激しい憎悪は、だから、きわめて個人的なものでもあった。

さて、私の両親は極端に敬虔なカトリック信者ではなかったが、ジョン・ケネディがまだ現れていない、この世代のアイルランド系アメリカ人にとって、ローマ法王の存在は自分たちのアイデンティティーの拠り所だった。禁欲的な表情と、メガネのレンズの輝きを映したピウス一二世の肖像写真は、我が家の玄関の内側に飾られ、バチカンの月刊誌、『法王は語る』はいつも、家のコーヒーテーブルの上に乗っていたものだ。

＊「ムーヴィートーン」　一九二八年から六八年まで、米国で制作・上映された、音声の入ったニュース映画。

7　フーヴァーの共産主義否定には宗教的な部分が含まれていた。一九五三年、彼はこう書いている。「アメリカにおける共産主義の危険は、それが政治哲学ではなく、破壊的な熱狂へと支持者を燃え上がらせる物質主義の宗教であるという恐るべき事実にある。共産主義は進軍する世俗主義だ。キリスト教世界にとって、死すべき仇敵である……両者はともに生きることはできない」。Whit field, *The Culture of the Cold War*, 八五頁による引用。

ルーズベルトがバチカンを交えた、ソ連との話し合いを提案した時、スターリンは「ローマ法王だって! そいつは何個師団、兵隊を持っているんだ?」と嘲笑したものだ。これに対してピウス一二世は、ソ連共産主義に対する、カトリック教会としての、厳しく、しかも強力な反対の立場を不動のものとしたのである。「これまで経験したことのない、最も危険な迫害」、それが共産主義であるとして、カトリック教会としての戦いの意味を明示した。[8]

世界中のカトリック教会で、ミサの終わりに、ロシア人の共産主義からの「改宗」への祈りが行われるようになった。そして一九四九年、ピウス一二世は遂に、地上の共産主義者の全員を破門する教令に、飾り文字で署名することになる。ナチスや、ヒトラー個人に対しても行わなかったことをやってのけたのだ。[9]

報復で、共産主義世界のスターリンの手先たちは、ワルシャワで、ザグレブで、そして北京で、カトリックの司教を、枢機卿を逮捕した。神父たちは殉教し、教会は没収された。ハンガリーの大司教、ヨージェフ・ミンゼンティは、反逆罪に問われ、終身刑を言い渡された。このミンゼンティ大司教への弾圧は特に、世界のカトリック教徒に対して衝撃を与えた。

こうしてミンゼンティは世界中のカトリック教徒の家族の一員となるが、事情は私の家でも同じだった(ミンゼンティは一九五六年のハンガリー事件の際、共産主義者の牢獄を脱出、ブタペストのアメリカ大使館に逃れ、そこに一九七一年まで留まった)。

当時、我が家で、私たち兄弟が許された唯一の漫画があった。「コロンブス騎士団*」が出版したもので、スターリンに対する東欧のカトリック教徒のレジスタンスを描いたものだった。私はいまでも、漫画の一齣を憶えている。「洗脳された」子どもたちを描いたもので、「人民委員」に命じられ、自分たちの親が出席する秘密のミサを密告する物語だった。

共産主義は当初、ユートピアの夢として始まったものだ。階級のない社会を目指すものだった。財産は全員が所有し、国家はやがて消滅し、史上初めて、完全な平等が実現する……。

しかし、共産主義者にとって、「この世」と、この世のいかなるユートピアをも拒絶する、「あの世」の宗教は、嘲りの的でしかなかった。

共産主義と宗教は、互いに非難し合った。ロシアでは、レーニンの肖像画がビザンチン的なイエスの肖像画に取って代わった。カトリック教徒にとって、「黒灰色の目の、ゴキブリのような髭をつけた」[10]スターリンの肖像画は、血に飢えた悪の権化だった。

スターリンは紛れもない、わかりやすい悪魔だった。敵にふさわしい敵だった。それは、少年の私が感じていたことでもある。

スターリンはロシアではなく、グルジアの出身だった。酒飲みの靴屋の子として生まれたスターリ

---

8 O'Carroll, *Pius XII*, 一五四頁。

9 法王の教令は、共産党への入党ばかりか、「興味を示す」ことも禁じていた。「共産主義の行動教説を支持する」いかなる雑誌にも寄稿してはならない、との禁止条項もあった。

＊ コロンブス騎士団　カトリックの国際友愛組織。一八八二年に設立。

10 オシップ・マンデリシュターム〈ロシアの詩人（一八九一～一九三八年）。政治犯として、ウラジオストク近郊の収容所で死亡〉による表現。スターリンの髭をゴキブリに喩えた詩をつくったことも、彼が政治犯として逮捕され、強制収容所に送られた理由に数えられている。

ンは、二十歳の年まで神学校の生徒だった。そしてその年、ボリシェヴィズムに出会い、宗教的な熱烈さで信奉するようになる。

レーニンの後継者になったスターリンは、狡猾さと残忍さでライバルたちを一掃し、絶対的な権力を手中に収めた。歴代のロシア皇帝同様、あらゆる点で専制君主だったが、スターリンの恐怖政治、「赤色テロ」はさらにすさまじいものだった。領土のすべてが刑務所と化した。第二次世界大戦中、ドイツ軍の捕虜となったソ連兵士は、それだけのことで「祖国への裏切り者」とされた。戦後、ドイツ軍から解放された数万のソ連兵は、捕虜であったという理由で処刑された。政治指導部の人間も赤軍将校団のメンバーも、この時期になると定期的な粛清の対象となった。

スターリンの農業改革は、自営農を国営農場に囲い込んだことから、集団化として知られるものだが、小作人を農地所有者（クラークと呼ばれた）と対立させ、結果的に地主層の全てを国家の手で殺戮する惨事を招いた。自らの市民を大量虐殺したことで、葬儀場は国営化された。死臭はロシアの田舎を覆い尽くした。[11]

ウクライナ（一九二八～一九三二年）における「飢饉テロ」は、スターリンが犯した大罪の中でも群を抜いている。穀倉地帯のウクライナは、自営農が盛んな地域だった。当然、集団化への抵抗が湧き上がったが、無慈悲な弾圧を招く結果に終わった。ナチスのホロコーストで、ウクライナでは一〇〇万人の子どもたちが命を奪われた。だが、その三倍もの子どもたちが、スターリンによる国家の殺人キャンペーンで殺された。[12] ソ連の内外では、スターリンが支配していた時代を、「二〇〇〇万人の時代」と非公式に呼ぶが、この「二〇〇〇万人」とは国家による殺人の犠牲者の数である。

が、殺人だけが全てではなかった。ある歴史家が「心理的な大量偽造」と呼んだものさえあった。[13] スターリンは政治的な、物理的な現実を偽造したばかりか、心理的な現実をも変造したのである。あらゆる知覚の鈍磨、記憶の歪曲、確かなことの希薄化による欺瞞――。

例えば、常に成功したと宣言された「五ヵ年計画」――。その成功宣言は、計画が終了して三年か四年経ったあと、工業、農業の経済的な現実を無視して行われた。老朽化した工場は効率のいい工場になり、機能不全に陥った組織は模範的な組織とされた。創造的な市民は同調的でないと非難され、写真は捏造され、歴史書は書き換えられ、報道ジャーナリズムはフィクションの域に達した。ソ連の人民には、現実の粗野な変造に屈する以外、道は残されていなかった。それはやがて、ヴァーツラフ・ハヴェール*が、ソ連が崩壊した一九八九年の時点に指摘するであろう、「嘘の中で生きる」ことに他ならなかった。[14]

11 Amis, *Koba the Dread*, 五七頁。マーティン・エイミス（英国の作家（一九四九年～　））のこの作品は、歴史の情報ソースであるだけではない。小説家として彼は、死体の放つ異臭、といったディテール（細部）の重要性を摑んでいる。

12 ウクライナで死んだ子どもの数については論争がある。ロバート・コンクエストは一九三二年から三四年にかけて殺された子どもの数を四〇〇万人としている。*The Harvest of Sorrow*, 二九七頁。

13 Conquest, *Stalin*, 三一五頁。

＊ヴァーツラフ・ハヴェール　チェコの劇作家（一九三六年～　）。共産体制下、反体制運動に従事。その後、チェコスロバキア、チェコ共和国の大統領を務めた。

14 マーティン・エイミスは、ソ連という国家名からして嘘だったと指摘している。「連邦とは嘘であり、ソビエトとは嘘であり、社会主義とは嘘であり、共和国も嘘だった。同志も嘘、革命も嘘だった」と。Amis, *Koba the Dread*, 二五八頁。

スターリンの伝記作者でもあり、「飢饉テロ」に関する大作、『悲しみの収穫』の著者でもあるロバート・コンクェストは、こう指摘する。「被害妄想でしかないイデオロギーが、現代史における最も純粋な被害妄想的人物の中に具現した」もの、それが「スターリン」だった、と。[15]

ここでまたしても「被害妄想」が登場したわけだが、実はそのスターリン自身、第二次世界大戦が終わりかけていた当時は、西側との対決を予想してはいなかったのだ。そう信ずるに足る証拠が存在するのである。

旧ソ連の公文書の公開は一九九一年に始まるが、それによると、少なくとも一九四四年までのスターリンは、戦後、「冷戦」のようなものが起きると予期していた。しかしそれは、帝国を守ろうとする英国と、政治・経済支配を拡大しようとする米国の間で起きる、と考えていたのだ。それどころか、ルーズベルトよりもチャーチルを手ごわい相手と感じていたモスクワは、戦後におけるワシントンとの同盟の維持に期待をかけていたのである。[16]

アメリカ側の視点でソ連の公文書を調べたメルヴィン・レフラーは、ソ連は東欧諸国を意図的に衛星国化したものでも、意図的に中国の共産主義者と同盟したものでも、意図的に朝鮮半島における共産主義者の戦争を支援したものでもない、と指摘している。[17]

モスクワの公文書館の史料を調べた、東欧の研究者の評価もまた、レフラー同様、西側歴史家の支配的な見方と対立している。「ソ連国境を越え、どこかに共産主義政権の樹立を目指そうとした政策は、モスクワにはなかった」と。[18]

現実にはソ連の赤軍は戦後、急速に動員解除が進み、一九四五年時点で一一〇〇万人に達していた兵員数は、二年後の一九四七年には三〇〇万人以下に激減していた。モスクワはアメリカ人が想像したような、「略奪態」ではなかったのである。[19]

スターリンは第二次世界大戦の末期、かつてないほど自信を漲らせてよかったはずである。被害妄想にとりつかれる理由はなかったのだ。赤軍は数百万の死傷者を出してはいたが、進軍を続けていた。[20]ベルリンを占領、続いて満州制覇をも視野に収めていた。ソ連の軍事的な優勢はかつてないほど高まりを見せていたのである。

---

15 Conquest, *Stalin*, 三三一頁。
16 Gaddis et al.., *Cold War Statesmen Confront the Bomb*, 四一頁。
17 Melvyn Leffler, "Inside Enemy Archives: The Cold War Reopened," *Foreign Affairs*, 一九九六年夏号。
18 Vojtech Mastny, *The Cold War and Soviet Insecurity*, 二一頁〔ヴォイチェフ・マストニー　チェコ出身の歴史学者（一九三六年～　）。米国ウッドロー・ウィルソン研究所教授。冷戦・ロシア史を専攻。邦訳された著書に『冷戦とは何だったのか――戦後政治史とスターリン』（秋野豊・広瀬佳一訳、柏書房）がある〕ソ連崩壊後、この点についてより明確に言い切った、ロシア出身学者による研究結果もある。「スターリンは情け容赦のない独裁者との評判にかかわらず、第二次世界大戦後、拡張主義に走るだけの用意ができていなかった。西側との対決は避けたいと思っていたのである。それどころかスターリンは、自分の影響力を拡大し、困難な国際問題を解決する方策として、西側諸国と協調する用意さえ出来ていたのである。冷戦とはつまり、スターリンが選んだものでもなければ、彼が考え出したものでも、産み落としたものでもなかった」。Zubok and Pleshakov, *Inside the Kremlin's Cold War*, 二七六頁〔ヴラディスラヴ・ズボク　ロシア出身の歴史学者。米国テンプル大学准教授〕〔コンスタンティン・プレシャコフ　ロシア出身の歴史学者。米国マウント・ホリヨーク大学客員助教授〕。
19 Sherwin and Bird, *American Prometheus*, 四四六頁。輸送ひとつとっても、当時の赤軍はその半分を馬車に依存していた。この状態は一九五〇年前後まで続いた。LaFeber, *America, Russia, and the Cold War*, 三一頁。

そんな「スターリンの無敵意識」が急にぐらつくことになるのは、一九四五年八月になってからのことである。「ヒロシマ」の衝撃が、全てを変えた、もうひとつの例証となる事実である。英国の外交官の言葉をかりれば、「そこへドスンと、原爆が落ちて来た」のだ。[21]

米国の駐ソ大使、W・アヴェレル・ハリマン*は一九四五年十一月のモスクワからの報告で、この急激な状況変化について、以下のような見方を示している。ハリマンはこの年の秋になってなぜソ連が急にブルガリア、ルーマニア、トルコ、満州において「一方的な拡張政策」に乗り出したか、ワシントンに対して説明しようとしたのだ。

「戦勝によって、赤軍の力と国内を支配することへの自信を手にすることができた。それは彼らに史上初めて、安心感を与えるものだった。そこへ突然、原爆が登場した。彼らはこれで昔ながらの不安感を思い出したに違いない……その結果、攻撃と陰謀でもって目標を達成する、彼らの古い戦術へ回帰したように思われる」

ケナンに似た視点でロシアを観察していたハリマンの目に、被害妄想が再発するありさまが映った。今度の被害妄想は、ヨーロッパとの関係の中で生まれたものではなかった。この時初めて、青天の霹靂のように、今や米国が赤軍と祖国に対する重大な脅威となって現れたのである。

これは、米国の原爆投下だけでソ連の拡張政策に火がついた、ということではない。ヒロシマ以前にソ連の赤軍は、すでにポーランドに進出していたのだ。事実はむしろ、米国が敵として何を仕出かすか分からない恐怖を与えたことで、モスクワの不安感を一気に増幅させた、ということである。その不安が西側に対する防衛圏づくりへと駆り立てたのである。

モスクワは再び、危機感を抱いたのだ。そしてその不安な思いを、拡張政策に向かう好戦性へと変換させた。それはハリマンが「原爆の、ソ連指導者の行動に対する心理的効果」と呼ぶ、当然の反応だった。[22]

ポツダム会議でトルーマンは、スターリンに対し原爆のことを打ち明けたが、曖昧な言い方に止まっていた。「ヒロシマ」はまさに想像を絶する、前代未聞のものだった。原爆の火の玉が放った閃光は、ソ連の指導者に、次の二つのことを紛れもないかたちで突きつけた。第一に、米国はかつてない規模の破壊力を持つ兵器とその運搬手段を保有しており、それはヨーロッパに展開する赤軍ばかりか、ヨーロッパを出撃基地としてロシアの心臓部を攻撃しうるものであること。第二に、米国は原爆の使用に躊躇しないこと。

こうしたソ連側の受け止め方をさらに不動のものにしたのが「ナガサキ」だった。最早、個人的とか国家的被害妄想とは言えない、危機的な事態が生まれていた。

---

20 スターリンの軍隊が成功を収めたのは、彼が数十万人の兵士を全面的な正面攻撃で戦死させることに躊躇しなかったからである。これは、米陸軍を率いたアイゼンハワーにはできないことであり、連合国内における東西対立の一因になったことでもある。リサ・ゼフェルからの著者に対する回答による。

21 Gaddis et al., *Cold War Statesmen Confront the Bomb*, 四四頁、Holloway, *The Soviet Union and the Arms Race*, 一九頁。

＊W・アヴェレル・ハリマン　米国の外交官、政治家（一八九一～一九八六年）。「鉄道王」と呼ばれたE・H・ハリマンの子で、一九四三年から四六年まで、駐ソ大使を務めた。

22 Isaacson and Thomas, *Wise Men*, 三四二頁。

一方、ソ連の科学者たちが原爆の開発に乗り出したのは、一九四三年二月十一日のことだった。ロスアラモスで、レズリー・グローヴズがオッペンハイマーを開発責任者に任命し、「マンハッタン計画」を本格化させていた頃のことだった。歴史家のデイビッド・ホロウェイ*らが指摘するように、ソ連はロスアラモスのスパイ、クラウス・フックスを通じて、アメリカの原爆プロジェクトの機密の入手に成功するが、実際にはソ連の核科学の研究は第二次世界大戦の前から高度なレベルに達しており、ロシア人科学者の中には、アメリカの原爆製造法を考慮に値しないとする者もいた[23]。ソ連は東部戦線で激戦を余儀なくされたことで、それが原爆の開発を遅らせる足枷となったのである。

スターリンの原爆開発の動機も、ルーズベルト同様、ヒトラーが最初に手にするかもしれない、という恐怖のせいだった。戦争が進む中、ソ連の情報部は、ドイツの「ウラニウム・プロジェクト」が壁に突き当たっている、との結論を下す。これを受けスターリンは、ますます稀少化する資源を核開発に回すことを中断したのである[24]。

そんなスターリンが、同じグルジア出身のラブレンチー・ベリアに、原爆開発を再開する緊急プロジェクトの指揮を執らせたのは、一九四五年八月七日のこと。「ヒロシマ」が起きて、わずか二十四時間以内のことだった。

当時、ベリアは秘密警察のNKVD（内務人民委員部*）の長官である内務人民委員の地位にあった。ベリアは一九三〇年代の「大粛清」当時、無数の処刑命令を発し、自らも手を下して多数の命を奪った。一九四〇年にスターリンが二万五〇〇〇人ものポーランド人捕虜を虐殺した悪名高き事件*においても、影で糸を引いた人物だ。ソ連支配体制下で最悪の残忍さを示したベリアは、殺人を効率的統治手段として完成させた男だった。スターリンはその点を買って、この殺人マネージャーを原爆開発の責任者に据えたのだった。

ベリアが集めた科学者たちのトップは、著名なロシア人物理学者のイゴール・クルチャトフだった。* その年の八月、スターリンはクルチャトフらの前で、こう演説した。「同志諸君に、ひとつだけ、要求したいことがある。なるべく短期間に原爆兵器を造るように。知っての通り、ヒロシマは全世界を震撼させた。力の均衡は破壊された。原爆を造るのだ――原爆は重大な危険をわれわれから取り去るだろう」と。[25] 原爆開発に成功すれば、責任ある科学者たちには「社会主義労働英雄」の称号が贈られ、その部下に

＊デイビッド・ホロウェイ　米国の歴史学者、スタンフォード大学教授。核の歴史などを専攻。邦訳に、『スターリンと原爆』（川上洸、松本幸重訳、上・下二巻、大月書店）がある。

23 一九四五年十月十八日、ベリアの内務人民委員部は、フックスからナガサキに投下されたプルトニウム爆弾の設計図を入手した。ソ連の物理学者たちはその設計図をもとにソ連版の原爆開発に取り組んだが、同時に自分たちで設計した原爆づくりも進めた。

24 Gaddis et al., *Cold War Statesmen Confront the Bomb*, 四二頁。

＊ＮＫＶＤ（内務人民委員部）　スターリンの支配下、治安・粛清にあたった秘密警察組織。ソ連国家保安委員会（ＫＢＧ）の前身。

＊ポーランド人捕虜虐殺事件　ＮＫＶＤが一九四〇年に行った一連のポーランド人捕虜虐殺事件。四〇〇〇人を超す遺体が発見された、いわゆる「カチンの森」事件もこれに含まれる。

＊イゴール・クルチャトフ　ソ連の核物理学者（一九〇三～六〇年）。一九三九年にソ連初の加速器を完成させ、その後、原爆開発をリードした。

25 Bundy, *Danger and Survival*, 一七六頁。

は「レーニン勲章」が授与されるだろう。しかし、仮に原爆開発に失敗したなら……ベリアがその当初から指揮に当たっているという事実は、部下は投獄、責任ある科学者は銃殺を免れないことを物語っていた。[26]

「ヒロシマ」の後、一年間にわたり、原爆を国際的に共有するかどうかをめぐる議論がワシントンで続いていたことは、われわれがすでに見た通りのことである。ソ連に対する共有提案に意図的な足枷をかけようという米国側の思惑が、成功のチャンスをつぶしたことも、われわれは見て来た。

しかし、「バルック計画」に結実したアメリカ側提案の枠組みが曖昧なもので、ソ連側には到底のめない要求だったことだけが、その原因ではない。スターリンの側に立てば、そうした提案をして来ること自体が、それがどんなものであれ不誠実なことであり、スターリン自身の原爆開発プロジェクトの妨害を狙ったものでしかなかったのだ。

それではワシントンが全く違った提案をしていたら、結果は成功したかと問われれば、われわれとしてはわからないと言うしかないが、実際問題としてスターリンには提案の真意を疑うだけの十分な根拠はあった。[27]

たとえば一九四五年十一月五日、原爆を「共有」するスティムソン提案の修正案をめぐって、ディーン・アチソンとデイビッド・リリエンソールがなお公開の場で議論を交わしていたその時、スターリンは二人の英国人スパイ、ドナルド・マクレーンとキム・フィルビーから、英国政府がワシントンから、核の独占を無期限に維持する旨、すでに確約を得ているとの情報を得ていた。[28]

アチソンとリリエンソールは、スティムソンの提案に沿って、核管理問題をモスクワと直接交渉する可能性を話し合っていた。しかし、スターリンはこの十一月の段階で、すでに知っていたのだ。トルーマンが英国首相に対し、この問題を国連の場に持ち込むつもりであると通告していることを[29]。となれば、最早、一対一の直接交渉はあり得なかった。スターリンはソ連との協調を掲げた米国の提案には下心が隠されていることを秘密情報でわかっていたのである。

スターリンは原爆の国際管理をめぐる米国の提案を、アンドレイ・グロムイコ*が一九四六年、国連で提案した原爆全面禁止の宣伝より、まともなものとは考えていなかった。このグロムイコ提案以降、ソ連は完全な核軍縮を何年にもわたり、呼びかけるが、それはあくまで宣伝戦で得点を稼ぐためだった。

しかし、たとえスターリンの側に、「絶望的な性格を持つ軍備競争」を避けようとする米国側の提案

26 前掲書。
27 アメリカが戦後、どんな懐柔策を出したところで、ソ連は全て拒否したはずだとの議論は、歴史の流動性を無視した思い込みだ。未来の予期、未来の定義は、いかに難しいことか。たとえば、スターリン後継者の中の最強硬派の一人だったユーリ・アンドロポフ元KGB議長は、ミハイル・ゴルバチョフの出現に道筋をつけた。そのゴルバチョフが、あらゆる予想に反して冷戦を終わりに導くのである。
28 Gaddis et al., *Cold War Statesmen Confront the Bomb*, 五一頁。
29 Isaacson and Thomas, *Wise Men*, 三四三頁。
＊ アンドレイ・グロムイコ　ソ連の外交官、政治家（一九〇九～八九年）。一九五七年から八五年まで二八年間にわたって外相を務めた。

を嘘だと一蹴するだけの根拠があったとしても、米国の側に、スターリンの疑惑を掻き立てる策略しかなかったわけではない。米国側には、スティムソン以来、モスクワと一時的に妥協する意志はあったのだ。問題はそれが米政府内の、周縁部の少数派に留まっていたことである。結局のところ、原爆の国際管理の夢は、間違いなく泡と消えるしかなかったのだ。スターリンが何をしようと、それは関係のないことだった。

実際問題としてスターリンは、ワシントン内部で核の独占をどれだけ長く守るべきか議論が交わされていることを知っていた。中でも、グローヴズ将軍のような強硬派が、ソ連の核開発施設が見つかり次第、先制攻撃せよ、と公然と主張していたことも知っていた。[30] だからスターリンは、アメリカ発の、時にヒステリックな警告に影響されたのである。

フォレスタルの被害妄想、ケナンの容赦のない警告、サイミントンのソ連の脅威に関する途方もない誇張、トルーマン・ドクトリン、戦時体制化したワシントン……これらの全てが、同時代人、ウォルター・リップマンの言葉をかりれば、「ソ連に対し、鉄のカーテンの向こう側で鉄の支配を続ける口実と理由を、ロシア人が思い込みを信じることができる根拠を供給していたのだ。つまりロシア人を破壊するため、今、連合軍が編成されつつある、と信じ込ませていたのだ[31]」。

スターリンは原爆開発に取り掛かるや否や、とくにソ連の科学者たちが一九四六年のクリスマスに、最初の核分裂連鎖反応の実験に成功すると、原爆開発が行われている遠隔地ばかりか、ソ連社会全体に対して、秘密保持と管理を強化する警戒体制を敷いた。

仮にこの時点で、アメリカがまだ現実に原爆を保有していなかったとして、その場合、スターリンが原爆開発の続行をめぐり、どんな態度をとったかを判断することは、もちろん不可能なことだ。しかし、アメリカがもしかしたら原爆を手にしているかも知れない恐れがある以上、モスクワとしてはそうした最悪のケースを想定せざるを得なかったことだけは確かだ。

米国の「マンハッタン計画」がそうだったように、原爆開発はソ連の科学界の急速かつ完全な軍事化を求めるものになった。鉱業生産を再編し、工業生産能力の大部分を原爆開発に回さなければならなくなった。アメリカの場合、戦時経済の規模が大きかったから、それでも何とか吸収できたが、依然として足元がふらついていたソ連経済にはそれだけの余裕はなかった。

第二次世界大戦で戦勝したソ連に、段階的な自由化の可能性があったにせよ、原爆開発プロジェクトという途方もない機密活動は、付随するさまざまな現実的、想像上の脅威とともに、スターリンを自由化とは逆の方向に走らせた。さらなる粛清、強制収容所網の拡大――一〇万人以上の人々がウラニウム鉱山で奴隷労働に従事した――は、この時期を特徴付けるもので、このあとさらに、反ユダヤ人キャンペーンが漸次、強化されてゆくことになる。

30 たとえばグローヴズは一九四五年の終わりごろ、こう言っている。「われわれがもし、今、そう見えるように理想主義ではなく、真に現実主義の立場に立とうとするなら、確固たる同盟関係になく、信頼も置けない外国に対して、原爆の製造、あるいはその保有を許してはならない。そういう国が原爆の開発に着手したなら、われわれに対する脅威にならないうちに、その製造能力を破壊するだろう」。Schell, "The Case Against the War" *The Nation* 二〇〇三年三月三日号、一四頁。

31 Isaacson and Thomas, *Wise Men*, 三四頁。

歴史家の一人が言うように、モスクワが核の時代に参入すべく、手にした切符の代償は、ソ連を「超機密の《ブラックボックス》」に変えるものだった。[32]

なるべく長い間、暗箱の中に入れて置いた方が得だ――一九四九年八月の時点で、少なくともスターリンはそう考えていた。スターリンが原爆実験の成功をまるまる一ヵ月、伏せていたのは、そのためだった。アメリカ側が察知し、トルーマンが「ソ連が核実験に成功」と発表したあとも、スターリンはなお数週間も秘密にしていたのである。

理由はハッキリしている。アメリカによる核施設攻撃をなお一層恐れたスターリンが彼の科学者たちに、原爆を少なくとも一、二個、もしくはそれ以上、造らせようとしたからだ。

そうしておいてスターリンは原爆実験の成功をようやく「発表」する。それは、ソ連の側から戦争の抑止を求めるものとして打ち出されたものだった。「こうなった以上、われわれを、もう攻撃できないでしょう」と。

スターリンは、不安のシナリオを妄想の中で思い描いていたわけではなかった。戦争はたしかに、東西分岐線の上に忍び寄っているように見えた。その年、一九四九年の四月、NATOを創設する北大西洋条約の調印が行われていた。これにより、モスクワに対する脅威は政治的なものから軍事的なものに変わっていた。五月にはトルーマンが、戦略空軍司令部（SAC）の指揮下に置く誘導ミサイル実験場をフロリダ州のケープ・カナヴェラルに建設する命令を下していた。SACは当時すでに、「ベルリン危機」が深化する中、ソ連本土を目標とした空爆攻撃の作戦計画を立てており、そのこともまたスターリンは察知していたのである。

それだけではなかった。「ベルリン封鎖」が始まって三ヵ月が経過した、前年、一九四八年の九月の時点ですでに、トルーマンの国家安全保障会議（NSC）はSACに対し、「国家安全保障上の利益のため、原子兵器を含む、あらゆる動員可能な手段を即刻かつ効果的に使用する準備を整え、それに沿って作戦計画を策定するよう」命じる政策声明（NSC文書三〇号）、「米国の原子戦争政策」を発令していた。[33] 原爆攻撃の最終的な命令権は大統領のものとされていたが、トルーマンは空軍の司令官らに、使用をためらわないよう確約を与えていたのだ。

ここで、トルーマンの持っていた最終的な大統領権限について、それがどれほど限定されたものだったか、その全体像を見ておく必要がある。トルーマンには、確かに一九四六年の「原子力法」によって、核兵器の使用に関する唯一の決定権限が与えられてはいた。しかし実際は彼にその権限をコントロールする力はなかった。トルーマンには例えば、核兵器の備蓄数すら知らされていなかったのである。[34]

すでに見たように、「ベルリン危機」が始まった時、ヨーロッパ空軍の司令官だったルメイは、空飛ぶ「超要塞」、B29爆撃機の部隊を、英国内の前進基地に移動させていた。原爆は搭載されていなかっ

32 Gaddis et al., *Cold War Statesmen Confront the Bomb*, 六〇頁。
33 Isaacs and Downing, *Cold War*, 七五頁。「NSC文書三〇号」はまた、米国はソ連に、原爆攻撃はないと決して思わせない原則を明確に打ち出した。
34 Rosenberg, "The Origins of Overkill: Nuclear Weapons and American Strategy,1945-1960", *International Security* 7, no.4（一九八三年春号）一一頁。米国の原爆の備蓄数は一九四五年の終わりごろには二発しかなかったが、四六年の半ばには九発、四七年の半ばには一三発、四八年の半ばには五〇発へと増強された。

たが、これが原爆搭載可能な軍用機による初の大西洋横断飛行だった。ルメイはその後、戦略空軍司令部（SAC）の司令官として本国に呼び戻されるが、その時にはすでに、国家安全保障会議の政策声明、「NSC文書三〇号」による「作戦計画策定」命令は、紛れもない形で実施に移されていたのだ。

もしもスターリンが、原爆を搭載したアメリカの爆撃機がモスクワまで飛来するはずがないと思い込んでいたとしたら、それは大変な間違いだった。SACは一九四九年三月、改造したB29（B50と命名されていた）による世界一周無着陸飛行に成功していたのである。空中給油という革命的な技術が可能とした長距離飛行だった。SACはそれでも足りないと言わんばかりに、新たにB36を投入した。給油なしで一万マイル近く飛行できる新型爆撃機だった。[35]

トルーマンには第二次世界大戦の終わりに受けた心の傷があり、そのことが妨げとなってソ連に対する核兵器の使用を真剣に考えることができなかったとする見方もある。しかし、事態が「作戦計画策定」段階に進み、「家《ペンタゴン》」の「指揮命令系統」に組み込まれた今となっては、決定の全責任は大統領の肩からすでに離れてしまっていたのだ。

SACに落ち着いたルメイは、最初はメリーランド州のアンドリュース空軍基地、次いではネブラスカ州のオファット空軍基地という（核時代における）より安全な場所で指揮を執ることになるが、原爆攻撃の権限はさも自分にある、といった振る舞いを繰り返すことになる。つまり、スターリンの被害妄想を現実の脅威に変換できるものがいるとすれば、それはトルーマンではなく、カーチス・ルメイその人だったわけだ。一九四八年に策定したロシアに対する空爆作戦に、ルメイは自ら「ブロイラー（焼肉器）作戦」」という暗号名さえつけていたのである。[36]

が、今やソ連もまた原爆を手にしたことで、スターリンはひとまずは安全となった。専門家たちが「安全保障のジレンマ」と名づけた、紛争の一方の当事者が自国の安全を高めれば、相手の安全を不可避的に損なう、というドラマの片方の役を、スターリンは完璧にこなすことになった。この「安全保障のジレンマ」は最終的に相互の自滅に行き着きかねない。しかし、その途中の過程では、一時しのぎの平安が生まれる。スターリンはアメリカの原爆の脅威を逃れたことで、自分が同じ脅威を産み出したことも忘れ、ご満悦だったはずだ。原爆実験に成功した科学者に対し、スターリンは心の底から、こう言って感謝したそうだ。「もし原爆があと一年か一年半、遅れていたら、たぶん、われわれの上で『テスト』されることになっただろう」[37]。

2　水爆への「ノー」

脅し、脅しに対する脅し――悪循環が始まっていた。敵の意図を最悪なものとする読み取り。敵の

35 LeMay, *Mission with LeMay*, 四九七頁。
36 この「ブロイラー作戦」は、三四発の原爆でソ連の二四都市を攻撃する、というものだった。これ以降、ルメイは一九四〇年代の終わりにかけて、次々に対ソ連核攻撃作戦計画を立案して行く。「フローリック（陽気な遊び）作戦」「ハーフムーン（半月）作戦」「トロージャン（トロイの木馬）作戦」――新しい作戦が立案される度、使用原爆数も攻撃対象の都市数も増えて行った。Rosenberg, "The Origins of Overkill," 一六頁。
37 Gaddis et al., *Cold War Statesmen Confront the Bomb*, 二頁。

力の誇張と威嚇への衝動――今やそれらの全てが、こちら側が抱く恐怖を相手にさとられまいとする本能の中に、当然のごとく吸収された。「抑止」と一括して呼ばれることになるこれら全てが、米ソ対立の構図の中に組み込まれていた。「抑止」は、「奇妙な安定」の源として評価されもするが、そもそも致命的なほど危険な軍備競争を発動させたものがこの「抑止」だった。アメリカが原爆保有で先行したのに対し、モスクワが劇的な追い上げに成功したことで新たな軍備競争が始まった。それは米国に、ソ連の指導者たちを恐怖させた「お返し」を迫るものだった。[38]

スターリンは原爆を手にしたことで安心したが、アメリカ側の恐怖心は膨らんだ。あの「真珠湾」のトラウマの傷口が、米国民の心に再び開いたのである。[39]

それだけではなかった。ソ連の原爆実験成功をトルーマンが発表してから、数週間しか経っていない一九四九年十月一日、赤旗の波に揺れる北京の天安門広場で、毛沢東が中華人民共和国の建国を宣言したのだ。中ソ同盟が始まったのである。

共産主義者たちが世界を席捲しようとしている……ソ連には大陸間攻撃が可能な爆撃機の部隊もなく、原爆を運搬する手段を持っていなかったが、ワシントンの当局者は、ソ連が攻撃して来ると真剣に考えるようになった。

この年の秋、空軍参謀総長のヴァンデンバーグ将軍が、こんな警告を発した。「ソ連の原爆搭載爆撃機が奇襲をかけて来ると信じるだけの強力な証拠がある。奇襲攻撃によって米国民と産業に、考えもつかない犠牲と被害が出るばかりか、われわれの戦略空軍力が麻痺する結果にもなりかねない。そうなると、報復によって均衡を回復する手段が奪われてしまうわけだ」。

ヴァンデンバーグはさらに、こう具体的な警告を続けた。「ソ連の爆撃機は、高射砲による一発射撃も受けずに、何の反撃も受けずに、ほとんど好きなだけ、領空に侵入して来るだろう」と。[40]

このヴァンデンバーグの警告は、あくまである想定に基づく可能性を述べたものだ。ソ連が保有する中距離爆撃機が、自爆攻撃を仕掛けて来ると想定しての発言である。ソ連爆撃機の航続距離を考えると、攻撃後の帰還はあり得ないからだ。

実際問題として、この時、ヴァンデンバーグが、警告でもってアメリカ人の心に植えつけた危機的

---

38 Lebow and Stein, "Deterrence and the Cold War," *Political Science Quarterly* 101,no.2（一九九五年夏号）八〇頁。

39 アメリカ人の決定的なトラウマとなった「真珠湾」での死者は二四〇〇人である。これに対し、ロシア人のトラウマとなった、ナチス・ドイツの軍事侵攻によるソ連本土での死者は数百万に達する。この点について、メルヴィン・レフラーは、こんな指摘をしている。「真珠湾」がモスクワに対する懸念の背景にあると強調するジョン・ルイス・ギャディスのような歴史家にとって、「日本の攻撃が戦後アメリカの安全保障の上に消しがたい刻印をなお残しているのに対し、クレムリンには戦争の傷跡が何もないようなものだ」と。Leffler, "The Cold War," 五一三頁。

40 Snead, *The Gaither Committee*, 三二頁。一九四〇年代の終わりから五〇年代の初めにかけて、アメリカのソ連軍事力評価が誇大なものだったかどうかについては、いまなお論争が続いている。アーネスト・メイ〔米国の歴史学者（一九二六年～）〕。ハーバード大学教授〕は、誇大評価はなかったとする一人だ。彼は一九九二年に、こんなコメントを書いている。「ソ連が一九四五年以降、軍備を大増強している証拠は着実に積み上がっていた。米政府が一九五〇年までに入手した最も信用できる情報によれば、ソ連は一七五個師団と、非常に大型で性能を急激に上げている戦術空軍力、Ｂ29をモデルとした数百に及ぶ爆撃機……さらには三〇〇隻を超す潜水艦を配備している。……こうしたソ連軍事力に対する評価の一部は、後になって過大なものと見なされ、学者たちは米軍当局が軍事予算を獲得するチャンスを高めようとソ連の軍事力を故意に過大視したと批判するようになった。しかし、この批判は検証に耐えないものである」"U.S. Government, Legacy of the Cold War," in Hogan, *The End of the Cold War*, 一二一頁。

な状況は、その後、五年間にわたって現実のものとはならなかった。ソ連が長距離爆撃隊を編成するのは、一九五四年になってからのこと。その時でさえ、その長距離爆撃隊は辛うじて米本土まで到達できる航続能力しか持たなかった。

こうした事実にもかかわらず、ヴァンデンバーグが警告を発したのは、それが彼の中に深い確信としてあったからだ。米国の国家安全保障に携わる当局者の習性となった傾向が、ここにおいてすでに示されたのである。ソ連による脅威を極度に誇張することで、それを常に内面化して信じ込み、その脅威が存在するものと主張、それを前提に行動を起こす習性が示されたのだ。

ソ連の原爆実験成功の知らせを聞いたトルーマンは、米国の原爆保有数を大急ぎで増やすよう命じた。一九五〇年六月までに、当時、五〇発ほどしかなかった原爆を三〇〇発に増やすよう命令したのである。[41]しかしそれにもまして決定的だったのは、トルーマンが下した、もうひとつの「運命の決断」だった。ヒロシマよりももっと不吉な結果を招くかも知れない、人類の運命を分ける決断だった。[42]

アメリカ人は一般に、世界の存在さえ脅かす核時代の到来を告げたのは、日本に対して使用された原爆だと考えているが、原爆と、原爆の次に来た新しいものとの破壊力の違い、次に来たものの製造の容易さを考え合わせれば、その新しいものもまた、同じだけ決定的なものだったと見なされてしかるべきである。

その原爆の次に来たもの——とは、もちろん「水爆」のことだ。その水爆を「スーパー」と呼んで、そのことを誰よりも長く、誰よりも深く考えて来た科学者たちは、米国は「スーパー」の開発をすべきではないと心に決めていたのだ。

原爆は「核分裂爆弾」である。「分裂」とは、いくつかの部分に引き裂くことである。重い元素（ウラニウム、あるいはプルトニウム）の原子核を分裂させることで破壊的なエネルギーを生み出す――これが原爆である。核分裂は、原子核に中性子線を当て、急激な連鎖反応を起動することで引き起こす。核分裂後に生まれた元素は、元々の元素より質量が軽いものとなる。この差がエネルギーになるのだ。核爆発のエネルギーになるのである。

私自身、この原爆の原理を一九五〇年代のテレビ番組で観た憶えがある（あれは多分、「ウォッチ・ミスター・ウィザード」*という科学番組だった……）。大きな密室の床いっぱい、まるで絨毯のように敷き詰められた「ネズミ捕り」（数百個はあったはず）を使った、離れ業のような見事な実験だった。それぞれの「ネズミ捕り」にはバネがついており、バネの発動を微妙に抑えているのはピンポン玉だ。そんな一触即発の状態のところへ、ピンポン玉を一個、放り込む。そのピンポン玉がぶつかった「ネズミ捕り」が、そのショックで抱え込んでいたピンポン玉を放出、それが連鎖反応の引き鉄を引く。「ネ・ズ・ミ・捕・り」と、その単語を発音し切らないうちに、全ての「ネズミ捕り」がピンポン玉

---

41 Sherwin and Bird, *American Prometheus*, 四一一頁。
42 ジョン・ニューハウス（米国の軍縮問題専門家。雑誌『ニューヨーカー』のライターを経て、現在、ワシントンの防衛情報センターの研究員を務める）は一九八九年に、トルーマンによる水爆開発の決定について、「現代の大統領として最も重大な決定だった」と指摘している。*War and Peace in the Nuclear Age*, 一〇頁。
＊「ウォッチ・ミスター・ウィザード」米NBCテレビが一九五一年から、放映を開始した子ども向け科学番組（土曜朝、週一、三〇分）。六五年、放映終了。

を発射。数百ものピンポン玉が空中を飛び交い、衝突し合う壮観が出現した。少年の私が、エネルギーというものの力を、目の当たりにした瞬間だった。

水爆は、このテレビ実験のような現象を、その起爆剤として使うものだ。これを「核融合爆弾」という。ここで言う「融合」とは「合体」を意味する。水爆の場合、原子核の分裂で放射されるエネルギーは、軽い元素（水素）の原子核と、新たに生まれた重い元素（ヘリウム）の原子核を融合する熱と圧力に使われる。数百万度（摂氏）に達する、核分裂による熱は、核融合の引き鉄となるものだが、水爆が「熱核反応」爆弾と呼ばれるのは、この超高温のせいだ。核融合反応が生まれると、質量の喪失が副次的に起こる。無数の原子核がエネルギーに変換されるのだ。

エネルギーが放出される点は同じでも、原爆と水爆ではスケールが違う。水爆一発で、ヒロシマに投下された原爆の一〇〇発から一〇〇〇発分の破壊エネルギーを発する。

原爆との比較で言えば、少年の頃、私がテレビで観た「ミスター・ウィザード」の実験室が原爆一発分なら、その部屋が千個分、集まった、たとえば「家《ペンタゴン》」のような、巨大な建築物が水爆なのである。そう、「家《ペンタゴン》」の部屋という部屋が、ピンポン玉を仕掛けた「ネズミ捕り」で埋まっているようなものだ。そしてその全室がほぼ同時に「核融合」反応を開始する。ピンポン玉は小さくなりながら反応し、その容器となった部屋では反応が一気に巨大化してゆく。原爆のようにひとつの部屋が爆発するのではなく、巨大な建築物全体が爆発するのだ。水爆による大量破壊の瞬間である。

原爆を開発した「マンハッタン計画」の科学者たちは早いうちから、「核融合爆弾」の可能性に気付いていた。しかし、オッペンハイマーの指導下、彼らは緊急性に鑑み、より製造が簡単な「核分裂爆弾」の開発に集中したのである。そんな初期の段階でも、「スーパー」の制御不可能な破壊力に危機感を持つ科学者が何人かいた。

ロスアラモスにおいて、水素爆弾の研究は、低い優先順位でしかなかった。しかし、ある科学者だけは一九四四年から四五年にかけ、研究を続けていた。エドワード・テラー*だった。

一九四一年にハンガリーから移住して来たテラーは、「核分裂爆弾」の開発には貢献できなかった。ソ連が原爆の実験に成功すると、テラーは水素爆弾開発プロジェクトの提唱者として活動を開始した。

しかし、テラーのロスアラモスの上司たちの水爆開発をめぐる足並みは、一九四九年まで、乱れたままだった。当時、原子力委員会で一般諮問委員会の委員長を務めていたのは、オッペンハイマーだった。

同諮問委は、ソ連の原爆実験成功後、米国としてこれにどう対応すべきか、検討に入った。

同諮問委は十月も終わらないうちに、原子力委員会のデイビッド・リリエンソール委員長に対して報告書を提出した。同諮問委は八人の委員から成っており、その中には「マンハッタン計画」を中心になって進めた、エンリコ・フェルミやI・I・ラビ*、ジェームズ・B・コナント*、オッペンハイマーといったベテラン科学者が含まれていた。そしてその諮問委員全員が全会一致で「水素爆弾」の開発に反対したのである。

＊エドワード・テラー　ハンガリーから米国に亡命したユダヤ人物理学者（一九〇八～二〇〇三年）。アメリカの「水爆の父」と言われる。

＊I・I・ラビ　オーストリア生まれの米国の物理学者（一八九八～一九八八年）。ノーベル物理学賞を受賞。

＊ジェームズ・B・コナント　米国の化学者（一八九三～一九七八年）。ハーバード大学の学長も務めた。

「水素爆弾の爆発力は、際限がない。あるとすれば、運搬上の必要による制限だけである……水爆は今ある核分裂爆弾の数百倍も強力な爆発力を持つことになろう……この兵器を使用すれば、無数の命が破壊されることは明らかだ。これは、軍事的、あるいは半軍事的な実体的な施設の破壊のみを目指して使用されるものではない。それゆえ、これを使用すれば、原爆を遥かに超えた、民間人の人口絶滅策を遂行することになる」

報告書には、科学者たちの声明文が付されていた。彼らこそ核時代の幕を開けた当事者だったが、それがこぞって声明を発したのである。有名なこの声明文は、控え目なところは全くなく、切迫したトーンに貫かれていた。

「われわれは、スーパー爆弾が決して製造されてはならないものだと信じている。人類は、スーパー爆弾の実効性を見せつけなくても、この先、はるかにうまくやって行くだろう。そうしているうちに、今の世界の世論も変わるはずだ。……ロシア人が先にスーパー爆弾の開発に成功するかも知れないという議論もある。これに対してわれわれは、仮にわれわれが水爆の開発に着手したとしても、それだけではロシア人を抑え込むことにはならない、と答えたい。ロシア人がスーパー爆弾をわれわれに対して使うというなら、われわれは大量に備蓄した原爆でそれに匹敵する報復を行うと言えばよいのだ。スーパー爆弾の開発を進めない、と決意することで、われわれは全面戦争に対する何らかの自制を実例として示し、それによって恐怖を鎮め、人類の希望をかき立てる、ユニークな機会を見ることができるのだ」

この声明文に、ラビとフェルミは特に「付属」の意見を添え、破局的な状況の到来に警告を発した。

二人は、こう警鐘を鳴らしたのである。

そうした兵器〔スーパー爆弾＝水爆〕は、「とてつもない規模の天災の域に達する被害を引き起こすものだ。その性格からして、軍事的目標に使用を限定できるものではない。その破壊力たるや、今一度、組織的な大量虐殺を行うものになってしまう」と。

アメリカ人の歴史の記憶の中では、「核分裂兵器」の開発と「核融合兵器」の出現にどれほど違いがあるのか、ほとんど注意が払われることがなかった。ラビとフェルミという当代切っての、二人の著名な物理学者による、原爆と水爆には重大かつ決定的な違いがある、との警告は忘れ去られてしまったのだ。ラビとフェルミの水爆に対する拒絶は、それ以外ありえないほど強固なものだった。二人はさらに、こう警告を続けた。「この兵器の破壊力に限界は何もないという事実は、それが存在ばかりか、それを製造する知識さえも人類全体に対する脅威に変えてしまうものである。悪しきものは、あらゆる点から見直すべきである」と。

二人はつまり、水爆をめぐるどんな決定も、当面する「幅広い国家政策の検討」の中で行われる必要があると釘を刺したのだ[43]。

43「原子力委員会一般諮問委員会の水爆開発に関する多数・少数意見報告書」www.pbs. org/wgbh/amex/bomb/film-more/reference/primary/extractsofgeneral.html　オッペンハイマーは水爆開発、さらにはテラーに対する反対で決定的な役割を果たしたが、これにより彼は一九五三年に、国家に対する背信の疑いで非難を浴びることになる。*In the Matter of J. Robert Oppenheimer: Transcript of Hearing Before Personnel Security Board and Texts of Principal Documents and Letters* (Cambridge: MIT Press, 一九七一年)を参照。

これを受けて原子力委員会の五人の委員による採決が行われた。結果は三対二で、オッペンハイマーらの報告を支持するものだった。「スーパー」に「ノー！」が突きつけられたのである。

原子力委員会のリリエンソール委員長も、水爆開発に反対票を投じた一人だった。リリエンソールは、テネシー川流域開発公社で、自然のエネルギーを社会の利益に役立てる経験を積んだ人だった。たぶん、その経験が、反対票を投じる知識につながったのだ。リリエンソールはこう書いている。「私たちはいつも言い続けている。『われわれにはこれ以外、道はないのだ』と。私たちが本当に言わねばならないこと、それは『これ以外の道を見つけられるだけ、われわれは賢明ではない』ということである」と。[44]

リリエンソールは水爆以外の道を見つけようと決心していた。原子力委員会一般諮問委員会の報告に同意し、原子力委員会の委員長として、「水爆に、ノー！」を突きつける報告書をまとめたのである。リリエンソールが、「スーパー」開発に反対する原子力委員会と一般諮問委員会の二つの報告書をトルーマン宛に提出したのは、十一月下旬の最終週のことだった。

トルーマンが一九四五年に原爆使用を決定した当時を検証する中でわれわれは、原爆使用に向けた、抗い難い弾みに身を任せ、「橇」のように滑り降りるしかなかったトルーマンの姿を描いた。しかし、この段階では、水爆をめぐる流れは反対方向に進んでいたのである。

原爆使用をめぐっては、トルーマンは軍部の意見を拒否できたはず、との見方もあり、問題点となっているが、この問いに対する答えは、彼の水爆をめぐる動きを見れば、おのずとわかるはずだ。

トルーマンは「水爆に、ノー！」以外の勧告を求めて——恐らくは自分が欲しい勧告を求めて——、国家安全保障会議に「Z委員会」と呼ばれる、特別委員会を設けた。ディーン・アチソン国務長官、ルイス・ジョンソン国防長官、リリエンソールの三人だけの委員会だった。

このZ委員会に対して、テラーをはじめとする科学者や、ヴァンデンバーグら軍の統合参謀本部の水爆推進派によるロビー活動が開始された。推進派を支持したマサチューセッツ工科大学のカール・T・トンプソン学長に対し、ハーバード大学のジェームズ・コナント学長は水爆開発反対に回るよう強く求めた。

このように、当時水爆をめぐり激しい論争が繰り広げられていたことは、ワシントンにおける公然の秘密だった。

論争には、マーシャル将軍やエレノア・ルーズベルト夫人ら大御所も参加したが、それは水爆開発を支持するものだった。

Z委員会の委員のうち、ジョンソン国防長官だけは、ロビー活動するまでもなかった。軍の統合参謀本部以上に極端な考え方をするジョンソン長官は、水爆開発の決意をしっかり固めていた。それも、突貫で開発すべきだという主張だった。このジョンソン国防長官の対極にあったのがリリエンソールで、二人は委員会の正式な協議が稀に開かれるたびに、衝突し合った。その結果、委員会の結論は、アチソンの手に委ねられることになった。[45]

ここでアチソンが、一九四五年時点でとった態度を思い出していただきたい。スティムソン陸軍長

44 McCullough, *Truman*, 七四九頁。

官が勇退を前に、原爆の「共有」を何らかの形で「ロシア側との間で協定する」提案を行った際、当時、ジェームズ・バーンズ国務長官の下で国務次官をしていたアチソンは、スティムソンに対して、考えられる限り強力な支持を表明していた。

アチソンはまた、これとは別にトルーマン宛の覚書で、「疑惑と敵意の中で進められようとし、現在の米ソ間における全ての困難を悪化させる、(ソ連を原爆から) 排除する政策」に対し、遺憾の意を表明していたのだ[46]。

ところが、一九四九年の秋までに米ソ関係は変化し、アチソンの考えも変わっていた。アチソンはこの間、ソ連の危険を誇張して語るグループに加わり、今やそれは彼の確信へと変わっていたのである。アチソンが立場を変えたのは、政治的な問題だけでなく、個人的な問題もあったからだ。いや、むしろ、アチソンの中で、政治が彼自身の個人的な問題に変わった、ということである。水爆問題を審議するアチソンに対し、国務省スタッフだったアルジャー・ヒス*の事件がクライマックスを迎え、アチソン国務長官の身に暗い影を落としていたのである。

アルジャー・ヒスは、ルーズベルトが抱えた、優秀なニューディール法律家の一人だった。ヤルタ会談に参加するルーズベルト大統領にも同行、国連を創設する会議にも参加し、その後、「カーネギー国際平和財団」の理事長を務めた人物である。

このヒスが、元共産党員のウィタッカー・チェンバースによって告発されたのは、この前年のことだが、その時アチソンは、元国務省のスタッフに対して「背を向けるようなことはしない」と見得を切っていた。そのヒスが偽証の罪で裁判にかけられ、間もなく有罪判決が下されようとしている……。

今やアチソンは、共産主義者への姿勢が甘すぎるとの非難を浴び、ヒスとの関係の代価を支払うよう迫られていたのだ。ここで断固たる態度を採って世間の見方を変えないと、アチソンの未来はなかった。そしてこの水爆開発問題が、毅然たる反ソ姿勢を見せ付ける格好の機会となったのである。

アチソンがスティムソン提案に賛成した以前の立場を、あれは老政治家に対する敬意から出たものだと述べて撤回したのも、「赤の脅威」のヒステリーが蔓延する中でのことだった。ソ連が原爆開発に成功し、中国の共産主義者が内戦に勝利した一九四九年の秋までに、アチソンは共産主義者の脅威を確信するまでに変貌を遂げていた。

アチソンの伝記作者らはこう指摘している。「ディーン・アチソンの対ソ問題での強硬派への改宗は、第二次世界大戦後におけるアメリカの政治家の変貌の中で最も劇的で、最も重要性を帯びたもの

45 水爆開発をめぐる論争について、私〔著者〕は、McCullough, *Truman,* 七五四〜七六四頁に一部、依拠している。この点に関するデイビッド・アラン・ローゼンバーグの見方はより複雑だ。彼の指摘では、米軍の統合参謀本部は、水爆が極端な破壊力を持つことから、より少数の目標に向けて使用すべきものと考えていた。敵の目標の大半は、ナガサキ型の原爆でも事足りると見ていたのだ。ローゼンバーグはまた、核問題でトルーマンは原爆の備蓄数を含め、カヤの外に置かれ続けていたと指摘している。原爆を製造し、使用し、備蓄を承認してしまったトルーマンにとって、科学者たちが何と言おうと最早、問題ではなく、水爆開発へ向けての一線を、とっくに踏み出していた、というのだ。Rosenberg,"American Atomic Strategy and the Hydrogen Bomb Decision"*Journal of American History* 66,no.1（一九七九年六月号）八一〜八四頁。

46 Bundy, *Danger and Survival,* 一四一頁。

＊アルジャー・ヒス　米国の政府高官、弁護士（一九〇四〜一九九六年）。ソ連のスパイ容疑で訴追され（本人は否定）、偽証罪で有罪とされた。

だった」と。[47]

米国の外交で、交渉よりも軍事力を優先する立場へのアチソンの改宗は、その後、数世代にわたってアメリカを揺るがすものとなった。

そんなアチソンが頼りにしていたのは、フォレスタルの愛弟子で、かつてソ連の脅威について警鐘を鳴らした、あのジョージ・ケナンのアドバイスであり、情勢分析だった。ケナンは今、国務省の政策企画室長の地位にあり、アチソンのオフィスの近くにいた。

が、すでに見たように、アチソンのソ連に対する新しい見方は、ケナンのそれとは異なるものだった。ケナンがかつて書いた論文は、アメリカの軍事的な好戦性を正当化するものだったが、今やケナンはソ連に対して軍事力を行使することは誤りと見なし、とりわけ「スーパー」開発が招く結果については懸念を抱くに至っていた。

ケナンは、水爆開発を決定すれば、それはたぶん、核対立の袋小路からの脱出口を永遠に塞ぐ、重大な結果を招くものになる、と考えていた。ケナンにとっては、どんな核兵器であっても、それは「大量虐殺と自殺を招くもの」だった。[48]だから彼自身、アチソンに対して躊躇することなく、そう直言したのである。

ケナンは「家《ペンタゴン》」が求める「スーパー」即時開発に代えて、昔、一度出した「国際管理」案に沿って、モスクワとの間で即刻、緊急の交渉努力（交渉に関する正式裁可は後回しにしても）を傾けるよう、アチソンに対し面と向かって言った。「われわれはさまざまな国際会議の席で、原子兵器を廃絶したいとの意欲をリップサービスで語って来ました……（しかし）もう間違いなく明らかなことは……われわれの防衛態勢が原子兵器に依存しており、重大な軍事衝突においては、相手がそれをわれわれに使うかどうかには関係なく、原子兵器の先制使用に踏み切る意図を持っていることです」と。[49]

つまりケナンはここで、核兵器の「先制不使用《ノー・ファースト・ユーズ》」を提起したのである。この「先制不使用」の訴えは、これ以降、何年にもわたって、際限のない繰り返しの中で、何の結果も生み出さない運命を辿ることになるのだが、ケナンは「水爆」の中に、これまでの経過の全てを覆す機会の到来を見る、最初の一人であったわけだ。

これに対してアチソンは、これまで頼り切っていたケナンを見切り、こう言ってのけた。「それがもし君の考えなら、外交の職を辞任し、ここを出て行って、クエーカー教徒の平和の福音でも説くがいい。この国務省の中では、止めてくれ」と。[50]

ケナンは打ちのめされ、その場を辞去した。そして間もなく南米へ、どうでもいいような外交使節として派遣される憂き目に遭う。

アチソンは直ちに、ケナンの後任を選んだ。国務長官は、自分の聞きたいことを言ってくれる男を後

---

47 Isaacson and Thomas, *Wise Men*, 三六二頁。アチソンはまた、オッペンハイマーの水爆反対に触れ、こうも語っている。「わかるだろう、わたしは出来る限り注意深く耳を傾けたんだ。でも私はオッピーが何を言わんとしているか、理解できなかった。こっちがいくら『お手本』を示したところで、相手は被害妄想を膨らませている敵なんだ、説得などできるわけがない」Sherwin and Bird, *American Prometheus*, 四一八頁。

48 Isaacson and Thomas, *Wise Men*, 四八八頁。

49 Kennan, *Memoirs*, 四七三頁。

任に指名したのだ。フォレスタルのもう一人の愛弟子で、より忠誠心に富んだ、ポール・H・ニッツがその人だった。[51]

3　ニッツの救援

ニッツは一九四九年当時、四十三歳だった。仕立てのいいスーツ、颯爽とした振る舞い、そして大金持ちの妻[52]――ケナンと違ってニッツの貴族スタイルは、まさにほんものだった。ニッツはケナンが抱えていた不安のカケラも知らない男だった。より深刻な不安に苛まれていたフォレスタルが、最初からニッツに引かれたのは、多分このためである。

フォレスタルはニッツを、一九二九年、投資会社の「ディロン&リード」社に採用した。そして一九四〇年になってワシントンに呼んだ。

ニッツの水爆に対する肯定的な考え方は、第二次世界大戦後の「戦略爆撃調査団」での特異な経験に根ざすものだった。大統領の特命で設けられたこの戦略爆撃調査団については、その空爆効果を測る活動ともども既に見た通りだが、ニッツはドイツ、日本で行われたこの調査で、上席の管理官を務めていた。

二〇〇三年に私は、戦略爆撃団でニッツの同僚だった人物に会った。空爆による経済への影響を調査する責任者だったその人物こそ、あのジョン・ケネス・ガルブレイスだった。私がインタビューした時、この著名な、政治家であり著作者であり教授でもある人物は、すでに九十歳代の高齢だった。

ガルブレイスは私に、こう語った。戦略爆撃調査の日々は「私の人生における最も重要な数ヵ月間」だった、と。

ガルブレイスの空爆に対する生涯を通しての一貫した態度は、この調査の経験の中で培われたもので、それはニッツにしても同じだったが、ガルブレイスが行き着いた結論は、ニッツとは正反対のものだった。

ガルブレイスもニッツと同じく、ドイツと日本で調査を行い、ジョージ・ボール*とともに結論を要約する作業に当たった。空爆が始まったあと、ドイツの生産は減少するどころか逆に増加したこと、一九四五年の夏時点で日本経済はすでに絶望的な状況にあり、原爆もその代案の本土侵攻も、トーキョー

50 Isaacson and Thomas, *Wise Men*, 四八九頁。その時、アチソンはこう言ったともいう。「ジョージ、君がもし、今のような考え方を続けたいなら、外交から身を引くべきだね。修道士の習慣でも身につけることだな。ブリキの缶を持って街頭にでも立って、『世界の終わりが間もなく来ます』とでも言ったらどうなんだ」Sherwin and Bird, *American Prometheus*, 四二一頁。統合参謀本部も水爆の開発問題に道徳を持ち出すことに警戒感を示した。私〔著者〕も同感であるが、水爆を道徳的な立場に立って拒絶することは、原爆に対する道徳問題を提起することになるからだ。Rosenberg, "*American Atomic Strategy and the Hydrogen Bomb Decision*" 八二頁。

51 歴史学者のギャディスは、ケナンとニッツの違いについて、こう指摘している。ケナンとニッツは、方法については意見を異にしていたものの、「封じ込め」という目的では一致していた、というのだ。「ソ連の影響力をその国境線の内側に制限する」ことで両者は一致していた、と。Gaddis, *The United States and the End of the Cold War*, 一七、四二頁。

52 ニッツの結婚相手はフィリス・プラットだった。彼女の家は、スタンダード石油を共同所有していた。

＊ジョージ・ボール　米国の政府高官（一九〇九〜九四年）。第二次世界大戦後、「戦略爆撃調査団」に加わったあと、ケネディ政権で国務次官となり、ベトナムへの米軍派兵に反対した。ジョンソン政権下で国連大使を務めた。

に白旗を掲げさせる上で不必要なものだったことなど、調査結果の主なポイントは前述の通りだ。

ガルブレイスらによる、こうした調査結果は、戦略爆撃の「勝利」をベースに、空軍を独立させようという当時の議論の流れに真っ向から反論するものとなった。このため、調査結果の「要約」に対する反撃はすさまじかった。「米軍機の超低空飛行による爆音」並みの反撃が返って来た、とガルブレイスは私に語り、さらにこう打ち明けた。調査団での仕事は、「人生の中で最も辛い戦いだった」と。[53]

このガルブレイスを戦略爆撃調査団にスカウトしたのが、実はニッツだった。そのニッツが最終的にガルブレイスの見解を叩く首謀者となった。ニッツは調査結果がデータとして出ているにもかかわらず、戦略爆撃はヨーロッパ、太平洋の両戦域で戦果を上げたとする一般の見方に与《くみ》した。ガルブレイスとニッツはそれ以前から友人として付き合いを始めていたが、戦略爆撃調査は二人を対極に分けた。正反対の立場に立った二人は、それぞれの長い人生を、互いに平行線を描きながら送ることになる。

ケンブリッジのガルブレイス邸の居間でのインタビューは、宵闇が深まる中、さらに続いた。ハロウィンの夜だった。ハーバード大学の名だたる教授らが住むフランシス街は、家の門々を回る子どもたちの姿はなかった。

話の中で私は当時、メリーランドに健在だったポール・ニッツのことを持ち出した。ニッツの名前を聞いて、ガルブレイスは頷き返した。二人を隔てたものの全てを思い出している姿を、はっきり見て取れた。「ポール」と、ガルブレイスはファーストネームで、そっと名前を呼んだ。そして、もう一度、「ポール」と。

ニッツは、戦略爆撃隊の将軍たちの主張を一蹴するガルブレイスらの調査結果を拒絶し、ガルブレイスとジョージ・ボールが要約した調査結果を隅に追いやる、空軍のキャンペーンに協力した。空軍は独自の調査を行い、戦略爆撃こそ決定的な役割を果たした、と吹きまくったのだ。

私はガルブレイスがかつて、彼がニッツについて語ったことを尋ねてみた。ガルブレイスはニッツを「ゲルマン的規律の軍人《チュートニック・マーティネット》」[54]と呼んだのだ。ガルブレイスはその言葉を思い出し、私の前で口にしてみせたが、そこには挑戦的な響きはなく、むしろ悲しみがこもっているようだった。

戦略爆撃調査の仕事に、ニッツはクールな厳密さ持ち込んだ。調査団の他のメンバーと違って彼は、連合軍による戦略爆撃効果を測る気の滅入る仕事に、機械的に取り組もうとしたのだ。ヒロシマについて言えば、ニッツは自分自身を、死者に測径器《カリパス》を当てているようなものだ、と語ったほどである。[55]軍事戦略家のバーナード・ブロディーによって間もなく「絶対兵器《アブソリュート・ウェポン》」と呼ばれることになる「原爆」が、日本の都市を破壊し尽くした事実に向き合うことなく、ニッツはそれを焼夷弾の一種としたのである。

ニッツは、東京をはじめとする日本の数十都市に対して加えた空爆による恐怖を、数学的に計測した男だった。その点を評価して、彼のことを「すでに起きてしまったことから目を背けず、真実に直面

53 ガルブレイスに対する著者のインタビュー。
54 Isaacson and Thomas, *Wise Men*, 四八四頁。
55 ニッツは後年、こう回想している。「私の任務は爆弾の効果を『正確に測定』することだった――情緒的に説明するのではなく、測径器を当てて測る……」Isaacson and Thomas, *Wise Men*, 四八四頁。

した男」と書いた歴史家さえいるほどだ。[56]

しかし、そうした数学的な把握こそ、「エノラ・ゲイ」から投下されたあの一発の原爆が、決定的な一線を超えるものだったことを理解する妨げとなったものだ。爆心地《グラウンド・ゼロ》周辺の核の廃墟を訪れても、ニッツの目には何も見えなかった。だから彼は、防空壕さえしっかりしていれば、ヒロシマ、ナガサキの市民はそんなにひどい目に遭わなくてすんだのに、などと言うことができた。結局、ニッツにとって、原爆とは比較の問題に過ぎなかった（そして原爆はその後の彼を、核シェルターの提唱者に仕立て上げてゆく……）。

先ほど、ガルブレイスはニッツのことを「ゲルマン的規律の軍人」と呼んだと言ったが、正確には彼を「軍の階級の中にいるのが一番幸せな、ゲルマン的規律の軍人」と呼んだのだ。ガルブレイスにとってニッツは、戦闘という試練をくぐり抜けたり、栄誉を勝ち得たこともない一人の文民が、やたら好戦性を発揮し、軍人たちを出し抜こうとする実例そのものだった。ガルブレイスはそれを「ペンタゴン狂《ペンタゴナニア》」[57]と呼んで笑った。

ニッツは戦後、国務省で「家《ペンタゴン》」との連絡役《リエゾン》を務めた。それは彼のお気に入りの職務だった。かつてルーズベルト政権の時代に、戦争を背景に最高権力の地位に就いた陸軍省が、国務省に対する官僚機構としての優位を固め、平和の時代においても、その立場を永続化しようとしている時だった。すでに見たように、「ソ連」こそが「家《ペンタゴン》」にとって、権力を行使するレバーだった。ニッツはそのレバーを引く手助けをしたのだ。国務省の職員でありながら、ニッツは軍の際限なき支配を受け容れていたのである。

こうした「ペンタゴン狂」の症状は、個人ばかりか組織全体に広がって行った。こうした中で、アメリカでこれまでにない新現象が生まれた。「国務省の軍事化」――その新しい現象の化身となったのがニッツだった。

アチソンの改宗が示すように、アメリカの世界に対する影響力行使の道具としての「外交」は、国務省とともに霧の底《フォギー・ボトム》に沈んでしまったのである。文民たちは軍人以上に戦闘的になった。その傾向は「家《ペンタゴン》」の内側以上に国務省において顕著に見られた[58]（おもしろいことに、第二次世界大戦戦勝の立役者である陸軍長官、ジョージ・マーシャル将軍が国務長官をしていた一九四七年から四九年にかけての時期には、そうした傾向はなかった。マーシャル国務長官の対ヨーロッパ政策は、明確に非軍事的なものだった。このあと、マーシャルは一九五〇年から五一年にかけ、短期間ながら国防長官を務める。この時期になると、さすがのマーシャルにも、国務省に生まれた変化の流れを抑えることはできなかった。「家《ペンタゴン》」における老将軍、マーシャルの、トップ文民としての任期は失意に充ちたものとなった。それは朝鮮戦争が始まっても変わらなかった。川

56 前掲書、四八五頁。
57 ガルブレイスに対する著者のインタビュー。
58 文民が軍人より戦闘的になるこの傾向は、アイゼンハワー政権下に頂点に達した。アメリカの好戦性を体現するのは、国務長官のジョン・フォスター・ダレスだった。国防長官のチャールズ・ウィルソンは、軍事政策の決定に何の影響力も行使できないありさまだった。この点についてトーマス・シェリングは、未刊の講演の中で、マクジョージ・バンディの著作、*Danger and Survival* の索引を利用して、こんな指摘をした。アイゼンハワーの時代、ダレスに関する索引は三一ヵ所もあるけれど、ウィルソンに関しては、わずか二ヵ所。しかし、国務省が軍事的な主導権を握り続けるのは、ケネディ政権までのことで、ここで流れは逆転。ロバート・マクナマラ国防長官に関する索引数は五二に及ぶのに対し、国務長官のディーン・ラスクについての索引は一二ヵ所にとどまる――と。

向こうの国務省が今や、共産主義者に対する熱戦のエネルギー・センターだった。反撃の熱戦の火蓋を切ったのは、マーシャルが以前、長官を務めていた国務省だった）。

一九五〇年の時点において、時の国務長官、ディーン・アチソンこそが、トルーマン政権下における最高の権力者だった。そしてそのアチソンの権力とは、世界にアメリカが占める位置を、軍事的な角度から見る以外の何ものでもなかった。

皮肉《アイロニー》がひとつ、ここに生まれた。アチソンは国務省に陣取りながら、マーシャルの後継者であるルイス・ジョンソン国防長官以上に、「家」《ペンタゴン》の課題《アジェンダ》を効果的に推進したのである。

実際、この段階でもまだ、「家」《ペンタゴン》のトップの指導力は、知れたものだった。川向こうの国務省に群れる、縞のズボンを穿いた官僚たちの意のままにされていたし、朝鮮半島で間もなく明らかになるように、ダグラス・マッカーサーのような現地司令官が勝手な振る舞いをし始めることになるからだ（ルメイもまた、「家」《ペンタゴン》の文民の上司の意向を気にせず、行動する司令官だった。しかし、ルメイはマッカーサーとは違って、「最悪」のことを成し遂げたことで報われることになる……。いや、それは「最高」のことを成し遂げた、と言うべきかも知れない。その評価は、原爆のキノコ雲を出現させたことをどう判断するかにかかっている）。

国務省がアメリカの軍事的衝動の中心にあるというこの伝統は、一九五〇年代のジョン・フォスター・ダレス*国務長官の時代を経て、ケネディ大統領がロバート・マクナマラを国防長官に任命するまで続いた（ディーン・ラスクは、タカ派だったが、目立たない性格だった。これに対して、マクナマラには人間的な力があった。マクナマラが軍事の支配権を「家」《ペンタゴン》に取り戻すことができたのは、恐らくそのせいである）。

さて今、ここで問題とすべきは、アチソンの手先を務めたポール・ニッツが、新しい時代の変化の先端を切り拓いたということである。ニッツは「軍事化した国務省」という新たな現実にふさわしい言葉を与え、変化を主導したのである。

実際、ニッツほど国務省と国防総省の区分をぼやかした男はいなかった。ニッツは「家《ペンタゴン》」を訪れるたびに、居心地のよさを感じ、「家《ペンタゴン》」にいる制服組の軍人たちの考え方を直感で受け容れるようになった。ニッツは「空軍」の支持者にもなった。「戦略爆撃」の擁護者になったのだ。このことを端的に示す事実がある、それは彼が、原爆もまたふつうの爆弾の一種に過ぎないから、政治的・道徳的に心を痛める必要はない、あまり干渉すると、空軍が核の備蓄を急速に進めるのを（あるいは、その使用を）邪魔することになる――との空軍の主張を受け容れたことだ。ニッツはこのようにして、後述の通り、ルメイに対する箍《タガ》を緩めてしまうのだ。

「通常爆弾」と「原爆」の違いも理解できないニッツに、「原爆」と「水爆《スーパー》」の違いをわかるはずがなかった。エドワード・テラーに取り込まれてからのニッツは、ますますその傾向を強めた。ニッツにとってテラーは、一九四〇年代から八〇年代にかけて、核兵器とは何であるか、それが切り拓く可能性はどれほどのものかを指南してくれる永遠の導師であった。

トルーマンが最終的に下した「水爆」開発へのゴーサインは、テラーの立場を強化した。テラーはロ

＊ジョン・フォスター・ダレス　米国の政治家、アイゼンハワー政権の国務長官（一八八八〜一九五九年）。反共主義者として知られた。

スアラモスに集中させた水爆開発プロジェクトの全体を取り仕切った。[59]

テラーはニッツに大きな恩義を感じていた。「三人委員会」の事務局長として審議を取りまとめ、トルーマンに「水爆」開発を正当化するお墨付きを与えて、突貫作業で水爆開発を急ぐ理由付けをしたのが、他ならぬニッツだったからだ。

テラーとニッツは、その後、二世代にわたってタッグを組んでゆく。テラーはより強力な核の可能性を科学的に論じ、ニッツがそれを政治的に正当化してゆく。そんなタッグ・チームが生まれたのである。

それにしても「原爆」と「水爆」に、「違い」はほんとうにないものか？　フェルミやラビといった科学者たちにとって、両者の破壊力の違いは、ほぼ無限大だった。しかも、それだけではなかった。原爆を遥かに上回るエネルギーを放出し、比較にならない爆発力を持つ水爆は、より少ない核分裂物質（プルトニウムなど）で造ることができるのだ。つまり水爆はより安く、より簡単に製造することができるので、より速い備蓄が可能なわけだ。[60]

この核分裂爆弾と核融合爆弾の違いを、ニッツや戦略空軍の将軍たちとは正反対に、後日、雄弁に語ることになるのが、あのウィンストン・チャーチルである。

チャーチルは、こう断言した。「原子爆弾と水素爆弾の間には測り知れない隔たりがある。原爆はそれがどんなに恐ろしいものであるにせよ、私たち人間がコントロールし、あるいは管理しうる範囲の外へ、私たちを連れ出しはしない。私たちの思考、あるいは行動、平和や戦争といった、私たちが管理可能な範囲の中に留まる。しかし、（水爆の出現で）人間の営みの全基盤がひっくり返されてしまった。私たち人類は底の知れない、破滅の淵に置かれてしまったのだ」[61]。

アメリカが「スーパー」の製造に踏み切ったことで、その後、数十年の間に、数万発もの水爆の山が積み上がった。これはヒロシマの一〇〇万回分もの膨大な量である。より正確には、水爆の備蓄量は最終的に七万発を突破し、水爆を含む全核兵器の総量は一〇万発以上に達した[62]。

しかし、一九五〇年代のこの段階では、水爆の推進派もそんな結末になろうとは夢にも思わなかったし、仮に予想ができたとしても、警戒感などカケラもなかったはずだ。もちろん、ニッツもまたそう

59 テラーは「水爆の父」と呼ばれている。しかし、水爆開発から数十年過ぎた時点でテラーは、実用に耐える設計を行った実際の中心人物が物理学者のリチャード・L・ガーウィン（米国の物理学者〔一九二八年～　〕。シカゴ大学時代、フェルミの研究仲間だった。米国最初の水爆、暗号名「マイク」の設計者）だったことを明らかにした。テラーが亡くなったのは二〇〇三年九月九日のこと（テラーの死亡記事は、そう、あの「9・11」当日の新聞の朝刊を埋め尽くした！）。だが、その一年半前、ニューヨーク・タイムズの記事（「誰が水爆を開発したか？　議論再燃」、二〇〇一年四月二十四日付）がガーウィンの業績を紹介するまでは、水爆開発の壁を打ち破った彼の功績を讃える者はなかった。二〇〇三年の秋、私（著者）はガーウインにインタビューし、トルーマンの水爆開発の決断は国家安全保障上、必要なことだったか、と尋ねた。ガーウインの答えは「ノー」だった。「われわれの安全保障は（水爆がなくても）苦しまずに済んだはずだ。原爆で必要以上のことをできたからだ」と。ガーウィンに対する著者のインタビュー。

60 「核融合爆弾」と「核分裂爆弾」の「違い」について、私（著者）に説明してくれたのも、リチャード・L・ガーウィンだった。ガーウィンに対する著者のインタビュー。

61 チャーチルはこの演説を一九五五年に行った。Jervis, *The Meaning of the Nuclear Revolution*, 七頁。

62 リチャード・L・ガーウィンが二〇〇一年十月十九日、イタリアのピサで行った公開での講演より。この「七万発」は、ガーウィンが示した数字だ。全米環境保護協議会によると、一九七六年に東西両陣営が保有していた核兵器の総数は、それぞれ約五万発だった。"Archive of Nuclear Data," www.nrdc.org/nudear/nudb/datab9.asp

した推進派の一人だった。

ニッツはアチソン国務長官の下、政策企画室の室長として、「三人委員会」の事務局長も兼務、「スーパー」に最終的なゴーサインを出すかどうか、大統領に対する最終的な勧告を取りまとめる立場にあり、その影響力は決定的だった。アチソンと国防長官のジョンソンに加え、このニッツが「三人委員会」の声明を起草する立場にあったことで、「委員会の結論は、出る前に決まっていた」のである。[63] こうしてリリエンソールの「核融合爆弾」への懐疑は、「極度に愚かな《エクストリームリー・アンワイズ》」[64]ものとして却下されたのだった。

リリエンソールは水爆に反対するにあたり、かつて科学者たちの委員会がそうしたように、彼自身の言葉で言えば、「平和と戦争の両面における、アメリカの目標の再検討」を米政府として徹底的に行ってから、そのあとで決定を下すべきだと主張していた。[65]

この主張をリリエンソールは、水爆をめぐるどんな決定も、緊急な「幅広い国家政策の検討」の中で行われる必要がある、とのフェルミとラビの勧告から汲み出していた。アチソンはリリエンソールの顔を立て、この点についてだけは、この古き友人の立場に理解を示した。

一九五〇年一月三十一日、アルジャー・ヒスに有罪判決が下されて十日後、「三人委員会」の委員らはホワイトハウスに赴き、トルーマンに勧告書を手渡した。「水爆を製造せよ！」――それが委員会の結論だった。

アチソンが理由説明を始めると、トルーマンはこれを遮り、「さあ、始めるぞ《ウィー・ウィル・ゴー・アヘッド》」と言って、委員らを退席させた。トルーマンは遂に、自分の欲しいものを手にしたのだ。トルーマンの新しい橇が、丘の斜面を滑り出した。「三人委員会」との会談は、わずか七分間という短い時間だった。翌日、ニューヨーク・タイムズ紙の紙面に、大見出しが踊った。「トルーマン、水爆開発を命令」――。[66]

このニュースに、アインシュタインは辛辣なコメントで答えた。「全面的な死滅《ジェネラル・アニヒレーション》が、手招きして呼んでいる《ベコンズ》」と。[67]

アチソン国務長官は、リリエンソールの勧告に従い、「水爆」という新兵器を軸にアメリカの軍事政策を見直す作業の開始準備に取り掛かった。しかし、リリエンソールの再検討勧告は本来、水爆開発の決定の後ではなく、決定する前に行うべきものだった。

当時は、ロスアラモスのベテラン研究員、英国人物理学者のクラウス・フックスがソ連のスパイであると暴露されたことを背景に、アメリカ人の集団ヒステリーが大きく膨らんでいる時だった。新しく建国された、共産・中国もソ連との間で「友好条約」を結んでいた。そんな矢先に、国務省の共産主義者狩りに乗りだしたのが、上院議員のジョセフ・マッカーシーだった。そしてアチソンとその周辺の人々は、以前にもまして守勢に追い込まれる。米国の戦略思考の再検討が進められたのは、こうした中でのことだった。そしてそれを取り仕切ったのが、ポール・ニッツだった。

---

63 Isaacson and Thomas, *Wise Men*, 四九〇頁。
64 McCullough, *Truman*, 七六二頁。
65 Bundy, *Danger and Survival*, 二一二頁。
66 ニューヨーク・タイムズ（一九五〇年二月一日付）。トルーマンは米軍統合参謀本部から核戦争計画について説明を受けることなく、水爆開発を決定した。米軍が核兵器をどう使おうとしているか知らずに決定を下した。Rosenberg, "American Atomic Strategy," 七八、八四頁。
67 McCullough, *Truman*, 七六三頁。

4 フォレスタルの幽霊＝「国家安全保障会議文書六八号」

ポール・ニッツの長い経歴を記す上で最も重要な側面は、ジェームズ・フォレスタルの精神を継承した点である。ニッツはフォレスタルを敬愛していた。自分を引き立ててくれた人だからである。二人が最初に会ったのは、一九二九年、「ディロン＆リード」社のオフィスでのことだった。ニッツはすっかり、フォレスタルに魅了されてしまう。当時のニッツの手紙は、フォレスタルについて、こう書いている。「とても鋭く、押しが強い。これまで長い間、出会った人の中で、最高の人物だ」と。[68]

それから十年以上が過ぎた一九四〇年、二人の関係は、フォレスタルがルーズベルト大統領の補佐官職を引き受けるべきかどうか、ニッツにアドバイスを求めるほど成熟したものになった。

フォレスタルは大統領補佐官の仕事に就くや否や、ニッツを呼び出す電報を打った。「月曜の朝、ワシントンに来たれ」。

ニッツは言いつけに従い、フォレスタルとともに職務に就き、ワシントン市内北西部のしゃれた住宅街、ウッドランド・ロードのフォレスタルの家で一緒に住み出した。ニッツの米政府での生涯を通したキャリアは、こうして始まったのである。[69]

ポール・ニッツは、フランクリン・ルーズベルトからロナルド・レーガンまでの歴代大統領の全てに何らかのかたちで仕えた。ニッツほど、軍事力、とりわけ核兵器に対するアメリカ人の態度を決めた人間は他にはいない、といっても過言ではない。ニッツは四十年以上にわたって——とりわけ一九五〇年代の初めに設置され、七〇年代に復活した「現在の危機委員会*」を舞台に、妥協のない反ソ連の立場を採り続けて来た[70]。

ニッツは自分の名前がギリシャ神話の勝利の女神、「ニケ《ナイキ》」から来ていることを自慢に思う男だった。妥協することなく、一途に絶対的な勝利を求める精神こそ、ニッツの個人的・政治的な野望を形づくったものだ。そんなニッツが頂点を極めたのは、ロナルド・レーガンの時代だった。核軍縮交渉の米側首席代表を務めたのである。この点については後述することにしよう。

ニッツの及ぼす影の影響力の強さは、初めから明らかだった。戦後の一九四六年二月、スターリンが好戦的な演説を行った際、これをフォレスタルの耳に入れたのもニッツだった。ニッツはスターリン演説を、「われわれに対し、遂に出された宣戦布告だ」と見なした。ニッツの意見にフォレスタルも同意し、今度は彼、フォレスタルの側から宣戦布告を仕掛けてゆくのである[71]。

ニッツとフォレスタルは、最初のうちはケナンとも同盟を結び、ソ連の脅威の警鐘をワシントンで鳴らした。そしてその彼らがまず説得しなければならなかった相手が、スティムソンを支持した、モス

---

68 Nitze, *From Hiroshima to Glasnost*, xvi頁。
69 前掲書、七頁。
＊「現在の危機委員会」 一九五〇年に設置された超党派の政府委員会。七六年に活動を再開し、今に至っている。元ホワイトハウス高官や学者らで構成。
70 「現在の危機委員会」は「テロと戦うグローバル戦争」を支援するため、二〇〇四年に再発足した。www.fighting-terror.org を参照。
71 Nitze, *From Hiroshima to Glasnost*, 七八頁。

クワの脅威を控え目に見がちなディーン・アチソンだった。

アチソンとニッツがその時点から意見が分かれていたことは、その後、平行線を辿る、二つの考えの分岐点でもあった。二つの考えのうちの一つは、ソ連のイデオロギーそのものに攻撃性が含まれているとするグループの主張であり、もう一つの考えは、ソ連もまた伝統的な国家に過ぎず、自分の安全圏を自国の周囲に設けたいだけだ、とするグループの見方である。

アチソンは一九四六年に、ポール・ニッツのタカ派警告を、こう言って一蹴したことがある。「ポールよ、ベッドの下に小さな鬼《ホブゴブリン》がいるって聞いたこと、あるよね。でも本当は、いないんだ。もう忘れることだ」と。[72]

が、そのアチソンも一九五〇年までに、ベッドの下に小鬼が潜んでいることを信じ続けるニッツを見直すようになる。それはフォレスタルが自殺し、ソ連が原爆実験に成功し、アメリカで「赤狩り」が始まり、ケナンがベッドの下の小鬼に背を向けた後のことだった。こうした一連の出来事が、ニッツに対して与えられた最初の国家政策づくりを特徴づけるものになる。その「平和と戦争の両面における、アメリカの目標の再検討」は、「冷戦」に臨む軍事戦略を明確に定める声明を生み出すものとなった。

トルーマンが水爆開発にゴーサインを出してから二ヵ月も経たない一九五〇年四月七日、ホワイトハウスの彼の元に、「米国の国家安全保障の目標とプログラム」と題した文書が提出された。それ以降、「文書六八号」と呼ばれることになる文書である。

それはニッツがフォレスタルから継承した、ソ連に対する警戒心を繰り返す、くどくどしい文書だった。[73]フォレスタルという男の感情の起伏から生まれ、国家政策としては周縁部にあった幾分ヒステリト的なテーマが、今や、権力の中心において、明文化されたのである。かつて、「トルーマン・ドクトリン」として議論を呼び起こし、場当たりの策謀や、軍部内の対立、さらには一九四〇年代末期における、新たな戦争の恐怖を増幅させていたものが、将来における政策決定の根拠となるべき、一致したコンセンサスとして、体系的に記述されたのである。

しかし、このニッツによる声明は実際のところ、その時代における最も重要な政策決定とされる割には、トルーマンが水爆開発の命令を下したのと同様、過去の決定を事後的《エクス・ポスト・ファクト》に正当化する以外の何ものでもなかった。ニッツの文書は先験的《ア・プリオリ》な結論でしかなかったから極論にならざるを得ず、事実、その通りのものになってしまったのである。

ニッツによる「国家安全保障会議（NSC）文書六八号」は世界を、相互に敵対的な、二つの信念と政治のシステムによって分割されているものとして描き出している。そこには他方に取って替わろうとする（「究極的な殲滅」への）臆面もない野望（「ダイナミックな拡張政策」）がある、という図式だ。アメリカの戦後政治ドクトリンのマニ教的善悪二元論の神学はここにおいて定立され、その完成を見る

72 Nitze, *From Hiroshima to Glasnost*, 七八頁。
73 「ジェームズ・フォレスタルはその死によって、自分の遺志を実現したのである。NSC文書六八号としてまとめられた研究は、フォレスタルの苛烈な戦争準備要求の記念碑である。NSC文書六八号はまた、一九六〇年代を通じ、国家安全保障政策の青写真とも見られるようになった」。Isaacson and Thomas, *Wise Men*, 四九〇頁。このNSC文書六八号について、ラフィーバーは、以下のような簡潔な要約を行っている。ロシアとは交渉しない、水爆を開発する、通常兵力を増強する、増税を行う、国民を動員する、米国の盾の下で同盟関係の強化、ソ連体制の内部からの切り崩し――要するに、これが文書の中身であると。LaFeber, *America, Russia, and the Cold War*, 一〇三頁。

のである。

「クレムリンは米国を、その基本計画を達成する上で唯一の主要な脅威と見なしている。法の支配下にある政府の下での自由と、クレムリンの陰惨な独裁下の奴隷制の理念の間には基本的な対立がある……それどころか自由の理念は、奴隷の理念の下で耐え忍ぶことができず、それを覆すものなのだ。しかし、その逆もまた真なり、である。奴隷国家が自由の挑戦を一掃しようとするその非情さにおいて、二大強国は両極に立たされることになった……ソ連は過去の覇権を求めた国々と違って、われわれとは正反対の、新たな狂信に勢いづき、その絶対的な権力を世界中に及ぼそうとしている」[74]

「われわれ対やつら」「死ぬまで戦う」――「NSC文書六八号」は、モスクワは準備が整い次第、核の奇襲攻撃を仕掛けて来る、と想定さえしていた。その前段においてもモスクワは、さまざまな戦線で襲撃を仕掛けて来るはずだと。

そこではソ連と世界の共産主義は一体化したものと見なされ、敵の戦力が敵意にあふれたものである以上、妥協も交渉の余地もないものとされた。敵には抗する以外、何の手段も残されていない、との主張である。アメリカで、その全ての価値が体現された資本主義経済と民主主義の存在そのものが、今や危機に立たされている。その危機の態様は、北米大陸の内側に留まらず、グローバルなものになっている……。

世界中、何処であれ、何であれ、「自由」と呼ばれるものに対する脅威はすべて、今や米国の存在を脅かす、致死的な脅威と化してしまったのだ。

「自由の体制に対する襲撃《アソールト》は、いまや世界的なものである。そして権力が二極化した今の世界では、自由の体制のどこかある場所での敗北は、あらゆる場所での敗北である」と。[75]

この、世界中のあらゆる場所で「自由の体制」は防御されねばならないという想定はアメリカに対し、第一に、世界中に空軍基地と海軍基地を展開する、事実上の帝国主義システムの確立を求め、第二に米軍自体の過剰な拡大をもたらすものになった。

しかし、これに伴いアメリカにとって、より重大な問題が生じた。それはアメリカにとって何が大切なのか、国益の優先順位を考える「正しい利害のヒエラルキー」が忘れ去られてしまうことだった。ヨーロッパの中心に位置する国に対する関与と、名前の発音すらできない遠い独裁国家への関与が同等のものになってしまった。

「NSC文書六八号」がはっきり線引きして描き出した二極構造は、アメリカの「冷戦」思考における頑丈な大黒柱となった。それはそれ以前、長らく西側の見方を形づくっていた無意識の土台の中に今やしっかり埋め込まれ、たとえばニッツの後見人であるアチソンの考え方を支配するものとなった。

アチソンは回想録の中で一九五〇年時点での自身の考えに触れ、こう書いている。「西ヨーロッパに対する脅威は、その教条的な熱情と戦闘力の結合において、イスラムが何世紀も前に提起したものと並ぶものではないかと私には思われた」と。

十字軍を想起し、同盟の戦略的な教訓を持ち出しながら、アチソンはこう付け加えた。「十字軍当時

74 NSC文書六八号　www.fas.org/irp/offdocs/nsc-hst/nsc-68-htm
75 前掲書。

は、東にドイツがあり、スペインにフランク族がいた。そんな西欧に今、アメリカの力とエネルギーが加えられるべきである。ドラマは今や世界規模で繰り広げられているからだ」と。[76]

西欧文明は長い間、東の敵に対抗する中で自分自身を意味づけて来た。侵略に脅えるロシア人の想像力は、せいぜい一七世紀に遡る程度だが、西欧の人々と、そこから派生したアメリカ人の体内時計は、十字軍が開始された一一世紀に始まるものである。西欧世界の政治と文化を三世紀近くにわたって支配した、イスラムに対する抵抗とレコンキスタ*は、救世主を待ち望む神秘主義と、黙示録的な熱望、そして千年紀を迎えた不安に依拠したものだった。

こうした十字軍時代の世界もまた、ローマ法王自身が神聖な「十字の戦争」と宣言した、善と悪、信仰のある者と異教徒とで分割された世界だった。神との同盟ほど確固たるものはなかった。キリスト教世界ではこの時、史上初めて、暴力が聖なるものとされたのである。「神、望み給う」——戦う者には誰に対しても救済が約束されていたのだ。

現代アメリカの十字軍は今や、中世の十字軍のウルバン二世とクレルモン公会議での説教に代わり、ポール・ニッツと「NSC文書六八号」を得たのである。[77]

中世の十字軍で福音を伝えたのは僧や神父だったが、現代アメリカの十字軍には、福音主義の若き牧師、ビリー・グラハムがいた。トルーマンがソ連の原爆実験成功を発表して間もなく、グラハムはロサンゼルスに大テントを張り、信仰復興大会《リヴァイヴァル》を開いた。聴衆がどっと詰め掛け、その数、実に数十万人に達した。

大聴衆を前に、グラハムは説いた。「神は私たちに絶望の選択を求めています。信仰を復興するか、神の審判を受けるか。この選択をする以外、他に道はありません……この世はふたつの陣営にわかれています。私たちがその一方に見ているのは、共産主義です……（それは）神に対して、キリストに対して、聖書に対して、そして全ての宗教に対して宣戦を布告しているのです……西洋世界が伝統的な信仰復興を遂げなければ、私たちは生き残れません」と。[78]

われわれがこれまで見てきた歴史の流れの中で捉えれば、グラハムが彼の信仰復興運動を「十字軍」と呼んだのは、偶然のことではないことがわかる。グラハムの使命は、世界を覆い尽くした恐怖の中から生まれたものだからだ。

二回目の千年紀が過ぎた今日、われわれに示された脅威はまたも「イスラム」とされ、中世の「十字軍」との不吉な連関が目いっぱい、提示されている。こうした現実の視点で当時を振り返れば、信仰復興を産み出す文化的な遺産が、ソ連を黙示録的な目で見る、隠れた心理的な力として働いていたのは最早、明白である。当時のアメリカ人は不安にさいなまれていたのだ。

---

76 Acheson, *Present at the Creation*, 三七六頁。
＊レコンキスタ　キリスト教国によるスペイン（イベリア半島）の、イスラム支配からの奪還運動を指す。
77 歴史家のウィリアム・アップルマン・ウィリアムズ（米国の歴史学者（一九二一〜九〇年）。オレゴン州立大学教授）は「NSC文書六八号」を「アメリカの法王詔書」と呼んでいる。May, *American Cold War Strategy*, 一三五頁。〔アーネスト・メイ　米国の歴史学者。ハーバード大学教授。邦訳に『歴史の教訓――アメリカ外交はどう作られたか』（進藤栄一訳、岩波現代文庫）〕。
78 Whitfield, *The Culture of the Cold War*, 七七頁。

二〇世紀の後半において、「千年王国」を待望する雰囲気が再び強まったことは、政治における「悪」の「復活」が如実に示している。

「ロナルド・レーガンは一九八三年三月、ソ連を『悪の帝国』と呼んだが、それは恐らく、ポール・ニッツが三十年以上前に示した考えを、言葉通りではないにせよ、無意識で繰り返していたのだ」と、カール・ケイセンは言う。「NSC文書六八号の最初の十数ページは、ワシントンの政府高官が書いたというより、ジョン・バニヤン*の寓話に近いものだ」と。[79]

ただし、ニッツ自身は黙示録的な破局の予言者ではなかった。現実主義者《リアリスト》の立場を生涯、採り続けた人物だ。だから、彼に言わせれば、自分が定式化した考えの底に、そんな歴史的心理の影などあるはずがない、というはずである。

しかし、同時代を代表する、もう一人の現実主義者、ジョージ・ケナンとの差は、あまりにも歴然としている。少なくとも、「X論文」を自ら否定してからのケナンは、ある歴史家の言葉をかりれば、「ソ連の拡張策に対して、軍事的な威嚇は最小限のものとし、核兵器による威嚇は暗黙にも行わず、ただそのためにだけ選択した抵抗を呼びかける」ようになっていたのである。

これに対してニッツは、「NSC文書六八号」において、「あらゆる場所、いかなる場所でも、軍事力、核の威嚇を前面に掲げた抵抗」をするよう呼びかけたのだ。[80]

もちろん、ニッツの狙いは議会に向けられていた。予算を取らねばならなかったからだ。しかし、それだけではなかった。「NSC文書六八号」は、米国の主流エスタブリッシュメントの想像力をがっちりと摑んでいたのである。それは主流エスタブリッシュメントがすでに、「全面」破壊兵器である「水爆」を抱き締めていたからだ。

ニッツは、レーガン時代が終わったあと、「NSC文書六八号」の見方は正しく、「冷戦」を「勝利」に導いた、と自ら主張した[81]（この点については、後で見ることにする）。

このニッツの考えにはもちろん、「冷戦」が米国に有利な形で終わったのは、ゴルバチョフのような（そして恐らくは、ゴルバチョフのグラスノチ、ペレストロイカを支持し、ソ連崩壊を暴力でもって食い止めることを拒否した者までも含む）者どもの「悪しき」行いに対する、アメリカ側の「善行」があったがためだ、との思い込みが含まれている。こうした「反ソ連・全体主義学派」の教条――すなわち、この頑迷な敵との戦いは避けられないとの思いこみに土台を据え付けたものこそ、ニッツの「NSC文書六八号」で、それはまた、米国経済の軍事経済化を正当化するものでもあった。

この「NSC文書六八号」は、いずれモスクワから最悪のものが飛んで来ることを予期したものだが、そこには単なる修辞上の潤色の域を大きく超える、具体的な見通しが述べられていた。モスクワは米国に勝てるとわかったら、即座に攻撃して来る。現在の趨勢から判断すると、ソ連は

＊ジョン・バニヤン　一七世紀の英国の牧師（一六二八〜八八年）。寓話小説、『天路歴程』を書いた。
79 Carl Kaysen, in May, *American Cold War Strategy*, 一一七頁。
80 ジョン・ルイス・ギャディスの学説に関するメイによる要約。May, *American Cold War Strategy*, 一四〇頁。Gaddis, *Strategies of Containment*, 九〇〜九八、一〇四〜一〇六頁も参照。
81 「NSC文書六八号」が「冷戦」を勝利に導いたものとする議論については、Graham Allison, in May, *American Cold War Strategy*, 一六頁を参照。

「一九五四年」には少なくとも百発の原爆を保有することになる……つまり、「一九五四年」という年は、モスクワからの核奇襲攻撃がありうる「最も危険な年」である、と明記されていたのである。[82]

間もなく国防長官に任命されるロバート・ラヴェット（フォレスタルが「ロシア人が来る」と叫びながら駆け出したというフロリダの邸宅とは、このラヴェットの家である）は当時、「NSC文書六八号」をまとめたグループのコンサルタントを務めていた。

このラヴェットという人物は、「文書」の真意を的確につかんでいた。彼はニッツとその委員会に対し、こう語った。

今や、われわれは、「侵略軍の砲火にさらされているという気持ちで、行動を開始しなければならない。われわれが今、従事している戦争には何の歯止めもあってはならない。敵の装甲のあらゆる弱点を、周縁部及び中心部で見つけ出し、手にできるあらゆる武器で攻撃しなければならない。全力を挙げて戦わずにいることは、それがどんなものであれ許されないことである」と。[83]

この文書の重要性の中で特に長期にわたって大きな意味を持ったものは、敵の脅威に対抗する、一連の具体的な軍事的勧告、すなわち「計算された、漸進的な圧迫政策」だった。

この点ひとつ取ってみても、文書をまとめたニッツは、「家《ペンタゴン》」にとっては願ってもない、夢のような提唱者だった。なぜならニッツは、来るべき水爆を基盤とした核の備蓄を急速に進める一方、通常兵器の戦力の拡大をも推し進めようとしていたからである。

敵に対してなされるべきは、「巻き返し」と呼ばれるようになる、ある種の奪還、「レコンキスタ」戦略だった。この「レコンキスタ」という不安を醸し出す言葉に、「NSC文書六八号」は新しい意味を付与したのである。米国の政策は、「クレムリンの世界支配の衝動を抑え、巻き返す」ものでなければならない、とされたのだった。[84]

この政策を実現するのに、米国及びその同盟国は、防衛支出を大きく増額する必要があった。そしてそのためには、課税レベルの劇的な引き上げを実現しなければならなかったし、とくにアメリカにとっては、国家として自画像を大きく変更する必要があった。

アメリカにはこうした歴史的な危機に立たされた時、軍事国家として身構えないと済まないところがあった。と同時に、「自由ブロック」における、他の国々に対する政治的・経済的な支配力を確固たるものにしなければならない、と思い込むところがあった。ここで言う「自由」の意味は、国内的にも、そしてワシントンが考える国際秩序に従うものと期待された同盟国についても、いかようにも当てはまるものだった。それは、「政治の道徳性」に対するアメリカの態度を、いかようにも変えうるものだった。「NSC文書六八号」は「クレムリンの計画を挫くのに役立つことであれば、〈公然・非公然、暴力的・非暴力的な〉あらゆる、いかなる手段をも認めていたのである。この「目的が手段を正当化する」倫理への全面的な帰依こそ、歴史家のジョン・ルイス・ギャディスをして、「NSC文書六八号」を「この時代における、最も道徳的に自意識の高い文書であり、しかし……非道徳的な政策を正当化す

82 Robert R. Bowie, in May, *American Cold War Strategy*, 一一一頁〔ローバート・R・ボウイ　米国の歴史学者（一九〇九年〜　）。ハーバード大学教授を経て、CIAの副長官を務めた〕。
83 マーク・トラクテンバーグによる引用　*History and Strategy*, 一〇九頁。
84「NSC文書六八号」www.fas.org/irp/offdocs/nsc-hst/nsc-68-htm

る結果に終わるもの」と言わしめたものだ。[85]

トルーマンは、四月七日に手渡された「ＮＳＣ文書六八号」を読んで青ざめた。たしかに、文書に書かれたソ連の脅威に対する評価や、その脅威への対処法は、トルーマンの考え方に沿うものだった。それは最近では「水爆開発」の決断となった、トルーマンが繰り返し露わにする、不安な思いから生まれる敵愾心を表現したものだった。目的が手段を正当化するという文書の主張も、これまで何度も同じような決断に迫られていたトルーマンにとって、むしろ親しみを覚えるものだった。しかし、最後の最後まで戦おうとする、この文書の大胆な対決姿勢と、トルーマンがなお、守ろうとしていた緊縮予算にこの文書が及ぼす影響は、彼が大統領として成し遂げようとしていた全てに暗い影を投げかけるものだった。

「ＮＳＣ文書六八号」の緊急警報が表に出て鳴り始めたら、抵抗しようのない政治的圧力となって跳ね返って来ると気付いたトルーマンは、これをスターリンが知ったら、モスクワがどんな反応をするか不安にもなり、文書のコピーを全部、彼の元へ届けるよう命じ、自分の執務室の金庫の中にしまい込んで鍵をかけた。

が、それでも「ＮＳＣ文書六八号」のコピーはプレスに漏洩した（「ＮＳＣ文書六八号」は、一九七五年にキッシンジャーの指示が出るまで、機密解除されなかった……）。警報は響き渡ったのである。

トルーマンは緊縮予算を何としても守りたいと思っていたから、「ＮＳＣ文書六八号」とその背景にある考え方に反対し続けることも、あるいは出来たかも知れない。が、ディーン・アチソンが控えめな表現で見事に指摘したように、その時、「朝鮮がわれわれを救った」のである。[86]

あるいは、戦略空軍史が指摘するように、一九五〇年六月の朝鮮半島における戦争の勃発が、「事態の思いがけない好転」を招いたのだった。[87]

5 「朝鮮はわれわれを救った」

一九五〇年九月、朝鮮半島での戦争は三ヵ月目に入っていた。この時点でトルーマンは、「NSC文書六八号」を「政策方針とする」命令を下した。[88] 東アジアにおける共産主義者の侵略が、その意味を読み違え、すぐに誇張して受け取ってしまうアメリカ人の被害妄想と相俟《ま》って、「NSC文書六八号」を求めるアメリカ社会の変化を生み出した。それは単なる戦争への動員ではなかった。文化の隅々まで行き渡る、全面的な軍事化だった。

そしてその変化はまず、トルーマンの緊縮財政の崩壊となって現れた。一九五一年の防衛予算の規

---

85 Gaddis, *The United States and the End of the Cold War*, 五四頁。
86 一九五三年にプリンストン大学でセミナーが開かれ、アチソンの同僚の一人がこう発言した。「朝鮮がうまい具合に出て来て、われわれを助けてくれた――われわれのためにいい仕事を（してくれたんだね）」。これに対してアチソンは、こう相槌を打った。「それは言えるね、私もそう思う」Bruce Cumings, "The Wicked Witch of the West Is Dead," in Hogan, *The End of the Cold War*, 九〇頁〔ブルース・カミングス　米国の政治学者。シカゴ大学教授、朝鮮現代史・極東アジア史を専攻〕。
87 Lindsay Peacock, *Strategic Air Command*, 一九頁〔リンジー・ピーコック　英国の空軍史家〕。
88 May, *American Cold War Strategy*, 一四頁。

模は、一三五億ドル。それが一九五三年には、五〇〇億ドル以上に膨らんだ。[89]

この連邦政府予算における防衛費の四倍増は、戦略空軍司令部予算に限って見ると、爆撃部隊数の倍増となって現れた。それはまた、完全なジェット推進による初の爆撃機、B47、「ストラトジェット」の生産前倒しにもつながった。[90]

こうした防衛支出の急拡大は、一九五〇年代における景気拡大をもたらし、アメリカを短期間のうちに変えるものとなる。しかし、アメリカ国民の生活水準が急上昇する中で、誰も気付かないことがあった。景気拡大は、やがて国防長官となる人物の有名な言葉をかりれば、「永久戦争経済《パーマネント・ウォー・エコノミー》」の様相を呈していたのである。[91]

政策方針となった「NSC文書六八号」についてカール・ケイセンは、こう書いている。「冷戦期の全期間を通して、ソ連に対するアメリカの基調的な態度となったものを純粋な形で示すものとして、NSC文書六八号は模範的なものである」と。[92]

しかし、この「NSC文書六八号」をめぐっては、それがその名の下に実行された政策のほんとうの源泉だったか、それともただ単にそうした政策をどの道、生み出すことになる、陰に隠れた前提を反映しただけのものなのか——については、歴史家の間でも議論の分かれるところだ。

が、いずれにせよ問題なのは、皮肉なことに「NSC文書六八号」後の米国の一連の動きが、ソ連の側において、まさに恐怖すべき反応を引き起こしたことである。

「NSC文書六八号」は、一九五〇年というその時点において、ソ連の脅威の評価という、その核心において誤っていたのだ。恐るべきはずのロシア熊は、この時点ではまだ、その後の巨大化した姿と比べれば、牙もないも同然だった。[93] しかし、米国がその年、ソ連との戦争準備のため核の備蓄を開始した以上、モスクワとしてはそれに対抗する以外、道はなかった。ソ連は新たな攻撃的な姿勢を取るようになり、アメリカ側の察知するところとなった。ソ連側の戦争準備は、あくまでアメリカに対抗してのもの。ケナンらが警告したように[94]、ソ連の軍事能力と軍事目的に対する被害妄想的な恐怖は、予言通りの結果を生む結果を招いてしまったのである。

水爆開発は、まさにこの典型だった。「NSC文書六八号」が日の目を見たのは、水爆開発の中での

89 一九五〇会計年度の軍事予算は連邦予算全体の三分の一以下、国民総生産の五％以下に止まっていた。それが一九五三会計年度となると、それぞれ六〇％、一二％以上を占めるに至った。

90 Peacock, *Strategic Air Command*, 一九頁。このB47爆撃機は間もなく、全世界に一四〇〇機が配備されることになり、アメリカの兵員動員数は三六三万六〇〇〇人を数えることになる。Clarfleld and Wiecek, *Nuclear America*, 一四二頁。

91 第二次世界大戦中の一九四四年、チャールズ・ウィルソン〔後のアイゼンハワー政権下で国防長官となる〕は戦時生産局（War Production Board）の局長を務めていた。ウィルソンはこの時、米陸軍兵器局での証言の中で、永久戦争経済こそ大恐慌の再来を回避する道、と語った。この際の「ゼネラル・モーターズにとってよいことは、この国にとってよいことだ」という発言は有名である。

92 Carl Kaysen, in May, *American Cold War Strategy*, 一一九頁。

93 NSC文書六八号はたとえば、ソ連が一七五個師団を保有していると警告しているが、その三分の二が人員不足状態だったことには気付いていなかったようだ。西欧が恐れた東側からの侵略にしても、ロシアからドイツに至る鉄道がなかったことから、歯止めがかかっていたのである。赤軍自体が西側からの侵攻を防ぐため、線路をはがしていた。Isaacson and Thomas, *Wise Men*, 五〇三頁。

94 ケナンはこう指摘している。「軍事作戦計画というものは、それが準備すべき将来、起こり得る緊急事態を現実化してしまうものだ」。George F. Kennan, in May, *American Cold War Strategy*, 九六頁。

ことだった。トルーマンが「スーパー」開発を準備し、実行命令を下す中、「家《ペンタゴン》」はニッツが描き出した戦争の予言をもとに、核兵器の備蓄に急ピッチに動き出していた。取りあえずは原爆を、次は開発が終わり次第、水爆を備蓄しようとしていた。トルーマンはこれに、「NSC文書六八号」というお墨付きを渡したのである。一九五〇年に三〇〇発だった核の備蓄は、一九五三年の後半には、一三〇〇発を超えるまでになった。[95]

トルーマンが認可した核開発のための原子炉・生産施設計画は大規模なものだった。これによりプルトニウム炉は五基から一三基に、ウラン235のガス拡散式ウラン濃縮プラントは二基から一二基へと大増設された。[96] それは、「トルーマン以後の大統領が、それ以上の建設命令を下さずに済む」ほど大規模なものだった。[97] この結果、アメリカの核の備蓄は、ほぼ三年の間に、メガトン換算で一五〇倍も増える、天井知らずの勢いを示した。[98]

より小型で「使い勝手のいい」原爆が短期間のうちに配備された。これにより、F84といった戦闘機が核搭載可能となった。その一方で米軍のミサイル技術も進歩し、核運搬システムのあり方を変えようとしていた。

一九五〇年の時点ですでに、V2型改良ロケットは「コーポラル」ロケットに席を譲り渡していた。「コーポラル」は米軍初の核搭載可能なロケットだった。トルーマンの命令で、空軍には地対地ミサイルを配備する権限が与えられた。

ルメイの「戦略空軍司令部（SAC）」も、自分たちの陣地を大きく拡大していた。[99] 膨大な数の核兵器が産み出され、巨大化した「戦略空軍司令部」の元へ嫁いで行った。この決定的な時期における、最も重大な動き《ダイナミック》がこれだった。一九五〇年の初め、三〇〇発、備蓄されていた核兵器は、一九六〇年までに一万八〇〇〇発を超えるまでに激増したのである。[100]

核の魔神《ニュークリア・ジーニー》の縛りを解き放ち、強大な力を与えてしまったトルーマンに、突如再び、それを本当に使用すべきかどうかという問題が突きつけられた。

現実の戦争は、「NSC文書六八号」が描いた理論的な想定とは別物だった。戦争とは突然、何処からともなく起きるものなのだ。

トルーマンを取り囲む司令官たち、とくに空軍の司令官たちは、一致してこう主張した。核兵器の配備は使用するためのものだし、実際、使用するために配備されている。これはもう、ほとんど自明のことである、と。

たしかに原爆は実戦配備され、アジアの基地に運び込まれていた。しかもその法的な管理者は原子力委員会の手から、空軍へと移っていた。原子兵器の使用を命令する権限は大統領の手にとどまっていたが、実際にアメリカが戦争に加わったら、それがどうなるか、誰にもわからなかった。いわゆる「C

---

95 Peacock, *Strategic Air Command*, 二一〇頁。
96 Robert R. Bowie, in May, *American Cold War Strategy*, 一一一頁。
97 Bundy, *Danger and Survival*, 二三〇頁。
98 Robert R. Bowie, in May, *American Cold War Strategy*, 一一一頁。
99 Office of the Historian, SAC *Missile Chronology*, 六頁。
100 Bundy, *Danger and Survival*, 二三〇頁、Rosenberg, "The Origins of Overkill," 二三頁。トルーマンが始めた核兵器の生産で、米側だけでその後、五十年以上の間に、九万発以上が製造された。

3I」――指揮・統制・通信・情報のシステムの実態は、一九四五年当時以上にさらに曖昧なものなっていた。アメリカの兵士たちが危険にさらされ、あの忌まわしき「戦争の霧*」に突然、包まれた時、核は使用されるのか？　ハッキリしたことを言える者はどこにもいなかった。

朝鮮戦争はアメリカに不意打ちを食らわした。しかしそれも今では「忘れられた戦争」と言われるようになり、そこで戦った兵士たちも、見えない存在とされて来た。朝鮮戦争の物語を、本書の目的に沿ったかたちで要約すれば、以下のようになる。

朝鮮半島で勃発した共産主義対資本主義の初の武力闘争は、予想外の事態だった。ソ連と連合国によって一九四五年に分割されたベルリンと違って、朝鮮に対しては米軍の指導部も、ソ連の軍首脳部も何ら戦略的な重要性を置いていなかった。

半島は、三八度線に沿って二つの占領地域に分断された。南の指導者には、七十五歳の李承晩（ハーバードとプリンストンで学んだ人物だ）が就き、北の指導者には、中国共産党の抗日闘争に加わっていた当時、三十五歳の金日成が収まった。ソ連軍は一九四八年、朝鮮から引き揚げ、米軍も一九四九年までには撤退を完了していた。そして翌一九五〇年一月、ディーン・アチソンが、やがて「プレスクラブ・スピーチ」として知られるようになる、あの忌まわしき演説を行う。朝鮮はアメリカの国家安全保障にとって「防衛線《ディフェンス・ペリメーター》」の外に位置する、と宣言したのだ。

北朝鮮軍はたぶん、このアチソンの演説を聞いて、米国は介入して来ないと読んだのだ。そして一九五〇年六月二十五日、三八度線を越え、ソウルを席捲し、さらに南へと進出した[101]。

元々、北朝鮮の領土拡張欲求に対して無関心だったスターリンが金日成の好きにさせた背景には恐らく、「NSC文書六八号」に盛り込まれた米軍の攻撃的姿勢に対してスターリンが警戒を強めていたことがあるだろう。しかし、スターリン自身が北朝鮮の動きの背後で策謀を練っていたわけではなかった。スターリンは加担したのではなく、目をつぶっていただけだ、というのが、今や歴史家たちの結論である。スターリンは「北朝鮮の侵略行為に対して非常に懐疑的で、ただ同意しただけのことだ」と、アーサー・シュレジンジャー・ジュニアは二〇〇三年春の私との会話の中で、歴史家たちの通説を要約してくれた。スターリンが同意したのは、「金日成が短期間にケリをつけると確約したことと、米国には介入するだけの時間的な余裕がない、と考えたからである」と。[102]

当時、ワシントンが世界を見る窓は、スターリンに関して言えば、被害妄想によって曇っていたのだ。金日成は操り人形に過ぎない。その動きはモスクワからの糸に踊らされているだけだ……それがワシントンの当局者たちの、一九五〇年当時における一致した見解だった。

しかし、北朝鮮軍の侵略が始まった今、アメリカは何をなすべきか？　朝鮮半島からの知らせに対するワシントンの反応は、反ソ連派の中でも、大きくわかれていた。侵略に対する軍事的な対応をとる

＊「戦争の霧」　戦争が始まる前の混沌とした状況を指す。マクナマラ元国防長官に焦点を当てたドキュメンタリー映画のタイトルにも使われ、一般化した言い方になった。

101「冷戦」終了後、公開されたソ連の機密文書によれば、このアチソン演説をモスクワは、ほとんど気にもとめなかったという。アーサー・シュレジンジャー・ジュニアに対する著者のインタビュー。

102 アーサー・シュレジンジャー・ジュニアに対する著者のインタビュー。

かどうかさえ、ハッキリしなかった。朝鮮はドイツではなかったのだ。南北二つの朝鮮が、内戦を始めたひとつの国民国家かどうかも、ハッキリしなかった。もしもそれが内戦であれば、アメリカの関与すべきことではなかったのである。

こうした決定的な瞬間において、外交的な解決を呼びかける者はいなかったのだろうか？　国際的な政治経済への影響とアメリカの本当の国益、さらには被害妄想の雲を生み出しかねない流血の事態に代わる選択肢を明確に区分して考える者はいなかったのだろうか？　「アメリカの国家安全保障の防衛線」は、一体、どうなったのだろう？

「NSC文書六八号」を生み出した勢いは続き、「フォギー・ボトム」と呼ばれる、霧の出やすい《フォギー》ポトマック川の低地《ボトム》は今や、外交を司る国務省の現所在地であるよりも、元々、陸軍省の所在地だった由来の方が似つかわしい、好戦的な空気を漂わせていた。国務長官のアチソンとその側近、とりわけニッツが、ワシントンの政策決定者の中でも代表的な参戦論者だった。これに対して「家《ペンタゴン》」のルイス・ジョンソン国防長官と統合参謀本部の軍首脳らは——とりわけ、統合参謀本部議長のオマール・ブラッドレーは——、米国にとってほとんど意味を持たない、遥かな周縁部の紛争地に地上部隊を送り込むことに反対の態度を示した。

結果は、「国務」が「国防」に、アチソンがジョンソンと統合参謀本部に勝利を収め、トルーマンが軍事介入命令を発した。

国務省が軍事問題に中心的に関わるパターンは、この瞬間に生まれ、今なお続いているのだ。国務長官が外交より軍事問題に、比較にならないほど多くの時間を費やすパターンはこの時、生まれたのである。

ソ連がボイコットした国連の安保理でアメリカは、北朝鮮の侵略を撃退し、三八度線の境界を元の状態に回復するための「警察行動」に入る承認を勝ち得た。これを受け、数千人の米兵が朝鮮半島に送り込まれた。が、共産軍の侵攻を食い止めることはできず、侵攻の速度を遅らすのがやっとだった。

総司令官は、ダグラス・マッカーサーだった。トルーマンがアメリカの参戦決定をイデオロギー的に支える「NSC文書六八号」の承認に踏み切ろうとしていた同年九月、マッカーサーはその軍人としての経歴で最も輝かしい戦術的勝利を手にすることになる。

マッカーサーの米軍にとって、六年前に、太平洋の島々、十数ヵ所に対して行った上陸作戦は、この朝鮮での栄光のためのリハーサルだった。

三メートルもの高波をものともせず、八万人もの海兵隊を乗せた水陸両用艇が仁川の海岸に押し寄せた上陸作戦――敵の前線の数百キロ後方、ソウルの西約三二キロに位置するこの港町への奇襲上陸作戦は、北朝鮮を驚愕《きょうがく》させた。米軍による大反撃はここから始まり、遂に共産軍を三八度線の向こうへ、押し戻すことに成功したのだ。

国連に委任された任務を果たし終えたマッカーサーだったが、それで彼は満足しなかった。アメリカが庇護する李承晩の下、朝鮮半島を再統一したいと考えたのである。同年十月、敵軍を追って、支配地を拡大しつつ、三八度線を越えて進撃するよう命令を下した。

国連安保理の委任を超えたこの動きは、マッカーサー将軍がワシントンの許可なく行った越権行為として一般には語られている。マクジョージ・バンディはこれを、マッカーサーの「挑発行為」と呼んだほどだ。[103]

けれどマッカーサーのこの動きは、実際のところ、ニッツら米政権の中枢の意向を忠実に反映したものだった。

事実、この時、米国の国家安全保障会議が新たに打ち出した「NSC文書八一号」には、今後の方針としてハッキリと「巻き返し」という言葉が盛り込まれていたのだ。

ジョンソンを国防長官に据えたジョージ・マーシャルも、マッカーサー宛に、「三八度線の北で……邪魔する者はいない」と考えて構わない、[104]との電報（見るだけでメモも許されない極秘電《アイズ・オンリー》）を送っていた。マーシャルはしかし、このワシントン電を公にしてはならない、と釘を刺すのも忘れなかった。「巻き返し」は、秘密裏に行われるべきことだった。

空軍の爆撃隊も投入され、北朝鮮全域の目標を破壊した。空軍の司令官は、中国をも「瓦礫と化す《フラットン》」ことができると自慢げに語った。爆撃隊は橋や補給路を破壊する作戦に従事したが、それは敵の攻撃を阻止するためのもので、本来の戦略爆撃ではなかった。

朝鮮戦争での戦略爆撃の目標は、実は中国だった。北朝鮮の国境を流れる鴨緑江の北が、アメリカ空爆の目標だった。中国領内は爆撃隊の空爆目標から当初、外されていたが、いつまで続くかわからなかった。

米本土、ネブラスカ州オマハに司令部を置くカーチス・ルメイの「戦略空軍司令部（SAC）」は、B29の爆撃隊を二隊、日本へ移駐した。ベルリン危機の際、英国に「原子爆撃隊」を移駐したことを思い起こさせる、挑発的な配備だった。

が、実際に核攻撃能力のある爆撃隊は、当時、グアムに配備されていた。核搭載可能な「B50A」爆撃機の部隊だった。この爆撃隊は鉄製の模擬弾を使って、原子爆弾の投下訓練を続けていた。公式の空軍史によると、SACは命令が出て十六時間以内に朝鮮及び中国の選定済み目標に対して原爆を投下できる態勢にあった。[105]

中国に対して原爆攻撃を行えば、すぐソ連と戦争になる……これが「戦略空軍司令部（SAC）」の想定だった。

「シェークダウン作戦」*――これがこの全面戦争の作戦計画に対し、SACがつけた暗号名だった。メーヌ、アゾレス諸島、グアム、英本土の基地から飛び立った爆撃機の同時攻撃で、ソ連の諸都市に対して一〇〇発以上の原爆を投下する計画だった。[106]

しかし、このSACの方針を、ホワイトハウスや「家《ペンタゴン》」の当局者は知らされていなかった。飛び立った爆撃隊に何をさせるのか、どうするつもりなのか、何も聞かされていなかった。朝鮮戦争当時のSACの戦争計画についてルメイは一九八四年になって、空軍の歴史編纂者に対して、こう明かした。「あ

103 Manchester, *American Caesar*, 六一三頁。
104 前掲書、五八四頁。
105 Air Force History Office, *Strategic Air War*, 九一頁。
＊「シェークダウン」 この英語には「脅し」のほか「徹底捜索」、「組織の再編」の意味がある。
106 マッカーサーが三八度線を越えて北進した一九五〇年の終わりごろ、米国の原爆の備蓄はその年の初めの備蓄量、二〇〇発と比べ、ほぼ倍にあたる水準に急増していた。したがって、その四分の一から半数がソ連攻撃用に確保されていたと見られる。

れは、われわれが立てた計画だった。ワシントンからの指示は何もなかった」と。[107]

朝鮮戦争が始まる前、ルメイは、彼自身がまとめた「基本戦争計画」を、「家《ペンタゴン》」と原子力委員会に提出するよう求められていた。が、今や状況は変わった。軍のある歴史家はこう指摘している。「信じられないほどの厚かましさで、ルメイは主張したのだ。作戦計画の承認を求めると、秘密が危うくなる、と。これはつまり、統合参謀本部の参謀総長（陸軍と海軍の参謀総長）は信用できない、ということである。大統領も、直接の上司である国防長官も、核攻撃の作戦計画を知らされていなかった。軍の最高ランクの首脳たちも、まさに暗闇の中に置かれていたのである[108]」

マッカーサーの攻勢は同年十一月の後半には鴨緑江に迫っていた。この中国領の至近まで迫った米軍の侵攻が原因なのか、それとも中国が金日成体制の防衛をすでに決断していたかは知らないが、とにかく毛沢東はその強力な軍の投入を命じた。

「影のない小隊」――これは米軍の歴史編纂者、S・L・A・マーシャル*が毛沢東の軍隊を表現した言葉である。そしてマッカーサー自身が、その「影のない小隊」の急襲を全く予期していなかった。[109]

同年十一月二十四日、数十万もの中国兵がマッカーサーの軍隊に襲いかかった。米軍の前線は四八〇キロにも達していた。マッカーサーはワシントンに電報を打った。「われわれは全く新しい戦争に直面している[110]」

が、実際のところ、前線の米兵は中国軍に立ち向かわなかった。「中共《チコム》」軍の攻撃に圧倒され、総崩れとなった。パニックはワシントンまで伝わった。

「家《ペンタゴン》」はあのダンケルク*のように、朝鮮半島から全軍を撤退させる作戦の立案を始めた。ディーン・

アチソンは南朝鮮での出来事を、「ブル・ランの戦闘*」以来、最悪の敗北だと言った。実際、これだけの屈辱は第一次、第二次世界大戦でもなかったことだった。

6 トルーマンのもう一つの決断

一九五〇年十一月三十日、屈辱的な敗走が続く中、ワシントンで記者会見が開かれた。トルーマンは言った。中国軍の介入はあるものの、朝鮮での紛争は、新たな世界危機の源である、ロシア共産主義者の攻勢によるものだと。

敵はモスクワにあり――トルーマンにとって朝鮮半島はモスクワの最前線でしかなかった。トルーマン大統領は、モスクワの前進を止める、と宣言した。「朝鮮における、この攻勢を止める」と

107 Air Force History Office, *Strategic Air War*, 九〇頁。
108 Nolan, *Guardians of the Arsenal*, 五七頁。
＊S・L・A・マーシャル　米陸軍の軍史編集長（一九〇〇〜七七年）。第二次世界大戦、朝鮮戦争における米陸軍の軍史をまとめた。
109 Manchester, *American Caesar*, 六〇七頁。
110 前掲書、六〇八頁。
＊ダンケルク　ドーバー海峡に面するフランスの港湾都市。第二次世界大戦の初期、一九四〇年五〜六月に行われた英・仏軍三三五万人もの大撤退作戦の舞台。
＊ブル・ランの戦闘　一八六一年七月二十一日、米国バージニア州で行われた南北両軍による戦闘。最初は北軍が優勢だったが、結局、大敗を喫し、ワシントンまで潰走した。

宣言し、そのために「あらゆる必要な手段」を行使する、と誓った。

記者の一人が質問した。「ということは原爆も、ですね？」

トルーマンは答えた。「われわれが保有する、全ての兵器が含まれるということです」。そして、原爆についてこう付け加えた。「その使用については、これまでも常に積極的に考慮して来ました」

記者がさらに問いただそうとすると、トルーマンはこれを途中で遮り、こう言い切った。「それは軍の当事者が決めなければならないことです。こうした問題について、私には判断《パス・オン》を下す権限はありません……戦場の軍の司令官が、これまで常にそうだったように、原爆使用の責任《チャージ》を持つことになるでしょう」[111]

そう、まさにこの発言で、全てがハッキリした。ニッツの考えが、ここで完全に正当化されたのだ。原爆もまた、兵器のひとつに過ぎない、だからその使用権限は大統領に、ではなく、戦場にいるマッカーサーの手にある、と。

その日の午後、中国に対する原爆攻撃準備が整った、と大見出しのニュースが飛び交った。翌日、十一月三十一日付のインド紙、『タイムズ・オブ・インディア』には、「NO NO NO」の見出しが躍った。[112]そしてその日のうちに、こんなニュースがワシントンに届いた。五〇万人ものソ連兵がシベリアで動員され、ソ連の爆撃機が朝鮮半島に出動するため配置に就いた、と。

トルーマンは朝鮮半島における自軍の敗走をスターリンのせいにして非難したが、冷戦終了後に公開された文書が示すように、実際のところスターリン自身は朝鮮半島におけるアメリカの敗北を「望んではいなかった」のだ。それどころかスターリンは、米国による朝鮮半島の支配を容認する構えでさえいたのである。
ソ連国家保安委員会（ＫＧＢ）の元将官は、一九五〇年の秋、スターリンが「米国を極東におけるわれらが隣人としよう」と語ったことを記録に残している。スターリンはわかっていたのだ。アメリカがこのまま負けてしまえば、世界戦争が始まりかねないことを。もちろんスターリンはトルーマンが記者会見で述べたことを知っていたし、「戦略空軍司令部」が何を準備しているかも知っていたのである。
ところで当時、マッカーサーが望んでいたのは、爆撃と封鎖による中国への戦争の拡大だった。この点についてアチソンは回想録でこう述べている。退却を続けるマッカーサーからワシントンに届いた電報には、原爆を使用することができないなら全軍を半島から撤退する、との脅しが含まれていた、と。[113]
マッカーサーにとって彼の軍隊の崩壊は戦争を大規模に拡大する絶好の機会だった。マッカーサーの伝記作者によれば、彼にとって、限定的《リミテド》な戦争とは未熟な妊娠のようなものでしかなかった。[114]マッカーサーは今なお、アメリカ人の記憶の中で、無分別な――権限もないのに軍を動かす司令官の化身として生き続けているが、当時の彼の考えを知る上で大事なことは、それが全く、ワシントンの当局者たちのコンセンサスに基づいた地政学的枠組みによるものであり、トルーマンによって承認されていた、

111 McCullough, *Truman*, 八二二頁。
112 前掲書。
113 Acheson, *Present at the Creation*, 四七五頁。
114 Manchester, *American Caesar*, 六七二頁。

あの「NSC文書六八号」の精神を反映したものだった、ということである。その意味で、朝鮮半島での危機は、この「NSC文書六八号」が現実においてどのような形をとるのかを知る、機会のひとつに過ぎなかったのだ。そしてこの「NSC文書六八号」の精神を体現することで、トルーマンは世界を道連れとした破滅の淵に立つことになった。

十一月三十日の記者会見でトルーマンは原爆の脅しを振りかざしたが、その威嚇の本当の怖さをこんな言葉で付け加えていた。「原爆は恐ろしい兵器だ。こんどの軍事侵攻と無関係な、罪もない男女、子どもたちに使用されてはならない。原爆を使うと、そうなる」と。[115]

このトルーマンの警告は、彼が原爆について考え直し始めた瞬間のようにも思える。トルーマンはただ一人、原爆投下の命令を下した人物だが、日本に対する原爆投下は必要だったとする主張を曲げない陰で、自分が仕出かしてしまったことに苦しみ続けていたらしい。もちろん、これはあくまで推測に過ぎない。が、この記者会見での追加発言に照らし合わせて考えると、この推測には理由があるような気がする。原爆の冷酷な影が、トルーマンを再び包み込んでいた時の発言だからだ。

記者会見終了後、トルーマンは直ちに報道官に、発言の趣旨を「明確化」する声明を発表させた。原爆を使用するかどうかの決定権限はいま大統領であるトルーマン一人の手にあるが、いかなる原爆使用の決定もまだ行われていない、と。

軍の司令官らが何と思おうと、アチソン側近の好戦的なアドバイザーたちがどんな勧告をしようと、この時、トルーマンは自分自身の結論に達したように思われる。マッカーサーがどんなに脅しをかけてこようと、彼の手には絶対、原爆は渡さない、と。

トルーマンは、朝鮮戦争を全く新たな次元へ変える原爆を使うことなく、米軍の敗北という最悪の危機を乗り切ろうとしたのだ。

仮にもしこの時、トーマス・デューイ[116]がトルーマンに代わって大統領になっていたら、どんな対応をしたことだろう。つまり、デューイのような、結果を抽象的にしか考えられない*人物が大統領になったら、どうなっていただろうか。

デューイと違ってトルーマンは、原爆使用による結果を抽象的に考えられない大統領だった。だから戦争を拡大してはならないと、トルーマンは考えた。原子戦争にしてはならない、と決断を下したのだ。

事実、トルーマンはその後、数週間にわたって、中国に対して直ちに原爆を使用するよう何人かの側近から迫られ続けることになるが、相次ぐ緊急の申し出を、彼はその度に退けたのだ。

国務省と「家《ペンタゴン》」の当局者の間にも亀裂が生まれていた。が、それは戦争の拡大は好ましいものか、不可避のものかといった議論ではなく、その拡大戦争をいつ始めるべきか、どこに対して拡大戦争を仕掛けるべきかをめぐる意見対立だった。米国は世界戦争に対して準備不足だから、「NSC文書六八号」

115 McCullough, *Truman*, 八二一頁。
116 ニューヨーク州知事だったトーマス・デューイは一九四八年の大統領選でトルーマンに接戦で敗れた。朝鮮戦争でのデューイの好戦的な姿勢については、ニューヨーク・タイムズの一九五〇年八月二十四日付記事を参照。
* トーマス・デューイは共和党の大統領候補として一九四八年にトルーマンに敗れた政治家だが、「あなたの未来はあなたの前にある」といった抽象的な演説を繰り返すだけで、具体的な政策がないと批判された。

が求める核の備蓄が完了するまで待つべきだという意見もあったし、逆に早ければ早い方がいい、敵は中国ではなくソ連だ、といった主張も飛び出していた。[117]

こうした強硬派の中には、かつて空軍長官としてルメイや「戦略空軍司令部」に（そして私の父にも）肩入れしたスチュアート・サイミントンもいた。国家安全保障会議に付属する国家安全保障資源委員会の委員長を務めていた。トルーマンのミズーリ時代からの旧友であるサイミントンは、翌一九五一年一月初め、「NSC文書一〇〇号」なるものを提出した。ルメイの原爆爆撃隊を対中攻撃に出動させる一方、ソ連に対しては、いかなる「侵攻」に対しても原爆で報復するとの警告を同時に発するよう勧告したものだった。[118]この旧友の勧告にしても、トルーマンは「ノー」と言った。

トルーマンは後日、当時を振り返りながら、軍の高官アドバイザーたちが真剣に考慮するように迫る提案を拒絶した理由を、こう書いている。

「私は二五〇〇万人もの非戦闘員を殺戮する命令を出すことができなかったのである……私はただ、第三次世界大戦を始める命令を出せなかったのだ」と。[119]

トルーマンによってこの時、明示されたものとは何か？――それはもちろん、国務省でかつて起きた変化が、こんどはホワイトハウスでも起きていたことである。米国の大統領はこの時以来、他の何よりも軍事問題に専念するようになるのだ。ホワイトハウスの機構も、その変化に対応して変わって行く。国家安全保障会議（NSC）が、大統領権限の執行における最重要のものになって行くのだ。

それは朝鮮戦争に始まり、ジョージ・W・ブッシュの政権に至るまで続く。そして「実際の政策決定は常に、大統領のためにNSCを運営する補佐官によって行われて来た」[120]

かつて国務省を取り込んだ「家《ペンタゴン》」の気質《エトス》は、今やホワイトハウスを包み込むものとなった。その支配の環《ループ》の中に、「家《ペンタゴン》」が入り込んだのではない。「家《ペンタゴン》」が永遠の支配の環そのものになったのだ。そして、「家《ペンタゴン》」の仕事《ビジネス》だけが、米政府の完全な注目を引き付けるものになった。

朝鮮半島では米軍が塹壕に立て籠もって踏みとどまり、陣地を確保し始めていた。

トルーマンは決意した。ダンケルクのような撤退はしない。マッカーサーもいらない……トルーマンのマッカーサー解任は、一九五一年四月十一日の出来事だった。

マッカーサーがトルーマンに対し傲慢な態度を取った知られざる理由のひとつは、トルーマンがトップに座る、ジョージ・マーシャルを含む指揮命令系統が、マッカーサーに対して適切な指示を出せなかったからである。それはまた当時、「家《ペンタゴン》」がまだ、戦争のエネルギーの発生源にはなっていなかった

117 ディーン・アチソンは一九五〇年十二月、上院のある委員会で、こう証言した。「問題なのは、われわれが間違った国と戦っていることだ。本当の敵はソ連なのに、われわれはその二軍と戦っている」。Trachtenberg, *History and Strategy*, 一二五頁。

118 「NSC文書一〇〇号」一九五一年一月十一日付、Trachtenberg, *History and Strategy*, 一二四頁。トラクテンバーグによれば、トルーマンはスチュアート・サイミントンに対する、以下のような返答を「起草したが、送り返さなかった」という。「親愛なるスチュー〔愛称〕、これは私がこれまで読んだ中でも、最高機密の大きなホラだね。こんなことで時間を無駄にするんじゃないよ。H・S・T〔署名、トルーマンのイニシャル〕」

119 Wittner, *One World or None*, 二六一〜二六二頁。

120 Ernest May, "U.S. Government, Legacy of the Cold War," in Hogan, *The End of the Cold War*, 二二七頁。

からだ。中心は、アチソンが影響力をふるう国務省にあったのである。
これは「家《ペンタゴン》」の支配的な影響力と矛盾するようにも見えるが、実際問題としては「家《ペンタゴン》」の影響力そのものが拡散していただけのことである。国務省もまた、同じ戦士の心《エトス》を持つに至ってはいたが、官僚制の壁があって国務省のアチソンはマッカーサーに対して権限を行使できなかった。この隙を衝いてマッカーサーは、トルーマンに解任されるまで勝手に動くことができたのである。
もうひとつ指摘しておかねばならないことがある。それはアーネスト・メイが言うように、マッカーサーの解任は文民による軍の支配の原則を明確化しはしたが、実はマッカーサーの行動に最も怖気を感じていたのは他ならぬ軍首脳部（マーシャル、ブラッドレー、アイゼンハワー）だった。トルーマンは、彼を支持する米国民並びに米議会を背景に、「別の軍指導者個人、ではなく軍の指導者の集団の意向に従って」マッカーサーを解任したのである。[121]
解任に反対し、マッカーサー支持に回ったアメリカの右派は、トルーマンの決定を「巻き返し」の放棄と考えた。[122]
しかし事実はそうではなかった。トルーマンと、傲慢極まるマッカーサーとの対立の核心にあったものは、トルーマンの全面的な原子戦争に対する拒絶だった。トルーマンは原爆使用を拒否し、士気低下に苦しみながら流血の持久戦を続ける道を選んだのだ。
陸軍兵士と海兵隊員は小さな勝利を収めたことに感謝しながら、ジリジリと三八度線に迫って行った。朝鮮半島の米軍は、戦いに勝ったというよりむしろ、フランダース*での塹壕戦を再現したものと言える。明確な勝利を手にできない状態はトルーマンの任期の最後まで続き、朝鮮半島では今なお、その名残が続いているのである。[123]

さて、ここでのポイントは、一九四五年のトルーマンが原爆の使用を決定し、歴史のコースを変えたように、一九五〇年のトルーマンは原爆を使用しないと決定したことで、その後の歴史のコースを変えたことだ。これは恐らく「核の歴史を一人の個人の行為が変えた点で、最も重要な瞬間」だった——とは、ある歴史家の評価である。[124]

このトルーマンによる「核不使用」の決定は、その後の「冷戦」期を通してアメリカの外交が拠って立つ、「三本柱」を打ち立てた。このうち、以下に示す二本の柱は、ありがたいことに今なお、壊れや

121 Ernest May, "U.S. Government, Legacy of the Cold War," in Hogan, *The End of the Cold War*, 二二三頁。

122 ジョセフ・マッカーシー上院議員は一九五一年、米陸軍、とりわけマーシャル将軍を攻撃するようになる。マッカーシーには、マッカーサーが朝鮮半島で、原爆を含むアメリカの力を全面的に行使し、共産主義者に対し「巻き返し」するのを妨害したのは、国防総省に巣食う共産主義者たちだった——との疑念があった。

＊フランダース　ベルギーの一地方。第一次世界大戦で塹壕戦が繰り広げられた。

123 朝鮮戦争では朝鮮・韓国人に四〇〇万人以上の死者が出た。そしてその三分の二が民間人だった（第二次世界大戦中の日本人の死者は民間人を含め、二三〇万人だった）。国連軍の死者は四万人以上。そのほとんどが米軍兵士だった。米軍死者はベトナム戦争での死者数に迫るものだが、ベトナム戦争は十年以上も続いたのに対し、朝鮮戦争はわずか三年でこれだけの数の死者が出た。

124 Gaddis et al., *Cold War Statesmen Confront the Bomb*, 二六八頁。ギャディスは他のところでも、朝鮮で原爆を使用しないと決定したことに触れ、こう述べている。「トルーマンの不使用決定には確かに、格好な攻撃目標がなかったということも部分的な理由としてある。しかし、当時の文書の示すところでは、民間人の居住を不必要に破壊することを回避しようとする意志が一定の役割を果たしたことも事実である。それは道徳と都合のふたつからなる懸念だった」。*The United States and the End of the Cold War*, 一六三頁。

すいこの世界を守ってくれている。

二本の柱の第一は、「全面戦争」の二〇世紀に、トルーマンが「限定戦争」の先例を遺したことだ。[125] それは全面的な勝利以上に大事なものがある、という認識である。

第二は、最初の原爆を投下したトルーマンが、その使用を今度は「タブー」として確立したことである。トルーマンを含むアメリカの指導者たちはその後、何度も核を使用すると威嚇するが、いずれも攻撃命令を出すまでには至らなかったのだ。

もしもこの時、トルーマンが軍司令官に原子爆弾の使用を許していたなら、たとえそれが全面戦争を抑止する効果を発揮したとしても、あるいはそれが朝鮮半島の戦場内での使用にとどまるものであったとしても、さらにはまた、まぐれ当たりで軍事目標だけを破壊するものであったとしても、後任の大統領以下、指導者たちはこの新たな前例に従ったはずである。

一九五〇年十一月、朝鮮の戦場におけるアメリカの戦況は前代未聞の敗北に向けて絶望的なものだったから、核の使用は現実的なものだった。

にもかかわらず、ヒロシマへの原爆投下を命令した大統領が、今度は核を使用しないと決めたのだ。こうなると、いくらニッツの主張があったとしても、原爆をその他多数のアメリカの備蓄兵器の一つとは見なすことはできない。それは、いずれの国の原爆であっても同じである。使ってはならない究極の「絶対兵器」が、ここに再び姿を現したのだ。

トルーマンが打ち立てた三本柱の、残る一つの柱は、ジョージ・W・ブッシュが政権に就くまでは維持されたものだ。

トルーマンは朝鮮戦争をソ連物資の差し押さえへと拡大しようとする法案に拒否権を発動するに当たり、当時、盛んに語られていた「予防戦争《プリヴェンティヴ・ウォー》」のアイデアを拒否したのだった。彼の補佐官の一人[126]が、アメリカは「平和のための侵略者」になるべきだとした、「予防戦争」論を退けたのだ。

中でも特筆すべきは、ホイト・ヴァンデンバーグ空軍参謀総長が一九五〇年十二月に行った勧告を、トルーマンが拒否したことである。あのソ連に対する全面的な核攻撃、「シェークダウン作戦」を退けたことだ。

当時の国務省の高官の一人は、ヴァンデンバーグの提案についてこう述べている。「ヴァンデンバーグはハッキリとは言わなかったが、提案の含みはこうだった。早いうちに叩いた方が、ソ連の原爆備蓄を阻止するにはベターだと[127]」

これらの提案が実行されなかった以上、それらについて合理性と慎重さを欠かずに、事後的な評価を下すことは無理なことである。ただ、マッカーサーは今ではいつ危害を及ぼすかわからない人物として記憶され、その点ではルメイも同じだが、先制核攻撃を主張したヴァンデンバーグやサイミントンら

---

125 ここで言う「限定戦争」とは、朝鮮戦争を中国領まで持ち込まないと決定したことである。Foot, *The Wrong War*, 一二〇頁。

126 当時の海軍長官、フランシス・マシューズが唱えた。Trachtenberg, *History and Strategy*, 一一七頁。

127 当時の国務次官、ディーン・ラスク、会話メモ、一九五〇年十二月十九日付、前掲書一二三頁。それから数ヵ月が経った一九五一年四月、ヴァンデンバーグはトルーマンに、最低数発の原爆を原子力委員会の監視下から外し、米軍の完全な武装下に移してほしいと依頼し、これについてトルーマンは同意している。Nolan, *Guardians of the Arsenal*, 五二頁。

は（これらの人々の中にはバートランド・ラッセル*、ウィリアム・L・ローレンス*、ジョン・フォン・ニューマン*といった知識人も含まれていた）[128]、当時、穏健派の代表と目されていたのだ。自分が開発した原爆の備蓄に雄々しくも反対して立ち上がったあのオッペンハイマーでさえ、全面核戦争を回避するための核攻撃、という論理《ロジック》を考えたほどである。[129]

核時代の初期においては、「予防戦争」の方が、最終的に全面戦争に行き着かざるを得ない核競争よりもましだと受け取られていたのだ。米国が優位を保っている間ならば、戦争をした方がいい、という考えだった。

この「予防戦争」が今、甦り、アメリカにおける地政学思考の正系の座に就いている。二一世紀の今、この国がヴァンデンバーグの提案と同じ基準に基づく「予防《プリヴェンション》」を、決定的な基本戦略としている事実は、まだ米国がソ連の報復に怯える必要のなかった一九五〇年時点であれば、その実行がどれだけ容易なものであったかを示唆するものだ。ジョージ・W・ブッシュは「予防」のために核兵器を使用して来なかったが、その拠って立つ原則は同じである。

反・全面戦争、反・原子戦争、反・予防戦争――このトルーマンの「三重の《スリーフォールド》決断」を歴史的なものにしているのは、この決断が、核の備蓄の破壊力が熱核爆弾の到来でもって無限に拡大されようとしていた、まさにその時点で成された点にある。

つまり、トルーマンの決断は「核の使用」を、戦争というゲームのテーブルの上から取り払ったのだ。「核」がテーブルばかりか家屋を、近隣を、そして世界を破壊し切るだけ強力になろうとしたその時に、トルーマンはテーブルの上から、よそに移した。

7　水爆実験

朝鮮戦争の際、トルーマンは原爆を使用しない決断を下した。それが最後の決断になればよかったが、トルーマンの決断の物語は、このあとまたあらぬ方向へと展開する。エドワード・テラーの指揮下、水爆の開発がロスアラモスで急ピッチに行われていたのだ。一九五二年、トルーマンの大統領としての任期が切れようとする中、ロスアラモスの科学者たちは、核融合爆弾、「スーパー」の開発に成功した、と自信を漲らせていた。いよいよ水爆を実験する時が来ていた。

が、この時点でもまだ、指導的な核物理学者たちは、上昇気流に乗った核開発競争が螺旋状に激化するのを懸念し、阻止できないにせよ、せめてペースダウンさせようと再び努力を傾けていた。彼らは、

＊バートランド・ラッセル　英国の哲学者、論理学者、平和運動家（一八七二〜一九七〇年）。ノーベル文学賞を受賞。ラッセルは第二次世界大戦後、核廃絶運動に参加するが、一九四八年十一月、英国のウェストミンスター校での公開講演会で、ソ連への先制攻撃を正当化したとも取れる発言をしたとして論議を呼んだ。

＊ウィリアム・L・ローレンス　米国の科学ジャーナリスト（一八八八〜一九七七年）。ニューヨーク・タイムズの科学担当記者として活動、「マンハッタン計画」を報道し、ナガサキへの原爆投下を攻撃隊に同行取材した。

＊ジョン・フォン・ニューマン　ハンガリー出身の米国の数学者（一九〇三〜五七年）。「マンハッタン計画」にも参加した。

128 Trachtenberg, *History and Strategy*, 一〇三〜一〇四頁。

129 Sherwin and Bird, *American Prometheus*, 四四一頁。

予防戦争だけが、終わることを知らない核競争による破滅に代わるものとは考えていなかった。交渉による合意――それが彼らの代案だった。

指導的な科学者たちが提案したこと――それは水爆実験の無期限延期だった。熱核兵器を所有する動きは、ソ連でも始まっていると、彼らは見ていた。事実、ソ連では若きロシア人物理学者、アンドレイ・サハロフ*率いるチームが一九四九年以来、「ソビエトのスーパー」の開発に当たっていた。[130]

アメリカの物理学者たちの提案は、こうだった。水爆実験を延期し、そのことをソ連側に通告する。そしてソ連側にも同じことを求める。それによって米ソ両国は、水爆開発の最終段階入りを、ともに中止する……。

水爆実験を相互に制限し合うことは、簡単にモニターできることだった。熱核実験で放出される放射性物質は容易に検出可能だからだ。どちらかが実験したら、後を追うこともできる。

この提案は、一九六三年に合意される部分的核実験禁止条約の先駆けとなるものだったが、もしもこの時点で実施に移されていたなら、無限大の破壊への閾《しきい》を越えることはなかったろう。

米国は当時すでに、水爆実験を最初に行う能力を保持していた。対するソ連は一九五三年八月まで、能力を持つことはできなかった。主導権はワシントンにあったのだ。[131]

一九五二年の夏、ドワイト・アイゼンハワーが大統領に選ばれる前のことだった。ヴァナヴァー・ブッシュがアチソン国務長官に働きかけた。

＊アンドレイ・サハロフ　ソ連の核物理学者（一九二一～八九年）。ソ連の「水爆の父」。反体制・人権・民主化運

動を続けた。ソ連のアフガニスタン侵攻に抗議して、国内流刑に。亡くなる三年前、ゴルバチョフによって許され、モスクワに戻った。ノーベル平和賞を受賞。

130 Bundy, *Danger and Survival*, 一九七頁。優秀な物理学者だった若きサハロフは一九四九年にソ連の核開発エスタブリッシュメントの技術的指導者の一人となり、その立場は一九六八年まで続いた。一九六九年にサハロフが書いたエッセイ、『進歩・平和共存・知的自由に関する考察』は、デタントに向けた、ソ連の側からの大きな推進力の役割を果たしたが、それによりサハロフはソ連当局から疑惑の目で見られるようになった。しかし、サハロフの影響力は拡大の一途をたどり、ゴルバチョフによる国内改革を引き起したあと、ソ連を体制崩壊へと導いた。「ベルリンの壁」が破られて間もない一九八九年十二月十四日、サハロフは心臓麻痺で死亡した。

131 水爆開発を延期するよう求めたアメリカの物理学者らの提案が実際に行われていたら、ソ連側がどう応えたか？提案が行われなかった以上、知る由もないが、ひとつだけハッキリしていたのは、モスクワの決断はワシントンの決断の影響下にあった、ということである。この問題について、デイビッド・ホロウェイは二つの点を指摘している。「第一、一九四九年から五二年までの時期における、ソ連と米国の核兵器開発決定の間には相互に影響し合った明確な要素が認められるが、一方にとっての行動が、他方にとって必ずしもそうではなかったことが挙げられる。アメリカ側はこの時期のハイライトを、一九五〇年一月三十一日の、トルーマンによる水爆開発決定としているが、ソ連側は彼らの水爆開発決定にとって重要だった出来事を、トルーマンによる水爆開発の決定ではなく……アメリカの水爆第一号である『マイク』の実験成功だとしている。戦略的な核兵器開発をめぐる米ソの相互作用においては、相手に影響を与える顕著な行動とは、当事者の側ではなく、相手の側、つまり観察者サイドの受け取り方で決まるものである」。

「第二、ソ連側の意思決定は、アメリカの行動に対する反応と、ソ連内部における国内的な力学に基づく反応という二つの反応の仕方があることを示している。ソ連における初期の熱核兵器の研究は、アメリカ側の研究に関する報告に刺激されたものだった。しかし、核融合兵器の開発決定は、ソ連の核分裂爆弾の実験から生まれたもので、アメリカの一連の行動が直接的な引き鉄を引いたものではなかった。ソ連の側のスーパー爆弾の研究は、アメリカの水爆、『マイク』の実験成功で強化されただけのことである。ソ連の政策決定に、アメリカに対する反応と、ソ連国内での力学の二つを見てとることができれば、アメリカ側の行動が及ぼした影響とは、ソ連の熱核兵器開発を加速させた、ということに尽きるのである」Holloway, "Research Note: Soviet Thermonuclear Development" *Intenational Security* 4.no.3（一九七九～八〇年・冬号）一九六頁。

ヴァナヴァー・ブッシュは戦時中、「マンハッタン計画」を監督する「新型兵器委員会」の委員長を務めた科学者で、当時はワシントンにあるカーネギー研究所の所長をしていた。

この夏のアチソンへの働きかけを、ブッシュは二年後の一九五四年、原子力委員会による「J・ロバート・オッペンハイマー問題」*に関する聴聞会での証言の中で明らかにした。ブッシュは国務省にアチソンを訪ね、最も著名な原子科学者、オッペンハイマーの代理の立場で、水爆実験の延期を提案した、というのだ。

ヴァナヴァー・ブッシュは、証言でこう語った。「私自身、水爆実験が、当時、ロシアとの間で可能だと私が思っていた、唯一のタイプの合意――すなわち、当面、実験を行わない、という合意の可能性を閉じてしまう、と強く感じていたのです。そのような合意は、互いに自己を規制するものになったでしょう。合意に反したことを行えば、すぐわかってしまうのですから。私は、あの時点で水爆実験を行ってしまったことで、われわれは重大な過ちを仕出かしたものと、今なお考えています……あの実験がひとつの転換点だったことを歴史は示すことになるでしょう。私はそう思います[132]」

「マンハッタン計画」でブッシュの同僚だったフィリップ・モリソンは、ブッシュの証言について、私にこう解説してくれた。

ヴァナヴァー・ブッシュは当時、科学界、政府部内の両方で名声を博しており、それだけ彼の提案は真剣に受け止められた。

ブッシュはこの二年前、フェルミとラビが、彼らが「大量虐殺兵器」と呼んだ水爆開発の阻止を意図し、辞任した後、収拾に動いた人物だった。フェルミらの提案は、水爆の開発を一切、行わないものだったが、これはブッシュ以上に、ソ連側が応じるはずのないものだった――。

もう一人の「マンハッタン計画」参加者でノーベル賞の受賞者でもあるハンス・ベーテ*は、一九九〇年にこう書いている。ヴァナヴァー・ブッシュの実験延期の提案は、とくにスターリンの死という当時の状況に照らして考えると、モスクワとしても応じられるものだった、と。

ベーテはさらにこうも指摘した。ブッシュの提案は「原爆の破壊力の一〇〇〇倍ものエスカレーションから世界を救い得るものだった」と。[133]

モリソンは私に、ヴァナヴァー・ブッシュの働きかけがその後、どうなったかについても教えてくれた。「ブッシュは、実現寸前のところまで行ったんだ」というのだ。

ヴァナヴァー・ブッシュはアチソンとの会見に続き、今度は文書でトルーマンに同じ提案を行った。その提案文書をトルーマンは、国防長官のロバート・ラヴェット（フォレスタルの親友）に回したのである。

---

*「オッペンハイマー問題」　原爆開発に主導的な役割を果たしたオッペンハイマーは戦後、水爆開発に反対するなど核兵器そのものを否定する立場を採るようになった。マッカーシーの「赤狩り」の中、共産党の集会に参加したことなどが追及され、公職を追放された。

132 ヴァナヴァー・ブッシュの証言。*In the Matter of J. Robert Oppenheimer,* 五六二頁。Sherwin and Bird, *American Prometheus,* 四四三、五一三頁も参照。

＊ハンス・ベーテ　米国の物理学者（一九〇六～二〇〇五年）。水爆開発に当初、反対したが、朝鮮戦争が始まると、やむなく開発に参加した。

133 Bethe, "Sakharov's H-bomb" *Bulletin of The Atomic Scientist* 46,no.8（一九九〇年十月号）。

が、ブッシュの努力もそこまでだった。アチソンはブッシュの提案を拒絶。ラヴェットも拒否し、トルーマンもこれに同調した。そもそも水爆開発の命令を下したのはトルーマンだったから、科学者の提案に目を向けなかったのである。「これで機会は失われたんだ」と、モリソンは言った。「これを最後に……」と。[134]

トルーマンによる一九四五年の原爆使用の決定、一九五〇年の水爆開発決定は、軍と官僚機構の飽くなき貪欲さを反映するものだった。それはまた、技術的な可能性が生まれたことから来る圧力を映し出すものでもあった。貪欲さと圧力はトルーマンによる水爆実験の決断にも、同じように作用した。しかし今度の決断には、これまでとは違った意味合いがあった。トルーマンは今や、核兵器の威力がどんなものか知り尽くしていたし、この先もまた、大統領の周りを、核を使いたい者たちが取り囲むとも、その経験からわかっていたはずだ。だから、未熟さからトルーマンは水爆実験を決めたわけではない。

またもや、妥協なきクレムリンという、あの暗い感覚が、彼の思考を支配したのだ。アメリカ側からの人道的な呼びかけに、ソ連は応えるはずもない……アチソンとトルーマンは、その可能性すらも否定したのだ。

が、冷戦終結後の歴史研究は、アメリカ側からの提案がスターリン体制内の合理主義者たちにアピールしたかも知れない可能性を示している。それは確かに、アンドレイ・サハロフのその後のキャリアを辿れば、言えることである。アメリカの物理学者だけが、核競争を懸念していたわけではなかったのだ。

サハロフは彼の水爆開発プロジェクトが抑止効果を持つだろうとは信じていた。しかしサハロフはすでに、自分の産み出した水爆による惨憺たる被害の可能性に悩まされていた。

ソ連の最初の水爆実験成功を祝う晩餐会で、サハロフはこう言って乾杯の音頭をとった。「われわれのすべての装置が、本日のように成功裏に爆発せんことを！　しかし、常に実験場において、決して都市の上ではなく」と。

その時のことをサハロフは後日、こう回顧している。「まるで私が好ましくないことでも言ったように」同僚たちは驚きの反応を見せた、と。[135]

サハロフは早くも一九五〇年代の半ばに、彼自身のプロジェクトが産み出したものに反対する立場を明らかにした。そして一九六一年、時の首相、ニキータ・フルシチョフに対し、面と向かって、核実験を再開すべきではないと言ってのけ、大胆にも挑戦することになる。それでもサハロフはその後、数年間にわたり、ロシアの指導的核物理学者としての地位を維持することが出来た。

遠慮ない物言いをするサハロフは何度も投獄の危機に立たされたが、その度にクレムリンの強力な庇護者が救いの手を差し伸べた。この事実は、ソ連の政府当局者の間にも科学者の懸念を共有する者たちがいたことを示唆するものだ。

しかし、この点に関して最も意味深い事実は実は他にある。ソ連の水爆開発がサハロフの指揮下、執

134 フィリップ・モリソンに対する著者のインタビュー。
135 Rubenstein and Gribanov, *The KGB File*, 一一一頁。

り行われたことだ。サハロフという、自国政府の好戦性を一貫して批判し続け（たとえばソ連のアフガニスタン侵攻を非難した）、ノーベル平和賞を受賞した人物が監督した水爆開発だった。

これに対して相手役の米国の指導者だったエドワード・テラーは常に、主戦論者だった。死去するその日まで、核の拡大、エスカレーションを唱えた戦争屋だった。[136]

一方、サハロフと同じように道徳的な不安を覚えていたJ・ロバート・オッペンハイマーは、その不安ゆえに名誉を奪われ、ある人の評価をかりれば「アメリカのドレフュス＊」にされた。[137] しかし、サハロフは、その信念により、最終的に国民的な英雄になるのである。

サハロフは緊張緩和《デタント》の伝道者で、ソ連が部分的核実験禁止条約を受け容れる上で重要な役割を果たした。ということはつまりソ連とは、米国の政治家たちが考えたような一枚岩の悪魔ではなかったのだ。

トルーマンは、その科学者たちの水爆実験延期の申し入れに対する彼の個人的な考えはどうあれ、間もなく任期切れになる退任待ち《レーム・ダック》の大統領だった。後任の大統領に、運命の決断を任せることもできた。

が、トルーマンは大統領としての最後の決断として、世界初の熱核兵器の爆発実験命令を下した。「マイク」と名づけられた一〇・四メガトン水爆が爆発したのは、一九五二年十月三十一日、太平洋のエニウェトク環礁でのこと。大統領選の、わずか四日前のことだった。

「マイク」の威力は、科学者たちの予測通り、ヒロシマ型原爆の五〇〇倍にも達した。爆破ターゲットの構築物ばかりか、環礁が位置するエルゲラブ島そのものが消え、痕に大規模な海底クレーターが残った。ここに、熱核兵器の時代の幕が開けた。

ヴァナヴァー・ブッシュは二年後の原子力委員会での証言で、こう語った。「私は今なお考えています。あの時、ロシアとの間で簡単な同意さえ結ぼうとせず、水爆実験を決行してしまったことは、重大な過ちであった、と。私はあれが転換点だったと歴史は指し示すだろうと思います。あれが、今われわれが足を踏み入れようとしている暗い世界が始まった転換点であり、ひとつの結論に向け、別の努力を払うことなく突き進んだ人々が答えなくてはならない多くの問題が生まれた転換点であった、と[138]」

8 伏せろ 隠れろ!

アイゼンハワーの大統領就任式の日は晴れていて寒かった。その場に私も居合わせた。私の十歳の誕生日の二日前、一九五三年一月二十日。私と弟のジョーは、バージニア州アレキサンドリアからバスでワシントンへ行き、ペンシルバニア街に立って、パレードを見た。私は今も憶えている。ドラム缶の焚き火、お土産屋のスタンド、口から白い息を吐き出しているホットドッグ売りのことを。

136 テラーが亡くなったのは、二〇〇三年のことである。
＊ ドレフュス 一八八四年にフランスで起きた冤罪事件の犠牲者、アルフレッド・ドレフュス大尉を指す。ユダヤ人であるドレフュスは、ドイツのスパイであるとの濡れ衣を着せられ逮捕された。
137 Clarfield and Wiecek, *Nuclear America*, 一四七頁。
138 ヴァナヴァー・ブッシュの証言。*In the Matter of J. Robert Oppenheimer*, 五六二頁。York, *The Advisors* も参照。

私はまた、戸惑っていたことも憶えている。アイゼンハワーは共和党だが、私の両親は、カトリック教徒であると同じくらい根っからの民主党員。おまけに父と母はシカゴ出身、アイゼンハワーが大統領選で勝った相手のアドレー・スティーブンソン*は、両親の地元、イリノイ州の州知事をしていた。私たち一家の民主党との関わりは、主義や民族、あるいは宗教を超えたものだった。父方の祖父はシカゴのサウスサイドの民主党の区本部で建物の管理人をしていた。選挙の度に一二票を取りまとめる……これが祖父の党務のひとつだった。党の選対が慎重にカウントした票を確実なものにまとめ上げるのだった。私の両親が結婚すると、祖父の一二票の中に、ジョー・キャロル、メアリー・キャロルの二票が含まれるようになった。両親は、祖父の票となる、代わりの有権者を区本部のリストに載せてからでないと、引っ越すこともできなかった。

そんなサウスサイド育ちの私の母は大統領選中、北バージニアのスティーブンソン陣営の選挙キャンペーンを手伝っていた。母は私たちの教区の高位聖職者《モンシニョール》が尼僧の人頭税を支払いに来たところをつかまえ、シスターたちにスティーブンソンに投票するよう伝えてくれと、頼み込んだりしていた。

投票日当日、母は驚きのあまり青ざめた。投票ブースから出て来る尼僧たちは皆、誇らしげにアイクに投票したと宣言したからだ。スティーブンソンは実は、許されざる離婚をした男だった。私の両親のスティーブンソンへの肩入れは、教会が認めていないことを胸に秘めながら、いかにカトリック信者であり続けられるか、という教訓を私に与えてくれた。

そういうわけで私たち一家は、共和党員が十二年ぶりに大統領となったその日、失意の底に沈んでいたのである。

しかし、アイゼンハワーはアメリカの、みんなの英雄だった。アイクはもちろん、私にとっても英雄であったのだ。自分の家族への忠誠もあって、私は「アイク大好き《アイ・ライク・アイク》」バッジを身につけることはできなかった。しかし私は、「みんな大好き《アイ・ライク・エブリバディー》」バッジを売る物売りを見つけて、代わりに身につけていた。間もなく十歳になろうとする当時の私は、「家《ペンタゴン》」を土曜日の秘密の遊び場にしていた。私は父親が将軍の地位にあることを、ちゃんと知っていた。そしてアイクはその「家《ペンタゴン》」の最高位の将軍（私の父は二ツ星だったが、アイクは五ツ星）。そのことが、民主党員の家族の一員であるという、私の政治的忠誠心をぼやけたものにしていた。

今、当時を振り返ると、その頃のワシントンには、政治の文化を決定する、隠しきれないピリピリした空気が漂っていたように思う。そうしたパニックの中、私の父がアイクに投票していたことを知ったとしても、私は別に驚かなかったはずだ。[139] わが父、キャロル将軍の空軍特別捜査局（ＯＳＩ）における、当時の最大の関心事は、ソ連のエージェントによるスパイ活動であり、破壊活動であり、政府への侵入であった。

海外に敵がいて、足元にも敵がいる。両方とも、情け容赦のない、恐ろしい脅威……少年の私は、そ

＊アドレー・スティーブンソン　米国の政治家（一九〇〇～一九六五年）。民主党の大統領候補として、トルーマン、アイゼンハワーと戦い、落選した。ケネディ政権下で国連大使を務めた。

139 私は父がその後の大統領選で民主党の候補に投票し続けたことを知っている。ケネディ、ジョンソン、ハンフリーと投票したのだ。しかし、一九七二年の選挙では、「変人」ジョージ・マクガバンを嫌い、共和党のリチャード・ニクソンに投票した。

う信じていた。全く同じ顔をしたエージェントたち。モスクワからの指令でもって動く、陰謀と裏切りの全面的な侵入。そんな脅威への反撃の中心に、私の父はいたのだ。それはアジアの手先を通じ、朝鮮半島のアメリカ軍を弱体化させ、戦線を膠着化させ、停戦交渉にまで持ち込んでいたものだった。その停戦交渉は、なかなかまとまらず、ダラダラ続いていた……。

こんな状況に終止符を打つ。全部、ケリをつける——アイクはそう約束したのだ。アイクは自ら、朝鮮の地に赴くと言明した。

当時のアメリカは、政治家を必要としていなかった。最高司令官を必要としていた。そんな時、米軍での任務を始めたばかりの、父のようなほやほやの将軍が、どうしてアイクに投票しないでいられたろうか？　父が母に、それを打ち明けることはないだろうが……。

当時の私にとって、アイクはスティーブンソンよりも印象が強かった。始まって間もないテレビ放送は戦時中の映画の場面をしきりに放映していたから——たとえば、『海の勝利《ヴィクトリー・アット・シー》』*という番組。そしてリチャード・ロジャース*作曲によるそのテーマソング、「南十字星の下で《ビネス・ザ・サザン・クロス》」（「ノー・アザー・ラブ」としても知られる）——ノルマンディー上陸作戦での勝利の記憶はなお鮮やかだったし、その時、アイゼンハワーが果たした役割もまだ鮮明に記憶に焼きついていた。

少年の私は、より大きな世界があることに気付き始めていた。そして朝鮮半島での戦争が、私たちの子どもの文化をも占領していたのである。

私は今にして思うのだが、なぜ「朝鮮戦争」がアメリカの大衆文化を摑んで放さなかったかというと、それがアメリカ人の感情に深い鬱屈したものを刻んでいたからだ。だから戦争映画が至るところで上映されていた。戦いをモチーフにした、カウボーイ対インディアン（「赤い肌をした者たち《レッドスキンズ》」）の映画も、感情の転移《トランスフェランス》を薄いヴェールに包み込むものだった。漫画の中で、「共産主義の赤ども《コミー・レッズ》」は悪魔として描かれていた。私たち兄弟はそんな漫画を家で読むことを禁じられていたが、平気だった。ニューススタンドで、ゆっくり頁をめくる、立ち読みの専門家になればよかった。

私たちにとって、「赤い中国人」は獣《けだもの》だった。自分たちの子どもの命も、何とも思わない獣だった。フルトン・J・シーン*司教が毎週火曜日の夜、繰り返し警告したように、彼らはカトリックの神父を投獄する獣だった。尼僧を「冒す《バイオレイト》」獣だった。

殺しそこねた戦争捕虜を洗脳する彼らでもあった。GIたちの弾丸の数よりも多く、群れをなして襲いかかって来る彼らでもあった。カリフォルニアを今にも奪おうとする彼らでもあった――アメリカの少年が、恐怖に慄かないわけがなかった。

目が吊りあがり、前歯が突き出た、あの「ジャップ」に始まった戯画《カリカチュア》――「中共《チュコム》」は常に、私たち兄弟の戦争ゴッコの敵役だった。

当時は軍の放出品がどっと出回っており、私たち兄弟も、だぶだぶの陸軍の軍装を手に入れていた。

＊「海の勝利」　米NBCが一九五〇年代の初めに放映した、第二次世界大戦のドキュメンタリー・シリーズ。

＊リチャード・ロジャース　米国の作曲家（一九〇二～七九年）。ミュージカルなどで活躍。「マイ・ファニー・バレンタイン」の作曲者。

＊フルトン・J・シーン　米国のカトリック高位聖職者（一八九五～一九七九年）。大司教。一九五〇年代、「人生は生きるに足る」というテレビ宗教番組のホストとして活躍した。

濃いオリーブ色の背嚢、弾薬ベルト、中帽、飯盒、銃剣の鞘（剣の刃は取り外されていた）、ズックのゲートル……。

塹壕（木の陰の窪み）から奇襲攻撃をかけようとあたりの様子を窺い、機関銃の巣（藪）を目指して斜面を駆け下りる。地雷原（空き地）を腹ばいになって肘を使って前進し、手榴弾（野生リンゴ）を敵の陣地（下水溝）に投げ込む――私はそんな戦争ゴッコが大好きだった。

私は海兵隊員になりきっていた。爆撃隊のパイロットではなかった。私は空軍に所属する父親に済まないような気がした。

少年の私は、爆撃機のパイロットになるのが怖かった。その恐怖を、私は考えまいとしていたが、恐ろしさは常に私に付き纏っていた。

子どもの私に何がいったい最も恐ろしいことだったか?――それは、忍び寄る原爆攻撃の恐怖だった。「家《ペンタゴン》」の中で「奇襲ゴッコ」をしていたある日、私は中庭を見つけた。そこが敵の目標になる「爆心地《グラウンド・ゼロ》」だと、私は思った。

「ムーヴィートーン・ニュース」で、ワシントンに対する原爆攻撃に備えた模擬演習を観た。原爆が投下されても、大統領はホワイトハウスの地下壕で無事ですから安心しなさい、という楽天的なニュース映画だったが、大統領は無事でも、一般の人たちはどうなのか、何のコメントもなかった。

原爆は、当時の子どもたちにとって考えられないものでは決してなかった。それは子どもの世界の、至るところにあった。[140]

今から振り返れば、異常なことだが、「原爆」や「核の科学」は、広告業界の中心地、ニューヨーク・

マディソン街のマーケティングの道具とされていたのだ。それは進歩であり、起業精神であり、希望の紋章として使われていたのである。

クロム鍍金《めっき》された車のバンパーは原爆の形にデザインされていた。ウェスチングハウス社は、原子炉を納入した実績を誇らしげに謳い、家電製品を売り込んでいた。朝食のシリアルの宣伝文句は、「原子エネルギー」で一日が始まります、だった。

前に述べたように、私と弟のジョーは、シリアルの「キックス」の箱の蓋を集めて送り、「ほんもの」の「原爆の環」の到着を待ったものだ。弾丸の形をした王冠がぐるりと回ると、秘密の部屋が現れる。その部屋に目を凝らすと、「原子の核分裂」が見える仕掛けだった。その火花を放つ不思議な物質が、ほんものの放射能物質かどうかの説明はなかった（それは多分、雲母のカケラ？……）。それを見ようと弟のジョーは眼鏡をかけたから、そんな使用法の説明だけは付いていたかも知れない。

しかし、靴屋の「レッド・グース」チェーンでは、レントゲン装置による透視で実際にほんものの放射線を使っていた。私たちはそのことを知らされていなかった。「原子科学」を使って、少年の私たち

140 アメリカの核「文化」に関する著作は相当な数に上る。たとえば、Inglis, *The Cruel Peace*, Engelhardt, *The End of Victory Culture*; Scott C. Zeman and Michael A. Amundson, eds., *Nuclear Culture: How We Learned to Stop Worrying and Love the Bomb* (Boulder: University Press of Colorado, 二〇〇四年）など。ジャック・エリュール（フランスの思想家（一九一二〜九四年）。ボルドー大学教授。エコロジーの運動家。主著の *La technique ,ou, l'enjeu du siècle* は邦訳されている。『技術社会』（上巻・島尾・竹岡訳、下巻・鳥巣・倉橋訳、すぐ書房）は、*The Technological Society* の中で、原子文化に浸透している、技術が伝統的な価値を蹂躙する現象について幅広い考察を加えている。

は自分たちの足の骨が靴にフィットするかどうか暗闇の中で目を凝らし、放射線を浴びながら確かめていたのである。

『ポピュラー・メカニック』誌には、核シェルターの青写真が載っていた。私もつくってみたいと思った。『サタデー・イブニング・ポスト』誌には、「原爆の爆発をどうやって生き延びるか」という記事が載っていた。記事を読めば、生き残れないことは明らかだった（「……溝や窪みに、伏せなさい！……」[141]）。「爆撃免疫あり《ボム・イミューニティー》」は、郊外で土地建物を売る不動産屋の宣伝文句だった。大手電機メーカーのRCAは懐中電灯サイズの「原子電池《アトミック・バッテリー》」を売り出した。二十年間も電気製品を動かす、との謳い文句だった。

地元の郵便局には、原爆攻撃後の郵便配達サービスの受け方を書いたパンフレットが置いてあった。当時、発禁本のように最も読まれた漫画は「原子戦争」というものだった。ニューススタンドで私は、その漫画の頁を、まるでポルノを見るように興奮してめくったものだ。

「家《ペンタゴン》」の男たちは妄想に囚われ、私たちもまた、妄想の中にあった。が、私たち一般民衆は、妄想の直下に、政治への絶望に根ざした、純粋な恐怖を感じていたのである。「赤くなるなら死んだ方がまし《ベター・デッド・ザン・レッド》」は共産主義に対する英雄的レジスタンスのスローガンとしては力を発揮したが、それがほんとうは何を意味していたかというと、希望と道徳的な価値の非人間的な空洞化だった。新しい核の時代が訪れた今、殉教は個人の死ではなく、文明の、それも世界的規模の死を意味していた。

アメリカの若者たちは、田舎道でチキンゲームを始めるようになっていた。二台の車が、エンジン全開で互いの車に向かって走りこみ、臆病風に吹かれてハンドルを切ったものが負けるゲームである。それはまるでアメリカの対外政策の姿の引き写しだった。外交を操る者の運転席を、死の影が覆っていた。
真夜中に私は、寒気がして目覚めることがあった。「パパとママが死んじゃう」――それは少年の私が、死を意識した始まりでもあったが、その戦慄にはキノコ雲がとりついていたのである。

中国、そしてソ連にも先制核攻撃を行うべき、との「NSC文書一〇〇号」がサイミントンからトルーマンに手渡された翌日の一九五一年一月十二日、「連邦民間防衛局（FCDA）」がトルーマンによって設置された。強まる破局の危機を、全国民に警告する――これがFCDAの役割だった。[142]

大規模な教育活動が行われた。テーマは核戦争、それをどう生き延びるか、だった。工業生産の分散、核シェルター、テレビのショー、ラジオによる警報（「これはテストです」）、宣伝映画、パンフレット、ポスター……こうしたFCDAのさまざまなPR活動も、全米規模で行われたが、小学校段階での教育プログラムに比べれば、影の薄いものだった。私たちの世代に悪夢を刻印した、あの「伏せろ、隠れろ《ダック＆カバー》！」訓練がそれである。

その年の春、私はバージニア州アレキサンドリアの「セント・メアリー」校の三年生だった。私の担任は、シスターのミリアム・テレサ先生だった。私の忘れがたい恩師である。先生のことを、私たちは陰で、「MT」と呼んでいた。「空っぽ《エムプティー》」のMT先生と。しかし、実際の彼女は全くそうではなかっ

141 *Saturday Evening Post,* 一九五〇年一月七日付。
142 Schwartz, "Check, Please" *Bulletin of the Atomic Scientists* 一九九八年九・十月号 三六頁。

た。先生の話を聞かない、言うことをきかない子は一人もいなかった。
ある日の午後、先生は教室の大窓のブラインドを下げ、天井の照明を暗くして映画を上映した。映写機が唸り、スクリーンに染みのような灰色の影が円錐の中で躍ったあと、映画が始まった。漫画映画だったが、面白くもないものだった。「亀のバート」というキャラが出て来て、やり方を指図する。私たちの机は、亀の甲羅だ。机の下にもぐり込んで頭を引っ込める。バートのように出来ればＯＫ……「伏せろ、隠れろ」の訓練だった！

漫画映画が終わると、暗がりの中で先生は、私たちに指示を発した。机の下では顔が膝に付くまで屈《かが》み込み、両手で耳を覆い、目をしっかり閉じる……それを私たちに大声で言わせながら練習させたのだ。「目が眩むほど強烈な光が来るけど、見てはいけません！」

この炸裂こそ、私たちにとって恐ろしいものだった。ガラスが吹っ飛び、炎と熱が襲って来る。壁や天井のスローモーションでの崩壊、そして巨大なキノコ雲……。

が、何より恐ろしいのは、その閃光だった。千の太陽よりも強烈な閃光。私たちがもし窓の方に目を開けたら、たちまち視力をなくしてしまう、恐ろしい閃光だった。ワシントン上空の火の玉をボルチモアから見ても、シカゴ上空の火の玉をミルウォーキーから見ても、見た人は皆、失明してしまう……そう教えられた[143]。

「伏せろ、隠れろ！」のルールは、財布の大きさのカードに印刷されていた。それをミリアム先生は、聖餐式《コミュニオン》のパンのように、私たちに回した。そのまま私たちは暗闇の中で沈黙し、何事かが起きるのを待った。誰かがクスクス笑いをすると、ミリアム先生は一度だけ、チッと舌打ちして黙らせた。

この日の訓練が学校全体で行われたものかどうか、わからなかったが、その最中、これまで聞いたこともないサイレンの音が鳴り渡った。この日から、「伏せろ、隠れろ！」空襲訓練は月に数回、行われるようになり、その度にサイレンが鳴るようになった。恐ろしかったのは、そのサイレンの音である。漫画の中のサイレンではなく、現実のサイレンの響きだったからだ。

サイレンが鳴ると、ミリアム先生の掛け声が響いた。「さぁ、もぐり込みなさい」

私たちは、空襲警報が本当かどうか知らずに、机の下にもぐり込んだ。教室の照明は消され、クラスの全員が机の下にもぐり込むと、暗闇の中、教室はシーンと静まり返った。その沈黙を、私は今も憶えている。クスクス笑う者は、もう誰もいなかった。

次の瞬間、教室の中に光が衝撃のように溢れた――ミリアム先生が窓のブラインドを開けた。原爆の閃光ではもちろん、なかった。先生のベルトのロザリオの数珠が音を立て、私は目を開けた。机の下から見えたのは、頑丈なヒールの黒靴が、教室の窓に沿って動いてゆく光景だった。その時、私は気づいた。私はいつの間にか、ルールを破ってしまっていたのだ。私の両目は大きく見開いていた。そこへまばゆい午後の光が窓から降り注いだ。ちょっとの間だけ、たしかに、私は失明していた。

こうした「原爆攻撃」から、アイゼンハワーは私たちを守ってくれていた。子ども心に、私は理解していたのだ。なぜ、アメリカはアイクを大統領に選んだか、を。

就任式当日、私はペンシルバニア街の街路灯に攀じ登って見渡した。楽隊と騎馬警官が見え、警官が

143 Kennedy and Hatffield, *Freeze!*, 一六頁。

跨った馬の鼻からは、蒸気が噴き出していた。兵士たちの分列行進、飾り立てたトラックの荷台から手を振る少女たち。

そして大統領のオープンカーが近づいて来た。私はアイゼンハワーのフェルトの中折れ帽《ホンブルグ》と、白い絹のスカーフを見た。アイクは私の方を見て、手を振った。

私は救われた思いで、アイクに歓声を送った。

9 大量報復

前年の十一月、トルーマンは次期大統領に選ばれたアイゼンハワーに対し、太平洋での水爆実験成功を伝えた。その時、アイクはジョージア州アトランタのゴルフ場にいた。水爆「マイク」に関する説明を、アイクはゴルフクラブのマネージャーの部屋で受けた。

愛想のいいアイクは、核兵器について無頓着な男ではなかった。アイクはヒロシマへの原爆攻撃に対し、必要ないと反対した男だった。アイクが国務長官に選んだジョン・フォスター・ダレスも、日本に対する原爆攻撃を、道徳に反する《イモーラル》と非難した男だった。

しかし、アイクは大統領執務室に入るまでの間に変わっていた。原爆を「拳銃の弾丸とまったく同じに使えばいい」ものと見なすようになっていた。[144]ダレスはダレスで、「道徳に反する」という言葉を、トルーマンの対ソ「封じ込め」政策に対する批判に使うありさまだった。それも、原爆による威嚇をしっかり行わなかったという批判だった。[145]

核問題専門誌の『ブレティン・オブ・アトミック・サイエンティスツ』は一九四七年以降、「終末時計《ドゥームズデー・クロック》」を掲載しているが、最初の針は「真夜中の七分前」を指していた。それが、ソ連が原爆実験に成功した一九四九年には「三分前」に進み、一九五三年の今や、破滅の「二分前」まで針を進めていた。この「二分前」というのは、同誌の評価として、これまで最も核戦争の危機に近づいた時である。[146]

ホワイトハウス入りしたアイゼンハワーにとって、朝鮮戦争を終わらせることが最優先事項だった。アイクの考えは単純だった。そしてそれはアメリカの伝説となって語り継がれて来た。アイクはトルーマンのような曖昧さや躊躇をかなぐり捨てた。私は原爆を使う、必要な時には即座に……アイクはモスクワ、北京、ピョンヤンに対し、ハッキリ知らせようとしたのだ。

しかし、戦争にケリをつけるため絶対兵器の使用に踏み切ろうとする、決然たるアイゼンハワーの姿勢を強調するこの歴史物語は、トルーマン政権下で繰り返された、原爆使用への危険な動きをめぐる複雑な経過に目をつぶるものである。トルーマンに対して原爆使用を求める真剣な勧告が出たのは、

---

144 Quoted by Ernest May, in Gaddis et al., *Cold War Statesmen Confront the Bomb*, 五頁。アイゼンハワーのこの表現は、トルーマンが「原爆」について一九四五年に語った、「もう一個、弾丸が増えただけだよ」と響き合うものだ。しかし、トルーマンはやがて、別の考えを持つに至る。Clarfield and Wiecek, *Nuclear America*, 八一頁。

145 Gaddis et al., *Cold War Statesmen Confront the Bomb*, 二六二頁。

146 「冷戦」後の一九九一年、「終末時計」の針は「真夜中の十七分前」まで戻った。『ブレティン・オブ・アトミック・サイエンティスツ』誌はその時点から、「終末時計」の表紙への掲載を見合わせるようになった。しかし、「終末時計」は二〇〇五年に表紙に戻って来た。「真夜中の七分前」という表示だった。 www.thebulletin.org

一度だけではなかったのである。[147]

アイゼンハワーとしては、共産主義者が戦争の終結に協力しないなら戦争を拡大する気で大統領になったようだ。彼がトルーマン以上に自信を持ち、自分の意志を敵側にリアルに伝えられると思っていたとしても、経歴からして特に驚くには当たらない。

実はアイクは統合参謀本部の議長として一九四九年に、ソ連に対する核による戦略爆撃の作戦策定を統括したことがある。ソ連が原爆を手にする前に先制攻撃する、例の作戦計画だ。ということはつまり、核の使用は彼にとって目新しいことではなかったのだ。

公式記録によると、大統領に就任して間もなく、アイゼンハワーは国家安全保障会議（NSC）の席で、「われわれは戦術核兵器の開城《ケソン》*方面での使用を考慮すべきである。戦術核のターゲットとしては格好の地域だからだ」と語ったことが、事実として明らかになっている。[148]この段階では新たな戦術核兵器、「核砲弾」が間もなく試射される状況にあり、生産が加速されつつあった。

アイクは後年まとめた「回想録」の中で、こう指摘している。戦争を終わらせるために必要なことは何でもするという国民的決意が決定的なものだった。だから彼は「われわれの兵器の使用に制約を加えることなく」事を進めただろう、と。ここでいう「兵器」の中には、明らかに「原爆」も含まれていたのである。[149]

こうしたアイクの決断について、ジョン・フォスター・ダレスにはこんな見通しがあったようだ。NSCでのアイゼンハワーの発言の要約を、戦線を満州へと間もなく拡大するとの威嚇とともにインドの首相、ジャワハルラール・ネルーに手渡せば、ネルーは必ず北京へ伝える、と。

そして早くも翌月の一九五三年三月、板門店での停滞していた停戦交渉で、中国側が態度を軟化させ、六月には停戦合意に達する。同じ六月、アイゼンハワーは核兵器を最終的に原子力委員会の手から、軍の管理下に移す重大決定を下す。[150] 朝鮮半島での戦闘が終わったのは、翌月、一九五三年七月のことだった。

有名になったダレスの言葉をかりれば、「瀬戸際《ブリンク》」まで行っても構わないというこの姿勢が、共産主義者の態度を変えたことで、アイクもダレスも満足していた。これ以降、この「瀬戸際政策《ブリンクマンシップ》」は、アイゼンハワーとダレスの外交モードを決定するものになる。

ダレスは国務長官として、共産主義の侵攻を挫くため、前後三回にわたり、米国を「全面戦争の瀬戸

---

147 トルーマンに対しては一九五一年六月、国家安全保障会議や空軍を中心とする軍部から、朝鮮戦争をめぐり原爆を使用するよう、さまざま勧告がなされた。国防長官のジョージ・マーシャルも勧告を行った一人だが、それは「原子というものを賞味していただこうか」と中国の指導部に通告せよ、というものだった。トルーマンは一九五二年になると、さらに欲求不満を募らせ、原爆使用問題を再び、考慮するようになった。トルーマンは側近たちにこう語った。敵がもし休戦を拒否したなら、「全面核戦争の最後通告を出すのが正しいアプローチになるだろう」と。Wittner, *One World or None*, 二六一頁。

＊開城　現在の朝鮮民主主義人民共和国（北朝鮮）南部にある都市。朝鮮戦争では、「北」の人民軍が最初に侵攻した地点となった。

148 第百三十一回「国家安全保障会議」メモ。一九五三年二月十一日付。Neal Rosendorf in Gaddis et al., *Cold War Statesmen Confront the Bomb*, 七一頁。

149 Eisenhower, *The White House Years*, 一八〇頁。

150 Rosenberg, "The Origins of Overkill" 二七頁。

際に」立たせることになった（他の二回は、「ベトナム」と「台湾」をめぐって出された）[151]。ただし、この中には一九五八年、米海兵隊がベイルートの南の海岸に上陸し、米ソ両国が、互いに核戦争で威嚇し合った「レバノン出兵」は含まれていない。

温和で、だからこそ「好感が持てる」アイゼンハワーが、どうしてジョン・フォスター・ダレスのような、過激な発言をする男を国務長官に選んだかは――言うまでもなく、その弟のアレン・ダレスがCIA長官になったことと併せ――、アメリカの政治が言説の面においてラジカル化したことを示すものだ。

ジョン・フォスター・ダレスは、アイクが当選した大統領選の共和党政策要綱の中で、最も好戦的な公約を書いた男だった。例えばダレスは「無数の人間を、専制と神なき共産主義者の手に捨て去った、消極的で実を結ばない、不道徳な『封じ込め政策』」に非難を浴びせていたのである[152]。

こんなダレスを国務長官に任命することで、得るものは大きいと、アイクは踏んでいたのだ（「共産主義者」に罠にかけたことで知られるリチャード・ニクソン*を副大統領に任命したことも同じである）。

ダレスが冷戦期のアメリカを、核攻撃をしかねない好戦的な国にした事実は、どんなに強調しても強調しすぎることはない。「霧の底《フォギー・ボトム》」に立てこもったダレスは、ディーン・アチソンが進めた国務省の軍事化をさらに推進することで幸せ《ハッピー》だった。

ダレスは、「封じ込め政策」の父であるあのジョージ・ケナンの仇敵、ポール・ニッツを同盟者とした。アチソンの旧スタッフを解雇する中、ダレスはニッツを国務省と国防総省の連絡調整役のポストに留めた[153]。

しかし、アチソンがアメリカの外交を単に「軍事化」したとするなら、ダレスはそれをさらに推し進め、遂には「核化」したと言える。

前年の一九五二年、ダレスはトルーマン政権の朝鮮半島における無分別さを批判すべく、雑誌の『ライフ』に、「ある勇敢な政策」との記事を寄せた。その中でダレスは、共産主義者の挑戦に対処する唯

151 たとえば、Manchester, *The Glory and the Dream*, 六六二頁を参照。「ベトナム」をめぐる核戦争の危機は、一九五四年の春に起きた。核武装した米空母がディエンビエンフーの共産軍を原爆攻撃する「バルチャー〔ハゲワシ〕作戦」を行おうとしたのだ。このアイゼンハワーの申し出をフランスは拒否、英国も原爆の使用に反対した。「台湾」をめぐる危機は同じ一九五四年の後半に起き、翌年五五年の春まで続いた。中国が金門・馬祖島に砲撃を加えたのだ。この時、米軍の統合参謀本部は公式に、中国への原爆攻撃を求めた。五五年三月十六日、アイクは有名な声明を発表した。「原爆は使用可能だ……銃弾を使うのと同じことだ」。中国が金門・馬祖島への砲撃を停止したのは、五月一日のことだった。

152 Isaacson and Thomas, *Wise Men*, 五五九頁。

＊ ニクソンは一九四六年の下院議員選の際、民主党の相手候補を「共産主義者」だと言って非難し、勝利を手にした。当選後、彼は「もちろん、相手が共産主義者でないことはわかっていた。勝つためには仕方なかった」と語り、批判された。

153 ニッツはしかし、アイゼンハワー政権には長くは止まらなかった。しかし、それは彼が適応できなかったからではなかった。ジョセフ・マッカーシーが、政府部内における「ウォールストリートの相場師」攻撃を始め、ニッツが格好の目標とされたのだ。ニッツはジョンズ・ホプキンズ大学に閑職を得、彼の名前を関した研究所を創設する。このポストは彼にとって半永久的なものになり、研究所も大きく成長し、名を馳せることになった。「ペンタゴン付きの外交官」、ポール・ニッツのキャリアは、政治家に対して米軍部が昔から求めていたスローガンである「自分の席は自分の戦場」を体現するものだった。アイゼンハワーの政権外に座ったニッツは、彼がまとめた「ＮＳＣ文書六八号」の勧告から外れた政策を政権が採り始めると、手厳しい批判者の一人になった。

一の道は「自由世界が赤軍のあからさまな侵略に対してすぐさま報復する意志と方法を組織することである。そうすれば、もし侵略がどこかで起きても、われわれは敵の急所を狙って、われわれ自身の選択に基づく方法を用いて反撃できるし、反撃するだろう」と。[154]

ダレスの考えは、こうだった。狡猾なロシア人たちもまた、原爆の製造に成功している。彼らの原爆は他の兵器以上に不道徳なものだ。だからアメリカとしては、ロシア人が手にした「偽りの栄誉を解体し」[155]、自分たちの原爆の使用を明確化すべきである、というものだった。

これは、アメリカは朝鮮戦争に勝利した、と主張する人々によって、やがて「大量報復《マッシブ・リタリエーション》」と呼ばれるようになる戦略スタンスである。ダレス自身がこれをアメリカの政策として定式化するのは、一九五四年一月、外交評議会で行った、有名な「ダレス演説*」の中でのことだ。[156]

アメリカが核の兵器庫から原爆を放出するぞ、と威嚇すれば、それは共産主義に対する、効果的な強制モードになる――これが、アイゼンハワー政権初期の基本的な考え方だが、それはある重大な帰結をもたらした。備蓄が進み出したばかりの核の兵器庫を、さらに水爆で大拡充する動きを産み出したのである。原爆の威嚇だけであれだけの効果があるなら、水爆なら尚更のことだ、と。

水爆という、原爆より金のかからない核融合兵器は、アイゼンハワーが直面していたもうひとつの問題に解決策を与えた。その「もうひとつの問題」とは、いかにして国家予算の重圧となっている軍事費支出をコントロールするか、という問題だった。原爆はソ連の赤軍に通常兵器で対抗するよりは安上がりなものだが、水爆はさらに安上がりだった。

アイゼンハワーはわかっていたのだ。「NSC文書六八号」に基づく、素晴らしきアメリカの軍事化は、アメリカの自由経済と両立できないものであることに、彼は気付いていた。政権にとって軍事以上に急務だったのは予算の均衡回復であり、アイクはそれを望んでいたのである。

アイゼンハワーは当時、世界で最も尊敬された軍人だったから、トルーマンのように自信のなさに苦しむことはなかった。だから自分の直感で動くことにも躊躇しなかった。

国家の安全保障を長期的に維持するには、財政規律が必要だ——これは実に簡単なことである。通常兵力を減らし、戦略核の攻撃力を高める「大量報復」は、これを可能とするものに見えた。「大量報復」とはつまり、「耐えられるコストで可能な最大限の防御」だった。[157]

それはまた、広範囲に及ぶ軍部の縮小を意味していた。陸軍と海軍の予算が大幅にカットされることでもあった。米軍内の各軍がそれぞれ作戦を競い合うのではなく——朝鮮戦争のような、世界の周縁部での通常戦争は、艦船によって遂行されるものだった——ソ連と中国の都市に対する核攻撃を軸

154 Dulles, "A Policy of Boldness"『ライフ』一九五二年五月号。
155 Gaddis, *The United States and the End of the Cold War*, 六七頁。
＊「ダレス演説」ダレスは一九五四年一月十二日、外交評議会で演説し、「地域の防衛は、さらなる抑止力向上でもって強化されねばならない」と述べた。
156 ダレスの実際の発言は、以下のようなものだった。「局地の防衛は、大量報復のさらなる抑止力で強化されねばならない」。Dulles, "The Evolution of Foreign Policy," 米国務省報30（一九六二年一月二十五日）一〇七～一二〇頁。ダレス演説の数日前、アイゼンハワーは一般教書演説で、米国は「反撃する大量な力を今後とも維持するだろう」と述べた。americanpresidencnet/1954.htm
157 Wolfe, *The Rise and Fall of the "Soviet Threat"* 一五頁。

とした、ひとつの作戦計画がありさえすれば、もうそれでよかった。こうした中で、空軍が至高の地位に就くことになった。

ダレスもアイゼンハワーも、水爆の時代に戦争を回避することがどれだけ重要なことか、人並みに理解していた。彼らの新政策に対し、マスコミは「ニュールック」という名前を呈した。この「ニュールック」政策を批判する人々は、最小限の挑発に対して最大限の報復を行うものだと非難したが、アイゼンハワー自身はすでに、米国はすでに通常兵力ではソ連に対抗できない、と結論付けていた。ヨーロッパにソ連の赤軍が侵攻して来ても阻止する力はどこにもない。「大量報復」の威嚇だけが、侵略を抑止するものだった。

しかし、全面核戦争を始めるとの有効な威嚇こそ頑迷な敵の意志を打ち砕くものだという、朝鮮戦争に根ざしたこの確信は、準備態勢を築き上げる、これまでにない努力を米国に強いることになった。核兵器の増産を続行せよ！――「ニュールック」政策が陸軍の地上戦力の削減を含むものなら、火力が減る分、それだけ戦術核で補う必要があった。

ところで、それにしても疑問なのは、板門店での停戦交渉で一九五三年春、中国と北朝鮮が態度を軟化させたのは、本当にアメリカの核兵器に恐怖を覚えたせいなのか？――ということである。

ワシントンはこの問いに、その通りだと確信を持って言い切っていた。そしてこの確信は、核の威嚇に対する無限の依拠をさらに強め、弱腰と映りかねないことは最初からしない傾向に拍車をかけることになった。交渉は今や、譲歩とみなされるようになった。

が、かつての「外交」に代わって、こうした考えをもたらしたのは、国内政治の現実であった。ワシントンは、「核の瀬戸際政策」を国内政治のスタイルとして利用した。国外だけでなく、国内からの反応に注意を向けた政治スタイルだった[158]。

政権初期の数ヵ月間、新大統領は外交政策としてではなく国内における政治的理由から、前任のトルーマンなど比較にならないほど、共産主義の敵に対し強硬姿勢をとる者として自らを確立しようとしたのである。

ジョン・フォスター・ダレスの好戦的な修辞にもかかわらず、アイク自身は実はトルーマン以上に「巻き返し」政策に熱心ではなかった[159]。ただ原爆を振りかざして外向きの威嚇をしていたため、そうとは見られなかっただけのことだ。

しかし、その一方でアイゼンハワーは朝鮮戦争の停戦後も、トルーマンが課していた核兵器のコントロールの解除を続けた。核爆弾の米軍への移管を進め、基地や艦船に配備して行った。この結果、ア

---

158 この政治スタイルはいったん根付くと、そのまま永続化した。一九六二年の「キューバ・ミサイル危機」でケネディは、核戦争の瀬戸際まで突き進んでも、「たじろぎ」はしないと言った。しかし、それは実はその陰で、たじろいでいた国内向けの姿だった。ケネディ政権はトルコからの米軍ミサイルの撤去を求めるモスクワに密かに譲歩していたのである。ケネディはこのトルコからのミサイル撤去を秘密にするよう主張したが、もちろん、モスクワに対して秘密にするのではなく、それは政敵の共和党に対する秘密という意味だった。それを秘密にしたことは、たじろいだことに他ならない。（当時の国務長官、ディーン・ラスクはこう言った。「われわれは目と目を向けあい、睨めっこした。たじろいだのは、相手の方だった」（英語の動詞、ブリンク（brink）には「まばたく」という意味のほか、「たじろぐ」という意味がある」）。

159 Grose, *Operation Rollback* を参照。

イゼンハワーの任期が切れる時点では、文民の管理下にある核は、一〇発に一発だけになった。[160] 核爆弾は今や、ありふれたふつうの兵器になり切っていた。アイクはそれを、相手に知らせたかったのだ。

が、それも、アイゼンハワーの狙い通りには行かなかった。軍事から外交への切り替えどころを探り当てることができなかった。だからアイクは、「鉄のカーテン」の向こう側で起きた、全てを覆し得る出来事の重大な意味をほとんど摑めなかった。朝鮮半島での戦線膠着以上のものとして、その意味を理解できなかったのだ。

これは一九八〇年代の後半以降、明らかになったことだが、「鉄のカーテン」の向こうで起きた出来事こそ、実は核の脅威以上に、朝鮮戦争の停戦をソ連と中国に迫ったものだった。[161] スターリンの死、がそれである。

10 失われた機会

一九五三年三月五日のスターリンの死は、共産世界に地殻変動を引き起した。一例を挙げれば、スターリンの右腕だったベリヤが間もなく射殺されたことである。しかし、世界を単一な目でしか見ることのできなかったアイゼンハワーとダレスは、この地殻変動に気付かなかった。新しいソ連指導部は直ちに、「相互理解を基に」紛争を解決することを求める声明を発表した。[162] アレン・ダレス率いるＣＩＡさえ、「スターリンの死後、ソ連から平和的、あるいは友好的なジェスチャーが」数多く寄せられている、との報告を、死後一週間以内に行っているのだ。[163]

が、こうした中でアイゼンハワーとジョン・フォスター・ダレスが行ったことと言えば、「自由義勇軍団《ボランティア・フリーダム・コープス》」を立ち上げる、最高機密の作戦提案を承認したことくらいだった。これは東欧からの難民を動員し、「鉄のカーテン」の向こう側に送り込む作戦だった。「巻き返し《ロールバック》」は遂に始まった。

東欧、ロシアにおいて、この作戦は何の成果も生むことがなかったが、[164] CIAがその後、中東、南アメリカ、東南アジアで始める「暗黒《ブラック》」作戦の先駆けとなった。「暗黒作戦」は、中東などの地域では大きな騒乱を引き起こすまでになった。

歴史家のアーサー・シュレジンジャーは、かつて私にこう言ったことがある。一九五二年の大統領

---

160 Rosenberg, "The Origins of Overkill," 二八頁。

161 Bundy, *Danger and Survival*, 二四〇頁。朝鮮戦争停戦の鍵がスターリンの死にあった、他の証拠については、Gaddis et al., *Cold War Statesmen Confront the Bomb*, 九九頁を参照。

162 Perret, *Eisenhower*, 四五三頁。

163 Grose, *Operation Rollback*, 二一一頁。

164 アメリカの著名な反戦活動家の一人ウィリアム・スローン・コフィン・ジュニアは、若い頃、CIAの「巻き返し」作戦の要員として活動していた。亡命ロシア人をリクルートし、エージェントとして送り返す作戦だった。一九五三年、そんな「ウィリアムをひどく消耗させることが起きた。彼が慈しみ育てたロシア人のエージェントたちが鉄のカーテンの向こうに暗号解読文書をもって夜陰に紛れてパラシュート降下したまま、消息を絶ち、何の連絡もないまま一人も帰らなかった。コフィンはこの年、一九五三年にCIAを去り、神学校に戻って、牧師として輝かしいキャリアを歩み出した」。Grose, *Operation Rollback*, 二一三頁。スローンに対する著者のインタビューによる「ウィリアム・スローン・コフィン・ジュニア　米国の牧師、反戦・反核運動家（一九二四〜二〇〇六年）。エール大学の教会付き牧師として、公民権運動など平和・人権活動の最前線に立ち続けた。エッセイストとしても名高い」。

選で、スティーブンソンではなくアイゼンハワーが選ばれたことによる、歴史の流れの大きな違いは、もしもスティーブンソンが大統領になっていたなら、スターリンの死後、ソ連との間で確実に折り合いをつけようと努力したに違いない、ということだ。アイゼンハワーは国内的な事情で強硬さを見せなければならなかったから、妥協するわけにはいかなかった――と。

冷戦後に明らかになったソ連の公文書で今や明らかなことは、クレムリンの当局者の多くは当時、西側と関係改善できるかも知れないとの希望で活気づき、その希望それ自体が、スターリン死後に起きた政治局のエリートたちの権力闘争の対立軸となったことである。[165]が、ソ連の新指導部がまず手をつけなければならなかったのは、朝鮮での戦闘を終えることだった。モスクワから北京、ピョンヤンに、停戦へ向けた明確なシグナルが送られたことは明白である。

この間、かつて英国の首相を務めたウィンストン・チャーチルも、モスクワとの間の緊張を緩和すべく、同じだけ精力的に動いていた。チャーチルは当時、その後、一般化する「緊張緩和《デタント》」ではなく、「緊張軽減《イーズメント》」という用語をしきりに使っていたのである。

チャーチルは東西対決を、全世界の存在そのものがかかった問題としてとらえた最初の人間だった。彼は「英語を話す人種」を民族主義的に祝福する人間でもあったが、すでに見たように、核開発競争、とりわけ「スーパー」の出現により、緊張緩和がどれだけ緊急なものになっているか、理解していた人物だった。ある歴史家が指摘したように、チャーチルは水爆の出現後、「その爆発を見ることを生涯、拒絶した」人でもあった。[166]

チャーチルはスターリンが死んで間もない三月十一日、アイゼンハワーとソ連の新指導者、ゲオルギー・マレンコフ、そして自分自身による、三方向の首脳会談の開催を呼びかけた。スターリンが死去したことで、新しい相互理解はたしかに可能なことだった。

が、アイゼンハワーにとって、それは疑わしいことだった。補佐官の一人に語ったように、会っても「ソ連の体制をただ告発するだけ」[167]だから、会っても無駄という立場だった。こうしてアイクはチャーチルが切望する外交による解決に背を向けてしまったのだ。アイゼンハワーにとって、七十八歳になる英国の指導者など最早、頼るべき存在ではなかった。マレンコフなど、アイクにとっては、その他大勢の共産主義者の一人でしかなかった。

アイゼンハワーはもしかしたら、昔のチャーチルほどには直感でソ連を悪魔と決め付けて見るような人間ではなかったのかも知れない（チャーチルは大戦間期の革命的動乱の背後に、ユダヤ人の陰謀を見ていた人物である）。

---

165 スターリン死後の権力闘争はその後、二年にわたって続き、一九五六年になってフルシチョフが新たな支配者となって現れた。フルシチョフが最初にやった仕事の一つは、スターリン時代を批判することだった。フルシチョフはスターリン期に確立したクレムリンによる政策、人事を一掃したのである。

166 Gaddis et al., *Cold War Statesmen Confront the Bomb*, 二六四頁。チャーチルの対ソ連観における民族・人種・イデオロギーの諸要素は、彼の「大国間のゲーム」に配慮する考え方の中でバランスの取れたものになっていた。そうしたチャーチルのバランス感覚は、彼が一九一九年から二一年にかけ、英国の戦争大臣、空軍大臣を務めた時以来、培われていたものだ。その経験がチャーチルに、トランスコーカサス〔カスピ海・黒海間のコーカサス山脈の南側〕、中東、東欧におけるボリシェヴィキの目標、手段を戦略的に理解することを教えた。

167 Grose, *Operation Rollback*, 二一一頁。

が、アイクには忘れられないショックな思い出があった。一九四五年のベルリンで、ソ連のジューコフ元帥から教訓を学んだのだ。ジューコフ元帥は地雷原をクリアしなければならなくなった時、最も効率的な方法を採ったそうだ。自軍の兵士らに歩かせる――それがその最良の方法だった。[168]

つまりアイゼンハワーにとっては、ソ連の指導者は単純で素朴な、人でなしだった。スターリンはそれをさらに、かつてない残虐さへと進めた男だった。スターリンの晩年は、「根無し草のコスモポリタン」の粛清、反ユダヤ主義の攻撃、強制収容所の拡張でもって特徴づけられた時代だった。

「非スターリン化」は間もなく時代のスローガンになろうとしていたが、ワシントンにはなお、善悪二元論的な見方を修正する力はなかった（有名な一九五六年の第二十回党大会でフルシチョフは、スターリンの遺産を非難する演説を行った。ＣＩＡにとってそれは、予想もしない完璧な驚きだった）。

アイクは三者会談を提案するチャーチルからの電報を受け取るや否や、その日、三月十一日のうちに、回答を返信した。首脳会談への答えは、もちろん「ノー」だった。[169]

一カ月後の一九五三年四月十六日、アイゼンハワーは「アメリカ新聞編集者協会」の総会で、後に「平和のチャンス《チャンス・フォー・ピース》」演説として知られるようになる、的外れながら、しかし心に迫る有名なスピーチを行った。

「ヨシフ・スターリンの死で、ひとつの時代が終わったことを、世界は知っています……そして今、ソ連では新しい指導部が権力を握っています。過去との繋がりが如何に強かろうと、それは全てをつなぎとめることはできません。ソ連の未来は、かなりの部分において、今後自ら創り上げてゆくべきものです」

アイゼンハワーはまた、スターリン時代に起きた紛争のコストについて、雄弁にもこう指摘した。「製造された銃の一つひとつが、進水した軍艦の一隻一隻が、発射されたロケットの一基一基が、最終的な意味において、飢えに苦しみ、食べ物を与えられていない人々、寒さに震え、衣服も支給されていない人々からの盗みを意味しているのです」

が、演説文の意味を探るモスクワにとって、このアイゼンハワーのスピーチは、結局のところ、従来からの米国の要求の蒸し返しでしかなかった。アメリカとの関係を改善するには、ソ連としてイデオロギー上の基本的な考え方、及び社会機構のほとんどを放棄しなければならなかった。つまり、アイクの演説は、あの「バルック計画」の焼き直しでしかなかったわけだ。

アイクはさまざまな要求を突きつけた。ソ連は近隣諸国に対する支配権を譲り渡さなければならない。ドイツの再統一を認めなければならない。兵力削減と原子兵器の禁止に同意しなければならない。そしてもちろんその社会を「国連による実地の査察システム」に対して開放しなければならない[170]。

アイゼンハワーの伝記作者も、さすがにこう書いている。「要求が多い――というより、多過ぎた」と[171]。アイクは確かに「平和」を語ったが、彼が本当に求めたのは「降伏」だった。

その年の終わりに近い一九五三年十二月八日、アイゼンハワーは同じように感動的な演説を、国連

168 Snead, *The Gaither Committee*, 一六頁。
169 Carlton, *Churchill and the Soviet Union*, 一七九頁。
170 「平和のチャンス」演説 www.eisenhower.utexas.edu/chance.htm
171 Perret, *Eisenhower*, 四五四頁。

本部で行った。「平和のための原子《アトムズ・フォー・ピース》」と題したスピーチは、さらに雄弁なものだった。

「米国はみなさんの前で──ということは世界の前で誓います。恐るべき原子のジレンマを解決する手助けをする決意があることを誓います。その全ての心、精神を、人間による奇跡の発明がその死に奉仕するのではなく、生に捧げられる方途の発見に向けることを誓います」[172]

こう語ったアイゼンハワーの真摯な思いはある意味で、疑いようのないものである。しかし、彼の「誓い」を具体化する、意味ある現実的な外交努力は何もなされなかったし、それとは裏腹に、軍事政策が着々と進められていたという点で、この「誓い」は矛盾を含んでいた。そしてソ連はそのことを知っていたのである。

この演説からちょうど一ヵ月後、一九五四年一月八日、アイゼンハワーの国家安全保障会議（NSC）は、もし朝鮮半島における覚束ない停戦が破られたなら、核兵器を使用することを正式決定していた。[173]それは今にもアイゼンハワーが核兵器使用の命令を下す、という切迫したものではなかったが、核攻撃の準備は完了していたのである。それから数日後、ダレスは「大量報復」を新ドクトリンとして発表。さらにそのわずか三ヵ月後には、アイゼンハワーがフランスに対し、ディエンビエンフーの戦い*における原爆の使用を提案するに至る。

つまり、「平和のための原子」演説で全体像が示された、アイゼンハワーの、「生に捧げられる」原子炉平和利用の推進という戦略は結局のところ、核のテクノロジーと、核兵器の拡散に行き着くものだった。

アイゼンハワーとしては原子の脅威を払拭しようと真剣に努めたつもりだったかも知れないが、事態を悪化させただけだった。ある歴史家がダレスに対して使った言葉をかりれば、アイゼンハワーもまた「核の精神分裂《ニュークリア・スキゾフレーニア》」に病んでいたのである。[174]

実際のところ、アイゼンハワーの「平和の修辞《ピースフル・レトリック》」は、外交のスタイルと軍事力の両面における「激しい核化」と結合することで、その目的を果たしたのだ。マクジョージ・バンディが後日、指摘したように、この「平和のための原子」演説は、水爆製造に向けた突貫プログラム、及びカーチス・ルメイの下での戦略空軍司令部（SAC）の拡大（ともに、トルーマン政策の継続）と同時に行われた、アイゼンハワーの下での核備蓄の巨大化を、「国連総会を感動させ、平和をもたらす高邁な目的の陰に身を潜ませることによって、守り抜いた」のである。[175]

この演説からそれほど時間が経っていないうちに、米国は「ベトナム」及び「台湾」をめぐる「あらゆる作戦が要求するものに関与する」として、「大量報復」の威嚇を公然と繰り返すことになる。[176]

172 「平和のための原子」演説　www.eisenhower.utexas.edu/atom6.htm
173 *Bundy, Danger and Survival*, 二四四頁。
＊ ディエンビエンフーの戦い　第一次インドシナ戦争における最大の激戦。一九五四年三月から五月にかけ、ベトナムの北西部、ディエンビエンフーで、ベトナム軍とフランス軍の間で行われた。ヴォー・グエン・ザップ将軍率いるベトナム軍が勝利を収め、フランスのベトナム撤退につながる流れをつくった。
174 Neal Rosendorf, in Gaddis et al., *Cold War Statesmen Confront the Bomb*, 六三頁。
175 Bundy, *Danger and Survival*, 二八七頁。
176 前述のように、アイゼンハワーが原爆の使用可能を「銃弾を使うのと同じことだ」と述べたのは、金門・馬祖島をめぐる危機が深化した一九五五年三月のことだった。

そしてその結果、こうした流れの中でどんな状況が生まれたかというと、「スターリン後」のソ連では、核の備蓄を二倍、三倍に増やす大増産が始まり、中国では毛沢東が自前の核開発命令を発することになった。[177]

11 防衛の知識人たち

「大量報復《マッシブ・リタリエーション》」という表現の中の、基本語は「報復《リタリエーション》」である。その動詞、「報復する《リタリエート》」を辞書で引けば、こう書いてある。「同じものを返すこと。特に、悪に悪を返すこと」と。

アイゼンハワーとダレスの「大量報復戦略」には、たしかに明確な前提があった。それは、米国は敵対活動を開始する側には立たない、というものだった。しかし、ソ連及びその代理人が通常兵器を使った攻撃を仕掛けて来た時（たとえばベルリンに対して）、その報復として核攻撃を行うかどうかについては、意図的に曖昧な態度を採っていた。[178] その一方で、「大量報復戦略」の負担は敵が背負うべきもので、それはいかなる敵対行動についても圧倒的な懲罰になるだろう、と明確に宣言されていたのだ。

「大量報復」は当然の結果として、「予防戦争」の概念を拒否するものだった。すでに見たように、第二次世界大戦が終わって間もない頃から、ソ連に対する先制攻撃を求める提唱者がいた。ソ連が原爆を手にする一九四九年までは、平和運動に関係する者まで、「むしろ絶望的な核競争」を避けるため、ソ連の核施設に対して不意打ちの攻撃を仕掛けるべきだと言っていたのである。そして「家《ペンタゴン》」の首脳部——とくに空軍指導部の間では、ソ連本土に対する奇襲攻撃論が支配的だった。

「A《エー》デー」――米国が「核の優位」を失う日のことを指した言葉も造られた。米国がソ連の核施設に対して、ソ連から報復される危険を背負うことなく、最早、攻撃を仕掛けられなくなる「日」のことだ。

アイゼンハワー政権下でも国家安全保障会議がソ連に対する先制攻撃を真剣に検討したことがある。しかし、程なく、一九五三年にソ連が水爆実験に成功し、その備蓄を開始したことで、破壊力が局地的な原爆を使った核攻撃シナリオは、時代遅れのものになってしまった。新しい核融合型の水爆は、ほとんど無限の破壊力を持つものだったからだ。原爆攻撃での犠牲者の想定は数十万、あるいは数百万人というものだったが、水爆はそれを一挙、数億人レベルに拡大した。[179]

その「Aデー」も過ぎ、それとともに、あらゆる「予防戦争」の概念もまた、公式レベルから消えてしまったのである。アイゼンハワーは言った。アメリカが先制攻撃を行うと考えること自体、「今や

177 毛沢東が中国の原爆製造プロジェクトの開始命令を出したのは、一九五五年一月のことだった。Ernest R. May, in Gaddis et al., *Cold War Statesmen Confront the Bomb*, 五頁。

178 ダレスは一九五四年に、こう書いている。米国は「侵略者が侵攻先に選んで侵入した現場を超え、侵略者に重大なダメージを与えることができると確信する……また、新たな敵の侵略が始まる前に、米国がどんな軍事行動をとるかは、予め明らかにすべきではない……侵略者が知らないままでいるのが一番、良いことなのだ。しかし、敵はわれわれの諸政策に照らし、選択権はわれわれ、米国にあるのであって、自分たちにはないことを知ることができるし、現に知っている」"Policy and Security for Peace," *Foreign Affairs*, 一九五四年四月、三六〇頁。

179 統合参謀本部が起草し、アイゼンハワーによって承認された「統合戦略力計画」では、米軍の第一波の水爆攻撃で、四億二五〇〇万人から四億六〇〇〇万人の死者が出るものと予測されていた。この推定の中に、中国が含まれていることは疑い得ない。Clarfield and Wiecek, *Nuclear America*, 一五四頁。

不可能である……率直に言って、どんな人が現れ、どんなことを話そうと、私は真剣に聞く気にならない」[180]。「大量報復」戦略に潜む論理的な一貫性のなさ――平和への道は、全面戦争を準備することだ――は、政治家や、彼らが依拠する防衛問題専門家の新しい集団を、ある種の「不思議の国」へと追いやった。

米ソ両国とも、今や相手を直接、攻撃することができ、敵に攻撃されても何とか温存できる核兵器体系を持ってしまったからには、戦争を始めることは、今の言葉で言えば、「考えられない」ことになるはずだった。にもかかわらず「考える《シンク》」が、どんなに難しくとも、素早く行わなければならない時代がやって来た。「考える」――は、ＩＢＭ社のモットーだが、そのＩＢＭの計算機に、軍事プランナーたちが依拠するようになった。

軍事戦略家のバーナード・ブロディーが原爆を最終的な「絶対兵器《アブソリュート・ウェポン》」と呼んだのは、一九四六年初めのことだった[181]。が、原爆が究極の絶対性を保持していたのは、水爆の出現までのことだった。地球という惑星の全生命とまではいかなくとも、全文明を滅ぼしかねない、水爆という核融合兵器の登場で、理論家たちの言う、戦略理論上の「熱核革命《サーモニュークリア・レヴォルーション》」が引き起こされた[182]。

「安定ドクトリン」「制御された対人戦争」「対抗目標」「ゲーム理論」「抑止」――こうした新語が、大学の教授たちの辞書に入ったばかりか、彼らを雇う「家《ペンタゴン》」の文民の語彙の中にも入り込んだのである。

第二次世界大戦後、空軍の指導部が自前のシンクタンクを設置したことがあった。戦略理論を研ぎ澄ますためだった。航空戦や「グローバルな戦力投射《フォース・プロジェクション》」などを勧める、その研究開発プロジェクトでの議論は、アメリカの防衛の中心に戦略爆撃力を据えるキャンペーンの一環だった。「戦争革命」を理論的に主張することは空軍にとって、総額が決まったゼロサム予算をめぐり陸軍、海軍と内輪争いの空中戦を有利に進める上で必要なことだった。

空軍が独自に部内で始めた研究開発プロジェクトは、やがて「ランド研究所*」へと発展してゆく。最初は陸軍航空隊との契約で、軍用機メーカーのダグラス社が部内に研究部門を設置する形をとっていたが、一九四八年になって、南カリフォルニアに本拠を置く研究組織として独立した。

こうした中で、一群の「熱核《サーモ・ニュークリア》の神学者《ジェスイット》」[183]が現れた。初期にはバーナード・ブロディー、ハーマン・カーン*、アルバート・ウォールステッター*、ウィリアム・カウフマン*が、後期にはトーマス・シェリン

180 Bundy, *Danger and Survival*, 二五二頁。アイゼンハワーは一九五四年に、国家安全保障会議のこんな文書を承認してもいる。「米国及び同盟国は、戦争を挑発する予防戦争及び予防戦争的な行動というコンセプトを拒絶しなければならない」Rosenberg, "The Origins of Overkill," 三四頁。
181 Brodie, *The Absolute Weapon*
182 Trachtenberg, *History and Strategy*, 四頁。
*ランド研究所　米国カリフォルニア州サンタモニカに本拠を置く総合シンクタンク。現在は米軍のみならず、民間からの委託研究など幅広い研究活動をしている。ＲＡＮＤの名は研究と開発の英語の頭文字を組み合わせ、縮めたもの。
183 Kaplan, *The Wizards of Armageddon*, 一〇頁。彼ら「熱核の神学者（ジェスイット＝イエズス会士）」は、「ペンタゴンや国務省の廊下を、三世紀も前に、マドリッドやウィーンの宮殿を歩いていたよりも自由に闊歩していたのである」〔イエズス会は一六世紀に結成されたカトリックの男子修道会。日本にキリスト教を初めて布教したフランシスコ・ザビエルも創設者の一人〕。
*ハーマン・カーン　米国の軍事理論家、未来学者（一九二二〜八三年）。ハドソン研究所を設立。
*アルバート・ウォールステッター　米国の数学者、核戦略家（一九一三〜九七年）。ランド研究所の研究員、シカゴ大学教授などを歴任。
*ウィリアム・カウフマン　米国の政治理論家（一九一八年〜　）。マサチューセッツ工科大学教授。

グ、ヘンリー・キッシンジャー、ダニエル・エルズバーグ、ジェームズ・シュレジンジャーらが活躍した。

彼らはこの明確に答え切ることのできないパラドックスのような問題の解決に、その優れた知性を傾けたのである。核融合兵器を、どう「コントロール」して使用できるか？　「不合理な」状況の中で、いかに敵の「合理的な」行動を予期しうるか？　どうすれば「衝動的な攻撃《スパズム・アタック》」を、全面戦争のひとつ手前で食い止めることができるか？……戦略空軍司令部の爆撃機の胴体に印刷された、あの有名な「平和こそわれらの仕事《ピース・イズ・アウア・プロフェッション》」と同じくらい不条理なことが、いまやアメリカの偉大な知性たちの知的エクササイズになっていた。

こうした皮肉《アイロニー》について、ある歴史家はこう指摘している。「これにより核時代における基本的な諸公理が間もなく導き出された。『防衛の不可能性』『世界の主要都市の絶望的な攻撃されやすさ』『奇襲攻撃の誘惑』『報復能力の必要性』――などが、それである。また、その後、数十年にわたって軍事戦略家たちを支配することになる、さまざまな議論も暗示的ながら、すでに出ていた。『敵の核戦力に対する第一撃が成功したことによる危険』『狂人を抑止する不可能性』『集中的な防衛準備が挑発的な行為に見えてしまう背理』――こうしたものが、それである」[184]

「空戦力」という新たな軍事理論の分野も、そうしたもののひとつだった。これがどんな形で生まれたかを記憶する上で最も重要なことは、それが空軍の、完全な子飼いの中で産み出されたことである（一九六四年に公開された映画、『博士の異常な愛情――または私は如何にして心配するのを止めて水爆を愛するようになったか』*に出て来る、「ストレンジラブ博士」と「リッパー将軍」の依存関係は、こうしたアメリカの現実のもじりだった）[185]。

ロスアラモスの物理学者やマサチューセッツ工科大学の工学者たちは国防総省御用達の自然科学研究を担い、ランド研究所の政治哲学者や経済学者たちは、軍事の社会科学を体現するようになった。新しい防衛産業に対する投資に見合った、学問的な研究投資だった。

これまでにない現象が生まれた。さまざまな大学、いろいろな学問分野、ビジネス、研究所、大企業、さらには連邦、地方レベルのさまざまな立法府——これらが一体化する中で、アメリカは「兵営国家《ガリソン・ステート》」として自らを再創造したのである。

アイゼンハワーは大統領の任期の最後に、有名な「軍産複合体《ミリタリー・インダストリアル・コンプレックス》」に警告を発する演説を行った[186]。その発展に自分は何も関与しなかったような言い方だった。しかし、アイゼンハワーは「軍」「産」に、三つ目に「学《アカデミック》」を付け加えてよかったのである。すなわち「軍産学複合体」がこのアメリカに生まれてい

---

184 Freeman, *Evolution of Nuclear Strategy*, 四四頁。

＊映画、『博士の異常な愛情——または私は如何にして心配するのを止めて水爆を愛するようになったか』ピーター・セラーズ主演の英国映画。主人公の「ストレンジラブ博士」はドイツから来た大統領科学顧問で、「リッパー将軍（「ジャック・D・リッパー」」（一九世紀末のロンドンで、女性ばかりを狙って連続殺人を起した、切り裂き魔、「ジャック・ザ・リッパー」のもじり）は反共妄想に取りつかれた男。

185 スタンリー・キューブリック監督によるこの映画は、ハーマン・カーン（に、ヘンリー・キッシンジャーとエドワード・テラーを加味したキャラクター）を「ストレンジラブ博士」に、ルメイを「リッパー将軍」に見立てている。「ペンタゴン文書」を暴露したダニエル・エルズバーグは一九六四年にこの映画を観た時、同僚に「ドキュメンタリー映画だった」と感想を漏らした。Fred Kaplan, "Truth Stranger Than 'Strangelove,'" ニューヨーク・タイムズ、二〇〇四年十月十日付。

る、と言ってよかったのだ。

アイゼンハワーからケネディにかけての、核時代の初期における、防衛の知識人らによる哲学的な思索は、結局のところ道徳的な混沌の蔓延に、ある種の倫理的な支えを与えるものとなった。こうした知識人のうちの何人かは、脅威を言いふらして歩く者の非論理を――「予言通りの結果にしかならない予言」や「予期せぬ結果」といったものを――手厳しく批判していたが、「教授」たちのほとんどは、お先棒を担いだり、賛成のサクラ役を演じたり、「家《ペンタゴン》」の好みに知的な正当性を与える役割を果たしていたのだ。[187]彼らの「考える《シンキング》」は、緊張が高まった時代には、何でも考えようによっては考えられる事実の例証となった。

米国の文民・軍事の当局者は何度も何度も、核・熱核兵器の使用を声高に叫び、瀬戸際まで突き進んで恐怖を撒き散らして来たが、彼らはそれを「理論的な裏づけ」を得ながら行って来たのだ。この問題を歴史的に研究したマーク・トラクテンバーグは一九九一年に、こう振り返っている。

「われわれの社会は今日なお、核の健忘症《ニュークリア・アムネシア》としか呼べない状況に集団的に陥っている。われわれの核の過去《ニュークリア・パースト》はほんとうのところ、どんなものであったかという歴史の事実とは関係のないことだけが語られている。一九五〇年代でも、核戦争は実は政策手段としては全く『考えられない』ものだった。核戦力は、『使用可能』だったことは一度もないけれど、『他国による使用の抑止』には役立った。核の先制攻撃を決してしないのが米国の立場だったから、『大量報復』の威嚇も、口先だけのものだった――といったことが、今やしばしば、まるで自明のことと語られている。こうした歴史像が形づくられて来たのは、それが左右両派の政治勢力にとって、政治目的上、都合がよかったからだ。何か非常に基本的なことが忘れられている、と結論付けることのない、核に関する研究はあり得ない」と。[188]

私たちが何を忘れているかと言えば、アメリカの軍部は、自分たちを監督する文民と時に衝突し、時に支持を受ける一方、彼らが知的かつ道徳的な（たとえそれが暗黙のものであっても）導き手と頼る「神学者」たちの支援を受けながら、核攻撃をいつでも実行できる準備を終えていたばかりか、時には攻撃を切望していた、という事実である。

こうした「防衛の知識人」らが果たした重要な役割は、「家《ペンタゴン》」の歴代の主に対する彼らの積極的な奉

---

186 アイゼンハワーはこう演説した。「巨大な軍部エスタブリッシュメントと大規模な軍事産業は、アメリカの経験の中でも新しいものであります……軍産複合体による不当な影響力の獲得については、それが意図したものであろうとなかろうと、私たちは政府のさまざまな会議において警戒しなければなりません。軍産複合体の権力が不適切な場所を占める危険性が惨憺たる勃興をしてゆく潜在力は、現に存在しており、今後もそうあり続けるでしょう。私たちは、この軍産が結合して出来た重みが、私たちの自由、あるいは私たちの民主主義のプロセスを危機に陥れることを決して許してはなりません。私たちはそれが当たり前だと思ってはならないのです」。退任演説、一九六一年一月十七日。アイゼンハワーが予期した「軍産結合」はたしかに、アメリカの市民生活が複雑なかたちで軍に結び付けられるという意味で新しい現象だったが、警告は昔から出ていた。「軍事エスタブリッシュメントが過度に大きくなることは、あらゆる政体において、自由を危うくするものです。それは特に、共和主義の自由に敵対するものと見なさなければなりません」ジョージ・ワシントンの退任演説、一七九六年九月十七日。

187 軍事システム理論における矛盾、アイロニーは、たとえば「安全保障のジレンマ」や「囚人のジレンマ」「次善の結果」という用語の中に見出される。この見方を、私〔著者〕は、マーティン・マリン〔米国の政治学者。ハーバード大学ベルファー科学・国際問題研究センターの原子管理プロジェクト長。国際関係、軍縮、中東問題を専攻〕との会話の中で教わった。

188 Trachtenberg, *History and Strategy*, 一五二頁。

仕ぶりを見ればわかる。彼らの多くは、客観的な立場に立っていたと主張してはいる。しかし、実際は、螺旋を描いて積み上がり、核戦争が実際に起きた時だけ核兵器の備蓄が止まる、永遠の核競争を正当化していただけのことだ。

彼らは、敵――すなわち世界から、最悪のものが飛んで来る、という思い込みを強める点で一貫していた。この「被害妄想のスタイル」は、「防衛の知識人」らに採用されたことで、正当化されたばかりか、まるで「自然科学」の公式で証明できるようなものとして、合理性の高みへと昇り詰めたのである。

アイゼンハワーの時代の戦略家たちはまだ、「大量報復」ドクトリンを懐疑的な目で見ていた。「全面戦争」で報復するか、それとも「降伏」するか、その選択しかないものだと見ていたのである。しかし、その後の展開の中で戦略家たちは核兵器の「選択的」使用ということを言い出すようになる。が、「選択的」使用といっても、それは現実において、あくまで「大量《マッシブ》」使用でしかなかった。

核戦争に関する理論の跡を辿ると、さまざまな、時に対立し合う議論が長年にわたり繰り広げられて来たことがわかるが、それが現実の「戦争・戦闘計画」の中身を左右したことはほとんどなく、軍部の「戦争・戦闘計画」はほぼ一貫して同じ内容であり続けた。[189] つまり、敵の都市を破壊する担い手としての戦略空軍力を、戦争・戦闘計画の基盤とするルメイの考え方は、しっかり根付いたまま維持されていたのである。

精密に理論化された「戦略バランス」「十分性」「柔軟対応」といった概念――そしてついには「相互確証破壊」なる理論さえも飛び出したが、核爆弾、核弾頭、さらにはより高度な核の運搬手段を増強する勢いを鈍化するものではなかった。

彼ら「核の知識人」たちは、米ソ間に「軍備管理と軍縮」の道筋をつける役割を果たしはしたが、兵器制限交渉で合意に達するたびに、いつも合意外のところで、兵器の爆発的な増殖が起きるのだった。交渉でどんなにまじめに「軍備管理と軍縮」を話し合っても、その度に核兵器の新たなエスカレーションが起きたのは、軍備管理そのものが米国の核の支配を維持するものだったからである。

「教授」たちは過去数十年もの間、誰のために働いているのか、一度も忘れることはなかった。彼らは、爆撃隊の将軍たちのために働いて来たのである。

当時、爆撃隊の将軍たちの最高位にあったのは、カーチス・ルメイだった。ルメイは一九四五年以降、空軍に新設された、研究開発担当の参謀次長のポストにあり、「ランド研究所」の生みの親になった。「ランド」はルメイの下で、発展し始めたのである。[190]

「絶対兵器」という抽象化した言い回しも、何度も繰り返される中で、結局は「戦略空軍司令部」（SAC）の役に立っただけだ。そうした「理論」を、ルメイは一言もバカにしなかった。ルメイが研究開発プロジェクトを手がけたのは、ただただ新しい「補完物《インストルメンタリティー》」を得たいがためだった。新しい「補完物」とはつまり、「新兵器」のことだった。

189 Trachtenberg, *History and Strategy*, 四三頁。

190 ルメイの下で定められた「ランド」の「設立目的」には、こう書かれている。「プロジェクト・ランドとは、空戦という広汎な問題に関する科学的な研究・リサーチを、空軍に対する好ましい手段、テクニック、補完物の勧告を目的に行う継続プログラムである」。Kaplan, *Wizards of Armageddon*, 五九頁。

さて、私が綴って来た「戦争の家」の物語は、ここで再び、私個人に関する私的な様相を強める。ランド研究所が生まれて十年後、ルメイはSACの最高司令官になり、権力の頂点を極めるのだが、その頃、ルメイがしたことのひとつは、私の父、ジョー・キャロルの動きを封じ込め、次の手を打つことだった。

12 「トップ・ハット作戦」

私の父、ジョー・キャロルはFBIのエージェントから空軍の警備・反諜報活動部門の長に成り上がった男だが、一九五〇年代の半ばには、「家《ペンタゴン》」の将軍の一人として地位を確立していた。電話交換手だった私の母も、「将軍の妻」という新しい役割を身に付けていた。

当時、私たちの家族は、バージニア州の南アレキサンドリアの質素な家で暮らしていた。ボーリング基地の中の「将軍通り」に住むには、当時の父の階級ではまだ足りなかった。私たち一家が暮らしていたのは、ホリン・ヒルズという、モダンな中二階建ての家が並ぶ、新興住宅地の一画だった。自由な気質の、リベラルな若い法律家や連邦議会の議員スタッフらの住む、空軍の家族には場違いな街だったが、私たちはそうとは露知らず、移り住んだ。

当時の私の友だちと言えば、ジャーナリストや一般公務員の息子たちだった。私たちの住む同じ通りに、歴史家のバーナード・フォール*が暮らしていたことを後で知った。私が多分、彼の家に新聞の朝刊を配達していたころ、バーナード・フォールは、家の中であの有名な『ストリート・ウィズアウト・ジョイ』を書いていたのだ。このあと十年近く経って刊行されたこの本は、ベトナムのもうひとつの歴史を記した決定版として、その後のベトナム反戦運動の基盤となったものだ。

砂利の採掘場、小川、森の石壁、木の家……これら、ホリン・ヒルズでの私の思い出は、私たち兄弟と母に関するものばかりで、父親の思い出は少ない。父はいつも仕事で家を空けていたのだ。これは今にして思うことだが、父親はだから罪滅ぼしで、土曜日の度に、私を「家《ペンタゴン》」へ遊びに連れて行っていたのだ。

「赤の恐怖」が広がっていた当時、父の率いる空軍の「特別捜査局（ＯＳＩ）」も、アメリカ人がとりつかれた脅威の中心にあった。

一九五〇年代は共産主義者のスパイに対する、アメリカ人の不安な思いが全開した時代だった。が、ここでひとつ明記しておくと、一九三〇年代から五〇年代にかけて、アメリカ共産党に加わった数千人のアメリカ人のうち、スパイ容疑で政府から名指しされた者は数百人に過ぎず、そのうちの一握りの人々だけが国家安全保障に対する真の脅威とされた、という事実である。彼らのモスクワへの通報も、工業よりも農業、農業政策に関するものが多かったほどである。

＊バーナード・フォール　米国の歴史家（一九二六～六七年）。オーストリアのウィーンに生まれ、ユダヤ人の両親をナチスに殺された後、フランスのレジスタンス運動に参加。戦後、米国に渡り、ベトナムなどインドネシアで研究活動。最後は滞在先のベトナム・フエ北方で、米軍とともに行動中、地雷に触れ、死亡した。

しかし、共産主義者の浸透に対するアメリカ人の不安は、米国の歴史における最も苛烈なイデオロギー攻撃をまるごと認めるものとなった。これにより米国の右翼は、同時期、ヨーロッパで政治を再活性化していた社会主義的な理想主義を、米国民の政治的な言説の中から一掃することに事実上、成功したのである。

「赤の恐怖」の不安ゆえに、アメリカ人は無批判に、ある特別な経済システムの発達を受け容れてしまったのだ。その経済システムとは、構造的な問題でないにせよ、少なくともその効果において、世界の大半を無残な貧困に追い込む代物だった。マルクスの資本主義批判における人間的な側面でさえ米国では考慮もされず、二〇世紀を特徴づける二極分化という危険な結果をもたらした。

しかし、これは今、当時を振り返って言えることである。当時の政治的な不安は、右か左かといった問題を超えて、あらゆるものを包み込むものだった。だから、私のような子どももまた、不安を感じていたのである。

当時のアメリカ人のパニックは、アメリカ人のある思い込みと結びついていた。原爆というアメリカの歴史で最も厳重に守られていた秘密が盗まれてしまった、と皆信じていたのだ。ソ連の科学者たちがほんとうに、ロスアラモスの機密を知る必要があったかという疑問を通り越し、私たちはもう彼らが機密へのアクセスを手にしていると思い込んでいたのだ。彼らのアメリカの原爆へのアクセスが実はロンドン経由であることに目を向けることもなかった。

一九五〇年代の初め以降、アルジャー・ヒスのような者だけが、米国で槍玉に上がったわけではなかった。クラウス・フックス、デイビッド・グリーングラス*、エセル&ジュリアス・ローゼンバーグ

――といった名前が、理性を失ったアメリカ人たちの、新たな赤狩り名簿に載ることになるのである。私の父、ジョー・キャロルのOSIが登場するのは、歴史のこの場面でのことだ。

私の父の空軍「特別捜査局（OSI）」の任務は、スパイを捕まえることと、ロスアラモスのような秘密施設を、潜入者、破壊者から守ることだった。当時はソ連のエージェントとアメリカ共産党員との間の区別が無いような状態だった。全員に目を光らせる――それがOSIの当時の日課だった。「特別捜査局」の正式な略称はAFOSI《エア・フォース》だった。AFOSIは、その後、「鷲の目《ザ・アイズ・オブ・ザ・イーグル》」＊と呼ばれるようになるが、秘密作戦の防護、秘密作戦の支援などにも従事する任務を果たしていた。……。

一九五四年、ジョセフ・マッカーシー上院議員らが警報を鳴らしたことで、陸軍を含む政府の全機関に警戒を強化するよう圧力がかかった。潜入者、破壊者、陰謀家は、いないわけがないし、捜査員も捜査の対象にしなければならない。

では、何処が、誰がその捜査に当たるのか？――

父のOSIもまた、引退した空軍の英雄、ジェームズ・ドーリットルが委員長を務める、政府部内、

＊デイビッド・グリーングラス　米国の核機密をソ連に漏洩した罪に問われた米国人（一九二二年〜　）。ジュリアス・ローゼンバーグの夫人で、夫とともに処刑されたエセルの実弟。一九六〇年に釈放され、偽名で暮らしている。ニューヨーク・タイムズ紙のサム・ロバーツ記者が所在を突き止め、説得して取材を重ね、二〇〇三年に『弟（The Brother）』という本にまとめて発表、センセーションを呼んだ。同記者の取材に対し、ローゼンバーグ夫妻がソ連のスパイだったことは事実だが、自分の家族を守るため、姉のエセルについては偽証した、と述べたという。

＊「鷲の目」「鷲」は米空軍の紋章。

全ての情報機関を対象とした、大統領直轄の特別委員会の調査を受けた。そのことが縁になり、私の父とドーリットルの親交が始まったようだ。

私は「家《ペンタゴン》」に遊びに行って、父にドーリットルを紹介された。その時、二人があまりに親密だったので、私は驚いたものだ。もうひとつ、私が驚いたのは、ドーリットルが背の低い人だったことである。私はそれをこの人の名前*と関係あるのかな、と思ったものだ。

はげ頭の小柄な体躯だが、輝くばかりの個性の持ち主。私は、ああ、この人はいい人なんだ、と思ったことを今でも憶えている。しかし少年の私にとって、何と言っても驚きだったのは、この有名な爆撃機のパイロットと父の体格の差だった。

それは私が父の威圧的な体格に、それと同じだけのカリスマを感じ取った最初の場面だったようにも思う。それはその時、ドーリットルが文民の背広姿で、父親が空軍の制服姿だったからではない。英雄の隣にいても、私の父は自分自身を維持していたからだ。

ドーリットルとは言うまでもなく、一九四二年の東京空襲の指揮官である。この東京空襲は、陸軍航空隊が、民間人を爆撃対象としないという自制の見せかけさえもかなぐり捨てて行った、初の地域爆撃《エリア・ボミング》だった。「真珠湾」に対する報復攻撃。ドーリットルはこの空爆で「議会名誉勲章*」を受章したのだ。

ドーリットルは特別調査委員会の委員長を務める前、ローズ・スカラーとして英国に留学、その後、マサチューセッツ工科大学から、航空工学で博士号を取得した。戦後、一時、「シェル石油」の役員を務め、一九五四年にアイゼンハワーから、特別調査委の委員長に任命された。

特別委の委員長としてドーリットルはアイゼンハワーに報告書を提出した。「われわれが、あらゆる手段とコストかけて世界を支配しようと誓った不倶戴天の敵と相対していることは、今や明らかである。このゲームにはルールというものがない。したがって最早、人間の行いにおいて許容される規範は適用されない。もし、米国が生き残りを図るなら、長年にわたり培って来た『フェアプレー』の概念も再考しなければならない。われわれは効果的な諜報・反諜報活動の機関を創出し、われわれに敵対する者以上に、より賢く巧妙な、より効果的な手段で相手を倒し、妨害し、破壊することを学ばなければならない。アメリカの国民にこの基本的に不快な哲学を慣れされ、理解させ、支持させることも今や必要なことではないか[191]」

ドーリットルが突きつけたこの課題を、まるで個人的なもののように引き受けたのが、私の父だった。ドーリットルは反諜報活動のための有効な作戦計画を求め、それに答えを出したのが父だった。父の答えこそ、最高機密のOSIプロジェクト、暗号名「トップ・ハット*」の隠密作戦だった。

それは誰もがしたがらない方法を採ることで、初めて成功し得る作戦だった。その作戦で、OSIのアメリカ人エージェントたちが行ったのは、「脆さテスト《ヴァルネラビリティー》・プログラム」だった。致命的な脆《もろ》さ、弱

---

*ドーリットル（Doolittle）の名前には、「リトル（little）」（小さな）が含まれている。また、スコットランド方言ではあるが、Doo には「鳩」の意も。

*ローズ・スカラー　南アフリカで莫大な財をなした、英国の政治家、セシル・ローズの信託財団が運営する奨学生制度。選ばれた者はオックスフォード大学で学ぶことができる。

191 Snead, *The Gaither Committee*, 六三頁。

*トップ・ハット　シルクハットのこと。

点を炙《あぶ》り出すため、戦略空軍司令部（ＳＡＣ）の諸施設に対して、粗暴《ローテク》な妨害活動を仕掛ける作戦だった。

この作戦のことを私は、父から一切、何も聞いたことがない。実は本書を書くための調査を進める中で、初めて知ったことだ。

私の父が抱え込んだＯＳＩの秘密の中で恐らく最大のものは、膨大な費用を投じてつくられた、あの圧倒的で恐るべき、アメリカの誇る強力な戦略空軍が、大学の寮生のイタズラとたいして変わらないような奇襲部隊の急襲で無力化される、という事実だった。

一九五〇年代半ば、「戦略空軍司令部（ＳＡＣ）」の配備は、世界史上空前の破壊的な規模とレベルに達していた。ＳＡＣの保有するＢ47爆撃機は一〇〇〇機以上に達し、新鋭のＢ52爆撃隊は数百機を数えようとしていた。[192]こうした爆撃機を地球上のいかなる地点へも飛ばすため、ＳＡＣは七〇〇機を超えるＫＣ97空中給油機を保有してもいたのである。

たしかに、ソ連の軍事力に対する恐怖はあったものの、このＳＡＣの軍備に対抗できる敵ではなかった。しかし、そんな戦略空軍の圧倒的な攻撃力にも、思いがけない盲点があった。背後からの奇襲には弱かったのだ。その奇襲攻撃を、私の父はしていた。

その「トップ・ハット作戦」の成り立ちについて、父は空軍史編纂のための口述の中で、詳しく語っていた。その粗起《あら》こしした口述テキストを、私は数十年の後に、アンドリュース空軍基地内のＯＳＩの歴史編纂担当者のファイル入れの中から見つけ出したのである。

父はインタビューに応え、こう語っていた。「妨害活動に対してどんな責任ある対処をすべきか思いあぐねているうち、こんな考えが閃いたのです。奇襲爆撃もありますが、それほど大掛かりで難しいことをしなくても、われわれの戦略的な報復攻撃の発動を阻止するため、地上の爆撃隊を破壊できることに気付いたのです。それもたったの二時間、われわれの爆撃隊を飛び立たせず、地上に留め置くだけでいい。今、二時間と申しましたが、この二時間とは北極圏に設けた遠隔早期警戒線《ディスタント・アーリー・ウォーニング》*、DEWラインからわれわれが受け取る時間的な余裕のことです[193]」

こうして父はOSIエージェントによる小隊を自ら指揮し、SACの基地に対する一連の模擬破壊活動を行った。地上の攻撃部隊を無力化する敵の策動を、SACがどれだけ跳ね返すことができるか、実地にテストするのが狙いだった。OSIが秘密裏に行ったテスト結果は、SACの現地司令官らに伝えられた。普通は考えらない予想外の攻撃に対処する術を、SACは持っていなかった。

OSIが行った、最初の「破壊活動」は単純なものだった。原爆の貯蔵庫と駐機場をつなぐ地点に模擬爆弾を取り付ける作戦だった。爆撃機に対する原爆のタイムリーな搭載をどれだけ簡単に妨害することができるか、証明するものだった。OSIのエージェントはまた、厳重に警戒された爆撃機の駐機

---

192 Peacock, *Strategic Air Command*, 二二頁。最初のB52、八機が実戦配備されたのは一九五五年のことだった。それから一年以内に、月産二〇機のペースでB52が量産されるようになった。Rosenberg, "The Origins of Overkill," 四一頁。

＊ DEWライン　一九五四年二月、米国がカナダともに設置を決めたレーダーによる警報線。北緯六九度線とほぼ平行するかたちで、アラスカからアイスランドにかけての北極圏内に設けられた。

193 AFOSI、口述歴史プロジェクト、ジョセフ・F・キャロル中将（空軍・退役）へのインタビュー、一九八二年十二月十三日。

ゾーンに忍び込み、巨大な機体の底に模擬爆発物を装着した。エージェントたちは「キルロイ、参上《キルロイ・ワズ・ヒア》＊」の代わりに、「一鳥、上がり《ワン・デッド・バード》＊」とイタズラ書きを残した。

こうしたOSIの「脆《もろ》さテスト」が最初に行われたのは、日本にあるSACの基地に対してだった。公式のOSI史によると、夜間、基地を襲った秘密チームを指揮していたのが、私の父だった。私は今でも、一九五〇年代の父の日本行きのことを憶えている。父は単なる「査察旅行」だと言って出かけたのだ。だから私は、寸分の乱れもなく隊列を組んだ米軍兵士らの前を、兵士の軍靴がピカピカに磨かれているか確かめるかのように、大股で歩いて閲兵する父親の姿を想像していたのである。

しかし、今や私は想像の記憶に修正を加えなければならない。黒づくめの奇襲部隊《コマンド》の姿になった父の姿が目に浮かぶ。黒のタートルネック、黒ストッキングの覆面、黒いグリースを塗りたくった顔……。

父はスポーツマンだったが、当時すでに四十歳代で、奇襲部隊を率いるには、少々年を食っていた。父は空軍の歴史家にこう口述している。「こうしたテストを日本から始めたことを、私は個人的な体験もあって、よく憶えています。思い出すのは、これはある意味で私のミスでもあるのですが、日本の基地では日本人がガードに雇われていたのです。その夜、私は日本人ガードに不意に誰何《すいか》されたのです。私は危うく命を落とすところでした」

父が始めたテストの重要性を、SACの最高司令官、カーチス・ルメイもすぐに理解した。公式の空軍史は、この点についてこう書いている。「このプロジェクトは二人の間に良好なライバル関係という空気をもたらした。ルメイは彼の指揮下にある空軍憲兵の力量を賞賛していたし、キャロルもまた配下のエージェントの能力を信頼していた。このため、二人の努力は複雑なものになった……実際、そこには現実的な危険もあった……武装した空軍の憲兵は、侵入者がOSIのエージェントであるとは知らされていなかったからである……エージェントがもし捕まれば、怒った空軍の憲兵たちに手荒な扱いをされることもあり得る。もしテストに成功したとしても、基地で余計な面倒を起こしたとか、あるいは作戦を妨害した、といった非難を浴びることは請け合いだった」[194]

この「トップ・ハット作戦」のクライマックスは、一九五七年七月十七日にやって来た。その夜、ルメイの協力の下、OSIの破壊活動チームは、「内部ゾーン」である米大陸に散らばるSACの基地一三ヵ所を一斉に襲った。

「脆さテスト」は、侵入したOSIのエージェントが基地の司令官にルメイからの手紙を手渡すことで始まった。ルメイからの手紙には、ソ連の攻撃が始まることを想定した、最高度の警戒警報《レッド・アラート》テストが進行中で、基地の司令官である貴殿はすでに、手紙を手渡したエージェントによって「殺害」された、と書かれていた。

不運なその基地指令はその時点から「テスト」に付き合わされることになった。OSIのエージェン

＊「キルロイ、参上」　米国の落書きでよく使われる文句。キルロイなるキャラが、壁の向こうから顔を覗かせ、長い大きな鼻を垂れ下げた漫画が付くことが多い。軍艦の造船所が起源、との説がある。

＊「一鳥、上がり」　意訳。直訳としては「鳥が一羽、死んだ」。「一鳥」は「航空機」のスラング。

194 Hagerty, *The OSI Story*, 五八～五九頁。一括して「トップ・ハット作戦」と呼ばれる、この「脆さテスト」には最初のころ、「トライ・アウト作戦」とか「ウォッチ・タワー作戦」「フレッシュ・アプローチ作戦」といった個別の暗号名が付いていた。

トがレフェリー役でそばに付き、司令官がどのような指揮を執るか、目を光らせたのである。

ルメイは私の父、キャロル将軍とともに、オマハのSAC司令部に詰めていた。「手紙」を信じることができない基地司令が電話をかけて来た。ルメイがこれに答えた。

この夜、次にこんな「破壊活動」が実施された。OSIのエージェントが灯火管制をした小型機に乗って、各地のSAC基地に無許可着陸を試みたのだ。小型機が滑走路を走行する中、エージェントたちは先端の尖った三本足の鋼鉄製のスパイクを数十個、滑走路上に投下し、SACが誇る無敵のB52爆撃隊を離陸不能に追い込んだ。滑走路の障害物を除去し終えた頃には、ソ連機の攻撃で基地は壊滅している……そんな想定だった。

米国中のSACの基地で、そんな状況が生まれた。総勢たったの一〇〇人、図体がでかいだけで普通の人間と変わらないOSIエージェントが、わずか数時間でSACの爆撃隊を、無能化しないまでもその出撃に足止めをかけることができることを実地に証明したのである。[195]

アイゼンハワーとダレスの大量報復戦略は「戦略空軍司令部（SAC）」の鉄壁の構えを前提としていたが、それが実は幻想に過ぎなかった。「トップ・ハット作戦」のおかげで、ルメイもこのことに気付いたのである。

ワシントンにいるルメイの上司たちは、こちらには圧倒的な破壊力を持つ核備蓄があるから、米国はモスクワの敵対行動を、いつまでも抑止できると想定していた。が、そうした抑止効果も、モスクワが米国から必ず報復されると思わない限り、無きに等しいものだった。「報復攻撃」は、実は絵空事だった。SACの爆撃隊は出撃に手間取っているうちに、地上で「撃破」されてしまう。

見方を変えれば、ルメイは今、思い知らされたのだ。大量報復戦略はこのままではうまく行かないことに気付かされたのだ。ソ連が先制攻撃力を持った時点で、それに対抗して爆撃隊をタイミングよく飛ばすことができるか、さすがのルメイも自信をなくしたのである。

「トップ・ハット作戦」から一ヵ月後の一九五七年八月、この作戦とどう関係したか正確なところはわからないが、私の父はワシントンのＯＳＩからドイツに異動した。父、ジョー・キャロルの軍人としてのキャリアの中で、唯一の海外勤務だった。ヴィーズバーデンにある欧州空軍司令部の参謀総長に任命されたのだ。

このポストは、軍歴を重ねてから就くもので、父のような駆け出しの者に任せるべきではない重大な任務だった。空軍の常識で言えば、パイロットでもなく空戦に従事したこともない人間がこのポストに就くことは、異常な昇進以外の何ものでもなかった。

この転出は、私の父が十年前、サイミントンにＦＢＩからスカウトされ、任命されて以来、成功裏に歩んで来たＯＳＩの局長としてのキャリアに花を添えるものであったようにも思われる。しかし、あのルメイが、ＳＡＣの脆さを暴き出したわが父、キャロル将軍に対し、感謝の念を抱いたとは到底、思えないのも事実である。

いずれにせよ、「トップ・ハット作戦」は最終的に、「報復」ではなく、やはり「先制攻撃」を考えなければ、との思いを、かつてないほど強くルメイに抱かせることになった。ソ連の核爆撃機の編隊がＤ

195 Hagerty, *The OSI Story*, 六〇頁。

ＥＷラインを越える前に――いや、そんな悠長なことではなく、ソ連内の基地から飛び立つ前に、ＳＡＣの爆撃隊はすでに空を飛んでいる……これが、ルメイのなすべきことに変わった。

ルメイはＳＡＣの脆さを克服するため、二段階のステップを踏んだ。ボーイング七〇七型旅客機を改造した新型の空中給油ジェット機を配備し、空中給油によってＢ47、Ｂ52の爆撃隊の三分の一を常時、空中で待機させようとしたのだ。

ルメイはこのアイデアを、「トップ・ハット作戦」から数週間後に、テストにかけた。「リフレックス・アクション*作戦」と自ら命名したテストだった。英国、スペイン、北米、アラスカを飛び立ったＳＡＣの数十機の爆撃機が常時、空中にある態勢が標準的なものになったのは、それから間もないことである。

しかし、それ以上に重要なのは、一九五七年の夏、ルメイがＵ2型偵察機を手にしたことである。超高度を飛行するこのスパイ機はＣＩＡが開発したもので、当初、ＣＩＡは空軍との共有に難色を示したが、結局、十二機がＳＡＣの手に移った。[196]

ルメイは直ちにソ連の爆撃機基地を上空から偵察する作戦を開始した。が、こうした高空からの偵察で得た情報を、すぐに使うことはできなかった。フィルムを現像し、写真を分析しなければならなかったからだ。

が、ルメイはこのＵ2型機の偵察飛行で、またも万能の幻想を振りまくことに成功した。もしかしたらルメイは、こんな風に思っていたのかも知れない。ソ連のパイロットが基地を離陸しようと思った瞬間を、誰よりも早く掴むことができるのは、この俺だと。

13 「ゲイサー報告」――ニッツの再登場

ルメイが不安を抱いたと同様、防衛の専門家たちも米軍の出動態勢全般について懸念を募らせていた。アイゼンハワーとダレスの大量報復戦略は当初、アメリカの核備蓄はモスクワのそれよりも遥かに大きい、との自信に依拠していた。それが一九五七年までに変わった。ソ連の熱核戦力もまた規模を拡大し、モスクワのジェット爆撃隊は今や出撃態勢を整えるに至った、との新たな想定が出て来たのである。アメリカの指導者の中で「ソ連が核を保有する」とは、それを「使いたがる」ことでしかなかった。今のソ連の核戦力に「トップ・ハット作戦」のような破壊活動を組み合わせれば、SACの戦力を地上で撃破できる――ソ連がそう考えれば、彼らは必ず実行する……それもあり得ないことではなかった。

こうした状況下、アイゼンハワーは一九五三年から五五年までの三年間で防衛支出を二〇％削減、五六年には黒字を生み出し、連邦予算のコントロールに成功する。しかし、それは何を代価としたものだったか？

当時、米国海軍は、ソ連が強大な潜水艦隊を有しており、その脅威は第二次世界大戦中、ドイツのU

＊「リフレックス・アクション」反射作用、反応力を意味する。
196 Peacock, *Strategic Air Command*, 四四頁。

ボート艦隊の脅威を上回っている、としきりに警告を発していた。米国陸軍はその海軍以上に、「ニュールック」に対して反発を強めていた。予算も装備も兵員も削減されたからだ。国家防衛の中心をなす陸軍に対し、大鉈が振るわれていたのである。

一九五五年には、陸軍の参謀総長、マシュー・リッジウェー*が抗議の辞任を行った。リッジウェーは一年後、『兵士（*Soldier*）』という回想録を刊行した。この中で彼は、ＳＡＣを軸とした「大量報復」に偏するあまり、通常の戦闘力を放棄したアイゼンハワーの軍事政策を痛烈に批判した。リッジウェーの後任参謀総長であるマクスウェル・テイラー*もこれに追随、一九六〇年にテイラーが出版した『不安なラッパ（*The Uncertain Trumpet*）』は、国民的論争を巻き起こした。

空軍もまた、不満を訴えていた。ソ連は一九五〇年代を通じ、その強力な戦略空軍をさらに増強していた。これに対して米空軍は、防衛予算を支配しているにもかかわらず、ソ連に対する圧倒的な戦力的優位が次第に縮小しているとして、苛立ちを露わにしていた。

空軍の言う、その戦力的優位の縮小も、実は誇張の産物だった。空軍の情報部はソ連が戦略爆撃機の生産においてアメリカを上回っていると警告を鳴らし始めたが、空想に過ぎなかった。

しかし、その空想は「家《ペンタゴン》」を包み込むものとなる。後に「爆撃機ギャップ」と呼ばれるようになる「危機」が生まれたのである。[197]

空軍の中では「戦略空軍司令部（ＳＡＣ）」も、不満をぶつけていた。Ｂ47、Ｂ52の爆撃隊の新規投入にもかかわらず、ＳＡＣ全体の戦力は落ちている、という訴えだった。

しかし、そんなＳＡＣの言い分から、ある事実が抜け落ちていた。それは「戦力低下」が、旧式の

B29、B36、B50の各爆撃機と、それら狙われやすいカモ爆撃機を護衛していた、数千の戦術航空機、戦闘機の退役によるものだったことだ。新しいジェット爆撃機は戦闘機群で護衛する必要はなかった。補充の必要はなかったのである。

しかし、「家《ペンタゴン》」の「心の習慣」は、塹壕に立て籠ったように動かし難いものになっていた。天を衝く、兵器投資の急増、ソ連に対する「永遠の」優位性の維持を、「家《ペンタゴン》」は当たり前のことと思い込んでいたのだ。そこには常に、ソ連の脅威の過大評価に対する正当化があった。そうした「被害妄想」は、今や「敵」に対する観念的なものから、それと同じだけ、「兵器《ウェポナリー》」をめぐるものになった。「家《ペンタゴン》」の元情報分析官は私に、「爆撃機ギャップ」から生まれる考え方《マインドセット》をこう説明してくれた。

「ソ連がわれわれのB50爆撃機を真似したものを一〇機、手に入れたと考えて下さい。その爆撃機に一〇メガトンの核爆弾を積み込み、米本土へ飛ばす。その一〇機のうち、たった三機が米本土に到達す

＊マシュー・リッジウェー　米陸軍の軍人（一八九五～一九九三年）。マッカーサーの後任のGHQ総司令官として日本の占領統治に当たり、朝鮮戦争でも活躍した。

＊マクスウェル・テイラー　米陸軍の軍人（一九〇一～八七年）。陸軍参謀総長をいったん退役後、一九六二年、ケネディ政権で統合参謀本部議長に返り咲き、その後、南ベトナム大使を務めた。

197　米空軍情報部は一九五五年のモスクワ航空ショーで、「すごい数」のソ連「バイソン」爆撃機が編隊で飛行したと報告している。しかし、当時、ソ連が保有していた「バイソン」は、わずか一〇機。その一〇機が旋回飛行で何度も上空を通過し、ソ連が多数の「バイソン」を保有している、と見せかけた。Clarfield and Wiecek, *Nuclear America*, 一六〇頁。これについて、カプランは、この旋回飛行については事実かどうか確認が取れていないと指摘している。Kaplan, *Wizards of Armageddon*, 一六〇頁、Rosenberg, "The Origins of Overkill," 四一～五〇頁も参照。

るとして、どういうことになりますか？　そう、それだけでボストン、ニューヨーク、ワシントンが壊滅します」と……。[198]

　つまり、この「爆撃機ギャップ」とは、ホイト・ヴァンデンバーグ将軍が一九四九年にヒステリックに叫んだ、「ソ連の爆撃機はほとんど好きなだけ、われわれの領空内に侵入できる」の最新版焼き直しだったわけだ。当時のソ連空軍の米国に対する攻撃能力は事実上、ゼロだった。それは一九五〇年代半ばのこの時点でも、基本的に同じだっただろうが、当時としては知る由もなかったのである。

「家《ペンタゴン》」の考え方とアイゼンハワーの取り組み方《アプローチ》の間には、最初から対立があった。が、その対立が公然たるものになったのは、政権のスポークスマンが「十分性《サフィシャンシー》」という用語を使い出してからである。「爆撃機ギャップ」の問題で言えば、アイゼンハワーは、「数の空騒ぎ《ラケット》」だと言ってこれを拒絶し、記者団に対してこう語った。

「本当に必要なものを持つことは決定的に大事なことだ。それは私が言っていることだ。しかし、それは他の誰かが必要とすることでは必ずしもない……今や、こういう時代が来ている……兵器の破壊力が想像を超えるほど圧倒的なものになった時代が来ているのだ。十分に足りているものが、実はあり余るものになっていて、私の見るところ、それらの数を増やすことが良い結果をもたらさない時代が……」[199]

　しかしながらアイゼンハワーは、大統領選に楽勝して再選されると、この問題に関する特別委員会を設置し、さまざまな批判者からの圧力に応えようとした。一九五七年五月に設置された特別委員会は、ランド研究所とフォード財団のそれぞれ理事、理事長を務めるH・ローワン・ゲイサー*が委員長を務めたことから、「ゲイサー委員会」と呼ばれた。[200]

「ゲイサー委員会」に与えられた任務は当初、米国として大規模な核シェルタープログラムを開始すべきかどうかの検討だけだった。ゲイサーは間もなく病に倒れ、家電メーカーの会長、ロバート・C・スプラーグが委員長の席に座った。「ゲイサー委員会」は多数のコンサルタントに協力を求めたが、国家安全保障に関する問題でポール・ニッツ以上に経験を――あるいはそれ以上に強い信念を――持った者は一人もいなかった。

ポール・ニッツは一九五三年にアイゼンハワー政権を去ったあと、「ニュールック」政策に対する批判者になっていた。アイゼンハワーの予算均衡策は、航空戦力への偏った集中と相俟って、「NSC文書六八号」が提起した、より包括的な軍事化への道を事実上、拒否するものだった。師、ジェームズ・フォレスタルの叫びを継承し、一貫して警鐘を鳴らして来たニッツは、当時も「モスクワの脅威」を警告し続けていた。そのニッツに「ゲイサー委員会」は、発言の機会を与えたのである。

198 国防総省の元情報分析官、チャールズ・デイビスに対する著者のインタビュー。

199 Clarfield and Wiecek, *Nuclear America*, 一五九頁。

＊H・ローワン・ゲイサー　米国の弁護士、投資銀行家（一九〇九～六一年）。ランド研究所の創設に参加、フォード財団では理事長を務めた。

200 「ゲイサー委員会」は、MITのジェローム・ウィーズナー（米国の科学者（一九一五～九四年）。マサチューセッツ工科大学（MIT）電子研究所の所長などを歴任した電気工学者。アイゼンハワー政権などで大統領の科学アドバイザーを務めた）、ウィリアムズ・カレッジ学長のジェームズ・フィニー・バクスター三世ら、防衛専門家や実業家、学者で構成されていた。ゲイサー委員会の下には、科学者、軍人、その他の専門家でつくる諮問委員会が置かれていた。

「ゲイサー委員会」を「精神力と人格の力で」[201]圧倒したニッツは委員を説得し、委員会の検討テーマを核シェルターという狭い問題から、国家安全保障政策全般に広げることに成功した。一九五〇年、あの警戒心に溢れた「NSC文書六八号」を中心になってまとめたニッツは今や、「ゲイサー委員会」の主導権を握ったわけである。

「ゲイサー委員会」の委員の中には、あのフランクリン・リンジーもいた。リンジーは、ジェームズ・バーンズとバーナード・バルックの二人にコンサルタントとして仕えた人物である。

そのリンジーが私に語ったところでは、「ゲイサー委員会」が最初に取り組んだ調査の対象のひとつが、「戦略空軍司令部（SAC）」だった。SACがほんとうに作戦を遂行する力を持っているかどうか、検討を加えたのである。

リンジーは同僚委員のジェローム・ウィーズナーとともに、ネブラスカ州オマハのSAC司令部を訪ねた。ちょうど「トップ・ハット作戦」がSACの脆さを露わにした時期の訪問だった。OSIによってSACのアキレス腱が明らかにされた時だけに、彼らのような文民の素人に対して、ルメイがどんな侮蔑的、防衛的な態度をとったか、想像がつこうというものだ。

実際、ルメイは彼ら文民に何も教えたがらなかった。リンジーはこの司令部訪問について、こう語った。

「私たちは実に無礼な歓迎を受けたのです……それを聞いて、スプラーグ委員長もカンカンになって怒りました。委員会の他の委員もそうだったと思います。それで、私たち委員はアイゼンハワーのところに行きました。で、アイゼンハワーは軍の指揮命令系統を通じ、こんな指示を出したのです。『ゲイサー委員会は私の委員会である。委員が知りたいことに答えなさい』と」

こうして「ゲイサー委員会」とルメイとの公式会談が持たれることになった。会談は「家《ペンタゴン》」の中の、空軍長官のオフィスで行われた。その時のことを、リンジーはこう振り返る。

「そこに、ルメイがいました。部屋の壁際に、大佐クラスがずらっと並んで座っていましたね。空軍参謀総長のトミー・ホワイトも同席していました」

リンジーによれば、その席で委員の一人が、ルメイにこんな決定的な質問をぶつけた。「ルメイ将軍、今あなたが警報を受け取ったとします。ソビエトの爆撃機がDEWラインを越え、カナダに侵入して来た。これに対してあなたは、基地が攻撃される前に　自軍機を何機、飛ばせますか?　爆弾を積み込み、燃料を満載して……。もう一度、聞きます。ロシア空軍が今、カナダ上空を、あなたの方に飛んで来ている。その報復のため、あなたは何機、飛ばせますか?」

ルメイの答えはこうだった。「ゼロ《ノン》です」

「それは実に劇的な瞬間でした」と、リンジーは語った。

リンジーは話の続きを強調するかのように、ここでひとつ間を置き、こう語った。

「空軍長官が、ここでルメイにこう言ったんです。『将軍、いまの委員のご質問、お聞きになりましたよね?』と。空軍長官は質問を自分の言葉で繰り返し、ルメイにもう一度、聞きました。ルメイは再び、キッパリ一言で答えました。『ゼロです』」

---

201 May, *American Cold War Strategy*, 一〇〇頁。

リンジーは当時の思い出に浸りながら、首を横にゆっくり振った。今や年老いたものの、若い頃はバルカンでパルチザンの戦士とともにゲリラ戦を戦ったリンジーだった。第二次世界大戦後のさまざまな交渉に、高位の補佐官として参加し、CIA（中央情報局）の高官としてもさまざまな事件に立ち合い、経験を積んで来たリンジーだった。その彼にとって、この席でのルメイの思い出は、最も忘れられない印象的な出来事のひとつだった。

リンジーは言った。「結局のところ、ルメイは先制攻撃をする航空戦力しか築いていなかったんだ」

ルメイが超高空偵察機、U2型機を、配備開始後、間もなく欲しがった理由はここにあった。自分の目で、ソ連の出撃態勢入りを確かめたかったのだ。

リンジーは会談の結果をこう報告した。ルメイが一九五七年のこの時点において、「報復」という考えをすでに捨て去っていたことを、他の委員らとともにこの会談の場で直ちに理解した、と。

ルメイは、警報が出た時にはもう遅いDEWラインよりも、自前の偵察で判断しようとしていたのだ。ソ連爆撃機の地上での動きを、出撃の遥か前の準備段階で摑み、独自の評価を下そうとしていたのだ。

リンジーと私は、ルメイの中でどんな事態が想定されていたか気になり、話し合った。もしU2型機の偵察カメラが、（フィルムの現像と分析作業の後）ソ連爆撃機の出撃態勢入りをとらえていたとわかったら、ルメイはためらわず先制攻撃を行っただろう――それが、私たちの結論だった。

ある歴史家の記述によると、ルメイは当時、ロバート・スプラーグ委員長に対し、別の席でこうも語ったという。「もし、ロシア人が攻撃に向け、爆撃機を集め出したら、クソどもが離陸する前に叩きのめしてやる」と。
　これに対してスプラーグが「でも将軍、それは国家政策ではありませんよね」と言うと、ルメイはこう言い放ったそうだ。「私は気にしませんね。私の政策ですから。私はそうするつもりですよ」
　ルメイが自分勝手な戦略の持ち主であると自ら認めたことに驚かされたスプラーグだったが、その必要性については受け容れざるを得なかった。このためスプラーグは、このルメイの発言を敢えて問題視しなかったという。[202]
　ルメイに攻撃命令を出す権限が与えられているかどうかは、問題ではなかったろう。問題はむしろ、委員らの質問に答える中でルメイが、それが暗黙に了解された権限であることを示唆したことだ。ルメイは、こう言った。「米国の大統領が、自国の地上が攻撃されるとわかっていながら、先制攻撃を命令しないはずがない」と。[203]
　ルメイがあからさまに語ったこの先制攻撃戦略は、リンジーにとっても、スプラーグにとっても、「ゲイサー委員会」の他のメンバーにとっても衝撃だったが、しかしそれは「予防《プリヴェンション》」（これについてはアイゼンハワーもトルーマン同様に、拒否していた）と「先制《プリエンプション》」（これを責任をもって放棄できる軍部指導者は一人もいなかった）との間の避けがたい緊張関係の現れだった。
　ルメイは米軍の統合参謀本部（ＪＣＳ）と大統領が知る、承認された戦争計画とは別個の、先

202　Kaplan, *Wizards of Armageddon,* 一三四頁、Rosenberg, "The Origins of Overkill," 四七頁。
203　フランクリン・リンジーに対する著者のインタビュー。

制攻撃計画を持っていたのだ。事実としてルメイは、彼の率いる「戦略空軍司令部（ＳＡＣ）」の「基本戦争計画《ベーシック・ウォー・プラン》」を一度も統合参謀本部に提出しなかった。したがって、文民《シビリアン》の上司には知る術すらなかったわけである。[204]

文民統制を原則とする米軍は、システム上の問題を抱えていた。先制攻撃をすべきかどうか状況を判断する力と、タイムリーな軍事行動を行う軍事の知識は、文民ではなく「武器庫の管理者[205]」だけが持っていた。

ルメイは「ゲイサー委員会」との対決の中で、核時代においては米軍の作戦に対する文民統制など、ほぼ神話に等しい絵空事であることをあらわにして見せた。「大量報復」による抑止力には思った以上に脆さがある。核兵器はすでに引き鉄が引かれた状態にあり、髪の毛が一本触れただけで発射されることを、ルメイはハッキリと示したのだ。

たとえそれがまだ準備段階のことだとしても、ソ連が攻撃に向けて動き出したかも知れないとわかった瞬間、米国は核攻撃を命令する……核攻撃命令は現実問題として、ルメイのような核爆弾を持った司令官によって下されることになっていたから、世界は誰もが考える以上に、核の恐怖の瀬戸際にあったわけだ。

「ゲイサー委員会」のメンバーは、核戦争を始める決定権を持つのは私だというルメイの主張を聞いて戦慄を覚えたが、アメリカの防衛態勢の脆さについて警告しなければならない点では一致していた。この認識は、ニッツが委員会に対する影響力を強めると、さらに高まった。

委員会は一九五七年十月から、最終報告書の草案作成に取り掛かったが[206]、ニッツはここでも七年前と同様、国家の安全保障の危機を煽った。まとまった「ゲイサー報告《レポート》」には、「核時代における抑止《デタランス》と生存《サバイバル》」という副題が付けられた。「報告」は、アメリカの抑止力は弱く、アメリカの生存は危機に立たされている、と結論付けていた。

結局、「ゲイサー報告」は当初、予定していた「核シェルター」の検討という出発点から大きく外れ、どんな防衛態勢を採っても十分な防御にはならない、との主張を行うに至った。ソ連は断固たる決意のもとに自由世界を蹂躙しようとしている。それに対して防波堤となるべき「戦略空軍司令部」は致命的な欠陥を抱えている……。

「報告」は「奇襲攻撃に対する、SACの現状における脆さと、ロシアが大陸間弾道弾（ICBM）を配備するだろうという見通しは、われわれに状況の即時改善を求めている」と警告。[207]戦略兵器の備蓄の大増強、及び弾道ミサイル配備のエスカレーションに加え、「NSC文書六八号」が示した水準まで通常戦力を増強しなければならない、と主張した。こうした防衛強化のため、数百億ドル規模の予算を速やかに投入するよう求めたのだった。

204 Rosenberg, "The Origins of Overkill" 三七頁。
205 ピッツバーグ大学教授、ジャンヌ・ノーランの表現。
206 「ゲイサー報告」が国家安全保障会議に正式に提出されたのは、一九五七年十一月七日のことである。「報告」はその後、数十年にわたって機密とされていたが、早速、プレスにリークされた。ニッツとともに「報告」をまとめた、もう一人の執筆者はアルバート・J・ウォールステッターだった。
207 Snead, *The Gaither Committee*, 一一二頁。

こうした「アメリカの脆さ」に対する激烈な評価が、どれだけの意味を持つものだったか、危機が現実化しない以上、知る由もないが、「ゲイサー委員会」の作業が大詰めを迎えていた一九五七年十月四日に起きた、あの衝撃的な「事件」は、こうした問題を考える前後関係《コンテクスト》を根底的に変えてしまうものだった。

その日、ソ連は「スプートニク」の打ち上げに成功したのだ。

この「スプートニク」は、英語に訳すと、「旅の道連れ《フェロー・トラベラー》」になるが、これをソ連が使ったことは、「赤狩り」で有名なジョセフ・マッカーシー上院議員のおせっかいな鼻をつまみ上げるものだった。マッカーシーはこの言葉を使って、*狙いをつけた人々を悪魔に仕立てていたのだ。

人類最初の人工衛星、「スプートニク」は、キラキラ光る、バスケットボールほどの大きさのもので、一時間半で地球を一周する軌道に乗っていた。夜には肉眼でも星のように輝いて見えた。この「スプートニク」とともに、「宇宙時代《スペース・エイジ》」は幕を開けたのである。

しかし、アメリカ人は別に受け止めた。「スプートニク」を大気圏外に打ち上げたロケットは、モスクワからワシントンへ、核弾頭を運ぶ性能を持っている、と。

エドワード・テラーはテレビでコメントし、「真珠湾よりも、もっと重要かつ重大な敗北」と、「スプートニク」の打ち上げの意味を語った。[208]

ニッツの考えは一九五〇年に一度、北朝鮮軍の南侵でもって正当化されたことがあるが、今度はソ連のミサイル技術の驚くべき優位性が一気に証明されたことで、アメリカ国民が合意する絶対的な真理と化してしまった。

共産主義という制度とソ連の指導者は、本質的に悪であるというニッツの主張のせいで、モスクワは罪もない数億人の人々を平気で攻撃し殺害する、との恐怖が広がった。その一方で、ソ連のようなことを自分たちはしないのだ、という対照的な美徳が、アメリカ人の間で、当然のこととされていた。SACの作戦をはじめとするアメリカの戦争計画もまた、ソ連や中国の人々に対して同じような核攻撃を準備しているにもかかわらず、一般のアメリカ人はそう考えていたのである。

つまり、「核の恐怖」の論理は、どちらの側にも同じく当てはまるものなのに、ニッツらは違いを強調し続けたのである。攻撃の結果は同じだとしても、米国の動機は純粋なものだが、ソ連の動機は邪悪なものである、と。ニッツは、ジェームズ・フォレスタルによって刻印されたマニ教的な善悪二元論を、さらに前へ押し進めたのだった。

ニッツはアイゼンハワー政権から去って間もない一九五四年に、早くもアイクの政策を認めない立場を明らかにしていた。自分が参画しなかった政策を屑扱《くず》いするのは、ニッツの生涯を通した習慣だった。

その年、ニッツはジャーナリストのジョセフ・オールソップ*に、こう書き送っている。

「ご存知の通り、私は前政権（トルーマン政権）が余りにも何もせず、余りにも遅きに失したと感じて

＊「旅の道連れ」　この英語のフレーズには、（共産主義者の）「同調者」という、もうひとつの意味がある。

208　Kaplan, *Wizards of Armageddon*, 一三五頁。

おります。現政権（アイゼンハワー政権）にも問題があります。空虚で、方向が誤った声明を出す以上のことを、ますますしなくなっていることです[209]」

そんなニッツにとって、「空虚な声明」の最たるものは、ダレスの「大量報復」だったに違いない。ニッツの伝記作者によれば、彼は「大量報復」戦略を、「危険なものでなければ不十分で、邪悪でなければ愚かしいもの[210]」と見なしていたというのだ。ニッツは「トップ・ハット作戦」による戦略空軍の「脆さテスト」の結果を目にすることはなかったが、にもかかわらず、米軍の爆撃隊は敵の攻撃に脆いことを知っていたのだ。そしてそのことを裏付けたのが、「スプートニク」だった。

こうしたニッツの考えを受け、「ゲイサー報告」もまた、アメリカの爆撃隊は今にソ連の大陸間弾道弾によって圧倒されるだろう、と強調。具体的に、ソ連は一年以内にＩＣＢＭを一二基、実戦配備する、との見通しさえも示した。ＩＣＢＭの技術力ではロシア人が、米国の二、三年先を行っている、と警告したのだ。

こうした厳しい警告の正しさを証明するようなことも起きた。その年、一九五七年の十二月六日、人工衛星を搭載したアメリカの「ヴァンガード」ロケット《ローンチ・ヴィークル》が、発射直後に爆発したのだ＊。

ニッツの影響下、まとめられた「ゲイサー報告」がプレスに漏洩したのは、打ち上げ失敗の数日後だった。ロシアがＩＣＢＭという新兵器を手にしたことで、あの「ロシア人が来る」の叫びは、これまでにない真実味を帯び始めた。ワシントン・ポスト紙はこう書いた。「今なお、最高機密とされているゲイサー報告は、米国が歴史上、最大の危機に立たされていることを描き出している。この国が二等国に成り下がる道筋を描いているのだ。ミサイルを手に熱狂するソ連からの脅威に、アメリカは今にも曝されると、報告は指摘している」[211]
ロシアから、今度はミサイルが飛んで来る！　ヴァンガード・ロケットの屈辱的な爆発の煙が収まった時、アメリカに「ミサイル・ギャップ」の恐怖が生まれたのである。[212]
すでに見たように、ニッツはフォレスタルに導かれた人物の一人だ。フォレスタルが遺した影響は、この「戦争の家」をめぐる物語の随所に現れる。もう一人、フォレスタルに感化された人物を挙げれば、それは私の父の後見人だった、スチュアート・サイミントンである。この「戦争の家」の物語の中で私たちは、一九五一年、国家安全保障会議の一員としてトルーマンに原爆の使用を迫ったサイミント

＊ジョセフ・オールソップ　米国のジャーナリスト（一九一〇〜八九年）。ワシントンを舞台としたその政治コラムはシンジケート化され、全米の各紙へ配信された。
209 Talbott, *The Master of the Game*, 六四頁。
210 前掲書。
＊この人工衛星の打ち上げは、ソ連の「スプートニク」の成功に対抗して行われた。フロリダ州のケープ・カナヴェラル基地（現在の「ケネディ宇宙センター」）から、ヴァンガード・ロケットを使用し、「グレープフルーツ」という試験衛星を打ち上げようとしたが、失敗に終わった。
211 ワシントン・ポスト、一九五七年十二月二十日付、Kaplan, *Wizards of Armageddon*, 一五三頁で引用。
212 米海軍水上兵器研究所の元所長、バーナード・スミスは、私〔著者〕に対して、こう証言した。ヴァンガード打ち上げに失敗した後、「私〔スミス〕たちは、とにかく宇宙軌道に何でもいいから乗せようと必死でした。コンクリートの塊でも友人でもいいから、軌道に乗せようとしたのです」。スミスらは、そのために手段を選ばなかった。カリフォルニアのモハーヴィ砂漠にあるチャイナレイク実験場で彼は、海軍のＦ４ジェット戦闘機を使った人工衛星打ち上げの初期訓練に立ち会った。Ｆ４のパイロットは高度四万五千フィートまで急上昇、そこで成層圏外へ向け、ミサイルを発射する訓練だった。スミスは言った。「バカな真似をしていたわけだ」。著者のインタビュー。

ンの姿を見た。その二年前、フォレスタルが精神に変調をきたし自殺した一九四九年に、空軍長官としてフォレスタルの車に同乗したサイミントンの姿も見た。

一九五七年にサイミントンは、ミズーリ州選出の上院議員として、航空戦力の増強を求める主導的な立場にいた。早速、「ゲイサー報告」に飛びついた。

十年前のサイミントンは、政治の主導権と予算獲得をめぐる闘いに勝つため、ソ連の軍事的な能力、意図を最悪のものと想定するゲームをやり遂げた。彼はこのやり方を一九五六年にも、上院の公聴会の議長として繰り返し、ソ連との「爆撃機のギャップ」を世論に広く知らしめたことで、成功の頂点への道を切り拓いた。聴聞会ではルメイを含む空軍の将軍たちが次から次へと証言し、ソ連が中距離、長距離の爆撃機の性能と数において米国を追い越す寸前にあると危機感を煽った。全くの絵空事《ファンタジー》だったが、功を奏した。空軍は望み通りのものを手にした。[213]

サイミントンはこれまで空軍の優位を確立するために戦いを続けていたが、今度ばかりは違っていた。一九六〇年の大統領選への出馬を狙っていたのだ。戦いはもう彼自身のためだった。

そんなサイミントンにとって、「ゲイサー報告」は彼がこれまで積み上げていたものに活路を開くものだった。あの「爆撃機のギャップ」など小手調べのようなもので、今や「ロシア人が来る」の焦点は、大陸間長距離爆撃機からＩＣＢＭに移っていた。「ミサイル・ギャップ」――この恐怖を煽り、警告を発することが、ホワイトハウスを目指すサイミントンの中心戦略になった。

このため彼は、ソ連のＩＣＢＭは間もなく「三〇〇〇基」に達する、と予測さえもした。[214]が、実際は一九六〇年の初めにおけるソ連のＩＣＢＭの実数は、二つの発射基地を合わせ、わずか四基に過ぎなかった。[215]

こうしたサイミントンの誇張も、民主党の若きライバル、ジョン・F・ケネディのヒステリーがかった弁舌に出し抜かれなければ、よい結果をもたらしたかも知れない。「ゲイサー委員会」に所属するメンバーの多くは、共和党寄りにもかかわらず、ケネディ陣営にアドバイザーとして参加したことも、サイミントンにとっては痛手だった。中でもニッツはソ連の脅威を煽るべく、ケネディに対して個人的な影響力を行使したのである。[216]

ケネディは「ミサイル・ギャップ」問題に狙いを定め、アイゼンハワー政権に攻撃の楔《くさび》を打ち込んだ。一九五八年には上院で演説、「問題はわれわれがミサイル戦力をめぐり、ソ連に対するリードを維

213　一九五六年にソ連が保有していた大陸間長距離爆撃機は一五〇機と推定されている。これに対して米国は依然として現役就航していた数百機のB36爆撃機に加え、一四〇〇機のB47爆撃機を保有、さらに六〇〇機のB52爆撃機の配備を始めていた。こうした状況にかかわらず、「爆撃機のギャップ」の脅しは功を奏し、世論の圧力もあってアイゼンハワーは予算の増額を認め、B52の生産ペースを月産一七機から二〇機に増やした。Clarfield and Wiecek, *Nuclear America*, 一六一〜一六二頁。

214　Bundy, *Danger and Survival*, 三三七頁。これに対する米国の核兵器の総数は、一九五八年の六〇〇〇発が二年後の六〇年には一万八〇〇〇発以上に達した。LaFeber, *America, Russia, and the Cold War*, 二〇五頁。

215　Zaloga, *The Kremlin's Nuclear Sword*, 五九頁。

216　一九六〇年、ケネディはニッツを彼個人の私的諮問機関、国家安全保障顧問委員会の議長に任命した。ケネディは大統領選に就任後、ニッツを国際安全保障問題担当の国防次官補に据えている。これはアイゼンハワー政権が以前、ケネディに対し就任を打診したポストだった。Chalmers Roberts, "Kennedy Names Policy Group to Prepare Program If He Wins," ワシントン・ポスト、一九六〇年八月三十日付、Talbott, *The Master of the Game*, 七八頁に引用。

持できたはずの決定的な数年間に、軍事力をないがしろにし、経済力ばかり重視したことである」と非難した。

ケネディにとって、この「ミサイル・ギャップ」の「赤字《デフィシット》」こそ、紛れもなく恐るべきことだった。アメリカ人は皆、夜空を見上げ、「スプートニク」という脅威を目の当たりにした。天空を過ぎる人工の星は、敵の攻撃力を示す、輝く証拠だった。

ケネディは今に恐ろしいことが起きると、ローマの護民官のような口ぶりで繰り返し警告しながら、「ミサイル・ギャップ〔隔たり〕」問題をあらゆる角度から攻撃し続けた。最初のうち、「ミサイル・ラグ〔遅れ〕」という言い方をしていたが、やがて「ミサイル・ギャップ」と呼ぶようになった。

演説で、ケネディはこう言った。「〔ロシアの〕ミサイル戦力は、彼らを守る盾の役割を果たすことだろう。盾の陰で彼らは、ゆっくり、しかし着実に、スプートニク外交を通じて進軍を続けるだろう。限定的な局地戦争を戦い、目立たない間接侵略を果たし、威嚇・転覆・革命を起こしながら、彼らの威信または影響力を広げることで、われわれの同盟国に脅迫状を突きつけるはずだ」と。

フォレスタルの亡霊は今やケネディの中に、最も雄弁な自らの後継者を見出したのである。ケネディはさらに続けて、「自由世界の外周はゆっくりと齧り尽くされることになろう」と、ソ連の脅威を振りまいたのである。

ケネディに言わせれば、アメリカはソ連との戦いですでに負けていたのだ。われわれのアメリカは、史上最も豊かな国なのに、不況の苦しみの中にいる。われわれは世界最強の軍事力を持っているはずだが、ソ連とその代理人はあらゆる方角から攻撃を仕掛けようとしている。偉大なるアメリカの夢は、カードでつくった家のように、バラバラに崩壊しようとしている……。
ケネディは、すぐにも破局が来るかも知れないと危機感を煽った。アメリカは（この私、ケネディとともに）大きく変わらないと、破局は避けられない、と訴えたのである。「力のバランスは、次第にわれわれに不利な方向に動いてゆく」と宣言したのである。[217]
ケネディは若さと希望をアメリカ人に与えたことで、大統領に選ばれたと一般には信じられている。私自身もまた、そう思った一人だが、ケネディーはまた、私たちに恐怖を抱かせて大統領になった男でもあった。

217 Snead, *The Gaither Committee*, 一七三〜一七四頁。Kaplan, *Wizards of Armageddon*, 二四九頁も参照。ケネディが大統領に就任した時点で、アメリカの軍部は「無視され続けて来た」割には、米国の内外に三五〇〇もの基地を擁するまでになっていた。米国内及び世界中に置かれた米軍基地の総面積は、ニューイングランド（米国の北東部六州を指す）を上回るありさまだった。中・長距離弾道ミサイルを二〇基以上、大陸間長距離爆撃機を一七〇〇機、超音速戦闘機を一三〇〇機保有し、そのほかに陸軍の戦術核を配備していた。それどころか、「ある一つの基地だけで、世界の全人口を数回殺せるだけの神経ガスを備蓄していたのである」。Parker, *John Kenneth Galbraith*, 三四〇頁。

第五章
転換点

FIVE :
THE TURNING POINT

1 「家《ペンタゴン》」の日々

私はその時、父の車《リンカーン》の運転席にいた。夜はもう更《ふ》けていた。私は車の中から、落ち着きなく辺りを見回した。照明に浮かび上がったワシントン記念塔の方尖塔《オベリスク》が、ポトマックの漆黒の川面に反射し、水神《ネプチューン》が積み上げた金貨の柱のように揺らめいていた。その反対側に、「家《ペンタゴン》」のポトマック寄り、正面玄関のある円柱を連ねた外観が、まるで崖《がけ》のように聳《そび》えていた。私が駐車したすぐ真上に、ロバート・マクナマラの国防長官室があった。その三部屋ほど隔てた右手の並びに、私の父の、二つ窓の執務室があった。[1]

私は窓が四つ開いた、国防長官室からの眺めがどんなものであるか、わかっていた。中に入って見たことがあるからだ。今、国防長官室から外を眺めれば、ジェファーソン記念塔の低い円蓋、ワシントン記念塔の針のような尖塔、連邦議会議事堂の傾斜の強い円蓋が、大樹の連なりの向こうに光り輝いて見えるはずだった。

私は腕時計で時間を確かめた。一九六一年の夏だった——私の父はいつも深夜まで働いていた。

少し前の夜だった。時間帯はもっと早くて、その時よりも二、三時間前に、父の秘書のギンズバーグ夫人が、「将軍通り」にある私の家に電話をかけて来た。

公用車の運転手を帰すので、迎えに来るようにとの初めての連絡だった。運転手を家族の団欒のために、早めに帰宅させたのだ。それは息子である私より、部下を思う父の気配りだったが、それでも私は小躍りした。車《リンカーン》を運転できるチャンスが来て、嬉しかったのだ。
ハンドルの先に車両電話がついた車だった。それに父と二人きりになれる、滅多にない機会でもあった。

私は当時、十八歳。ジョージタウン大学で、最初の一年を終えたところだった。車のウインドガラスからジョージタウンの方角を見ると、遠くに「ヒーリー・ホール」のゴシック尖塔が見えた。「ヒーリー・ホール」にある大学図書館の読書室は、私が読書ではなく、独りになりたくて通っていたところだ。ジョージタウンは私の期待を裏切り、意外に不幸せなところだった。

私はジョージタウンに前の年の秋に入学していた。私は大統領選に挑戦したケネディの身近にいると思うだけで嬉しかった。私たちと同じアイルランド系カトリックのケネディが大統領に選ばれたことは、私が政治的な関心という複雑な領域に踏み込んでゆく、ひとつの通過儀礼《ライト・オブ・パッセージ》となった。が、その政治の領域には、希望の裏側に不安が潜んでいた。

ジョージタウン大学で私は、空軍ROTC（予備役将校訓練部隊）の候補生《カデット》だった。父のように制服姿で闊歩しながら、B52の操縦士になる夢を膨らませていた。そんな〝訓練生《ラッィ》〟として、毎日を送っていた私は、文字通り、父の足跡を辿る思いで、父の予備の軍靴に自分自身を滑り込ませていた。軍靴は

1 わたしの父は当時、空軍の監察総監をしており、マクナマラ国防長官から、ある調査を命じられていた。国防総省の機密漏洩（プレスへのリーク）問題を捜査していたのである。父はこのあと、DIA（防衛情報局）の局長になるが、その時は国防長官室から廊下を隔てた、一階上の奥まった部屋が新たな執務室となった。

父の当番兵が唾で磨き上げたもので、それを履くだけで一人前になったような気がした。朝礼の検査で、隊長の大佐が私の脇に立って、軍靴を止めた。候補生たちが恐れる、軍靴の手入れ具合の点検だった。胸が高鳴った。大佐は、私の磨き上げた軍靴のつま先に映る、雲の影を見ていたはずだ。しかし実はこのつま先、私の軍靴ではなく、父の軍靴のつま先――私はそのことを誰にも決して口外しなかった。

私にはステータスが付いて回っていた。訓練生の制服、それに、将軍である父……。

わが家のマイカー、フォルクスワーゲンのバンパーの上にも「三ツ星」が付いていた。その車に乗って、制服姿の私はボーリング空軍基地内の将校クラブへ、女の子たちを誘った。将校クラブで演奏するバンドのミュージシャンたちの階級は皆、軍曹だった。私は女の子を車に乗せ、基地を案内しては得意になっていた。ゲートのところで、空軍憲兵に敬礼を返して見せたりもした。

ルメイの家の前も、車で通り過ぎた（女の子たちはルメイの名前を知っていた）。そしてついでに私の家も……。私の家はルメイの隣にあって、少しだけ小さかった。

社交界へのデビュー舞踏会、午後のお茶会のダンス、社交場、「民主党青年部」の活動、ジョン・F・ケネディの選挙運動での封筒発送作業……。そんな毎日が過ぎ、遂に大統領就任式がやって来た。私は寒さに震える群集に混じって、JFKの演説に聞き入った。私はその時、人生で初めて、演説というものを真剣に聞いていたように思う。

アイゼンハワーが前任者のトルーマンとともに車でゆく姿を、ペンシルバニア街の街路灯によじ登って眺めた時から、長い時間が流れていた。その分、私も変わっていた。若く、魅力的な新大統領を、私はその時、見上げていたのだ。

冷たい風がケネディの髪を逆立てていた。帽子を被らず、寒風の中で、ケネディは演説していた。そこにはその時の私自身ではなく、私がなりたいと思う私の姿があった。自由の灯《トーチ》が、新しい世代へと引き継がれていた……その灯を、私自身も受け取っていたはずだった。ケネディは、私が密かに抱いていた思いの正しさを示してくれた。ケネディの雄弁さを真似して、私も自分の思いを語ってみたくなった。が、私は、どうしたら語れるか、その術をまだ知らなかった。

だから私は、世界で最もエキサイティングな街を、肩で風切りながら過ごす大学生としてしか、自分のことを考えられなかった。私は、ジョージタウンの学生の一人に過ぎなかった。

青いブレザー、カーキ色のパンツ、安手の靴、クルーネックのセーター……当時のジョージタウンは男子だけの大学だったが、近くには姉妹校の女子大がいくつもあった。ヴィジテーション、トリニティー、メリーマウント、それからボルチモアのグーシャー。そんな女子大の学生たちの姿を私は、見ぬふりしながら、それでもしっかり、目の隅で捉えていた。プリーツのスカート、お揃いのセーターとカーディガン、そしてブラ……。

私は青いブレザーから訓練生の制服へと着替える度、学生から戦士に変わった気がしたものだ。それは、あの青いユニフォーム姿のスーパーマンに変身する、クラーク・ケント*のような感覚だった。空

＊クラーク・ケント　映画にもなった漫画のスーパーヒーロー、「スーパーマン」の世を忍ぶ仮の姿。『デイリー・プラネット』紙の記者をしている。

軍訓練生の制服には、私自身の輝かしい未来が、銀色の糸で縫い込まれていたのである。「紺碧の大空の彼方へ飛び立つ」*――私はこの歌の意味を、その時、初めて知ったのだ。後に残す女性の心を摑むために、われわれは大空に飛び立つ……。もちろん、実際にそう思ってくれる彼女は、私には一人もいなかった。私は父の子であるよりも、あの爆撃隊の英雄、カーチス・ルメイの息子気取りでいたのかも知れない。

当時の私は、父が苦闘の最中にあったことに、もちろん何も気づいていなかった。私は最近になって回想録*を書き上げ、今、本書を書き続けながら、私の父が、空軍の捜査機関の長に抜擢された戦後間もない頃から、一九六〇年代の今に至るまで、「家《ペンタゴン》」の中で何をしていたのか、ようやく理解し始めたのである。父親の像を支えていたピンが、土台のところで抜けようとしていた。

大人になるとは、その大人の世界を受け容れてゆくことだろう。しかし、今、当時を振り返ると、私が受け容れるべき世界は、違ったものであり得たし、違ったものでなければならなかったのだ。

私は今ごろになって初めて、本書が辿る一連の出来事が、いかに私の父の上に重くのしかかっていたか、気付かされている。私は当時、ワシントンの王子さまのように振る舞ってはいたが、自分は偽者であるとの密かな思いを胸に抱いていた。実は私も、父と同じような葛藤の世界にいたのだ。

ある朝のことだった。朝礼の点検で訓練部隊長の大佐が、私の軍靴がピカピカなのに我慢し切れず、遂に踵《かかと》でつま先を踏み潰す暴挙に出た。おかげで父の当番兵が一年がかりで磨き上げた分厚い皮が台無しになってしまった。それは私にとって、父を真似しようとして失敗した、自我発達の挫折《エディプス・レック2》だった！

こんなヘマをしでかしたおかげで、私は暫くの間、父親の意志に服従するしかなかったが、そんな父権の意志への服従は、父もまた、違った意味で余儀なくされていたことだった。父は、ルーズベルトが恐れ、アイゼンハワーが警告した悲劇を現実化するかたちで、その夜、私の前に聳え立っていた、その「家《ペンタゴン》」の非人間的な意志に、ケネディ政権内で最も自立心に富んだ当局者らとともに屈服することになるのだ。

私には今でも、ある嫌な思いにとりつかれることがある。その時、一九六一年の夏もそうだった。その嫌な思いとは、私たち一家がドイツにいた頃に遡るものだ（私の父は一九五七年に、ドイツでの任務に就いた）。ドイツへ行く前、私たち一家はアレキサンドリアの南部の住宅地の一軒家で暮らしていた。アレキサンドリアからドイツに引っ越し、ヴィーズバーデンで暮らした二年間は、私たち家族が初めて「空軍の文化」の中で過ごした二年間だった。父はそれをすでに「家《ペンタゴン》」で学んでいたが、私にとってそれはショックでしかなかった。

少年の頃の私は、「家《ペンタゴン》」の大きな傾斜路を登ったり降りたり、遊び回っていただけだった。「NSC文書六八号」から「ゲイサー報告」、「ニュールック」政策から「ミサイル・ギャップ」へと続く一九五〇

＊「紺碧の大空の彼方へ飛び立つ」 Off we go into the wild blue yonder ——米国の「空軍歌」。

＊ジェームズ・キャロル回想録『あるアメリカ人の鎮魂歌（*An American Requiem: God, My Father, and the War that Came Between Us*）』。一九九六年の全米図書賞を受賞。

2 この言葉を、私はトム・エンゲルハートから教わった。トム・エンゲルハート（Tom Engelhardt）は、*The End of Victory Culture* などの著書がある。〔トム・エンゲルハート　米国のジャーナリスト、評論家。「トムディスパッチ」を通じ、ネットでも発信している。http://www.tomdispatch.com/〕。

年代に、その「家《ペンタゴン》」の内部に「すばらしき新世界《ブレイヴ・ニュー・ワールド》*」が出来上がるのだが、それについては、ちらっと覗いた程度だった。核兵器の備蓄とともに鼓動する、軍事エスタブリッシュメントの「家《ペンタゴン》」は、アメリカの「国家内国家」だった。

私たちはヴィーズバーデンの空軍宿舎に引っ越し、私たち兄弟は空軍の学校に通い始めた。私たち一家が祈るのは空軍の教会、買い物は空軍の食品店で済ませ、空軍のスナックバーで食事をし、空軍のゴルフ場でプレーして、空軍の映画館で映画を観る毎日が始まった。そんな空軍の諸施設は、兵器が保管されていた掩体壕《えんたいごう》が連なる基地の滑走路の外れにあった。そこに移り住んだ私たちは、最初のうち、ジプシーに連れられて、ヴィーズバーデンという不思議の国に入り込んだような気がしたものだ。そしてその国の王様が、私の父だった。

しかしそれは私にとって、いい気分になれることだった。父親の位の高さにものを言わせ、何でもできることが気に入っていた。私は一夜にして「将軍の息子」になったのだ。「将軍の息子」としての私……その状態は、逆説的な意味に変わった今でも、まだ続いているのである。

私はその一方で、落ち着かず、場違いな思いにも最初から囚われていた。私が引っ越した場所が、実はひとつの「兵営国家」であることに気付いたのは、かなり後になってのことだが、私は最初から、心のどこかに不安な思いを抱いていたのである。

これは前にも述べたことだが、私が通い始めた基地の高校には「H・H・アーノルド」の名前が付いていた。この爆撃隊の将軍は、ルメイを最初はドイツで、次に太平洋戦域で、解き放った人物だった。

そのアーノルド将軍の肖像画が、高校のロビーに掲げられていた。肩章の「五ツ星」が、軍隊の階級に敏感なわれわれ生徒の目を最初に釘付けにした。が、そんなアーノルド将軍の肖像画も、真正面から見れば、灰色の瞳がじっと中空を見詰め続けているようで、虚ろな感じがした。

肖像画の人物が「ハップ」*と呼ばれていたことを、私は知っていた。しかし、肖像画の厳しい目を見る限り、私がなりたいと思う人物ではなかった。

アーノルドが「われわれは柔《ソフト》にはなってはならない」とスティムソンに言ったのは、ドレスデン空爆時のことだ。「破壊しなければならない。ある程度まで非人間的な、容赦ない人間にならないといけない」と。

もちろん、当時の私は、そんなアーノルドの言葉を知らなかったし、仮に知っていたとしても、それが何を意味するかわからなかったはずだが、彼の肖像画には私の目を背けさせる何かがあった。ドイツ人作家のW・G・ゼーバルトは少年の頃をこう振り返っている。「私から、何かが遠ざけられている。そんな感じを抱きつつ、私は育ったのだ。それは学校でも家でもそうだった。私の生活の背後で起きている怪物のような出来事についてもっと知りたくて読んだドイツの作家たちからも、私は遠ざけられていた」と。[3]

＊『すばらしき新世界』　英国人作家、オルダス・ハクスリーの小説のタイトル。文明化の果ての「逆ユートピア」の姿を描いている。
＊「ハップ」　アーノルド将軍はいつも愉快そうな顔をしていたことから、ハッピー（幸せな）の「ハップ」と呼ばれるようになった。
3 Sebald, *On the Natural History of Destruction*, 七〇頁。

ヴィーズバーデンで私が出会った少年たち（空軍の「兵隊ガキ《アーミー・ブラット》」ども）は、父親たちの軍務や不安について事細かに知っており、私を驚かせたものだが、当人たちは当たり前のことと考えていた。たとえば彼らは、私には思いも寄らないことさえ――われわれ、ドイツ駐留米軍とその家族は、軍事的な最前線に立っているのではなく、核を使った全面的な大量報復攻撃を行い、ソ連赤軍の攻撃からヨーロッパを守るための罠《トリップワイア》として置かれていることさえ、知っていたのである。

ドイツの前線には二五万人の米兵が駐留していた。そこにはまた、それとほぼ同数の扶養家族もいたのだ。誰もが予測したように、仮に赤軍の攻撃が始まれば、私たちのような息子、娘、及び家族はたちまち殺されてしまうことは確かなことだった。もちろん、私たちの父親らも死んでしまうはずだった。私たちは神への生贄の羊、犠牲の供物だった。

私の新しい友だちによれば、私たちの「死」こそ、最終戦争の引き鉄を引くものであり、私たちの後に続く数億人もの哀れな敵どもの死とは違う、愛国的な意味ある死だった。われわれの死は、アメリカの殺戮マシーンに点火するものだから、無駄なことではない、と。

私は友だちから真実への手がかりを摑もうとしながら、内心の不安を戦闘的な闘争心でもって糊塗しようとした。私もまた空軍に入り、いずれ、「紺碧の大空の彼方へ飛び立つ」のだ……私にはそれしかないと自分に言い聞かせた。

ヴィーズバーデンの高校の運動部は、「戦士《ウォリアーズ》」と呼ばれていた。それを知った私は、タックルさえしたこともないのに、新参者ながら、アメフトの「ウォリアーズ」をつくる決心を固めた。

私はすぐタックルのテクニックを身につけた。走って来る相手の前へ、最後の瞬間、倒れ込めばいいだけのことだった。チームを結成した私は、ローマの剣闘士を真似て、肩で風切るような歩き方を始めた。プロテクターをしていたから、競技場に入るのに、そんな歩き方しかできなかっただけのことだが……。そう、私は戦士の一人だった。私の周りの世界は、秘密に溢れた世界だった。そして私の中にも、不安という、私自身の秘密が生まれていた。

私の不安には、わざと外向的な振舞いをする、ふつうの内気な高校生以上のものがあった。「鉄のカーテン」のすぐそばにいる、という痛切な思いがあったからだ。そんな重苦しい不安は、私に付き纏い、私を放さなかった。

セント・メアリー校のミリアム・テレサ先生《シスター》のクラスで、「伏せろ、隠れろ！」の訓練を受けた時の、あの冷たい、床のリノリウム・タイルの感触——それは、私の胸の底から湧き上がろうとする海のようなうねりと結びついて、今や私の新しい羅針盤になっていた。「伏せろ、隠れろ！」の時、抽象的なものに過ぎなかった「敵」は、ヴィーズバーデンの西、タウヌス山地のすぐ向こう側にいた。その山並みを、私は自分の寝室の窓から眺めていた。

眠るのが怖い夜もあった。私はクラスメートの中のとびきりクールな連中と、「ジェット機パイロット《ファースト・ムーヴァー》」とか「戦略航空団《ストラト・ウィング》」、「空中警戒《エアボーン・アラート》」といった、父親たちの世界の空軍用語や、「抑止」とか「挑発」「生存可能性」といった意味不明の抽象語を得意げに使い合っていたが、内心は怖かったのだ。安全じゃないんだ、という心の奥深く刻み込まれた恐怖を、いいですよ、いつだって戦争しますよ、というぞんざいな態度に転換して強がる……今にしてわかったことだが、これは当時、私にとって何の関係もなかった、あの「フォレスタル」という名前を持つ大の大人の所業を、少年の私がしていただけのことだった。私は、私が生まれたまさにその日に始まった、陰鬱な時代の精神を内面化しながら、そのことに気づかないまま、その限りにおいて成人になろうとしていたのである。

大人の世界に仲間入りしようとする上で、この時代、この場所ほど、挑戦に価する時代と環境は他になかったはずだ。私たち一家がドイツに「駐留」している間、アイゼンハワーとフルシチョフは、ベルリンをめぐって争い、他にもさまざまな危機が同時進行していたのである。ドイツを占領していた駐留米軍が敵の攻撃を誘う「罠」であったことは確かだが、私たちのヴィーズバーデン空軍基地は、米軍の反撃開始の槍の穂先にもなるはずだ。「戦略空軍司令部（SAC）」は、常時出撃態勢をとる中距離爆撃機、B47の戦略航空団をヴィーズバーデンに密かに配備していた。その航法ジャイロスコープは東ドイツ内のソ連赤軍の基地ばかりか、モスクワに対してもプログラムされていたのである。

ヴィーズバーデン基地の作戦司令部の建物には、「ベース・オプス」というスナックバーがあり、二十四時間、開いていた。高校生の私たちは、深夜、遊びに行ってコーラを飲んだり、フライドポテトを食べながら中をうろつき回ったものだが、灰褐色がかったオリーブ色の飛行服を着込んだ戦闘機のパイロットたちも出たり入ったりしていた。ヘルメットを脇に抱え、酸素マスクを垂らした戦闘機乗りになることは、私たちの少年時代の夢のひとつだったが、それが夢ではなく現実の可能性であることに、私はすぐ気づくことになった。

それは、私が高校の最上級生だった学年の終わりに起きた。あの「スプートニク」ショックを再現する、ロシアの強烈な第二のパンチが、私たちを――とりわけアイゼンハワーを打ちのめしたのだ。一九六〇年五月一日、ＣＩＡが飛ばした黒い偵察機、Ｕ２型機がロシアに撃墜されたのである。

これに対するワシントンの公式説明は、気象観測機がコースを逸れてソ連領空内に入った、というもので、私もそれを鵜呑みに信じた。そして、あれはヴィーズバーデン基地に秘密に配備されたスパイ機だ、と言い張るクラスメートと言い合いになったことを憶えている（それから何年か経った後、私はU2型機を、CIAだけでなくSACもソ連領空内に飛ばしていたことを知った。クラスメートが言い張った、スパイ機はヴィーズバーデンを基地にしている、は正しかったのだ）。

私はそのクラスメートが余りに言い張るものだから、もしかしたらその子の父親はU2型機を整備している地上要員かも知れないと、一瞬思ったものだ。私の父が何も言わないからといって、その子の父親が何も教えていないことにはならないが、当時の私には、それまた考えられないことだった。だから、私はその子に言ったのだ。そんなの全部デタラメだ、アイゼンハワーが嘘をつくわけがない、と。

しかし、それもフルシチョフが生け捕りしたU2型機のパイロット、フランシス・ゲリー・パワーズを生きた「証拠」として示すまでのことだった。アイクが「嘘」の山を築き上げていたことが暴露された。

やがて私は、パワーズが自殺しなかったことに、アイゼンハワー大統領が怒りを発したことを知った。CIAのエージェントは、捕まりそうになったら自殺することになっていた。「嘘」、「自殺」……一体、どうなっているのか、私にはわからなかった。

嘘は、「赤」がつくものだった。自殺は、してはならない罪だった。目的のためには方法を選ばないというのは、「赤」のすることで、私たちのすることではなかった。そうした彼らとの決定的な倫理の違いこそ、私たちが「冷戦」を闘う意味の全てだった。

だから、それから暫くの間、私はその時、覚えた嫌な気分を、父に何度も話そうかと思った。それは私にとって振り払うことのできない、海のうねりのような胸騒ぎだった。私は父に聞こうとした。下士官の整備兵が子どもに言えるようなことを、どうして僕には言うことができないの？――と。が、私は聞き方を間違ってしまった。最初に「あのU2型機は……」と言ってしまったものだから、端から父に一蹴されてしまった。「知っての通り、私は話すことができないんだよ」と。

父は私が「H・H・アーノルド高校」を卒業する前に、大昇進を果たして「家《ペンタゴン》」に帰って行った。父の肩には今や「三ツ星」が並んでいた。十年前、FBI上がりの父のことを侮っていた、第二次世界大戦中の爆撃隊の将軍たちを追い越す昇進だった。父が就いたポストは空軍の監察総監で、参謀職だったものだから、ボーリング空軍基地の「将軍通り」に官舎と、料理、給仕、靴磨きをする当番兵をあてがわれた。父にはリムジンが、母にはルメイのヘレン夫人が主宰する、将軍たちの妻たちの権力サークルの椅子が用意されていた。

ボーリング空軍基地は、ワシントンが位置するコロンビア特別区（DC）の南の外れ、ポトマック川のメリーランド側にあり、「家《ペンタゴン》」から下流に五キロほどしか離れていなかった。ヴィーズバーデンのように、反撃の槍の穂先に位置してはいないが、そこは米空軍全体の世界司令部だった。後で耳にすることになる言い回しを使えば、われわれは「獣の心臓の中《イン・ザ・ハート・オブ・ザ・ビースト》」*にいたのである。

ジョージタウン大学で私は、例の不安な思いを、ワシントンの若き王子さまの情熱に変換して押し殺そうとしていた。

「ショーボート・ラウンジ」で聴いた、チャーリー・バード*のジャズ演奏。カウント・ベイシー*を聴きに、「カーター・バロン劇場」へ、二組一緒に出かけたダブルデート。どういうわけか、何度も優勝してしまった、ジルバのダンス・コンテスト……。

そんな風に浮かれながら、ボーリング空軍基地のゲートを、敬礼を返して通過する毎日が続いた。それでも私は時々、眠りの中で得体の知れない不安に突き落とされるのだった。

私は以前にも増して、ROTC（予備役将校訓練部隊）の訓練に、身を入れるようになった。飛行訓練にも登録、小型機の操縦席に座って、隣の指導教官の指導で操縦桿を握り出した。私はその年の最優秀訓練生に選ばれた。あのピカピカの父親の予備の軍靴のせいでなかったら、将軍である父親の階級のせいだった。それは他の誰をも愚弄する行為だった。

私はジョージタウン大学のヒーリー図書館の読書室で独りきりになった時など、窓からワシントンの街を眺めたものだ。街と空が接する輪郭線《スカイライン》が街並みを聖像のように浮き出していた。私は、「何か、間違っている」という、私の中に生まれた思いを噛み締めていた。

この物語で私は、自分の不幸せについて語って来たが、その根はここに潜んでいた。空の兵士になる夢が実現に近づけば近づくほど、それは僕の夢ではないという思いが強まった。何かが間違っている……そこまではわかったが、それが何であるか、当時の私には理解できなかった。

＊「獣の心臓の中」　革命家、チェ・ゲバラの言葉。
＊チャーリー・バード　米国のギタリスト（一九二五〜九九年）。ジャズ音楽に、ボサノヴァを初めて導入した。
＊カウント・ベイシー　米国のジャズバンド・マスター、ピアノ奏者（一九〇四〜八四年）。

ジョージタウンはイエズス会*の大学だった。私は何度か、黒衣のカウンセラーに会いに行った。告白のためではなく助けを求めてのことだった。私は自分の思いを言葉にすることができなかった。神父の部屋で黙りこくり、擦り切れた敷物の模様を見ていたことを、私は今でも憶えている。

ある時、神父は私にこう言った。もしかしたらあなたは神の信号を受け取っているのかも知れない。あなたは俗世間に向いていない。神はあなたを選んでいるのだ——と。

私を神父にする、という望みは、私の両親が、私の少年時代から抱いていたものだった。少年の私は、両親が早く諦めてほしいと願い続けていた。

私は神父の視線から目を逸らそうとした。が、その前に神父は、聖職への案内パンフレットを、すかさず私の手の中に押し込んだ。「それ招かるる者は多けれど、選ばるる者は少なし*」

私にはその時、神父になりたいという気持ちは少しもなかった。が、私の世代のアイルランド系カトリックの男子は皆、幼少の頃から「神の召令《ヴォケーション》」に向け、スピリチュアルな予防接種を済ませていた。私は神父の部屋から、漠然とはしていたが確かに畏怖すべき、聖職者としての未来に向けた示唆を受けることなく、立ち去ることはできなかった。

パンフレットには、召令の恵みのために祈りなさい、と書かれていた。苦しい祈りになるはずだった。そう、聖職の道を進むことは、なんといっても、世間で言う「そは寒さに震える者は多かれど、凍《こお》れる者は少なし*」であるからだ。

私は、どうしていいかわからず、不幸せの底にあった、その頃の私を思い浮かべると、時間を超えて当時に遡り、若かった私自身の肩に、そっと手を置いて同情してみたくなる。

思うに当時の私は、老成した未来の自分自身と話し合いたくもなければ、イエズス会の神父と話し合いたかったのでもなく、ただただ、自分の父親と話し合いたかったのだ。私は今になってさえも、私がこれまでの人生の中で、苦闘しながら学んだことを父に伝えたい気がするのである。

大学付きのイエズス会の神父は、私を誤解していたのだ。だから、私を聖職の道に進むよう促したのだ。私はその後、結局、不滅であるべきその宗教の袋小路の壁にぶち当たることになるのである。

当時、私の胸の中で潮騒のように騒いでいたもの——それは、「神」に向かうものではなかった。「戦争」をめぐる胸騒ぎだった。この熱核兵器の時代にあっては、「戦争」もまた超越的な恐怖、慄きを引き起こすものである。

当時の私、「若きジム」もまた「時代の子」以外の何者でもなかったから、やがて外部から襲って来るであろう恐怖を内面化していたのだ。その恐怖を創り出し、それを利用したのは、ケネディを始めとする政治家たちだったが、「若きジム」は他のアメリカ人同様、その恐怖の衝撃を自分の言葉で表現することができなかった。その不可能性のミステリーの中で「若きジム」は孤立感に苛まれることになったわけだが、それはアメリカ人の全てに通じることだった。当時の世界には不安を覚えて当然な物事が

＊イエズス会　カトリックの男子修道会。一六世紀半ばにイグナチオ・デ・ロヨラによって創設された。カトリックの男子修道会としては、世界最大。

＊「それ招かるる者は多けれど、選ばるる者は少なし」新約聖書「マタイによる福音書」の言葉（文語訳）。

＊「そは寒さに震える者は多かれど、凍れる者は少なし」原文は、Many are cold, but few are frozen.「マタイによる福音書」の言葉（Many are called, but few are chosen.）のもじり。

確かに存在していたのだ。不幸せな思いを抱かせるに足る物事は確かに存在していた。

私は今、できるものなら「若いジム」にこう教えてやりたい気がする。

「君が今、どうにも落ちつかない、疎外された恐怖心に苦しんでいるということはね、君が君の周りで起きていることに注意を向けている証拠なんだよ。君は『NSC文書六八号』のことも『ゲイサー報告』のことも、聞いたこと、ないはずだ。そしてフォレスタルやニッツがどんな人間なのかも、知らないだろう。なぜ、あのルメイのような将軍が君の心を引き付けていたか、その理由も理解できないはずだ。しかし、君の父親も、彼らの影響を被っていたんだよ。そして君は、君の父親から、彼らの影響を受け取っている。そう、君が自分もそうなりたいと思った、あの男たちこそ、人類を存続の瀬戸際まで追いやった連中なんだ。その影響を受けて、君が不安がらないわけがない。君はこれからね、四十年の歳月をかけて、君が今、すでに感じ始めている、生まれて間もない新しい感情に言葉を与える努力をしてゆくことだろう。そしていつの日か、一冊の本を書く。しかし、それは神に関する本ではない。君が誕生し、『家《ペンタゴン》』が生まれた時に始まった物語を、君は書く。そして、その本はね、君が長い間、待ち望んで来た、君の父親との対話の本になるだろう」と。

「家《ペンタゴン》」と「私」が、同じ年の同じ月の同じ週に相次ぎ、産声を上げたということは、両者は同じ時期に成人に達したということである。私が今、語っているのは、「国防総省《ペンタゴン》」の「建物」のことでもなければ、その内部に作り込まれた官僚機構の仕組みや権限のことでもない。史上空前の権力を備えた、より大きな何ものかについて、私は語っているのだ。この『戦争の家』の物語は、だからその「より大きな何か」をめぐる伝記《バイオグラフィー》である。
「家《ペンタゴン》」は「米軍」の中心ではあるが、それは「米軍」を「私有《ポゼス》」してしまった「家《ペンタゴン》」である。国防総省での仕事に責任を持つ人間たちの意志や目的を超えて、いつでも自由に行動を起こす力を持ってしまった「家《ペンタゴン》」なのだ。「家《ペンタゴン》」とはつまり、超人間的な生き物に自らの姿を変えてしまった何ものかである。内部の執務室を通り過ぎて行く者たちを超えた、固有の信念と欲望を持つに至った何ものか、であるのだ。[4]

この「家《ペンタゴン》」に、膨大なマネーと力が、文化のエネルギーが、注ぎ込まれて来た。その結果、「家《ペンタゴン》」は今や、独自の「命」を持つに至った。この「命」を探るのが、本書のテーマである。

一九五〇年代のアメリカの景気拡大は、「家《ペンタゴン》」の執務室で書かれた、当時としては考えもつかなかった巨額の契約書によって生み出された。連邦予算に占める防衛費の割合は、年々増加の一途を辿った。産業界同様、とりわけ大学のような研究機関、さらには労働運動、言論界までが、「国家安全保障」という「冷戦」の「事業」に動員されて行った。

「家《ペンタゴン》」の権力中枢における緊張が——とりわけ米軍内の対抗意識が、誰も予期せず、誰もコントロールし得ない、拡大の力学を生み出して行った。米軍内の各部門は、「二つの敵」に対抗して自らを組織

4 この点に関して私〔著者〕は、文学者のロブ・チョダット〔Rob Chodat　米国の文芸批評家、ボストン大学助教授〕による、作家、ドン・デリーロ〔Don DeLillo　米国の作家（一九三六年〜　）。『アンダーグラウンド』（上・下二巻、上岡・高吉訳、新潮社）などの邦訳も〕に対する「超人格精神」分析から、多くのことを教えられた。

化していた。「共産主義の一枚岩」と「自分以外全ての米軍組織」が、その二つの敵だった。

自分たちの予算と地盤を拡大しようとする「家《ペンタゴン》」の封建領主たちの行動は、敵対するソ連がもたらす、悪化する一方の「脅威」に対するものとして常に正当化されていたが、実際はその多くが、遠いモスクワではなく、「家《ペンタゴン》」の廊下の先に陣取るライバルに照準を合わせたものだった。米軍内の一部門の自衛のための動きは、他の部門の、同等もしくはそれ以上の動きを引き起こし、まるで核分裂反応に似た作用・反作用の連鎖を生み出していた。

この核分裂の喩え《メタファー》は別の意味でも的を得たものである。それというのも、この連鎖反応の中心に、「軍事化した科学界」という有毒な新現象が生まれたからである。

聴聞会で身分証明を剥奪されたロバート・オッペンハイマーのあの屈辱は、科学者たちに二つの教訓を与えた。ひとつは、科学の軍事化《ミリタリズム》に抵抗したらどんな代価を支払わねばならないかという教訓。もうひとつは、「冷戦」熱を煽る研究所の研究プロジェクトには、数十億ドルの防衛予算が惜しみなく注ぎ込まれるという教訓だった。

これは後年、ある科学者が私に教えてくれたことだが[5]、名門大学など最高栄誉の研究機関に入るには、まずもって、当時、米国の軍事と行政の分野に点在し始めていた、さまざまな「科学諮問委員会」のメンバーに選ばれるよう働きかけねばならない、というパターンが、この時、生まれたそうなのだ。このパターンは元々、第二次世界大戦中、ロスアラモス研究所で出来上がったもので、当時、世界で最も優秀な科学者たちが、戦争遂行のための国民的団結の名の下、軍のエリートの部下として研究任務に従事する道を選んだことが、そもそもの始まりだった。

こうして「家《ペンタゴン》」における権力の流れは合流してひとつの方向を目指し、「家《ペンタゴン》」権力は倍加して行った。臨界を超える質量が、官僚マシーンによって「家《ペンタゴン》」の圧縮房へと、送り込まれて行った。アメリカの経済、学界、言論界、政治文化から生み出されたエネルギーの視点で見ると、「家《ペンタゴン》」は今や、アメリカの「原子炉」と化していた。

同様に、ソ連から最悪の中の最悪がいつ何時、襲って来るかも知れないという不安は、政府の正常な「抑制と均衡《チェック&バランス》」を常に逸脱する不合理な衝動へと向かった。アメリカの国民の前に立ち、アメリカを破滅から守っているのは、「家《ペンタゴン》」だけだ……そんな考えがアメリカ人の間に広がり、政治の世界における「家《ペンタゴン》」の力関係を逆転させた。議会を奴隷と化し、大統領を跪《ひざまず》かせ、今や「家《ペンタゴン》」が政治を「決める《ディファイン》」ことになった。

マッカーシー上院議員の「赤狩り」キャンペーンが、国務省、議会、ホワイトハウス、言論界を次々に薙《な》ぎ倒し、向こう見ずにも陸軍に手をつけようとしたところでチェックがかかったのも、当然だった。「家《ペンタゴン》」に住まう陸軍にはマッカーシーなど簡単に倒す力があったのだ。[6]「家《ペンタゴン》」だけが独り、無敵だったのである。

---

5 ユージン・スコルニコフ〔Eugene Skolnikoff　米国の政治学者、MIT名誉教授、元MIT国際問題研究所長〕に対する、著者のインタビュー。

6 マッカーシーを一撃の下にひれ伏させたのは、陸軍の弁護士、ジョセフ・ウェルチだった。ウェルチはマッカーシーに対し、面と向かって、以下のような不滅の名科白を吐いたのだった。「上院議員、あなたはもうやるだけやったでしょう。あなたには礼儀というものがないのですか?」。

だからこそ、「家《ペンタゴン》」の主《あるじ》であるべき「国防長官」さえもが、自分自身を、のたうち、荒れ狂い、暴れ回る「白鯨《モービー・ディック》」の背中に取り付きながら制御することができないでいる、あの「エイハブ船長」に譬えるような事態が生まれることになるのだ。[7] 精神、そして確信、さらには意志の超越的な中心であり、国防長官という懲罰権を持ったその主さえも屈服させてしまう「家《ペンタゴン》」の性格は最早、完全に確立されていた。

ルーズベルトは、人と金と力が、自分の手の届かない巨大な一点に向かって分離、集中することに判断を留保したが、それはこうした事態が起きることを恐れていたからである。だからルーズベルトは「家《ペンタゴン》」をあくまで仮住まいに止め、戦争という非常事態が終わったら解体するつもりだった。しかし「家《ペンタゴン》」は、そうはさせなかった。「家《ペンタゴン》」は最高の聖なる場所《ホーリー・オブ・ザ・ホーリーズ》に変わり、ホワイトハウスと議事堂から、世辞やへつらいが届くようにもなったのである。

「家《ペンタゴン》」という「白鯨」を解き放った大統領はトルーマンだった。自ら原爆の使用に裁可を下し、一九四九年のソ連の原爆実験がもたらしたパニックと、翌一九五〇年の北朝鮮軍の侵攻というプレッシャーの中で水爆を抱きとめてしまったトルーマンが、「白鯨」という「家《ペンタゴン》」を大海に放ったのである。

アイゼンハワーは退任の三日前、世界が「相互の名誉と信頼で軍縮」に向かわなかったことに失望したと語ったが、彼は世界が求めた、軍縮という目標を阻んだ最大の障害物をはっきり特定していたのだ。障害物は、ソ連だけではなかったのである。

アイゼンハワーは、「家《ペンタゴン》」が司令塔になった、新たな現実を指摘したのだ。彼の言う、「巨大な軍部エスタブリッシュメントと大規模な軍事産業の結合《コンジャンクション》」という、新しい事態が生まれたのである。これは

「アメリカ人が初めて経験しているものである」と、アイゼンハワーは言い切った。

アイゼンハワーにはどんな風にして、こうした事態が生まれたか、わかっていた。彼自身が、実はそうなるように仕向けたからである。

アイクは退任演説で言った。「私たちは、このように立ち至った必要性は認識しています。しかし、私たちはその重大な意味を見落としてはなりません……軍産複合体による不当な影響力の獲得については、それが意図したものであろうとなかろうと、私たちは政府のさまざまな会議において警戒しなければなりません。軍産複合体の権力が不適切な場所を占める危険性が惨憺たる勃興をしてゆく潜在力は、現に存在しており、今後もそうあり続けるでしょう」[8]と。

アイゼンハワーが警告したのは、これがたった一人の武勇伝上の人物《ア・マン・オン・ホースバック》が仕出かしたことではない、

---

7 ここで言う国防長官とは、ウィリアム・コーエン〔クリントン政権下の一九九七年から二〇〇一年まで国防長官を務めた。下院・上院議員〕を指す。コーエンは私〔著者〕に、こう語った。「私は遂に、その白鯨と面と向き合うことになってしまったわけです。私はモービー・ディックに繋がれているのです」。コーエンに対する著者のインタビュー。コーエン国防長官の下で統合参謀本部議長を務めたジョン・シャリカシュヴィリ将軍〔米陸軍の軍人。陸軍大将。両親はグルジア人〕も、国防総省を怪物に譬えている。国防長官の仕事は牙を抜くことなく、それを手なずけることだと。James Carroll, "War Inside the Pentagon," *The New Yorker*, 一九九七年八月十八日号、五三頁。

ところで、この「モービー・ディック」だが、一九五〇年代の初期、ＣＩＡの偵察行動の暗号名にもなったことがある。この「モービー・ディック」作戦には、巨大な気球をソ連上空に飛ばし、気流に乗せて日本で回収する偵察行動も含まれていた。気球にはカメラが取り付けられていた。回収したカメラの撮影写真は役に立たなかった。Rosenberg, "The Origins of Overkill," 二二頁。

8 アイゼンハワー、大統領退任演説、一九六一年一月十七日。

という事実だった。多くの人々が誤解して信じ込み、考えてみたくもないと思っているような、独裁者の所業ではなかったのだ。

それは、個人の力を超えた、非人間的な狂乱の循環《サイクル》だった。「マネー」を育てた「恐怖」を「権力」が育て、その「権力」を育てた「歪んだ栄誉心」を「敵を悪魔視する見方」が育て、その「敵の悪魔化」がさらなる「恐怖」を育て、その「恐怖」がさらなる「マネー」を生む、悪循環が生まれたのだ。

それは全くもって、新しいものだった。止めようのないものだった。危険きわまりないものだった。この世界の中に、もうひとつの「全世界《エンタイア・ワールド》」が出現した。この新たな「全世界」は、アイゼンハワーが司る苛酷な現実の上に築き上げられたものだ。一万八〇〇〇発を超える核弾頭の備蓄の山の上に、[9]「全世界」は生まれた。その「全世界」は自分の掟《ルール》と、自分の経済と、自己防衛の盾を手に、この世に現れたのである。

「全世界」というこの新たな巨獣《ビヒモス》と、アイクという人間のどちらかを選べと、アイクの同僚だった軍の首脳らが選択を迫られた時、軍の首脳らは躊躇しなかった。アイクは退任間近に、こう嘆いていたという。「今、ペンタゴンを訪ねている私ほど、これほどまで憎まれた将軍は一人もいない」と。[10]

老将軍、アイゼンハワーは本当の脅威を名指しせず——核の備蓄そのものが脅威であると名指しせずに、その危険性をアメリカに対して、正しくも警告したのだった。そうすることで彼は、同じように生前の経歴を悔やみながら、冥界に向け、ヘンリー・スティムソンの後を追うことになるのである。

アイクは「家《ペンタゴン》」が掌握した実権を非難する、もう一人の政府指導者になったわけだが、その非難は大統領として権限を放棄するその時になって、ようやくなされた。ロバート・ジェイ・リフトンの表現を再びかりれば、それはその後、何十年にもわたって、当事者を変えて繰り返されることになる、大統領たちの「退任症候群」の現れだった。

アイゼンハワーの退任演説から三日後、ジョン・F・ケネディが大統領職を継いだ。JFKはどんな挑戦をも受けて立つ勢いだったが、前任のアイク、トルーマン同様、目の前に立ちはだかる敵がいた。

ケネディは自分の本当の敵は何か、まだ気付いていなかった。新しい大統領として、アイゼンハワーに取って代わることはできたが、自分が新たな「エイハブ船長」になったことには気付いていなかった。

2　ベルリンの悪戯

その春、ケネディが大統領に就任して湧き上がった高揚感は、ソ連が人類史上初めて、宇宙飛行士を軌道に打ち上げた衝撃で消し飛んだ。一九六一年四月十二日、ユーリイ・ガガーリン*はロケットで大気圏外の軌道に乗り、一時間四十八分にわたって地球を周回、無事、地上に帰還したのだ。

9 Bundy, *Danger and Survival*, 三一九頁。
10 Newhouse, *War and Peace in the NuclearAge*, 一四六頁。
＊ ユーリイ・ガガーリン　ソ連の宇宙飛行士（一九三四〜六八年）。宇宙船「ヴォストーク1号」に搭乗、「地球は青かった」との伝説の言葉を遺した。

ガガーリンの宇宙飛行の成功にアメリカ人もまた、世界の人々と同様、驚嘆の声を上げたが、次の瞬間、またしても古い恐怖が弾け、驚きを複雑なものにした。ガガーリンの偉業は仇敵のソ連が優秀なミサイル製造技術を持つに至った証だった。

あの「スプートニク」に次ぐ、アメリカの敗北だった。あの弱気で暢気なアイゼンハワーのせいで負けた「スプートニク」のショックが再び、ワシントンを包み込んだ。ガガーリンの「ヴォストーク1号」の成功は、ワシントンに「水爆」が飛んで来る可能性を秘めたものだった。またも、パニックになった。「ロシア人が来る！」

その一週間後、ケネディ政権にとって、第二のショックがやって来た。キューバのピッグス湾で、アメリカが手ひどい失敗をやらかしたのだ。

四月十七日、アメリカの支援の下、亡命キューバ人、一五〇〇人がキューバ南岸のピッグス湾に上陸した。上陸した直後、彼らは裏切られたことに気付いた。ＣＩＡが見込んでいた、キューバ人の側からの決起がなかったばかりか、キューバ侵攻を成功に導くはずだった米軍の空爆による支援が、ケネディの判断でキャンセルになったのである。どうやらケネディが土壇場で怖気づいたせいだが、作戦は手痛い失敗に終わった。

われわれに対し、重大な危機が明らかに存在すると言い切り、われわれを守るはずだった男が、急にぐらついてしまった……一般のアメリカ人の目にはそんな風に映ったが、事実は違っていた。ケネディは勇気を奮って、ピッグス湾での敗北を認めたのである。が、そう見る者は、ほとんどいなかった。[11]

キューバの指導者、フィデル・カストロも、そうは考えなかった一人だ。ケネディという人間の本性を自分では見切ったと考えていた。その点ではニキータ・フルシチョフも同じだったが、カストロほど警戒心を捨てなかった。

六月、ウィーンで米ソ首脳会談が開かれた。その席でフルシチョフは公然とケネディを非難し、困惑させた。ケネディは見るからに、脅しつけられた感じだった。

会談の争点は、またも「ベルリン」だった。傲慢なフルシチョフは、戦争の脅しをさらにハッキリ、口にしたのである。フルシチョフはテーブルを叩きながら言った。「私は平和を望む。しかし、そっちが戦争をしたいなら、やってみたらいいじゃないか」。

フルシチョフとしては、ケネディが大統領候補だった一九五九年に、ベルリンへの米軍の駐留は核戦争を覚悟してでも続けるべきことだと演説していたことに触れたつもりでいたのかも知れない[12]。が、ケネディにすれば、大統領選での演説は演説であり、それと会談の場でソ連側の威嚇を受け止め、考えを巡らすこととは別のことだった。

ケネディは会談を終え、ウィーンを発ったが、英国首相のハロルド・マクミランの観察では、「唖然とした……というより困惑したという方が多分、公平な言い方になるだろう[13]」面持ちで帰途についたのだった——。

11 当時、ケネディ大統領を補佐していたのは、カール・ケイセンだった。ピッグス湾侵攻に対する空からの援護を中止するケネディの決定に、ケイサンはその勇気に加え、慎重さを見ている。ケイサンは、ケネディは「用心深い男だった」と語った。ケイサンに対する著者のインタビュー。
12 Lasky, *JFK: The Man and the Myth*, 三六一頁。

一九六一年の夏、私が「家《ペンタゴン》」の前に駐車し、父が表に出て来るのを待っていた時、ぼんやり考えていたのは、こうした一連の出来事だった。[14] その夏、私は父親とフーヴァー長官のコネで、FBIの「事務員」のアルバイトをしていた。前の年の夏から始めたもので、結局、この次の年を含め、三年続けることになったバイトだった。

私のバイトの「事務員」という肩書きは、私が任された仕事の重さを伝えるものではなかった。当時、私がどれだけ時代のドラマに魅せられ、引き込まれていたかを示すものでもなかった。私は暗号分析・翻訳部門で、暗号分析官の助手をしていたのである。

暗号分析・翻訳部門のオフィスは、連邦議会から四区画離れた、ガレージと見間違って通り過ぎてしまうような、目立たない、名もないビルの中にあった。いったんオフィスを出たら、誰に対しても「暗号分析官の助手」をしていると言ってはならないと、私は釘を刺されていた。FBIが暗号解読作戦に従事していることは機密事項だった。父がその一員だった「秘密の国」に入れてもらえたことで、私は心を躍らせていたのである。

とはいえ実際、私がしていたのは、これ以上、退屈でつまらないものはない仕事だった。毎日毎日、私はコンピューターが吐き出す、数字だらけのプリントアウトのページをひたすら眺め続けていた。数字は五個で一グループだった。そして、たしか二〇グループで一行だった。五〇行で一ページ……。暗号文書は数百ページで構成されていた。

私のボスの暗号分析官は、数学の天才だった。このFBIのエージェントは、私にチェック事項を指示した。たとえば、ある数が一行当たりどれだけあるか数え、余白にその個数を記入する。そうして私が数え上げたものを、別の助手がコピーし、それをまた別の助手がコンピューターに打ち込む……。

そのうち、私のボスが現れ、プリントアウトの余白の個数を再チェックし、コンピューターを使って自分で計算を始める。そうして、彼のような天才にはわかる、数のパターンを突き止め、数字の意味を明らかにするのだ。

こんな単純で地味な仕事がそれでも刺激的だったのは、数字の列がワシントンの各国大使館が本国政府と交わした暗号電報を傍受したものだったからだ。このＦＢＩのセクションは、第二世界大戦中、

---

13 Isaacs and Downing, *Cold War*, 一七三頁。ニューヨーク・タイムズのジェームズ・レストン記者〔米国の政治ジャーナリスト（一九〇九～九五年）。スコットランドから両親に連れられ、米国に移民。ニューヨーク・タイムズのワシントン支局長、コラムニスト、副社長を歴任した〕は、ケネディとフルシチョフのウィーン会談を、会談直後、ケネディに取材した時のことを通して、次のように描き出している。「彼（ケネディ大統領）は、大使館のほの暗い一室に、動揺し、怒った顔でやって来た。会談で彼はいつものように、フルシチョフに対して穏やかに、理性的に対処しようと努めた。フルシチョフに、ソ連がしたいこと、したくないことをハッキリ言わせようとしたのだ。これに対してフルシチョフは、ベルリンをめぐって戦争も辞さないと、彼をいじめ、脅しをかけたのだった……大使館の薄暗い部屋でケネディが語った言葉で、私は以下のことを確信した。フルシチョフはピッグス湾事件を研究していた。ケネディがカストロを孤立に追い込むか、葬り去っていたなら、フルシチョフとして合点が行ったはずだ。しかし、ケネディはキューバ侵攻に急いで踏み切った割には、最後まで成し遂げる勇気に欠けていた。これを見てフルシチョフは、こう結論付けたのだ。相手は経験のない若い指導者だから、怯えさせることもできれば脅迫することもできると」。Manchester, *The Glory and the Dream*, 九一〇頁。

14 私は、駐車した車の中で父が「家」から出て来るのを待つこのシーンを、先に回想録の『あるアメリカ人への鎮魂歌』に書いた。その時は「一九六〇年」の出来事と思い、そう回想録に記したのだが、「ベルリン危機」の進行具合や、「家」における議論の状況を考え合わせると、一九六〇年のことではなく「一九六一年」のことだったようだ。

日本の暗号を解読していたというが、一九六一年にもなると、敵のコンピューターの性能が向上したせいで、ほぼ純粋にランダムな数字を組み合わせることが可能となり、私たちの解読法はほとんど役に立たないものになっていた。もちろん、私たちは、そんな事実と逆のことを言い合っていたのだが……。

私はしかし、どこの国の暗号電報を扱っているかは、わかっていた。傍受電報の最初のページの上の右隅に、そこだけ数字ではない、普通に読める「平文《ひらぶん》」が、たった一語ではあるが出ていたのだ。それは、暗号電報が発信された都市を特定する言葉だった。そこには「モスクワ」とか、「プラハ」という都市の名が出ていた。そんな共産国家の首都の名を、私は軽い眩暈を覚えずに読むことができなかった。ついに私も、この大変な戦いの中で役割を果たしているのだ、という実感を得たのである。

この仕事は私に、恐怖心を抑え込みながら頭から追い出す、心の切り替え方を教えてくれた。毎朝、私は気を引き締め直して、自分の机に向かった。相変わらず、目の前に並ぶ数字が何なのか、自分が担当している作業の意味は何なのか見当もつかなかったが、私は見落としゼロの完璧な作業をしよう、ボスが暗号を解けるように完璧なものを提出しようと決心し、仕事を続けた。それが戦いの勝利に役立つことになるかも知れないことなのだから……。

そんなある朝、暗号解読の補助作業を続ける十代の私を初めて驚かせることが起きた。プリントアウトの山の上に乗った最初のページの隅の余白に、「ロンドン」という文字が記されていたのだ。ロンドン！　考えるまでもないことだった。私はただちに理解した。われわれは敵の暗号通信だけでなく、味方のものも解読しようとしていたのである。

私が父を迎えに「家《ペンタゴン》」へ出かけた夜の数週間前の出来事だった。私はそれまで何日間か、ホワイトハウスから北へ五区画離れた一六丁目《ストリート》にあるソ連大使館宛の暗号電報を処理する作業を続けていた。興奮した私のボスが、知りえた情報を許可なく漏らしてはならない規則を破り、暗号文書の数ページを私に手渡しながら、その文書の決定的な重要性を教えてくれた。その文書の隅にあったのは「ウィーン」の文字……。暗号電報は、ケネディ・フルシチョフによる米ソ首脳会談がまさに開かれていた「ウィーン」発の暗号電報だった。そう、その時、私の手の中には、ロシア人たちが現在進行中の会談に関し、連絡を取り合っている「秘密」があったのだ。

　私はふと「ベルリン」のことを考えた。ウィーン会談の大問題はベルリン問題であることを、私は新聞で読んで知っていた。ということは、今、私の手の中にある暗号文のどこかに「ベルリン」が埋もれている……。「ベルリン」は暗号を解く手がかりになる！……そう、それはたしかに暗号電文のどこかに潜んでいたのである。

　フルシチョフはこんな乱暴な言い方をしたことがある。「ベルリンは西側の睾丸《キンタマ》なんだ……西側の奴らに悲鳴を上げさせたいと思ったら、睾丸、握りつぶしてやるんだ」と。[15]

　そんなマッチョ丸出しの大言壮語にかかわらず、「ベルリン」はフルシチョフにとって不安の源泉だった。一九五〇年代の終わり、このソ連の指導者には、ロシアにとっての悪夢――すなわち、核兵器を手にした西ドイツが現実のものになる、と信じ込むだけの理由があった。そしてそのことが、ベルリ

15 Isaacs and Downing, *Cold War*, 一七七頁、Sulzberger, *The Last of the Giants*, 八六〇頁、Rusk, *As I Saw It*, 二二七頁も参照。

ン問題でフルシチョフが大見得を切った理由の全てだった。フルシチョフの不安は現実のものであり、不安になる理由はあったのだ。

西ドイツの国防相は、フランツ・ヨーゼフ・シュトラウスという右派の政治家だった。そのシュトラウス国防相は公然とドイツ軍の核武装を唱え、アイゼンハワーもまた、ボンに核を供与するアイデアを支持していた。アイゼンハワーは言った。「頼むから、同盟国にケチな真似、しないようにしよう」と[16]。

一九五〇年代の終わりに、ベルリンは東西対決の発火点として再び登場していた。アメリカ人はこの時もまた、ロシアの熊が帝国主義的な魔手を伸ばしているという昔話を聞かされ続けた。モスクワもまた実は当時、彼らとして当然の関心に基づき、現実的に対処しようとしているかも知れない……そんな示唆はどこからも聞かれなかった。フルシチョフのあの「握りつぶす」発言も実は、ソ連側からの提案としては珍しい、ある理に叶った申し出を、アイゼンハワーが蹴ったことへの反応だったのである。

ソ連は一九五八年三月に、中欧への核配備を禁止する提案を行っていた。ポーランド、チェコスロバキア、東西両ドイツに「非核地帯《ニュークリア・フリー・ゾーン》」を設ける申し出だった。

提案は明らかに、ボンが核戦力へのアクセス、あるいはその使用権限を手にすることを阻もうとしたものだが、代わりにモスクワも、自らの核配備を制限するとともに、査察受け入れを拒否して来た鉄の掟を自ら撤廃するという画期的な内容を含んでいた。つまりソ連は衛星国内という限定つきながら、定期的な査察に応じる用意があるという前代未聞の提案をしていたわけである。

アイクがこの提案を蹴った時、モスクワとしては当然ながら、ＮＡＴＯが西ドイツを核武装化しようとしている、と結論づけた。それはもちろん、モスクワとして我慢できることではなかった。[17]

一九六一年になるまでに、フルシチョフにとって「ベルリン」は、西側に圧力をかけるポイントとして使いでがある、だけでは済まなくなっていた。「ベルリン」は彼にとって最大の悩みの種ともなっていたのだ。分断された都市・ベルリンは共産主義者たちにとって、癒えない傷口だった。

ベルリンの西側半分は、一九五〇年代のマーシャル・プランによる好景気がもたらした、あの西ドイツの「奇跡」によって、資本主義の繁栄を誇示する展示場になっていた。これとあまりにも対照的だったのが、東ベルリンの惨状だった。大戦時の空爆による瓦礫はピラミッドのように市内各地に聳え、それを覆う雑草が街路樹の高さに生い茂っていた。

おまけにソ連にとって厄介なことに、戦後、ベルリンでは全市を自由に移動できることが、占領四ヵ国による合意でもって保障されていた。つまり、東ベルリンの市民は西ベルリン経由でソ連圏を脱出、西側へ出ることができたのである。一九五九年から六〇年にかけ、フルシチョフはさかんに東ベルリンを封鎖すると脅したが、そうすればするほど、東の市民は荷物をまとめ、西に逃れた。

そんな「ベルリン」をめぐる緊張は、私自身、一年前の一九六〇年、ヴィーズバーデンの米軍基地から、高校の仲間たちと一緒に旅行したことがあり、肌身で感じていた。

16 Trachtenberg, *History and Strategy*, 一八七頁。あのジョージ・ケナンでさえもが、すでにタカ派ではなくなっていた一九五八年に、こんな提案をしていた。ドイツからの米軍戦闘部隊の「撤退」を可能とする道のひとつは、西ドイツに対して核兵器を供与することである、と。LaFeber, *America, Russia, and the Cold War*, 二一一頁。

17 Beschloss, *The Crisis Years*, 一七四頁。

東西に分断されたベルリンの片方には、輝くばかりの新しい店が軒を連ね、もう片方には空爆で粉々になった建物の瓦礫があった。まるで気の狂った不思議の国だった。高校生の私たちは週末の長い一日を、共産主義者たちが走らせている陰鬱な高架列車に乗って、東西を行ったり来たりした。それは両極をめぐる冒険だった。マニ教的な善悪二元論で戦われる、世界的な東西対決への招待だった。ベルリンは、すでに戦われた大戦で生まれ、来るべき世界戦争によって決着がつけられる、世界対立の縮図だった。が、そんなベルリンでも、高校生の私たちは悪戯《わるふざけ》したい気分でいた。

勇敢にも私たちは東ベルリンの戦争記念碑の店で共産主義青年団の赤いネッカチーフを買い、ロシアの女性たちが髪を隠すバブーシュカのように頭から被って、駅の回転式のゲートやエレベーターの陰からじっとこちらを覗っている、あの共産主義者の老婆たち——そう、あの「口髭を生やしたロシア女」の真似さえもした。私たちは東ベルリンの人々を公然と侮辱し、得意がっていたのだ。そんな私たちを、軍帽に赤い星をつけた兵士たちが、怒りのこもった目で睨みつけて来た。兵士たちは、高校生の私たちと同じか、年下だった。タバコを咥え、マシンガンを抱えるその姿に、私たちは恐怖を感じたが、高揚感もあって私たちはさらに無分別な振る舞いに出た。兵士たちに手を振り、被っていたネッカチーフを脱いで腰を振り振りし、駅の階段に向かって一目散に駆け出した。私たちは簡単に、その場を逃れることに成功したのである。

東西両ベルリンには当時、列車の路線、街路を合わせ、越境ポイントが全部で九〇ヵ所あった。そんな場所に逃げ込む悪戯を、私たちはその週末、何度も繰り返した。

私は後年、東ドイツ市民らが当時、私たちが遊んだ越境ポイントを通過し、着のみ着のまま西側に逃れた脱出行の記録を読んだことがある。その時になってようやく、私は古びた通勤列車で乗り合わせた東ドイツの人々の、恐怖に満ちた表情を思い返し、悪さをしたことを恥じたのである。

しかし、それも後になってからのこと。その日の私たちの悪戯は、まだ終わっていなかった。その日の終わり、私たちは西ドイツに帰る、米陸軍の列車に乗った。ベルリンに来た時と同じ線路の帰り道。私たちはまだのぼせ上がり、ウキウキはしゃいでいた。乗り合わせたのはアメリカ人ばかり。休暇の若いGIや、里帰りの順番が来た、軍人の妻子たちが一緒だった。列車内で、監督のついていない十代は私たちだけ。そんな自由が私たちを有頂天にしていた。

ベルリンを出た列車は、ヘルムシュテッドに近い、東西ドイツ国境の通過点に向かっていた。私たちは三日前、同じ地点を通過して来たこともあり、平気な顔でいた。

列車が速度を落とし始めると、米軍の憲兵が客車を回り、乗客に窓のカーテンを下ろすよう命令した。四ヵ国交渉で合意した厳密なルールに基づき、国境での手続きが細かく定められていた。そしてその一つが、米軍の特別列車の窓のカーテンを全て閉じる決まりだった。これは恐らくソ連が、国境駅に駐屯する重武装の部隊や、近くに配備した戦車大隊の写真を撮られたくないことから来たルールだった。われわれ乗客はこの先、東ドイツ領内を通過中、撮影を一切してはならないことになっていた。

国境の駅で列車はエンジンを停止した。そのまま、時間が過ぎて行った。薄暗い車室に閉じ込められた私たちは、カーテンの外を覗《うかが》い出した。私は父親から借りて来た八ミリカメラのレンズを外に向けた。カーテンの隙間から覗《のぞ》くと、近くに戦車の群れがいた。大きな赤い星のついた戦車だった。回転式の砲身の鼻先が、こっちを狙っていた。私は八ミリのボタンを押した。カメラが静かな音を立てて回り出した。一緒の仲間たちは息をのんで、声を殺している。私は危険を冒すスリルを覚えた。まるで老スターリンに対して、反抗的な態度を取っているような気がした。

カメラが回り切らないうちに、私たちの車室のドアが乱暴に開いた。銃を手にした制服の集団が乱入して来た。青い制服の東ドイツの民警に、茶色の制服のソ連軍将校、そして黄褐色の制服に白ヘルメット姿の米軍憲兵二人の四人が雪崩れ込んで来たのだ。聞いたことのない言葉の怒鳴り声がした、ドイツ語ではなかった……ロシア語による叫び！

米軍憲兵の中の黒人憲兵が私の八ミリを奪い、一瞬のうちに蓋を開いた。憲兵は注意深く、フィルムのリールを取り出し、手からセルロイドのフィルムを垂れ下げて、東ドイツの民警やソ連の将校に差し出して見せた。フィルムは感光し、使えなくなっていた。黒人憲兵は相手にわからせようとしたのだ。「もう写っていないんだから、このガキのこと、大目に見てくれ」と。

東ドイツの民警もソ連将校も、怒りまくっていたが、米軍憲兵に譲歩して引き下がった。米軍管轄下の列車だから、聞き入れてくれたのだ。民警と将校が出てゆくと、その黒人憲兵はむっつりした顔で、私たちの身分証明書をチェックした。黒人憲兵は私のＩＤカードで父の階級を知ると、これはどうにも処置なしだ、といった風に首を横に振った。軍人の子弟がこうした違反行為を仕出かした場合、報告を上げ、上司が保護者を叱責処分することになっていたが、私の父は指揮命令系統の遥か彼方にいて、憲兵の権限の及ぶところではなかった。

黒人憲兵は私にＩＤカードを突き返すと、一言、「恥を知るんだな」と言って出て行こうとした。そしてドアのところで躊躇しながら振り返り、私を睨みつけながら、こう言い放った。「お前さんのようなバカが、第三次世界大戦を始めようとしているんだ！」[18]

一九六一年七月のウィーン会談で、フルシチョフは「ベルリン」を「握り潰す」強硬姿勢を見せた。それは「閉門パニック《トールシュルス》」に駆られた東ドイツ、ポーランド、チェコスロバキアなど共産圏の人々が、ベルリン経由で週に数千人のペースで脱出を図っていたからだ。[19] 置き去りにした親類縁者に厳しい罰が科せられるとわかっていても、それでも脱出行を押しとどめるものにはならなかった。

共産主義国から、最も教育のある、最も技術を持った人々が消えてゆくことは、ソ連と東ドイツの傀儡政権にとって、容認できることではなかった。彼らにとって最も簡便な方法は、西ベルリンへの西側からのアクセスを遮断し、ベルリン全市を東ドイツ領と宣言することだった。そしてフルチショフはウィーンでの米ソ首脳会談で、まさにその脅しをケネディに突きつけたのである。

フルシチョフは会談で宣言した。ソ連は東ドイツとの間で平和条約を結ぶ。そして戦後の占領地域を解消し、ベルリン全市を東ドイツに譲渡する、と。

もしも、怒鳴り散らすこのソ連指導者が英米仏三ヵ国の意向を無視して一方的に宣言を実行に移すとまで言ったなら、ケネディとしても許すわけには行かなかったろう。そうなると、こんどはフルシチョフとしても、東ドイツの主権の侵害であり、開戦理由になり得ることだと言わざるを得ない。実際、

18 私〔著者〕は、この体験を基に小説を書いている。*Secret Father*（Hughton Mifflin, 二〇〇三年）。
19 バンディによれば、この脱出者数は一九六一年の夏までに、月一万二千人ものペースに達したという。Bundy, *Danger and Survival*, 三六二頁。

フルシチョフは会談の場で、ケネディにこう言ったのだ。「そうしたいなら、やったらどうだ《レット・イット・ビー・ソー》」と。フルシチョフはさらにこうも続けた。「それはペンタゴンがやりたがっていたことじゃないか[20]」。

３　「戦争ですね」

もしもこの年、一九六一年に、「ベルリン」をめぐって戦争が起きていたとしたら、それはその十年前の戦争と違ったものになっただろう。ジョージタウン大学ヒーリー・ホールの図書館で私は、その年、誰もが話題にした一冊の本を読み終えていた。ハーマン・カーン*が書いた『熱核戦争（*On Thermonuclear War*）』という本だった。

カーンは恰幅のいい、フクロウのようなまるい目をしたランド研究所のアナリストで、ふつうはちょっと考えにくい、意外な有名人だった。『ライフ』や『ルック』『サタデー・イブニング・ポスト』といった雑誌で有名になったカーンの記事はとても専門的なものだったが、新世代の防衛専門家の難解な理論を幅広い読者に訴える、最初の爆発的ヒットとなった。

『熱核戦争』は著者の体つきのように分厚く、ランド研究所で飛び交っていたさまざま理論が窒息するほど詰まっていた。今から振り返ると、カーンはどうも宣伝の才に恵まれていたようで、それまで「考えることもできなかった」ことを声高に論じる予言者のように振舞っていた[21]。

それはまるで「核の神学」の語り口だった。禁断のポルノグラフィーを読むような雰囲気だった。カーンは自分の理論を開陳する以上に、読者の心を傷つけたが、大衆はそれに熱烈に反応した。まるでサディストに金をたくさん払って、お仕置きを受けるマゾヒストにでもなったかのように。

カーンの訴えに溺れるこの底流の出発点には、前年に上映されたスタンレー・クレイマー監督の映画、『渚にて』が残した余韻があった。この映画は、ネヴィル・シュート（ペンネーム）*によって書かれた小説を映画化したもので、核戦争の最後の生き残りたちを描いたものだ。南半球、オーストラリアのある小さな町の人々が、放射能を含んだ原子雲が来るのを待っている……。主演のグレゴリー・ペックもエヴァ・ガードナーも、あんな渚のラブシーンを演じたのは初めてのことだったろう。私の場合もそうだったが、あれほど深い悲しみを胸に、映画館を去った者はかつていなかったはずだ。

アメリカ人は一九五〇年代の終わりまでに、新しい死の意味に直面するようになっていた。死は今や、個人のものではなく、人類全体のものになっていたのである。

が、カーンの本は、不快なほど冷静に、核戦争に伴う細かいことをクドクド書き綴っていた。即死するのは数億人、遺伝による奇形も広がり、遠い未来に及ぶ、といった内容だった。

その本の中に、「生き残った者は死者を羨《うらや》むか？」という一章があった。カーンの答えは「そうとは

---

20 Beschloss, *The Crisis Years*, 二一九頁。

＊ハーマン・カーン　米国の軍事戦略家（一九二二〜八三年）。『超大国日本の挑戦』（坂本・風間訳、ダイヤモンド社）など邦訳も多数。

21 カーンはこのベストセラーの前に、『考えられないことを考える（*Thinking About the Unthinkable*）』という本を出している。

＊ネヴィル・シュート　英国の小説家、航空技術者（一八九九〜一九六〇年）。本名ネヴィル・シュート・ノルウェー。ファーストネームとミドルネームで、ペンネームとした。

限らない」だった。カーンの主張では、生き残った者は大丈夫、元気でやっていける、とのことだった。

カーンの運命論はその程度のものだったから、来るべき核戦争による犠牲者の苦しみの姿まで想像するものではなかった。別の核軍縮問題専門家も当時、こう書いていた。「日本は結局、核攻撃のあと、生き残ったばかりか、繁栄さえもしている」と。[22]

しかし、来るべき核戦争の影響について、核の理論家たちがどんなに限定的で――それ故「考え得る」結果を弾き出そうと、私のような、記述しようもない恐怖に囚われた遅れて来た者《ザ・アンイニシエイティド》こそ、実はより現実に近いところにいたのだ。これに対し、数千もの核兵器の備蓄に知的・道徳的祝福を与えた専門家たちには、核戦争による被害を過小評価しなければならない、当事者としての利害関係があった。核の被害を生々しく描けば、それだけで核武装全体に対する人々の疑惑が強まる恐れがあった。

米政府の外に位置する科学者たちが、「家《ペンタゴン》」は核兵器が引き起こす惨憺たる結果をあまりにも過小に評価していると非難するのは、このあと暫く経ってからのことだ。その時になってようやく、全面的な核戦争が起きれば、人類社会が破壊されるばかりか、オゾン層が劇的に消失することで紫外線が「死の光線」となって大気圏を直射し、地球の生きとし生けるもの全てを一掃してしまう、と同時に、核爆発の多発で大気中に粉塵が舞い上がり成層圏を包み込んで太陽の光と熱を遮り、地球を「核の冬《ニュークリア・ウィンター》」へ追い込む――といった警告シナリオが飛び出した。[23]核戦争は人類の生存を可能とした地球環境の保護を取り払ってしまう、との警鐘だった。

しかし、当時は違っていた。ベルリン問題をめぐって軍事専門家は、全面核戦争についてはなお、ためらいを見せてはいたが、核兵器の限定的な使用ついては、ソ連に「順守を強制する」ものと考えるか、それともその際限のない全面核戦争へとエスカレートしてゆく圧力を無視するかのどちらかだった。全面核戦争への圧力とは、エスカレーションの内部に組み込まれた自動的なメカニズムのことだが[24]、そこには核兵器が実際、どんな恐ろしいものかを把握できない専門家たちの無理解があった。

当時の専門家たちは、核攻撃による損害を、「爆発効果」という限定した尺度で計算していた。「爆発」以外の最悪の結果を排除したものだった。たとえば、第二次世界大戦中、ハンブルクやドレスデン、トーキョー、ヒロシマ、ナガサキに対する空爆で起きた「火災旋風《ファイヤーストーム》」の被害は、爆弾の「爆発」被害よりも甚大なものだったが、ソ連に対する空爆攻撃を準備する「戦略空軍司令部（SAC）」や統合参謀本部、ランド研究所のアナリストたちの計算には、火災による被害の想定はこれっぽっちも含まれていなかった。

---

22 Eugene Rostow in Kennedy and Hatfield, *Freeze!*, 一頁。

23 「核の冬」という用語は、天文学者のカール・セーガン（米国の宇宙科学者、作家（一九三四〜九六年）。コーネル大学教授）によって一般化した。わたしは今、この「核の冬」という言葉を、彼と結びつけながら使っている。

24 「全面核戦争」にエスカレートする「メカニズム」には、事故、「C3I」（指揮（コマンド）・統制（コントロール）・通信（コミュニケーション）・情報（インテリジェンス））の不調、感情的対応、解釈ミス、政治圧力、軍事クーデターといった諸要素が含まれている。これはマーティン・マリンの、著者に対する教示である。このエスカレーションの本質を、ロバート・ジャーヴィスは、以下のように捉えている。「敵味方双方を壊滅に追い込むエスカレーションが起きるのは、敵にかけようとする圧力が自分に対する圧力となって跳ね返って来る、絶えざる可能性並びに試みであるからだ」。Robert Jervis, *The Illogic of American Nuclear Strategy*, 三四頁〔ロバート・ジャーヴィス　米国の学者（一九四〇年〜　）。コロンビア大学教授、国際関係論専攻〕。

スタンフォード大学のリン・イーデン*は今世紀、二一世紀の初めに、驚くべき発見をした。冷戦期の全期間ばかりか、その後においても、核爆発が引き起こす大火災について「家《ペンタゴン》」のプランナーは誰一人、一度も真剣に予測しなかったというのだ。イーデンは二〇〇四年に、研究結果をこう記した。

「戦争計画は、危機の際に行動する軍人、何が起きるかを政府が見通す、主たる手段である。そうした戦争計画は、核兵器が使用された時、その他の人々に深い影響を与えるものだ。しかし、火災被害が過去半世紀の間、無視されて来たことで、米国の政策決定にあたる高位の当事者らは、核兵器の被害のうちの火災被害について、もし知らされていたとしても、粗末な知識しか持たされていなかった。その結果として、米国のあらゆる核兵器使用の決断——たとえば、相手に『自制』を求める『限定的な選択』」といった決断——が、ほとんど確実に、不十分かつ誤った情報に基づくものになった。もしも仮に実際に核兵器が使われていたなら、その物理的・社会的・政治的な効果は、予想を大きく超える惨憺たる結果を招いたはずだ」[25]と。

が、政府レベルにおける現実はともかく、当時の私のような、知識を持たない十代の若者でさえ、核戦争とは恐るべき悲しみの底に突き落とす、惨憺たるものだということを直感していたのである。私はヒーリー・ホールで、あの驚くべき自己満足で書かれたハーマン・カーンの本を読みながら、ふと窓の外へ目を向け、まだ燃え上がっていないワシントンの空を眺めたのだった。

カーンの提案の中で前向きだったものの一つは、すぐさま大規模な核シェルターの建設を始めようという呼びかけだった。そうすれば、数億人の被害をわずか数千万人で済ますことができる、と。

ワシントンに核シェルターをつくれ！「モール」沿いや、スミソニアン研究所の銃眼のついた塔の地下、さらには連邦議会議事堂の地下トンネルに核シェルターをつくれ！　地下室を全部、核シェルターにせよ！――

私は、カーンの核戦争による大量破壊と、それを生き延びる方法の理論的な提示の中に、彼がマッチポンプで煽り立てては火消しに努めた、核戦争というものの恐怖の姿を感じ取っていたのである。カーンは私がすでに自明のものと感じていた世界に、言葉を与えたのだった。カーンこそは空軍が叫ぶ、「空爆に発進だ！《アップ・ウィー・ゴー》」の体現者だった……。

そんな空想の中で、私は突然、あの列車の車室の中に戻った。車窓の風景は霞むように後方に飛び去ってゆく。あの黒人憲兵の声がまた、聞こえた。「お前のようなバカが……」。

ソ連の脅威を実際以上に誇張してやまない従来のやり方は、ソ連が熱核兵器を備蓄し、その運搬手段を手にしたはずの今となっては、それだけではすまない事態になっていた。それは「スプートニク」「ガガーリン」が明らかにした現実だった。

一九六一年七月二十五日の夜だった。その火曜の夜、ケネディ大統領が全米に向けテレビ演説した。ベルリンをめぐる戦争の可能性が高まっているので、準備を整えるよう全国民に呼びかけたのだ。「今晩は」とケネディは語りだした。私は「将軍通り」の家の、居間の続きのサンルームを改造したテレビルームで、ケネディの演説に聴き入った。テレビの向こう側の窓の外に、ルメイ家の、灯りのつ

＊リン・イーデン　米国の歴史学者。スタンフォード大学の「国際安全保障・協力センター」の副所長を務める。
25 Eden, *Whole World on Fire*, 二頁。

いた窓が見えた。

ケネディは最初のセンテンスから核心に入った。

「ちょうど七週間前、私はフルシチョフ首相らとの会談の結果を報告するため、ヨーロッパから帰国しました。フルシチョフによる、世界の未来に対する暗澹たる警告、ベルリン問題に関する彼の覚書、それに続く、フルシチョフとその手先による演説と威嚇、さらにはフルシチョフが発表したソ連の軍事予算の増額は、米国政府による一連の決定と、ＮＡＴＯ加盟国との一連の協議を促したところであります。ご記憶の通り、ベルリンでフルシチョフは、最初は西ベルリンにおけるわれわれの法的な諸権利を、次にベルリンの二〇〇万人に及ぶ自由な人々に対する、われわれの関与の約束の履行を、一筆でもって終わりにしようとしています。われわれは、それを許すわけには行きません」

決意を固めた表情のケネディは、ウィーンにおける会談の後で語った、「フルシチョフに脅しまくられた」[26]という、あの困惑には触れず、テレビカメラに向かってドイツの地図を示した。

西ドイツは当然の如く白く描かれ、東ドイツは白抜きのベルリン以外は全て黒く塗り潰されていた。演説を聞きながら、私は赤いネッカチーフをスカーフのように被って、嬉々として駆け回った、あのベルリンの街を思い出していた。

西ベルリンは――と、ケネディは言った。西ベルリンは、「西側の勇気と意志の大規模な実験場となっています……その安全はわれわれの安全と切り離すことはできません。私は、西ベルリンは軍事的に持ちこたえられない、という声を聞いたことがあります」。

そう言ってケネディはカメラに向かって身を乗り出し、こう続けた。「同じことはバストーニュ*でも、言われたことです。あのスターリングラードでも実際、そう言われたものです。しかし、どんな危険な場所であっても、人々が——勇敢な人々が守ろうとすれば、守ることができるのです」。「従って……」と、ケネディは一段と声を強めた。「……私は今、以下のような手順を踏むものであります」。

陸・海軍の兵力を数十万人、追加する。徴兵の三倍増。爆撃機の半数を十五分以内に出撃できる態勢までレベルアップするSAC爆撃隊の追加配備。翌日、連邦議会に提出する予定の、三〇億ドルを超す防衛予算の緊急追加補正……。

ケネディの真剣さは疑いようのないものだった。こうした措置をとるため増税を行う、と言明したからだ（当時は、ブッシュ政権下の今と対照的に、大統領が一方で減税をしながら、同時に戦争をするような時代には、まだなっていなかった）。

ケネディは連邦政府の一般予算支出がカットされ、多くの市民の生活にも支障が出るだろうと述べた。「自由を守ろうとするなら、（その他の）負担を引き受ける必要がある。アメリカ人はその負担をすんで引き受けるだろうし、その任務の前で、たじろいだりしない」と。

一月の大統領就任演説で、聴衆を高揚させた、「あらゆる負担を背負う」高邁な表現は、今や恐るべき具体性を帯びたものになった。

---

26 Beschloss, *The Crisis Years*, 二二五頁。
＊バストーニュ　ベルギー西南部の町。第二次世界大戦中、ドイツ軍に包囲された。

ケネディは重い口調で、「われわれにはもうひとつ、本気で取り組むべき責任があります」と続けた。アメリカ人は全て、万一の際、避難できるよう、自分の家の地下に食糧などを蓄えた地下壕を備える必要がある。その地下壕づくりを進めるため、現在、予算を要求しているところだ、と。

「攻撃されても、核爆発の直撃を受けず、火災にも襲われなかった人は、なお生き延びることができる――ただし、それは利用できる地下壕があり、逃げ込むことができる事前警告があった時のことだが……」

あの「伏せろ、隠れろ」がまたも全米に広がったのだ。それも今回は政府を挙げての、大規模な予算支出を伴う「伏せろ、隠れろ」だった。ケネディが二億ドルの支出を議会に要求したのは、子どもたちが隠れる教室の机ではなく、放射能から身を守る核シェルター設置のためだった。米国民は地下生活の準備をしなければならなくなった。[27]

演説の終わり近く、ケネディはこんな総括的な言葉を吐いた。「詰まるところ、われわれは平和を求めるが、降伏はしない、ということです。そこに今回の危機の中心的な意味があります。それはわれわれの政府の政策が意図するものであります」。

今や、「戦争」が、私たちの中心的な意味となっていた。「戦争」が近づいていた。

私たちは皆、その夜、テレビで見る若い大統領の表情の中に、苦痛に満ちたものを同じだけ見ていた。が、私たちはケネディが苦悶する、もう一つの理由を知らなかった。ケネディは大統領執務室《オーバル・オフィス》で演説するため、松葉杖で入室していたのである。ウィーン会談以来、背中に激しい痛みを感じ、歩行できない状態になっていたのだ。鎮痛剤の大量服用と、我慢強い意志の力で、隠し通した痛みだった。

が、ケネディが苦悶の表情を浮かべていることは、その夜、誰の目にも明らかだった。ケネディが「私は個人的な言葉で演説を終えたい」と、声の調子を変えた時、私の目から涙がこぼれ落ちたことを憶えている。

おそらくその時、全米のテレビ視聴者の全てが、私がしたように、テレビに向かって少し近づいたはずだ。

ケネディは言った。「私が米国の大統領選に出た時、私はこの国が重大な挑戦に直面していることを知ってはいました。しかし、私は理解していなかった――この大統領執務室の重荷を背負ったことのない人にはわからないことだが――これらの重荷がどんなに重く、どんなに耐え続けなければならないものか、私はわかっていなかった」。

重荷を背負い、独り歩き続ける大統領のイメージは遠くリンカーンに遡るが、この時のケネディほど、アメリカ人の心に熱い記憶を焼きつけた大統領はいなかった。アメリカ国民が、大統領としてのケネディに取りつかれたのは、この時以来のことである。

27 ケネディの核シェルター計画書を書いたのは、カール・ケイセンだった。ケイセンは笑いながら、私にこう語った。「あのシェルター計画は、私の英国での経験をもとに書いたんだ。英国でドイツの爆撃を経験していたので、民間防衛の専門家になっちゃったんだ」。ケイセンによれば、ケネディが核シェルターを提案したがった動機の背景には、核戦争の恐怖に加え、政治的な思惑もあった。ケネディの政敵になり得る、共和党のネルソン・ロックフェラーは、核シェルターの設置を声高に叫ぶ主唱者だった。ケネディはケイセンにこう言ったという。「ロックフェラーが核シェルターを、やらせようとしていたんだよ」。ケイセンに対する著者のインタビュー。

しかしながらそこには、ある皮肉《アイロニー》が潜んでいた。それは当時、誰もが口にせず、それでいて誰もが心に感じていたことだった。ケネディの背負った責任をひどく孤独なものにしていたのは、ベルリンを守るため、核兵器を使用するかどうか究極の決断を下す責任を引き受けるのは、ケネディたった一人であるという、核時代における冷厳な事実だった。そして、ケネディがたった一人で引き受けるべき、その孤独な責任の重荷は、核攻撃を命令する決断の中にはなかった。なぜならケネディは、攻撃命令を出すよう勧告する人々にのみ囲まれていたからである。したがってケネディの孤独な責任の重荷はむしろ、取り巻きの勧告を拒絶する、たった一人のギリギリの決断の中にあった。しかし、ケネディは勧告の拒絶を自ら認めようとしなかったのである。[28]

テレビカメラに向って、ケネディはさらに続けた。

彼の人生の中で、権力者の判断の誤りが引き起こした、破滅的な戦争が三つあったが、「この熱核兵器の時代という現在にあっては、相手側の意図に関するどんな判断の誤りも、人類がこれまで行って来たあらゆる戦争の惨禍の積み重ねを超えるものを、わずか数時間の間に、一挙に雨のように降らせてしまう恐れを秘めているのです」と。

テレビ演説の最後を、ケネディは「今日、私は皆さんの善意と支持、とりわけ皆さんの祈りをお願いしたい」と訴えて締め括った。[29]彼の求めが心底からのものであることを疑った者はいなかったはずだ。演説のメッセージは、ほとんど疑い得ないものだった。それは私たちが核戦争の瀬戸際に立っていることを確認するものだった。

「冷たい冬が来るでしょう」――ウィーン会談の最後に、ケネディはフルシチョフに対し、こう言った、と報じられていた。

が、ケネディがこの時、ソ連側の最後通牒に対して述べた発言の全文は、報じられていなかった。ケネディは実は、こう続けていたのだ。「議長*閣下、次は戦争ですね。冷たい冬が来るでしょう」と。[30] そんなケネディの、戦争になるという確信を、アメリカの誰もが、テレビが映し出すその目の中に見て取っていたのだ。

しかし、アメリカ人は今や、この年の夏の核戦争の恐怖をほとんど忘れ去っているのである。それはひとつに、それから十四ヵ月後に起きた「キューバ・ミサイル危機」の方に気を取られている

---

28 一九六一年の「ベルリン危機」の際、ディーン・アチソンはケネディに対して、以下のような個人的な助言を行った。「あなたは大統領として、この問題（核兵器の使用問題）に対し、最大限慎重に、ひとりきりで考慮を加えなければなりません。核を使うかどうかの選択があなたの前に正式に提起される、ずっと前から考慮しなければならないのです。そして、自分で明確な結論を出しておかねばなりません。あなたが下した結論は誰にも漏らしてはなりません」。Bundy, *Danger and Survival* 三七五頁。Schell, *The Unconquerable World* 五七頁も参照。

29 www.cs.umb.edu/jfklibrary/jik_berlin_crisis_speech.html ロバート・ハートマン〔米国のジャーナリスト（一九一七〜二〇〇八年）。ケネディ政権の時代、ロサンゼルス・タイムズ紙のワシントン支局長を務めた。フォード大統領の就任演説、「（ニクソン辞任で）長い国民的悪夢は終わった……」のスピーチライターとして有名〕はロサンゼルス・タイムズにこう書いている。ケネディは「苦悩する国家を率いる偉大な大統領になろうと必死の努力をしたが、結局、米国民の中で最も苦悩する、一人の市民である、との印象を与えただけだった」と。Beschloss, *The Crisis Years*, 二六一頁。

* フルシチョフは当時、ソ連共産党中央委の第一書記のほか、ソ連の閣僚会議の「議長」を務めていた。

30 Reeves, *President Kennedy*, 一七二頁　ケネディの、「戦争ですね」の部分を省いた「冷たい冬」発言は、Schlesinger, *A Thousand Days*, 三七四頁や Sidey,*John F. Kennedy, President*, 二〇〇頁でも取り上げられている。

からだ。しかし、この年、一九六一年の夏には、たしかに核戦争の現実の危機があったのだ。このことを忘れてはならない。

詩人、ロバート・ローウェル*の詩の一節をかりれば、その時、私たちは「死に至るまで、われらの絶滅を語り続けた」のである。[31]

4　リッチモンドに逃げろ!

私が「家《ペンタゴン》」から出て来る父を車の中で待っていたのは、ケネディのテレビ演説から数日後の夜のことだ。ようやく現れた父は、車に向かって大股で歩いて来た。黄褐色の制服姿。「家《ペンタゴン》」の玄関口の照明を背に、父の帽子のシルエットが浮かび上がった。車に近づきながら、タバコを投げ捨て、助手席に座った。そしてまた、タバコに火を点けた。考えに耽っているのだ。口には出さないつもりなんだな、と私は思った。間違った観察だった。

この後、車の中であったことを、私は以前、書いたことがある。私はその時の出来事を、父と私の間の絆を結んでくれたものと考えていたものだが、今は別の理解をしている。その夜の出来事は、父との間ですでに出来上がっていた絆を、改めて認め合っただけのことだと。

車はワシントンを突っ切り、ボーリング空軍基地に向かっていた。その車内で父が語った言葉は、今なお私の心の軸にあり続けている。この夜のことを、私は回想録、『あるアメリカ人への鎮魂歌』にこう書いた。

「今夜の父は沈鬱な気分だった……タバコを吸っては、窓の外へ灰を飛ばしている。一言も喋らず、黙りこくっている。が、タバコを灰皿で揉み消すと、こっちを向いてこう言った。

『息子よ、言っておきたいことがある。一回しか言わない。質問はなしだ。わかったね』

『新聞は読んでいるよね。何が起きているか、知っているはずだ。ベルリンだ。先週、やつらは爆撃機を撃ち落とした。これからは夜も家に帰れないかも知れない。どこか別のところへ行くこともあり得る。空軍の参謀は全員、消えるはずだ。もし、そうなったら、お前が頼りだ。ママと弟らの面倒をみてくれ』

『どういうこと?』

『ママに聞けばわかる。しかし、お前にも覚えておいてもらいたい。その時が来たら、みんなを車に乗せるんだ。そして南へ走れ。一号線《ルート・ワン》を行け。リッチモンド*に向かうんだ。行けるところまで行け』

父はそれ以上、何も言わなかった。私もそれ以上、何も言わなかった。そのことを私は今、思い出すのである[32]」

＊ロバート・ローウェル　米国の詩人（一九一七〜七七年）。歴史や自己の暗部に迫る「告白派（コンフェッショナリズム）」の詩人として知られる。
31 ローウェルの詩のことを私〔著者〕に教えてくれたのは、マクジョージ・バンディ（*Danger and Survival*, 三六三頁）である。ローウェルには、「秋　一九六一年」という、「核戦争の苛立ち、不快」を歌った詩がある。
＊リッチモンド　バージニア州東部にある同州の州都。南北戦争中は「南」の首都だった。

私は父が私に打ち明けた意味をすぐさま理解した。ケネディがテレビで言ったことと同じだった。父は彼自身の恐怖を、息子の私に打ち明けて見せたのである。父は私に、父の恐怖をぶつけていたのである。

ケネディの演説で言ったことと、父親が車の中で言ったことの、二つを結ぶものは何だったか？私は今にして、こう思うのだ。それは「核の絆《ニュークリア・ボンド》」が生んだ言葉だった、と。

歴史家のマイケル・ベシュロス*[33]によれば、「核攻撃の可能性について、〔ケネディほど〕あからさまに語った大統領はいなかった」という。それまでの十年間、アメリカの私たちは、世界を滅ぼす大量殺戮《ホロコースト》の恐怖を潜在意識に抱え、生き続けて来た。その恐怖は、あのマッカーシーの「赤狩り」の時代に意識下に埋め込まれたものだった。

しかし、この年の夏は違っていた。核戦争の恐怖は今や、どこか遠くに留まる抽象的な危険ではなく、「いつの日か」ではなくて「明日にでも」起こりうる差し迫ったものになっていた。日々、意識化された恐怖は、政治や政党の争い、さらには共和党員や報道陣までも打ち負かし、アメリカの大衆とその大統領の間に新たな絆を結んでいたのである。

その絆は、最も身近なレベルで、私と父の結びつきでもあった。私はこの夜以来、父は当時、発生しつつあった特定の危機を言っていたのだなと長い間、思い込んでいた。しかし、今はそうは思わない。一九六一年の夏の危険は、特定のものではなく全般的なものだった。マクジョージ・バンディは、当時を回想して、こう述べている。「ある特定のこの日、直接的対決が勃発する、という日は一日もなかったが、何が起きるかわからないという疑念にとりつかれない週は一度もなかった」と。バンディはこれを、「持続的な消耗の時」と名づけたのだった。[34]

私の父は「家《ペンタゴン》」の中で、秘密の作戦づくりに密かに従事していた。しかし、父は、まるで他人事のように気楽に最終戦争《ハルマゲドン》を考えるハーマン・カーンのような人物ではなかった。父の不安はまさに持続的で消耗するものだったのだ。その持続する消耗を、父は私に見せたのだ。ケネディはテレビ演説で「惨禍の雨」といった文学的な表現を使ったが、現実主義者の父は、それが自分に降りかかるものでなければ、その意味を考えない人間だった。

その夜の父の言葉は、私が胸の中に持ち続けて来た、あの潮騒のような胸騒ぎが何なのか、その正体を遂に表に曝け出す結果を招いた。それは純然たる恐怖だった。シンプルな恐怖そのものだった……。

私は回想録の中で、その夜、私は恐ろしくなった、それからずっと恐ろしかったと書いたが、今思えば、私はそれ以前から、ずっと恐ろしかったのだ。「バカが、第三次世界大戦を始めようとしている」――その夜、私が胸のうちの恐怖を初めて認めることができたのは、父が私に、あの黒人憲兵がベルリンから帰る列車の中で言ったことを、遠まわしに伝えてくれたからだ。

父が私に下した「一号線を南下せよ」の指示は、ケネディが演説で言った、壮大な核シェルター計画

---

32 *An American Requiem*, 八三頁。
＊マイケル・ベシュロス　米国の歴史家（一九五五年～　）。歴代大統領の業績を研究。
33 Beschloss, *The Crisis Years*, 二六〇頁。
34 Bundy, *Danger and Survival*, 三六三頁。

ほどの現実感もなかった。本当に自分がやることなのか、実感が持てなかった。どうやって車で逃げるか、思い描いた記憶すらない。地図を見ることもなかったし、車のガソリンを満タンにしておくこともなかった。父の帰りを待って、家の前をうろつくといった真似もしなかった。父が恐れ、私たち家族を逃がしたいと思っていた核攻撃が実際にあれば、リッチモンドまで車で逃げても仕方ないと、私は薄々気付いていたのである。

そんな不条理は、ほかにもたくさんあった。雑誌の『ライフ』は、放射性降下物《フォールアウト》防護シェルター特集号（一九六一年九月十五日発行）の表紙に、こんな大見出しを掲げた。「死の灰を生き延びる《サバイバル・フォールアウト》　一〇〇人中九七人が助かる　シェルターづくり詳細計画」

おとぎ話のような記事だった。まるで核戦争の後の生活も、それ以前と変わらないような書き方をしていた。

アメリカ人の夢の住まいが、設備の整った、カーペット敷きの穴倉に——「コンクリート・ブロックで造られた地下の簡素な部屋」に変わっただけのことだった。記事についたイラストは、子どもたち（ディックとジェーン）のためにベッドメーキングをしている（ただし、「裏庭の地下三メートルにある、巨大なパイプの中」の）、美人のママの絵だった。防護された「クラブハウス」で「快適に」過ごす、幸せそうな家族の姿も描かれていた。

特集記事の序文は、ケネディが書いた推薦文だった。「親愛なるアメリカの同志の皆さん、核兵器及び核戦争の可能性は、私たちが今日、無視できない、生活上の事実になっています……私は皆さんに、『ライフ』のこの号の中身を真剣に読み、真剣に考えるよう求めるものであります」。

その年の秋から冬にかけ、アメリカの戦争ヒステリー《ウォー・ヒステリア》は軽度《ロー・グレード》に留まりながらも、奇怪な非現実的様相を強めていた。アメリカ人は放射性降下物《フォールアウト》防護シェルターで、核戦争後の世界を生きることができるものと、愚かにも信じていたのである。そこでは食糧も水も途切れることなく、電気もあって換気扇が回れば、灯りも点く……核攻撃後、数日もしくは数週間もすれば、以前とあまり変わらない外の世界へ、再び出ることができる、と皆、思い込んでいたのだ。

ケネディとその政権は、こうした馬鹿げた《ナンセンス》ことを奨励していたのである。ケネディにとっても、他のアメリカ人同様、「地下壕《シェルター》」は自分の気持ちを守ってくれるものだった。来るべき核戦争の、本当の恐怖から遮断してくれるものだった。

私の父の「ママと弟らを車に乗せて……」という指示も、それと同じ類《たぐい》のものだった。リッチモンドに行って、それでどうなるものでもなかった。

あの夜、父は作戦会議の熱のこもった議論を終え、私の前に現れたはずだ。「タンク」*と呼ばれる統合参謀本部作戦会議室や各軍の参謀総長室、もしくはルメイの執務室での会議を終えて、「家《ペンタゴン》」の中から出て来たのである。

だから父はあの時、ワシントンに水爆が一発、落ちたらどうなるか、考えていたかも知れない。たとえば、「家《ペンタゴン》」の中庭が爆心地《グラウンド・ゼロ》になった時のことを。

あるいは父は、空中に出現した火の玉が急激に膨張して行くありさまを考えていたかも知れない。

＊「タンク」　国防総省の二階にあり、通常、週に三回、統合参謀本部の会議が開かれている。

太陽の四倍も熱い、超高熱の火の玉のことを。

さらには、超高温の空気の塊を、四方八方に瞬間的に飛ばす衝撃波のことを考えていたのかも知れない。制御不能の火の玉が冷気を貪り尽くし、時速数百マイルの超高温の暴風を吹かせるまでのことを。それはハリケーンを二乗する破壊力。が、それはまだ豪雨を降らせない。地上のものを焼き焦がすだけだ。

衝撃波と超高温の地獄は数秒で、ワシントンの街を包み込むことだろう。建物も、人々も、植物も。ボーリング空軍基地までの範囲は、一気にのみ込まれる。沸騰するポトマック川。可燃物はみな、炎に変わる。人間の衣類も、人間の肉も。溶ける鋼鉄……熱核爆発の衝撃波をもろに浴びたものは全て崩壊し、消滅する——これらはみな、爆発後、最初の数十秒間に起きることだ。

が、すべては次の第二段階で待つ、さらに破壊的なものの前座に過ぎない。何ものも制御できない、完璧な「火災旋風《ファイヤーストーム》」が、次に控えているのだ。

この点について、ある専門家（ハーマン・カーンではない！）は、こう解説する。水爆が一発、「家《ペンタゴン》」の中庭で爆発して「数十分以内に、面積にしておよそ四〇平方マイルから六五平方マイル——ペンタゴンを中心にして半径三・五マイルから四・六マイルの範囲の全てが巨大な炎にのみ込まれるのだ。炎は全ての命を消し去り、ほとんど全てのものを破壊するだろう」[35]。

父の指示通り、私たちが一号線を車で南下し、リッチモンドにたどり着けたとして、そこで待っているものは何か？

仮にリッチモンドが、ワシントンに照準を合わせたソ連の水爆、数十発（数百発[36]でないとしても）による攻撃を生き延びたとしても（上記の想定は、たった一発の水爆が落ちた時のことだ）、このジェームズ川沿いのバージニアの都市は、海軍基地・施設のあるノフォーク、ニューポートニューズに近接するので、ソ連の大規模核攻撃に巻き込まれてしまうはずだった。それはリッチモンドに限らず、東海岸沿いのあらゆる都市部に共通することで、全てはほぼ瞬間的に破壊される運命にあった。

つまり、私たちが運良くリッチモンドに到達したとしても、そこには大量殺戮後《ポスト・ホロコースト》の死者の国《ネザーワールド》が待つばかりだった。食べ物も飲み水も医療もない世界にたどり着くだけだった。放射線障害に苦しむ人々が彷徨し、死の灰に覆われた世界が待つだけだった。生き延びた者が彷徨う混沌の世界。人間という種族に降りかかった惨禍と、一気に破壊されなかったものが時間とともに朽ちてゆく緩慢な破壊による絶望だけが、生存者に共通する世界……。

そうなることを、私は知っていたのだ。だから、リッチモンド行きを真剣に考えなかったし、核シェルターのことも何も考えなかったのだ。それは私の父も同じだったはずだが、その理由すら私は考えなかった。

一九六一年八月のある夜、「家《ペンタゴン》」という「爆心地《グラウンド・ゼロ》」を出発した一台の車の中で、父は私に彼の恐怖を

35 Eden, *Whole World on Fire*, 二六頁。核爆発による熱効果に関する私（著者）の記述は、イーデンに負っている。

36 米国はモスクワに対し「四〇〇発」もの核（水爆）攻撃の照準を合わせていたことがある。ＳＡＣ（戦略空軍司令部）を引き継いだＳＴＲＡＴＣＯＭ（戦略軍）の元司令官は、ワシントンに対して、ソ連側が「数十発」の核兵器の照準を合わせていることは確かだ、と述べている。前掲書一六頁〔ＳＴＲＡＴＣＯＭ（戦略軍）一九九二年に創設されたアメリカの統合軍。ネブラスカ州オファット空軍基地に司令部を置く〕。

打ち明けた……すべてはそのことに尽きる。

父は私たち家族への愛を打ち明け、私に対する信頼を打ち明けて見せた。そうすることによって父は、私が自分の恐怖を自ら認め、父に対し、変わらぬ愛情を精一杯感じる力を与えてくれたのだ。

その夜の出来事があって、私は初めて思うことができた。私の人生で唯一、信じるに足るものがあるとすれば、それは父との絆であると。

ケネディが、私たちに愛されるため、私たちに恐ろしい思いをさせたように（無意識に、ではあるが……）、父もまた私に（同じように無意識に、ではあるが）同じことをしたのだ。

しかし、私の父が私に教えてくれたのは、それだけではなかった。父の選んだ軍人というキャリアには、根本的な限界があることを、ヒントとして与えてくれたのだ。私は軍務に就く、その寸前のところで立ち止まった。それは私自身、その限界を見たからでもあり、空軍の軍人として道を歩まないことで父を喜ばせたかったからだ。

こうして私は全く違った道に入り直すことになる。カトリックの神父の道に……皮肉なことにその道は、私が父との絆を断つ結果に終わる道になるのだが、それはまた別の話である。

5　米ソがそろって

私と同世代のアメリカ人の多くがケネディを愛したわけは、彼が「冷戦」の戦士だったからではない。ケネディは一度に二つのことをやってのけた大統領だったからだ。

ケネディはソ連との核戦争で私たちを不安に陥れる一方、核戦争が純然たる現実になるまでモスクワに対し反撃を挑んだ。核戦争の危機を深化させる一方、指導性を発揮して自分が世界を救うのだという明確な決意を示した。それがケネディだった。つまり、彼は私たちを不安がらせておいて、その恐怖から解放される希望を与えてくれたのである。

ケネディというカリスマには、そうした二面性があったわけだが、それは彼の大統領就任演説の中に早くも現れていた。私は就任演説をするケネディの姿を今なお思い浮かべることができる。

その日、私はROTC（予備役将校訓練部隊）の制服を着て、連邦議会議事堂の東側広場で、寒さに震える群衆に加わり、ケネディの演説に耳を傾けていた。

ケネディの就任演説は、「冷戦」への決起を呼びかけたもの、とする歴史的な評価が今でも支配的だ。「あらゆる代価を支払ってほしい。どんな重荷であっても背負っていただきたい。どんな困難にも耐えてほしい。友人を助け、あらゆる敵と対決してほしい。自由の生存と成功を確かなものとするために」と求めた、ケネディの言葉が耳に残っているからだ。

しかしケネディの演説には、より重点が置かれた未来へのビジョンがあったのだ。脅威に充ちた世界ではなく、和解する世界のビジョンである。

ケネディはこう演説したのだ。「われわれの敵となった国々に対して、われわれは誓いではなく、ある要求を提示したい。計画された自己破壊や偶然の自滅の中で、われわれ全人類が、科学が解き放った暗黒の破壊力によって呑み込まれる前に、両サイドがそろって、ともに平和の探求を始めようではないか」。

ケネディの認識の中では、問題は何なのか、ハッキリしていた。この核の時代にあって、臨戦態勢を取ることが、結果としてどんなふうに自滅をもたらすものなのか、彼はわかっていたのである。

「われわれは弱さを見せて、彼らを誘うようなことはしません。われわれの武装が疑いもなく充分なものになった時に初めて、われわれは彼らが動員されないことを、疑うことなく確信できるのです。二つの強大な国家集団はどちらも、現状のコースを歩むことで安堵《あんど》を得ることはないのです。両サイドとも、モダンな兵器の重すぎる負担に喘いでいます。両サイドとも、恐ろしい原子の不動の速度に対し、正しくも警戒心を高めています。しかしながら、それでも人類最終戦争の魔手を抑え込んでくれている、不確かな恐怖のバランス[37]を自分の有利な方向に変えようと、それぞれ競走し続けているのです」

米ソ両サイドが新しいものの実現に向かうよう求めた、包括的なレトリックを展開したケネディは、次に具体的な提案に入った。「両サイドそろって、核の査察と管理に関する、真剣かつ精密な、初の提案づくりを始めようではありませんか。他国を破壊する究極の力を、あらゆる国家による究極のコントロールの下に置こうではありませんか」

ケネディのこの呼びかけは、空振りに終わったあの「バルック計画」の繰り返しのようにも聞こえる。何はさておき、核査察と管理に重点を置いた「バルック計画」は、ソ連の呑めるものではなかったのだ。

しかしケネディは、とにかく自分の政権において、これを優先事項にすると明確に示したのである。私たちがケネディに対して感じ続ける絆の在り処が、ここに明示されたのだ。ケネディの就任演説の中心には、核の存在を直視しなければならないという自覚があったのである。

この自覚をケネディは演説の中で六回も繰り返し、訴えた。私たちが持つ、漠然とした恐怖について、直接的に語ったのだ。国家安全保障の源泉とされる核兵器への依存は結局、安全を保障するものではない。だから、そこからどれほど脱却したがっているかを、ケネディは私たちに告げたのだった。士気を鼓舞するトランペットは鳴り響いてもいい。しかし、それは戦いへの決起を呼びかけるものであってはならないと、ケネディは宣言したのである。

就任演説でケネディが用いた「長い黄昏の闘い《ロング・トワイライト・ストラッグル》＊の重荷《バードン》」という、あの有名な表現は、その後、誤って受け取られたように、共産主義を封じ込める前線で反撃戦を戦うということではなく、実は「専制、貧困、疾病、そして戦争それ自体といった共通の敵に対する闘い」を指していたのだ[38]。

ケネディは、マサチューセッツ州選出の下院議員（一九四七〜五三年）としてスタートした政治家としてのキャリアの最初から、強力な防衛の提唱者だった。ワシントン入りしたケネディは、ソ連を悪魔視し、「NSC文書六八号」を支持し、核兵器の備蓄を進めたハリー・トルーマンを断固、後押しした。

しかしながらケネディは、アイゼンハワーの「大量報復戦略」には早くから懐疑的だった。ケネディはマクスウェル・テイラーのような、核の威嚇に頼りすぎると、アメリカの核報復を招かない範囲で動

37「不確かな恐怖のバランス」　この表現は、*The Delicate Balance of Terror* の著者であるランド研のアナリスト、アルバート・ウォールステッターや、*The Uncertain Trumpet* を書いたマクスウェル・D・テイラーの影響を受けたものと思われる。

＊「長い黄昏の闘い」「光」と「闇」がせめぎ合う闘い、の意味。

38 ケネディ就任演説　Safire, *Lend Me Your Ears*, 八一一頁。

き回る、共産主義者の狡猾な工作を奨励することになる、との議論に与した。そしてアイゼンハワー政権初期の核兵器備蓄の急激な拡大を、警戒心をもって見守っていたのである。ケネディは「大量報復」戦略を、アメリカの大統領に「大量殺戮《ホロコースト》」か「屈辱《ヒューミリエーション》」か、どちらか一方の選択を迫るものでしかない、と批判したのだった。[39]

「スプートニク」の後、フルシチョフは大陸間弾道弾（ＩＣＢＭ）を「ソーセージのように」造ると豪語したものだ。ケネディはこれに敏感に反応し、ソ連との間の、いわゆる「ミサイル・ギャップ」を埋めなければならないと声高に叫んだ。

一九六〇年の大統領選で、同じ民主党の予備選のライバルだったスチュアート・サイミントンを振り切り、本選で共和党のリチャード・ニクソンに勝利するため、ケネディはアイゼンハワーを、特にミサイル、ロケットの生産でソ連の核戦力に追いつけなかったと非難し、そこから闘いのエネルギーを引き出していた。

ところがアイゼンハワーは実のところ、後日、彼自身がそれを非難する側に回る、あの軍産複合体の軍備増強を求める圧力に負けて、「戦略ミサイルの大配備」を命令していた。だからケネディは、それと気付かず、アイクを非難していたわけである。[40]本当は、アメリカの方がソ連よりも「ソーセージ」を量産していたのだ。

ケネディは共和党のせいでソ連に「水をあけられ」、核攻撃どころか、核攻撃の脅しにもビクビクしなければならなくなったと非難する一方、アイゼンハワーに対して核競争のペースを下げる何の努力もして来なかったといって攻撃した。この点について、ある歴史家は、こう指摘している。

「このワン・ツー・パンチは、たしかに政治的に賢い戦術だった。政治的なアピールを最大限度、発揮できるやり方だった。ケネディは、従来からの彼の考え方からして、この二つのアプローチに何の矛盾も感じていなかった。『軍事力《ミリタリー・ストレンス》』だけが『軍備管理《アームズ・コントロール》』をもたらすことができる……ケネディにとって両者のいずれもが、アメリカの安全に不可欠のものだった」[41]

「軍備管理」はケネディにとって空念仏ではなかった。切迫した優先事項だった。ケネディがサイミントンのようなタカ派と違っていたのは、「家《ペンタゴン》」の中にいる連中にとっては恐ろしいことに、「軍備縮小《ディスアーマメント》」という言葉を口にし、「軍縮」を提唱したことである。[42] 軍事力の強化を求めるケネディの提案には必ず、米ソがともに抱く「核の恐怖」を緩和するための交渉と妥協の呼びかけがリンクされていたのだ。

---

39 この、「大量殺戮」か「屈辱」か、という表現を、ケネディは一九六一年七月の「ベルリン」をめぐる演説で使っている。

40 アイゼンハワーの命令は「二五五基のアトラス、タイタン・ミサイルとともに、地下格納式四五〇基、移動式九〇基のミニットマン・ミサイルを製造・配備せよ、というものだった。アイゼンハワーはまたミサイル一六基を搭載したポラリス型潜水艦一九隻の建造許可を与えた」という。つまり、アイゼンハワーは実に一一〇〇基近い戦略ミサイルの追加配備を命令したわけだ。Clarfield and Wiecek, *Nuclear America*, 一七二頁。ハーバート・ヨーク（米国の核物理学者（一九二一年〜）。マンハッタン計画にも参加。現在、カリフォルニア州立大学サンディエゴ校のグローバル対立・協力センターの名誉所長）によれば、ケネディ、ジョンソン政権下の米国の戦略兵力（ミニットマン一〇〇〇基、爆撃機五〇〇機、ポラリス・ミサイル六五六基）は基本的にアイゼンハワーが配備を企図したものだった。York, *Making Weapons, Talking Peace*, 一九三〜一九七頁。

41 Philip Nash, "Bear Any Burden? John F. Kennedy and Nuclear Weapons," in Gaddis et al., *Cold War Statesmen Confront the Bomb*, 一二四頁。

42 Kennedy, 〝Disarmament Can Be Won〟 *Bulletin of the Atomic Scientists*16（一九六〇年六月号）二一七頁を参照。

ケネディは、最悪の事態に備えるという点でも、その回避策を見出すという点でも、アイクはあまりに暢気すぎた、との見方をアメリカ人の間に植え付けた。アイクと正反対に、ケネディには暢気さのカケラもなかった。軍事力の増強であれ、軍備管理であれ、ケネディの認識は「核戦争の恐怖」でもって形づくられていた。

教室の机の下に潜り込み、「伏せろ、隠れろ」訓練をして以来、たとえ無意識であれ、「核戦争の恐怖」を感じ取っていた私たちにとって、ケネディの言葉は直接、私たちに向かって投げかけられたものだった。[43]

大統領選でのケネディの熱のこもった演説、大統領就任後のエスカレーション政策の推進は、核競争の火に油を注ぎ、ソ連側の防衛的敵対心を新たなレベルへと煽り立てた。それによって「ベルリン危機」は一九六一年の夏、再び、沸騰したのである。

この時、フルシチョフは、経験が少なく試練にもほとんど曝されていないケネディが、米軍の偉大な将軍だったアイゼンハワーよりも、恫喝《どうかつ》を真に受けやすかったことを理解できなかった。

同じようなことは過去にもあった。ルーズベルトはスターリンのイジメに平静さを保つことができたが、トルーマンはパニックに陥ってしまったのだ。

アイゼンハワーはフルシチョフの要求に引きずり込まれるのを拒否したが、ケネディ政権下では、ケネディ大統領自身の不安が原因で危機が連続して起きるようになり、しかも悪化の一途を辿った。[44]

ケネディが同年七月、ＳＡＣ爆撃隊の出撃態勢強化と徴兵を命じ、核シェルターづくりを呼びかけた、恐怖の戦時態勢演説に対し、モスクワは翌八月の「ベルリンの壁」の構築と、八月三十一日の、五〇メガトンという史上最大規模の大気圏内水爆実験でもって応えた。二年間続いた米ソ双方の核実験停止は、これによって破られたのである。[45] 米国はこの二週間後、地下核実験をしてソ連の後を追うことになる。核実験禁止条約への願いは、消し飛んでしまった。

こうしたケネディの戦争への備えと、戦略的な戦力の全体的な優位を確立し維持するという決意こそ、より長期的な視点でとらえれば、その一年後、核戦争を引き起こす寸前まで行った、キューバにミサイルを配備して対抗しようとするソ連側の動きを招いたものだ。ケネディは大統領に就任するや、わずか十日後に新たな大陸間弾道弾、「ミニットマン」開発のための最初の発射実験を行い、成功する

43 ケネディ大統領の特別補佐官を務めたセオドア・ソレンセン〔米国の法律家、作家（一九二八年～　）〕。ケネディのスピーチライターを務めるなど、「ケネディの分身」と呼ばれた〕は、私〔著者〕にこう語ったことがある。ケネディの核兵器に対する苦悩に満ちた不安感が大統領選へ挑む中心的な動機であり、ホワイトハウスにおける執務を通じ、彼の支配的な関心事であったというのだ。ソレンセンに対する著者のインタビュー。マクジョージ・バンディも、こう指摘している。「核の危険の低減は彼（ケネディ）の最大唯一の希望だった」*Danger and Survival*, 三五六頁。

44 マイケル・ベシュロスによれば、「ケネディは超大国の指導者にふさわしい雅量を滅多に見せることはなかった。その代わりに彼は、切迫した危険な時が来たと、危険が存在しないにも拘わらず西側世界を煽り、ソ連の核武装の弱点を暴いて相手の敵意を挑発し、自分では気付かないうちに、冷戦をアメリカ側に有利な形で終結させるため、先制攻撃を含め、自分の核戦力を今にも使おうとしているとソ連に思い込ませてしまった」*The Crisis Years*, 七〇二頁。

45 ソ連は一九五八年五月一日に核実験の停止を発表していた。ソ連の核実験再開を知ったケネディは弟のロバートに、こう言ったそうだ。「また、やりやがった……あの野郎どもめが。……あのうそつきどもめが！」。Reeves, *President Kennedy*, 二二三頁。ケネディはまたCIA（中央情報局）に対しても怒り狂ったという。「テスト再開」について何の事前警告もなかったからだ。ケネディはCIAの競争相手としてDIA（防衛情報局）の創設を発表するが、決断の背景には、こうした経過があった。Newhouse, *War and Peace in the Nuclear Age*, 一五七頁。

とすぐさま実戦配備に向かうよう命令していたのである。

一九六一年の夏から秋にかけ、ケネディはフルシチョフに対してタフな姿勢を演じる、新たな舞台づくりに迫られてもいた。ケネディの視線が、ベルリンのみならずインドシナに向かったのは、このためである。インドシナでは共産主義の武装勢力が、アメリカの同盟者に対して勇敢な挑戦を続けていた。

ウィーン会談の五週間前の四月二十九日、すでにケネディは最初の実戦部隊を、「軍事顧問団」の名目で、インドシナに送り込んでいた。ケネディはニューヨーク・タイムズのジェームズ・レストン記者に語った。「われわれは今、われわれの力を信頼できるものにする問題を抱えている。ベトナムはその場所にふさわしい」と。[46]

「ベルリン」をめぐる余熱の中、ケネディはこの秋、「ベトナム」における戦闘命令を下したのだ。そしてこの年、一九六一年の十二月二十二日に、ベトナムでの最初の米兵の戦死者が出るのである。

こうした全ての始まりは、「ミサイル・ギャップ」なるものを利用して大統領選を勝ち抜いたケネディにあった。そしてその「ミサイル・ギャップ」なるものは、前述の通り、「スプートニク」の後、空軍の情報機関が捏造、特にサイミントンが喧伝し、その後、主にポール・ニッツによって書かれた「ゲイサー報告」によって、最終的に正当性を付与されたものだった。

引き続いて起きた、ケネディとフルシチョフの対決の力学《ダイナミック》は、当時、すでに熟していた、核の抑止に内在する矛盾を表に曝け出した。一方による強硬な脅しが、それでもって機先を制し抑止しようとしていた他方の行動を招く矛盾が露わになったのだ。この誤った威嚇の旗を振るアメリカの側の核の司祭がニッツだった。ニッツは大統領選を闘うケネディのアドバイザーになり、ケネディの雄弁の源泉となった。

今ではよく知られたことだが、一九六一年に存在した「ミサイル・ギャップ」とは、圧倒的に米国が優位に立った「ミサイル・ギャップ」だった。それを知ってか知らずかケネディは、ソ連優位の「ミサイル・ギャップ」を言い続けたのだ。

それはあの「ロシア人が来る!」と、長い間、叫び続けて来た、偽の――いや、最終的に致命的なものとなった――警報の、新たな一章に過ぎなかった。[47]

こうして経過を再び辿ってみると、「家《ペンタゴン》」をめぐる物語は、ニッツの後見人だった、あのジェームズ・フォレスタルから離れることなく展開して来たように思われる。事実、ケネディ自身もまた、一時フォレスタルの補佐官を務め、一九四五年七月に、ポツダムに向かうフォレスタルに同行したこともあるの

46 Manchester, *The Glory and the Dream*, 九一三頁。米国の国家安全保障会議は一九六一年四月二十九日、南ベトナム国防軍に対し、武装した「顧問団」の派遣を承認した。アメリカのベトナム戦争はこの時、開始された。Herring, *The Pentagon Papers*, 四四頁。

47 米側によるソ連軍事力の壮大な誇張が一九四五年段階ですでに始まっていたことはすでに触れた。赤軍の戦闘能力のある師団数を、実際はせいぜい二個師団程度なのに一七五個師団とみなしていたのである。当時の赤軍は、輸送の半分を馬車に頼っていたのである。しかし、一九六一年になると、ソ連の脅威はたしかに現実のものとなった。「フルシチョフは、アメリカの被害妄想の罪もない犠牲者ではなかった。フルシチョフの核の威嚇、根拠なき核の優位の主張は、ケネディがアメリカの戦略核を増強する規模と速度を拡大し加速させる触媒の役割を果たした」。Lebow and Stein, "Deterrence and the Cold War," 一六二頁。

だ。それは若きケネディが父親*のコネクションで得たポストだったが、大統領になったケネディはフォレスタルの息子、マイケルを国家安全保障評議会の事務局スタッフに据え、その愛顧に報いてもいるのだ。[48] ケネディが大統領選に勝利した一九六〇年、最初に国防長官のポストに就くよう打診したロバート・ラヴェット（トルーマン政権下、国防長官を務めた）も、フォレスタルの従者だった。

本書のために、ここでもう一度、強調しておきたいことは、フォレスタルが「ロシア人が来る！」と叫びながら駆け出したといわれるフロリダの邸宅こそ、このラヴェットの持ち家だったことだ。

ケネディの打診を受けたラヴェットはしかしながら、再び国防長官の椅子を望まなかった。ラヴェットはフォレスタルが抱いていた恐怖を政策として広げたトルーマン時代の重要文書、「NSC文書六八号」をニッツとともに起草した人物だから、ニッツを国防長官に推薦してもよかったはずだが、代わりに彼は、フォードの社長になったばかりのロバート・マクナマラを新国防長官に推薦したのだった。ケネディはニッツの失望を見抜き、マクナマラを補佐するポストをニッツに約束した。

すでに見たように、マクナマラは第二次世界大戦中、米陸軍航空隊の士官としてカーチス・ルメイの指揮下に入り、日本の都市に対するB29による空爆効果を最大化するなど、統計分析のスキルを磨いた人物だ。戦争というものに徹底した合理性を適用した彼は、その厳密な統計分析のアプローチを、入社したフォードのビジネス面に応用した。マクナマラを中心にこの自動車メーカーの業績は目覚しい回復を見せ、その統計分析の手法により彼は入社後、わずか十年でトップの座を占めるに至った。

マクナマラは「家《ペンタゴン》」の文化《カルチャー》も合理化しようと決意して乗り込んだ。が、そこで待ち構えていたのが、フォレスタル以来の伝統の、生きた後継者であるニッツだった。マクナマラはこの被害妄想でもって警報を鳴らす幽霊から距離を置こうとするかのような態度をとった。

マクナマラには非合理的なものを嗅ぎ取る能力があり、「家《ペンタゴン》」はその臭気に充ちていた。警報の旗を「家《ペンタゴン》」が掲げられるとしたら、それはマクナマラのクールな知的分析、事実に基づいた結論が「家《ペンタゴン》」に侵入したしるしだった。

そんな旗が上がっていることを、「家《ペンタゴン》」のポトマック川に面した正面玄関の上にある国防長官執務室入りしたマクナマラは、最初の数日、気付こうにも気付けなかった。マクナマラの中にあるマネージャーと考察家としての衝動は間もなく、今やすっかり確立し、神話化されていた「家《ペンタゴン》」の文化との直接衝突を引き起こすことになる。

マクナマラは、ニュー・ベッドフォードの港を出て、「家《ペンタゴン》」という「白鯨」に挑もうとするあの「エイハブ船長」の再来となった。

（下巻に続く）

＊ケネディの父、ジョセフ・ケネディ（一八八八～一九六九年）はボストンで実業家として成功、政界への影響力を及ぼし、駐英大使にもなった。

48 フォレスタルはケネディの父、ジョセフ・ケネディの友人だった。Beschloss, *The Crisis Years*, 二八一頁。息子のマイケル・フォレスタル（ケネディ政権のベトナム政策に関与した〈一九二八～八九年〉）は当時、三十五歳。ウォールストリートで弁護士をしていた。マイケルは父、フォレスタルの死後、アヴェレル・ハリマンによって後見された。

訳者　上巻　あとがき

米国の著名な作家・新聞コラムニスト、ジェームズ・キャロル（James Carroll）氏によって書かれた本書、『戦争の家』（原著、*House of War*, Houghton Mifflin 社刊、二〇〇六年）は、その名の通り「戦争の家＝ペンタゴン」を軸とした、「アメリカの権力」の全体像を描き切る、壮大な「同時代」の物語である。

「ペンタゴン＝五角形」とは言うまでもなく、米国の首都、ワシントンの川向こう、バージニアに建つ、五角形の巨大な「国防総省」のことだ。

われわれの同時代には「冷戦」を含め、常に「戦争」があり、その中核にはいつも「戦争の家」があった。その「家」を核とする「アメリカの権力」があった。

それこそが、この六十年のわれわれの同時代史を貫く中心線である。その線上のさまざまポイントで、さまざまな悲劇がつくられて来た。

本書、『戦争の家』上巻は、原著の前半部分である。

本来は、邦訳作業を全て終えた時点で、上下二巻、同時刊行の形をとるのが理想だが、二〇〇八年になってイラク・アフガン戦争がいよいよ行き詰まり、秋にはウォールストリート発の金融・経済危機が世界を覆い尽くすなど、「アメリカ帝国」の没落が一挙に明らかになったことから、訳出済みの原著前半部分を急遽、邦訳の上巻として先行出版することにした。

今、「同時代」の物語と書いたが、これは米国（だけ）の現代史を意味しない。日本を含む、世界の、「戦争の家」をめぐる「同時代」史である。また、ここで言う「物語」も、フィクションを指すものではない。ノンフィクションである。大河物語のようなノンフィクション。

原著は二〇〇七年の「ガルブレイス賞」に輝いた。高名な経済学者を記念したこの賞は、アメリカ・ペンクラブが二年ごと、最優秀ノンフィクション作品に対し授与している権威ある賞である。

本書が綴る「同時代」の時間的な範囲は、「第二次世界大戦」から「イラク戦争」の現在まで。つまり本書は、現在から見詰めなおした「現代史」、六十年の物語である。

ブッシュ政権下において最悪なものと化した「アメリカの権力」——史上空前の規模へと巨大化したその実態に迫るうえで、本書の提示する、「戦争の家＝ペンタゴン」を軸とした史的・構造的なパースペクティブは、（日本のわれわれにとっても）きわめて有効である。有効な理解の道具となり得る……そんな願いを込めた先行出版である。

原著の副題は、直訳すると、「ペンタゴンとアメリカの権力の惨憺たる勃興（*The Pentagon and the Disastrous Rise of American Power*）」になる。世界は今、まさにその「アメリカ権力の惨憺たる勃興物語」の「最終章」を迎えているような気がしてならない。

訳者（大沼）の私が今、そうした理解に立ち得ているのも、著者であるジェームズ・キャロル（James Carroll）氏が精魂傾け、精緻に綴った「戦争の家」の物語を、読者の一人として一通り辿り終えたからである。

私は戦後生まれの「七〇年世代」。学生の頃、ベトナム反戦デモにも加わり、就職して新聞記者となってから、特派員として「湾岸戦争」を追うなど、それなりに国際問題に対する関心を持続して来たつもりでいたが、そこで得た知識がどれだけ断片的なもので表層的なものだったか、本書を読んで痛切に思い知らされた。「戦史」も「現代史」も、「外交史」も「軍縮史」も、それなりに目を通していたつもりが、本当のところ、実は「何も知らなかった」ことに気付かされ、愕然とした。

ここでいう「何も知らなかった」とは、個々の（しかし、それも限定的なものだが）知識は「知っていても」（知ったつもりになっていても）、その深い連関を知らず、実は何の全体像も持ち得ていなかった（知らなかった）ということである。

とりあえず、ひとつだけ告白するとすれば、それは、われわれのヒロシマ、ナガサキである。わかったつもりでいた、「私のヒロシマ、ナガサキ」である。

トルーマンはなぜ日本の都市（民間人）に対して、原爆攻撃を敢行したのか？　そもそも「原爆」とは何なのか？

私は何もわかっていなかったのだ。その現場の恐ろしさも、その悲劇の世界史的な意味も。

私はキャロル氏の記述を読んで、たとえそれが入り口の理解であるにせよ、初めてわかった気がしたのだ。

私の耳にもようやく、「トリニティー」の実験場で、オッペンハイマーが心の中でつぶやいていた、古代インドの聖典、『バガヴァッド・ギーター』の、「私はいま、死、世界の破壊者」という一節が聞こえ、私の目には今、中学二年の時、ヒロシマで被爆した長谷川儀・神父による、あの地獄絵の記録が見えるようになった。

キャロル氏は、原爆攻撃に反対する「シラードの嘆願書」がトルーマンの元へ事前に届かずに終わった背景、キョートが標的から外れた経過など、それぞれ決定的な意味を持つ個別の事実を積み重ねながら、あの「原爆攻撃の真の目的」論争についても説得力ある議論を行っている。

この「目的」論争に対するキャロル氏の結論は、「日本本土への侵攻回避」（「トルーマンの正論」）と「ソ連への威嚇」（いわゆる「歴史修正主義」の見方）の二元論的対立を超えた、総合的なものだ。

このように「原爆」を含む、われらが同時代の全体像を歴史の忘却と隠蔽の霧の中から析出し、歪曲を正して、われわれ読者に巨大なその姿を開示するもの――それが、ジェームズ・キャロル氏という、当代きってのリベラルな作家・新聞コラムニストによる、この「戦争の家」の物語である。

この同時代の物語には、同類の歴史書、解説書以上に、われわれに対し圧倒的な力で語りかけて来るものがある。その迫力は、著者のキャロル氏自身が「戦争の家の子」だった事実による。

キャロル氏は自分自身に「戦争の家の子」だった、霧に包まれた過去があるからこそ、自分の人生の問題として、「戦争の家＝ペンタゴン」を問い、その「家」を核とする「アメリカの権力」の構造と歴史の謎に立ち向かったのだ。

では、キャロル氏の言う、この「戦争の家の子」とは何を意味するものなのか？――

第二次世界大戦最中の一九四三年一月二十二日（この日付を暫し の間、憶えておいていただきたい）に、シカゴで生まれたキャロル氏は、ＦＢＩ（連邦捜査局）のエージェントだった父親の転勤でワシントンに移り住む。そして戦後間もない一九四七年、父親が米空軍のＯＳＩ（特別捜査局）の初代局長に抜擢されたことで、父親の勤務する五角の建物、「戦争の家」を、時々、父に連れられて遊びに行く、少年時代の「遊び場」とするようになるのだ。

父、ジョセフは米軍の情報機関、ＤＩＡ（防衛情報局）の初代局長になるなど、最後は中将まで昇進した人物。キャロル少年はそんな「将軍の子」として、将来の空軍入りを目指し、多感な青春時代を過ごすことになる。

そんなキャロル氏に転機が訪れるのは、ワシントンのジョージタウン大学の学生時代。「ベルリン危機」をめぐる核戦争の不安の最中、軍人への道から、神父の道へ針路を変え、カトリックの大学でキリスト教神学を学ぶことになる。

それから暫く経って、ボストン大学づきの神父になり、かたわら作家活動を始めるキャロル氏だが、「戦争の家」との縁は切れない。その「家」には「父」がいて、その「家」は「ベトナム戦争」という不正義の戦争を続けていたからだ。

「父」のいるペンタゴンへの反戦デモ。

その「家」で、「父」は何をしていたのか、という心の中で疼き続ける疑問……。

それら「戦争の家」をめぐるキャロル氏の人生のすべてを込めた自己定義、それが「戦争の家の子」

である。そんな「戦争の家の子」による「戦争の家」の物語——それが本書である。

キャロル氏は父ジョセフとの「父と子」の関係に絞った回想録を、『あるアメリカ人の鎮魂歌（*An American Requiem: God, My Father, and the War that Came Between Us*)』として出版し、ライターとして最高の栄誉である一九九六年の全米図書賞《ナショナル・ブック・アワード》を受賞しているが、本書では、「父の子」から「戦争の家の子」へと、視野を一気に拡大し、「戦争の家」の物語として書き上げたのだ。

キャロル氏自ら言う「戦争の家の子」の含意はしかし、これだけではない。氏がこの世に生まれ出た誕生日（一九四三年一月二十二日）が、「家」の誕生の時期と重なるのだ。記録によれば、ポトマック河畔に五角の「家」が完成したのは、同じ「一九四三年一月」の「十五日」。つまり、「家」とキャロル氏はほぼ時を同じくしてこの世に生を享け、ともに歳月を重ねて来たのである。

キャロル氏が、この「一九四三年一月」下旬のこの週に、物語の第一の山場を置いたのは、「自分」と「家」との「誕生時期の一致」という「偶然」だけのせいではない。それは、この年の、この月の、この週こそ、それ以上に世界の運命を分けた、歴史の分岐点だったからである。

カサブランカ会談で「無条件降伏」要求が打ち出されたのも、この時。

「家」の建築を監督したレズリー・グローヴズの指揮下、「マンハッタン計画」が本格的に動き出したのも、この時……。

「無条件降伏」要求は戦争を「全面戦争」化して、敵の「全面破壊」、すなわち民間人をも標的とした、「トーキョー大空襲」などの「空爆」の道を切り拓き、「マンハッタン計画」はヒロシマ、ナガサキへの「原爆」を産んで、「核」という戦争テクノロジーの悪魔を解き放った。

二〇世紀後半から今世紀初めにかけての「戦争の家」による世界覇権の土台は、実にこの運命の週に築かれたのである。

（本書が言及している、「偶然の一致」をもう一例挙げれば、それは「九月十一日」である。二〇〇一年のその日は同時多発テロで、「ペンタゴン」にアメリカン航空七七便が突っ込んだとされる日だが、その「ペンタゴン」の起工式は一九四一年の「9・11」に行われた……）


上巻は、この歴史の分水嶺としての「一九四三年一月」を最初の山場に、アイゼンハワー大統領が「軍産複合体」への警戒を呼びかけて退任し、ケネディが新大統領になって「ベルリン危機」など一連の危機を潜り抜ける時期までを主にカバーしている。

「朝鮮戦争」も、「スーパー」と呼ばれた「水爆」の開発も、米ソ核競争の開始も、この期間内のことだ。

これら一連の出来事は下巻が描くその後の事件を含め、本書では「家」をめぐり、相互に連関し合い、一つに収斂してゆくものと捉えられているのである。

キャロル氏はこうした歴史的な出来事の意味を、「戦争の家」という座標軸に繰り返し立ち返りつつ、明らかにして行くが、「戦争の家の子」としての、さまざまな個人的な体験も同時に綴っている。

中でも印象的なのは、「ベルリン危機」がその頂点を迎えていた「一九六一年八月のある夜」の出来事である。当時、大学生だったキャロル氏は「戦争の家」まで、父を車で迎えに行き、自宅へ戻る途中、「将軍」である父に、こう言われたというのだ。

「その時が来たら、みんな〔家族〕を車に乗せるんだ。そして南へ走れ。一号線《ルート・ワン》を行け。リッチモンドに向かうんだ。行けるところまで行け」

言うまでもなかろう。核戦争になってソ連の核攻撃があるかも知れないから、その時が来たらワシントンを脱出しろ、という指示だった。世界はそこまで破滅の淵に近づいていたのである。

もうひとつだけ、こんどは日本に関わるところで、キャロル氏の体験を紹介するなら、第二次世界大戦中、米陸軍航空隊で「空爆」を効率化する分析任務に就いていた、ロバート・マクナマラ元国防長官に対するインタビューの描写を挙げないわけにはいかない。


「そしてあの時、一九四五年に、あなたはトーキョーで何が起きたか、ほんとうのところ、知らなかった？」

「そう、その時は知らなかった」

「でも、今は？……今、あなたはそれについてどう思いますか？」

マクナマラの目に涙があふれた。「今？」

「はい、今」

「今思うと、そうだね、あれは戦争犯罪だった」。そう言うなりマクナマラは、いまにも嗚咽《おえつ》しそうになり、こらえながら続けた。「あれは、わたしが咎《とが》められるべき、二つの戦争犯罪のひとつだった」——

上巻の内容紹介はこれまでとし、最後に読者の参考のために以下を付記しておく。

この「あとがき」と内容的に一部、重複するが、著者、ジェームズ・キャロル氏の経歴や作品については、巻末の「著者紹介」を参照していただきたい。

キャロル氏が『ボストン・グローブ』紙に書き続けている新聞コラムが読みたい人は、同紙のサイト(http://www.boston.com/bostonglobe/editorial_opinion/oped/)を覗くとよい。

米国を代表する歴史家、ハワード・ジン氏が称賛するキャロル氏の「エレガントな文体」と硬質な批判精神に、リアルタイムで触れることができるだろう。

なお、本書の下巻は、この上巻と同じ分量になる。

「戦争の家」の壮大な物語はまだまだ続く。

二〇〇九年二月、ヒロシマへの旅から帰った翌日、横浜にて

大沼　安史

[著者略歴]

ジェームズ・キャロル（James Carroll）

1943年1月22日、米国シカゴのアイルランド系カトリックの家庭に生まれた。父、ジョセフ・キャロル（1910～91年）は、FBI（連邦捜査局）のエージェントを務めたあと、米空軍に創設されたOSI（特別捜査局）の局長に抜擢されたことで軍務に転進、米軍の情報機関、DAI（防衛情報局）の初代局長などを歴任し、中将で退役した。著者である息子、ジェームズは、その父の後を追い、空軍でのキャリアを目指すが、ジョージタウン大学在学中、カトリックの聖職者への道に転じ、セントポールズ・カレッジで学んだあと、ボストン大学づきの神父となった。この間、ベトナム反戦運動に参加する一方、小説、詩、戯曲を書き始め、遂にはカトリック聖職者の地位を離れ、作家活動に専念するようになる。

小説の代表作に *Prince of Peace*、*Secret Father* などがあるが、ノンフィクションの作品でも知られる。中でも、父ジョセフとの相克、和解を描いた回想録、*An American Requiem*（『あるアメリカ人への鎮魂歌』）は1996年の「全米図書賞」に輝いた傑作で、本書、『戦争の家』の土台となった作品だ。また、*Constantine's Sword*（『コンスタンチヌスの剣』（2001年刊）は、反ユダヤ主義とカトリックの関係をテーマとしたノンフィクション作品で、ドキュメンタリー映画にもなった。

こうした作家活動のかたわら、ジャーナリスト（コラムニスト）としても活動しており、ボストンの新聞、『ボストン・グローブ』紙にコラムを執筆している。夫人のアレキサンドラ・マーシャルさんも小説家。ボストン在住。著者のホームページは、http://www.jamescarroll.net/

[訳者略歴]

大沼安史（おおぬまやすし）

1949年2月、宮城県仙台市生まれ。東北大学法学部卒。

1971年、北海道新聞社に入社し、社会部記者、カイロ特派員、外報部・社会部デスク、論説委員を歴任し、1995年に中途退社。2009年3月まで、東京医療保健大学特任教授。同年4月、仙台へ帰郷。

著書は『教育に強制はいらない』（一光社）、『緑の日の丸』（本の森）、『希望としてのチャータースクール』（本の泉社）、『戦争の闇　情報の幻』（本の泉社）など。訳書は『世界一素敵な学校』（ダニエル・グリーンバーグ著、緑風出版）、『自由な学びが見えてきた～サドベリー・レクチャーズ～』（ダニエル・グリーンバーグ著、緑風出版）、『イラク占領』（パトリック・コバーン著、緑風出版）、『地域通貨ルネサンス』（トーマス・グレコ著、本の泉社）など。個人ブログ、「机の上の空」「教育改革情報」を開設。

http://onuma-cocolog.nifty.com

戦争《せんそう》の家《いえ》——ペンタゴン　【上巻】

2009年3月31日　初版第1刷発行　　定価3400円＋税

著　者　ジェームズ・キャロル
訳　者　大沼安史
発行者　高須次郎
発行所　緑風出版 ©
〒113-0033　東京都文京区本郷2-17-5　ツイン壱岐坂
［電話］03-3812-9420　［FAX］03-3812-7262
［E-mail］info@ryokufu.com
［郵便振替］00100-9-30776
［URL］http://www.ryokufu.com/

装　幀　斎藤あかね
制　作　R 企 画　　印　刷　シナノ・巣鴨美術印刷
製　本　シナノ　　用　紙　大宝紙業　　E2000

〈検印廃止〉乱丁・落丁は送料小社負担でお取り替えします。
本書の無断複写（コピー）は著作権法上の例外を除き禁じられています。なお、複写など著作物の利用などのお問い合わせは日本出版著作権協会（03-3812--9424）までお願いいたします。

Printed in Japan　　ISBN978-4-8461-0904-2　C0031

◉緑風出版の本

■全国どの書店でもご購入いただけます。
■店頭にない場合は、なるべく書店を通じてご注文ください。
■表示価格には消費税が加算されます。

ラムズフェルド
イラク戦争の国防長官
アンドリュー・コバーン著
加地永都子監訳

四六判上製
三四二頁
2600円

ブッシュ政権でイラク戦争を主導したラムズフェルド米国防長官とは、いかなる政治家なのか？ ペンタゴンのトップとして二度にわたり君臨し、武力外交を展開したネオコンのリーダーの実像とブッシュ政権の内幕を活写。

灰の中から
サダム・フセインのイラク
アンドリュー・コバーン、パトリック・コバーン著／神尾賢二訳

四六判上製
四五二頁
3000円

コバーン兄弟が湾岸戦争からの十年間のイラクを克明に追う。イラクと中近東、アメリカと各地を取材し、サダム統治下のイラクで展開した戦乱や諸事件、国際制裁、核査察の実態などを克明に描いたインサイド・レポート

イラク占領
戦争と抵抗
パトリック・コバーン著／大沼安史訳

四六判上製
三七六頁
2800円

イラクに米軍が侵攻して四年が経つ。しかし、イラクの現状は真に内戦状態にあり、人々は常に命の危険にさらされている。本書は、開戦前からイラクを見続けてきた国際的に著名なジャーナリストの現地レポートの集大成。

9・11事件は謀略か
「21世紀の真珠湾攻撃」とブッシュ政権
デヴィッド・レイ・グリフィン著
きくちゆみ、戸田清訳

四六判上製
四四〇頁
2800円

9・11事件はアルカイダの犯行とされるが、直後からブッシュ政権が絡んだ数々の疑惑が取りざたされ、政府の公式説明は矛盾に満ちている。本書は証拠四〇項目を列挙し、真相解明のための徹底調査を求める。全米騒然の書。